现代数学丛书

非线性波动方程

李大潜　周　忆　著

上海科学技术出版社

图书在版编目(CIP)数据

非线性波动方程 / 李大潜,周忆著. —上海:上海科学技术出版社,2016.1(2021.7 重印)
ISBN 978 - 7 - 5478 - 2611 - 9

Ⅰ.①非… Ⅱ.①李… ②周… Ⅲ.①非线性方程—波动方程—研究 Ⅳ.①O175.27

中国版本图书馆 CIP 数据核字(2015)第 072055 号

总 策 划　苏德敏　张　晨
丛书策划　包惠芳　田廷彦
责任编辑　田廷彦

非线性波动方程
李大潜　周　忆　著

上海世纪出版股份有限公司
上 海 科 学 技 术 出 版 社　出版、发行
(上海钦州南路 71 号　邮政编码 200235　www.sstp.cn)
当纳利(上海)信息技术有限公司印刷
开本 787×1092　1/16　印张 25.5　插页 4
字数 450 千字
2016 年 1 月第 1 版　2021 年 7 月第 3 次印刷
ISBN 978 - 7 - 5478 - 2611 - 9/O・46
定价:148.00 元

《现代数学丛书》编委会

前 言

非线性波动方程是一类具有重要理论意义及应用价值的典型的非线性发展方程. 对非线性波动方程具小初值的 Cauchy 问题的经典解的整体存在性及破裂现象的研究，涉及此类方程的零解的渐近稳定性或相应控制系统的镇定性，是一个意义重大且颇具挑战性的研究主题. 这方面的研究，起自 F. John 教授于 20 世纪 70 年代末至 80 年代初，为揭示非线性波动方程的解的破裂现象所举出的一些例证，后经 F. John 教授本人，特别是 S. Klainerman，D. Christodoulou，L. Hörmander 教授以及 M. Kovalyov，H. Lindblad，G. Ponce，J. Shatah，T. C. Sideris 等教授，分别针对不同的空间维数以及不同的非线性右端项的幂次，给出了有关经典解的整体存在性及生命跨度下界估计的种种结果，形成了一个重要而引人注目的前沿研究方向. 这些数学家的研究成果是很深入的，但一时尚未能涵盖所有可能的重要情况，对所建立的经典解的生命跨度的下界估计的 Sharpness，也留下不少空白，整个研究还处于一种方兴未艾的状态. 另一方面，这些数学家所用的方法也各有千秋，互具特色，有的还相当复杂，对这一类问题似乎还没有找到一个统一而简明的处理办法.

我在旅法期间于 1980 年去英国访问 Heriot-Watt 大学的时候，曾遇到当时也在那儿访问的 F. John 教授，得以当面向他请教，得益良多. 1981 年初我在美国访问 Courant 研究所时，见到了 S. Klainerman 教授，和他进行了认真的讨论，他还送给我那篇近 60 页长文的预印本. 这开始了我对非线性波动方程的重视和兴趣，也推动了我们的有关研究工作. 我早期的几位博士研究生，如陈韵梅、俞新及周忆等，都是以此作为博士论文主题的，并且都做出了可贵的贡献. 正是由于他们的参与和努力，特别是周忆长期不懈的坚持，这一研究方向在复旦大学得以传承至今，并结出了丰硕的成果. 我们在这方面的微薄贡献，概括起来主要是两点. 一是针对一切可能的空间维数及一切可能的非线性右端项的幂次，对非线性波动方程具小初值的 Cauchy 问题的经典解的生命跨度建立了完整的下界估计(包括了整体存在性的结果)，而且这些下界估计都是不可改进的最佳估计，为这方面的研究原则上画上了句号. 二是提出了处理这类问题的统一而简明的方法——整体迭代法. 这一方法仅仅使用了简单的压缩映像原理，其工作量与证明经典解的局部存在性大体相当.

在我和陈韵梅合著于 1989 年在科学出版社出版的《非线性发展方程》一书中，曾利用整体迭代法证明了非线性波动方程具小初值的 Cauchy 问题的经典解的整体存在性. 而在我和陈韵梅合著稍后于 1992 年在 Longman Scientific & Technical 出版社出版的 *Global Classical Solutions for Nonlinear Evolution Equations* 一书中，整体迭代法则还被进一步用于得到有关经典解生命跨度的一些下界估计. 但限于当时的科研进展，对空间维数 $n=2$ 及 $n=4$ 等重要情形，或是没有涉及，或是未得到最佳的结果；此外，关于零条件的有关理论以及一些生命跨度下界估计的 Sharpness，也均未涉及. 由于这两本书同时涉及非线性热传导方程等非线性发展方程，非线性波动方程只是其中的一个部分，在篇幅上不免受到制约，这也是部分地造成上述缺憾的一个原因. 到了 1995 年左右，我们已经在各种可能的情况下，大体上完成了用整体迭代法统一处理非线性波动方程具小初值的 Cauchy 问题的经典解的整体存在性及生命跨度下界估计的工作，我和周忆就开始酝酿写一本论述非线性波动方程的专著，上海科学技术出版社也早已向我们约稿. 但因杂事烦多，撰写工作时断时续，有时甚至长期停顿. 未能下决心尽快成书还有一个重要的原因，就是我们所得到的这些生命跨度的下界估计，当时还有少数尚未被证明是不可改进的最佳估计，匆忙写出来交付出版，终究难以成为完璧，总是心有不甘. 近年来，这些生命跨度下界估计的 Sharpness 终于全部有了眉目，这使我们感到迅速成书的紧迫性. 同时，经过了这些年月，已发现以往的有些证明还可以进一步简化或改进，从而能以较新的面貌来呈现，这也是一个额外的收获. 尽管我们下决心重整旗鼓，但由于不少的证明需要改写，接着又花了两三年的时间，全书才得于 2014 年初最终定稿. 在经过了这一过程后看到本书面世，作者的欣慰是不言而喻的.

全书共十五章.前七章是为后文作准备的,但本身也有其独立的意义和价值.在后八章中,有五章针对各种不同的可能情况,分别用整体迭代法讨论了经典解的整体存在性及生命跨度的下界估计,包括在零条件假设下证明了经典解的整体存在性;有两章专门论证所得生命跨度下界估计的 Sharpness;最后一章则涉及有关的应用与拓展.书末所附参考文献的绝大部分在正文中都已引用,少数在正文中虽未正式引用,但多少有所相关,希望读者仍可从中获得一些必要的信息.本书的中文打字、排版一直由王珂博士负责安排,全书并将由李亚纯教授译成英文在 Springer 出版社出版,作者对她们热情、负责的支持和帮助特致深切的谢意.

限于作者水平,本书疏漏及不足之处在所难免,恳请读者不吝赐教.

李大潜

2015 年 2 月 4 日

目　录

第一章

引言及概述

§1. 目标

非线性波动方程是一类重要的无穷维动力系统. 所谓无穷维动力系统，是指用非线性发展型偏微分方程(简称非线性发展方程)所描述的系统. 而非线性发展方程是其解除依赖于空间变量外、还依赖于一个特殊的自变量 t(时间)的非线性偏微分方程的总称. 例如，在热流与反应-扩散现象中出现的非线性热传导方程(包括反应-扩散方程)，在振动与电磁学中出现的非线性波动方程，量子力学中的非线性 Schrödinger 方程，描述不可压缩流体的 Navier-Stokes 方程，规范场的 Yang-Mills 方程，守恒律双曲组，KdV 方程等等. 这些都是在应用中广泛出现、而且在相关的学科中具有基本重要性的一些方程.

为了说明清楚本书所要研究的问题，先考察有限维的动力系统，即非线性常微分方程(组)的情况. 这时解只是时间变量 t 的函数，而不依赖于空间变量.

先考虑下述最简单的情况：考察下述非线性常微分方程的 Cauchy 问题：

$$\frac{\mathrm{d}u}{\mathrm{d}t} = u^{1+\alpha}, \tag{1.1.1}$$

$$t = 0 : u = \varepsilon, \tag{1.1.2}$$

这里 α 是一个正常数，$\varepsilon > 0$ 是一个小参数. 这个问题的解可明显表示为

$$u(t) = \frac{\varepsilon}{(1 - \alpha t \varepsilon^{\alpha})^{1/\alpha}}. \tag{1.1.3}$$

因此，当 $t \to \frac{1}{\alpha}\varepsilon^{-\alpha}$ 时，$u(t) \to +\infty$，如图 1 所示.

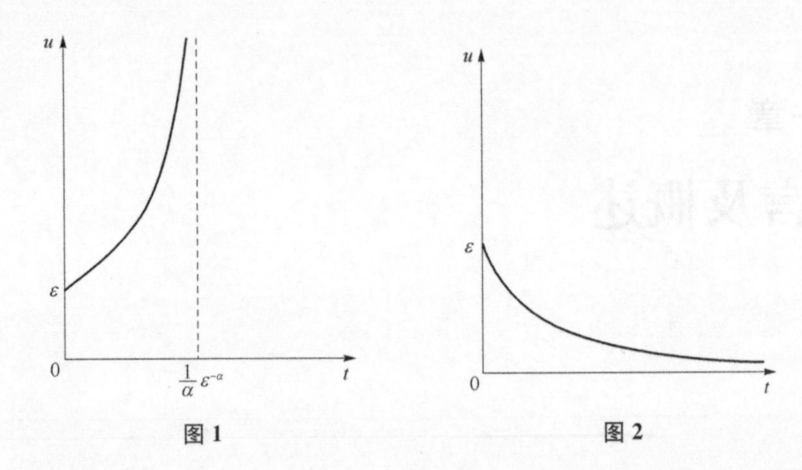

图 1　　　　图 2

这样,这个问题不能对所有时间 $t\geqslant 0$ 都存在解,即不存在**整体经典解**(所谓经典解,是指在常规意义下的解;而整体解,是指对所有时间 $t\geqslant 0$ 均存在的解). 这表现为在一定时间后解要出现奇性(解或其导数→∞;这里解及其导数均→∞),称为解的**破裂**(blow-up). 和线性的情况不同,对非线性微分方程的 Cauchy 问题,其解一般说来都有可能产生破裂现象. 在现在的情况,既然解要破裂,我们看一看解到底能存在多长时间? 显然,若记解的**生命跨度**(life-span),即保证解存在的时间区间的最大长度,为 $\widetilde{T}(\varepsilon)$,就有

$$\widetilde{T}(\varepsilon)=\frac{1}{\alpha}\varepsilon^{-\alpha}\approx\varepsilon^{-\alpha}. \tag{1.1.4}$$

这说明,对小初值来说,当右端非线性项的阶数愈高、即 α 愈大时,解的生命跨度也愈大. 这是因为,对小的解,当右端非线性项的阶数愈高时,其影响愈小.

但是,若在方程中包含耗散项,上述情况将会有很大的变化. 将 u 视为速度,并假设在运动过程中有一个和速度成正比的阻力,上述微分方程(1.1.1),例如说,将由如下的方程代替(其中比例常数取为 1):

$$\frac{\mathrm{d}u}{\mathrm{d}t}=-u+u^{1+\alpha}, \tag{1.1.5}$$

而初值仍为(1.1.2). 此时 Cauchy 问题(1.1.5)及(1.1.2)的解易知为

$$u(t)=\frac{\varepsilon}{\left[\mathrm{e}^{\alpha t}(1-\varepsilon^{\alpha})+\varepsilon^{\alpha}\right]^{1/\alpha}}, \tag{1.1.6}$$

如图 2 所示. 这时只要 $\varepsilon>0$ 适当小($\varepsilon<1$),此 Cauchy 问题对所有时间 $t\geqslant 0$ 均有唯一的解,即生命跨度

$$\widetilde{T}(\varepsilon)=+\infty, \tag{1.1.7}$$

且此解在 $t\to+\infty$ 时指数衰减.

为什么这两种情况会有如此重大的差别呢? 根本的原因在于相应的线性化方程有很大的不同. 我们看到: 方程(1.1.5)的线性化方程为 $\frac{\mathrm{d}u}{\mathrm{d}t}=-u$, 其一切解在 $t\to+\infty$ 时均指数衰减;而方程(1.1.1)的线性化方程为 $\frac{\mathrm{d}u}{\mathrm{d}t}=0$, 其一切非零解均不衰减. 正是这一本质差别导致是否存在整体解的不同的结果.

实际上,这在常微分方程组的情况有一个相当一般的结论. 考察下面的常微分方程组

$$\frac{\mathrm{d}U}{\mathrm{d}t}=f(U), \tag{1.1.8}$$

其中 $U=(u_1, \cdots, u_n)^T$ 为未知向量函数,而 $f(U)=(f_1(U), \cdots, f_n(U))^T$ 为 U 的适当光滑的已给函数,且设

$$f(0)=0, \tag{1.1.9}$$

即 $U\equiv 0$ 是系统的一个平衡态(零解). 写出(1.1.8)的线性化方程组

$$\frac{\mathrm{d}U}{\mathrm{d}t}=AU, \tag{1.1.10}$$

其中

$$A=\nabla f(0) \tag{1.1.11}$$

为方程(1.1.8)的右端非线性项 $f(U)$ 在 $U=0$ 处的 Jacobi 阵.

假设 A 的一切特征值均有负的实部,这等价于假设线性化方程组(1.1.10)的一切解在 $t\to+\infty$ 时均指数衰减,那么原非线性方程组(1.1.8)具小初值

$$t=0: U=U_0 (U_0 \text{ 小}) \tag{1.1.12}$$

的 Cauchy 问题必在 $t\geqslant 0$ 上存在整体解 $U=U(t)$,且当 $t\to+\infty$ 时,$U(t)$ 也指数衰减.

这里"A 的一切特征值均有负的实部",相当于方程组(1.1.8)具有一定的耗散机制;而"具小初值的 Cauchy 问题在 $t\geqslant 0$ 上有整体解,且解当 $t\to+\infty$ 时指数衰减"意味着: 若零解在初始时刻有一个小的扰动,此小扰动最终会以指数衰减的方式在 $t\to+\infty$ 时很快消失,即零解具有渐近稳定性. 这就是常微分方程理论中熟知的**零解的渐近稳定性**定理[85].

这样，研究非线性发展方程具小初值的Cauchy问题的（经典）解在$t\geqslant 0$上的整体存在唯一性，以及解在$t\to+\infty$时的（指数）衰减性，从微分方程的角度，相当于研究零解的渐近稳定性；从动力系统的角度，相当于研究零解是否是一个吸引子；而从控制理论的角度，则相当于研究系统的镇定性质. 因而，这是一个具有重大理论及实际意义的课题.

这一理论在常微分方程（组）的情形，即在有限维动力系统的情形，如前所述，只有在微分方程（组）具有前述耗散机制的情形才能得到保证. 一个自然的问题，是如何将这一理论推广到无穷维动力系统，即非线性发展型偏微分方程的情形，看何时零解是渐近稳定的，即何时具小初值的Cauchy问题在$t\geqslant 0$上存在唯一的整体经典解，且解在$t\to+\infty$时具有某种衰减性.

无穷维动力系统的情况和有限维的情况相比，有共同点，也有不同点.

共同点主要是一个，即，粗略地说，在小初值的情形，当非线性项的阶数$1+\alpha$愈高，即α愈大时，经典解的生命跨度也应该愈大.

但在无穷维的情形，解除与时间变量t有关外，还要依赖于空间变量$x=(x_1, \cdots, x_n)$（在很多具体应用中，$n=1,2$或3)，这就给无穷维情形的讨论带来了极大的复杂性和非常丰富的内容.

首先，发展型偏微分方程，如前所述，可以有众多不同的类型. 每一类型对应于不同的物理现象，有着各自本质上的特点，在研究方法上也各具特色，往往需要个别地进行研究.

本书着重考察非线性波动方程具小初值的Cauchy问题：

$$\Box u = F(u, Du, D_x Du), \tag{1.1.13}$$

$$t=0: u=\varepsilon\phi(x),\ u_t=\varepsilon\psi(x), \tag{1.1.14}$$

其中

$$\Box = \frac{\partial^2}{\partial t^2} - \triangle \left(\triangle = \sum_{i=1}^{n} \frac{\partial^2}{\partial x_i^2}\right) \tag{1.1.15}$$

为波动算子，

$$D_x = \left(\frac{\partial}{\partial x_1}, \cdots, \frac{\partial}{\partial x_n}\right), D = \left(\frac{\partial}{\partial t}, \frac{\partial}{\partial x_1}, \cdots, \frac{\partial}{\partial x_n}\right), \tag{1.1.16}$$

ϕ, ψ为充分光滑的具紧支集的函数，不妨设$\phi, \psi \in C_0^\infty(\mathbb{R}^n)$，而$\varepsilon>0$为一小参数.

记

$$\hat{\lambda} = (\lambda;\ (\lambda_i),\ i = 0,\ 1,\ \cdots,\ n; (\lambda_{ij}),\ i,\ j = 0,\ 1,\ \cdots,\ n,\ i + j \geqslant 1). \tag{1.1.17}$$

假设非线性右端项 $F(\hat{\lambda})$在 $\hat{\lambda} = 0$ 的一个邻域中充分光滑，且满足

$$F(\hat{\lambda}) = O(|\ \hat{\lambda}\ |^{1+\alpha}), \tag{1.1.18}$$

而 $\alpha \geqslant 1$ 为一个整数.

着重考察非线性波动方程，除了波动现象本身的重要性及其众多的应用以外，还由于这是最先讨论零解渐近稳定性的非线性发展方程. 最早的研究可追溯到 1986 年 I. F. Segal 的工作[69]，但真正形成气候还是 20 世纪 70 年代末由已故的著名数学家 F. John 关于非线性波动方程解的破裂现象的研究[21,22]所引发出来的 80 年代初 S. Klainerman 的工作[28,29]以及一系列后继的工作[26,30,32-34]等. 同时，也由于双曲型的情况要比许多其他情况来得复杂，对数学来说有更多的挑战，有很多问题值得深入研究与思考. 同时还应该指出，下面介绍的求解方法的总框架不仅仅适用于非线性波动方程，也适用于其他一些类型的非线性发展方程，如非线性热传导方程、非线性 Schrödinger 方程等(参见[43]).

其次，与常微分方程(组)的情形不同，上述非线性波动方程的线性化方程，即普通的波动方程

$$\Box u = 0, \tag{1.1.19}$$

它尽管不包括耗散项(其能量是守恒的，而有耗散项的情况参见 §4)，其解仍可能具有某种衰减性质. 例如说，可以证明(参见[43])：方程(1.1.19)的任一解 $u = u^0(t,\ x)$ 均满足

$$\|\ u^0(t,\ \cdot)\ \|_{L^\infty(\mathbb{R}^n)} \leqslant C(1+t)^{-\frac{n-1}{2}},\ \ \forall t \geqslant 0, \tag{1.1.20}$$

于此 C 是一个与解有关、但与 t 无关的正常数. 因此，若空间维数 $n \geqslant 2$, (1.1.19) 的一切解均在 $t \to +\infty$ 时衰减. 但这里还有一点和常微分方程(组)的情况不同，即解即使衰减，却不是指数衰减，而是如(1.1.20)式所示的那样为多项式(幂次)衰减；且当空间维数 n 愈高时，解的衰减率愈大. 为了说明这一事实，F. John 曾从莎士比亚的《亨利六世》中引用了下述的格言：

Glory is like a circle in the water,
荣誉犹如水中的圆圈，
Which never ceaseth to enlarge itself,
(它)永不停息地扩大，

Till by broad spreading it disperse to naught.

直至伸展到化为乌有.

诚然,空间维数愈高,对波来说就有更大的地盘可以疏散,从而更快地衰减.

通过上面的观察,粗略地说,在空间维数 n 及 α 之值较大时,解就可能有较大的衰减率及较大的生命跨度,因而对小初值来说就可能得到 Cauchy 问题在 $t\geqslant 0$ 上的整体经典解,而且解在 $t\to+\infty$时有一定的衰减性,即成立零解的渐近稳定性;反之,在 n 及 α 之值较小时,一般说来只能得到局部经典解,即经典解会在有限时间内破裂,从而零解不具有稳定性.

由于到底何时存在整体经典解,事先是不知道的. 对任何空间维数 $n\geqslant 1$ 及任何整数 $\alpha\geqslant 1$, 我们可一般地研究 Cauchy 问题(1.1.13)-(1.1.14)的经典解的生命跨度$\tilde{T}(\varepsilon)$. 如果 $\tilde{T}(\varepsilon)=+\infty$, 就有经典解在 $t\geqslant 0$ 上的整体存在唯一性,此时可进一步研究解在 $t\to+\infty$ 时的渐近性态,特别是它的衰减性. 反之,若$\tilde{T}(\varepsilon)$为有限数,则仅能在有限区间$[0,\tilde{T}(\varepsilon))$上得到经典解的局部存在性,而解在$t\to\tilde{T}(\varepsilon)$时要发生破裂,此时希望能得到对$\tilde{T}(\varepsilon)$的下界的精确估计. 换言之,我们研究的目标之一是: 对一切 $n\geqslant 1$ 及 $\alpha\geqslant 1$ 建立经典解的生命跨度$\tilde{T}(\varepsilon)$的下界的精确估计. 所谓精确估计,是指对 F 为普适的意义下不可改进的估计,即总可找到某些特殊的 F 及初值,使解的生命跨度有同一类型的上界估计.

我们研究的第二个目标是为这一类的研究提供一个简明而统一的处理框架——**整体迭代法**.

下文中我们可以看到,实现了上述的两个目标,就可以将 20 世纪 80 年代初以来,在这一研究领域中由很多著名数学家在各种个别的情况、用各种不同方法所分别得到的众多重要的成果,用简单的方法统一地加以处理,并且在一些重要情况加以本质上的改进或是填补研究的空白,从而使整个问题得到彻底的解决.

§2. 历史与现状

首先考察非线性项 F 不明显依赖于 u 的特殊情况:

$$F=F(Du,\ D_xDu). \tag{1.2.1}$$

最早的一般性结果是 S. Klainerman 在 1980 年及 1982 年得到的[28,29]. 他利用波动方程的解的 L^∞ 范数的衰减估计(1.1.20)及能量估计式,借助于 Nash-Moser-Hörmander 迭代,证明了在 n 及 α 满足下述关系

$\alpha=$	1	2	3, 4, …
$n\geqslant$	6	3	2

时，对充分小的 $\varepsilon>0$，Cauchy 问题(1.1.13)-(1.1.14)在 $t\geqslant 0$ 上存在整体经典解 $u=u(t,x)$，且解在 $t\to+\infty$ 时具有某种衰减性. 同一结果被 J. Shatah (1982)[70]及 S. Klainerman & G. Ponce(1983)[34]先后用更为简单的方法证明，其中后者用局部解的延拓法，而前者则应用了简单的压缩映射原理. 在他们的证明中均用到波动方程的解的 $L^q(q>2)$ 范数的衰减估计式.

$\alpha=1$ 的情形，相应于二次非线性，是非线性项的 Taylor 展开式中的第一个非线性幂次，因而是最自然地出现的. 此时上述结果中对空间维数的限制 $n\geqslant 6$ 并不是最佳的. S. Klainerman 本人在 1985 年[32]利用动量、角动量和时-空膨胀这些 Lorentz 不变算子来代替通常的导数算子建立了有关的衰减估计，用局部解延拓法，将这一限制改进到 $n\geqslant 4$. 因而上述保证经典解整体存在性的表格变为

$\alpha=$	1	2	3, 4, …
$n\geqslant$	4	3	2

接下来要考虑的情形是 $\alpha=1$ 及 $n=3$. 由于 F. John(1981)[22]已证明下述方程

$$\square u=u_t^2\quad(n=3)\tag{1.2.2}$$

对应于任何具紧支集的非平凡初值的经典解必在有限时间内破裂，因此，此时在一般情况下不可能期望得到经典解的整体存在性，而必须估计其生命跨度. 在经过 F. John，T. C. Sideris 及 S. Klainerman 等人的一系列的研究后，S. Klainerman(1983)[30]，F. John & S. Klainerman(1984)[26]终于对一般情形得到了生命跨度的下述下界估计：

$$\widetilde{T}(\varepsilon)\geqslant\exp\{a\varepsilon^{-1}\},\tag{1.2.3}$$

其中 a 是一个与 ε 无关的正常数. 此时，一般来说虽然没有经典解的整体存在性，但在 $\varepsilon\to 0$ 时生命跨度 $\widetilde{T}(\varepsilon)$ 将以指数方式增长，即在 $\varepsilon>0$ 很小时，生命跨度从实际应用的角度已相当大. 这样的解他们称之为**几乎整体解**(almost global solutions).

进一步看 $\alpha=1$ 及 $n=2$ 和 $\alpha=2$ 及 $n=2$ 的情况. 对 $n=2$，M. Kovalyov (1987)[37]证明了

$$\widetilde{T}(\varepsilon)\geqslant\begin{cases}b(\varepsilon\ln\varepsilon)^{-2},\ \alpha=1,\\ \exp\{a\varepsilon^{-2}\},\ \alpha=2,\end{cases}\tag{1.2.4}$$

这里 a, b 均为与 ε 无关的正常数. 但在 $\alpha=1$ 时上述结果并不是最佳的, 而可改进为

$$\widetilde{T}(\varepsilon)\geqslant b\varepsilon^{-2},\ \alpha=1. \tag{1.2.5}$$

这一点 L. Hörmander 在他的讲义(1985)[17] 中已经指出, 李大潜、俞新后来(1989)[45] 也独立地得到了这一结果.

在 $n=1$ 时, 由于可利用达朗贝尔公式, 相对说来是易于处理的. 可以证明

$$\widetilde{T}(\varepsilon)\geqslant b\varepsilon^{-\alpha},\ \forall\alpha\geqslant 1\ 整数, \tag{1.2.6}$$

其中 b 为与 ε 无关的正常数, 见李大潜, 俞新(1989)[45].

综上所述, 可得下表

	$\widetilde{T}(\varepsilon)\geqslant$				
n $\alpha=$	1	2	…	α	…
1	$b\varepsilon^{-1}$	$b\varepsilon^{-2}$	…	$b\varepsilon^{-\alpha}$	…
2	$b\varepsilon^{-2}$	$\exp\{a\varepsilon^{-2}\}$			
3	$\exp\{a\varepsilon^{-1}\}$		$+\infty$		
4,5,…					

我们指出, 上表中的一切结果从对于不加任何附加限制的一般非线性项 F 为普适的意义上说, 均已知是最佳的.

现在考虑非线性右端项 F 可明显依赖于 u 的一般情形:

$$F=F(u,\ Du,\ D_xDu). \tag{1.2.7}$$

由于对波动方程而言, 能量估计只能给出对解的偏导数的 L^2 范数估计, 而不能得到解本身的 L^2 范数估计, 此时问题变得复杂得多. 为了得到生命跨度下界的最佳估计, 需要对波动方程的解本身建立一些精细的估计式.

对最重要的情形 $\alpha=1$, 借助于从 $\mathbb{R}^{n+1}$ 到 $\mathrm{R}\times\mathrm{S}^n$ 的共形映照, D. Christodoulou(1986)[5] 在 $n\geqslant 5$ 且为奇数的条件下, 首先证明小初值整体经典解的存在性. 这一要求空间维数为奇数的本质限制于 1987 年为李大潜及陈韵梅[39,41] 用下面提出的简明而统一的方法(整体迭代法)所取消, 在 n 及 α 满足下述条件

$\alpha=$	1	2, 3, …
$n\geqslant$	5	3

时证明了小初值整体经典解的存在唯一性.

下一个应考察的情形是 $\alpha=1$ 及 $n=4$，Fields 奖得主 L. Hörmander 在比较仔细地分析了李大潜与陈韵梅上述文章的结果和方法后，证明了(1991)[19]

$$\widetilde{T}(\varepsilon) \geqslant \begin{cases} \exp\{a\varepsilon^{-1}\}, \\ +\infty, \text{若 } F''_{uu}(0,0,0)=0; \end{cases} \tag{1.2.8}$$

而对 $\alpha=1$ 及 $n=3$ 的情形，H. Lindblad(1990)[59]则证明了

$$\widetilde{T}(\varepsilon) \geqslant \begin{cases} b\varepsilon^{-2}, \\ \exp\{a\varepsilon^{-1}\}, \text{若 } F''_{uu}(0,0,0)=0, \end{cases} \tag{1.2.9}$$

这里 a,b 均为与 ε 无关的正常数. 从他们的结果可以看出：即使 F 依赖于 u，但只要不含 u^2 项，在 $n\geqslant 3$ 时有关生命跨度的下界估计和 F 不依赖于 u 的特殊情况相同. 这说明最"坏事"的项是含 u^2 的这一项.

以上给出的在 $n\geqslant 3$ 及 $\alpha\geqslant 1$ 时的完整结果，亦可由整体迭代法统一地得到(见李大潜，俞新，周忆[46]，[47]，[50])，列表如下：

<table>
<tr><td></td><td colspan="2">$\widetilde{T}(\varepsilon)\geqslant$</td></tr>
<tr><td>$n \quad \alpha=$</td><td>1</td><td>2, 3, …</td></tr>
<tr><td rowspan="2">3</td><td>$b\varepsilon^{-2}$</td><td rowspan="5">$+\infty$</td></tr>
<tr><td>$\exp\{a\varepsilon^{-1}\}$，若 $F''_{uu}(0,0,0)=0$</td></tr>
<tr><td rowspan="2">4</td><td>$\exp\{a\varepsilon^{-1}\}$</td></tr>
<tr><td>$+\infty$，若 $F''_{uu}(0,0,0)=0$</td></tr>
<tr><td>5, 6, …</td><td></td></tr>
</table>

剩下来情况的讨论，在 $n=1$ 及 $\alpha\geqslant 1$ 时相对说来比较简单；而在 $n=2$ 及 $\alpha\geqslant 1$ 时则比较复杂. 在 $n=1$ 及 $\alpha\geqslant 1$ 时，有

$$\widetilde{T}(\varepsilon) \geqslant \begin{cases} b\varepsilon^{-\frac{\alpha}{2}}, \text{一般情况；} \\ b\varepsilon^{-\frac{\alpha(1+\alpha)}{2+\alpha}}, \text{若} \int_{-\infty}^{+\infty} \psi(x)\,\mathrm{d}x = 0; \\ b\varepsilon^{-\alpha}, \text{若 } \partial_u^{\beta} F(0,0,0)=0, \forall 1+\alpha \leqslant \beta \leqslant 2\alpha, \end{cases} \tag{1.2.10}$$

其中 b 是一个与 ε 无关的正常数(见李大潜，俞新，周忆[48]，[49]). 而在 $n=2$ 及 $\alpha\geqslant 1$ 时，通过比较细致的分别讨论，可以得到下述的表格：

<table>
<tr><td>$n=2$</td><td colspan="3">$\widetilde{T}(\varepsilon)\geqslant$</td></tr>
<tr><td>$\alpha=$</td><td>1</td><td>2</td><td>3,4,…</td></tr>
<tr><td rowspan="3"></td><td>$be(\varepsilon)$</td><td rowspan="2">$b\varepsilon^{-6}$</td><td rowspan="3">$+\infty$</td></tr>
<tr><td>$b\varepsilon^{-1}$,若$\int\psi(x)\mathrm{d}x=0$</td></tr>
<tr><td>$b\varepsilon^{-2}$,若 $\partial_u^2F(0,\ 0,\ 0)=0$</td><td>$\exp\{a\varepsilon^{-2}\}$,
若 $\partial_u^\beta F(0,0,0)=0$
$(\beta=3,4)$</td></tr>
</table>

其中 a 及 b 均为与 ε 无关的正常数,而 $e(\varepsilon)$ 由下式定义:

$$\varepsilon^2 e^2(\varepsilon)\ln(1+e(\varepsilon))=1 \tag{1.2.11}$$

(见李大潜、周忆[51]-[53]).

我们指出,所有这些结果,除去 $n=4$ 及 $\alpha=1$ 时由 L. Hörmander 得到的下述估计

$$\widetilde{T}(\varepsilon)\geqslant\exp\{a\varepsilon^{-1}\} \tag{1.2.12}$$

外,均是最佳的,而上述估计可改进为[见李大潜,周忆(1995)[55,56],也见 H. Lindblad和 C. D. Sogge(1996)[65]适当简化了的证明]

$$\widetilde{T}(\varepsilon)\geqslant\exp\{a\varepsilon^{-2}\}, \tag{1.2.13}$$

且也已证明是最佳的.

以上的考虑是对非常一般的非线性右端项 F 进行的. 在对一般的非线性右端项不能保证整体经典解的存在性的情况,对某些满足特殊要求的非线性右端项,特别是,在非线性右端项和波动算子具有某种相容性时,仍有可能得到整体经典解.

为保证整体经典解的存在性,一类对非线性项的附加要求称为**零条件**(Null condition),它适用于不少重要的应用实例. 所谓零条件,粗略地说,是指线性化方程(即齐次线性波动方程)的任一小的平面波解必为相应的非线性方程(即所考察的非线性波动方程)的解. 例如说,

$$\Box u=u_t^2-|\nabla u|^2 \qquad (\text{这里}\nabla\text{即 }D_x) \tag{1.2.14}$$

就是一个满足零条件的非线性波动方程. 参见[5],[6],[33],[77].

§3. 方法

从上述历史的回顾中,可以看到一个完整的结果是怎样集中了好些数学家

的努力,一步一个脚印地经过一个比较长的过程得到的.以往的一些研究大多是对各种不同形式的非线性发展方程,以及对同一方程的各种不同的情况(不同的空间维数,不同的 α 值,特殊形式的 F 或一般形式的 F,经典解的整体存在性或生命跨度的估计……)个别进行的,在讨论中使用了各种各样的方法.要在已有的基础上构建理论的大厦,必须首先清理这个基地.结果发现这种类型的问题实际上可以利用简单的压缩映像原理来统一地加以处理.这使我们对经典解的整体存在性及生命跨度的下界估计问题,提出了一个利用压缩映像原理进行规范化处理的办法,称为**整体迭代法**.它表现为由下面几部分的内容所组成的求解过程:

线性问题解的估计

⇓

空间选择

⇓

压缩映像原理

⇓

生命跨度下界估计(包括整体存在性).

这一求解框架,有以下一些明显的特点与优点.

1. 普适性

a. 适用于多种类型的非线性发展方程,除非线性波动方程外,还适用于非线性热传导方程、非线性 Schrödinger 方程以及不少其他的非线性发展方程和耦合组.

b. 对非线性项,除在原点邻域中的幂次 $1+\alpha$ 外,对其具体形式没有任何附加的限制.

c. 将整体解的存在性和生命跨度的下界估计这二者统一加以处理.

2. 简明性

a. 为对所考察的非线性发展方程应用整体迭代法,只需对相应的线性化方程的解的性质及有关的估计式(主要是衰减估计式,也包括能量估计式)有清楚的了解和掌握,并据此构造一个适当的函数空间在其中应用压缩映像原理.一切讨论均在线性问题的基础上进行,而直接得到非线性情形的结果.整个求解过程十分简明、清晰.

b. 整个的结果由空间维数 $n(\geqslant 1)$ 与 $\alpha(\geqslant 1)$ 之间的一个简单的关系来表示,而且在不少情况下可以对 n 及 α 的各种情形统一地得到结果.

c. 使用此方法的整个工作量大体上和证明经典解的局部存在性相当.

3. 精确性

因为整个求解的框架建筑在对相应线性问题的解的了解基础上，在整体经典解存在的情形，所得的解在 $t\to+\infty$时不折不扣地保持着和相应的线性问题的解一样的衰减率.

具体说来，对非线性波动方程的 Cauchy 问题(1.1.13)-(1.1.14)，在右端项 F 不明显依赖于 u 的特殊情形[见(1.2.1)式]，利用整体迭代法可以用统一而简明的方式证明[45]

$$\widetilde{T}(\varepsilon)\geqslant\begin{cases}+\infty, & \text{若 } K_0>1,\\ \exp\{a\varepsilon^{-\alpha}\}, & \text{若 } K_0=1,\\ b\varepsilon^{-\frac{\alpha}{1-K_0}}, & \text{若 } K_0<1,\end{cases}\tag{1.3.1}$$

其中

$$K_0=\frac{n-1}{2}\alpha,\tag{1.3.2}$$

而 a 及 b 为与 ε 无关的正常数. 这就一下子给出了§2 中的第一张表格.

在 F 明显依赖于 u 的一般情况[见(1.2.7)式]，如前所述，关键是要对线性波动方程的 Cauchy 问题

$$\Box u=F(t,\ x),\tag{1.3.3}$$

$$t=0:u=f(x),\ u_t=g(x)\tag{1.3.4}$$

的解本身建立合适而精细的估计式，才能对生命跨度的下界估计得到精确的结果. 已知有一个关于解的 L^2 范数的估计式在 $n\geqslant3$ 时成立，称为 Von Wahl 不等式[81]. 把它用到整体迭代法中，就得到了李大潜，陈韵梅[41]关于整体存在性的结果；但要得到生命跨度下界的精确估计，就不够用了. L. Hörmander[19]在分析了文[41]中的方法以后，对这个不等式作了一个改进，从而获得了在 $\alpha=1$ 及$n=4$ 时的生命跨度下界估计(1.2.12). 李大潜，俞新[46]注意到波动方程的解当 $t\to+\infty$ 时在光锥内部有较大的衰减率，将整个求解空间分为两部分来考虑，并引入一类新的 Banach 空间，对解的 L^2 范数建立了一个新的不等式——推广的 Von Wahl 不等式，并利用它到整体迭代法中，统一而简便地在 $n\geqslant3$ 与 $a\geqslant1$ 时的一般情况下得到了由§2 中的第二张表格所示的结果，即证明了

$$\widetilde{T}(\varepsilon)\geqslant\begin{cases}+\infty, & \text{若 } K>1,\\ \exp\{a\varepsilon^{-\alpha}\}, & \text{若 } K=1,\\ b\varepsilon^{-\frac{\alpha}{1-K}}, & \text{若 } K<1,\end{cases}\tag{1.3.5}$$

其中

$$K=\frac{(n-1)\alpha-1}{2}, \tag{1.3.6}$$

而 a 及 b 均为与 ε 无关的正常数.

为了得到 $n=2$ 时的结果,则要将前面所述的 Von Wahl 不等式及推广的 Von Wahl 不等式,从 L^2 的情况推广到 $L^p(p\geqslant 1)$ 的情况,才能用整体迭代法得到相应的结果(见[51],[53]). 而在 $n=4$ 及 $\alpha=1$ 时改进 L. Hörmander 的估计式(1.2.12),则需要更为精细的估计(见[55],[56]).

可以看出,整体迭代法作为一个普适性的方法,在具体应用时,要和所考察的非线性发展方程的线性化方程的解的适当而精细的估计式配合起来使用,才能得到良好的结果. 而对线性问题的解所建立的精细估计式,本身还具有独立的意义,在其他的场合也可望有进一步应用.

§4. 补充

将整体迭代法应用于非线性波动方程的情形,结果已如上述,并将在正文中详细论证. 尽管后面不再涉及,这里还是列举一些将整体迭代法用于其他非线性发展方程时所得的结果,使读者可以有一个更为宏观的了解.

对非线性热传导方程的具小初值的 Cauchy 问题:

$$u_t-\triangle u=F(u,\ D_x u,\ D_x^2 u), \tag{1.4.1}$$

$$t=0:u=\varepsilon\phi(x) \tag{1.4.2}$$

的经典解的生命跨度 $\widetilde{T}(\varepsilon)$ 的下界估计,有下述表格(见郑宋穆,陈韵梅[86];李大潜,陈韵梅[40],[43]):

	$\widetilde{T}(\varepsilon)\geqslant$		
n $\alpha=$	1	2	3,4,…
1	$b\varepsilon^{-2}$	$\exp\{a\varepsilon^{-2}\}$	
2	$\exp\{a\varepsilon^{-1}\}$		
3,4,…		$+\infty$	

实际上,对热传导方程

$$u_t-\triangle u=0 \tag{1.4.3}$$

的任一解 $u = u^0(t, x)$，利用热核表示式容易证明

$$|u^0(t, x)| \leqslant C(1+t)^{-\frac{n}{2}}, \ \forall t \geqslant 0, \tag{1.4.4}$$

其中 C 为一个与 t 无关的正常数. 与(1.1.20)式比较可见,它比波动方程的解有较大的衰减率,从而对非线性热传导方程而言,可以在更多的情况下有零解的渐近稳定性. 用整体迭代法可以一下子得到

$$\widetilde{T}(\varepsilon) \geqslant \begin{cases} +\infty, & 若 \bar{K} > 1, \\ \exp\{a\varepsilon^{-\alpha}\}, & 若 \bar{K} = 1, \\ b\varepsilon^{-\frac{\alpha}{1-\bar{K}}}, & 若 \bar{K} < 1, \end{cases} \tag{1.4.5}$$

其中

$$\bar{K} = \frac{\alpha n}{2}. \tag{1.4.6}$$

这就给出了上面整个表格的内容.

下面再看具耗散项的非线性波动方程具小初值的 Cauchy 问题:

$$\Box u + u_t = F(u, Du, D_x Du), \tag{1.4.7}$$

$$t = 0 : u = \varepsilon\phi(x), \ u_t = \varepsilon\psi(x). \tag{1.4.8}$$

将 u 视为位移,这里耗散项 u_t 的出现也是假设在振动过程中有和速度成正比的阻尼力而得到的. 由于有这一耗散项,解的衰减率比普通波动方程的情形要有所提高. 事实上,(1.4.7)的线性化方程

$$\Box u + u_t = 0 \tag{1.4.9}$$

的任一解 $u = u^0(t, x)$ 有和热传导方程的解同样的衰减估计(1.4.4),其生命跨度的下界估计也和热传导方程一样有同样的公式(1.4.5)及相应的表格(见李亚纯[57]),而且所给出的结果均是最佳的(见李大潜,周忆[54]).

对非线性 Schrödinger 方程等等,也有相应的结果,在此不赘述了.

§5. 内容安排

本书共十五章.

本章(第一章)为引言. 第二章至第七章除本身具有独立的意义外,主要为后面介绍本书之基本结果与内容作准备. 其中,第二章介绍线性波动方程的求解公式,第三章重点介绍一些具衰减因子的 Sobolev 型不等式,第四章对线性波动方

程的解建立各种估计式，第五章给出关于乘积函数及复合函数的一些估计式，第六章对二阶线性双曲型方程的Cauchy问题建立一般的理论，而第七章则在一般的框架下将非线性波动方程的Cauchy问题化为二阶拟线性双曲型方程组的Cauchy问题，从而为后文之讨论作了必要的铺垫.

第八章至第十一章先后分别针对一维、$n(\geqslant 3)$维、二维及四维的情形，用整体迭代法完整讨论了非线性波动方程Cauchy问题的经典解的整体存在性及生命跨度下界估计的问题，证明了第一章引言中所预告的全部结果. 在第十二章中重点讨论了零条件，揭示了其对非线性波动方程Cauchy问题的经典解的整体存在性所带来的积极影响，在其基础上改进了前几章中的一些结果.

第十三章及第十四章通过对一些典型的例子建立的经典解生命跨度的上界估计说明：前面对非线性波动方程Cauchy问题的经典解生命跨度的下界估计在普适的意义下全部是不可改进的(Sharpness)，从而整个理论已臻完善.

最后，在第十五章中，举例说明前述结果的一些重要应用及推广.

这里指出，在本书中将出现不少的估计式，其中C或$C_i(i=1, 2, \cdots)$均表示一些正常数，而不再一一指明.

第二章

线性波动方程

§1. 解的表达式

在本章中,我们考察下述线性波动方程的 Cauchy 问题:

$$\Box u = F(t, x), (t, x) \in \mathbb{R} \times \mathbb{R}^n, \tag{2.1.1}$$

$$t = 0 : u = f(x), u_t = g(x), x \in \mathbb{R}^n, \tag{2.1.2}$$

其中 $x = (x_1, \cdots, x_n)$,

$$\Box = \frac{\partial^2}{\partial t^2} - \frac{\partial^2}{\partial x_1^2} - \cdots - \frac{\partial^2}{\partial x_n^2} \tag{2.1.3}$$

为 n 维波动算子,而 F, f 及 g 为已知的具有适当正规性的函数.

根据叠加原理及据此而得到的 Duhamel 原理,为求解 Cauchy 问题(2.1.1)-(2.1.2),只需求解下述齐次波动方程的 Cauchy 问题:

$$\Box u = 0, (t, x) \in \mathbb{R} \times \mathbb{R}^n, \tag{2.1.4}$$

$$t = 0 : u = 0, u_t = g(x), x \in \mathbb{R}^n. \tag{2.1.5}$$

将此问题的解记为

$$u = S(t)g. \tag{2.1.6}$$

这里

$$S(t) : g \to u(t, \cdot) \tag{2.1.7}$$

是一个线性算子,其具体的性质反映了波动方程的本质,是本章需要重点研究的对象.

若已求得 Cauchy 问题(2.1.4)-(2.1.5)的解(2.1.6)式,则易知 Cauchy 问题

$$\Box u = 0,\ (t,\ x) \in \mathbb{R} \times \mathbb{R}^n, \tag{2.1.8}$$

$$t = 0 : u = f(x),\ u_t = 0,\ x \in \mathbb{R}^n \tag{2.1.9}$$

的解可表示为

$$u = \frac{\partial}{\partial t}(S(t)f); \tag{2.1.10}$$

而非齐次波动方程的 Cauchy 问题

$$\Box u = F(t,\ x),\ (t,\ x) \in \mathbb{R} \times \mathbb{R}^n, \tag{2.1.11}$$

$$t = 0 : u = 0,\ u_t = 0,\ x \in \mathbb{R}^n \tag{2.1.12}$$

的解则由 Duhamel 原理可表示为

$$u = \int_0^t S(t-\tau)F(\tau,\ \cdot)\,\mathrm{d}\tau. \tag{2.1.13}$$

因此,一般情形下波动方程的 Cauchy 问题(2.1.1)-(2.1.2)的解可统一表示为

$$u = \frac{\partial}{\partial t}(S(t)f) + S(t)g + \int_0^t S(t-\tau)F(\tau,\ \cdot)\,\mathrm{d}\tau. \tag{2.1.14}$$

另一方面,Cauchy 问题(2.1.4)-(2.1.5)的解也可通过求解形如(2.1.8)-(2.1.9)或形如(2.1.11)-(2.1.12)的 Cauchy 问题而得到. 事实上,若已求得 Cauchy 问题

$$\Box v = 0,\ (t,\ x) \in \mathbb{R} \times \mathbb{R}^n, \tag{2.1.15}$$

$$t = 0 : v = g,\ v_t = 0,\ x \in \mathbb{R}^n \tag{2.1.16}$$

的解 v,则

$$u = \int_0^t v(\tau,\ \cdot)\,\mathrm{d}\tau \tag{2.1.17}$$

就是 Cauchy 问题(2.1.4)-(2.1.5)的解. 此外,由(2.1.14)式易知,下述 Cauchy 问题

$$\Box u = g(x)\delta(t,\ x),\ (t,\ x) \in \mathbb{R} \times \mathbb{R}^n, \tag{2.1.18}$$

$$t = -1 : u = 0,\ u_t = 0,\ x \in \mathbb{R}^n \tag{2.1.19}$$

的解就是 Cauchy 问题(2.1.4)-(2.1.5)的解,其中 δ 为 Dirac 函数.

1.1. $n\leqslant 3$ 时解的表达式

当 $n=1$ 时,一维波动方程的 Cauchy 问题(2.1.4)-(2.1.5)在 $t\geqslant 0$ 时的解由熟知的 D'Alembert 公式给出:

$$u(t,\ x)=\frac{1}{2}\int_{x-t}^{x+t}g(y)\mathrm{d}y. \tag{2.1.20}$$

当 $n=2$ 时,二维波动方程的 Cauchy 问题(2.1.4)-(2.1.5)在 $t\geqslant 0$ 时的解由二维 Poisson 公式给出:

$$u(t,\ x)=\frac{1}{2\pi}\int_{|y-x|\leqslant t}\frac{g(y)}{\sqrt{t^2-|y-x|^2}}\mathrm{d}y, \tag{2.1.21}$$

其中 $x=(x_1,\ x_2)$, $y=(y_1,\ y_2)$, 而

$$|y-x|=\sqrt{(y_1-x_1)^2+(y_2-x_2)^2}.$$

当 $n=3$ 时,三维波动方程的 Cauchy 问题(2.1.4)-(2.1.5)在 $t\geqslant 0$ 时的解由三维 Poisson 公式给出:

$$u(t,\ x)=\frac{1}{4\pi t}\int_{|y-x|=t}g(y)\mathrm{d}S_y, \tag{2.1.22}$$

其中 $x=(x_1,\ x_2,\ x_3)$, $y=(y_1,\ y_1,\ y_3)$,

$$|y-x|=\sqrt{(y_1-x_1)^2+(y_2-x_2)^2+(y_3-x_3)^2},$$

而 $\mathrm{d}S_y$ 表示球面 $|y-x|=t$ 上的面积微元.

公式(2.1.20)-(2.1.22)的导出过程,例如说,可参见谷超豪、李大潜等[12].

从(2.1.20)-(2.1.22)式可见,在空间维数 $n\leqslant 3$ 时,波动方程的 Cauchy 问题(2.1.4)-(2.1.5)的解 $u=u(t,\ x)$ 的表达式中只涉及 $g(x)$本身,而不涉及它的导数. 此外,在

$$g(x)\geqslant 0,\ \forall x\in\mathbb{R}^n \tag{2.1.23}$$

时,恒有

$$u(t,\ x)\geqslant 0,\ \forall(t,\ x)\in\mathbb{R}_+\times\mathbb{R}^n, \tag{2.1.24}$$

其中 $n=1,\ 2$ 及 3. 这个性质称为**基本解的正性**(参见注 2.2).

当 $n \geqslant 4$ 时，基本解不再具有正性. 这从下面即将推导的解的表达式中就可以看出.

1.2. 球面平均方法

从现在开始到本节结束恒假设 $n > 1$.

任意给定一个函数 $\psi(x) = \psi(x_1, \cdots, x_n)$，记

$$h(x, r) = \frac{1}{\omega_n r^{n-1}} \int_{|y-x|=r} \psi(y) \mathrm{d}S_y \tag{2.1.25}$$

为 ψ 在以 $x = (x_1, \cdots, x_n)$ 为中心、r 为半径的球面上的积分平均值，其中 ω_n 表示 $\mathbb{R}^n$ 中单位球面 S^{n-1} 的面积，$\mathrm{d}S_y$ 为球面 $|y-x| = r$ 上的面积微元，而 $\omega_n r^{n-1}$ 为此球面的面积. 易知上式可改写为

$$h(x, r) = \frac{1}{\omega_n} \int_{|\xi|=1} \psi(x + r\xi) \mathrm{d}\omega_\xi, \tag{2.1.26}$$

其中 $\mathrm{d}\omega_\xi$ 为单位球面 S^{n-1} 上的面积微元，而 $\xi = (\xi_1, \cdots, \xi_n)$.

由上式，原先只对 $r \geqslant 0$ 定义的函数 $h(x, r)$，对 $r < 0$ 也可定义，且为 r 的偶函数.

若 $\psi \in C^2$，则显然 $h \in C^2$，且

$$h(x, 0) = \psi(x), \tag{2.1.27}$$

并由于 h 是 r 的偶函数，有

$$\frac{\partial h}{\partial r}(x, 0) = 0. \tag{2.1.28}$$

此外，由(2.1.26)式，有

$$\begin{aligned} \frac{\partial h(x, r)}{\partial r} &= \frac{1}{\omega_n} \int_{|\xi|=1} \sum_{i=1}^{n} \psi_{x_i}(x + r\xi) \xi_i \mathrm{d}\omega_\xi \\ &= \frac{1}{\omega_n r^{n-1}} \int_{|\tilde{\xi}|=r} \sum_{i=1}^{n} \psi_{x_i}(x + \tilde{\xi}) \xi_i \mathrm{d}S, \end{aligned}$$

其中 $\tilde{\xi} = r\xi$，而 $\mathrm{d}S$ 表示球面 $|\tilde{\xi}| = r$ 上的面积微元. 于是，由 Green 公式得

$$\frac{\partial h(x, r)}{\partial r} = \frac{1}{\omega_n r^{n-1}} \int_{|y-x| \leqslant r} \triangle \psi(y) \mathrm{d}y, \tag{2.1.29}$$

其中

$$\triangle = \frac{\partial^2}{\partial x_1^2} + \cdots + \frac{\partial^2}{\partial x_n^2} \tag{2.1.30}$$

为 n 维 Laplace 算子.

将(2.1.29)式关于 r 求导一次,并再一次利用(2.1.29)式,就得到

$$\begin{aligned}\frac{\partial^2 h(x,r)}{\partial r^2} &= -\frac{n-1}{\omega_n r^n}\int_{|y-x|\leqslant r}\triangle\psi(y)\mathrm{d}y \\ &\quad + \frac{1}{\omega_n r^{n-1}}\int_{|y-x|=r}\triangle\psi(y)\mathrm{d}S_y \\ &= -\frac{n-1}{r}\frac{\partial h(x,r)}{\partial r} \\ &\quad + \frac{1}{\omega_n r^{n-1}}\int_{|y-x|=r}\triangle\psi(y)\mathrm{d}S_y.\end{aligned} \tag{2.1.31}$$

另一方面,由(2.1.26)式,有

$$\begin{aligned}\triangle_x h(x,r) &= \frac{1}{\omega_n}\int_{|\xi|=1}\triangle_x\psi(x+r\xi)\mathrm{d}\omega_\xi \\ &= \frac{1}{\omega_n r^{n-1}}\int_{|y-x|=r}\triangle\psi(y)\mathrm{d}S_y,\end{aligned} \tag{2.1.32}$$

这里 $\triangle_x$ 表示对 x 的 Laplace 算子[参见(2.1.30)式].

联合(2.1.31)-(2.1.32)式,并注意到(2.1.27)-(2.1.28)式,就得到如下的

引理 1.1 设 $\psi(x)\in C^2$,则其球面平均函数 $h(x,r)\in C^2$,且满足如下的 Darboux 方程

$$\frac{\partial^2 h(x,r)}{\partial r^2} + \frac{n-1}{r}\frac{\partial h(x,r)}{\partial r} = \triangle_x h(x,r) \tag{2.1.33}$$

及初始条件

$$r=0:h=\psi(x),\ \frac{\partial h}{\partial r}=0. \tag{2.1.34}$$

特别取

$$\psi(x_1,\cdots,x_n)=\phi(x_1) \tag{2.1.35}$$

为仅依赖于 x_1、而与 $x_2,\cdots,x_n$ 无关的函数. 可以证明,其球面平均函数有下述的表达式

$$h(x, r)=\frac{\omega_{n-1}}{\omega_n}\int_{-1}^{1}\phi(x_1+r\mu)(1-\mu^2)^{\frac{n-3}{2}}\mathrm{d}\mu, \tag{2.1.36}$$

其中,当 $n=2$ 时,ω_{n-1} 之值取为 2,即人为地规定 $\omega_1=2$,下同.这一规定和利用本章(2.4.7)式在 $n=2$ 时导出的 ω_1 值是一致的.

事实上,由(2.1.26)式易得

$$\begin{aligned}h(x, r)&=\frac{1}{\omega_n r^{n-1}}\int_{|y|=r}\psi(x+y)\mathrm{d}S\\&=\frac{1}{\omega_n r^{n-1}}\frac{\partial}{\partial r}\int_{|y|\leqslant r}\psi(x+y)\mathrm{d}y.\end{aligned} \tag{2.1.37}$$

注意到(2.1.35)式,此时有

$$\int_{|y|\leqslant r}\psi(x+y)\mathrm{d}y=\int_{\lambda^2+|\tilde{y}|^2\leqslant r^2}\phi(x_1+\lambda)\mathrm{d}\lambda\mathrm{d}\tilde{y},$$

其中 $\tilde{y}=(y_2, \cdots, y_n)$. 对变量$\tilde{y}$用极坐标,并记 $\rho=|\tilde{y}|$,上式可改写为

$$\begin{aligned}&\int_{|y|\leqslant r}\psi(x+y)\mathrm{d}y\\&=\omega_{n-1}\int_{\lambda^2+\rho^2\leqslant r^2}\phi(x_1+\lambda)\rho^{n-2}\mathrm{d}\lambda\mathrm{d}\rho\\&=\omega_{n-1}\int_{-r}^{r}\mathrm{d}\lambda\int_0^{\sqrt{r^2-\lambda^2}}\phi(x_1+\lambda)\rho^{n-2}\mathrm{d}\rho,\end{aligned}$$

从而易知

$$\begin{aligned}&\frac{\partial}{\partial r}\int_{|y|\leqslant r}\psi(x+y)\mathrm{d}y\\&=\omega_{n-1}r\int_{-r}^{r}\phi(x_1+\lambda)(r^2-\lambda^2)^{\frac{n-3}{2}}\mathrm{d}\lambda\\&=\omega_{n-1}r^{n-1}\int_{-1}^{1}\phi(x_1+r\mu)(1-\mu^2)^{\frac{n-3}{2}}\mathrm{d}\mu.\end{aligned}$$

这样,由(2.1.37)式就证明了(2.1.36)式.

由(2.1.36)式给出的球面平均函数 $h(x, r)$只依赖于 x_1 及 r,因此,相应的 Darboux 方程(2.1.33)此时化为

$$\frac{\partial^2 h}{\partial r^2}+\frac{n-1}{r}\frac{\partial h}{\partial r}=\frac{\partial^2 h}{\partial x_1^2}, \tag{2.1.38}$$

而

$$\frac{\partial^2 h}{\partial x_1^2} = \frac{\omega_{n-1}}{\omega_n}\int_{-1}^{1} \phi''(x_1 + r\mu)(1-\mu^2)^{\frac{n-3}{2}}\,\mathrm{d}\mu. \tag{2.1.39}$$

在(2.1.38)-(2.1.39)式中令 $x_1 = 0$，就得到

引理 1.2 设

$$h(r) = \frac{\omega_{n-1}}{\omega_n}\int_{-1}^{1} \phi(r\mu)(1-\mu^2)^{\frac{n-3}{2}}\,\mathrm{d}\mu, \tag{2.1.40}$$

则成立

$$h''(r) + \frac{n-1}{r}h'(r) = \frac{\omega_{n-1}}{\omega_n}\int_{-1}^{1} \phi''(r\mu)(1-\mu^2)^{\frac{n-3}{2}}\,\mathrm{d}\mu. \tag{2.1.41}$$

现在将上述结果用于求解波动方程的 Cauchy 问题.

设 $v = v(t, x)$ 为 Cauchy 问题(2.1.15)-(2.1.16)的解. 易知 v 是 t 的偶函数. 令

$$w(x, r) = \frac{\omega_{n-1}}{\omega_n}\int_{-1}^{1} v(r\mu, x)(1-\mu^2)^{\frac{n-3}{2}}\,\mathrm{d}\mu. \tag{2.1.42}$$

将 x 视为参数，由引理 1.2 并利用方程(2.1.15)，可得

$$\begin{aligned}
&\frac{\partial^2 w(x, r)}{\partial r^2} + \frac{n-1}{r}\frac{\partial w(x, r)}{\partial r} \\
&= \frac{\omega_{n-1}}{\omega_n}\int_{-1}^{1} v_{tt}(r\mu, x)(1-\mu^2)^{\frac{n-3}{2}}\,\mathrm{d}\mu \\
&= \frac{\omega_{n-1}}{\omega_n}\int_{-1}^{1} \triangle_x v(r\mu, x)(1-\mu^2)^{\frac{n-3}{2}}\,\mathrm{d}\mu \\
&= \triangle_x w(x, r),
\end{aligned}$$

即 $w = w(x, r)$ 满足 Darboux 方程(2.1.33). 同时，由(2.1.16)式，并注意到在(2.1.36)式中特取 $\phi \equiv 1$（从而其球面平均 $h \equiv 1$）有

$$\frac{\omega_{n-1}}{\omega_n}\int_{-1}^{1} (1-\mu^2)^{\frac{n-3}{2}}\,\mathrm{d}\mu = 1, \tag{2.1.43}$$

易知

$$r = 0: w = g(x),\ \frac{\partial w}{\partial r} = 0. \tag{2.1.44}$$

这样,由引理 1.1 就得到

$$w(x,\ r)=\frac{1}{\omega_n}\int_{|\xi|=1}g(x+r\xi)\mathrm{d}\omega_\xi. \tag{2.1.45}$$

联合(2.1.42)及(2.1.45)式,并注意到 v 是 t 的偶函数,就得到

$$\frac{2\omega_{n-1}}{\omega_n}\int_0^1 v(r\mu,\ x)(1-\mu^2)^{\frac{n-3}{2}}\mathrm{d}\mu=\frac{1}{\omega_n}\int_{|\xi|=1}g(x+r\xi)\mathrm{d}\omega_\xi. \tag{2.1.46}$$

(2.1.46)式是 Cauchy 问题(2.1.15)-(2.1.16)的解 $v=v(t,\ x)$ 所应满足的一个积分方程.因此,可以通过对(2.1.46)式进行反演,来求解 Cauchy 问题(2.1.15)-(2.1.16).

在(2.1.46)中作变量代换

$$r=\sqrt{s},\ r\mu=\sqrt{\sigma}, \tag{2.1.47}$$

并简记

$$Q(r,\ x)=\frac{1}{\omega_n}\int_{|\xi|=1}g(x+r\xi)\mathrm{d}\omega_\xi, \tag{2.1.48}$$

就得到

$$\frac{\omega_{n-1}}{\omega_n}\int_0^s\frac{v(\sqrt{\sigma},\ x)}{\sqrt{\sigma}}(s-\sigma)^{\frac{n-3}{2}}\mathrm{d}\sigma=s^{\frac{n-2}{2}}Q(\sqrt{s},\ x). \tag{2.1.49}$$

暂时略去对 x 的依赖性,记

$$w(s)=s^{\frac{n-2}{2}}Q(\sqrt{s},\ x),\ \chi(\sigma)=\frac{v(\sqrt{\sigma},\ x)}{\sqrt{\sigma}}, \tag{2.1.50}$$

(2.1.49)式可改写为

$$\frac{\omega_{n-1}}{\omega_n}\int_0^s\chi(\sigma)(s-\sigma)^{\frac{n-3}{2}}\mathrm{d}\sigma=w(s). \tag{2.1.51}$$

下面我们将通过求解积分方程(2.1.51),来导出 $n(>1)$ 维波动方程 Cauchy 问题的解的表达式.

1.3. $n(>1)$为奇数时解的表达式

当 $n(>1)$ 为奇数时,$\frac{n-3}{2}$ 为非负整数,在(2.1.51)式两端求 $\frac{n-1}{2}$ 阶导数,

就可立即解出

$$\chi(s)=\frac{\omega_n}{\omega_{n-1}\cdot\left(\frac{n-3}{2}\right)!}\left(\frac{\mathrm{d}}{\mathrm{d}s}\right)^{\frac{n-1}{2}}w(s),\tag{2.1.52}$$

从而注意到(2.1.50)式,有

$$\frac{v(\sqrt{s},x)}{\sqrt{s}}=\frac{\omega_n}{\omega_{n-1}\cdot\left(\frac{n-3}{2}\right)!}\left(\frac{\mathrm{d}}{\mathrm{d}s}\right)^{\frac{n-1}{2}}(s^{\frac{n-2}{2}}Q(\sqrt{s},x)).\tag{2.1.53}$$

在上式中令 $s=t^2$,就得到 Cauchy 问题(2.1.15)-(2.1.16)的解为

$$v(t,x)=\frac{\omega_n}{\omega_{n-1}\cdot\left(\frac{n-3}{2}\right)!}t\left(\frac{1}{2t}\frac{\partial}{\partial t}\right)^{\frac{n-1}{2}}(t^{n-2}Q(t,x)),$$

$$(t,x)\in\mathbb{R}_+\times\mathbb{R}^n.\tag{2.1.54}$$

再利用本章附录(§4)中的定理4.1,即

$$\omega_n=\frac{2\pi^{\frac{n}{2}}}{\Gamma\left(\frac{n}{2}\right)},\tag{2.1.55}$$

上式又可写为

$$v(t,x)=\frac{\sqrt{\pi}}{\Gamma\left(\frac{n}{2}\right)}t\left(\frac{1}{2t}\frac{\partial}{\partial t}\right)^{\frac{n-1}{2}}(t^{n-2}Q(t,x)),$$

$$(t,x)\in\mathbb{R}\times\mathbb{R}^n.\tag{2.1.56}$$

最后,利用(2.1.17)式,就可得到下述的

定理 1.1 当 $n(>1)$为奇数时,Cauchy 问题(2.1.4)-(2.1.5)的解为

$$u(t,x)=\frac{\sqrt{\pi}}{2\Gamma\left(\frac{n}{2}\right)}\left(\frac{1}{2t}\frac{\partial}{\partial t}\right)^{\frac{n-3}{2}}(t^{n-2}Q(t,x)),\tag{2.1.57}$$

其中

$$Q(t,x)=\frac{1}{\omega_n}\int_{|\xi|=1}g(x+t\xi)\,\mathrm{d}\omega_\xi.\tag{2.1.58}$$

在定理 1.1 中特别取 $n=3$,并注意到 $\omega_3=4\pi$ 及 $\Gamma\left(\frac{1}{2}\right)=\sqrt{\pi}$,就立刻得到三维情形的 Poisson 公式(2.1.22).

1.4. $n(\geqslant 2)$为偶数时解的表达式

当 $n(\geqslant 2)$ 为偶数时,为得到 Cauchy 问题(2.1.4)-(2.1.5)的解 $u=u(t,x)$,可人为地增加一个自变量 x_{n+1},而将 u 视为下述 Cauchy 问题

$$\Box_{n+1}u=0, \tag{2.1.59}$$

$$t=0: u=0,\ u_t=g(x) \tag{2.1.60}$$

的解,其中 $x=(x_1,\cdots,x_n)$,而

$$\Box_{n+1}=\frac{\partial^2}{\partial t^2}-\frac{\partial^2}{\partial x_1^2}-\cdots-\frac{\partial^2}{\partial x_{n+1}^2} \tag{2.1.61}$$

为 $n+1$ 维波动算子.

对 Cauchy 问题(2.1.59)-(2.1.60)应用定理 1.1,就得到

$$u(t,x)=\frac{\sqrt{\pi}}{2\Gamma\left(\frac{n+1}{2}\right)}\left(\frac{1}{2t}\frac{\partial}{\partial t}\right)^{\frac{n-2}{2}}(t^{n-1}\bar{Q}(t,x)), \tag{2.1.62}$$

其中

$$\bar{Q}(t,x)=\frac{1}{\omega_{n+1}}\int_{|\xi'|=1}g(x_1+t\xi_1,\cdots,x_n+t\xi_n)\mathrm{d}\omega_{\xi'}, \tag{2.1.63}$$

而 $\xi'=(\xi,\xi_{n+1})=(\xi_1,\cdots,\xi_n,\xi_{n+1})$.

记 $y'=(y,y_{n+1})$. 易见

$$\begin{aligned}\bar{Q}(t,x)&=\frac{1}{\omega_{n+1}t^n}\int_{|y'|=t}g(x+y)\mathrm{d}S_{y'}\\&=\frac{1}{\omega_{n+1}t^n}\frac{\partial}{\partial t}\int_{|y'|\leqslant t}g(x+y)\mathrm{d}y'\\&=\frac{1}{\omega_{n+1}t^n}\frac{\partial}{\partial t}\int_{|y|\leqslant t}\int_{-\sqrt{t^2-|y|^2}}^{\sqrt{t^2-|y|^2}}g(x+y)\mathrm{d}y_{n+1}\mathrm{d}y\\&=\frac{2}{\omega_{n+1}t^n}\frac{\partial}{\partial t}\int_{|y|\leqslant t}\sqrt{t^2-|y|^2}\,g(x+y)\mathrm{d}y\end{aligned}$$

$$= \frac{2}{\omega_{n+1} t^{n-1}} \int_{|y| \leqslant t} \frac{g(x+y)}{\sqrt{t^2 - |y|^2}} \mathrm{d}y$$

$$= \frac{2}{\omega_{n+1} t^{n-1}} \int_{|y-x| \leqslant t} \frac{g(y)}{\sqrt{t^2 - |y-x|^2}} \mathrm{d}y. \qquad (2.1.64)$$

这样,利用本章附录(ξ4)中的(2.4.7)式,即

$$\frac{\omega_{n+1}}{\omega_n} = \frac{\Gamma\left(\frac{n}{2}\right)}{\Gamma\left(\frac{n+1}{2}\right)} \sqrt{\pi}, \qquad (2.1.65)$$

我们就得到

定理 1.2 当 $n(\geqslant 2)$ 为偶数时,Cauchy 问题(2.1.4)-(2.1.5)的解为

$$u(t, x) = \frac{1}{\omega_n \Gamma\left(\frac{n}{2}\right)} \left(\frac{1}{2t} \frac{\partial}{\partial t}\right)^{\frac{n-2}{2}} R(t, x), \qquad (2.1.66)$$

其中

$$R(t, x) = \int_{|y-x| \leqslant t} \frac{g(y)}{\sqrt{t^2 - |y-x|^2}} \mathrm{d}y. \qquad (2.1.67)$$

在定理 1.2 中特别取 $n = 2$,并注意到 $\omega_2 = 2\pi$,就立刻得到二维情形的 Poisson 公式(2.1.21).

§1.2-§1.4 中的结果,可参见柯朗,希尔伯特[7].

§2. 基本解的表达式

下述波动方程的 Cauchy 问题

$$\Box E = 0, \ (t, x) \in \mathbb{R}_+ \times \mathbb{R}^n, \qquad (2.2.1)$$

$$t = 0 : E = 0, \ E_t = \delta(x), \ x \in \mathbb{R}^n \qquad (2.2.2)$$

的广义函数解 $E = E(t, x)$,称为波动算子的**基本解**. 在(2.2.2)式中,$\delta(x)$为 Dirac 函数.

显然,求得了基本解 $E = E(t, x)$,波动方程 Cauchy 问题(2.1.4)-(2.1.5)的解就可表达为

$$S(t)g = E(t,\cdot) * g,\ \forall t \geqslant 0, \tag{2.2.3}$$

这里 $*$ 表示广义函数的卷积.

反之,若存在一个广义函数 E 使(2.2.3)式对任意给定的函数 g 成立,则 E 一定是波动算子的基本解.

下面我们来导出波动算子基本解的表达式.

对任意给定的 $a > 0$, 定义函数

$$\chi_+^a(y) = \frac{(\max(y,0))^a}{\Gamma(a+1)} = \begin{cases} \dfrac{y^a}{\Gamma(a+1)}, & y \geqslant 0, \\ 0, & y < 0. \end{cases} \tag{2.2.4}$$

$\chi_+^a(y)$为 y 的连续函数,其支集为 $\{y \geqslant 0\}$. 易知,在 $a>0$ 时成立

$$\frac{\mathrm{d}}{\mathrm{d}y}\chi_+^{a+1}(y) = \chi_+^a(y). \tag{2.2.5}$$

由于连续函数在广义函数的意义下可以不断求导,利用上式可在 $a \leqslant 0$ 时在广义函数的范畴内归纳地定义 $\chi_+^a(y)$. 这样,对任意给定的实数a,都可以定义函数 $\chi_+^a(y)$,且其支集 $\subseteq \{y \geqslant 0\}$. 易知,$\chi_+^a(y)$ 是 y 的 a 次齐次函数,且

$$\text{sing supp}\,\chi_+^a \subseteq \{y = 0\}, \tag{2.2.6}$$

这里 sing supp 表示广义函数的奇支集.

特别,我们有

$$\chi_+^0(y) = \frac{\mathrm{d}}{\mathrm{d}y}\chi_+^1(y) = H(y), \tag{2.2.7}$$

这里

$$H(y) = \begin{cases} 1, & y > 0, \\ 0, & y < 0 \end{cases} \tag{2.2.8}$$

为 Heaviside 函数. 从而

$$\chi_+^{-1}(y) = \frac{\mathrm{d}}{\mathrm{d}y}\chi_+^0(y) = \delta(y). \tag{2.2.9}$$

此外,注意到 $\Gamma\left(\frac{1}{2}\right) = \sqrt{\pi}$, 易知有

$$\chi_+^{-\frac{1}{2}}(y) = \frac{\mathrm{d}}{\mathrm{d}y}\chi_+^{\frac{1}{2}}(y) = \begin{cases} \dfrac{1}{\sqrt{\pi y}}, & y > 0, \\ 0, & y < 0. \end{cases} \tag{2.2.10}$$

定理 2.1 $n(\geqslant 1)$维波动算子的基本解为

$$E(t, x)=\frac{1}{2\pi^{\frac{n-1}{2}}}\chi_{+}^{-\frac{n-1}{2}}(t^2-|x|^2). \tag{2.2.11}$$

证 我们只需验证(2.2.3)式.

当$n=1$时,由(2.2.11)并注意到(2.2.7)式,有

$$\begin{aligned}E(t, \cdot)*g&=\frac{1}{2}\int H(t^2-|x-y|^2)g(y)\mathrm{d}y\\&=\frac{1}{2}\int H(t-|x-y|)g(y)\mathrm{d}y\\&=\frac{1}{2}\int_{|y-x|\leqslant t}g(y)\mathrm{d}y\\&=\frac{1}{2}\int_{x-t}^{x+t}g(y)\mathrm{d}y.\end{aligned}$$

由 D'Alembert 公式(2.1.20),这就证明了$n=1$时的(2.2.3)式.

当$n(\geqslant 2)$为偶数时,注意到由(2.2.10)式有

$$\chi_{+}^{-\frac{1}{2}}(t^2-|\cdot|^2)*g=\frac{1}{\sqrt{\pi}}\int_{|y-x|\leqslant t}\frac{g(y)}{\sqrt{t^2-|x-y|^2}}\mathrm{d}y,$$

从而由定理 1.2 并注意到(2.1.55)式,就有

$$\begin{aligned}S(t)g&=\frac{\sqrt{\pi}}{\omega_n\Gamma\left(\frac{n}{2}\right)}\left(\frac{1}{2t}\frac{\partial}{\partial t}\right)^{\frac{n-2}{2}}(\chi_{+}^{-\frac{1}{2}}(t^2-|\cdot|^2)*g)\\&=\frac{\sqrt{\pi}}{\omega_n\Gamma\left(\frac{n}{2}\right)}\chi_{+}^{-\frac{n-1}{2}}(t^2-|\cdot|^2)*g\\&=E(t, \cdot)*g,\end{aligned}$$

即(2.2.3)式在$n(\geqslant 2)$为偶数时成立.

当$n(\geqslant 3)$为奇数时,注意到由(2.2.9)式有

$$\begin{aligned}&\chi_{+}^{-1}(t^2-|\cdot|^2)*g\\&=\int\delta(t^2-|x-y|^2)g(y)\mathrm{d}y\\&=\int\delta((t+|x-y|)(t-|x-y|))g(y)\mathrm{d}y\end{aligned}$$

$$
\begin{aligned}
&= \int \delta(2t(t - |x-y|))g(y)\mathrm{d}y \\
&= \frac{1}{2t}\int \delta(t - |x-y|)g(y)\mathrm{d}y \\
&= \frac{1}{2t}\int_{|y-x|=t} g(y)\mathrm{d}S_y \\
&= \frac{t^{n-2}}{2}\int_{|\xi|=1} g(x+t\xi)\mathrm{d}\omega_\xi,
\end{aligned}
$$

从而由定理 1.1 并注意到(2.1.55)式,就有

$$
\begin{aligned}
S(t)g &= \frac{\sqrt{\pi}}{\omega_n \Gamma\left(\frac{n}{2}\right)}\left(\frac{1}{2t}\frac{\partial}{\partial t}\right)^{\frac{n-3}{2}}(\chi_+^{-1}(t^2 - |\cdot|^2) * g) \\
&= \frac{\sqrt{\pi}}{\omega_n \Gamma\left(\frac{n}{2}\right)}\chi_+^{-\frac{n-1}{2}}(t^2 - |\cdot|^2) * g \\
&= E(t, \cdot) * g,
\end{aligned}
$$

即(2.2.3)式在 $n(\geqslant 3)$ 为奇数时亦成立.

定理 2.1 证毕.

注 2.1　注意到(2.2.9)式及(2.2.5)式,由定理 2.1 易知:当 $n(>1)$ 为奇数时,基本解 $E(t, x)$ 的支集为特征锥面 $|x| = t$.

注 2.2　由定理 2.1,易知波动算子的基本解,在 $n = 1$ 时为

$$
E(t, x) = \begin{cases} \frac{1}{2}, & |x| \leqslant t, \\ 0, & |x| > t; \end{cases} \tag{2.2.12}
$$

在 $n = 2$ 时为

$$
E(t, x) = \begin{cases} \frac{1}{2\pi\sqrt{t^2 - |x|^2}}, & |x| \leqslant t, \\ 0, & |x| > t, \end{cases} \tag{2.2.13}
$$

其中 $x = (x_1, x_2)$;而在 $n = 3$ 时为

$$
E(t, x) = \frac{\delta(|x| - t)}{4\pi |x|}, \tag{2.2.14}
$$

其中 $x = (x_1, x_2, x_3)$. 这和由(2.1.20)-(2.1.22)所示的结果吻合,同时也直

接说明了在§1.1 中所述的在 $n=1,2$ 及 3 时基本解的正性.

§3. Fourier 变换

线性波动方程的 Cauchy 问题的解还可以通过 Fourier 变换来求得.

在 Cauchy 问题(2.1.4)-(2.1.5)中关于变量 x 作 Fourier 变换,就得到

$$\hat{u}_{tt}(t,\xi)+|\xi|^2\hat{u}(t,\xi)=0, \tag{2.3.1}$$

$$t=0: \hat{u}=0, \hat{u}_t=\hat{g}(\xi), \tag{2.3.2}$$

其中$\hat{u}$及$\hat{g}$分别表示 u 及 g 的 Fourier 变换. 将 ξ 视为参数,求解上述常微分方程的 Cauchy 问题,立刻可得

$$\hat{u}(t,\xi)=\frac{\sin(|\xi|t)}{|\xi|}\hat{g}(\xi). \tag{2.3.3}$$

再利用(2.1.14)式,就得到下述

定理 3.1 设 $u=u(t,x)$ 为波动方程的 Cauchy 问题(3.1.1)-(3.1.2)的解,则 u 关于 x 的 Fourier 变换为

$$\begin{aligned}\hat{u}(t,\xi)=&\cos(|\xi|t)\hat{f}(\xi)+\frac{\sin(|\xi|t)}{|\xi|}\hat{g}(\xi)\\&+\int_0^t\frac{\sin(|\xi|(t-\tau))}{|\xi|}\hat{F}(\tau,\xi)\mathrm{d}\tau.\end{aligned} \tag{2.3.4}$$

今后,我们将利用定理 3.1 来建立有关波动方程 Cauchy 问题的解的一些估计式.

§4. 附录——单位球面的面积

已知 Γ 函数由下式定义(见[8]):

$$\Gamma(z)=\int_0^\infty t^{z-1}\mathrm{e}^{-t}\mathrm{d}t, \ \forall z>0. \tag{2.4.1}$$

成立

$$\Gamma(z+1)=z\Gamma(z), \ \forall z>0, \tag{2.4.2}$$

且当 z 为正整数时

$$\Gamma(z+1)=z!. \tag{2.4.3}$$

此外

$$\Gamma(1)=1 \text{ 及 } \Gamma\left(\frac{1}{2}\right)=\sqrt{\pi}. \tag{2.4.4}$$

B 函数则定义为(见[8])

$$B(p,q)=\int_0^1 x^{p-1}(1-x)^{q-1}\mathrm{d}x,\ \forall p,q>0, \tag{2.4.5}$$

并成立

$$B(p,q)=\frac{\Gamma(p)\Gamma(q)}{\Gamma(p+q)}. \tag{2.4.6}$$

在下面的运算中令 $x=\mu^2$，并注意到(2.4.6)及(2.4.4)，在 $n>1$ 时就有

$$\begin{aligned}\int_{-1}^1(1-\mu^2)^{\frac{n-3}{2}}\mathrm{d}\mu&=2\int_0^1(1-\mu^2)^{\frac{n-3}{2}}\mathrm{d}\mu\\&=\int_0^1 x^{-\frac{1}{2}}(1-x)^{\frac{n-3}{2}}\mathrm{d}x\\&=B\left(\frac{1}{2},\frac{n-1}{2}\right)\\&=\frac{\Gamma\left(\frac{1}{2}\right)\Gamma\left(\frac{n-1}{2}\right)}{\Gamma\left(\frac{n}{2}\right)}\\&=\frac{\sqrt{\pi}\Gamma\left(\frac{n-1}{2}\right)}{\Gamma\left(\frac{n}{2}\right)},\end{aligned}$$

从而由(2.1.43)式得到：在 $n>1$ 时有

$$\frac{\omega_n}{\omega_{n-1}}=\frac{\Gamma\left(\frac{n-1}{2}\right)}{\Gamma\left(\frac{n}{2}\right)}\sqrt{\pi}. \tag{2.4.7}$$

这说明 $\left\{\Gamma\left(\frac{n}{2}\right)\omega_n\right\}$ 构成公比为 $\sqrt{\pi}$ 的等比数列. 于是，注意到 $\omega_2=2\pi$，有

$$\Gamma\left(\frac{n}{2}\right)\omega_n=\pi^{\frac{n-2}{2}}(\Gamma(1)\omega_2)=2\pi^{\frac{n}{2}},$$

从而得到下述

定理 4.1 $n(>1)$维空间$\mathbb{R}^n$中的单位球面S^{n-1}的面积为

$$\omega_n=\frac{2\pi^{\frac{n}{2}}}{\Gamma\left(\frac{n}{2}\right)}. \tag{2.4.8}$$

第三章

具衰减因子的 Sobolev 型不等式

§1. 预备事项

在本章中要建立具衰减因子的 Sobolev 型不等式. 其关键是考虑到波动算子的 Lorentz 不变性，引入一组一阶偏微分算子来代替普通的求导运算（参见 S. Klainerman[32]）.

为说明这一点，记

$$x_0 = t,\ x = (x_1,\ \cdots,\ x_n), \tag{3.1.1}$$

并在无特殊说明的情况下，对有关字母作为上下标时的取值范围作如下的约定：

$$a,\ b,\ c,\ \cdots = 0,\ 1,\ \cdots,\ n; \tag{3.1.2}$$

$$i,\ j,\ k,\ \cdots = 1,\ \cdots,\ n. \tag{3.1.3}$$

引入 Lorentz 度规

$$\eta = (\eta^{ab})_{a,\ b=0,\ 1,\ \cdots,\ n} = \mathrm{diag}\{-1,\ 1,\ \cdots,\ 1\}, \tag{3.1.4}$$

并记

$$\partial_0 = -\frac{\partial}{\partial t},\ \partial_i = \frac{\partial}{\partial x_i}\ (i = 1,\ \cdots,\ n), \tag{3.1.5}$$

于是 n 维波动算子可写为

$$\square = -\eta^{ab}\partial_a\partial_b = \partial_0^2 - \partial_1^2 - \cdots - \partial_n^2. \tag{3.1.6}$$

这里及今后约定重复的上下指标表示求和，于是

$$\eta^{ab}\partial_a\partial_b = \sum_{a,\ b=0}^{n}\eta^{ab}\partial_a\partial_b.$$

引入如下的一阶偏微分算子：

$$\Omega_{ab}=x_a\partial_b-x_b\partial_a=-\Omega_{ba}(a,\ b=0,\ 1,\ \cdots,\ n), \tag{3.1.7}$$

$$L_0=\eta^{ab}x_a\partial_b=t\partial_t+x_1\partial_1+\cdots+x_n\partial_n, \tag{3.1.8}$$

$$\partial=(\partial_0,\ \partial_1,\cdots,\ \partial_n)=(-\partial_t,\ \partial_1,\cdots,\ \partial_n), \tag{3.1.9}$$

$$\partial_x\overset{\text{def.}}{=}D_x=(\partial_1,\ \cdots,\ \partial_n), \tag{3.1.10}$$

它们将在今后的讨论中起重要的作用. 由(3.1.7)式，特别地，有

$$\Omega_{ij}=x_i\partial_j-x_j\partial_i=-\Omega_{ji}\quad(i,\ j=1,\ \cdots,\ n), \tag{3.1.11}$$

$$\Omega_{0i}=t\partial_i+x_i\partial_t\overset{\text{def.}}{=}L_i\quad(i=1,\ \cdots,\ n). \tag{3.1.12}$$

记

$$\Omega_x=(\Omega_{ij})_{1\leqslant i<j\leqslant n}, \tag{3.1.13}$$

$$\Omega=(\Omega_{ab})_{0\leqslant a<b\leqslant n}, \tag{3.1.14}$$

$$L=(L_0,\ L_1,\ \cdots,\ L_n), \tag{3.1.15}$$

$$\hat{\Omega}_x=(\Omega_x,\ \partial_x), \tag{3.1.16}$$

$$\bar{\Omega}=(\Omega,\ L_0)=(\Omega_x,\ L), \tag{3.1.17}$$

$$\Gamma=(\Omega,\ L_0,\ \partial)=(\Omega_x,\ L,\ \partial)=(\bar{\Omega},\ \partial). \tag{3.1.18}$$

为今后的需要，对由这些一阶偏微分算子构成的集合，下面给出其所具有的一些简单而重要的性质.

1.1. 换位关系式

引理 1.1 如下的换位关系式成立：

$$[\partial_a,\ \partial_b]=0, \tag{3.1.19}$$

$$[\Omega_{ab},\ \Omega_{cd}]=\eta^{bc}\Omega_{ad}+\eta^{ad}\Omega_{bc}-\eta^{bd}\Omega_{ac}-\eta^{ac}\Omega_{bd}, \tag{3.1.20}$$

$$[L_0,\ \Omega_{ab}]=0, \tag{3.1.21}$$

$$[\Omega_{ab},\ \partial_c]=\eta^{bc}\partial_a-\eta^{ac}\partial_b, \tag{3.1.22}$$

$$[L_0,\ \partial_a]=-\partial_a, \tag{3.1.23}$$

其中[·, ·]表示 Poisson 括号，即

$$[A, B] = AB - BA. \tag{3.1.24}$$

证　(3.1.19)式的成立是显然的. 为证明其余的换位关系式, 首先指出恒有

$$\partial_a x_b = \eta^{ab} = \eta^{ba} \quad (a, b = 0, 1, \cdots, n). \tag{3.1.25}$$

于是

$$\begin{aligned}
&[\Omega_{ab}, \Omega_{cd}] \\
&= \Omega_{ab}\Omega_{cd} - \Omega_{cd}\Omega_{ab} \\
&= (x_a\partial_b - x_b\partial_a)(x_c\partial_d - x_d\partial_c) \\
&\quad - (x_c\partial_d - x_d\partial_c)(x_a\partial_b - x_b\partial_a) \\
&= x_a(\partial_b x_c)\partial_d - x_c(\partial_d x_a)\partial_b - x_b(\partial_a x_c)\partial_d + x_c(\partial_d x_b)\partial_a \\
&\quad - x_a(\partial_b x_d)\partial_c + x_d(\partial_c x_a)\partial_b + x_b(\partial_a x_d)\partial_c - x_d(\partial_c x_b)\partial_a \\
&= \eta^{bc} x_a\partial_d - \eta^{da} x_c\partial_b - \eta^{ac} x_b\partial_d + \eta^{db} x_c\partial_a \\
&\quad - \eta^{bd} x_a\partial_c + \eta^{ca} x_d\partial_b + \eta^{ad} x_b\partial_c - \eta^{cb} x_d\partial_a \\
&= \eta^{bc}(x_a\partial_d - x_d\partial_a) + \eta^{ad}(x_b\partial_c - x_c\partial_b) \\
&\quad - \eta^{bd}(x_a\partial_c - x_c\partial_a) - \eta^{ac}(x_b\partial_d - x_d\partial_b) \\
&= \eta^{bc}\Omega_{ad} + \eta^{ad}\Omega_{bc} - \eta^{bd}\Omega_{ac} - \eta^{ac}\Omega_{bd},
\end{aligned}$$

这就是(3.1.20)式.

$$\begin{aligned}
&[L_0, \Omega_{ab}] \\
&= L_0\Omega_{ab} - \Omega_{ab}L_0 \\
&= \eta^{cd} x_c\partial_d(x_a\partial_b - x_b\partial_a) - (x_a\partial_b - x_b\partial_a)\eta^{cd} x_c\partial_d \\
&= \eta^{cd} x_c(\partial_d x_a)\partial_b - x_a\eta^{cd}(\partial_b x_c)\partial_d \\
&\quad - \eta^{cd} x_c(\partial_d x_b)\partial_a + x_b\eta^{cd}(\partial_a x_c)\partial_d \\
&= \eta^{cd}\eta^{da} x_c\partial_b - \eta^{cd}\eta^{bc} x_a\partial_d - \eta^{cd}\eta^{db} x_c\partial_a + \eta^{cd}\eta^{ac} x_b\partial_d \\
&= x_a\partial_b - x_a\partial_b - x_b\partial_a + x_b\partial_a = 0,
\end{aligned}$$

这就是(3.1.21)式.

$$\begin{aligned}
[\Omega_{ab}, \partial_c] &= \Omega_{ab}\partial_c - \partial_c\Omega_{ab} \\
&= (x_a\partial_b - x_b\partial_a)\partial_c - \partial_c(x_a\partial_b - x_b\partial_a) \\
&= -(\partial_c x_a)\partial_b + (\partial_c x_b)\partial_a = \eta^{bc}\partial_a - \eta^{ac}\partial_b,
\end{aligned}$$

这就是(3.1.22)式.

最后,

$$[L_0, \partial_a] = L_0\partial_a - \partial_a L_0$$

$$= (\eta^{cd} x_c \partial_d)\partial_a - \partial_a(\eta^{cd} x_c \partial_d)$$
$$= -\eta^{cd}(\partial_a x_c)\partial_d = -\eta^{cd}\eta^{ac}\partial_d = -\partial_a,$$

这就是(3.1.23)式.

引理1.1证毕.

利用数学归纳法,由(3.1.22)-(3.1.23)式易得如下的

推论 1.1 对任意给定的多重指标 $k=(k_1, \cdots, k_\sigma)$, 成立

$$[\partial_a, \Gamma^k] = \sum_{|i|\leqslant|k|-1} A_{ki}\Gamma^i D = \sum_{|i|\leqslant|k|-1} \widetilde{A}_{ki} D\Gamma^i \quad (a=0, 1, \cdots, n), \tag{3.1.26}$$

其中 $|k|=k_1+\cdots+k_\sigma$, σ 表示集合 Γ 中的偏微分算子的数目: $\Gamma=(\Gamma_1, \cdots, \Gamma_\sigma)$,

$$\Gamma^k = \Gamma_1^{k_1}\cdots\Gamma_\sigma^{k_\sigma},$$

$$D = \left(\frac{\partial}{\partial t}, \frac{\partial}{\partial x_1}, \cdots, \frac{\partial}{\partial x_n}\right), \tag{3.1.27}$$

$i=(i_1, \cdots, i_\sigma)$ 为多重指标, $|i|=i_1+\cdots+i_\sigma$, 而 A_{ki} 及 $\widetilde{A}_{ki}$ 均为常数.

1.2. 空间 $L^{p,q}(\mathbb{R}^n)$

首先引入空间 $L^{p,q}(\mathbb{R}^n)$(这是在李大潜,俞新[45],[46]中首先引入的).

定义 1.1 若

$$g(r, \xi) \stackrel{\triangle}{=} f(r\xi) r^{\frac{n-1}{p}} \in L^p(0, +\infty; L^q(S^{n-1})), \tag{3.1.28}$$

其中 $r=|x|$, $\xi=(\xi_1, \cdots, \xi_n)\in S^{n-1}$ (S^{n-1} 为 $\mathbb{R}^n$ 中的单位球面: $|\xi|=1$), $1\leqslant p, q\leqslant+\infty$, 则称 $f=f(x)\in L^{p,q}(\mathbb{R}^n)$, 并装配以范数

$$\|f\|_{L^{p,q}(\mathbb{R}^n)} \stackrel{\text{def.}}{=} \|f(r\xi)r^{\frac{n-1}{p}}\|_{L^p(0,+\infty;\, L^q(S^{n-1}))}. \tag{3.1.29}$$

由(3.1.28)-(3.1.29)式,在 $1\leqslant p, q<+\infty$ 时, 有

$$\|f\|_{L^{p,q}(\mathbb{R}^n)} = \left(\int_0^\infty \|f(r\xi)\|^p_{L^q(S^{n-1})} r^{n-1}\mathrm{d}r\right)^{\frac{1}{p}}$$
$$= \left(\int_0^\infty \left(\int_{|\xi|=1} |f(r\xi)|^q \mathrm{d}\omega_\xi\right)^{\frac{p}{q}} r^{n-1}\mathrm{d}r\right)^{\frac{1}{p}},$$

其中 $\mathrm{d}\omega_\xi$ 为 S^{n-1} 上的面积微元；在 $1\leqslant p<+\infty$，而 $q=+\infty$ 时，有

$$\|f\|_{L^{p,\infty}(\mathbb{R}^n)}=\left(\int_0^\infty\|f(r\xi)\|^p_{L^\infty(S^{n-1})}r^{n-1}\mathrm{d}r\right)^{\frac{1}{p}}$$
$$=\left(\int_0^\infty\left(\operatorname*{ess\,sup}_{|\xi|=1}|f(r\xi)|\right)^p r^{n-1}\mathrm{d}r\right)^{\frac{1}{p}};$$

在 $p=+\infty$，而 $1\leqslant q<+\infty$ 时，有

$$\|f\|_{L^{\infty,q}(\mathbb{R}^n)}=\operatorname*{ess\,sup}_{0\leqslant r<\infty}\|f(r\xi)\|_{L^p(S^{n-1})}$$
$$=\operatorname*{ess\,sup}_{0\leqslant r<\infty}\left(\int_{|\xi|=1}|f(r\xi)|^q\mathrm{d}\omega_\xi\right)^{\frac{1}{q}};$$

而在 $p=q=+\infty$ 时，则有

$$\|f\|_{L^{\infty,\infty}(\mathbb{R}^n)}=\operatorname*{ess\,sup}_{\substack{0\leqslant r<\infty\\|\xi|=1}}|f(r\xi)|=\operatorname*{ess\,sup}_{x\in\mathbb{R}^n}|f(x)|.$$

引理 1.2　*装配以范数(3.1.29)，$L^{p,q}(\mathbb{R}^n)$是一个 Banach 空间. 此外，在 $p=q$ 时，$L^{p,q}(\mathbb{R}^n)$即为通常的 $L^p(\mathbb{R}^n)$空间：*

$$L^{p,p}(\mathbb{R}^n)=L^p(\mathbb{R}^n).\tag{3.1.30}$$

从上述可见，$L^{p,q}(\mathbb{R}^n)$是在径向为 L^p、而在球面上为 L^q 的空间，它将在今后的讨论中起着重要的作用.

1.3. 广义 Sobolev 范数

由引理 1.1，对一阶偏微分算子的集合 Ω_x，Ω，$\hat{\Omega}_x$，$\bar{\Omega}$及 Γ 中的任何一个，其元素均可张成一个李代数，即其中任意两个算子的换位算子必可表示为该集合中算子的常系数线性组合. 由此，可以利用这些偏微分算子代替通常的求导算子，来构成相应的广义 Sobolev 范数.

以 $A=(A_i)_{1\leqslant i\leqslant\sigma}$ 表示算子集合 Ω_x，Ω，$\hat{\Omega}_x$，$\bar{\Omega}$及 Γ 中的任意一个集合，对于任何使下式右端所出现的范数有意义的函数 $u=u(t,x)$，可用

$$\|u(t,\cdot)\|_{A,N,p,q}=\sum_{|k|\leqslant N}\|A^ku(t,\cdot)\|_{L^{p,q}(\mathbb{R}^n)},\quad\forall t\geqslant0\tag{3.1.31}$$

及

$$\|u(t,\cdot)\|_{A,N,p}=\|u(t,\cdot)\|_{A,N,p,p},\quad\forall t\geqslant0\tag{3.1.32}$$

来定义其相应的广义 Sobolev 范数，其中 N 为任一非负整数，$k=(k_1,\cdots,k_\sigma)$ 为多重指标，$|k|=k_1+\cdots+k_\sigma$，而 $A^k=A_1^{k_1}\cdots A_\sigma^{k_\sigma}$.

特别地,由于集合Ω_x及$\hat{\Omega}_x$中的算子只含对空间变量x的偏导数,对其中任意给定的一个集合A,亦可对只含自变量x的函数$u = u(x)$,用

$$\| u(\cdot) \|_{A, N, p, q} = \sum_{|k| \leqslant N} \| A^k u(\cdot) \|_{L^{p, q}(\mathbb{R}^n)} \tag{3.1.33}$$

及

$$\| u(\cdot) \|_{A, N, p} = \| u(\cdot) \|_{A, N, p, p} \tag{3.1.34}$$

来定义相应的广义 Sobolev 范数.

由算子集合Ω_x,Ω,$\hat{\Omega}_x$, $\bar{\Omega}$及Γ的李代数性质,对于上面定义的广义 Sobolev 范数,集合A中算子的不同排列次序均对应于等价的范数,而且对(3.1.31)-(3.1.32)所示的范数,其等价性对t还是一致的. 因此,算子的不同排列次序对范数的定义不发生任何实质性的影响.

具体地说,若以$\bar{A} = (\bar{A}_i)_{1 \leqslant i \leqslant \sigma}$表示同一算子集合$A = (A_i)_{1 \leqslant i \leqslant \sigma}$,仅改变了其中算子的排列次序,就有

$$\begin{aligned} C_1 \| u(t, \cdot) \|_{A, N, p, q} &\leqslant \| u(t, \cdot) \|_{\bar{A}, N, p, q} \\ &\leqslant C_2 \| u(t, \cdot) \|_{A, N, p, q}, \quad \forall t \geqslant 0 \end{aligned} \tag{3.1.35}$$

等等,其中C_1及C_2为与$u = u(t, x)$的选取及t均无关的正常数.

特别取算子集合A为Γ,就得到相应的广义 Sobolev 范数$\| u(t, \cdot) \|_{\Gamma, N, p, q}$及$\| u(t, \cdot) \|_{\Gamma, N, p}$. 由推论 1.1,我们有

引理 1.3 对任意给定的整数$N \geqslant 0$,成立

$$\begin{aligned} c \| Du(t, \cdot) \|_{\Gamma, N, p, q} &\leqslant \sum_{|k| \leqslant N} \| D\Gamma^k u(t, \cdot) \|_{L^{p, q}(\mathbb{R}^n)} \\ &\leqslant C \| Du(t, \cdot) \|_{\Gamma, N, p, q}, \quad \forall t \geqslant 0, \end{aligned} \tag{3.1.36}$$

其中$1 \leqslant p, q \leqslant +\infty$,$c$及$C$为与$u(t, x)$的选取及$t$均无关的正常数.

1.4. 与波动算子的交换性

现在证明偏微分算子集合Γ中的一切算子除L_0外均与波动算子$\Box$可交换,而L_0与波动算子$\Box$的换位算子也只是$\Box$的一个放大. 换言之,我们要证明

引理 1.4 下述换位关系式成立:

$$[\partial_a, \Box] = 0, \tag{3.1.37}$$

$$[\Omega_{ab}, \Box] = 0, \tag{3.1.38}$$

$$[L_0, \Box] = -2\Box. \tag{3.1.39}$$

证　(3.1.37)式的成立是显然的. 注意到(3.1.6)-(3.1.8)及(3.1.25)式，我们有

$$
\begin{aligned}
[\Omega_{ab}, \square] &= \Omega_{ab}\square - \square\Omega_{ab} \\
&= \eta^{cd}\partial_c\partial_d(x_a\partial_b - x_b\partial_a) - (x_a\partial_b - x_b\partial_a)\eta^{cd}\partial_c\partial_d \\
&= \eta^{cd}\partial_c[(\partial_d x_a)\partial_b] + \eta^{cd}(\partial_c x_a)\partial_d\partial_b \\
&\quad - \eta^{cd}\partial_c[(\partial_d x_b)\partial_a] - \eta^{cd}(\partial_c x_b)\partial_d\partial_a \\
&= \eta^{cd}\eta^{da}\partial_c\partial_b + \eta^{cd}\eta^{ca}\partial_d\partial_b - \eta^{cd}\eta^{db}\partial_c\partial_a \\
&\quad - \eta^{cd}\eta^{cb}\partial_d\partial_a \\
&= 0
\end{aligned}
$$

及

$$
\begin{aligned}
[L_0, \square] &= L_0\square - \square L_0 \\
&= \eta^{cd}\partial_c\partial_d(\eta^{ab}x_a\partial_b) - \eta^{ab}x_a\partial_b(\eta^{cd}\partial_c\partial_d) \\
&= \eta^{cd}\eta^{ab}\partial_c[(\partial_d x_a)\partial_b] + \eta^{cd}\eta^{ab}(\partial_c x_a)\partial_d\partial_b \\
&= \eta^{cd}\eta^{ab}\eta^{da}\partial_c\partial_b + \eta^{cd}\eta^{ab}\eta^{ca}\partial_d\partial_b \\
&= 2\eta^{ab}\partial_a\partial_b = -2\square.
\end{aligned}
$$

这分别是(3.1.38)及(3.1.39)式.

引理 1.4 证毕.

由引理 1.4 并利用数学归纳法，就可以容易地得到

引理 1.5　对任何多重指标 $k = (k_1, \cdots, k_\sigma)$，成立

$$
[\square, \Gamma^k] = \sum_{|i| \leqslant |k|-1} B_{ki}\Gamma^i\square, \tag{3.1.40}
$$

其中 $i = (i_1, \cdots, i_\sigma)$ 为多重指标，B_{ki} 为常数.

1.5. 用极坐标下的导数表示通常坐标下的导数

在任一以原点为心的球面上，由(3.1.13)式所给定的集合 Ω_x 是一组完备的切边微分算子. 事实上，此球面上的任一点 $x = (x_1, \cdots, x_n)$ 处的外法线方向为$(x_1, \cdots, x_n)$，从而在此点的微分算子

$$
\Omega_{ij} = x_i\partial_j - x_j\partial_i (1 \leqslant i < j \leqslant n) \tag{3.1.41}
$$

给出沿此球面的切空间上方向$(0, \cdots, \underset{(i)}{-x_j}, 0, \cdots, 0, \underset{(j)}{x_i}, 0, \cdots, 0)$的方向导数，而且这些切方向显然可以张成球面在此点的整个切空间，因此，集合 Ω_x 连

同径向导数

$$\partial_r = \frac{1}{r}\sum_{i=1}^{n} x_i \partial_i \quad (r = |x|) \tag{3.1.42}$$

可视为在极坐标下的导数.

为了用极坐标下的导数来表示通常坐标下的导数,用 x_i 乘(3.1.41)式的两端并对 i 作和,注意到(3.1.42)式,就有

$$\sum_{i=1}^{n} x_i \Omega_{ij} = r^2 \partial_j - r x_j \partial_r,$$

从而得到

$$\partial_i = \frac{1}{r^2}\Big(\sum_{j=1}^{n} x_j \Omega_{ji} + r x_i \partial_r\Big) \ (i = 1, \cdots, n). \tag{3.1.43}$$

引理 1.6 下述换位关系式成立:

$$[\partial_i, \partial_r] = \frac{1}{r}\partial_i - \frac{x_i}{r^2}\partial_r, \tag{3.1.44}$$

$$[\partial_i, r\partial_r] = \partial_i, \tag{3.1.45}$$

$$[\Omega_{ij}, \partial_r] = 0, \tag{3.1.46}$$

$$[\Omega_{ij}, r\partial_r] = 0. \tag{3.1.47}$$

证 注意到 $\frac{\partial r}{\partial x_i} = \frac{x_i}{r}$ $(i = 1, \cdots, n)$, 由(3.1.42)式,有

$$\begin{aligned}
[\partial_i, \partial_r] &= \partial_i\Big(\sum_{j=1}^{n} \frac{x_j}{r}\partial_j\Big) - \sum_{j=1}^{n} \frac{x_j}{r}\partial_j\partial_i \\
&= \sum_{j=1}^{n} \frac{\delta_{ij}}{r}\partial_j - \sum_{j=1}^{n} \frac{x_j x_i}{r^3}\partial_j \\
&= \frac{1}{r}\partial_i - \frac{x_i}{r^2}\partial_r,
\end{aligned}$$

其中 δ_{ij} 为 Kronecker 记号. 这就是(3.1.44)式. 类似地,可得(3.1.45)式.

又由(3.1.11)式,并利用已得到的(3.1.44)式,就有

$$\begin{aligned}
[\Omega_{ij}, \partial_r] &= (x_i\partial_j - x_j\partial_i)\partial_r - \partial_r(x_i\partial_j - x_j\partial_i) \\
&= x_i[\partial_j, \partial_r] - x_j[\partial_i, \partial_r] - \frac{x_i}{r}\partial_j + \frac{x_j}{r}\partial_i
\end{aligned}$$

$$= x_i\left(\frac{1}{r}\partial_j - \frac{x_j}{r^2}\partial_r\right) - x_j\left(\frac{1}{r}\partial_i - \frac{x_i}{r^2}\partial_r\right)$$

$$-\frac{x_i}{r}\partial_j + \frac{x_j}{r}\partial_i$$

$$= 0.$$

这就是(3.1.46)式.类似地,利用已得到的(3.1.45)式,可得(3.1.47)式.

现在证明下述的

引理 1.7　对任意给定的多重指标 $\alpha(|\alpha|>0)$,成立

$$|D_x^\alpha u(x)| \leqslant Cr^{-|\alpha|}\sum_{0<k+|\beta|\leqslant|\alpha|} r^k\,|\partial_r^k\Omega_x^\beta u(x)|, \tag{3.1.48}$$

其中 $r=|x|\neq 0$,β 为多重指标,而 C 为一个与 u 及与 x 均无关的正常数.

注 1.1　注意到

$$(r\partial_r)^2 = r^2\partial_r^2 + r\partial_r$$

等递推关系式,(3.1.48)式又可等价地写为

$$|D_x^\alpha u(x)| \leqslant Cr^{-|\alpha|}\sum_{0<k+|\beta|\leqslant|\alpha|} |(r\partial_r)^k\Omega_x^\beta u(x)|. \tag{3.1.49}$$

因此,由(3.1.46)-(3.1.47)式,(3.1.48)及(3.1.49)式右端算子 ∂_r(或 $r\partial_r$)及 Ω_x 的不同排列次序对结果不起影响.

引理 1.7 的证明　由(3.1.43)式,有

$$|\partial_i u(x)| \leqslant \frac{C}{r}(|\Omega_x u(x)| + |(r\partial_r)u(x)|), \tag{3.1.50}$$

再注意到换位关系式(3.1.22)及(3.1.45),就容易由数学归纳法证得(3.1.49)式,从而得到引理 1.7 的结论,证毕.

以上的讨论是在欧式空间 $\mathbb{R}^n$ 中进行的. 在 Minkowski 空间 $\mathbb{R}^{1+n}$ 中相应于 Ω_x 及 ∂_r 的算子可取为 $\Omega=(\Omega_{ab})$ 及 L_0. 为了用它们来表示通常意义下的导数,在

$$\Omega_{ab} = x_a\partial_b - x_b\partial_a\ (0\leqslant a<b\leqslant n) \tag{3.1.51}$$

两端乘 $\eta^a x_c$ 并对 a 作和,注意到(3.1.8)式,就有

$$\eta^a x_c\Omega_{ab} = \eta^a x_c x_a\partial_b - \eta^a x_c x_b\partial_a$$

$$=-(t^2-r^2)\partial_b-x_bL_0,$$

从而

$$\partial_a=-\frac{\eta^b x_c\Omega_{ba}+x_aL_0}{t^2-|x|^2}\ (a=0,1,\cdots,n). \tag{3.1.52}$$

引理 1.8 对任意给定的多重指标 $\alpha(|\alpha|>0)$，成立

$$|D^\alpha u(t,x)|\leqslant C(1+|t-|x||)^{-|\alpha|}\sum_{0<|\beta|\leqslant|\alpha|}|\Gamma^\beta u(t,x)|, \tag{3.1.53}$$

其中 D 由(3.1.27)式定义，β 为多重指标，而 C 为一个与 u 及与 (t,x) 均无关的正常数.

证 因为集合 Γ 包含 D，在 $|t-|x||\leqslant 1$ 时，(3.1.53)式显然成立；而当 $|t-|x||>1$ 时，只需证明

$$|D^\alpha u(t,x)|\leqslant C|t-|x||^{-|\alpha|}\sum_{|\beta|\leqslant|\alpha|}|\bar{\Omega}^\beta u(t,x)|, \tag{3.1.54}$$

其中 $\bar{\Omega}=(\Omega,L_0)$ [参见(3.1.17)式].

在 $|t-|x||>1$ 时，由(3.1.52)式显然有

$$|\partial_a u(t,x)|\leqslant\frac{C}{|t-|x||}|\bar{\Omega}u(t,x)|.$$

再注意到换位关系式(3.1.22)-(3.1.23)，就容易由数学归纳法证得所要求的(3.1.54)式. 证毕.

注 1.2 在引理 1.8 中若设 $|\alpha|=1$，则由(3.1.53)式可得

$$|Du(t,x)|\leqslant C(1+|t-|x||)^{-1}\sum_{|\beta|=1}|\Gamma^\beta u(t,x)|. \tag{3.1.55}$$

§2. 经典 Sobolev 嵌入定理的一些变化形式

在本节中，恒假设 $n>1$.

2.1. 单位球面上的 Sobolev 嵌入定理

已知集合 $\Omega_x=(\Omega_{ij})_{1\leqslant i<j\leqslant n}$ 为单位球面 S^{n-1} 上的一组完备的微分算子. 由 Ω_x 的李代数性质，可以利用 Ω_x 在 S^{n-1} 上构造相应的 Sobolev 空间 $W^{s,p}_{\Omega_x}(S^{n-1})$

或 $H^s_{\Omega_x}(S^{n-1})$，其范数分别定义为

$$\| u \|_{W^{s,p}_{\Omega_x}(S^{n-1})} = \sum_{|\alpha| \leqslant s} \| \Omega^\alpha_x u \|_{L^p(S^{n-1})}$$
$$= \sum_{|\alpha| \leqslant s} \left(\int_{S^{n-1}} | \Omega^\alpha_x u(\xi) |^p \mathrm{d}\omega_\xi \right)^{\frac{1}{p}} \tag{3.2.1}$$

或

$$\| u \|_{H^s_{\Omega_x}(S^{n-1})} = \sum_{|\alpha| \leqslant s} \| \Omega^\alpha_x u \|_{L^2(S^{n-1})}$$
$$= \sum_{|\alpha| \leqslant s} \left(\int_{S^{n-1}} | \Omega^\alpha_x u(\xi) |^2 \mathrm{d}\omega_\xi \right)^{\frac{1}{2}}, \tag{3.2.2}$$

其中 $\xi = (\xi_1, \cdots, \xi_n) \in S^{n-1}$，$\mathrm{d}\omega_\xi$ 为 S^{n-1} 上的面积单元，α 为多重指标，而 $1 \leqslant p \leqslant +\infty$[在 $p = +\infty$ 时，(3.2.1)最右端的范数表示式要作相应改变].

将经典的 Sobolev 嵌入定理应用于 $n-1$ 维的紧致流形 S^{n-1}，就得到

定理 2.1 设函数 $u = u(x) = u(r\xi)$ 使下述不等式右端的量有意义，其中 $r = |x|$，而 $\xi \in S^{n-1}$，就有

1° 若 $s > \dfrac{n-1}{p}$，则成立

$$| u(x) | = | u(r\xi) | \leqslant C \| u(r\xi) \|_{W^{s,p}_{\Omega_x}(S^{n-1})}; \tag{3.2.3}$$

2° 若 $s = \dfrac{n-1}{p}$，则对任何满足 $p \leqslant q < +\infty$ 的 q 值，成立

$$\| u(r\xi) \|_{L^q(S^{n-1})} \leqslant C \| u(r\xi) \|_{W^{s,p}_{\Omega_x}(S^{n-1})}; \tag{3.2.4}$$

3° 若 $0 < s < \dfrac{n-1}{p}$，则对满足 $\dfrac{1}{q} = \dfrac{1}{p} - \dfrac{s}{n-1}$ 的 q 值，(3.2.4)式成立.

在(3.2.3)及(3.2.4)中，r 视为参数，C 为一个与 u 及 r 均无关的正常数.

2.2. 球体上的 Sobolev 嵌入定理

以 B_λ 表示 $\mathbb{R}^n$ 中以 x_0 为心、半径为 $\lambda(>0)$ 的球体：

$$B_\lambda = \{ x \mid | x - x_0 | < \lambda \}. \tag{3.2.5}$$

将 Sobolev 嵌入定理用于定义在 B_λ 上的函数，我们有

定理 2.2 对任意给定的 $p \geqslant 1$，设函数 $u = u(x)$ 使下述不等式右端的量有意义，就有

1° 若 $s > \frac{n}{p}$，则成立

$$\| u \|_{L^\infty(B_\lambda)} \leqslant C\lambda^{-\frac{n}{p}} \sum_{|\alpha| \leqslant s} \lambda^{|\alpha|} \| D_x^\alpha u \|_{L^p(B_\lambda)}; \tag{3.2.6}$$

2° 若 $s = \frac{n}{p}$，则对任何满足 $p \leqslant q < +\infty$ 的 q 值，成立

$$\| u \|_{L^q(B_\lambda)} \leqslant C\lambda^{-n\left(\frac{1}{p}-\frac{1}{q}\right)} \sum_{|\alpha| \leqslant s} \lambda^{|\alpha|} \| D_x^\alpha u \|_{L^p(B_\lambda)}; \tag{3.2.7}$$

3° 若 $0 < s < \frac{n}{p}$，则对满足 $\frac{1}{q} = \frac{1}{p} - \frac{s}{n}$ 的 q 值，(3.2.7)式仍然成立.

在(3.2.6)及(3.2.7)式中，C 为一个与 u 及 λ 均无关的正常数.

证 不妨碍一般性，只需在 $x_0 = 0$ 的情形证明. 在 $\lambda = 1$ 时，这就是通常的 Sobolev 嵌入定理. 对一般的情况 $\lambda > 0$，可令 $x = \lambda y$，并记

$$v(y) = u(\lambda y) = u(x), \tag{3.2.8}$$

通过标度变换来实现. 事实上，此时易见有

$$\| v \|_{L^\infty(B_1)} = \| u \|_{L^\infty(B_\lambda)}, \tag{3.2.9}$$

$$\| D_y^\alpha v \|_{L^p(B_1)} = \lambda^{|\alpha|-\frac{n}{p}} \| D_x^\alpha u \|_{L^p(B_\lambda)}, \tag{3.2.10}$$

于是由 $\lambda = 1$ 时对 v 成立的估计式(3.2.6)及(3.2.7)，就可立即得到所要求的估计式(3.2.6)及(3.2.7). 证毕.

注 2.1 在定理 2.2 中将 B_λ 换成 $\mathbb{R}^n \backslash \bar{B}_\lambda$，结论依然成立.

2.3. 环形域上的 Sobolev 嵌入定理

令

$$E_{a,\lambda} = \{ y \mid | \, |y| - a \, | < \lambda a \}, \tag{3.2.11}$$

其中 $a > 0$，而 $0 < \lambda \leqslant \lambda_0 < 1$. $E_{a,\lambda}$ 是一个夹在以原点为心、半径分别为 $(1-\lambda)a$ 及 $(1+\lambda)a$ 的两个球面之间的环形域，即有

$$E_{a,\lambda} = \{ y \mid (1-\lambda)a < |y| < (1+\lambda)a \}.$$

定理 2.3 若 $s > \frac{n}{p}$，则对任何给定的 $x_0 \in \mathbb{R}^n$，且 $|x_0| \neq 0$，成立

$$|u(x_0)| \leqslant C\lambda^{-\frac{1}{p}} |x_0|^{-\frac{n}{p}} \sum_{k+|\alpha| \leqslant s} \lambda^k |x_0|^k \| \partial_r^k \Omega_x^\alpha u(x) \|_{L^p(E_{|x_0|,\lambda})}, \tag{3.2.12}$$

其中 C 是一个与函数 u 及与 x_0 和 λ 之选取均无关的正常数.

证　首先指出：为证明(3.2.12)式，只需证明在 $|x_0|=1$ 时的相应估计式

$$|u(x_0)|\leqslant C\lambda^{-\frac{1}{p}}\sum_{k+|\alpha|\leqslant s}\lambda^k\|\partial_r^k\Omega_x^\alpha u\|_{L^p(E_{1,\lambda})}. \tag{3.2.13}$$

事实上，在 $|x_0|\neq 0$ 的一般情况，令 $\bar{x}=\dfrac{x}{|x_0|}$，并记

$$v(\bar{x})=u(|x_0|\bar{x})=u(x), \tag{3.2.14}$$

注意到 $\Omega_{\bar{x}}=\Omega_x$ 及 $\partial_{\bar{r}}=|x_0|\partial_r$，易见有

$$\begin{aligned}
&\|\partial_{\bar{r}}^k\Omega_{\bar{x}}^\alpha v(\bar{x})\|_{L^p(E_{1,\lambda})}\\
=&\|\partial_{\bar{r}}^k\Omega_{\bar{x}}^\alpha u(|x_0|\bar{x})\|_{L^p(E_{1,\lambda})}\\
=&\left(\int_{||\bar{x}|-1|\leqslant\lambda}|\partial_{\bar{r}}^k\Omega_{\bar{x}}^\alpha u(|x_0|\bar{x})|^p\mathrm{d}\bar{x}\right)^{\frac{1}{p}}\\
=&|x_0|^{k-\frac{n}{p}}\left(\int_{|x-|x_0||\leqslant\lambda|x_0|}|\partial_r^k\Omega_x^\alpha u(x)|^p\mathrm{d}x\right)^{\frac{1}{p}}\\
=&|x_0|^{k-\frac{n}{p}}\|\partial_r^k\Omega_x^\alpha u(x)\|_{L^p(E_{|x_0|,\lambda})}.
\end{aligned}$$

记 $\bar{x}_0=\dfrac{x_0}{|x_0|}$，有 $|\bar{x}_0|=1$. 注意到上式，利用对 $v(\bar{x}_0)=u(x_0)$ 应成立的估计式(3.2.13)，就立刻得到所要证明的(3.2.12)式.

其次指出：为证明(3.2.13)式，只需证明在 $\lambda=\lambda_0(<1)$ 时的相应估计式

$$|u(x_0)|\leqslant C\sum_{k+|\alpha|\leqslant s}\|\partial_r^k\Omega_x^\alpha u\|_{L^p(E_{1,\lambda_0})}. \tag{3.2.15}$$

事实上，在 $0<\lambda\leqslant\lambda_0$ 的一般情况，令

$$v(\bar{x})=u(x), \tag{3.2.16}$$

其中 $x=r\xi$, $\bar{x}=\bar{r}\xi$, $\xi\in S^{n-1}$，而

$$\bar{r}=\frac{\lambda_0}{\lambda}(r-1+\lambda)+1-\lambda_0. \tag{3.2.17}$$

注意到 $\Omega_{\bar{x}}=\Omega_x$ 及 $\partial_{\bar{r}}=\dfrac{\lambda}{\lambda_0}\partial_r$，易见有

$$\begin{aligned}
&\|\partial_{\bar{r}}^k\Omega_{\bar{x}}^\alpha v(\bar{x})\|_{L^p(E_{1,\lambda_0})}\\
=&\|\partial_{\bar{r}}^k\Omega_{\bar{x}}^\alpha u(x)\|_{L^p(E_{1,\lambda_0})}
\end{aligned}$$

$$
\begin{aligned}
&= \left(\int_{||\bar{x}|-1|\leqslant\lambda_0} |\partial_{\bar{r}}^k \Omega_{\bar{x}}^\alpha u(x)|^p \mathrm{d}\bar{x}\right)^{\frac{1}{p}} \\
&= \left(\frac{\lambda}{\lambda_0}\right)^k \left(\int_{1-\lambda_0}^{1+\lambda_0}\int_{S^{n-1}} |\partial_r^k \Omega_x^\alpha u(x)|^p \bar{r}^{n-1} \mathrm{d}\bar{r}\mathrm{d}\omega_\xi\right)^{\frac{1}{p}} \\
&= \left(\frac{\lambda}{\lambda_0}\right)^{k-\frac{1}{p}} \left(\int_{1-\lambda}^{1+\lambda}\int_{S^{n-1}} |\partial_r^k \Omega_x^\alpha u(x)|^p \left(\frac{\bar{r}}{r}\right)^{n-1} r^{n-1} \mathrm{d}r\mathrm{d}\omega_\xi\right)^{\frac{1}{p}} \\
&\leqslant \left(\frac{\lambda}{\lambda_0}\right)^{k-\frac{1}{p}} \left(\frac{1+\lambda_0}{1-\lambda}\right)^{\frac{n-1}{p}} \|\partial_r^k \Omega_x^\alpha u(x)\|_{L^p(E_{1,\lambda})} \\
&\leqslant \left(\frac{\lambda}{\lambda_0}\right)^{k-\frac{1}{p}} \left(\frac{1+\lambda_0}{1-\lambda_0}\right)^{\frac{n-1}{p}} \|\partial_r^k \Omega_x^\alpha u(x)\|_{L^p(E_{1,\lambda})} \\
&\leqslant C\lambda^{k-\frac{1}{p}} \|\partial_r^k \Omega_x^\alpha u(x)\|_{L^p(E_{1,\lambda})},
\end{aligned}
$$

从而利用对 $v(\bar{x}_0) = u(x_0)$ 应成立的估计式(3.2.15),就可以得到所要证明的(3.2.13)式.

这样,为了完成定理 2.3 的证明,只需证明(3.2.15)式.在 $x \in E_{1,\lambda_0}$ 时,有 $1-\lambda_0 < r = |x| < 1+\lambda_0$,于是利用引理 1.7 及 Sobolev 嵌入定理,就立刻得到所要求的结论.证毕.

注 2.2 本小节的内容可参见 S. Klainerman[32].

2.4. 维数分解的 Sobolev 嵌入定理

记

$$x = (x', x''), \tag{3.2.18}$$

其中

$$x' = (x_1, \cdots, x_m),\ x'' = (x_{m+1}, \cdots, x_n), \tag{3.2.19}$$

而 $1 \leqslant m \leqslant n-1$. 我们有

定理 2.4 成立下述估计式:

$$\|f\|_{L^\infty(\mathbb{R}^m;\,L^2(\mathbb{R}^{n-m}))} \leqslant C\|f\|_{H^{s_0}(\mathbb{R}^n)}, \tag{3.2.20}$$

其中 $s_0 > \dfrac{m}{2}$; 同时

$$\|f\|_{L^p(\mathbb{R}^m;\,L^2(\mathbb{R}^{n-m}))} \leqslant C\|f\|_{H^{s_0}(\mathbb{R}^n)}, \tag{3.2.21}$$

其中 $2 < p < +\infty$, 且 $\dfrac{1}{p} = \dfrac{1}{2} - \dfrac{s_0}{m}$ (从而 $0 < s_0 < \dfrac{m}{2}$). 在(3.2.20)及

(3.2.21)中，C是一个与f无关的正常数，而$H^{s_0}(\mathbb{R}^n)$为分数次的Sobolev空间，其范数为

$$\| f \|_{H^{s_0}(\mathbb{R}^n)} = \| (1+|\xi|^2)^{\frac{s_0}{2}} \hat{f}(\xi) \|_{L^2(\mathbb{R}^n)}, \tag{3.2.22}$$

其中$\xi = (\xi_1, \cdots, \xi_n)$，而$\hat{f}$是$f$的Fourier变换.

证　先证明(3.2.21)式. 由Sobolev嵌入定理及Parseval不等式，有

$$\begin{aligned}
&\| f \|_{L^p(\mathbb{R}^m;\, L^2(\mathbb{R}^{n-m}))} \\
&= \left(\int_{\mathbb{R}^m} \| f(x', \cdot) \|^p_{L^2(\mathbb{R}^{n-m})} \mathrm{d}x' \right)^{\frac{1}{p}} \\
&= \left(\int_{\mathbb{R}^m} \left(\int_{\mathbb{R}^{n-m}} f^2(x', x'') \mathrm{d}x'' \right)^{\frac{p}{2}} \mathrm{d}x' \right)^{\frac{1}{p}} \\
&= \left\| \int_{\mathbb{R}^{n-m}} f^2(\cdot, x'') \mathrm{d}x'' \right\|^{\frac{1}{2}}_{L^{\frac{p}{2}}(\mathbb{R}^m)} \\
&\leqslant \left(\int_{\mathbb{R}^{n-m}} \| f^2(\cdot, x'') \|_{L^{\frac{p}{2}}(\mathbb{R}^m)} \mathrm{d}x'' \right)^{\frac{1}{2}} \\
&= \left(\int_{\mathbb{R}^{n-m}} \left(\int_{\mathbb{R}^m} |f|^p(x', x'') \mathrm{d}x' \right)^{\frac{2}{p}} \mathrm{d}x'' \right)^{\frac{1}{2}} \\
&= \| f \|_{L^2(\mathbb{R}^{n-m};\, L^p(\mathbb{R}^m))} \\
&\leqslant C \| f \|_{L^2(\mathbb{R}^{n-m};\, H^{s_0}(\mathbb{R}^m))} \\
&= C \left(\int_{\mathbb{R}^{n-m}} \| f(\cdot, x'') \|^2_{H^{s_0}(\mathbb{R}^m)} \mathrm{d}x'' \right)^{\frac{1}{2}} \\
&= C \| (1+|\xi'|^2)^{\frac{s_0}{2}} \hat{f}(\xi', \xi'') \|_{L^2(\mathbb{R}^n)} \\
&\leqslant C \| f \|_{H^{s_0}(\mathbb{R}^n)},
\end{aligned}$$

这就是(3.2.21)式.

类似地，有

$$\begin{aligned}
&\| f \|_{L^\infty(\mathbb{R}^m;\, L^2(\mathbb{R}^{n-m}))} \\
&= \operatorname*{ess\,sup}_{x' \in \mathbb{R}^m} \| f(x', \cdot) \|_{L^2(\mathbb{R}^{n-m})} \\
&= \operatorname*{ess\,sup}_{x' \in \mathbb{R}^m} \left(\int_{\mathbb{R}^{n-m}} f^2(x', x'') \mathrm{d}x'' \right)^{\frac{1}{2}} \\
&\leqslant \left(\int_{\mathbb{R}^{n-m}} \| f(\cdot, x'') \|^2_{L^\infty(\mathbb{R}^m)} \mathrm{d}x'' \right)^{\frac{1}{2}} \\
&= \| f \|_{L^2(\mathbb{R}^{n-m};\, L^\infty(\mathbb{R}^m))} \\
&\leqslant C \| f \|_{L^2(\mathbb{R}^{n-m};\, H^{s_0}(\mathbb{R}^m))}
\end{aligned}$$

$$\leqslant C\| f\|_{H^{s_0}(\mathbb{R}^n)},$$

这就是(3.2.20)式.

注 2.3 从定理 2.4 的证明过程可见,在 $2 < p \leqslant +\infty$ 时,恒成立

$$\| f\|_{L^p(\mathbb{R}^m;\, L^2(\mathbb{R}^{n-m}))} \leqslant C\| f\|_{L^2(\mathbb{R}^{n-m};\, L^p(\mathbb{R}^m))}, \tag{3.2.23}$$

其中 C 是一个与 f 无关的正常数.

在定理 2.4 中特别取 $m = 1$, 就得到

推论 2.1 成立下述估计式:

$$\| f\|_{L^\infty(\mathbb{R};\, L^2(\mathbb{R}^{n-1}))} \leqslant C\| f\|_{H^{s_0}(\mathbb{R}^n)}, \tag{3.2.24}$$

其中 $s_0 > \dfrac{1}{2}$; 同时

$$\| f\|_{L^p(\mathbb{R};\, L^2(\mathbb{R}^{n-1}))} \leqslant C\| f\|_{H^{s_0}(\mathbb{R}^n)}, \tag{3.2.25}$$

其中 $2 < p < +\infty$,且$\dfrac{1}{p} = \dfrac{1}{2} - s_0\left(从而\ 0 < s_0 < \dfrac{1}{2}\right)$.

§3. 基于二进形式单位分解的 Sobolev 嵌入定理

在本节中,将介绍在李大潜,周忆[55],[56]中引入的一类 Sobolev 嵌入定理. 在其推导中,二进形式的单位分解起着重要的作用.

3.1. 二进形式的单位分解

设 $\Phi_0 = \Phi_0(x) \in C_0^\infty(\mathbb{R}^n)$, 并成立

$$\Phi_0(x) = \Phi_0(|x|), \tag{3.3.1}$$

$$\operatorname{supp}\Phi_0 \subseteq \{x \mid |x| \leqslant 2\}, \tag{3.3.2}$$

且

$$\Phi_0(x) \equiv 1,\ |x| \leqslant 1. \tag{3.3.3}$$

令

$$\Phi_j(x) = \Phi_1(2^{-(j-1)}x),\ j = 1, 2, \cdots, \tag{3.3.4}$$

其中

$$\Phi_1(x) = \Phi_0(2^{-1}x) - \Phi_0(x). \tag{3.3.5}$$

易见对 $j = 1, 2, \cdots$, $\Phi_j(x) \in C_0^\infty(\mathbb{R}^n)$，且

$$\Phi_j(x) = \Phi_j(|x|), \tag{3.3.6}$$

$$\operatorname{supp} \Phi_j \subseteq \{x \mid 2^{j-1} \leqslant |x| \leqslant 2^{j+1}\}. \tag{3.3.7}$$

有如下的单位分解：

$$\sum_{j=0}^{\infty} \Phi_j(x) \equiv 1, \ \forall x \in \mathbb{R}^n.$$

事实上，由(3.3.4)-(3.3.5)，并注意到(3.3.3)，对任何固定的 $x \in \mathbb{R}^n$，当 $N \to \infty$ 时，必有

$$\begin{aligned}\sum_{j=0}^{N} \Phi_j(x) &= \Phi_0(x) + (\Phi_0(2^{-1}x) - \Phi_0(x)) \\ &\quad + (\Phi_0(2^{-2}x) - \Phi_0(2^{-1}x)) + \cdots \\ &\quad + (\Phi_0(2^{-N}x) - \Phi_0(2^{-N+1}x)) \\ &= \Phi_0(2^{-N}x) \to 1.\end{aligned}$$

这样，我们得到如下的

引理 3.1(二进形式的单位分解)　*存在 $\Phi_j(x) \in C_0^\infty(\mathbb{R}^n)(j = 0, 1, \cdots)$，满足*

(i) $\Phi_j(x) = \Phi_j(|x|)$, $j = 0, 1, \cdots$；

(ii) $\operatorname{supp} \Phi_0 \subseteq \{x \mid |x| \leqslant 2\}$，且 $\Phi_0(x) \equiv 1$, $|x| \leqslant 1$；

(iii) $\operatorname{supp} \Phi_j \subseteq \{x \mid 2^{j-1} \leqslant |x| \leqslant 2^{j+1}\}$, $j = 1, 2, \cdots$,

使得

$$\sum_{j=0}^{\infty} \Phi_j(x) \equiv 1, \ \forall x \in \mathbb{R}^n. \tag{3.3.8}$$

注意到(3.3.2)，由引理 3.1 及前述推导过程，就得到

推论 3.1　*存在 $\Phi_j(x) \in C_0^\infty(\mathbb{R}^n)(j = 1, 2, \cdots)$，满足*

(i) $\Phi_j(x) = \Phi_1(2^{-(j-1)}x)$, $j = 1, 2, \cdots$；

(ii) $\Phi_1(x) = \Phi_1(|x|)$，且 $\operatorname{supp} \Phi_1 \subseteq \{x \mid 1 \leqslant |x| \leqslant 4\}$,

使得

$$\sum_{j=1}^{\infty} \Phi_j(x) \equiv 1, \ \forall x \in \mathbb{R}^n, \ |x| \geqslant 2. \tag{3.3.9}$$

3.2. 基于二进形式单位分解的 Sobolev 嵌入定理

我们要证明如下的

定理 3.1 设 $\Psi(x)$ 为集合 $\{x \mid |x| \geqslant a\}$ $(a>0)$ 的特征函数，则

1° 若 $\frac{1}{2}<s_0<\frac{n}{2}$，成立

$$\|\Psi f\|_{L^{\infty,2}(\mathbb{R}^n)} \leqslant C a^{s_0-\frac{n}{2}} \|f\|_{\dot{H}^{s_0}(\mathbb{R}^n)}; \tag{3.3.10}$$

2° 对任何给定的 $p>2$，成立

$$\|\Psi f\|_{L^{p,2}(\mathbb{R}^n)} \leqslant C a^{-(n-1)s_0} \|f\|_{\dot{H}^{s_0}(\mathbb{R}^n)}, \tag{3.3.11}$$

其中 $s_0=\frac{1}{2}-\frac{1}{p}$.

在(3.3.10)-(3.3.11)中，C 为一与 f 及 a 均无关的正常数，而 $\dot{H}^{s_0}(\mathbb{R}^n)$ 为齐次 Sobolev 空间，其范数为

$$\|f\|_{\dot{H}^{s_0}(\mathbb{R}^n)} = \| |\xi|^{s_0} \hat{f}(\xi) \|_{L^2(\mathbb{R}^n)}, \tag{3.3.12}$$

其中 $\hat{f}(\xi)$ 是 $f(x)$ 的 Fourier 变换.

证 1° 利用标度变换，只需在 $a=4$ 的情形证明相应的不等式(3.3.10)及(3.3.11).

事实上，在 $a>0$ 的一般情形，可令 $x=by$，而 $b=\frac{a}{4}$，并记

$$\tilde{f}(y)=f(by)=f(x). \tag{3.3.13}$$

注意到

$$\widehat{f(by)}=b^{-n}\hat{f}\left(\frac{\eta}{b}\right), \tag{3.3.14}$$

由(3.3.12)式易见有

$$\begin{aligned}
\|\tilde{f}(y)\|_{\dot{H}^{s_0}(\mathbb{R}^n)} &= \|f(by)\|_{\dot{H}^{s_0}(\mathbb{R}^n)} \\
&= b^{-n}\left\| |\eta|^{s_0} \hat{f}\left(\frac{\eta}{b}\right)\right\|_{L^2(\mathbb{R}^n)} \\
&= b^{s_0-\frac{n}{2}} \| |\xi|^{s_0} \hat{f}(\xi)\|_{L^2(\mathbb{R}^n)} \\
&= b^{s_0-\frac{n}{2}} \|f\|_{\dot{H}^{s_0}(\mathbb{R}^n)}.
\end{aligned} \tag{3.3.15}$$

又由(3. 1. 29)式易见,若记$\widetilde{\Psi}$为集合 $\{x \mid |x| \geqslant 4\}$ 的特征函数,就有

$$\| \widetilde{\Psi} \widetilde{f} \|_{L^{\infty,2}(\mathbb{R}^n)} = \| \Psi f \|_{L^{\infty,2}(\mathbb{R}^n)} \tag{3.3.16}$$

及

$$\| \widetilde{\Psi} \widetilde{f} \|_{L^{p,2}(\mathbb{R}^n)} = b^{-\frac{n}{p}} \| \Psi f \|_{L^{p,2}(\mathbb{R}^n)}. \tag{3.3.17}$$

这样,由对$\widetilde{f}$在 $a=4$ 时成立的不等式,就可以得到在一般情形 $a>0$ 时的不等式(3. 3. 10)及(3. 3. 11).

2° 现在证明 $a=4$ 时的(3. 3. 10)式,即证明:设 $\Psi(x)$为集合 $\{x \mid |x| \geqslant 4\}$ 的特征函数,则在 $\frac{1}{2} < s_0 < \frac{n}{2}$ 时,成立

$$\| \Psi f \|_{L^{\infty,2}(\mathbb{R}^n)} \leqslant C \| f \|_{\dot{H}^{s_0}(\mathbb{R}^n)}. \tag{3.3.18}$$

由推论 3. 1,在集合 $\{x \mid |x| \geqslant 4\}$ 上成立

$$\Psi f(x) \equiv f(x) \equiv \sum_{j=1}^{\infty} \Phi_j(x) f(x) \stackrel{\text{def.}}{=} \sum_{j=1}^{\infty} f_j(x). \tag{3.3.19}$$

对 $f_1(x) = \Phi_1(x) f(x)$,其支集 $\subseteq \{x \mid 1 \leqslant |x| \leqslant 4\}$. 由推论 2. 1 中的(3. 2. 24)式,并注意到此时通过自变数的同胚变换,范数 $\| f_1 \|_{L^\infty(\mathbb{R};\, L^2(\mathbb{R}^{n-1}))}$ 与范数 $\| f_1 \|_{L^{\infty,2}(\mathbb{R})}$ 等价,在 $s_0 > \frac{1}{2}$ 时就有

$$\| f_1 \|_{L^{\infty,2}(\mathbb{R}^n)} \leqslant C \| f_1 \|_{H^{s_0}(\mathbb{R}^n)}. \tag{3.3.20}$$

由 Poincaré 不等式及 Parseval 等式,并注意到 f_1 具紧支集,我们有

$$\begin{aligned}
& \| f_1 \|_{H^{s_0}(\mathbb{R}^n)} \\
\leqslant\ & C \| f_1 \|_{\dot{H}^{s_0}(\mathbb{R}^n)} \\
=\ & C \| \, |\xi|^{s_0} \hat{f}_1(\xi) \|_{L^2(\mathbb{R}^n)} \\
=\ & C \left\| \, |\xi|^{s_0} \int_{\mathbb{R}^n} \hat{\Phi}_1(\xi-\eta) \hat{f}(\eta) \mathrm{d}\eta \right\|_{L^2(\mathbb{R}^n)} \\
\leqslant\ & C \Big(\left\| \int_{\mathbb{R}^n} |\xi-\eta|^{s_0} \, |\hat{\Phi}_1(\xi-\eta) \hat{f}(\eta)| \, \mathrm{d}\eta \right\|_{L^2(\mathbb{R}^n)} \\
& + \left\| \int_{\mathbb{R}^n} |\hat{\Phi}_1(\xi-\eta)| \, |\eta|^{s_0} \, |\hat{f}(\eta)| \, \mathrm{d}\eta \right\|_{L^2(\mathbb{R}^n)} \Big) \\
=\ & C (\| \Phi_1^* f_* \|_{L^2(\mathbb{R}^n)} + \| \Phi_{1*} f^* \|_{L^2(\mathbb{R}^n)}) \\
\leqslant\ & C (\| f_* \|_{L^\gamma(\mathbb{R}^n)} \| \Phi_1^* \|_{L^{n/s_0}(\mathbb{R}^n)} \\
& + \| \Phi_{1*} \|_{L^\infty(\mathbb{R}^n)} \| f^* \|_{L^2(\mathbb{R}^n)}),
\end{aligned} \tag{3.3.21}$$

其中

$$\begin{cases} \hat{\Phi}_1^*(\xi) = |\xi|^{s_0} |\hat{\Phi}_1(\xi)|, \\ \hat{f}_*(\xi) = |\hat{f}(\xi)|, \\ \hat{\Phi}_{1*}(\xi) = |\hat{\Phi}_1(\xi)|, \\ \hat{f}^*(\xi) = |\xi|^{s_0} |\hat{f}(\xi)|, \end{cases} \tag{3.3.22}$$

而

$$\frac{1}{\gamma} + \frac{s_0}{n} = \frac{1}{2} \tag{3.3.23}$$

$\left(\text{这里需进一步假设 } s_0 < \frac{n}{2}\right)$. 由 Sobolev 嵌入定理，有

$$\| f_* \|_{L^\gamma(\mathbb{R}^n)} \leqslant C \| f_* \|_{\dot{H}^{s_0}(\mathbb{R}^n)} = C \| f \|_{\dot{H}^{s_0}(\mathbb{R}^n)}. \tag{3.3.24}$$

又由 Parseval 等式，有

$$\| f^* \|_{L^2(\mathbb{R}^n)} = \| f \|_{\dot{H}^{s_0}(\mathbb{R}^n)}. \tag{3.3.25}$$

由 $s_0 < \frac{n}{2}$, 利用 Hausdorff-Young 不等式，并注意到 Φ_1 具紧支集，就有

$$\begin{aligned} \| \Phi_1^* \|_{L^{n/s_0}(\mathbb{R}^n)} &\leqslant C \| \hat{\Phi}_1^* \|_{L^{n/(n-s_0)}(\mathbb{R}^n)} \\ &= C \| |\xi|^{s_0} \hat{\Phi}_1(\xi) \|_{L^{n/(n-s_0)}(\mathbb{R}^n)} < +\infty. \end{aligned} \tag{3.3.26}$$

此外，易见

$$\| \Phi_{1*} \|_{L^\infty(\mathbb{R}^n)} \leqslant \| \hat{\Phi}_1 \|_{L^1(\mathbb{R}^n)} < +\infty. \tag{3.3.27}$$

将(3.3.24)-(3.3.27)代入(3.3.21)，就可由(3.3.20)式得到

$$\| f_1 \|_{L^{\infty,2}(\mathbb{R}^n)} \leqslant C \| f \|_{\dot{H}^{s_0}(\mathbb{R}^n)}. \tag{3.3.28}$$

再一次利用标度变换，就可由(3.3.28)式得到

$$\| f_j \|_{L^{\infty,2}(\mathbb{R}^n)} \leqslant 2^{(j-1)\left(s_0 - \frac{n}{2}\right)} C \| f \|_{\dot{H}^{s_0}(\mathbb{R}^n)} \quad (j = 1, 2, \cdots). \tag{3.3.29}$$

事实上，对任意给定的 $j = 1, 2, \cdots$，可令 $y = 2^{-(j-1)} x$，并记

$$\begin{aligned} \tilde{f}_j(y) &= f_j(2^{(j-1)} y) = f_j(x), \\ \tilde{f}(y) &= f(2^{(j-1)} y) = f(x), \end{aligned} \tag{3.3.30}$$

类似于(3.3.15)及(3.3.16)，就有

$$\| \tilde{f}_j \|_{L^{\infty,2}(\mathbb{R}^n)} = \| f_j \|_{L^{\infty,2}(\mathbb{R}^n)} \tag{3.3.31}$$

及

$$\| \tilde{f} \|_{\dot{H}^{s_0}(\mathbb{R}^n)} = 2^{(j-1)\left(s_0-\frac{n}{2}\right)} \| f \|_{\dot{H}^{s_0}(\mathbb{R}^n)}. \tag{3.3.32}$$

这样,由(3.3.19)式,并注意到 $s_0 < \dfrac{n}{2}$,就得到

$$\begin{aligned}
\| \Psi f \|_{L^{\infty,2}(\mathbb{R}^n)} &\leqslant \sum_{j=1}^{\infty} \| f_j \|_{L^{\infty,2}(\mathbb{R}^n)} \\
&\leqslant C \sum_{j=1}^{\infty} 2^{(j-1)\left(s_0-\frac{n}{2}\right)} \| f \|_{\dot{H}^{s_0}(\mathbb{R}^n)} \\
&\leqslant C \| f \|_{\dot{H}^{s_0}(\mathbb{R}^n)}.
\end{aligned}$$

这就是所要证明的(3.3.18)式.

3° 现在证明 $a=4$ 时的(3.3.11)式,即证明:设 $\Phi(x)$ 为集合 $\{x \mid |x| \geqslant 4\}$ 的特征函数,则对任何给定的 $p>2$,当 $s_0 = \dfrac{1}{2} - \dfrac{1}{p}$ 时,成立

$$\| \Psi f \|_{L^{p,2}(\mathbb{R}^n)} \leqslant C \| f \|_{\dot{H}^{s_0}(\mathbb{R}^n)}. \tag{3.3.33}$$

这一证明和(3.3.18)式的证明是类似的,下面仅对有所不同之处进行说明.此时,由推论 2.1 中的(3.2.25)式,类似地有

$$\| f_1 \|_{L^{p,2}(\mathbb{R}^n)} \leqslant C \| f_1 \|_{H^{s_0}(\mathbb{R}^n)}, \tag{3.3.34}$$

其中 $s_0 = \dfrac{1}{2} - \dfrac{1}{p}$. 因此,类似于(3.3.28)式,有

$$\| f_1 \|_{L^{p,2}(\mathbb{R}^n)} \leqslant C \| f \|_{\dot{H}^{s_0}(\mathbb{R}^n)}. \tag{3.3.35}$$

此外,注意到此时除(3.3.31)-(3.3.32)式外,类似于(3.3.17)式,还有

$$\| \tilde{f}_j \|_{L^{p,2}(\mathbb{R}^n)} = 2^{-(j-1)\frac{n}{p}} \| f_j \|_{L^{p,2}(\mathbb{R}^n)}, \tag{3.3.36}$$

就可由(3.3.35)式利用标度变换得到

$$\| f_j \|_{L^{p,2}(\mathbb{R}^n)} \leqslant 2^{-(j-1)(n-1)s_0} C \| f \|_{\dot{H}^{s_0}(\mathbb{R}^n)} \ (j=1,2,\cdots), \tag{3.3.37}$$

从而就容易得到所要求的(3.3.33)式. 证毕.

为证明下面的定理,先对空间 $L^{p,q}(\mathbb{R}^n)$ 列出相应的 Hölder 不等式. 像空间 $L^{p,q}(\mathbb{R}^n)$ 是空间 $L^p(\mathbb{R}^n)$ 的推广一样,此 Hölder 不等式也是通常的 Hölder 不等式的推广,且易于利用通常的 Hölder 不等式加以证明.

引理 3.2(Hölder 不等式) 设 $f_1(x)\in L^{p_1,q_1}(\mathbb{R}^n)$, $f_2(x)\in L^{p_2,q_2}(\mathbb{R}^n)$, 其中 $1\leqslant p_1, p_2, q_1, q_2\leqslant+\infty$,且 $\frac{1}{p_1}+\frac{1}{p_2}\leqslant 1$, $\frac{1}{q_1}+\frac{1}{q_2}\leqslant 1$,则 $f_1f_2(x)\in L^{p,q}(\mathbb{R}^n)$ 而

$$\frac{1}{p}=\frac{1}{p_1}+\frac{1}{p_2},\ \frac{1}{q}=\frac{1}{q_1}+\frac{1}{q_2},\tag{3.3.38}$$

且成立

$$\|f_1f_2\|_{L^{p,q}(\mathbb{R}^n)}\leqslant\|f_1\|_{L^{p_1,q_1}(\mathbb{R}^n)}\|f_2\|_{L^{p_2,q_2}(\mathbb{R}^n)}.\tag{3.3.39}$$

定理 3.2 设 $\Psi(x)$是集合$\{x\,|\,|x|>a\}(a>0)$的特征函数,而 $\bar{\Psi}=1-\Psi$. 则成立

$$\|f\|_{\dot{H}^{-s_0}(\mathbb{R}^n)}\leqslant C(\|\bar{\Psi}f\|_{L^q(\mathbb{R}^n)}+a^{s_0-\frac{n}{2}}\|\Psi f\|_{L^{1,2}(\mathbb{R}^n)}),\tag{3.3.40}$$

其中

$$\frac{1}{2}<s_0<\frac{n}{2}\quad 且\quad \frac{1}{q}=\frac{1}{2}+\frac{s_0}{n},\tag{3.3.41}$$

而 C 为一个与 f 及 a 均无关的正常数.

证 由定义,

$$\|f\|_{\dot{H}^{-s_0}(\mathbb{R}^n)}=\sup_{\substack{v\in\dot{H}^{s_0}(\mathbb{R}^n)\\ v\neq 0}}\frac{\int fv}{\|v\|_{\dot{H}^{s_0}(\mathbb{R}^n)}}.\tag{3.3.42}$$

利用 Hölder 不等式,有

$$\begin{aligned}\left|\int fv\right|&\leqslant\left|\int(\bar{\Psi}f)v\right|+\left|\int(\Psi f)v\right|\\&\leqslant\|\bar{\Psi}f\|_{L^q(\mathbb{R}^n)}\|v\|_{L^\gamma(\mathbb{R}^n)}\\&\quad+\|\Psi f\|_{L^{1,2}(\mathbb{R}^n)}\|\Psi v\|_{L^{\infty,2}(\mathbb{R}^n)},\end{aligned}\tag{3.3.43}$$

其中 q 由(3.3.41)式决定,而 $\frac{1}{\gamma}=\frac{1}{2}-\frac{s_0}{n}$.

由 Sobolev 嵌入定理,有

$$\|v\|_{L^\gamma(\mathbb{R}^n)}\leqslant C\|v\|_{\dot{H}^{s_0}(\mathbb{R}^n)}.\tag{3.3.44}$$

而由定理 3.1 中之(3.3.10)式,有

$$\| \Psi v \|_{L^{\infty, 2}(\mathbb{R}^n)} \leqslant C a^{s_0 - \frac{n}{2}} \| v \|_{\dot{H}^{s_0}(\mathbb{R}^n)}. \tag{3.3.45}$$

将(3.3.44)-(3.3.45)代入(3.3.43)式,就可由(3.3.42)式得到所要求的(3.3.40)式. 证毕.

§4. 具衰减因子的 Sobolev 型不等式

4.1. 特征锥内部具衰减因子的 Sobolev 型不等式

引理 4.1(插值不等式) 设 $\Omega \subseteq \mathbb{R}^n$ 为一个有界或无界的区域,且 $f \in L^p(\Omega) \cap L^q(\Omega)$,且 $1 \leqslant p \leqslant q \leqslant +\infty$,则对一切满足 $p \leqslant r \leqslant q$ 的 r, $f \in L^r(\Omega)$,且成立如下的插值不等式:

$$\| f \|_{L^r(\Omega)} \leqslant \| f \|_{L^p(\Omega)}^{\theta} \| f \|_{L^q(\Omega)}^{1-\theta}, \tag{3.4.1}$$

其中 $0 \leqslant \theta \leqslant 1$,且满足

$$\frac{1}{r} = \frac{\theta}{p} + \frac{1-\theta}{q}. \tag{3.4.2}$$

证 注意到(3.4.2)式,由 Hölder 不等式,有

$$\begin{aligned} \| f \|_{L^r(\Omega)} &= \| \, |f|^{\theta} |f|^{1-\theta} \|_{L^r(\Omega)} \\ &\leqslant \| \, |f|^{\theta} \|_{L^{\frac{p}{\theta}}(\Omega)} \| \, |f|^{1-\theta} \|_{L^{\frac{q}{\theta}}(\Omega)} \\ &= \| f \|_{L^p(\Omega)}^{\theta} \| f \|_{L^q(\Omega)}^{1-\theta}. \end{aligned}$$

这就是(3.4.1)式.

设 $\chi(t, x)$ 为 $\mathbb{R}_+ \times \mathbb{R}^n$ 中某一集合的特征函数,类似于(3.1.31)-(3.1.32)式,可定义

$$\| u(t, \cdot) \|_{A, N, p, q, \chi} = \sum_{|k| \leqslant N} \| \chi(t, \cdot) A^k u(t, \cdot) \|_{L^{p,q}(\mathbb{R}^n)}, \ \forall t \geqslant 0 \tag{3.4.3}$$

及

$$\| u(t, \cdot) \|_{A, N, p, \chi} = \| u(t, \cdot) \|_{A, N, p, p, \chi}, \ \forall t \geqslant 0. \tag{3.4.4}$$

这实际上就是限制在这一集合上的广义 Sobolev 范数. 特别地,我们可以定义 $\| u(t, \cdot) \|_{\Gamma, N, p, q, \chi}$ 及 $\| u(t, \cdot) \|_{\Gamma, N, p, \chi}$ 等.

现在在波动方程特征锥内部的一个锥体上,给出由如下定理所示的具衰减

因子的 Sobolev 型不等式.

定理 4.1 设 $\chi_1(t,x)$ 为集合 $\left\{(t,x)\,\middle|\,|x|\leqslant\frac{1+t}{2}\right\}$ 的特征函数,则对任何给定的 $p\geqslant 1$,

1° 若 $s>\frac{n}{p}$,则成立

$$|\chi_1 u(t,x)|\leqslant C(1+t+|x|)^{-\frac{n}{p}}\|u(t,\cdot)\|_{\Gamma,s,p,\chi_1};\tag{3.4.5}$$

2° 若 $s=\frac{n}{p}$,则对任何满足 $p\leqslant q<+\infty$ 的 q 值,成立

$$\|\chi_1 u(t,\cdot)\|_{L^q(\mathbb{R}^n)}\leqslant C(1+t)^{-n\left(\frac{1}{p}-\frac{1}{q}\right)}\|u(t,\cdot)\|_{\Gamma,s,p,\chi_1};\tag{3.4.6}$$

3° 若 $0<s<\frac{n}{p}$,则对满足 $\frac{1}{q}\geqslant\frac{1}{p}-\frac{s}{n}$ 且 $q>p$ 的 q 值,(3.4.6)式仍然成立.

在(3.4.5)及(3.4.6)式中,C 为一个与 u 及与 $t\geqslant 0$ 均无关的正常数.

证 在定理 2.2 中取 $\lambda=\frac{1+t}{2}$,并利用引理 1.8 及引理 4.1,就可得到所要求的结论.

事实上,在 $s>\frac{n}{p}$ 时,由(3.2.6)式并注意到引理 1.8,就得到

$$\begin{aligned}
&|\chi_1 u(t,x)|\\
\leqslant{}&\|u(t,\cdot)\|_{L^\infty\left(B_{\frac{1+t}{2}}\right)}\\
\leqslant{}&C(1+t)^{-\frac{n}{p}}\sum_{|\alpha|\leqslant s}(1+t)^{|\alpha|}\|D_x^\alpha u(t,\cdot)\|_{L^p\left(B_{\frac{1+t}{2}}\right)}\\
={}&C(1+t)^{-\frac{n}{p}}\sum_{|\alpha|\leqslant s}(1+t)^{|\alpha|}\|\chi_1 D_x^\alpha u(t,\cdot)\|_{L^p(\mathbb{R}^n)}\\
\leqslant{}&C(1+t)^{-\frac{n}{p}}\sum_{|\alpha|\leqslant s}(1+t)^{|\alpha|}\\
&\cdot\sum_{|\beta|\leqslant|\alpha|}\|(1+|t-|\cdot\||)^{-|\alpha|}\chi_1\Gamma^\beta u(t,\cdot)\|_{L^p(\mathbb{R}^n)}.
\end{aligned}$$

注意到在 $|x|\leqslant\frac{1+t}{2}$ 时,易知有

$$C_1(1+t)\leqslant 1+|t-|x||\leqslant C_2(1+t),\tag{3.4.7}$$

其中 C_1,C_2 为正常数,由上式就得到

$$|\chi_1 u(t, x)| \leqslant C(1+t)^{-\frac{n}{p}} \|u(t, \cdot)\|_{\Gamma, s, p, \chi_1}. \tag{3.4.8}$$

再注意到在 $|x| \leqslant \dfrac{1+t}{2}$ 时，有

$$1+t \leqslant 1+t+|x| \leqslant \frac{3}{2}(1+t),$$

就得到 1°中的结论.

在情形 2°，由(3.2.7)式，类似于(3.4.8)式，可证明(3.4.6)式成立.

在情形 3°，设

$$\frac{1}{\bar{q}} = \frac{1}{p} - \frac{s}{n},$$

就有

$$\bar{q} \geqslant q > p.$$

于是由引理 4.1，有

$$\|\chi_1 u(t, \cdot)\|_{L^q(\mathbb{R}^n)} \leqslant \|\chi_1 u(t, \cdot)\|_{L^p(\mathbb{R}^n)}^{\theta} \|\chi_1 u(t, \cdot)\|_{L^{\bar{q}}(\mathbb{R}^n)}^{1-\theta}, \tag{3.4.9}$$

其中 $0 \leqslant \theta \leqslant 1$，且满足

$$\frac{1}{q} = \frac{\theta}{p} + \frac{1-\theta}{\bar{q}}. \tag{3.4.10}$$

类似于(3.4.8)式，由(3.2.7)式可证明

$$\|\chi_1 u(t, \cdot)\|_{L^{\bar{q}}(\mathbb{R}^n)} \leqslant C(1+t)^{-n\left(\frac{1}{p}-\frac{1}{\bar{q}}\right)} \|u(t, \cdot)\|_{\Gamma, s, p, \chi_1}. \tag{3.4.11}$$

将其代入(3.4.9)式，并注意到(3.4.10)式，就得到

$$\begin{aligned}
&\|\chi_1 u(t, \cdot)\|_{L^q(\mathbb{R}^n)} \\
&\leqslant C(1+t)^{-n\left(\frac{1}{p}-\frac{1}{\bar{q}}\right)(1-\theta)} \|u(t, \cdot)\|_{\Gamma, s, p, \chi_1}^{1-\theta} \|\chi_1 u(t, \cdot)\|_{L^p(\mathbb{R}^n)}^{\theta} \\
&\leqslant C(1+t)^{-n\left(\frac{1}{p}-\frac{1}{q}\right)} \|u(t, \cdot)\|_{\Gamma, s, p, \chi_1}.
\end{aligned}$$

这就是(3.4.6)式. 证毕.

由定理 4.1 立刻可得

推论 4.1 对任意给定的 $p>1$ 及任意给定的整数 $N\geqslant 0$，

1° 若 $s>\dfrac{n}{p}$，则成立

$$\| u(t,\cdot)\|_{\Gamma,N,\infty,\chi_1}\leqslant C(1+t)^{-\frac{n}{p}}\| u(t,\cdot)\|_{\Gamma,N+s,p,\chi_1},\ \forall t\geqslant 0; \tag{3.4.12}$$

2° 若 $s=\dfrac{n}{p}$，则对任何满足 $p\leqslant q<+\infty$ 的 q 值，成立

$$\| u(t,\cdot)\|_{\Gamma,N,q,\chi_1}\leqslant C(1+t)^{-n\left(\frac{1}{p}-\frac{1}{q}\right)}\| u(t,\cdot)\|_{\Gamma,N+s,p,\chi_1},\ \forall t\geqslant 0; \tag{3.4.13}$$

3° 若 $0<s<\dfrac{n}{p}$，则对满足 $\dfrac{1}{q}\geqslant\dfrac{1}{p}-\dfrac{s}{n}$ 且 $q>p$ 的 q 值，(3.4.13)式仍然成立.

注 4.1 定理 4.1 及推论 4.1 中的估计式对任意给定的函数 $u(t,x)$ 均能成立(只要所出现的范数有意义). 所以能在估计式的右端出现对 t 的衰减因子，是因为在 Γ 算子中含有 t 的正次幂的因子，相应的范数已隐含了对 t 的某种增长性.

由注 2.1，并注意到在 $|x|\geqslant\dfrac{3(1+t)}{2}$ 时，$1+|t-|x||=1+|x|-t\geqslant\dfrac{5+t}{2}$，就有

注 4.2 在定理 4.1 中，若取 $\chi_1(t,x)$ 为集合 $\left\{(t,x)\,\Big|\,|x|\geqslant\dfrac{3(1+t)}{2}\right\}$ 的特征函数，则在情形 1°，仍成立(3.4.8)式；而在情形 2°及 3°，仍成立(3.4.6)式. 因此，推论 4.1 仍然成立.

注 4.3 定理 4.1 中之 1°，可见 S. Klainerman[32].

4.2. 全空间上具衰减因子的 Sobolev 型不等式

现在我们将证明

定理 4.2 对任意给定的 $p\geqslant 1$，在 $s>\dfrac{n}{p}$ 时，成立如下的具衰减因子的 Sobolev 型不等式：

$$\begin{aligned}|u(t,x)|\leqslant{}& C(1+t+|x|)^{-\frac{n-1}{p}}(1+|t-|x||)^{-\frac{1}{p}}\\&\cdot\| u(t,\cdot)\|_{\Gamma,s,p},\ \forall t\geqslant 0,\ \forall x\in\mathbb{R}^n,\end{aligned}\tag{3.4.14}$$

其中 C 是一个与 u 无关的正常数.

为此,先对径向求导算子 ∂_r 证明如下的

引理 4.2　对任意给定的整数 $k \geqslant 1$,成立

$$\partial_r^k = \sum_{i_1, \cdots, i_k = 1}^{n} \frac{x_{i_1} \cdots x_{i_k}}{r^k} \partial_{i_1} \cdots \partial_{i_k}. \tag{3.4.15}$$

证　由(3.1.42)式,(3.4.15)式在 $k = 1$ 时成立. 由数学归纳法,只要再证明:若(3.4.15)式对整数 $k \geqslant 1$ 成立. 则对整数 $k+1$ 也成立.

由(3.4.15)式,并利用 ∂_r 的定义(3.1.42)式,就有

$$\begin{aligned}
\partial_r^{k+1} &= \sum_{i_1, \cdots, i_{k+1}} \frac{x_{i_{k+1}}}{r} \partial_{i_{k+1}} \left(\frac{x_{i_1} \cdots x_{i_k}}{r^k} \partial_{i_1} \cdots \partial_{i_k} \right) \\
&= \sum_{i_1, \cdots, i_{k+1}} \frac{x_{i_1} \cdots x_{i_{k+1}}}{r^{k+1}} \partial_{i_1} \cdots \partial_{i_{k+1}} \\
&\quad + \sum_{i_1, \cdots, i_{k+1}} \frac{x_{i_{k+1}}}{r} \left[\frac{\delta_{i_1 i_{k+1}} x_{i_2} \cdots x_{i_k}}{r^k} + \cdots \right. \\
&\quad \left. + \frac{x_{i_1} \cdots x_{i_{k-1}} \delta_{i_k i_{k+1}}}{r^k} - k \frac{x_{i_1} \cdots x_{i_k}}{r^{k+1}} \cdot \frac{x_{i_{k+1}}}{r} \right] \partial_{i_1} \cdots \partial_{i_k} \\
&= \sum_{i_1, \cdots, i_{k+1}} \frac{x_{i_1} \cdots x_{i_{k+1}}}{r^{k+1}} \partial_{i_1} \cdots \partial_{i_{k+1}}.
\end{aligned}$$

这就是对整数 $k+1$ 的(3.4.15)式. 证毕.

推论 4.2　对任意给定的整数 $k \geqslant 1$,成立

$$| \partial_r^k u | \leqslant C \sum_{|\beta| = k} | D_x^\beta u |, \tag{3.4.16}$$

其中 C 为一个与 u 无关的正常数.

定理 4.2 的证明　分下面两种情形进行讨论.

1°　成立

$$| t - | x | | \geqslant \frac{1}{2} (t + | x |) > 0 \tag{3.4.17}$$

的情形. 此时在以 x 为心、半径为 $\lambda = \frac{1}{4}(t + | x |)$ 的球体 B_λ 上应用定理 2.2 中的(3.2.6)式,并利用引理 1.8,就得到

$$
\begin{aligned}
|u(t,x)| &\leqslant C(t+|x|)^{-\frac{n}{p}}\sum_{|\alpha|\leqslant s}(t+|x|)^{|\alpha|}\,\|D_y^\alpha u(t,y)\|_{L^p(B_\lambda)}\\
&\leqslant C(t+|x|)^{-\frac{n}{p}}\sum_{|\alpha|\leqslant s}(t+|x|)^{|\alpha|}\\
&\quad\cdot\Big\|(1+|t-|y||)^{-|\alpha|}\sum_{|\beta|\leqslant\alpha}|\Gamma^\beta u(t,y)|\Big\|_{L^p(B_\lambda)}\\
&\leqslant C(t+|x|)^{-\frac{n}{p}}\sum_{|\alpha|\leqslant s}(t+|x|)^{|\alpha|}\\
&\quad\cdot\Big\||t-|y||^{-|\alpha|}\sum_{|\beta|\leqslant\alpha}|\Gamma^\beta u(t,y)|\Big\|_{L^p(B_\lambda)}.
\end{aligned}
\tag{3.4.18}
$$

但在 B_λ 上，

$$
|y-x|\leqslant\frac{1}{4}(t+|x|),
$$

于是由(3.4.17)式易知

$$
|t-|y||\geqslant\frac{1}{4}(t+|x|),
$$

从而由(3.4.18)式就得到

$$
|u(t,x)|\leqslant C(t+|x|)^{-\frac{n}{p}}\,\|u(t,\cdot)\|_{\Gamma,s,p}. \tag{3.4.19}
$$

这样，就有

$$
|u(t,x)|\leqslant C(t+|x|)^{-\frac{n-1}{p}}\,|t-|x||^{-\frac{1}{p}}\,\|u(t,\cdot)\|_{\Gamma,s,p}. \tag{3.4.20}
$$

2°成立

$$
0<|t-|x||<\frac{1}{2}(t+|x|) \tag{3.4.21}
$$

的情形. 此时显然有 $|x|\neq 0$. 取

$$
\lambda=\frac{|t-|x||}{2|x|}. \tag{3.4.22}
$$

由于在(3.4.21)成立的条件下，有

$$
\frac{1}{3}|x|<t<3|x|, \tag{3.4.23}
$$

从而

$$|t-|x||<2|x|,$$

因此，$0<\lambda<1$.

在环形域 $E_{|x|,\lambda}=\{y\,|\,||y|-|x||<\lambda|x|\}$ 上应用定理 2.3，并注意到推论 4.1，就得到

$$\begin{aligned}|u(t,x)|&\leqslant C\Big(\frac{|t-|x||}{|x|}\Big)^{-\frac{1}{p}}|x|^{-\frac{n}{p}}\\&\quad\cdot\sum_{k+|\alpha|\leqslant s}|t-|x||^k\|\partial_r^k\Omega_y^\alpha u(t,y)\|_{L^p(E_{|x|,\lambda})}\\&\leqslant C|t-|x||^{-\frac{1}{p}}|x|^{-\frac{n-1}{p}}\\&\quad\cdot\sum_{|\alpha|+|\beta|\leqslant s}|t-|x||^{|\beta|}\|D_y^\beta\Omega_y^\alpha u(t,y)\|_{L^p(E_{|x|,\lambda})}.\end{aligned}$$

再利用引理 1.8，由上式得到

$$\begin{aligned}|u(t,x)|&\leqslant C|t-|x||^{-\frac{1}{p}}|x|^{-\frac{n-1}{p}}\sum_{|\alpha|+|\beta|\leqslant s}|t-|x||^{|\beta|}\\&\quad\cdot\Big\|(1+|t-|y||)^{-|\beta|}\sum_{|\gamma|\leqslant|\beta|}|\Gamma^\gamma\Omega_y^\alpha u(t,y)|\Big\|_{L^p(E_{|x|,\lambda})}\\&\leqslant C|t-|x||^{-\frac{1}{p}}|x|^{-\frac{n-1}{p}}\sum_{|\alpha|+|\beta|\leqslant s}|t-|x||^{|\beta|}\\&\quad\cdot\Big\||t-|y||^{-|\beta|}\sum_{|\gamma|\leqslant|\beta|}|\Gamma^\gamma\Omega_y^\alpha u(t,y)|\Big\|_{L^p(E_{|x|,\lambda})}.\end{aligned}\tag{3.4.24}$$

由于在 $E_{|x|,\lambda}$ 上，有

$$||y|-|x||<\frac{1}{2}|t-|x||,$$

从而成立

$$|t-|y||\geqslant|t-|x||-||y|-|x||>\frac{1}{2}|t-|x||.\tag{3.4.25}$$

这样，由(3.4.24)式就得到

$$|u(t,x)|\leqslant C|t-|x||^{-\frac{1}{p}}|x|^{-\frac{n-1}{p}}\|u(t,\cdot)\|_{\Gamma,s,p}.\tag{3.4.26}$$

再注意到(3.4.23)式，就有

$$|u(t,x)|\leqslant C(t+|x|)^{-\frac{n-1}{p}}|t-|x||^{-\frac{1}{p}}\|u(t,\cdot)\|_{\Gamma,s,p}.\tag{3.4.27}$$

最后,由通常的 Sobolev 嵌入定理,有

$$|u(t,x)|\leqslant C\|u(t,\cdot)\|_{\Gamma,s,p},\ \forall t\geqslant 0,\ \forall x\in\mathbb{R}^n. \tag{3.4.28}$$

将(3.4.20)、(3.4.27)及(3.4.28)三式合并,就得到所要求的(3.4.14)式.定理 4.2 证毕.

推论 4.3 对任意给定的 $p\geqslant 1$,当 $s>\frac{n}{p}$ 时,成立

$$\|u(t,\cdot)\|_{L^\infty(\mathbb{R}^n)}\leqslant C(1+t)^{-\frac{n-1}{p}}\|u(t,\cdot)\|_{\Gamma,s,p},\ \forall t\geqslant 0, \tag{3.4.29}$$

其中 C 为一个与 u 无关的正常数.

推论 4.4 对任意给定的整数 $N\geqslant 0$,成立

$$\|u(t,\cdot)\|_{\Gamma,N,\infty}\leqslant C(1+t)^{-\frac{n-1}{p}}\|u(t,\cdot)\|_{\Gamma,N+s,p},\ \forall t\geqslant 0, \tag{3.4.30}$$

其中 $p\geqslant 1$, $s>\frac{n}{p}$,而 C 为一个与 u 无关的正常数.

注 4.4 定理 4.2 的结论及证明的基本思路,见 S. Klainerman[32].

注 4.5 将推论 4.1 中之(3.4.12)式(或注 4.2 中的相应结论)与推论 4.4 相比较,可以看到:在波动方程的特征锥内部(或外部)的一个锥体上,相应的 Sobolev 型不等式具有较快衰减的因子.

第四章

线性波动方程的解的估计式

§1. 一维线性波动方程的解的估计式

考虑下述一维线性波动方程的 Cauchy 问题:

$$u_{tt} - u_{xx} = F(t, x), \ (t, x) \in \mathbb{R}_+ \times \mathbb{R}, \tag{4.1.1}$$

$$t = 0: u = f(x), \ u_t = g(x), \ x \in \mathbb{R}. \tag{4.1.2}$$

我们要对其解 $u = u(t, x)$ 建立一些有关的估计式,结果见下述

定理 1.1 对一维 Cauchy 问题(4.1.1)-(4.1.2)的解 $u = u(t, x)$,成立下述估计式:

1° 成立

$$\begin{aligned} \| u(t, \cdot) \|_{L^\infty(\mathbb{R})} \leqslant & \| f \|_{L^\infty(\mathbb{R})} + t \| g \|_{L^\infty(\mathbb{R})} \\ & + \int_0^t (t-\tau) \| F(\tau, \cdot) \|_{L^\infty(\mathbb{R})} \mathrm{d}\tau, \ \forall t \geqslant 0; \end{aligned} \tag{4.1.3}$$

2° 对任意给定的 $p(1 \leqslant p \leqslant +\infty)$,成立

$$\begin{aligned} \| u(t, \cdot) \|_{L^p(\mathbb{R})} \leqslant & \| f \|_{L^p(\mathbb{R})} + t^{\frac{1}{p}} \| g \|_{L^1(\mathbb{R})} \\ & + \int_0^t (t-\tau)^{\frac{1}{p}} \| F(\tau, \cdot) \|_{L^1(\mathbb{R})} \mathrm{d}\tau, \ \forall t \geqslant 0 \end{aligned} \tag{4.1.4}$$

及

$$\| Du(t, \cdot) \|_{L^p(\mathbb{R})} \leqslant \| f' \|_{L^p(\mathbb{R})} + \| g \|_{L^p(\mathbb{R})}$$

$$+\int_0^t \| F(\tau, \cdot) \|_{L^p(\mathbb{R})} \mathrm{d}\tau, \ \forall t \geqslant 0, \quad (4.1.5)$$

其中

$$D = \left(\frac{\partial}{\partial t}, \frac{\partial}{\partial x}\right); \quad (4.1.6)$$

3° 若成立

$$\int_{-\infty}^{+\infty} g(x)\mathrm{d}x = 0, \quad (4.1.7)$$

则在 $F \equiv 0$ 时,对任意给定的 $p(1 \leqslant p \leqslant +\infty)$ 成立

$$\| u(t, \cdot) \|_{L^p(\mathbb{R})} \leqslant \| f \|_{L^p(\mathbb{R})} + \| G \|_{L^p(\mathbb{R})}, \ \forall t \geqslant 0, \quad (4.1.8)$$

其中

$$G(x) = \int_{-\infty}^{x} g(y)\mathrm{d}y \quad (4.1.9)$$

为 g 的原函数.

证 由第二章中的(2.1.14)式,只需对 $F \equiv 0$ 的情形进行证明,且由第二章中的(2.1.20)式,此时 Cauchy 问题(4.1.1)-(4.1.2)的解可写为

$$u(t, x) = \frac{1}{2}(f(x+t) + f(x-t)) + \frac{1}{2}\int_{x-t}^{x+t} g(y)\mathrm{d}y. \quad (4.1.10)$$

注意到

$$\begin{aligned} \frac{1}{2}\left\| \int_{x-t}^{x+t} g(y)\mathrm{d}y \right\|_{L^\infty(\mathbb{R})} &\leqslant \frac{1}{2}\left\| \int_{x-t}^{x+t} \mathrm{d}y \right\|_{L^\infty(\mathbb{R})} \cdot \| g \|_{L^\infty(\mathbb{R})} \\ &= t \| g \|_{L^\infty(\mathbb{R})}, \end{aligned}$$

由(4.1.10)式就立刻得到 $F \equiv 0$ 时的(4.1.3)式.

为证明 $F \equiv 0$ 时的(4.1.4)式,将(4.1.10)式写成

$$u(t, x) = \frac{1}{2}(f(x+t) + f(x-t)) + \frac{1}{2}\int_{\mathbb{R}} H(t - | x - y |)g(y)\mathrm{d}y, \quad (4.1.11)$$

其中 H 为 Heaviside 函数. 注意到

$$\| H(t - | \cdot - y |) \|_{L^p(\mathbb{R})} = \left(\int_{y-t}^{y+t} \mathrm{d}x\right)^{\frac{1}{p}} = (2t)^{\frac{1}{p}},$$

由(4.1.11)式就有

$$\begin{aligned}
&\| u(t,\cdot)\|_{L^p(\mathbb{R})}\\
\leqslant\ &\| f\|_{L^p(\mathbb{R})}+\frac{1}{2}\int_{\mathrm{R}}\| H(t-|\cdot - y|)\|_{L^p(\mathbb{R})}\,|g(y)|\,\mathrm{d}y\\
=\ &\| f\|_{L^p(\mathbb{R})}+\frac{1}{2}(2t)^{\frac{1}{p}}\| g\|_{L^1(\mathbb{R})}\\
\leqslant\ &\| f\|_{L^p(\mathbb{R})}+t^{\frac{1}{p}}\| g\|_{L^1(\mathbb{R})}.
\end{aligned}$$

这就是 $F\equiv 0$ 时的(4.1.4)式.

由(4.1.10)式,有

$$\frac{\partial u}{\partial t}(t,x)=\frac{1}{2}(f'(x+t)-f'(x-t))+\frac{1}{2}(g(x+t)+g(x-t)),\tag{4.1.12}$$

$$\frac{\partial u}{\partial x}(t,x)=\frac{1}{2}(f'(x+t)+f'(x-t))+\frac{1}{2}(g(x+t)-g(x-t)),\tag{4.1.13}$$

从而易得 $F\equiv 0$ 时的(4.1.5)式.

最后,由假设(4.1.7),并注意到(4.1.9),可改写(4.1.10)式为

$$u(t,x)=\frac{1}{2}(f(x+t)+f(x-t))+\frac{1}{2}(G(x+t)-G(x-t)),\tag{4.1.14}$$

由此立得(4.1.8)式. 证毕.

§2. 广义惠更斯原理

在以下几节中,如无特别声明,我们均假设空间维度 $n\geqslant 2$.

考虑下述齐次线性波动方程的 Cauchy 问题:

$$\Box u(t,x)=0,\ (t,x)\in\mathbb{R}_+\times\mathbb{R}^n,\tag{4.2.1}$$

$$t=0:u=f(x),\ u_t=g(x),\ x\in\mathbb{R}^n,\tag{4.2.2}$$

并设初值具紧支集:

$$\operatorname{supp}\{f, g\} \subseteq \{x \mid |x| \leqslant \rho\} \ (\rho > 0 \text{ 常数}). \tag{4.2.3}$$

在 $n(\geqslant 3)$ 为奇数时，由第二章定理 1.1 所示的解的表达式可见，在

$$t - |x| \geqslant \rho \tag{4.2.4}$$

时，恒有

$$u(t, x) \equiv 0. \tag{4.2.5}$$

这就是熟知的惠更斯原理.

在 $n(\geqslant 2)$ 为偶数时，上述结论不再成立(参见第二章定理 1.2)，然而可以对解建立一个相应的估计式，称为广义惠更斯原理，见下述的

定理 2.1 设 $u = u(t, x)$ 为 Cauchy 问题(4.2.1)-(4.2.2) 的解，且(4.2.3) 式成立. 则当 $n(\geqslant 2)$ 为偶数，且

$$t - |x| \geqslant 2\rho \tag{4.2.6}$$

时，成立

$$|u(t, x)| \leqslant C(t + |x|)^{-\frac{n-1}{2}}(t - |x|)^{-\frac{n-1}{2}} \cdot ((t - |x|)^{-1} \|f\|_{L^1(\mathbb{R}^n)} + \|g\|_{L^1(\mathbb{R}^n)}), \tag{4.2.7}$$

其中 C 是一个与 (f, g) 及 ρ 均无关的正常数.

证 由第二章的定理 1.2，此时 Cauchy 问题(4.2.1)-(4.2.2)的解可写为

$$u(t, x) = \frac{1}{\omega_n \Gamma\left(\frac{n}{2}\right)} \left[2t \left(\frac{1}{2t}\frac{\partial}{\partial t}\right)^{\frac{n}{2}} \int_{|y-x| \leqslant t} \frac{f(y)}{\sqrt{t^2 - |y-x|^2}} \mathrm{d}y + \left(\frac{1}{2t}\frac{\partial}{\partial t}\right)^{\frac{n-2}{2}} \int_{|y-x| \leqslant t} \frac{g(y)}{\sqrt{t^2 - |y-x|^2}} \mathrm{d}y \right], \tag{4.2.8}$$

其中 ω_n 为 $\mathbb{R}^n$ 中单位球面的面积. 注意到初值的紧支集假设(4.2.3)，上式中积分的范围实际上应为 $\{y \mid |y-x| \leqslant t\} \cap \{y \mid |y| \leqslant \rho\}$.

由假设(4.2.6)，在球面 $|y-x| = t$ 上，恒有

$$|y| \geqslant |y-x| - |x| = t - |x| \geqslant 2\rho,$$

从而(4.2.8)式积分中的被积量恒为零. 这样，就可以将(4.2.8)右端的求导运算 $\frac{1}{2t}\frac{\partial}{\partial t}$ 逐次移入积分号内，得到

$$u(t,x)=C_1 t\int_{\substack{|y-x|\leqslant t\\|y|\leqslant\rho}}(t^2-|y-x|^2)^{-\frac{n+1}{2}}f(y)\mathrm{d}y$$
$$+C_2\int_{\substack{|y-x|\leqslant t\\|y|\leqslant\rho}}(t^2-|y-x|^2)^{-\frac{n-1}{2}}g(y)\mathrm{d}y,\qquad(4.2.9)$$

其中 C_1 及 C_2 为某些常数.

在(4.2.6)式成立的条件下,并假设 $|y|\leqslant\rho$,就有

$$\begin{aligned}t^2-|y-x|^2&=t^2-|x|^2+2x\cdot y-|y|^2\\&\geqslant t^2-|x|^2-2|x||y|-|y|^2\\&\geqslant t^2-|x|^2-2\rho|x|-\rho^2\\&=(t^2-|x|^2)\left(1-\frac{(2|x|+\rho)\rho}{(t-|x|)(t+|x|)}\right)\\&\geqslant(t^2-|x|^2)\left(1-\frac{(2|x|+\rho)\rho}{2\rho(2|x|+2\rho)}\right)\\&\geqslant\frac{1}{2}(t^2-|x|^2).\end{aligned}\qquad(4.2.10)$$

于是,由(4.2.9)式就可以立刻得到所要求的估计式(4.2.7). 证毕.

注 2.1 由定理 2.1,在由(4.2.6)所给定的以 $(t,x)=(2\rho,0)$ 为顶点的前向特征锥所包围的区域上,成立

$$|u(t,x)|\leqslant C_\rho(1+t)^{-\frac{n-1}{2}}(\|f\|_{L^1(\mathbb{R}^n)}+\|g\|_{L^1(\mathbb{R}^n)}),\qquad(4.2.11)$$

其中 C_ρ 是一个与 (f,g) 无关、但依赖于 ρ 的正常数. 因此,在 $t\to+\infty$ 时,解 $u=u(t,x)$ 在此前向特征锥所包围的区域上至少具有 $(1+t)^{-\frac{n-1}{2}}$ 的衰减性.

注 2.2 将假设(4.2.6)改为

$$t-|x|\geqslant a\rho,\qquad(4.2.12)$$

其中 $a>1$ 为常数,定理 2.1 的结论仍然成立. 由于 $a(>1)$ 可以取得任意接近于 1,在以 $(t,x)=(\rho,0)$ 为顶点的前向特征锥的内部,即成立

$$t-|x|>\rho\qquad(4.2.13)$$

时,解 $u=u(t,x)$ 在 $t\to+\infty$ 时至少具有 $(1+t)^{-\frac{n-1}{2}}$ 的衰减性. 与 n 为奇数时的结果(4.2.5)相比较,就可以说明将定理 2.1 所给出的结论称为广义惠更斯原理的原因.

注 2.3 定理 2.1 的结果本质上属于 L. Hörmander[18],其证明亦可见李大潜,周忆[56].

由定理 2.1 容易得到如下的

推论 2.1 在定理 2.1 的假设下,对任何满足 $0 \leqslant l \leqslant \frac{n-1}{2}$ 的 l, 成立

$$\begin{aligned} |u(t, x)| &\leqslant C_\rho (1+t+|x|)^{-\frac{n-1}{2}} (1+|t-|x||)^{-l} \\ &\cdot (\|f\|_{L^1(\mathbb{R}^n)} + \|g\|_{L^1(\mathbb{R}^n)}), \end{aligned} \tag{4.2.14}$$

其中 C_ρ 是一个仅依赖于 ρ 的正常数.

§3. 二维线性波动方程的解的估计式

考虑下述二维线性齐次波动方程的 Cauchy 问题:

$$\Box u(t, x) = 0,\ (t, x) \in \mathbb{R}_+ \times \mathbb{R}^2, \tag{4.3.1}$$

$$t = 0: u = f(x),\ u_t = g(x),\ x \in \mathbb{R}^2. \tag{4.3.2}$$

定理 3.1 对二维 Cauchy 问题(4.3.1)-(4.3.2)的解 $u = u(t, x)$, 成立下述估计式.

1° 成立

$$\|u(t, \cdot)\|_{L^2(\mathbb{R}^2)} \leqslant \|f\|_{L^2(\mathbb{R}^2)} + C\sqrt{\ln(2+t)}\,\|(1+|\cdot|^2)g\|_{L^2(\mathbb{R}^2)}; \tag{4.3.3}$$

2° 若

$$\int_{\mathbb{R}^2} g(x)\mathrm{d}x = 0, \tag{4.3.4}$$

则成立

$$\|u(t, \cdot)\|_{L^2(\mathbb{R}^2)} \leqslant \|f\|_{L^2(\mathbb{R}^2)} + C\|(1+|\cdot|^2)g\|_{L^2(\mathbb{R}^2)}, \tag{4.3.5}$$

其中 C 为一个正常数.

证 由第二章中的定理 3.1, $u = u(t, x)$ 关于 x 的 Fourier 变换为

$$\hat{u}(t, \xi) = \cos(|\xi| t)\,\hat{f}(\xi) + \frac{\sin(|\xi| t)}{|\xi|}\,\hat{g}(\xi). \tag{4.3.6}$$

从而,由 Parseval 等式有

$$\begin{aligned} \|u(t, \cdot)\|_{L_x^2} &= \|\hat{u}(t, \cdot)\|_{L_\xi^2} \\ &\leqslant \|\hat{f}\|_{L^2} + \left\| \frac{\sin(|\xi| t)}{|\xi|}\,\hat{g}(\xi) \right\|_{L^2} \end{aligned}$$

$$= \| f \|_{L^2} + \left\| \frac{\sin(|\xi| t)}{|\xi|} \hat{g}(\xi) \right\|_{L_2}. \tag{4.3.7}$$

对变量 ξ 采用极坐标：$\xi = r\omega$，其中 $r = |\xi|$，而 $\omega = (\cos\theta, \sin\theta)$，就有

$$I(t) \overset{\text{def.}}{=\!=} \left\| \frac{\sin(|\xi| t)}{|\xi|} \hat{g}(\xi) \right\|_{L^2}^2$$
$$= \iint \frac{\sin^2(rt)}{r} \hat{g}^2(r\omega) \mathrm{d}r\mathrm{d}\theta. \tag{4.3.8}$$

从而利用分部积分易得

$$I'(t) = \iint \sin(2rt) \hat{g}^2(r\omega) \mathrm{d}r\mathrm{d}\theta$$
$$= \frac{1}{t} \iint \cos(2rt) \hat{g}(r\omega) \partial_r \hat{g}(r\omega) \mathrm{d}r\mathrm{d}\theta,$$

于是就得到

$$|I'(t)| \leqslant \frac{1}{t} \left(\iint \hat{g}^2(r\omega) \mathrm{d}r\mathrm{d}\theta \right)^{\frac{1}{2}} \left(\iint (\partial_r \hat{g}(r\omega))^2 \mathrm{d}r\mathrm{d}\theta \right)^{\frac{1}{2}}.$$

在上式右端的两个积分中分别直接做一次分部积分，并利用 Parseval 等式，就得到

$$|I'(t)| \leqslant \frac{C}{t} \| (1 + |\cdot|^2) g \|_{L^2}^2, \quad \forall t > 0, \tag{4.3.9}$$

其中 C 是一个正常数.

注意到在 $t = 0$ 附近，例如在 $0 \leqslant t \leqslant 1$ 时，有

$$\sin^2(rt) \leqslant (rt)^2 \leqslant r^2,$$

由(4.3.8)式并利用 Parseval 等式，有

$$I(t) \leqslant \| g \|_{L^2}^2, \quad \forall 0 \leqslant t \leqslant 1. \tag{4.3.10}$$

综合(4.3.9)-(4.3.10)式，容易得到

$$I(t) \leqslant C \ln(2 + t) \| (1 + |\cdot|^2) g \|_{L^2}^2, \quad \forall t \geqslant 0, \tag{4.3.11}$$

从而由(4.3.7)式立刻得到所要证的(4.3.3)式.

另一方面，若(4.3.4)式成立，由 Fourier 变换的定义，此条件等价于

$$\hat{g}(0) = 0, \tag{4.3.12}$$

从而利用分部积分易知有

$$\frac{\hat{g}(\xi)}{|\xi|}=\frac{1}{|\xi|}\int_0^1\partial_s\hat{g}(s\xi)\mathrm{d}s=\int_0^1\partial_r\hat{g}(s\xi)\mathrm{d}s$$

$$=\partial_r\hat{g}(\xi)-|\xi|\int_0^1 s\partial_r^2\hat{g}(s\xi)\mathrm{d}s, \tag{4.3.13}$$

其中 $\xi=r\omega$.

由(4.3.7)式,易知有

$$\|u(t,\cdot)\|_{L^2}\leqslant\|f\|_{L^2}+\left\|\frac{\hat{g}(\xi)}{|\xi|}\right\|_{L^2}$$

$$\leqslant\|f\|_{L^2}+\|\hat{g}\|_{L^2}+\left\|\frac{\hat{g}(\xi)}{|\xi|}\right\|_{L^2(B_1)}, \tag{4.3.14}$$

其中 $B_1=\{\xi\,|\,|\xi|\leqslant 1\}$. 而由(4.3.13)式,有

$$\left\|\frac{\hat{g}(\xi)}{|\xi|}\right\|_{L^2(B_1)}\leqslant\|\partial_r\hat{g}\|_{L^2(B_1)}+\int_0^1 s\|\partial_r^2\hat{g}(s\xi)\|_{L^2(B_1)}\mathrm{d}s$$

$$=\|\partial_r\hat{g}\|_{L^2(B_1)}+\int_0^1 s^2\|\partial_r^2\hat{g}(\xi)\|_{L^2(B_s)}\mathrm{d}s$$

$$\leqslant\|\partial_r\hat{g}\|_{L^2}+\|\partial_r^2\hat{g}\|_{L^2},$$

于是,由(4.3.14)式并注意到 Parseval 等式,就立刻可得所要证的(4.3.5)式.

§ 4. $n(\geqslant 4)$维线性波动方程的解的一个 L^2 估计式

在本节中,我们将在[15]中一个估计的基础上,对 $n(\geqslant 4)$维线性波动方程的 Cauchy 问题的解建立一个新的 L^2 估计式. 这一估计式将在第十一章中,对四维非线性波动方程具小初值的 Cauchy 问题的解,建立其生命跨度下界的精确估计时发挥关键的作用.

首先证明如下的引理. 该引理的结果通称为 Morawetz 估计.

引理 4.1 设 $n\geqslant 3$,而 $u=u(t,x)$ 是 n 维线性波动方程的 Cauchy 问题

$$\Box u(t,x)=0, \tag{4.4.1}$$

$$t=0: u=0,\ u_t=g(x) \tag{4.4.2}$$

的解,则成立如下的时空估计式:

$$\|\,|x|^{-s}u\|_{L^2(\mathbb{R}\times\mathbb{R}^n)}\leqslant C\|g\|_{\dot{H}^{s-\frac{3}{2}}(\mathbb{R}^n)}, \tag{4.4.3}$$

其中 s 满足

$$1 < s < \frac{n}{2}, \tag{4.4.4}$$

$\dot{H}^{s-\frac{3}{2}}(\mathbb{R}^n)$的定义见第三章(3.3.12)式,而 C 是一个正常数.

证　首先证明:设 s 满足(4.4.4)式,则对于任何给定的 $v \in \dot{H}^s(\mathbb{R}^n)$,成立

$$\sup_{r>0} r^{\frac{n}{2}-s} \| v(r\omega) \|_{L^2(S^{n-1})} \leqslant C \| v \|_{\dot{H}^s(\mathbb{R}^n)}, \tag{4.4.5}$$

其中 $x = r\omega,\ r = |x|$,而 $\omega \in S^{n-1}$.

事实上,由第三章定理 3.1 之 1°(在其中取 $a=1$),对任何给定的 $h \in \dot{H}^s(\mathbb{R}^n)$,易得

$$\| h \|_{L^2(S^{n-1})} \leqslant C \| h \|_{\dot{H}^s(\mathbb{R}^n)}. \tag{4.4.6}$$

对任何给定的 $v \in \dot{H}^s(\mathbb{R}^n)$,在上式中取 $h(x) = v(\lambda x) \stackrel{\text{def.}}{=} h_\lambda(x)$,其中 λ 是一个任意给定的正数,就得到

$$\| h_\lambda \|_{L^2(S^{n-1})} \leqslant C \| h_\lambda \|_{\dot{H}^s(\mathbb{R}^n)}. \tag{4.4.7}$$

但

$$\| h_\lambda \|_{L^2(S^{n-1})} = \| v(\lambda\omega) \|_{L^2(S^{n-1})}, \tag{4.4.8}$$

而

$$\| h_\lambda \|_{\dot{H}^s(\mathbb{R}^n)} = \| \, |\xi|^s \hat{h}_\lambda \|_{L^2(\mathbb{R}^n)} = \| \, |\xi|^s \widehat{v(\lambda x)} \|_{L^2(\mathbb{R}^n)},$$

其中函数上方的$\wedge$表示该函数的 Fourier 变换. 由 Fourier 变换的定义,有

$$\widehat{v(\lambda x)} = \lambda^{-n} \hat{v}\left(\frac{\xi}{\lambda}\right),$$

从而易得

$$\begin{aligned} \| h_\lambda \|_{\dot{H}^s(\mathbb{R}^n)} &= \| \, |\xi|^s \widehat{v(\lambda x)} \|_{L^2(\mathbb{R}^n)} = \lambda^{-n} \left\| \, |\xi|^s \hat{v}\left(\frac{\xi}{\lambda}\right) \right\|_{L^2(\mathbb{R}^n)} \\ &= \lambda^{s-\frac{n}{2}} \| \, |\xi|^s \hat{v}(\xi) \|_{L^2(\mathbb{R}^n)} = \lambda^{s-\frac{n}{2}} \| v \|_{\dot{H}^s(\mathbb{R}^n)}. \end{aligned} \tag{4.4.9}$$

将(4.4.8)-(4.4.9)代入(4.4.7),就立刻可得:对任何给定的 $\lambda > 0$,成立

$$\| v(\lambda\omega) \|_{L^2(S^{n-1})} \leqslant C \lambda^{s-\frac{n}{2}} \| v \|_{\dot{H}^s(\mathbb{R}^n)}. \tag{4.4.10}$$

在上式中特取 $\lambda = r = |x|$,就立刻可得(4.4.5)式.

对 v 的 Fourier 变换 $\hat{v}$ 利用(4.4.10)式,就得到

$$\left(\int_{S^{n-1}} |\hat{v}(\lambda\omega)|^2 \mathrm{d}\omega\right)^{\frac{1}{2}} \leqslant C\lambda^{s-\frac{n}{2}} \| |x|^s v \|_{L^2(\mathbb{R}^n)}. \tag{4.4.11}$$

由此利用对偶性,就可得到

$$\left\| |x|^{-s} \int_{S^{n-1}} \mathrm{e}^{\mathrm{i}\lambda x\cdot\omega} h(\omega)\mathrm{d}\omega \right\|_{L^2(\mathbb{R}^n)} \leqslant C\lambda^{s-\frac{n}{2}} \|h\|_{L^2(S^{n-1})}. \tag{4.4.12}$$

事实上,

$$\text{上式左边} = \sup_{v\neq 0} \frac{\int_{\mathbb{R}^n} v(x)\,|x|^{-s}\int_{S^{n-1}} \mathrm{e}^{\mathrm{i}\lambda x\cdot\omega} h(\omega)\mathrm{d}\omega\mathrm{d}x}{\|v\|_{L^2(\mathbb{R}^n)}}. \tag{4.4.13}$$

令

$$\overline{v}(x) = |x|^{-s} v(x), \tag{4.4.14}$$

就有

$$\begin{aligned}
&\int_{\mathbb{R}^n} v(x)\,|x|^{-s}\int_{S^{n-1}} \mathrm{e}^{\mathrm{i}\lambda x\cdot\omega} h(\omega)\mathrm{d}\omega\mathrm{d}x \\
&= \int_{S^{n-1}} \left(\int_{\mathbb{R}^n} \mathrm{e}^{\mathrm{i}\lambda x\cdot\omega}\, \overline{v}(x)\mathrm{d}x\right) h(\omega)\mathrm{d}\omega \\
&= \int_{S^{n-1}} \hat{\overline{v}}(\lambda\omega) h(\omega)\mathrm{d}\omega,
\end{aligned}$$

从而

$$\left|\int_{\mathbb{R}^n} v(x)\,|x|^{-s}\int_{S^{n-1}} \mathrm{e}^{\mathrm{i}\lambda x\cdot\omega} h(\omega)\mathrm{d}\omega\mathrm{d}x\right| \leqslant \|\hat{\overline{v}}(\lambda\omega)\|_{L^2(S^{n-1})} \|h\|_{L^2(S^{n-1})}, \tag{4.4.15}$$

而利用(4.4.11)式并注意到(4.4.14)式,有

$$\|\hat{\overline{v}}(\lambda\omega)\|_{L^2(S^{n-1})} \leqslant C\lambda^{s-\frac{n}{2}} \| |x|^s \overline{v} \|_{L^2(\mathbb{R}^n)} = C\lambda^{s-\frac{n}{2}} \|v\|_{L^2(\mathbb{R}^n)}. \tag{4.4.16}$$

这样,由(4.4.13)式就得到(4.4.12)式.

现在考虑波动方程 Cauchy 问题(4.4.1)-(4.4.2)的解 $u = u(t, x)$. 由第二章(2.3.3)式,有

$$u = \operatorname{Im} v, \tag{4.4.17}$$

而

$$\hat{v}(t, \xi) = \frac{e^{it|\xi|}}{|\xi|} \hat{g}(\xi). \tag{4.4.18}$$

将上式对 t 作 Fourier 变换,就得到 v 的时空 Fourier 变换

$$v^{\#}(\tau, \xi) = \begin{cases} \dfrac{\delta(\tau - |\xi|)}{|\xi|} \hat{g}(\xi), & \tau > 0, \\ 0, & \tau < 0, \end{cases} \tag{4.4.19}$$

从而 v 关于时间的 Fourier 变换为：当 $\tau > 0$ 时，

$$\tilde{v}(\tau, x) = \int_{\mathbb{R}^n} e^{ix\cdot\xi} \frac{\delta(\tau - |\xi|)}{|\xi|} \hat{g}(\xi) d\xi = \tau^{n-2} \int_{S^{n-1}} e^{ix\cdot\omega\tau} \hat{g}(\tau\omega) d\omega; \tag{4.4.20}$$

而当 $\tau < 0$ 时,$\tilde{v}(\tau, x) = 0$. 于是,利用(4.4.12) 式就可得到：对 $\tau > 0$，成立

$$\| |x|^{-s} \tilde{v}(\tau, x) \|_{L^2(\mathbb{R}^n)} \leqslant C\tau^{\frac{n}{2}-2+s} \| \hat{g}(\tau\omega) \|_{L^2(S^{n-1})}. \tag{4.4.21}$$

注意到当 $\tau < 0$ 时,$\tilde{v}(\tau, x) = 0$，将上式对 τ 取 L^2 范数,并利用 Paserval 等式,就得到

$$\begin{aligned} \| |x|^{-s} v(t, x) \|_{L^2(\mathbb{R}\times\mathbb{R}^n)} &\leqslant C\Big(\int_0^\infty \tau^{2(\frac{n}{2}-2+s)} \int_{S^{n-1}} \hat{g}^2(\tau\omega) d\omega d\tau\Big)^{\frac{1}{2}} \\ &= C\Big(\int_{\mathbb{R}^n} |\xi|^{2s-3} \hat{g}^2(\xi) d\xi\Big)^{\frac{1}{2}} = C\| g \|_{\dot{H}^{s-\frac{3}{2}}(\mathbb{R}^n)}, \end{aligned} \tag{4.4.22}$$

从而注意到(4.4.17)就立刻得到所要证明的(4.4.3)式. 引理 4.1 证毕.

下面的引理给出了上述 Morawetz 估计的对偶估计.

引理 4.2　设 $n \geqslant 3$,而 $u = u(t, x)$ 是 n 维线性波动方程的 Cauchy 问题

$$\Box u(t, x) = F(t, x), \tag{4.4.23}$$

$$t = 0 : u = u_t = 0 \tag{4.4.24}$$

的解,则对任何给定的 $T > 0$，成立

$$\sup_{0\leqslant t\leqslant T} \| u(t, \cdot) \|_{\dot{H}^{\frac{3}{2}-s}(\mathbb{R}^n)} \leqslant C\| |x|^s F(t, x) \|_{L^2(0, T; L^2(\mathbb{R}^n))}, \tag{4.4.25}$$

其中 s 满足(4.4.4)式,而 C 是一个正常数.

证 由第二章所示的 Duhamel 原理(2.1.13)式及引理 4.1,易得

$$\| \, |x|^{-s} u \|_{L^2(0,\, T;\, L^2(\mathbb{R}^n))} \leqslant C \int_0^T \| F(\tau, \cdot) \|_{\dot{H}^{s-\frac{3}{2}}(\mathbb{R}^n)} \mathrm{d}\tau. \tag{4.4.26}$$

此外,由对偶性,有

$$\sup_{0 \leqslant t \leqslant T} \| u(t, \cdot) \|_{\dot{H}^{\frac{3}{2}-s}(\mathbb{R}^n)} = \sup_{G \neq 0} \frac{\int_0^T \int_{\mathbb{R}^n} u(t, x) G(t, x) \mathrm{d}x \mathrm{d}t}{\int_0^T \| G(t, \cdot) \|_{\dot{H}^{s-\frac{3}{2}}(\mathbb{R}^n)} \mathrm{d}t}. \tag{4.4.27}$$

令 $v = v(t, x)$ 满足

$$\Box v(t, x) = G(t, x), \tag{4.4.28}$$

$$t = T: v = v_t = 0. \tag{4.4.29}$$

由分部积分可得

$$\begin{aligned} & \int_0^T \int_{\mathbb{R}^n} u(t, x) G(t, x) \mathrm{d}x \mathrm{d}t \\ = & \int_0^T \int_{\mathbb{R}^n} u(t, x) \Box v(t, x) \mathrm{d}x \mathrm{d}t \\ = & \int_0^T \int_{\mathbb{R}^n} \Box u(t, x) v(t, x) \mathrm{d}x \mathrm{d}t \\ = & \int_0^T \int_{\mathbb{R}^n} F(t, x) v(t, x) \mathrm{d}x \mathrm{d}t, \end{aligned} \tag{4.4.30}$$

从而

$$\begin{aligned} & \left| \int_0^T \int_{\mathbb{R}^n} u(t, x) G(t, x) \mathrm{d}x \mathrm{d}t \right| \\ \leqslant & \| \, |x|^s F \|_{L^2(0,\, T;\, L^2(\mathbb{R}^n))} \| \, |x|^{-s} v \|_{L^2(0,\, T;\, L^2(\mathbb{R}^n))}. \end{aligned} \tag{4.4.31}$$

而对 v 利用(4.4.26)式,有

$$\| \, |x|^{-s} v \|_{L^2(0,\, T;\, \mathbb{R}^n)} \leqslant C \int_0^T \| G(t, \cdot) \|_{\dot{H}^{s-\frac{3}{2}}(\mathbb{R}^n)} \mathrm{d}t, \tag{4.4.32}$$

于是由(4.4.27)式就立刻得到所要的对偶估计式(4.4.25).引理 4.2 证毕.

定理 4.1 设 $n \geqslant 4$,而 $u = u(t, x)$ 是 n 维线性波动方程的 Cauchy 问题(4.4.23)-(4.4.24)的解,其中设右端项 $F(t, x)$ 对任何给定的 $t \in [0, T]$,对变量 x 的支集不超过 $\{x \mid |x| \leqslant t + \rho\}$,其中 ρ 为一正数:

$$\operatorname{supp} F \subseteq \{(t, x) \mid 0 \leqslant t \leqslant T, \mid x \mid \leqslant t+\rho\}. \tag{4.4.33}$$

则成立下述关于解 u 的 L^2 范数的估计式：

$$\begin{aligned} \| u(t, \cdot) \|_{L^2(\mathbb{R}^n)} \leqslant C_\rho \{ & \| (1+t)^s \chi_1 F \|_{L^2(0, T; L^q(\mathbb{R}^n))} \\ & + \| (1+t)^{-\frac{n-3}{2}} \chi_2 F \|_{L^2(0, T; L^{1, 2}(\mathbb{R}^n))} \}, \\ & 0 \leqslant t \leqslant T, \end{aligned} \tag{4.4.34}$$

其中

$$\frac{1}{2} < s < 1, \tag{4.4.35}$$

$q(1 < q < 2)$ 由下式决定：

$$\frac{1}{q} = \frac{1}{2} + \frac{\frac{3}{2} - s}{n}, \tag{4.4.36}$$

$\chi_1(t, x)$为集合$\left\{(t, x) \middle| |x| \leqslant \frac{1+t}{2}\right\}$的特征函数，$\chi_2 = 1 - \chi_1$，而 C_ρ 是一个可能与 ρ 有关的正常数.

证　记

$$| D | = \sqrt{-\Delta_x}, \tag{4.4.37}$$

其中 Δ_x 为$\mathbb{R}^n$上的 Laplace 算子. 在波动方程(4.4.23)两端作用$|D|^{s-\frac{3}{2}}$，注意到$|D|$与波动算子$\square$的可交换性，由引理 4.2 易得

$$\begin{aligned} \| u(t, \cdot) \|_{L^2(\mathbb{R}^n)} & \leqslant C \| \, | x |^s (| D |^{s-\frac{3}{2}} F) \|_{L^2(0, T; L^2(\mathbb{R}^n))} \\ & \leqslant C \{ \| \, | x |^s (| D |^{s-\frac{3}{2}} (\chi_1 F)) \|_{L^2(0, T; L^2(\mathbb{R}^n))} \\ & \quad + \| \, | x |^s (| D |^{s-\frac{3}{2}} (\chi_2 F)) \|_{L^2(0, T; L^2(\mathbb{R}^n))} \}, \\ & \quad 0 \leqslant t \leqslant T. \end{aligned} \tag{4.4.38}$$

首先估计上式右端的第一项.

注意到(4.4.37)式及 χ_1 的定义，易知有

$$(| D |^{s-\frac{3}{2}} (\chi_1 F))(t, x) = | \xi |^{\overset{\vee}{s-\frac{3}{2}}} * (\chi_1 F),$$

其中，函数上方的$\vee$表示该函数的 Fourier 逆变换，而 $*$ 表示卷积. 注意到在

$$|\xi|^{\overset{\vee}{s-\frac{3}{2}}} = C\int_{\mathbb{R}^n} e^{ix\cdot\xi}|\xi|^{s-\frac{3}{2}}d\xi$$

中，令 $\xi = \dfrac{\eta}{|x|}$，就有

$$|\xi|^{\overset{\vee}{s-\frac{3}{2}}} = C\left(\int_{\mathbb{R}^n} e^{i\frac{x}{|x|}\cdot\eta}|\eta|^{s-\frac{3}{2}}d\eta\right)|x|^{-\left(n+s-\frac{3}{2}\right)},$$

而 $\int_{\mathbb{R}^n} e^{i\frac{x}{|x|}\cdot\eta}|\eta|^{s-\frac{3}{2}}d\eta$ 是一个与 x 无关的常数，最终就得到

$$\begin{aligned}&(|D|^{s-\frac{3}{2}}(\chi_1 F))(t,x)\\&= C\int_{\mathbb{R}^n}\frac{\chi_1 F(t,y)}{|x-y|^{n+s-\frac{3}{2}}}dy\\&= C\int_{|y|\leqslant\frac{1+t}{2}}\frac{\chi_1 F(t,y)}{|x-y|^{n+s-\frac{3}{2}}}dy.\end{aligned}\tag{4.4.39}$$

于是，当 $|x|\geqslant 1+t$ 时，注意到 $|y|\leqslant\dfrac{1+t}{2}$，就有 $|x-y|\geqslant|x|-|y|\geqslant\dfrac{|x|}{2}$，从而

$$\begin{aligned}&|(|D|^{s-\frac{3}{2}}(\chi_1 F))(t,x)|\\&\leqslant C|x|^{-\left(n+s-\frac{3}{2}\right)}\|\chi_1 F\|_{L^1(\mathbb{R}^n)}\\&\leqslant C|x|^{-\left(n+s-\frac{3}{2}\right)}\|\chi_1 F\|_{L^q(\mathbb{R}^n)}\|\chi_1\|_{L^{q'}(\mathbb{R}^n)}\\&\leqslant C(1+t)^{\frac{n}{q'}}|x|^{-\left(n+s-\frac{3}{2}\right)}\|\chi_1 F\|_{L^q(\mathbb{R}^n)},\end{aligned}\tag{4.4.40}$$

其中 $q'(>2)$ 由 $\dfrac{1}{q}+\dfrac{1}{q'}=1$ 决定，从而由(4.4.36)，有

$$\frac{1}{q'} = \frac{1}{2} - \frac{\frac{3}{2}-s}{n}.\tag{4.4.41}$$

由(4.4.40)式并注意到 $n\geqslant 4$ 及(4.4.41)式，就容易得到

$$\begin{aligned}&\||x|^s(|D|^{s-\frac{3}{2}}(\chi_1 F))\|_{L^2(|x|\geqslant 1+t)}\\&\leqslant C(1+t)^{\frac{n}{q'}}\|\chi_1 F\|_{L^q(\mathbb{R}^n)}\||x|^{-\left(n-\frac{3}{2}\right)}\|_{L^2(|x|\geqslant 1+t)}\\&\leqslant C(1+t)^{\frac{n}{q'}-\frac{n-3}{2}}\|\chi_1 F\|_{L^q(\mathbb{R}^n)}\end{aligned}$$

$$= C(1+t)^s \| \chi_1 F \|_{L^q(\mathbb{R}^n)}. \tag{4.4.42}$$

另一方面，当 $|x| \leqslant 1+t$ 时，由第三章(3.3.12)式，并注意到(4.4.36)式，易知

$$\begin{aligned} & \| \, |x|^s (|D|^{s-\frac{3}{2}}(\chi_1 F)) \|_{L^2(|x| \leqslant 1+t)} \\ \leqslant & (1+t)^s \| \, |D|^{s-\frac{3}{2}}(\chi_1 F) \|_{L^2(\mathbb{R}^n)} \\ = & (1+t)^s \| \chi_1 F \|_{\dot{H}^{s-\frac{3}{2}}(\mathbb{R}^n)} \\ \leqslant & C(1+t)^s \| \chi_1 F \|_{L^q(\mathbb{R}^n)}, \end{aligned} \tag{4.4.43}$$

这里，最后一个不等式是由 Sobolev 嵌入定理：

$$\dot{H}^{\frac{3}{2}-s}(\mathbb{R}^n) \subset L^{q'}(\mathbb{R}^n)$$

是连续嵌入，并利用对偶所得的，而 q' 由(4.4.41)式定义.

合并(4.4.42)-(4.4.43)式，就得到

$$\| \, |x|^s (|D|^{s-\frac{3}{2}}(\chi_1 F)) \|_{L^2(\mathbb{R}^n)} \leqslant C(1+t)^s \| \chi_1 F \|_{L^q(\mathbb{R}^n)}, \tag{4.4.44}$$

从而

$$\| \, |x|^s (|D|^{s-\frac{3}{2}}(\chi_1 F)) \|_{L^2(0, T; L^2(\mathbb{R}^n))} \leqslant C \| (1+t)^s \chi_1 F \|_{L^2(0, T; L^q(\mathbb{R}^n))}. \tag{4.4.45}$$

现在估计(4.4.38)式右端的第二项.

注意到 χ_2 的定义及关于 F 的假设(4.4.33)式(不妨设其中 $\rho \geqslant 1$)，类似于(4.4.39)式，有

$$\begin{aligned} & (|D|^{s-\frac{3}{2}}(\chi_2 F))(t, x) \\ = & C \int_{\mathbb{R}^n} \frac{\chi_2 F(t, y)}{|x-y|^{n+s-\frac{3}{2}}} \mathrm{d}y \\ = & C \int_{t+\rho \geqslant |y| \geqslant \frac{1+t}{2}} \frac{\chi_2 F(t, y)}{|x-y|^{n+s-\frac{3}{2}}} \mathrm{d}y. \end{aligned} \tag{4.4.46}$$

于是，当 $|x| \geqslant 2(t+\rho)$ 时，类似于(4.4.40)式，有

$$\begin{aligned} & |(|D|^{s-\frac{3}{2}}(\chi_2 F))(t, x)| \\ \leqslant & C |x|^{-(n+s-\frac{3}{2})} \| \chi_2 F \|_{L^1(\mathbb{R}^n)}, \end{aligned} \tag{4.4.47}$$

从而注意到 $n\geqslant 4$，易得

$$\begin{aligned}
&\| \,|x|^s(|D|^{s-\frac{3}{2}}(\chi_2F))\|_{L^2(|x|\geqslant 2(t+\rho))}\\
\leqslant\ & C\|\chi_2F\|_{L^1(\mathbb{R}^n)}\|\,|x|^{-\left(n-\frac{3}{2}\right)}\|_{L^2(|x|\geqslant 2(t+\rho))}\\
\leqslant\ & C(1+t)^{-\frac{n-3}{2}}\|\chi_2F\|_{L^1(\mathbb{R}^n)}\\
\leqslant\ & C(1+t)^{-\frac{n-3}{2}}\|\chi_2F\|_{L^{1,2}(\mathbb{R}^n)}.
\end{aligned}\tag{4.4.48}$$

另一方面，当 $|x|\leqslant 2(t+\rho)$ 时，由第三章(3.3.12)式及定理3.2 $\left(\text{其中取 } f=\chi_2F,\ \psi=\chi_2,\ a=\dfrac{1+t}{2}, \text{而 } s_0=\dfrac{3}{2}-s\right)$，并注意到(4.4.35)式，就有

$$\begin{aligned}
&\|\,|x|^s(|D|^{s-\frac{3}{2}}(\chi_2F))\|_{L^2(|x|\leqslant 2(t+\rho))}\\
\leqslant\ & C_\rho(1+t)^s\|\,|D|^{s-\frac{3}{2}}(\chi_2F)\|_{L^2(\mathbb{R}^n)}\\
=\ & C_\rho(1+t)^s\|\chi_2F\|_{\dot{H}^{s-\frac{3}{2}}(\mathbb{R}^n)}\\
\leqslant\ & C_\rho(1+t)^{-\frac{n-3}{2}}\|\chi_2F\|_{L^{1,2}(\mathbb{R}^n)}.
\end{aligned}\tag{4.4.49}$$

合并(4.4.48)-(4.4.49)式，就得到

$$\|\,|x|^s(|D|^{s-\frac{3}{2}}(\chi_2F))\|_{L^2(\mathbb{R}^n)}\leqslant C_\rho(1+t)^{-\frac{n-3}{2}}\|\chi_2F\|_{L^{1,2}(\mathbb{R}^n)},\tag{4.4.50}$$

从而

$$\begin{aligned}
&\|\,|x|^s(|D|^{s-\frac{3}{2}}(\chi_2F))\|_{L^2(0,T;L^2(\mathbb{R}^n))}\\
\leqslant\ & C_q\|(1+t)^{-\frac{n-3}{2}}\chi_2F\|_{L^2(0,T;L^{1,2}(\mathbb{R}^n))}.
\end{aligned}\tag{4.4.51}$$

将(4.4.45)及(4.4.51)代入(4.4.38)式，就得到了所要证的(4.4.34)式. 定理4.1证毕.

§5. 线性波动方程的解的 $L^{p,q}$ 估计式

考察下述线性波动方程的 Cauchy 问题：

$$\Box u(t,x)=F(t,x),\ (t,x)\in\mathbb{R}_+\times\mathbb{R}^n,\tag{4.5.1}$$

$$t=0:u=f(x),\ u_t=g(x),\ x\in\mathbb{R}^n.\tag{4.5.2}$$

在本节中将利用第三章§1.2中引入的 $L^{p,q}$ 空间对其解建立一些新的估计式.

首先证明

引理 5.1 设 $n\geqslant 1$，而 $u=u(t, x)$ 为 Cauchy 问题(4.5.1)-(4.5.2)的解．则对任意给定的实数 s，成立

$$\| u(t, \cdot)\|_{\dot{H}^s(\mathbb{R}^n)}\leqslant \| f\|_{\dot{H}^s(\mathbb{R}^n)}+\| g\|_{\dot{H}^{s-1}(\mathbb{R}^n)}+\int_0^t \| F(\tau, \cdot)\|_{\dot{H}^{s-1}(\mathbb{R}^n)}\mathrm{d}\tau,\quad \forall t\geqslant 0; \tag{4.5.3}$$

此外，对任意给定的实数 $\sigma(0\leqslant\sigma\leqslant 1)$，成立

$$\| u(t, \cdot)\|_{L^2(\mathbb{R}^n)}\leqslant \| f\|_{L^2(\mathbb{R}^n)}+t^\sigma\| g\|_{\dot{H}^{\sigma-1}(\mathbb{R}^n)}+\int_0^t (t-\tau)^\sigma\| F(\tau, \cdot)\|_{\dot{H}^{\sigma-1}(\mathbb{R}^n)}\mathrm{d}\tau,\quad \forall t\geqslant 0, \tag{4.5.4}$$

其中 $\dot{H}^s(\mathbb{R}^n)$ 为齐次 Sobolev 空间，其范数定义为[见第三章的(3.3.12)式]

$$\| f\|_{\dot{H}^s(\mathbb{R}^n)}=\|\, |\xi|^s\hat{f}(\xi)\|_{L^2(\mathbb{R}^n)}, \tag{4.5.5}$$

而 $\hat{f}(\xi)$ 是 $f(x)$ 的 Fourier 变换．

证 由第二章的定理 3.1，$u=u(t, x)$ 对 x 的 Fourier 变换为

$$\hat{u}(t, \xi)=\cos(|\xi| t)\hat{f}(\xi)+\frac{\sin(|\xi| t)}{|\xi|}\hat{g}(\xi)+\int_0^t \frac{\sin(|\xi|(t-\tau))}{|\xi|}\hat{F}(\tau, \xi)\mathrm{d}\tau. \tag{4.5.6}$$

由此易得

$$|\hat{u}(t, \xi)|\leqslant|\hat{f}(\xi)|+|\xi|^{-1}|\hat{g}(\xi)|+\int_0^t |\xi|^{-1}|\hat{F}(\tau, \xi)|\mathrm{d}\tau.$$

在上式两端乘 $|\xi|^s$，并注意到(4.5.5)式，就立即可得(4.5.3)式．

此外，注意到对任何满足 $0\leqslant\sigma\leqslant 1$ 的 σ，成立

$$|\sin(|\xi| t)|\leqslant|\sin(|\xi| t)|^\sigma\leqslant(|\xi| t)^\sigma,$$

由(4.5.6)式就得到

$$\hat{u}(t, \xi)\leqslant|\hat{f}(\xi)|+t^\sigma|\xi|^{\sigma-1}|\hat{g}(\xi)|+\int_0^t (t-\tau)^\sigma|\xi|^{\sigma-1}|\hat{F}(\tau, \xi)|\mathrm{d}\tau,$$

从而立刻可得(4.5.4)式．证毕．

注 5.1 注意到在 $n\geqslant 3$ 时，由 Sobolev 嵌入定理，

$$H^1(\mathbb{R}^n)\subset L^{q'}(\mathbb{R}^n)$$

为连续嵌入，其中 $\frac{1}{q'}=\frac{1}{2}-\frac{1}{n}$. 从而由对偶性就有

$$L^q(\mathbb{R}^n)\subset \dot{H}^{-1}(\mathbb{R}^n)$$

为连续嵌入，其中 q 满足

$$\frac{1}{q}=\frac{1}{2}+\frac{1}{n}. \tag{4.5.7}$$

由此，在(4.5.3)式中特别取 $s=0$[或在(4.5.4)式中特别取 $\sigma=0$]，就得到

$$\begin{aligned}\|u(t,\cdot)\|_{L^2(\mathbb{R}^n)}\leqslant \|f\|_{L^2(\mathbb{R}^n)}+C\Big(\|g\|_{L^q(\mathbb{R}^n)}\\+\int_0^t\|F(\tau,\cdot)\|_{L^q(\mathbb{R}^n)}\mathrm{d}\tau\Big),\ \forall t\geqslant 0,\end{aligned} \tag{4.5.8}$$

其中 q 由(4.5.7)式定义，而 C 为一个正常数. 这是在 $n\geqslant 3$ 时对解 $u(t,x)$ 的 L^2 范数所建立的不等式，通称为 Von Wahl 不等式(见 Von Wahl[81]).

引理 5.2 在引理 5.1 的假设下，成立如下的能量估计式：

$$\begin{aligned}\|Du(t,\cdot)\|_{L^2(\mathbb{R}^n)}\leqslant \|D_xf\|_{L^2(\mathbb{R}^n)}+\|g\|_{L^2(\mathbb{R}^n)}\\+\int_0^t\|F(\tau,\cdot)\|_{L^2(\mathbb{R}^n)}\mathrm{d}\tau,\ \forall t\geqslant 0,\end{aligned} \tag{4.5.9}$$

其中 $D=\left(\frac{\partial}{\partial t},\frac{\partial}{\partial x_1},\cdots,\frac{\partial}{\partial x_n}\right)$ 及 $D_x=\left(\frac{\partial}{\partial x_1},\cdots,\frac{\partial}{\partial x_n}\right)$.

证 由(4.5.6)式，有

$$\begin{aligned}|\xi|\hat{u}(t,\xi)=\cos(|\xi|t)|\xi|\hat{f}(\xi)+\sin(|\xi|t)\hat{g}(\xi)\\+\int_0^t\sin(|\xi|(t-\tau))\hat{F}(\tau,\xi)\mathrm{d}\tau\end{aligned}$$

及

$$\begin{aligned}\frac{\partial\hat{u}(t,\xi)}{\partial t}=-\sin(|\xi|t)|\xi|\hat{f}(\xi)+\cos(|\xi|t)\hat{g}(\xi)\\+\int_0^t\cos(|\xi|(t-\tau))\hat{F}(\tau,\xi)\mathrm{d}\tau,\end{aligned}$$

由此立刻得到所要证明的能量不等式(4.5.9).

下面的定理对 Cauchy 问题(4.5.1)-(4.5.2)的解的 L^2 范数给出更为精细的估计式.

定理 5.1　设 $u=u(t,x)$ 为 Cauchy 问题(4.5.1)-(4.5.2)的解. 则

1°　在 $n\geqslant 3$ 时,成立

$$\| u(t,\cdot)\|_{L^2(\mathbb{R}^n)}\leqslant \| f\|_{L^2(\mathbb{R}^n)}+C\Big\{\| g\|_{L^q(\mathbb{R}^n)}+\int_0^t\big(\| F(\tau,\cdot)\|_{q,\chi_1}+(1+\tau)^{-\frac{n-2}{2}}\| F(\tau,\cdot)\|_{1,2,\chi_2}\big)\mathrm{d}\tau\Big\},\quad \forall t\geqslant 0,\tag{4.5.10}$$

其中 q 由(4.5.7)式定义.

2°　在 $n=2$ 时,成立

$$\| u(t,\cdot)\|_{L^2(\mathbb{R}^n)}\leqslant \| f\|_{L^2(\mathbb{R}^n)}+C\Big\{t^\sigma\| g\|_{L^q(\mathbb{R}^n)}+\int_0^t(t-\tau)^\sigma\big(\| F(\tau,\cdot)\|_{q,\chi_1}+(1+\tau)^{-\sigma}\| F(\tau,\cdot)\|_{1,2,\chi_2}\big)\mathrm{d}\tau\Big\},\quad \forall t\geqslant 0,\tag{4.5.11}$$

其中 $0<\sigma<\dfrac{1}{2}$,而 q 满足

$$\frac{1}{q}=1-\frac{\sigma}{2}.\tag{4.5.12}$$

在(4.5.10)及(4.5.11)式中,χ_1 为集合 $\left\{(t,x)\,\Big|\,|x|\leqslant\dfrac{1+t}{2}\right\}$ 的特征函数,$\chi_2=1-\chi_1$,$\| F(\tau,\cdot)\|_{q,\chi_1}=\|\chi_1F(\tau,\cdot)\|_{L^q(\mathbb{R}^n)}$,$\| F(\tau,\cdot)\|_{1,2,\chi_2}=\|\chi_2F(\tau,\cdot)\|_{L^{1,2}(\mathbb{R}^n)}$,而 C 为一个与 f,g,F 及 t 均无关的正常数.

证　首先证明 $n\geqslant 3$ 时的(4.5.10)式.

在(4.5.3)式中取 $s=0$,类似于(4.5.8)式可得

$$\| u(t,\cdot)\|_{L^2(\mathbb{R}^n)}\leqslant \| f\|_{L^2(\mathbb{R}^n)}+C\| g\|_{L^q(\mathbb{R}^n)}+\int_0^t\| F(\tau,\cdot)\|_{\dot H^{-1}(\mathbb{R}^n)}\mathrm{d}\tau,\ \forall t\geqslant 0,\tag{4.5.13}$$

利用第三章的定理 3.2,并在其中取 $s_0=1$ 及 $a=\dfrac{1+\tau}{2}$,就有

$$\| F(\tau,\cdot)\|_{\dot H^{-1}(\mathbb{R}^n)}\leqslant C\big(\| F(\tau,\cdot)\|_{q,\chi_1}+(1+\tau)^{-\frac{n-2}{2}}\| F(\tau,\cdot)\|_{1,2,\chi_2}\big),\tag{4.5.14}$$

其中 q 由(4.5.7)式定义. 将(4.5.14)式代入(4.5.13)式,就得到所要求的(4.5.10)式.

再证明 $n=2$ 时的(4.5.11)式.

注意到在 $n=2$ 时,由 Sobolev 嵌入定理,对任何满足 $0<\sigma\leqslant 1$ 的 σ,

$$H^{1-\sigma}(\mathbb{R}^2)\subset L^{q'}(\mathbb{R}^2)$$

为连续嵌入,其中 $\frac{1}{q'}=\frac{1}{2}-\frac{1-\sigma}{2}=\frac{\sigma}{2}$. 于是,由对偶性就有

$$L^q(\mathbb{R}^2)\subset \dot{H}^{\sigma-1}(\mathbb{R}^2)$$

为连续嵌入,其中 q 由(4.5.12)式定义. 这样,由(4.5.4)式就得到

$$\begin{aligned}\| u(t,\cdot)\|_{L^2(\mathbb{R}^2)} \leqslant & \| f\|_{L^2(\mathbb{R}^2)}+Ct^\sigma\| g\|_{L^q(\mathbb{R}^2)} \\ & +\int_0^t (t-\tau)^\sigma \| F(\tau,\cdot)\|_{\dot{H}^{\sigma-1}(\mathbb{R}^2)}\mathrm{d}\tau,\ \forall t\geqslant 0.\end{aligned}\tag{4.5.15}$$

在 $0<\sigma<\frac{1}{2}$ 时,利用第三章的定理 3.2,并在其中取 $s_0=1-\sigma$ 及 $a=\frac{1+\tau}{2}$,就有

$$\begin{aligned}\| F(\tau,\cdot)\|_{\dot{H}^{\sigma-1}(\mathbb{R}^2)} \leqslant C(& \| F(\tau,\cdot)\|_{q,\chi_1} \\ & +(1+\tau)^{-\sigma}\| F(\tau,\cdot)\|_{1,2,\chi_2}),\end{aligned}\tag{4.5.16}$$

其中 q 由(4.5.12)式定义. 将(4.5.16)代入(4.5.15),就得到所要求的(4.5.11)式. 证毕.

注意到第三章的引理 1.5 及推论 1.1,由定理 5.1 就立刻得到

推论 5.1 在定理 5.1 的假设下,对任意给定的整数 $N\geqslant 0$,

1° 在 $n\geqslant 3$ 时成立

$$\begin{aligned}\| u(t,\cdot)\|_{\Gamma,N,2} \leqslant & \| u(0,\cdot)\|_{\Gamma,N,2}+C\Big\{\| u_t(0,\cdot)\|_{\Gamma,N,q} \\ & +\int_0^t (\| F(\tau,\cdot)\|_{\Gamma,N,q,\chi_1}+(1+\tau)^{-\frac{n-2}{2}}\| F(\tau,\cdot)\|_{\Gamma,N,1,2,\chi_2})\mathrm{d}\tau\Big\}, \\ & \forall t\geqslant 0,\end{aligned}\tag{4.5.17}$$

其中 q 由(4.5.7)式定义.

2° 在 $n=2$ 时成立

$$\| u(t,\cdot)\|_{\Gamma,N,2} \leqslant \| u(0,\cdot)\|_{\Gamma,N,2}+C\Big\{t^\sigma\| u_t(0,\cdot)\|_{\Gamma,N,q}$$

$$+\int_0^t (t-\tau)^{\sigma}(\|F(\tau,\cdot)\|_{\Gamma,N,q,\chi_1}$$
$$+(1+\tau)^{-\sigma}\|F(\tau,\cdot)\|_{\Gamma,N,1,2,\chi_2})\mathrm{d}\tau\Big\},\ \forall t\geqslant 0, \tag{4.5.18}$$

其中 $0<\sigma<\dfrac{1}{2}$，而 q 由(4.5.12)式定义.

在(4.5.17)及(4.5.18)式中，$\|u(0,\cdot)\|_{\Gamma,N,2}$ 表示 $\|u(t,\cdot)\|_{\Gamma,N,2}$ 在 $t=0$ 时之值，$\|u_t(0,\cdot)\|_{\Gamma,N,q}$ 表示 $\|u_t(t,\cdot)\|_{\Gamma,N,q}$ 在 $t=0$ 时之值.

类似地，由(4.5.8)式可得

推论 5.2　在 $n\geqslant 3$ 时，设 $u=u(t,x)$ 为 Cauchy 问题(4.5.1)-(4.5.2)的解，则对任意给定的整数 $N\geqslant 0$，成立

$$\|u(t,\cdot)\|_{\Gamma,N,2}\leqslant C\Big(\|u(0,\cdot)\|_{\Gamma,N,2}+\|u_t(0,\cdot)\|_{\Gamma,N,q}$$
$$+\int_0^t\|F(\tau,\cdot)\|_{\Gamma,N,q}\mathrm{d}\tau\Big),\ \forall t\geqslant 0, \tag{4.5.19}$$

其中 q 满足(4.5.7)式.

定理 5.2　设 $n\geqslant 2$，在定理 5.1 的假设下，对任意给定的 $p>2$，成立

$$\|u(t,\cdot)\|_{p,2,\chi_2}\leqslant C(1+t)^{-(n-1)\left(\frac{1}{2}-\frac{1}{p}\right)}\Big\{\|f\|_{\dot{H}^s(\mathbb{R}^n)}$$
$$+\|g\|_{L^{\gamma}(\mathbb{R}^n)}+\int_0^t(\|F(\tau,\cdot)\|_{\gamma,\chi_1}$$
$$+(1+\tau)^{-\left(\frac{n-2}{2}+s\right)}\|F(\tau,\cdot)\|_{1,2,\chi_2})\mathrm{d}\tau\Big\},\ \forall t\geqslant 0, \tag{4.5.20}$$

其中

$$s=\frac{1}{2}-\frac{1}{p},\ \frac{1}{\gamma}=\frac{1}{2}+\frac{1-s}{n}, \tag{4.5.21}$$

而 C 是一个与 f,g,F 及 t 均无关的正常数.

证　由第三章定理 3.1 中的(3.3.11)式，并在其中取 $a=\dfrac{1+t}{2}$，就有

$$\|u(t,\cdot)\|_{p,2,\chi_2}\leqslant C(1+t)^{-(n-1)\left(\frac{1}{2}-\frac{1}{p}\right)}\|u(t,\cdot)\|_{\dot{H}^s(\mathbb{R}^n)}, \tag{4.5.22}$$

其中 s 由(4.5.21)的第一式给出，从而 $0<s<\dfrac{1}{2}$. 这样，由(4.5.3)式就得到

$$\| u(t,\cdot)\|_{p,2,\chi_2} \leqslant C(1+t)^{-(n-1)\left(\frac{1}{2}-\frac{1}{p}\right)}\left\{\| f\|_{\dot{H}^s(\mathbb{R}^n)} + \| g\|_{\dot{H}^{s-1}(\mathbb{R}^n)} + \int_0^t \| F(\tau,\cdot)\|_{\dot{H}^{s-1}(\mathbb{R}^n)}\mathrm{d}\tau\right\}. \tag{4.5.23}$$

再由 Sobolev 嵌入定理，

$$H^{1-s}(\mathbb{R}^n) \subset L^{\gamma'}(\mathbb{R}^n)$$

为连续嵌入，其中 $\frac{1}{\gamma'} = \frac{1}{2} - \frac{1-s}{n}$，因而由对偶性，

$$L^{\gamma}(\mathbb{R}^n) \subset \dot{H}^{s-1}(\mathbb{R}^n)$$

为连续嵌入，其中 γ 由(4.5.21)的第二式定义. 于是，

$$\| g\|_{\dot{H}^{s-1}(\mathbb{R}^n)} \leqslant C\| g\|_{L^{\gamma}(\mathbb{R}^n)}. \tag{4.5.24}$$

再由第三章定理 3.2，并在其中取 $s_0 = 1-s$ 及 $a = \frac{1+\tau}{2}$，就有

$$\| F(\tau,\cdot)\|_{\dot{H}^{s-1}(\mathbb{R}^n)} \leqslant C\left(\| F(\tau,\cdot)\|_{\gamma,\chi_1} + (1+\tau)^{-\left(\frac{n-2}{2}+s\right)}\| F(\tau,\cdot)\|_{1,2,\chi_2}\right), \tag{4.5.25}$$

其中 γ 由(4.5.21)的第二式定义. 将(4.5.24)-(4.5.25)代入(4.5.23)，就得到所要求的(4.5.20)式.

利用第三章的引理 1.5 及推论 1.1，由定理 5.2 就立刻得到

推论 5.3 在定理 5.2 的假设下，对任意给定的整数 $N \geqslant 0$，成立

$$\begin{aligned}&\| u(t,\cdot)\|_{\Gamma,N,p,2,\chi_2}\\ \leqslant\ & C(1+t)^{-(n-1)\left(\frac{1}{2}-\frac{1}{p}\right)}\left\{\sum_{|k|\leqslant N}\| \Gamma^k u(0,\cdot)\|_{\dot{H}^s(\mathbb{R}^n)}\right.\\ &+ \| u_t(0,\cdot)\|_{\Gamma,N,\gamma} + \int_0^t \left(\| F(\tau,\cdot)\|_{\Gamma,N,\gamma,\chi_1}\right.\\ &\left.\left.+ (1+\tau)^{-\left(\frac{n-2}{2}+s\right)}\| F(\tau,\cdot)\|_{\Gamma,N,1,2,\chi_2}\right)\mathrm{d}\tau\right\},\quad \forall t\geqslant 0,\end{aligned} \tag{4.5.26}$$

其中 $p > 2$，s 及 γ 由(4.5.21)式定义，$\| \Gamma^k u(0,\cdot)\|_{\dot{H}^s(\mathbb{R}^n)}$ 表示 $\| \Gamma^k u(t,\cdot)\|_{\dot{H}^s(\mathbb{R}^n)}$ 在 $t=0$ 时之值，而 C 是一个正常数.

注 5.2 定理 5.1 中的(4.5.10)式是在李大潜，俞新[46]中建立的.

§6. 线性波动方程的解的 L^1-L^∞ 估计式

本节旨在利用初值及其若干阶偏导数的 L^1 范数来估计线性波动方程的相应的 Cauchy 问题的解的 L^∞ 范数. 这样的一些估计通称为 L^1-L^∞ 估计式.

6.1. 齐次线性波动方程的解的 L^1-L^∞ 估计式

定理 6.1　设 $n\geqslant 2$. 若 $u=u(t,x)$ 为下述 Cauchy 问题

$$\begin{cases}\Box u(t,x)=0,\ (t,x)\in\mathbb{R}^+\times\mathbb{R}^n, & (4.6.1)\\ t=0:u=f(x),\ u_t=g(x),\ x\in\mathbb{R}^n & (4.6.2)\end{cases}$$

的解,则成立

$$|u(t,x)|\leqslant C(1+t)^{-\frac{n-1}{2}}(\|f\|_{W^{n,1}(\mathbb{R}^n)}+\|g\|_{W^{n-1,1}(\mathbb{R}^n)}),\\ \forall(t,x)\in\mathbb{R}^+\times\mathbb{R}^n \tag{4.6.3}$$

或

$$\|u(t,\cdot)\|_{L^\infty(\mathbb{R}^n)}\leqslant C(1+t)^{-\frac{n-1}{2}}(\|f\|_{W^{n,1}(\mathbb{R}^n)}+\|g\|_{W^{n-1,1}(\mathbb{R}^n)}),\ \forall t\geqslant 0, \tag{4.6.3$'$}$$

其中 C 是一个与 (f,g) 及 t 均无关的正常数.

证　由第二章所述的解的表达式(2.1.14)、(2.2.3)及(2.2.11),并注意到(2.2.5)式,易知有

$$\begin{aligned}u(t,x)&=C_n\left\{\frac{\mathrm{d}}{\mathrm{d}t}\int_{\mathbb{R}^n}\chi_+^{-\frac{n-1}{2}}(t^2-|x-y|^2)f(y)\mathrm{d}y\right.\\&\quad\left.+\int_{\mathbb{R}^n}\chi_+^{-\frac{n-1}{2}}(t^2-|x-y|^2)g(y)\mathrm{d}y\right\}\\&=C_n\left\{2t\int_{\mathbb{R}^n}\chi_+^{-\frac{n+1}{2}}(t^2-|x-y|^2)f(y)\mathrm{d}y\right.\\&\quad\left.+\int_{\mathbb{R}^n}\chi_+^{-\frac{n-1}{2}}(t^2-|x-y|^2)g(y)\mathrm{d}y\right\}\\&=C_n\left\{2t\int_{\mathbb{R}^n}\chi_+^{-\frac{n+1}{2}}(t^2-|y|^2)f(x-y)\mathrm{d}y\right.\\&\quad\left.+\int_{\mathbb{R}^n}\chi_+^{-\frac{n-1}{2}}(t^2-|y|^2)g(x-y)\mathrm{d}y\right\},\end{aligned}\tag{4.6.4}$$

其中 $C_n=\dfrac{1}{2\pi^{\frac{n-1}{2}}}$, $\chi_+^a(y)$ 由第二章中的(2.2.4)-(2.2.5)式定义,而式中的积

分则表示广义函数意义下的卷积.

首先估计

$$I=\int_{\mathbb{R}^n}\chi_+^{-\frac{n-1}{2}}(t^2-|y|^2)g(x-y)\mathrm{d}y. \tag{4.6.5}$$

令 $y=r\xi$,其中 $r=|y|$, $\xi\in S^{n-1}$,有

$$I=\int_{\mathbb{R}^n}\chi_+^{-\frac{n-1}{2}}(t^2-r^2)g(x-r\xi)r^{n-1}\mathrm{d}r\mathrm{d}\omega_\xi, \tag{4.6.6}$$

其中 $\mathrm{d}\omega_\xi$ 为单位球面 S^{n-1} 上的面积微元.

由第二章中之(2.2.5)式,对任意给定的整数 $m\geqslant 0$,易知有

$$\left(\frac{1}{2r}\partial_r\right)^m\chi_+^{-\frac{n-1}{2}+m}(t^2-r^2)=(-1)^m\chi_+^{-\frac{n-1}{2}}(t^2-r^2), \tag{4.6.7}$$

于是

$$I=(-1)^m\int_{\mathbb{R}^n}\left(\frac{1}{2r}\frac{\partial}{\partial r}\right)^m\chi_+^{-\frac{n-1}{2}+m}(t^2-r^2)\cdot g(x-r\xi)r^{n-1}\mathrm{d}r\mathrm{d}\omega_\xi. \tag{4.6.8}$$

注意到第二章的(2.2.5)式及 $\chi_+^a(y)$ 的支集 $\subseteq\{y\geqslant 0\}$,容易验证:若特别取

$$m=\begin{cases}\dfrac{n-3}{2},若\,n(\geqslant 3)\,为奇数;\\ \dfrac{n-2}{2},若\,n(\geqslant 2)\,为偶数,\end{cases} \tag{4.6.9}$$

则当 a 为任何满足 $1\leqslant a\leqslant m$ 的整数时,恒有

$$\left(\frac{1}{2r}\frac{\partial}{\partial r}\right)^{m-a}\chi_+^{-\frac{n-1}{2}+m}(t^2-r^2)\cdot\frac{1}{2r}\left(\partial_r\frac{1}{2r}\right)^{a-1}(g(x-r\xi)r^{n-1})\Big|_{r=0}^{r=+\infty}=0. \tag{4.6.10}$$

于是,在(4.6.8)式右端对 r 进行 m 次分部积分,就可得到

$$I=\int_{\mathbb{R}^n}\chi_+^{-\frac{n-1}{2}+m}(t^2-r^2)\left(\partial_r\frac{1}{2r}\right)^m(g(x-r\xi)r^{n-1})\mathrm{d}r\mathrm{d}\omega_\xi, \tag{4.6.11}$$

其中 m 由(4.6.9)式决定.

由(4.6.9)式,有

$$-\frac{n-1}{2}+m=\begin{cases}-1,\text{若 } n(\geqslant 3)\text{ 为奇数;}\\ -\dfrac{1}{2},\text{若 } n(\geqslant 2)\text{ 为偶数,}\end{cases} \tag{4.6.12}$$

从而由第二章中之(2.2.9)及(2.2.10)式，$\chi_+^{-\frac{n-1}{2}+m}$ 是一个正测度. 于是，由(4.6.11)式易得

$$\begin{aligned}|I| &\leqslant C\sum_{l\leqslant m}\int_{\mathbb{R}^n}\chi_+^{-\frac{n-1}{2}+m}(t^2-r^2)\,|\partial_r^l g(x-r\xi)|\,r^{n-1-2m+l}\,\mathrm{d}r\mathrm{d}\omega_\xi\\ &\leqslant C\sum_{|k|\leqslant m}\int_{\mathbb{R}^n}\chi_+^{-\frac{n-1}{2}+m}(t^2-|y|^2)\,|D_x^k g(x-y)|\,|y|^{-2m+|k|}\,\mathrm{d}y,\end{aligned} \tag{4.6.13}$$

于此及今后，C 及 C_k 等均表示一些正常数，而 $D_x=\left(\dfrac{\partial}{\partial x_1},\cdots,\dfrac{\partial}{\partial x_n}\right)$.

现在对任意给定的 $k(|k|\leqslant m)$，考察积分

$$I_k=\int_{\mathbb{R}}\chi_+^{-\frac{n-1}{2}+m}(t^2-|y|^2)\,|D_x^k g(x-y)|\,|y|^{-2m+|k|}\,\mathrm{d}y. \tag{4.6.14}$$

令

$$y=(y',y''), \tag{4.6.15}$$

其中

$$y'=(y_1,\cdots,y_{|k|+1}),\ y''=(y_{|k|+2},\cdots,y_n). \tag{4.6.16}$$

注意到(4.6.9)式，在 $|k|\leqslant m$ 时，恒有 $|k|+1<n$，故 y' 及 y'' 均为非空. 由于 $|y''|\leqslant|y|$，由(4.6.14)式可得

$$\begin{aligned}I_k &\leqslant \int_{\mathbb{R}^n}\chi_+^{-\frac{n-1}{2}+m}(t^2-|y'|^2-|y''|^2)\,|y''|^{-2m+|k|}\,|D_x^k g(x-y)|\,\mathrm{d}y\\ &\leqslant \int\Big(\int\chi_+^{-\frac{n-1}{2}+m}(t^2-|y'|^2-|y''|^2)\,|y''|^{-2m+|k|}\,\mathrm{d}y''\Big)\\ &\qquad\cdot\sup_{y''}|D_x^k g(x-y)|\,\mathrm{d}y'.\end{aligned} \tag{4.6.17}$$

引理 6.1　对任意给定的 $k(|k|\leqslant m)$，其中 m 由(4.6.9)式给出，对任意给定的实数 R，成立

$$\int\chi_+^{-\frac{n-1}{2}+m}(R-|y''|^2)\,|y''|^{-2m+|k|}\,\mathrm{d}y''\leqslant C_{|k|}, \tag{4.6.18}$$

其中 $C_{|k|}$ 是一个与 R 无关、但可能与 $|k|$ 有关的正常数.

证 当 $R\leqslant 0$ 时，由 $\chi_+^a(y)$ 的支集性质，(4.6.18)式左端的积分恒为零，引理之结论显然成立.

当 $R>0$ 时，令 $y''=\sqrt{R}z''$，注意到 $\chi_+^a(y)$ 为 y 的 a 次齐次函数，易知有

$$\int \chi_+^{-\frac{n-1}{2}+m}(R^2-|y''|^2)|y''|^{-2m+|k|}\mathrm{d}y''$$
$$=\int \chi_+^{-\frac{n-1}{2}+m}(1-|z''|^2)|z''|^{-2m+|k|}\mathrm{d}z'', \tag{4.6.19}$$

其值与 R 无关. 因此，为证明引理 6.1，只需证明上式右端之积分值为有限即可.

在 $n(\geqslant 3)$ 为奇数时，由(4.6.12)式及第二章中的(2.2.9)式，(4.6.19)式右端之积分化为

$$\int \chi_+^{-1}(1-|z''|^2)|z''|^{-2m+|k|}\mathrm{d}z''$$
$$=\int \delta(1-|z''|^2)|z''|^{-2m+|k|}\mathrm{d}z''$$
$$=\int \delta(2(1-|z''|))|z''|^{-2m+|k|}\mathrm{d}z''$$
$$=\frac{1}{2}\int \delta(1-|z''|)|z''|^{-2m+|k|}\mathrm{d}z''<+\infty;$$

而在 $n(\geqslant 2)$ 为偶数时，由(4.6.12)式及第二章中的(2.2.10)式，(4.6.19)式右端之积分易知可化为

$$\int \chi_+^{-\frac{1}{2}}(1-|z''|^2)|z''|^{-2m+|k|}\mathrm{d}z''$$
$$=\int_{|z''|\leqslant 1}\frac{|z''|^{-2m+|k|}}{\sqrt{\pi(1-|z''|^2)}}\mathrm{d}z''=C\int_0^1\frac{\mathrm{d}r}{\sqrt{1-r^2}}=\frac{\pi}{2}C<+\infty,$$

其中 C 为一个与 $|k|$ 有关的正常数.

这就证明了引理 6.1.

利用引理 6.1，由(4.6.17)式就可得到

$$I_k\leqslant C_k\int \sup_{y''}|D_x^k g(x-y)|\mathrm{d}y'. \tag{4.6.20}$$

再注意到如下的恒等式：

$$h(y',y'')=(-1)^{n-|k|-1}\int_{y_{|k|+2}}^{\infty}\cdots\int_{y_n}^{\infty}\partial_{|k|+2}\cdots\partial_n h(y',z'')\mathrm{d}z'',$$

并在其中取 $h(y', y'') = D_x^k g(x-y)$，由(4.6.20)式就立刻得到

$$I_k \leqslant C_k \| g \|_{W^{n-1,1}(\mathbb{R}^n)}, \tag{4.6.21}$$

从而由(4.6.13)式就得到

$$| I | \leqslant C \| g \|_{W^{n-1,1}(\mathbb{R}^n)}. \tag{4.6.22}$$

下面证明：在 $t \geqslant 2$ 时成立

$$| I | \leqslant C t^{-\frac{n-1}{2}} \| g \|_{W^{n-1,1}(\mathbb{R}^n)}, \tag{4.6.23}$$

其中 C 是一个与 t 无关的正常数.

证明分下述三步进行.

(i) 对任何给定的 $t \geqslant 2$，若在 g 的支集上成立

$$t - r \geqslant \frac{1}{2}, \tag{4.6.24}$$

其中 $r = | y |$，则

$$t^2 - r^2 \geqslant \frac{t}{2} > 0, \tag{4.6.25}$$

从而由(4.6.5)式，并注意到 $\chi_+^a(y)$ 为 y 的齐 a 次函数，就有

$$\begin{aligned} I &= \int_{\mathbb{R}^n} \chi_+^{-\frac{n-1}{2}} (t^2 - r^2) g(x-y) \mathrm{d}y \\ &= \chi_+^{-\frac{n-1}{2}} (1) \int_{\mathbb{R}^n} (t^2 - r^2)^{-\frac{n-1}{2}} g(x-y) \mathrm{d}y. \end{aligned}$$

于是，注意到(4.6.25)式，有

$$| I | \leqslant C t^{-\frac{n-1}{2}} \| g \|_{L^1(\mathbb{R}^n)}. \tag{4.6.26}$$

(ii) 对任何给定的 $t \geqslant 2$，若在 g 的支集上成立

$$t - r \leqslant 1, \tag{4.6.27}$$

其中 $r = | y |$，则

$$r \geqslant t - 1 \geqslant \frac{t}{2} \geqslant 1, \tag{4.6.28}$$

从而由(4.6.13)式(在其中以 $m+1$ 代替 m，此时不等式显然仍然成立)，就可得到

$$\begin{aligned}|I| &\leqslant C\sum_{|k|\leqslant m+1}\int_{\mathbb{R}^n}\chi_+^{-\frac{n-1}{2}+m+1}(t^2-r^2)\,|D_x^k g(x-y)|\,r^{-2m-2+|k|}\mathrm{d}y\\ &\leqslant C\sum_{|k|\leqslant m+1}\left(\frac{t}{2}\right)^{-2m-2+|k|}\int_{\mathbb{R}^n}\chi_+^{-\frac{n-1}{2}+m+1}(t^2-r^2)\,|D_x^k g(x-y)|\,\mathrm{d}y\\ &\leqslant Ct^{-m-1}\sum_{|k|\leqslant m+1}\int_{\mathbb{R}^n}\chi_+^{-\frac{n-1}{2}+m+1}(t^2-r^2)\,|D_x^k g(x-y)|\,\mathrm{d}y.\end{aligned}\tag{4.6.29}$$

当 $n(\geqslant 3)$ 为奇数时,由(4.6.12)式,并利用第二章中之(2.2.7)式,有

$$\chi_+^{-\frac{n-1}{2}+m+1}(t^2-r^2)=H(t^2-r^2),$$

于此 H 为 Heaviside 函数,从而由(4.6.29)式并注意到(4.6.9)式,立即可得

$$|I|\leqslant Ct^{-\frac{n-1}{2}}\|g\|_{W^{\frac{n-1}{2},1}(\mathbb{R}^n)}.\tag{4.6.30}$$

当 $n(\geqslant 2)$ 为偶数时,由(4.6.12)式,利用第二章中之(2.2.4)式,并注意到(4.6.27)式,易知

$$\chi_+^{-\frac{n-1}{2}+m+1}(t^2-r^2)=C_0\sqrt{t^2-r^2}\leqslant C_0\sqrt{t+r}\leqslant C_0\sqrt{2t},$$

于此 C_0 是一个正常数,从而由(4.6.29)式并注意到(4.6.9)式,立即可得

$$|I|\leqslant Ct^{-\frac{n-1}{2}}\|g\|_{W^{\frac{n}{2},1}(\mathbb{R}^n)}.\tag{4.6.31}$$

(iii) 综合估计(4.6.30)-(4.6.31)式,并利用单位分解,就易知(4.6.23)式成立. 再注意到(4.6.22)式,就可得到

$$|I|\leqslant C(1+t)^{-\frac{n-1}{2}}\|g\|_{W^{n-1,1}(\mathbb{R}^n)}.\tag{4.6.32}$$

类似地可证

$$\left|\int_{\mathbb{R}^n}\chi_+^{-\frac{n+1}{2}}(t^2-|y|^2)f(x-y)\mathrm{d}y\right|\leqslant C(1+t)^{-\frac{n+1}{2}}\|f\|_{W^{n,1}(\mathbb{R}^n)}.\tag{4.6.33}$$

这样,由(4.6.4)式就得到所要求的(4.6.3)及(4.6.3)$'$式. 定理 6.1 证毕.

推论 6.1 在定理 6.1 的假设下,进一步假设初值 (f, g) 具如下的紧支集:

$$\operatorname{supp}\{f, g\}\subseteq\{x\,|\,|x|\leqslant\rho\},\tag{4.6.34}$$

其中 ρ 为一个正数,则成立

$$|u(t, x)|\leqslant C_\rho(1+t+|x|)^{-\frac{n-1}{2}}(1+|t-|x||)^{-l}$$

$$\cdot (\| f \|_{W^{n,1}(\mathbb{R}^n)} + \| g \|_{W^{n-1,1}(\mathbb{R}^n)}), \tag{4.6.35}$$

其中 C_ρ 是一个仅依赖于 ρ 的正常数. 此外, 当 $n(\geqslant 3)$ 为奇数时, $l \geqslant 0$; 而当 $n(\geqslant 2)$ 为偶数时, $0 \leqslant l \leqslant \dfrac{n-1}{2}$.

证　由波的有限传播速度, 在解 $u = u(t, x)$ 的支集上, $t - |x| \geqslant -\rho$. 在

$$-\rho \leqslant t - |x| \leqslant 2\rho$$

时, 易见对于任何给定的 $l \geqslant 0$ 值, 均可由定理 6.1 推出(4.6.35)式. 在

$$t - |x| \geqslant 2\rho$$

时, 若 $n(\geqslant 3)$ 为奇数, 由惠更斯原理, $u(t, x) \equiv 0$[见第四章(4.2.4)-(4.2.5)式], 而若 $n(\geqslant 2)$ 为偶数, 且 $0 \leqslant l \leqslant \dfrac{n-1}{2}$, 由第四章推论 2.1, 亦均可推出(4.6.35)式.

6.2. 非齐次线性波动方程的解的 $L^1 - L^\infty$ 估计式

引理 6.2(J.-L. Lions 延拓)　设 $\Omega \subset \mathbb{R}^n$ 为一个具 C^m 边界的区域, $m \geqslant 0$ 为整数, 而 $1 \leqslant p \leqslant +\infty$. 则存在一个由 $W^{m,p}(\Omega)$ 到 $W^{m,p}(\mathbb{R}^n)$ 的延拓算子 P, 使对任何给定的 $u \in W^{m,p}(\Omega)$,

$$Pu \in W^{m,p}(\mathbb{R}^n), \tag{4.6.36}$$

且

$$\| Pu \|_{W^{m,p}(\mathbb{R}^n)} \leqslant C \| u \|_{W^{m,p}(\Omega)}, \tag{4.6.37}$$

其中 C 为一个与 u 无关的正常数.

证　参见[66].

引理 6.3　设 B_t 为 $\mathbb{R}^n$ 中以原点为心、半径为 t 的球体. 则对任何给定的整数 $m \geqslant 0$, 存在一个延拓算子 P_t^m, 使对任何给定的函数 $f \in W^{m,1}(B_t)$, $P_t^m f$ 为定义在全空间 $\mathbb{R}^n$ 上的函数, 且成立

$$\| D^\alpha (P_t^m f) \|_{L^1(\mathbb{R}^n)} \leqslant C \sum_{|\beta| \leqslant |\alpha|} t^{|\beta| - |\alpha|} \| D^\beta f \|_{L^1(B_t)}, \ \forall |\alpha| \leqslant m, \tag{4.6.38}$$

其中 C 为一个与 f 无关的正常数.

证　当 $t = 1$ 时, 取 P_1^m 为上引理所述的 Lions 延拓算子, (4.6.38) 式就是

(4.6.37)(其中取 $p=1$) 的直接推论. 在一般情况下,令 $\bar{x}=\dfrac{x}{t}$, $\bar{f}(\bar{x})=f\left(\dfrac{x}{t}\right)$,并取 $P_t^m f(x)=P_1^m\ \bar{f}(\bar{x})=P_1^m f\left(\dfrac{x}{t}\right)$,则由 $t=1$ 时成立的

$$\| D_{\bar{x}}^{\alpha}(P_1^m\ \bar{f})\|_{L^1(\mathbb{R}^n)} \leqslant C \sum_{|\beta|\leqslant|\alpha|} \| D_{\bar{x}}^{\beta}\ \bar{f}\|_{L^1(B_1)},\ \forall |\alpha| \leqslant m,$$

由 Scaling 就立刻可得到所要的(4.6.38)式.

推论 6.2 在引理 6.3 的假设下,对任何给定的 $t\geqslant 1$,成立

$$\| P_t^m f\|_{W^{m,1}(\mathbb{R}^n)} \leqslant C_m \| f\|_{W^{m,1}(B_t)}, \tag{4.6.39}$$

其中 C_m 是一个与 f 及 $t\geqslant 1$ 均无关的正常数.

引理 6.4 设 $n\geqslant 2$,且 $u=u(t,x)$ 是 Cauchy 问题

$$\begin{cases}\Box u(t,x)=F(x)\delta(t-|x|),\ (t,x)\in\mathbb{R}^+\times\mathbb{R}^n, & (4.6.40)\\ t=0: u=0,\ u_t=0 & (4.6.41)\end{cases}$$

的解. 若

$$\operatorname{supp} F\subseteq\{x \mid 1\leqslant |x|\leqslant 2\}, \tag{4.6.42}$$

则成立

$$|u(t,x)| \leqslant C(1+t+|x|)^{-\frac{n-1}{2}}(1+|t-|x||)^{-l}\| F\|_{W^{n-1,1}(\mathbb{R}^n)}, \tag{4.6.43}$$

其中 C 为一个正常数. 此外,当 $n(\geqslant 3)$ 为奇数时, $l\geqslant 0$;而当 $n(\geqslant 2)$ 为偶数时, $0\leqslant l\leqslant \dfrac{n-1}{2}$.

证 由波动方程(4.6.40)右端的特殊形式,并注意到(4.6.42)式,易见在解 $u=u(t,x)$ 的支集上, $t\geqslant 1$ 且 $t-|x|\geqslant 0$.

(i) 首先证明: 在 $t-|x|\geqslant 6$ 时,若 $n(\geqslant 3)$ 为奇数,有

$$u(t,x)\equiv 0, \tag{4.6.44}$$

而若 $n(\geqslant 2)$ 为偶数,有

$$|u(t,x)| \leqslant C(t^2-|x|^2)^{-\frac{n-1}{2}}\| F\|_{L^1(\mathbb{R}^n)}. \tag{4.6.45}$$

这样,易见在此情况下(4.6.43)式成立.

由 Duhamel 原理,Cauchy 问题(4.6.40)-(4.6.41)的解可写为

$$u=u(t,x)=\int_0^t v(t,x;\tau)\mathrm{d}\tau, \tag{4.6.46}$$

其中 $v=v(t,x;\tau)$ 为下述 Cauchy 问题的解：

$$\begin{cases}\Box v(t,x;\tau)=0, & (4.6.47)\\ t=\tau: v=0,\ v_t=F(x)\delta(\tau-|x|). & (4.6.48)\end{cases}$$

注意到(4.6.42)式，$v=v(t,x;\tau)$ 只当 $1\leqslant\tau\leqslant 2$ 时不恒为零，于是，当 $t\geqslant 2$ 时，(4.6.46)式可写为

$$u=u(t,x)=\int_1^2 v(t,x;\tau)\mathrm{d}\tau. \tag{4.6.49}$$

当 $t-|x|\geqslant 6$ 时，对 $1\leqslant\tau\leqslant 2$，成立 $(t-\tau)-|x|\geqslant 4$. 这样，由(4.2.4)-(4.2.5)式，在 $n(\geqslant 3)$ 为奇数时，$v(t,x;\tau)\equiv 0$，从而由(4.6.49)式就得到(4.6.44)式. 又由定理 2.1，在 $n(\geqslant 2)$ 为偶数时，易见有

$$\begin{aligned}|v(t,x;\tau)|&\leqslant C((t-\tau)^2-|x|^2)^{-\frac{n-1}{2}}\|F(\cdot)\delta(\tau-|\cdot|)\|_{L^1(\mathbb{R}^n)}\\&\leqslant C(t^2-|x|^2)^{-\frac{n-1}{2}}\|F(\cdot)\delta(\tau-|\cdot|)\|_{L^1(\mathbb{R}^n)},\end{aligned}$$

从而由(4.6.49)就容易得到(4.6.45)式.

(ii) 当 $0\leqslant t-|x|\leqslant 6$ 时，由于 $t\geqslant 1$，易知此时所要证明的(4.6.43)式等价于

$$|u(t,x)|\leqslant Ct^{-\frac{n-1}{2}}\|F\|_{W^{n-1,1}(\mathbb{R}^n)}. \tag{4.6.50}$$

由第二章定理 2.1，利用 Duhamel 原理，并注意到 χ_+^a 为 a 次齐次函数，我们有

$$\begin{aligned}u(t,x)&=\int_0^t\int_{\mathbb{R}^n}E(t-\tau,x-y)F(y)\delta(\tau-|y|)\mathrm{d}y\mathrm{d}\tau\\&=C_n\int_0^t\int_{\mathbb{R}^n}\chi_+^{-\frac{n-1}{2}}((t-\tau)^2-|x-y|^2)F(y)\delta(\tau-|y|)\mathrm{d}y\mathrm{d}\tau\\&=C_n\int_{\mathbb{R}^n}\chi_+^{-\frac{n-1}{2}}((t-|y|)^2-|x-y|^2)F(y)\mathrm{d}y\\&=C_n\int_{\mathbb{R}^n}\chi_+^{-\frac{n-1}{2}}(t^2-|x|^2+2\langle x,y\rangle-2t|y|)F(y)\mathrm{d}y\\&=C_n(2t)^{-\frac{n-1}{2}}\int_{\mathbb{R}^n}\chi_+^{-\frac{n-1}{2}}\left(b+a\frac{\langle x,y\rangle}{|x|}-|y|\right)F(y)\mathrm{d}y\\&\overset{\text{def.}}{=}C_n(2t)^{-\frac{n-1}{2}}I,\end{aligned} \tag{4.6.51}$$

其中 E 为基本解，$C_n=\dfrac{1}{2\pi^{\frac{n-1}{2}}}$，

$$I=\int_{\mathbb{R}^n}\chi_+^{-\frac{n-1}{2}}\left(b+a\frac{\langle x,\ y\rangle}{|x|}-|y|\right)F(y)\mathrm{d}y,\tag{4.6.52}$$

而$\langle x,\ y\rangle$为x与y的内积,且

$$a=\frac{|x|}{t},\ b=\frac{1}{2}(t-|x|)\left(1+\frac{|x|}{t}\right)\tag{4.6.53}$$

与y无关.

当$0\leqslant t-|x|\leqslant 6$时,显然有

$$0\leqslant a\leqslant 1,\ 0\leqslant b\leqslant 6.\tag{4.6.54}$$

这样,为证明(4.6.50)式,只需证明:对由(4.6.52)式给出的I,成立

$$|I|\leqslant C\|F\|_{W^{n-1,1}(\mathbb{R}^n)},\tag{4.6.55}$$

其中C为一个不依赖于a及b的正常数.

由旋转对称性,不妨设

$$x=(|x|,\overbrace{0,\ \cdots,\ 0}^{n-1\text{个}}).$$

于是

$$\frac{\langle x,\ y\rangle}{|x|}=y_1,$$

从而(4.6.52)式可写为

$$I=\int_{\mathbb{R}^n}\chi_+^{-\frac{n-1}{2}}(b+ay_1-|y|)F(y)\mathrm{d}y.\tag{4.6.56}$$

令

$$y=(y_1,\ y'),$$

并令

$$y'=q\tilde{\omega},$$

其中$q=|y'|$,而$\tilde{\omega}\in S^{n-2}$. 由第二章的(2.2.5)式,容易得到

$$\left(-\frac{|y|}{q}\partial_q\right)^m\chi_+^{-\frac{n-1}{2}+m}(b+ay_1-|y|)=\chi_+^{-\frac{n-1}{2}}(b+ay_1-|y|),\tag{4.6.57}$$

其中m由(4.6.9)式给出.类似于(4.6.11)式的导出,通过分部积分,(4.6.56)

式可写为

$$I=\int \mathrm{d}y_1\int_{\mathbb{R}^{n-1}}\chi_+^{-\frac{n-1}{2}+m}(b+ay_1-|y|)\cdot\left(\partial_q\frac{|y|}{q}\right)^m(F(y_1,y')q^{n-2})\mathrm{d}q\mathrm{d}\widetilde{\omega}. \tag{4.6.58}$$

注意到由(4.6.12)式，$\chi_+^{-\frac{n-1}{2}+m}$是一个正测度，且由(4.6.42)式，在 F 的支集上，$q\leqslant 2$，于是注意到 χ_+^a 为 a 次齐次函数，可得

$$\begin{aligned}|I|&\leqslant C\sum_{0\leqslant l\leqslant m}\int \mathrm{d}y_1\int_{\mathbb{R}^{n-1}}\chi^{-\frac{n-1}{2}+m}(b+ay_1-|y|)\,|\partial_q^lF|\,q^{n-2-2m+l}\mathrm{d}q\mathrm{d}\widetilde{\omega}\\&\leqslant C\sum_{0\leqslant l\leqslant m}\int \mathrm{d}y_1\int_{\mathbb{R}^{n-1}}\chi^{-\frac{n-1}{2}+m}(b+ay_1-|y|)\,|D^lF|\,q^{n-2-2m+l}\mathrm{d}q\mathrm{d}\widetilde{\omega}\\&=C\sum_{0\leqslant l\leqslant m}\int_{\mathbb{R}^n}(b+ay_1+|y|)^{\frac{n-1}{2}-m}\chi_+^{-\frac{n-1}{2}+m}((b+ay_1)^2-|y|^2)\\&\qquad\cdot|D^lF||y'|^{-2m+l}\mathrm{d}y\\&\leqslant C\sum_{0\leqslant l\leqslant m}\int_{\mathbb{R}^n}\chi_+^{-\frac{n-1}{2}+m}((b+ay_1)^2-|y|^2)\,|D^lF||y'|^{-2m+l}\mathrm{d}y,\end{aligned} \tag{4.6.59}$$

其中最后一个不等式的得到利用了(4.6.12)及(4.6.42)式.

现在我们对每个给定的 $l(0\leqslant l\leqslant m)$，考虑积分

$$I_l=\int_{\mathbb{R}^n}\chi_+^{-\frac{n-1}{2}+m}((b+ay_1)^2-|y|^2)\,|D^lF||y'|^{-2m+l}\mathrm{d}y. \tag{4.6.60}$$

令

$$\widetilde{y}'=(y_1,\cdots,y_{l+1}),\ \widetilde{y}''=(y_{l+2},\cdots,y_n), \tag{4.6.61}$$

并记

$$(b+ay_1)^2-|y|^2=R(\widetilde{y}')-|\widetilde{y}''|^2, \tag{4.6.62}$$

其中

$$R(\widetilde{y}')=(b+ay_1)^2-|\widetilde{y}'|^2. \tag{4.6.63}$$

注意到 $|\widetilde{y}''|\leqslant|y'|$，由(4.6.60)式有

$$I_l\leqslant\int\left(\int\chi_+^{-\frac{n-1}{2}+m}(R-|\widetilde{y}''|^2)\,|\widetilde{y}''|^{-2m+l}\mathrm{d}\widetilde{y}''\right)\sup_{\widetilde{y}''}|D^lF|\,\mathrm{d}\widetilde{y}', \tag{4.6.64}$$

从而类似于(4.6.21)式之证明，就可得到

$$I_l \leqslant C_l \| F \|_{W^{n-1,1}(\mathbb{R}^n)}. \tag{4.6.65}$$

这样，由(4.6.59)-(4.6.60)式就得到(4.6.55)式，从而(4.6.50)式即(4.6.43)式此时成立.

合并(i)及(ii)中之结果，即证得引理6.4.

注 6.1 若将假设(4.6.42)换为

$$\text{supp} F \subseteq \{x \mid r_1 \leqslant |x| \leqslant r_2\}, \tag{4.6.66}$$

其中 r_1 及 r_2 为满足 $r_1 < r_2$ 的正常数，引理6.4的结论仍然成立.

引理 6.5 在引理6.4的假设下，成立

$$|u(t,x)| \leqslant C(1+t+|x|)^{-\frac{n-1}{2}}(1+|t-|x||)^{-l} \| F \|_{W^{n-1,1}(B_t)}, \quad \forall t \geqslant 0, \tag{4.6.67}$$

其中 C 为一个与 F 及 t 无关的正常数，B_t 为 $\mathbb{R}^n$ 中以原点为心、半径为 t 的球体. 此外，当 $n(\geqslant 3)$ 为奇数时，$l \geqslant 0$；而当 $n(\geqslant 2)$ 为偶数时，$0 \leqslant l \leqslant \frac{n-1}{2}$.

证 注意到在解 $u = u(t,x)$ 的支集上，$t \geqslant 1$，我们仅需在 $t \geqslant 1$ 时证明(4.6.67)式.

令 $F^{(t)}$ 为 F 在 B_t 上的限制，并令 $G = P_t^{n-1} F^{(t)}$ 为推论6.2中的Lions延拓算子. 设 $v = v(\tau, x)$ 为下述Cauchy问题的解：

$$\begin{cases} \Box v(\tau,x) = G(x)\delta(\tau - |x|), \ (\tau,x) \in \mathbb{R}^+ \times \mathbb{R}^n, & (4.6.68) \\ \tau = 0: v = 0, \ v_\tau = 0. & (4.6.69) \end{cases}$$

由Lions延拓的构造方式(参见[66])易见，在 F 满足(4.6.42)时，其延拓 G 必满足形如(4.6.66)的条件. 这样，由引理6.4及注6.1，就得到

$$|v(\tau,x)| \leqslant C(1+\tau+|x|)^{-\frac{n-2}{2}}(1+|\tau-|x||)^{-l} \| G \|_{W^{n-1,1}(\mathbb{R}^n)}, \tag{4.6.70}$$

特别有

$$|v(t,x)| \leqslant C(1+t+|x|)^{-\frac{n-2}{2}}(1+|t-|x||)^{-l} \| G \|_{W^{n-1,1}(\mathbb{R}^n)}. \tag{4.6.71}$$

由推论6.2，有

$$\| G \|_{W^{n-1,1}(\mathbb{R}^n)} \leqslant C \| F \|_{W^{n-1,1}(\mathbb{R}^n)}. \tag{4.6.72}$$

此外,对任何给定的 $t\geqslant 1$,由定义,在 $|x|\leqslant t$ 上 $G(x)\equiv F(x)$,从而对满足 $0\leqslant \tau\leqslant t$ 的一切 τ 值,方程(4.6.68)可写为

$$\Box v(\tau, x)=F(x)\delta(\tau-|x|), \tag{4.6.73}$$

于是易见

$$v(t, x)=u(t, x),\ \forall x\in\mathbb{R}^n. \tag{4.6.74}$$

将(4.6.72)及(4.6.74)代入(4.6.71)式,就得到所要求的(4.6.67)式. 证毕.

引理 6.6　设 $n\geqslant 2$,且 $u=u(t, x)$ 是下述 Cauchy 问题的解:

$$\begin{cases}\Box u(t, x)=F(t, x),\ (t, x)\in\mathbb{R}^+\times\mathbb{R}^n, & (4.6.75)\\ t=0: u=0,\ u_t=0, & (4.6.76)\end{cases}$$

其中右端函数 $F(t, x)$ 满足

$$\mathrm{supp}F\subseteq\left\{(t, x)\mid 1\leqslant|x|\leqslant 2,\ |t-|x||\leqslant\frac{1}{2}\right\}, \tag{4.6.77}$$

则成立

$$\begin{aligned}|u(t, x)|\leqslant & C(1+t+|x|)^{-\frac{n-1}{2}}(1+|t-|x||)^{-l}\\ &\cdot\int_0^t\|F(\tau, \cdot)\|_{\bar{\Omega}, n-1, 1}\mathrm{d}\tau,\end{aligned} \tag{4.6.78}$$

其中 C 为一个正常数,$\bar{\Omega}$ 由第三章中的(3.1.17)式定义. 此外,当 $n(\geqslant 3)$ 为奇数时,$l\geqslant 0$;而当 $n(\geqslant 2)$ 为偶数时,$0\leqslant l\leqslant\dfrac{n-1}{2}$.

证　对于任意给定的 $q\in\mathbb{R}$,令

$$F_q(t, x)=F(|x|-q, x)\delta(t-|x|). \tag{4.6.79}$$

由假设(4.6.77)式,当 $|q|\geqslant\dfrac{1}{2}$ 时,$F_q\equiv 0$.

令

$$\tau_q(t, x)=\delta(t+q)\delta(x). \tag{4.6.80}$$

就有

$$\begin{aligned}&\int F_q*\tau_q\mathrm{d}q\\ =&\int\tau_q*F_q\mathrm{d}q\end{aligned}$$

$$
\begin{aligned}
&= \iiint \delta(t-\tau+q)\delta(x-y)F(|y|-q, y)\delta(\tau-|y|)\mathrm{d}\tau\mathrm{d}y\mathrm{d}q \\
&= \iint \delta(t-\tau+q)F(|x|-q, x)\delta(\tau-|x|)\mathrm{d}\tau\mathrm{d}q \\
&= \int \delta(t-|x|+q)F(|x|-q, x)\mathrm{d}q \\
&= F(t, x).
\end{aligned} \tag{4.6.81}
$$

于是,对波动方程的基本解 $E=E(t, x)$ (见第二章 §2),就有

$$
\begin{aligned}
E*F &= E*\int F_q*\tau_q\mathrm{d}q \\
&= \int E*F_q*\tau_q\mathrm{d}q \\
&= \iiint \delta(t-\tau+q)\delta(x-y)(E*F_q)(\tau, y)\mathrm{d}y\mathrm{d}\tau\mathrm{d}q \\
&= \int (E*F_q)(t+q, x)\mathrm{d}q,
\end{aligned} \tag{4.6.82}
$$

从而 Cauchy 问题(4.6.75)-(4.6.76)的解

$$
\begin{aligned}
u(t, x) &= \int_0^t (E*F)(\tau, x)\mathrm{d}\tau \\
&= \int_0^t\int (E*F_q)(\tau+q, x)\mathrm{d}q\mathrm{d}\tau \\
&= \iint_0^t (E*F_q)(\tau+q, x)\mathrm{d}\tau\mathrm{d}q \\
&= \iint_q^{t+q} (E*F_q)(\tau, x)\mathrm{d}\tau\mathrm{d}q \\
&= \int u_q(t+q, x)\mathrm{d}\tau\mathrm{d}q,
\end{aligned} \tag{4.6.83}
$$

其中记

$$
u_q(t, x) = \int_q^t (E*F_q)(\tau, x)\mathrm{d}\tau\mathrm{d}q. \tag{4.6.84}
$$

由(4.6.79)式, $u_q = u_q(t, x)$ 是 Cauchy 问题

$$
\begin{cases}
\Box u_q = F_q(t, x) = F(|x|-q, x)\delta(t-|x|), & (4.6.85) \\
t = q: u_q = 0,\ (u_q)_t = 0 & (4.6.86)
\end{cases}
$$

的解. 由引理 6.4,并注意到 $|q| \leqslant \dfrac{1}{2}$, 易知有

$$|u_q(t+q,x)| \leqslant C(1+t+q+|x|)^{-\frac{n-1}{2}}(1+|t+q-|x||)^{-l} \cdot \sum_{|\alpha|\leqslant n-1}\int_{|x|\leqslant t+q}|D_x^l F(|x|-q,x)|\,\mathrm{d}x$$
$$\leqslant C(1+t+|x|)^{-\frac{n-1}{2}}(1+|t-|x||)^{-l} \cdot \sum_{|\alpha|\leqslant n-1}\int_{|x|\leqslant t+q}|D_x^l F(|x|-q,x)|\,\mathrm{d}x, \tag{4.6.87}$$

从而由(4.6.83)式就有

$$|u(t,x)| \leqslant C(1+t+|x|)^{-\frac{n-1}{2}}(1+|t-|x||)^{-l} \cdot \sum_{|\alpha|\leqslant n-1}\iint_{|x|\leqslant t+q}|D_x^l F(|x|-q,x)|\,\mathrm{d}x\mathrm{d}q. \tag{4.6.88}$$

再由第三章中之引理 1.7,并注意到(4.6.77)式,就可得到

$$|u(t,x)| \leqslant C(1+t+|x|)^{-\frac{n-1}{2}}(1+|t-|x||)^{-l} \cdot \sum_{k+|\beta|\leqslant n-1}\iint_{|x|\leqslant t+q}|\partial_r^k \Omega_x^\beta F(|x|-q,x)|\,\mathrm{d}x\mathrm{d}q. \tag{4.6.89}$$

但注意到 $\partial_r = \frac{1}{r}\sum_{i=1}^n x_i\partial_i$(其中 $r=|x|$),易知有

$$\partial_r F(|x|-q,x) = F_t(|x|-q,x)+F_r(|x|-q,x)$$
$$= \frac{(tF_t+rF_r)+(rF_t+tF_r)}{t+r}$$
$$= \frac{L_0F+L_rF}{t+r}, \tag{4.6.90}$$

其中记

$$L_r = \sum_{i=1}^n \frac{x_i}{r}L_i, \tag{4.6.91}$$

而 L_0 及 $L_i(i=1,\cdots,n)$ 分别由第三章中的(3.1.8)及(3.1.12)给出. 这样,由(4.6.89)式就可得到

$$|u(t,x)| \leqslant C(1+t+|x|)^{-\frac{n-1}{2}}(1+|t-|x||)^{-l} \cdot \sum_{|\alpha|\leqslant n-1}\int_0^t\int |\bar{\Omega}^\alpha F(\tau,x)|\,\mathrm{d}x\mathrm{d}\tau$$
$$= C(1+t+|x|)^{-\frac{n-1}{2}}(1+|t-|x||)^{-l}\int_0^t \|F(\tau,\cdot)\|_{\bar{\Omega},n-1,1}\mathrm{d}\tau, \tag{4.6.92}$$

其中$\bar{\Omega}$由第三章(3.1.17)式给出，而$\|\cdot\|_{\bar{\Omega},n-1,1}$由第三章(3.1.32)式定义. 这就是所要求的(4.6.78)式. 引理 6.6 证毕.

6.3. 线性波动方程的解的 L^1-L^∞ 估计式

现在我们要在前两小节的基础上，证明如下两个有关线性波动方程的解的 L^1-L^∞ 估计式的重要定理.

定理 6.2 设 $n\geqslant 2$，并设 $u=u(t,x)$ 是下述 Cauchy 问题的解：

$$\begin{cases}\square u(t,x)=F(t,x),\ (t,x)\in\mathbb{R}^+\times\mathbb{R}^n, & (4.6.93)\\ t=0: u=0,\ u_t=0, & (4.6.94)\end{cases}$$

则成立

$$|u(t,x)|\leqslant C(1+t+|x|)^{-\frac{n-1}{2}}(1+|t-|x||)^{-l}\cdot\int_0^t\sum_{|\alpha|\leqslant n-1}\|(1+|\cdot|+\tau)^{-\frac{n-1}{2}+l}\Gamma^\alpha F(\tau,\cdot)\|_{L^1(\mathbb{R}^n)}\mathrm{d}\tau,\quad(4.6.95)$$

其中 C 为一个正常数，Γ 由第三章中的(3.1.18)式定义. 此外，当 $n(\geqslant 3)$ 为奇数时，$l\geqslant 0$；而当 $n(\geqslant 2)$ 为偶数时，$0\leqslant l\leqslant\dfrac{n-1}{2}$.

定理 6.3 设 $n\geqslant 2$，并设 $u=u(t,x)$ 是下述 Cauchy 问题的解：

$$\begin{cases}\square u(t,x)=\sum_{a=0}^{n}C_a\partial_a F(t,x),\ (t,x)\in\mathbb{R}^+\times\mathbb{R}^n, & (4.6.96)\\ t=0: u=0,\ u_t=0, & (4.6.97)\end{cases}$$

其中 $C_a(a=0,1,\cdots,n)$ 为常数，则成立

$$|u(t,x)|\leqslant C(1+t+|x|)^{-\frac{n-1}{2}}\cdot\int_0^t\left((1+\tau)^{\frac{n-1}{2}}\|F(\tau,\cdot)\|_{L^\infty(\mathbb{R}^n)}+(1+\tau)^{-\frac{n+1}{2}}\|F(\tau,\cdot)\|_{\Gamma,n+1,1}\right)\mathrm{d}\tau,\quad(4.6.98)$$

其中 C 为一个正常数，而 Γ 由第三章(3.1.18)式定义.

为证明定理 6.2，我们先证下面两个引理.

引理 6.7 设 $n\geqslant 2$，并设 $u=u(t,x)$ 为 Cauchy 问题(4.6.93)-(4.6.94)的解，且

$$\mathrm{supp}F\subseteq\{(t,x)\mid t^2+|x|^2\leqslant 4\},\quad(4.6.99)$$

则成立

$$|u(t,x)|\leqslant C(1+t+|x|)^{-\frac{n-1}{2}}(1+|t-|x||)^{-l}\cdot\int_0^t \|F(\tau,\cdot)\|_{W^{n-1,1}(\mathbb{R}^n)}\mathrm{d}\tau, \tag{4.6.100}$$

其中 C 为一个正常数,且当 $n(\geqslant 3)$ 为奇数时,$l\geqslant 0$;而当 $n(\geqslant 2)$ 为偶数时,$0\leqslant l\leqslant \dfrac{n-1}{2}$.

证　由 Duhamel 原理,有

$$u(t,x)=\int_0^t v(t,x;\tau)\mathrm{d}\tau, \tag{4.6.101}$$

共中 $v=v(t,x;\tau)$ 为 Cauchy 问题

$$\begin{cases}\Box v(t,x)=0, & (4.6.102)\\ t=\tau: v=0,\ v_t=F(\tau,x) & (4.6.103)\end{cases}$$

的解.

由假设(4.6.99),有 $\mathrm{supp}F\subseteq\{(t,x)\mid 0\leqslant t\leqslant 2,\ |x|\leqslant 2\}$,从而 $v=v(t,x;\tau)$ 仅在 $0\leqslant\tau\leqslant 2$ 时不恒为零,且相应的 $\mathrm{supp}F(\tau,x)\subseteq\{x\mid|x\leqslant 2\}$. 这样,由推论 6.1,有

$$|v(t,x;\tau)|\leqslant C(1+t-\tau+|x|)^{-\frac{n-1}{2}}(1+|t-\tau-|x||)^{-l}\cdot\|F(\tau,\cdot)\|_{W^{n-1,1}(\mathbb{R}^n)}. \tag{4.6.104}$$

注意到当 $0\leqslant\tau\leqslant 2$ 时,有

$$1+t-\tau+|x|\leqslant 1+t+|x|$$

及

$$1+t-\tau+|x|\geqslant 1+\frac{t-\tau}{3}+|x|\geqslant 1+\frac{t-2}{3}+|x|\geqslant\frac{1}{3}(1+t+|x|),$$

又有

$$1+|t-\tau-|x||\leqslant 1+|t-|x||+\tau\leqslant 3+|t-|x||\leqslant 3(1+|t-|x||)$$

及

$$1+|t-\tau-|x||\geqslant 1+\frac{|t-\tau-|x||}{3}$$

$$\geqslant 1+\frac{|t-|x||-\tau}{3}\geqslant \frac{1}{3}(1+|t-|x||),$$

由(4.6.101)及(4.6.104)式,就立刻得到所要求的(4.6.100)式.

引理 6.8 设$n\geqslant 2$,并设$u=u(t, x)$是 Cauchy 问题(4.6.93)-(4.6.94)的解,且

$$\operatorname{supp}F\subseteq \{(t, x)\mid 1\leqslant t^2+|x|^2\leqslant 4\},\tag{4.6.105}$$

则成立

$$|u(t, x)|\leqslant C(1+t+|x|)^{-\frac{n-1}{2}}(1+|t-|x||)^{-l}\int_0^t \|F(\tau, \cdot)\|_{\bar{\Omega}, n-1, 1}\mathrm{d}\tau,\tag{4.6.106}$$

其中C为一个正常数,而$\bar{\Omega}$由第三章(3.1.17)式给出. 此外,且当$n(\geqslant 3)$为奇数时,$l\geqslant 0$;而当$n(\geqslant 2)$为偶数时,$0\leqslant l\leqslant \frac{n-1}{2}$.

证 (i) 设在F的支集上成立$|t-|x||\geqslant \frac{1}{4}$. 由第三章(3.1.54)式,对任何多重指标$\alpha$,有

$$|D^\alpha F(t, x)|\leqslant C\sum_{0\leqslant|\beta|\leqslant\alpha}|\bar{\Omega}^\beta F(t, x)|,\tag{4.6.107}$$

从而由引理 6.7 立刻就得到所要求的(4.6.106)式.

(ii) 设在F的支集上成立$|t-|x||\leqslant \frac{1}{2}$. 则所要求的(4.6.106)式可由引理 6.6 直接得到.

(iii) 在(i)及(ii)结果的基础上,对一般的情况,由单位分解即可得到所要求的结论.

现在证明定理 6.2.

在假设(4.6.105)下,由引理 6.8 中的(4.6.106)式,易见可得

$$\begin{aligned}|u(t, x)|\leqslant{}& C(t+|x|)^{-\frac{n-1}{2}}|t-|x||^{-l}\\ &\cdot\int_0^t\sum_{|\alpha|\leqslant n-1}\|(\tau+|\cdot|)^{-\frac{n-1}{2}+l}\bar{\Omega}^\alpha F(\tau, \cdot)\|_{L^1(\mathbb{R}^n)}\mathrm{d}\tau.\end{aligned}\tag{4.6.108}$$

对任何给定的$\lambda>0$,设$u=u(t, x)$为相应于右端函数$F(t, x)$的 Cauchy 问题(4.6.93)-(4.6.94)的解. 将$F(t, x)$换为依赖于参数λ的(t, x)的函数$F_\lambda(t, x)=F(\lambda t, \lambda x)$时,由 Scaling,相应的 Cauchy 问题的解必为$u_\lambda(t, x)=$

$\lambda^{-2}u(\lambda t, \lambda x)$. 假设 $F_\lambda(t, x)$ 作为 (t, x) 的函数仍满足(4.6.105)式，则由(4.6.108)式就有

$$|u_\lambda(t, x)| = \lambda^{-2}|u(\lambda t, \lambda x)| \leqslant C(t+|x|)^{-\frac{n-1}{2}}|t-|x||^{-l}$$
$$\cdot\int_0^t \sum_{|\alpha|\leqslant n-1} \|(\tau+|\cdot|)^{-\frac{n-1}{2}+l}\bar{\Omega}^\alpha F_\lambda(\tau, \cdot)\|_{L^1(\mathbb{R}^n)}\mathrm{d}\tau.$$

在上式中，令 $\bar{t} = \lambda t$, $\bar{x} = \lambda x$，注意到 $\bar{\Omega}$ 为在 (t, x) 的 Scaling 下不变的微分算子，并在最后的结果中将 $(\bar{t}, \bar{x})$ 改记为 (t, x)，易见(4.6.108)式具有 Scaling 不变的形式，即对于任意给定的 $\lambda > 0$，(4.6.108)式在

$$\mathrm{supp}F \subseteq \{(t, x) \mid \lambda^2 \leqslant t^2 + |x|^2 \leqslant 4\lambda^2\} \tag{4.6.109}$$

时亦能成立，从而由二进形式的单位分解(见第三章 §3.1)可得(4.6.108)式在

$$\mathrm{supp}F \subseteq \{(t, x) \mid t^2 + |x|^2 \geqslant 1\} \tag{4.6.110}$$

时也成立.

在(4.6.108)式中先特取 $l = 0$，在假设(4.6.110)式下就有

$$|u(t, x)| \leqslant C(t+|x|)^{-\frac{n-1}{2}}$$
$$\cdot\int_0^t \sum_{|\alpha|\leqslant n-1} \|(\tau+|\cdot|)^{-\frac{n-1}{2}}\bar{\Omega}^\alpha F(\tau, \cdot)\|_{L^1(\mathbb{R}^n)}\mathrm{d}\tau. \tag{4.6.111}$$

由(4.6.110)式，在上式右端的积分中 $\tau+|y| \geqslant 1$ (其中 y 为积分变量)，从而对满足引理 6.8 的 l 值，显然有

$$|u(t, x)| \leqslant C(t+|x|)^{-\frac{n-1}{2}}$$
$$\cdot\int_0^t \sum_{|\alpha|\leqslant n-1} \|(\tau+|\cdot|)^{-\frac{n-1}{2}+l}\bar{\Omega}^\alpha F(\tau, \cdot)\|_{L^1(\mathbb{R}^n)}\mathrm{d}\tau. \tag{4.6.112}$$

这样，由(4.6.108)及(4.6.112)式就得到

$$|u(t, x)| \leqslant C(t+|x|)^{-\frac{n-1}{2}}(1+|t-|x||)^{-l}$$
$$\cdot\int_0^t \sum_{|\alpha|\leqslant n-1} \|(\tau+|\cdot|)^{-\frac{n-1}{2}+l}\bar{\Omega}^\alpha F(\tau, \cdot)\|_{L^1(\mathbb{R}^n)}\mathrm{d}\tau. \tag{4.6.113}$$

再注意到由(4.6.110)式易知，在解 $u = u(t, x)$ 的支集上必成立 $t+|x| \geqslant 1$，从而在假设(4.6.110)下，由上式可得到

$$|u(t,x)| \leqslant C(1+t+|x|)^{-\frac{n-1}{2}}(1+|t-|x||)^{-l}$$
$$\cdot \int_0^t \sum_{|\alpha|\leqslant n-1} \| (\tau+|\cdot|)^{-\frac{n-1}{2}+l}\, \bar{\Omega}^\alpha F(\tau,\cdot)\|_{L^1(\mathbb{R}^n)} d\tau. \quad (4.6.114)$$

另一方面,由引理 6.7,在假设(4.6.99)下,(4.6.100)式成立. 利用单位分解定理,合并(4.6.114)式及(4.6.100)式就得到所要证的(4.6.95)式. 定理 6.2 证毕.

为证明定理 6.3,我们先证下面的一个引理.

引理 6.9 设 $n\geqslant 2$,并设 $u=u(t,x)$ 为 Cauchy 问题(4.6.96)-(4.6.97)的解,其中 $F(t,x)$满足(4.6.105)式,则成立

$$|u(t,x)| \leqslant C(1+t+|x|)^{-\frac{n-1}{2}}$$
$$\cdot \int_0^t (\|F(\tau,\cdot)\|_{L^\infty(\mathbb{R}^n)} + \|F(\tau,\cdot)\|_{\bar{\Omega},n+1,1}) d\tau, \quad (4.6.115)$$

而 C 是一个正常数,且 $\bar{\Omega}$ 由第三章(3.1.17)式给出.

证 由引理 6.7,有

$$|u(t,x)| \leqslant C(1+t+|x|)^{-\frac{n-1}{2}} \int_0^t \|F(\tau,\cdot)\|_{W^{n-1,1}(\mathbb{R}^n)} d\tau. \quad (4.6.116)$$

因此,若在 F 的支集上 $|\tau-|y||\geqslant \frac{1}{4}$($(\tau,y)$ 为上式右端之积分变量),由第三章(3.1.54)式就容易得到

$$|u(t,x)| \leqslant C(1+t+|x|)^{-\frac{n-1}{2}} \int_0^t \|F(\tau,\cdot)\|_{\bar{\Omega},n-1,1} d\tau, \quad (4.6.117)$$

从而(4.6.115)式成立.

这样,利用单位分解,下面只需讨论在 F 的支集上成立 $|\tau-|y||\leqslant \frac{1}{2}$ 的情形. 由于由(4.6.105)式,恒有 $\tau^2+|y|^2\geqslant 1$,易知在 F 的支集上成立 $\tau\geqslant \frac{1}{4}$ 及 $|y|\geqslant \frac{1}{4}$. 事实上,由 $|\tau-|y||\leqslant \frac{1}{2}$,有 $\tau\leqslant |y|+\frac{1}{2}$,从而有

$$1 \leqslant \tau^2 + |y|^2 \leqslant \left(|y| + \frac{1}{2}\right)^2 + |y|^2$$
$$= 2|y|^2 + |y| + \frac{1}{4} \leqslant \left(2|y| + \frac{1}{2}\right)^2,$$

即有 $|y| \geqslant \frac{1}{4}$. 类似地可证明 $\tau \geqslant \frac{1}{4}$.

设 $v = v(t, x)$ 为 Cauchy 问题

$$\begin{cases} \Box v = F(t, x), \ (t, x) \in \mathbb{R}^+ \times \mathbb{R}^n, & (4.6.118) \\ t = 0: v = 0, \ v_t = 0 & (4.6.119) \end{cases}$$

的解. 注意到在 F 的支集上 $\tau \geqslant \frac{1}{4}$, 易知 Cauchy 问题(4.6.96)-(4.6.97)的解 $u = u(t, x)$ 可写为

$$u = u(t, x) = \sum_{a=0}^{n} C_a \partial_a v. \tag{4.6.120}$$

首先考察 $|t - |x|| \geqslant \frac{1}{8}$ 的情况. 此时,由第三章(3.1.54)式,有

$$|u(t, x)| \leqslant C |Dv(t, x)| \leqslant C |\bar{\Omega} v(t, x)|. \tag{4.6.121}$$

再由第三章引理 1.4 中的(3.1.38)-(3.1.39)式,并注意到在 F 的支集上 $\tau \geqslant \frac{1}{4}$,易见 $\bar{\Omega} v(t, x)$ 满足类似于(4.6.118)-(4.6.119)的 Cauchy 问题,但此时方程(4.6.118)的右端相应地多了包含 $\bar{\Omega} F(t, x)$ 的项. 这样,利用引理 6.8,由上式就可得到

$$|u(t, x)| \leqslant C(1 + t + |x|)^{-\frac{n-1}{2}} \int_0^t \| F(\tau, \cdot) \|_{\bar{\Omega}, n, 1} \mathrm{d}\tau. \tag{4.6.122}$$

现在考察 $|t - |x|| \leqslant \frac{1}{8}$ 的情况.

作函数 $\psi \in C_0^\infty(\mathbb{R}^+ \times \mathbb{R}^n)$, 使满足

$$\psi(t, x) = \psi(t, |x|), \tag{4.6.123}$$

$$\psi(t, x) \equiv 0, 若\ t + |x| \leqslant \frac{1}{6}; 或若\ t + |x| \geqslant \frac{1}{4}, 且\ |t - |x|| \geqslant \frac{1}{6}, \tag{4.6.124}$$

$$\psi(t, x) \equiv 1, \text{若 } t+|x| \geqslant \frac{1}{4}, \text{且 } |t-|x|| \leqslant \frac{1}{8}, \tag{4.6.125}$$

及

$$0 \leqslant \psi \leqslant 1. \tag{4.6.126}$$

令

$$v_1(t, x) = \psi(t, x) v(t, x). \tag{4.6.127}$$

我们有

$$\begin{cases} \Box v_1 = \psi F + 2Q(\psi, v) + v \Box \psi, & (4.6.128) \\ t = 0 : v_1 = 0, \ v_{1t} = 0, & (4.6.129) \end{cases}$$

其中记

$$Q(\psi, v) = \partial_t \psi \partial_t v - \sum_{i=1}^{n} \partial_i \psi \partial_i v. \tag{4.6.130}$$

注意到 Ω_{ij} 的定义[见第三章之(3.1.11)式],利用第三章中之(3.1.43)式,可以直接验证如下的恒等式:

$$\Box v_1 = r^{-\frac{n-1}{2}} (\partial_t^2 - \partial_r^2)(r^{\frac{n-1}{2}} v_1) + \frac{(n-1)(n-3)}{4} r^{-2} v_1$$
$$- \sum_{i, j, k=1}^{n} \frac{x_j x_k}{r^4} \Omega_{ji} \Omega_{ki} v_1, \tag{4.6.131}$$

从而由(4.6.128)-(4.6.129)式就得到

$$(\partial_t^2 - \partial_r^2)(r^{\frac{n-1}{2}} v_1)$$
$$= -\frac{(n-1)(n-3)}{4} r^{\frac{n-1}{2}-2} v_1 + r^{\frac{n-1}{2}} \sum_{i, j, k=1}^{n} \frac{x_j x_k}{r^4} \Omega_{ji} \Omega_{ki} v_1$$
$$+ r^{\frac{n-1}{2}} (\psi F + 2Q(\psi, v) + v \Box \psi) \overset{\text{def.}}{=} \widetilde{G}(t, x), \tag{4.6.132}$$

$$t = 0 : r^{\frac{n-1}{2}} v_1 = 0, \ \partial_t (r^{\frac{n-1}{2}} v_1) = 0. \tag{4.6.133}$$

注意到在 $v(t, x)$ 的支集上 $t \geqslant \frac{1}{4}$,由(4.6.124)式,在 $v_1(t, x)$ 的支集上必成立 $|t-|x|| \leqslant \frac{1}{6}$,从而有 $\frac{t}{3} \leqslant |x| \leqslant t + \frac{1}{6}$. 这样,易知有

$$\left| -\frac{(n-1)(n-3)}{4} r^{\frac{n-1}{2}-2} v_1 + r^{\frac{n-1}{2}} \sum_{i, j, k=1}^{n} \frac{x_j x_k}{r^4} \Omega_{ji} \Omega_{ki} v_1 \right|$$

$$\leqslant C(1+t)^{\frac{n-1}{2}-2}\sum_{|\alpha|\leqslant 2}|\bar{\Omega}^{\alpha}v_1|. \tag{4.6.134}$$

由第三章中的(3.1.52)式,易知有

$$|\partial_a v|\leqslant\frac{C}{|t-|x||}\sum_{|\alpha|=1}|\bar{\Omega}^{\alpha}v|\quad(a=0,1,\cdots,n), \tag{4.6.135}$$

其中C是一个正常数.注意到在$v=v(t,x)$的支集上,$t\geqslant\frac{1}{4}$,利用(4.6.125)式,此时$\partial_a\psi\not\equiv 0$仅当$|t-|x||\geqslant\frac{1}{8}$时才有可能.于是,利用(4.6.135)式容易得到

$$|2Q(\psi,v)+v\Box\psi|\leqslant C\sum_{|\alpha|=1}|\bar{\Omega}^{\alpha}v|. \tag{4.6.136}$$

另一方面,注意到第三章中的(3.1.8)及(3.1.12)式,易知成立

$$tQ(\psi,v)=L_0\psi\cdot\partial_t v-\sum_{i=1}^{n}\partial_{x_i}\psi\cdot L_i v \tag{4.6.137}$$

及

$$t\Box\psi=L_0\psi_t-\sum_{i=1}^{n}L_i\psi_{x_i}, \tag{4.6.138}$$

从而类似地可得

$$|2Q(\psi,v)+v\Box\psi|\leqslant Ct^{-1}\sum_{|\alpha|\leqslant 1}|\bar{\Omega}^{\alpha}v|. \tag{4.6.139}$$

合并(4.6.136)及(4.6.139)两式,就可得到

$$|2Q(\psi,v)+v\Box\psi|\leqslant C(1+t)^{-1}\sum_{|\alpha|\leqslant 1}|\bar{\Omega}^{\alpha}v|. \tag{4.6.140}$$

利用定理1.1中之(4.1.5)式(在其中取$p=+\infty$)及(4.1.3)式,由(4.6.132)-(4.6.133)就可分别得到

$$|r^{\frac{n-1}{2}}\partial_t v_1|,\ |\partial_r(r^{\frac{n-1}{2}}v_1)|\leqslant\int_0^t\|\widetilde{G}(\tau,\cdot)\|_{L^\infty(\mathbb{R}^n)}d\tau \tag{4.6.141}$$

及

$$\begin{aligned}|r^{\frac{n-1}{2}}v_1|&\leqslant t\int_0^t\|\widetilde{G}(\tau,\cdot)\|_{L^\infty(\mathbb{R}^n)}d\tau\\&\leqslant Cr\int_0^t\|\widetilde{G}(\tau,\cdot)\|_{L^\infty(\mathbb{R}^n)}d\tau,\end{aligned} \tag{4.6.142}$$

其中最后一式来自前述的事实：在 $v_1(t, x)$ 的支集上，$r=|x|\geqslant\frac{t}{3}$.

注意到

$$r^{\frac{n-1}{2}}\partial_r v_1=\partial_r(r^{\frac{n-1}{2}}v_1)-\frac{n-1}{2}r^{\frac{n-1}{2}-1}v_1,$$

由(4.6.141)-(4.6.142)式就可得到

$$|\partial_t v_1(t, x)|,\ |\partial_r v_1(t, x)|\leqslant Cr^{-\frac{n-1}{2}}\int_0^t\|\widetilde{G}(\tau, \cdot)\|_{L^\infty(\mathbb{R}^n)}\mathrm{d}\tau, \tag{4.6.143}$$

从而利用(4.6.132)式以及(4.6.134)与(4.6.140)式，注意到(4.6.105)式以及在 $\widetilde{G}(t, x)$ 的支集上 $t+|x|\leqslant\frac{1}{4}$，从而有关的估计限于在此情况下进行，就容易得到

$$\begin{aligned}|\partial_t v_1|,\ |\partial_r v_1|\leqslant Cr^{-\frac{n-1}{2}}\Big(&\int_0^t\|F(\tau, \cdot)\|_{L^\infty(\mathbb{R}^n)}\mathrm{d}\tau\\&+\int_0^t((1+\tau)^{-1}+(1+\tau)^{\frac{n-1}{2}-2})\sum_{|\alpha|\leqslant 2}\|\bar{\Omega}^\alpha v(\tau, \cdot)\|_{L^\infty(\mathbb{R}^n)}\mathrm{d}\tau\Big).\end{aligned} \tag{4.6.144}$$

由波动算子的 Lorentz 不变性[见第三章引理 1.4 中之(3.1.38)-(3.1.39)式]，并注意到在 $v=v(t, x)$ 的支集上 $t\geqslant\frac{1}{4}$，易知 $\bar{\Omega}^\alpha v(|\alpha|\leqslant 2)$ 满足与 v 所满足的 Cauchy 问题(4.6.118)-(4.6.119)类似的 Cauchy 问题，但此时方程(4.6.118)的右端为 $\bar{\Omega}^\alpha F(|\alpha|\leqslant 2)$ 的线性组合. 于是，由定理 6.2，并注意到在 $\widetilde{G}(t, x)$ 的支集上有 $|x|\geqslant\frac{t}{3}$ 及 $t+|x|\leqslant\frac{1}{4}$，从而有关的估计限于在此情况下进行，由第三章(3.1.52)式可得

$$|\Gamma f|\leqslant C|\bar{\Omega}F|.$$

因此，当 $0\leqslant\tau\leqslant t$ 时成立

$$\begin{aligned}\sum_{|\alpha|\leqslant 2}\|\bar{\Omega}^\alpha v(\tau, \cdot)\|_{L^\infty(\mathbb{R}^n)}&\leqslant C(1+\tau)^{-\frac{n-1}{2}}\int_0^\tau\|F(s, \cdot)\|_{\bar{\Omega}, n+1, 1}\mathrm{d}s\\&\leqslant C(1+\tau)^{-\frac{n-1}{2}}\int_0^t\|F(s, \cdot)\|_{\bar{\Omega}, n+1, 1}\mathrm{d}s,\end{aligned} \tag{4.6.145}$$

从而

$$\int_0^t ((1+\tau)^{-1}+(1+\tau)^{\frac{n-1}{2}-2})\sum_{|\alpha|\leqslant 2}\|\bar{\Omega}^\alpha v(\tau,\cdot)\|_{L^\infty(\mathbb{R}^n)}\mathrm{d}\tau$$

$$\leqslant C\int_0^t ((1+\tau)^{-\frac{n-1}{2}-1}+(1+\tau)^{-2})\mathrm{d}\tau\cdot\int_0^t \|F(s,\cdot)\|_{\bar{\Omega},n+1,1}\mathrm{d}s$$

$$\leqslant C\int_0^t \|F(\tau,\cdot)\|_{\bar{\Omega},n+1,1}\mathrm{d}s. \tag{4.6.146}$$

于是，由(4.6.144)式就得到

$$|\partial_t v_1|, |\partial_r v_1|\leqslant Cr^{-\frac{n-1}{2}}$$
$$\cdot\Big(\int_0^t \|F(\tau,\cdot)\|_{L^\infty(\mathbb{R}^n)}\mathrm{d}\tau+\int_0^t \|F(\tau,\cdot)\|_{\bar{\Omega},n+1,1}\mathrm{d}\tau\Big). \tag{4.6.147}$$

由前述，在 $v_1(t,x)$ 的支集上，$t\geqslant\frac{1}{4}$ 及 $\frac{t}{3}\leqslant|x|\leqslant t+\frac{1}{6}$，于是由上式立得

$$|\partial_t v_1|, |\partial_r v_1|\leqslant C(1+t+|x|)^{-\frac{n-1}{2}}\Big(\int_0^t \|F(\tau,\cdot)\|_{L^\infty(\mathbb{R}^n)}\mathrm{d}\tau$$
$$+\int_0^t \|F(\tau,\cdot)\|_{\bar{\Omega},n+1,1}\mathrm{d}\tau\Big). \tag{4.6.148}$$

由(4.6.125)式，并注意到在 $v(t,x)$ 的支集上 $t\geqslant\frac{1}{4}$，易见当 $|t-|x||\leqslant\frac{1}{8}$ 时，$v_1(t,x)\equiv v(t,x)$。因此，在所考察的情况 $|t-|x||\leqslant\frac{1}{8}$ 下，由(4.6.148)式就得到

$$|\partial_t v(t,x)|, |\partial_r v(t,x)|\leqslant C(1+t+|x|)^{-\frac{n-1}{2}}$$
$$\cdot\Big(\int_0^t \|F(\tau,\cdot)\|_{L^\infty(\mathbb{R}^n)}\mathrm{d}\tau+\int_0^t \|F(\tau,\cdot)\|_{\bar{\Omega},n+1,1}\mathrm{d}\tau\Big). \tag{4.6.149}$$

此外，由(4.6.145)式并注意到 $|t-|x||\leqslant\frac{1}{8}$，类似地有

$$\sum_{|\alpha|\leqslant 2}|\bar{\Omega}^\alpha v(t,\cdot)|\leqslant C(1+t)^{-\frac{n-1}{2}}\int_0^t \|F(\tau,\cdot)\|_{\bar{\Omega},n+1,1}\mathrm{d}\tau$$
$$\leqslant C(1+t+|x|)^{-\frac{n-1}{2}}\int_0^t \|F(\tau,\cdot)\|_{\bar{\Omega},n+1,1}\mathrm{d}\tau. \tag{4.6.150}$$

这样，利用第三章引理 1.7，并注意到在 $t\geqslant\frac{1}{4}$ 及 $|t-|x||\leqslant\frac{1}{8}$ 时，有 $r=$

$|x|\geqslant\frac{1}{8}$，由(4.6.149)-(4.6.150)就可得到

$$|\partial_a v(t, x)|\leqslant C(1+t+|x|)^{-\frac{n-1}{2}}\left(\int_0^t\|F(\tau, \cdot)\|_{L^\infty(\mathbb{R}^n)}\mathrm{d}\tau\right.$$
$$\left.+\int_0^t\|F(\tau, \cdot)\|_{\bar{\Omega}, n+1, 1}\mathrm{d}\tau\right),\ a=0, 1, \cdots, n. \tag{4.6.151}$$

从而由(4.6.120)式，在 $|t-|x||\leqslant\frac{1}{8}$ 的情况，就得到

$$|u(t, x)|\leqslant C(1+t+|x|)^{-\frac{n-1}{2}}\left(\int_0^t\|F(\tau, \cdot)\|_{L^\infty(\mathbb{R}^n)}\mathrm{d}\tau\right.$$
$$\left.+\int_0^t\|F(\tau, \cdot)\|_{\bar{\Omega}, n+1, 1}\mathrm{d}\tau\right). \tag{4.6.152}$$

综合已得到的(4.6.122)及(4.6.152)式，就证明了引理6.9.

现在我们来证明定理6.3.

对任何给定的 $\lambda>0$，设 $u=u(t, x)$ 为Cauchy问题(4.6.96)-(4.6.97)的解. 若将右端函数 $F(t, x)$ 换为依赖于参数 λ 的函数 $F_\lambda(t, x)=F(\lambda t, \lambda x)$，则相应的Cauchy问题的解必为 $u_\lambda(t, x)=\lambda^{-1}u(\lambda t, \lambda x)$.

类似于(4.6.108)式，将在假设(4.6.105)下得到的(4.6.115)式改写为如下的Scaling不变之形式：

$$|u(t, x)|\leqslant C(t+|x|)^{-\frac{n-1}{2}}\left(\int_0^t\|(\tau+|\cdot|)^{\frac{n-1}{2}}F(\tau, \cdot)\|_{L^\infty(\mathbb{R}^n)}\mathrm{d}\tau\right.$$
$$\left.+\int_0^t\sum_{|\alpha|\leqslant n+1}\|(\tau+|\cdot|)^{-\frac{n+1}{2}}\bar{\Omega}^\alpha F(\tau, \cdot)\|_{L^1(\mathbb{R}^n)}\mathrm{d}\tau\right), \tag{4.6.153}$$

就可知此式在假设(4.6.110)下也成立. 再注意由假设(4.6.105)，在 $u(t, x)$ 的支集上 $t\geqslant\frac{1}{4}$，从而在假设(4.6.110)下，就可由(4.6.153)式得到

$$|u(t, x)|\leqslant C(1+t+|x|)^{-\frac{n-1}{2}}\left(\int_0^t(1+\tau)^{\frac{n-1}{2}}\|F(\tau, \cdot)\|_{L^\infty(\mathbb{R}^n)}\mathrm{d}\tau\right.$$
$$\left.+\int_0^t(1+\tau)^{-\frac{n+1}{2}}\|F(\tau, \cdot)\|_{\bar{\Omega}, n+1, 1}\mathrm{d}\tau\right). \tag{4.6.154}$$

而如果成立(4.6.99)式，从而在 $F(t, x)$ 的支集上 $t\leqslant 2$，由定理6.2易知

$$
\begin{aligned}
|u(t,x)| &\leqslant C(1+t+|x|)^{-\frac{n-1}{2}}\int_0^t (1+\tau)^{-\frac{n-1}{2}}\|F(\tau,\cdot)\|_{\Gamma,n,1}d\tau \\
&\leqslant C(1+t+|x|)^{-\frac{n-1}{2}}\int_0^t (1+\tau)^{-\frac{n+1}{2}}\|F(\tau,\cdot)\|_{\Gamma,n,1}d\tau.
\end{aligned}
\tag{4.6.155}
$$

在(4.6.154)及(4.6.155)式的基础上,利用单位分解就可得到所要求的(4.6.98)式.定理6.3证毕.

注意到第三章中的引理1.5,由定理6.1及定理6.2(在其中取 $l=0$)容易得到

推论6.3　设 $n\geqslant 2$. 若 $u=u(t,x)$ 为 Cauchy 问题(4.6.1)-(4.6.2)的解,则对任意给定的整数 $N\geqslant 0$,成立

$$
\begin{aligned}
(1+t)^{\frac{n-1}{2}}\|u(t,\cdot)\|_{\Gamma,N,\infty} \leqslant C\{&\|u(0,\cdot)\|_{\Gamma,N+n,1} \\
&+\int_0^t (1+\tau)^{-\frac{n-1}{2}}\|F(\tau,\cdot)\|_{\Gamma,N+n-1,1}d\tau\},\quad \forall t\geqslant 0,
\end{aligned}
\tag{4.6.156}
$$

其中 C 为一个正常数,而 $\|u(0,\cdot)\|_{\Gamma,N+n,1}$ 为 $\|u(t,\cdot)\|_{\Gamma,N+n,1}$ 在 $t=0$ 时之值.

类似地,由定理6.1及定理6.3可得

推论6.4　设 $n\geqslant 2$. 若 $u=u(t,x)$ 为 Cauchy 问题(4.6.96)及(4.6.2)的解,则对任意给定的整数 $N\geqslant 0$,成立

$$
\begin{aligned}
(1+t)^{\frac{n-1}{2}}\|u(t,\cdot)\|_{\Gamma,N,\infty} \leqslant C\{&\|u(0,\cdot)\|_{\Gamma,N+n,1} \\
+\int_0^t ((1+\tau)^{\frac{n-1}{2}}&\|F(\tau,\cdot)\|_{\Gamma,N,\infty} \\
&+(1+\tau)^{-\frac{n+1}{2}}\|F(\tau,\cdot)\|_{\Gamma,N+n+1,1})d\tau\},\quad \forall t\geqslant 0,
\end{aligned}
\tag{4.6.157}
$$

其中 C 为一个正常数,而 $\|u(0,\cdot)\|_{\Gamma,N+n,1}$ 为 $\|u(t,\cdot)\|_{\Gamma,N+n,1}$ 在 $t=0$ 时之值.

注6.2　本节的核心内容是定理6.1,定理6.2及定理6.3.其中定理6.1属于S. Klainerman(见[28]),定理6.2是L. Hörmander对S. Klainerman一个类似定理(见[33])的改进与推广(见[18]),而定理6.3本质上属于H. Lindblad(他考虑了 $n=3$ 的情形,见[59]).本章中对这三个定理的证明原则上均参照L. Hörmander的做法.

第五章

关于乘积函数及复合函数的一些估计式

在本章中,为了下文的需要,给出有关乘积函数及复合函数的一些估计式(参见[42],[43]).

§1. 关于乘积函数的一些估计式

对于第三章§1.2中所引入的空间 $L^{p,q}(\mathbb{R}^n)$,类似于第三章中的引理3.2,我们有如下的

引理 1.1(Hölder 不等式) 若 $f_i \in L^{p_i, q_i}(\mathbb{R}^n)$, $1 \leqslant p_i, q_i \leqslant +\infty$ $(i = 1, \cdots, M)$, 且

$$\frac{1}{p} = \sum_{i=1}^{M} \frac{1}{p_i}, \frac{1}{q} = \sum_{i=1}^{M} \frac{1}{q_i}, 1 \leqslant p, q \leqslant +\infty, \tag{5.1.1}$$

则

$$\prod_{i=1}^{M} f_i \in L^{p,q}(\mathbb{R}^n), \tag{5.1.2}$$

且成立

$$\left\| \prod_{i=1}^{M} f_i \right\|_{L^{p,q}(\mathbb{R}^n)} \leqslant \prod_{i=1}^{M} \| f_i \|_{L^{p_i, q_i}(\mathbb{R}^n)}. \tag{5.1.3}$$

利用由第三章中(3.1.18)式定义的偏微分算子集合 Γ,对任意给定的整数 $N \geqslant 0$, 可定义

$$\| f(t, \cdot) \|_{\Gamma, N, p, q, \chi} = \sum_{|k| \leqslant N} \| \chi(t, \cdot) \Gamma^k f(t, \cdot) \|_{L^{p,q}(\mathbb{R}^n)}, \tag{5.1.4}$$

其中 $1 \leqslant p, q \leqslant +\infty$, $\chi(t, x)$ 是 $\mathbb{R}_+ \times \mathbb{R}^n$ 中任一给定集合的特征函数, $k =$

$(k_1, \cdots, k_\sigma)$为多重指标，$|k| = k_1 + \cdots + k_\sigma$，$\sigma$为$\Gamma$中偏微分算子的数目：$\Gamma = (\Gamma_1, \cdots, \Gamma_\sigma)$，而$\Gamma^k = \Gamma_1^{k_1} \cdots \Gamma_\sigma^{k_\sigma}$.

在下文中，我们简记

$$\| f(t, \cdot) \|_{\Gamma, N, p, q, \chi} = \begin{cases} \| f(t, \cdot) \|_{\Gamma, N, p, \chi}, & \text{若 } p = q; \\ \| f(t, \cdot) \|_{\Gamma, N, p, q}, & \text{若 } \chi \equiv 1; \\ \| f(t, \cdot) \|_{p, q, \chi}, & \text{若 } N = 0; \\ \| f(t, \cdot) \|_{L^{p, q}(\mathbb{R}^n)}, & \text{若 } N = 0, \text{且 } \chi \equiv 1 \end{cases} \tag{5.1.5}$$

等等.

引理 1.2　设$1 \leqslant p, q, p_i, q_i \leqslant +\infty \ (i = 1, \cdots, 4)$，且成立

$$\frac{1}{p} = \frac{1}{p_1} + \frac{1}{p_2} = \frac{1}{p_3} + \frac{1}{p_4}, \ \frac{1}{q} = \frac{1}{q_1} + \frac{1}{q_2} = \frac{1}{q_3} + \frac{1}{q_4}. \tag{5.1.6}$$

对任意给定的整数$N > 0$，在下式右端所出现的范数有意义的情况下，成立

$$\begin{aligned} & \| fg(t, \cdot) \|_{\Gamma, N, p, q, \chi} \\ & \leqslant C(\| f(t, \cdot) \|_{\Gamma, \left[\frac{N-1}{2}\right], p_1, q_1, \chi} \| \Gamma g(t, \cdot) \|_{\Gamma, N-1, p_2, q_2, \chi} \\ & \quad + \| f(t, \cdot) \|_{\Gamma, N, p_3, q_3, \chi} \| g(t, \cdot) \|_{\Gamma, \left[\frac{N}{2}\right], p_4, q_4, \chi}), \ \forall t \geqslant 0; \end{aligned} \tag{5.1.7}$$

并对任意给定的多重指标$k \ (|k| = N > 0)$，成立

$$\begin{aligned} & \| (\Gamma^k (fg) - f \Gamma^k g)(t, \cdot) \|_{p, q, \chi} \\ & \leqslant C(\| f(t, \cdot) \|_{\Gamma, \left[\frac{N}{2}\right], p_1, q_1, \chi} \| g(t, \cdot) \|_{\Gamma, N-1, p_2, q_2, \chi} \\ & \quad + \| \Gamma f(t, \cdot) \|_{\Gamma, N-1, p_3, q_3, \chi} \| g(t, \cdot) \|_{\Gamma, \left[\frac{N-1}{2}\right], p_4, q_4, \chi}), \ \forall t \geqslant 0; \end{aligned} \tag{5.1.8}$$

其中C是一个正常数，而[ ]表示一实数的整数部分.

证　首先证明(5.1.7)式.

由算子集合Γ的定义，易知链式法则仍然成立：

$$\Gamma(fg) = (\Gamma f) g + f (\Gamma g), \tag{5.1.9}$$

因此，对任何给定的多重指标$k(|k| \leqslant N)$，有

$$\begin{aligned} \Gamma^k (fg) & = \sum_{|i| + |j| \leqslant N} C_{ij} \Gamma^i f \cdot \Gamma^j g \\ & = \sum_{\substack{|i| + |j| \leqslant N \\ |i| < |j|}} C_{ij} \Gamma^i f \cdot \Gamma^j g + \sum_{\substack{|i| + |j| \leqslant N \\ |i| \geqslant |j|}} C_{ij} \Gamma^i f \cdot \Gamma^j g \\ & \overset{\text{def.}}{=} \mathrm{I} + \mathrm{II}, \end{aligned} \tag{5.1.10}$$

其中 C_{ij} 为常数.

在 I 中,应有 $|i| \leqslant \left[\frac{N-1}{2}\right]$. 事实上,在 N 为偶数时,由 $|i| < \frac{N}{2} = \left[\frac{N}{2}\right]$,从而 $|i| \leqslant \left[\frac{N-1}{2}\right]$;而在 N 为奇数时,由 $|i| < \frac{N}{2} = \left[\frac{N-1}{2}\right] + \frac{1}{2}$,从而 $|i| \leqslant \left[\frac{N-1}{2}\right]$. 这样,由 Hölder 不等式(5.1.3),并注意到 $\chi^2 = \chi$ 及 $|j| > 0$,易知有

$$\| \mathrm{I} \|_{p,q,\chi} \leqslant C \| f(t,\cdot) \|_{\Gamma, \left[\frac{N-1}{2}\right], p_1, q_1, \chi} \| \Gamma g(t,\cdot) \|_{\Gamma, N-1, p_2, q_2, \chi}; \tag{5.1.11}$$

而在 II 中,由于 $|j| \leqslant \left[\frac{N}{2}\right]$,由 Hölder 不等式(5.1.3),就有

$$\| \mathrm{II} \|_{p,q,\chi} \leqslant C \| f(t,\cdot) \|_{\Gamma, N, p_3, q_3, \chi} \| g(t,\cdot) \|_{\Gamma, \left[\frac{N}{2}\right], p_4, q_4, \chi}, \tag{5.1.12}$$

其中 C 为正常数. 合并(5.1.11)及(5.1.12)两式,就得到(5.1.7)式.

此外,对 $|k| = N (> 0)$,由于

$$\Gamma^k(fg) - f\Gamma^k g = \sum_{|i|+|j|=N-1} C_{ij} \Gamma^i (\Gamma f) \Gamma^j g, \tag{5.1.13}$$

类似地可得到(5.1.8)式. 证毕.

注 1.1 注意到(5.1.5)式,由引理 1.2 立刻得到: 对任意给定的整数 $N > 0$,在下式右端所出现的范数有意义的情况下,成立

$$\begin{aligned} &\| fg(t,\cdot) \|_{\Gamma, N, r, \chi} \\ \leqslant\ & C\big(\| f(t,\cdot) \|_{\Gamma, \left[\frac{N-1}{2}\right], p_1, \chi} \| \Gamma g(t,\cdot) \|_{\Gamma, N-1, q_1, \chi} \\ &+ \| f(t,\cdot) \|_{\Gamma, N, p_2, \chi} \| g(t,\cdot) \|_{\Gamma, \left[\frac{N}{2}\right], q_2, \chi} \big), \quad \forall t \geqslant 0 \end{aligned} \tag{5.1.14}$$

及

$$\begin{aligned} &\| fg(t,\cdot) \|_{\Gamma, N, r} \\ \leqslant\ & C\big(\| f(t,\cdot) \|_{\Gamma, \left[\frac{N-1}{2}\right], p_1} \| \Gamma g(t,\cdot) \|_{\Gamma, N-1, q_1} \\ &+ \| f(t,\cdot) \|_{\Gamma, N, p_2} \| g(t,\cdot) \|_{\Gamma, \left[\frac{N}{2}\right], q_2} \big), \quad \forall t \geqslant 0; \end{aligned} \tag{5.1.15}$$

并对任何给定的多重指标 $k(|k| = N > 0)$,成立

$$\| (\Gamma^k(fg) - f\Gamma^k g)(t,\cdot) \|_{r,\chi}$$

$$\leqslant C(\| f(t, \cdot)\|_{\Gamma, [\frac{N}{2}], p_1, \chi}\| g(t, \cdot)\|_{\Gamma, N-1, q_1, \chi}$$
$$+\|\Gamma f(t, \cdot)\|_{\Gamma, N-1, p_2, \chi}\| g(t, \cdot)\|_{\Gamma, [\frac{N}{2}], q_2, \chi}),\ \forall t\geqslant 0 \qquad (5.1.16)$$

及

$$\|(\Gamma^k(fg)-f\Gamma^k g)(t, \cdot)\|_{L^r(\mathbb{R}^n)}$$
$$\leqslant C(\| f(t, \cdot)\|_{\Gamma, [\frac{N}{2}], p_1}\| g(t, \cdot)\|_{\Gamma, N-1, q_1}$$
$$+\|\Gamma f(t, \cdot)\|_{\Gamma, N-1, p_2}\| g(t, \cdot)\|_{\Gamma, [\frac{N-1}{2}], q_2}),\ \forall t\geqslant 0, \qquad (5.1.17)$$

其中 C 为一正常数，$1\leqslant p_1, q_1, p_2, q_2, r\leqslant+\infty$，且

$$\frac{1}{r}=\frac{1}{p_1}+\frac{1}{q_1}=\frac{1}{p_2}+\frac{1}{q_2}. \qquad (5.1.18)$$

注 1.2　由(5.1.7)式可得：对任意给定的整数 $N\geqslant 0$，成立

$$\| fg(t, \cdot)\|_{\Gamma, N, p, q, \chi}$$
$$\leqslant C(\| f(t, \cdot)\|_{\Gamma, [\frac{N}{2}], p_1, q_1, \chi}\| g(t, \cdot)\|_{\Gamma, N, p_2, q_2, \chi}$$
$$+\| f(t, \cdot)\|_{\Gamma, N, p_3, q_3, \chi}\| g(t, \cdot)\|_{\Gamma, [\frac{N}{2}], p_4, q_4, \chi}),\ \forall t\geqslant 0, \qquad (5.1.19)$$

其中 C 为一个正常数.

此外，类似于(5.1.8)式，可以证明：对任意给定的多重指标 $k(|k|=N>0)$，成立

$$\|(\Gamma^k(fg)-f\Gamma^k g)(t, \cdot)\|_{p, q, \chi}$$
$$\leqslant C(\|\Gamma f(t, \cdot)\|_{\Gamma, [\frac{N-1}{2}], p_1, q_1, \chi}\| g(t, \cdot)\|_{\Gamma, N-1, p_2, q_2, \chi}$$
$$+\|\Gamma f(t, \cdot)\|_{\Gamma, N-1, p_3, q_3, \chi}\| g(t, \cdot)\|_{\Gamma, [\frac{N-1}{2}], p_4, q_4, \chi}),\ \forall t\geqslant 0, \qquad (5.1.20)$$

其中 C 为一个正常数.

(5.1.19)及(5.1.20)式具有更为对称的形式. 相应于注 1.1，亦可得到一些类似的估计式.

注 1.3　类似于(5.1.19)式，利用 Hölder 不等式(5.1.3)可以证明：对任意给定的整数 $N\geqslant 0$，成立

$$\left\|\prod_{i=0}^{\beta} f_i(t, \cdot)\right\|_{\Gamma, N, p, q, \chi}$$
$$\leqslant C\sum_{i=0}^{\beta}\| f_i(t, \cdot)\|_{\Gamma, N, p_{ii}, q_{ii}, \chi}\prod_{j\neq i}\| f_j(t, \cdot)\|_{\Gamma, [\frac{N}{2}], p_{ij}, q_{ij}, \chi},\ \forall t\geqslant 0, \qquad (5.1.21)$$

其中 $1 \leqslant p_0, q_0, p_{ij}, q_{ij} \leqslant +\infty$ $(i, j = 0, \cdots, \beta)$，且

$$\frac{1}{p} = \sum_{j=0}^{\beta} \frac{1}{p_{ij}},\ \frac{1}{q} = \sum_{j=0}^{\beta} \frac{1}{q_{ij}}\ (i = 0, \cdots, \beta), \tag{5.1.22}$$

而 C 为一正常数.

注 1.4 在引理 1.2 中，若用 $D = \left(\frac{\partial}{\partial t}, \frac{\partial}{\partial x_1}, \cdots, \frac{\partial}{\partial x_n}\right)$ 代替 Γ，结论仍然成立. 于是有：对任意给定的整数 $N > 0$，成立

$$\begin{aligned} &\| fg(t, \cdot) \|_{D, N, p, q, \chi} \\ \leqslant\ & C(\| f(t, \cdot) \|_{D, \left[\frac{N-1}{2}\right], p_1, q_1, \chi} \| Dg(t, \cdot) \|_{D, N-1, p_2, q_2, \chi} \\ & + \| f(t, \cdot) \|_{D, N, p_3, q_3, \chi} \| g(t, \cdot) \|_{D, \left[\frac{N}{2}\right], p_4, q_4, \chi}),\ \forall t \geqslant 0; \end{aligned} \tag{5.1.23}$$

并对任何给定的多重指标 $k(|k| = N > 0)$，成立

$$\begin{aligned} &\| (D^k(fg) - fD^k g)(t, \cdot) \|_{p, q, \chi} \\ \leqslant\ & C(\| f(t, \cdot) \|_{D, \left[\frac{N}{2}\right], p_1, q_1, \chi} \| g(t, \cdot) \|_{D, N-1, p_2, q_2, \chi} \\ & + \| Df(t, \cdot) \|_{D, N-1, p_3, q_3, \chi} \| g(t, \cdot) \|_{D, \left[\frac{N-1}{2}\right], p_4, q_4, \chi}),\ \forall t \geqslant 0, \end{aligned} \tag{5.1.24}$$

其中 C 为一个正常数. 对注 1.1－1.3，也有相应的类似结论.

引理 1.3 设 $n \geqslant 2$，设函数 $f = f(t, x)$ 及 $g = g(t, x)$ 对任意给定的 $t \geqslant 0$ 对变量 x 具有紧支集 $\{x \mid |x| \leqslant t + \rho\}$，且下式右端所出现的范数均有意义，则对 $a = 0, 1, \cdots, n$ 成立

$$\begin{aligned} &\| f\partial_a g(t, \cdot) \|_{L^{p, q}(\mathbb{R}^n)} \\ \leqslant\ & C_\rho \| D_x f(t, \cdot) \|_{L^2(\mathbb{R}^n)} \sum_{|I|=1} \| \Gamma^I g(t, \cdot) \|_{L^{p_1, q_1}(\mathbb{R}^n)},\ \forall t \geqslant 0, \end{aligned} \tag{5.1.25}$$

其中

$$\partial_0 = -\frac{\partial}{\partial t},\ \partial_i = \frac{\partial}{\partial x_i}\ (i = 1, \cdots, n), \tag{5.1.26}$$

C_ρ 是一个依赖于 ρ 的正常数，而 $1 \leqslant p, q, p_1, q_1 \leqslant +\infty$，且

$$\frac{1}{p} = \frac{1}{2} + \frac{1}{p_1},\ \frac{1}{q} = \frac{1}{2} + \frac{1}{q_1}. \tag{5.1.27}$$

证 首先证明

$$|\partial_a g(t,x)| \leqslant C(\rho)(2\rho+t-r)^{-1}\sum_{|I|=1}|\Gamma^I g(t,x)|. \tag{5.1.28}$$

这里及在下文中,均以$C(\rho)$表示一个与ρ有关的正常数,并以C表示一个与ρ无关的正常数.

由紧支集假设,只需在$r\leqslant t+\rho$的情形进行证明,其中$r=|x|$.

由Γ的定义[见第三章中的(3.1.18)式],当$|t-r|\leqslant\rho$时,(5.1.28)式显然成立;而当$t-r\geqslant\rho$时,由第三章中的(3.1.52)式,易知(5.1.28)式仍然成立. 这样,由 Hölder 不等式(5.1.3),我们有

$$\begin{aligned}&\|f\partial_a g(t,\cdot)\|_{L^{p,q}(\mathbb{R}^n)}\\ \leqslant\ & C(\rho)\left\|\frac{f(t,\cdot)}{2\rho+t-r}\right\|_{L^2(\mathbb{R}^n)}\cdot\sum_{|I|=1}\|\Gamma^I g(t,\cdot)\|_{L^{p_1,q_1}(\mathbb{R}^n)}.\end{aligned} \tag{5.1.29}$$

另一方面,利用分部积分及 Hölder 不等式,我们有

$$\begin{aligned}&\int_0^{t+\rho}\frac{f^2(t,\cdot)}{(2\rho+t-r)^2}r^{n-1}\mathrm{d}r\\ =\ &\int_0^{t+\rho}f^2(t,\cdot)r^{n-1}\mathrm{d}\left(\frac{1}{2\rho+t-r}\right)\\ =\ &-\int_0^{t+\rho}\frac{f^2(t,\cdot)}{2\rho+t-r}\mathrm{d}(r^{n-1})-\int_0^{t+\rho}\frac{2ff_r(t,\cdot)}{2\rho+t-r}r^{n-1}\mathrm{d}r\\ \leqslant\ &\int_0^{t+\rho}\frac{2|f||f_r|(t,\cdot)}{2\rho+t-r}r^{n-1}\mathrm{d}r\\ \leqslant\ & C\left(\int_0^{t+\rho}\frac{f^2(t,\cdot)}{(2\rho+t-r)^2}r^{n-1}\mathrm{d}r\right)^{1/2}\\ &\cdot\left(\int_0^{t+\rho}f_r^2(t,\cdot)r^{n-1}\mathrm{d}r\right)^{1/2},\end{aligned}$$

于是[注意到第三章中的(3.1.42)式],就得到

$$\left\|\frac{f(t,\cdot)}{2\rho+t-r}\right\|_{L^2(\mathbb{R}^n)}\leqslant C\|\partial_r f(t,\cdot)\|_{L^2(\mathbb{R}^n)}\leqslant C\|D_x f(t,\cdot)\|_{L^2(\mathbb{R}^n)}. \tag{5.1.30}$$

联合(5.1.29)及(5.1.30)式,就得到(5.1.25)式.

引理 1.4　在引理 1.3 的假设下,对于任意给定的整数$N\geqslant 0$,成立

$$\|f\partial_a g(t,\cdot)\|_{\Gamma,N,p,q}$$

$$\leqslant C_\rho\{\|f(t,\cdot)\|_{\Gamma,[\frac{N}{2}],p_1,q_1}\|Dg(t,\cdot)\|_{\Gamma,N,2}$$
$$+\|D_x f(t,\cdot)\|_{\Gamma,N,2}\|g(t,\cdot)\|_{\Gamma,[\frac{N}{2}]+1,p_1,q_1}\},\ \forall t\geqslant 0;\qquad(5.1.31)$$

且对任意给定的多重指标 $k(|k|=N>0)$，成立

$$\|(\Gamma^k(f\partial_a g)-f\Gamma^k\partial_a g)(t,\cdot)\|_{L^{p,q}(\mathbb{R}^n)}$$
$$\leqslant C_\rho(\|f(t,\cdot)\|_{\Gamma,[\frac{N}{2}],p_1,q_1}\|Dg(t,\cdot)\|_{\Gamma,N-1,2}$$
$$+\|D_x f(t,\cdot)\|_{\Gamma,N,2}\|g(t,\cdot)\|_{\Gamma,[\frac{N}{2}]+1,p_1,q_1}),\ \forall t\geqslant 0\qquad(5.1.32)$$

及

$$\|(\Gamma^k\partial_a(fg)-f\Gamma^k\partial_a g)(t,\cdot)\|_{L^{p,q}(\mathbb{R}^n)}$$
$$\leqslant C_\rho(\|Df(t,\cdot)\|_{\Gamma,N,2}\|g(t,\cdot)\|_{\Gamma,[\frac{N}{2}]+1,p_1,q_1}$$
$$+\|f(t,\cdot)\|_{\Gamma,[\frac{N}{2}]+1,p_1,q_1}\|g(t,\cdot)\|_{\Gamma,N,2}),\ \forall t\geqslant 0,\qquad(5.1.33)$$

其中 C_ρ 是一个依赖于 ρ 的正常数.

证 对任意给定的多重指标 $k(|k|\leqslant N)$，类似于(5.1.10)式，有

$$\Gamma^k(f\partial_a g)=\sum_{|i|+|j|\leqslant N}C_{ij}\Gamma^i f\cdot\Gamma^j\partial_a g,\qquad(5.1.34)$$

其中 C_{ij} 为常数.

在 $|i|$ 及 $|j|$ 之中最多只有一个可以大于 $\left[\frac{N}{2}\right]$：

(i) 若 $|i|\leqslant\left[\frac{N}{2}\right]$，由 Hölder 不等式(5.1.3)，有

$$\|\Gamma^i f\cdot\Gamma^j\partial_a g(t,\cdot)\|_{L^{p,q}(\mathbb{R}^n)}$$
$$\leqslant\|\Gamma^i f(t,\cdot)\|_{L^{p_1,q_1}(\mathbb{R}^n)}\|\Gamma^j\partial_a g(t,\cdot)\|_{L^2(\mathbb{R}^n)}$$
$$\leqslant C\|f(t,\cdot)\|_{\Gamma,[\frac{N}{2}],p_1,q_1}\|\partial_a g(t,\cdot)\|_{\Gamma,N,2};\qquad(5.1.35)$$

(ii) 若 $|j|\leqslant\left[\frac{N}{2}\right]$，由引理 1.3 及第三章中的推论 1.1，易知有

$$\|\Gamma^i f\cdot\Gamma^j\partial_a g(t,\cdot)\|_{L^{p,q}(\mathbb{R}^n)}$$
$$\leqslant C\sum_{|\widetilde{j}|\leqslant|j|}\|\Gamma^i f\cdot D\Gamma^{\widetilde{j}}g(t,\cdot)\|_{L^{p,q}(\mathbb{R}^n)}$$
$$\leqslant C(\rho)\|D_x\Gamma^i f(t,\cdot)\|_{L^2(\mathbb{R}^n)}\sum_{\substack{|l|=1\\|\widetilde{j}|\leqslant|j|}}\|\Gamma^l\Gamma^{\widetilde{j}}g(t,\cdot)\|_{L^{p_1,q_1}(\mathbb{R}^n)}$$
$$\leqslant C(\rho)\|D_x f(t,\cdot)\|_{\Gamma,N,2}\|g(t,\cdot)\|_{\Gamma,[\frac{N}{2}]+1,p_1,q_1}.\qquad(5.1.36)$$

合并(5.1.35)及(5.1.36)，就得到所要的估计式(5.1.31).

此外,对任意给定的多重指标 $k(|k|=N>0)$,有

$$\Gamma^k(f\partial_a g)-f\Gamma^k\partial_a g=\sum_{\substack{|i|+|j|=N\\|i|>0}}C_{ij}\Gamma^i f\cdot\Gamma^j\partial_a g, \tag{5.1.37}$$

用类似的方法就可得到(5.1.32)式.

最后,注意到第三章中的推论 1.1,有

$$\begin{aligned}&\Gamma^k\partial_a(fg)-f\Gamma^k\partial_a g\\&=\Gamma^k(\partial_a f\cdot g)+\Gamma^k(f\partial_a g)-f\Gamma^k\partial_a g\\&=\sum_{|i|+|j|\leqslant N}C_{ij}\Gamma^i\partial_a f\cdot\Gamma^j g+\sum_{\substack{|i|+|j|\leqslant N\\|i|>0}}D_{ij}\Gamma^i f\cdot\Gamma^j\partial_a g\\&=\sum_{|i|+|j|\leqslant N}C_{ij}\Gamma^i\partial_a f\cdot\Gamma^j g+\sum_{\substack{|i|+|j|\leqslant N\\|i|>0,\ |\tilde{j}|\leqslant|j|}}\bar{D}_{ij}\Gamma^i f\cdot D\Gamma^{\tilde{j}}g\\&\overset{\text{def.}}{=\!=}\mathrm{I}+\mathrm{II},\end{aligned}\tag{5.1.38}$$

其中 C_{ij}, D_{ij} 及 $\bar{D}_{ij}$ 为常数.

在Ⅰ中,由 Hölder 不等式(5.1.3),若 $|i|\leqslant\dfrac{N}{2}$,就有

$$\begin{aligned}&\|\Gamma^i\partial_a f\cdot\Gamma^j g(t,\cdot)\|_{L^{p,q}(\mathbb{R}^n)}\\&\leqslant C\|Df(t,\cdot)\|_{\Gamma,[\frac{N}{2}],p_1,q_1}\|g(t,\cdot)\|_{\Gamma,N,2};\end{aligned}$$

而当 $|j|\leqslant\dfrac{N}{2}$ 时,就有

$$\begin{aligned}&\|\Gamma^i\partial_a f\cdot\Gamma^j g(t,\cdot)\|_{L^{p,q}(\mathbb{R}^n)}\\&\leqslant C\|Df(t,\cdot)\|_{\Gamma,N,2}\|g(t,\cdot)\|_{\Gamma,[\frac{N}{2}],p_1,q_1}.\end{aligned}$$

合并之,就得到

$$\begin{aligned}&\|\mathrm{I}\|_{L^{p,q}(\mathbb{R}^n)}\\&\leqslant C(\|Df(t,\cdot)\|_{\Gamma,N,2}\|g(t,\cdot)\|_{\Gamma,[\frac{N}{2}],p_1,q_1}\\&\quad+\|Df(t,\cdot)\|_{\Gamma,[\frac{N}{2}],p_1,q_1}\|g(t,\cdot)\|_{\Gamma,N,2}),\ \forall t\geqslant 0.\end{aligned}\tag{5.1.39}$$

在Ⅱ中,当 $|i|\leqslant\left[\dfrac{N}{2}\right]$时,由 Hölder 不等式(5.1.3)易知有

$$\begin{aligned}&\|\Gamma^i f\cdot\Gamma^j\partial_a g(t,\cdot)\|_{L^{p,q}(\mathbb{R}^n)}\\&\leqslant C\|f(t,\cdot)\|_{\Gamma,[\frac{N}{2}],p_1,q_1}\|\partial_a g(t,\cdot)\|_{\Gamma,N-1,2};\end{aligned}$$

而当 $|j| \leqslant \left[\frac{N}{2}\right]$ 时,由引理 1.3,并注意到第三章中之推论 1.1,就有

$$\begin{aligned}
&\| \Gamma^i f \cdot D\Gamma^{\tilde{j}} g(t, \cdot) \|_{L^{p,q}(\mathbb{R}^n)} \\
&\leqslant C(\rho) \| D_x \Gamma^i f(t, \cdot) \|_{L^2(\mathbb{R}^n)} \sum_{|I|=1} \| \Gamma^I \Gamma^{\tilde{j}} g(t, \cdot) \|_{L^{p_1, q_1}(\mathbb{R}^n)} \\
&\leqslant C(\rho) \| Df(t, \cdot) \|_{\Gamma, N, 2} \| g(t, \cdot) \|_{\Gamma, \left[\frac{N}{2}\right]+1, p_1, q_1}.
\end{aligned}$$

合并之,就得到

$$\begin{aligned}
&\| \mathrm{II} \|_{L^{p,q}(\mathbb{R}^n)} \\
&\leqslant C(\rho)(\| Df(t, \cdot) \|_{\Gamma, N, 2} \| g(t, \cdot) \|_{\Gamma, \left[\frac{N}{2}\right]+1, p_1, q_1} \\
&\quad + \| f(t, \cdot) \|_{\Gamma, \left[\frac{N}{2}\right], p_1, q_1} \| \partial_a g(t, \cdot) \|_{\Gamma, N-1, 2}), \ \forall t \geqslant 0. \qquad (5.1.40)
\end{aligned}$$

联合(5.1.39)及(5.1.40)两式,就得到所要证明的(5.1.33)式. 证毕.

§2. 关于复合函数的一些估计式

引理 2.1 假设 $G = G(w)$ 为 $w = (w_1, \cdots, w_M)$ 的一个充分光滑的函数,且在

$$|w| \leqslant \nu_0 \qquad (5.2.1)$$

时成立

$$G(w) = O(|w|^{1+\beta}), \qquad (5.2.2)$$

于此 ν_0 为一个正常数,而 β 是一个非负整数. 对任意给定的整数 $N \geqslant 0$,若向量函数 $w = w(t, x)$ 满足

$$\| w(t, \cdot) \|_{\Gamma, \left[\frac{N}{2}\right], \infty} \leqslant \nu_0, \ \forall t \geqslant 0, \qquad (5.2.3)$$

则对任意给定的多重指标 $k(|k| \leqslant N)$, 成立

$$|\Gamma^k G(w(t, x))| \leqslant C(\nu_0) \sum_{\substack{|l_0| + \cdots + |l_\beta| \leqslant |k| \\ 1 \leqslant i_j \leqslant M\ (j=0, \cdots, \beta)}} \prod_{j=0}^{\beta} |\Gamma^{l_j} w_{i_j}(t, x)|, \qquad (5.2.4)$$

于此 $C(\nu_0)$ 是一个与 ν_0 有关的正常数.

证 由(5.2.2)式,有

$$G(w)=\sum_{\substack{\sum_{j=1}^{M} i_j=1+\beta \\ i_j\geqslant 0\ (j=1,\cdots,M)}} \widetilde{G}_{i_1\cdots i_M}(w)w_1^{i_1}\cdots w_M^{i_M}, \tag{5.2.5}$$

简记为

$$G(w)=\widetilde{G}(w)w^{1+\beta}. \tag{5.2.6}$$

在下面的证明中也采用类似的简化表达方式.

由此易知,在 $|k|=0$ 时,(5.2.4)式显然成立.

对于任意给定的多重指标 $k(0<|k|\leqslant N)$,有

$$\begin{aligned}\Gamma^k G(w(t,x)) &= \Gamma^k(\widetilde{G}(w)w^{1+\beta}) \\ &= \sum_{|i|+|j|=|k|} C_{ij}\Gamma^i(\widetilde{G}(w))\Gamma^j(w^{1+\beta}),\end{aligned} \tag{5.2.7}$$

而

$$\Gamma^i\widetilde{G}(w)=\sum_{\substack{\sum_{j=1}^{M}\gamma_j=\rho \\ 1\leqslant\rho\leqslant|i|}} \frac{\partial^\rho\widetilde{G}(w)}{\partial^{\gamma_1}w_1\cdots\partial^{\gamma_M}w_M}(\Gamma w)^{\alpha_1}\cdots(\Gamma^{|i|}w)^{\alpha_{|i|}}, \tag{5.2.8}$$

其中

$$|\alpha_1|+\cdots+|\alpha_{|i|}|=\rho, \tag{5.2.9}$$

且

$$1\cdot|\alpha_1|+\cdots+|i|\cdot|\alpha_{|i|}|=|i|. \tag{5.2.10}$$

在(5.2.7)式中,若 $|i|\leqslant\left[\frac{|k|}{2}\right]$,则由(5.2.8)并注意到(5.2.3)式,就有

$$|\Gamma^i\widetilde{G}(w(t,x))|\leqslant C_{\nu_0}, \tag{5.2.11}$$

其中 C_{ν_0} 为一个与 ν_0 有关的正常数,从而对(5.2.7)中的这一部分和式(记为 I),易知(5.2.4)式成立.

在(5.2.7)式中,若 $|i|\geqslant\left[\frac{|k|}{2}\right]+1$,由于由(5.2.10)式易知,$|\alpha_{[\frac{|i|}{2}]+1}|,\cdots,|\alpha_{|i|}|$ 或者全为零;或者只有一个为1,而其余均为零,因此,在(5.2.8)右端和式的每一项中,除最多一个因子 $\Gamma^{|h|}w$($|h|$ 为 $\left[\frac{|i|}{2}\right]+1,\cdots,|i|$ 中之某一数)外,其余均可用(5.2.3)式进行估计.另一方面,由于此时易知

有 $|j| \leqslant \left[\frac{|k|}{2}\right]$, $\Gamma^j(w^{1+\beta})$ 中的任一项亦均可用(5.2.3)式进行估计.这样,对(5.2.7)中的这一部分和式(记为II),易知(5.2.4)式也成立.

这就证明了(5.2.4)式.

引理 2.2 在引理 2.1 的假设下,对任意给定的整数 $N \geqslant 0$,当 $\beta = 0$ 时,成立

$$\| G(w(t, \cdot)) \|_{\Gamma, N, p, q, \chi} \leqslant C(\nu_0) \| w(t, \cdot) \|_{\Gamma, N, p, q, \chi}, \quad \forall t \geqslant 0; \tag{5.2.12}$$

而当 $\beta \geqslant 1$ 时,成立

$$\begin{aligned} & \| G(w(t, \cdot)) \|_{\Gamma, N, p, q, \chi} \\ & \leqslant C(\nu_0) \Big(\prod_{i=1}^{\beta} \| w(t, \cdot) \|_{\Gamma, \left[\frac{N}{2}\right], p_i, q_i, \chi} \Big) \| w(t, \cdot) \|_{\Gamma, N, p_0, q_0, \chi}, \quad \forall t \geqslant 0, \end{aligned} \tag{5.2.13}$$

于此 $1 \leqslant p, q, p_i, q_i \leqslant +\infty \ (i = 0, 1, \cdots, \beta)$, 且

$$\frac{1}{p} = \sum_{i=0}^{\beta} \frac{1}{p_i}, \ \frac{1}{q} = \sum_{i=0}^{\beta} \frac{1}{q_i}, \tag{5.2.14}$$

$\chi(t, x)$ 是在 $\mathbb{R}_+ \times \mathbb{R}^n$ 中任一给定集合的特征函数,而 $C(\nu_0)$ 为一依赖于 ν_0 的正常数.

证 (5.2.12)式是 $\beta = 0$ 时的(5.2.4)式的显然推论.而当 $\beta \geqslant 1$ 时,利用(5.1.21)式,由(5.2.4)式就得到(5.2.13)式.证毕.

注 2.1 在引理 2.1 及引理 2.2 中,若用 $D = \left(\frac{\partial}{\partial t}, \frac{\partial}{\partial x_1}, \cdots, \frac{\partial}{\partial x_n}\right)$ 代替 Γ,结论仍然成立.

此外,还不难证明:在 $\beta > 0$ 时,对任意给定的整数 $N > 0$,成立

$$\begin{aligned} & \| DG(w)(t, \cdot) \|_{D, N-1, p} \\ & \leqslant C \| w(t, \cdot) \|^{\beta}_{D, \left[\frac{N}{2}\right], \infty} \| Dw(t, \cdot) \|_{D, N-1, p}, \quad \forall t \geqslant 0, \end{aligned} \tag{5.2.15}$$

其中 $1 \leqslant p \leqslant +\infty$,而 C 是一个正常数.

引理 2.3 在引理 2.1 的假设下,对任意给定的整数 $N \geqslant \left[\frac{n}{2}\right] + 1$,若向量函数 $w = w(t, x)$ 满足(5.2.3)式,则成立

$$\| DG(w)(t, \cdot) \|_{L^\infty(\mathbb{R}^n)}$$

$$\leqslant C(1+t)^{-\frac{n-1}{2}(1+\beta)} \| w(t,\cdot) \|_{\Gamma,N,2}^{\beta} \| Dw(t,\cdot) \|_{\Gamma,N,2},\ \forall t \geqslant 0, \tag{5.2.16}$$

其中 $D=\left(\frac{\partial}{\partial t},\frac{\partial}{\partial x_1},\cdots,\frac{\partial}{\partial x_n}\right)$，而 C 为一正常数.

证　采用简写的记号，有

$$DG(w)=G'(w)Dw. \tag{5.2.17}$$

由(5.2.2)式，可写

$$G'(w)=\widetilde{G}(w)w^{\beta}, \tag{5.2.18}$$

而$\widetilde{G}(w)$是 $|w|\leqslant \nu_0$ 上的充分光滑函数. 由(5.2.3)，有

$$\| \widetilde{G}(w)(t,\cdot) \|_{L^{\infty}(\mathbb{R}^n)} \leqslant C. \tag{5.2.19}$$

因此，由第三章中具衰减因子的估计式(5.4.29)(在其中取 $p=2$, $s=\left[\frac{n}{2}\right]+1$)，并注意到 $N\geqslant\left[\frac{n}{2}\right]+1$，就有

$$\begin{aligned}
&\| DG(w(t,\cdot)) \|_{L^{\infty}(\mathbb{R}^n)} \\
\leqslant\ & C\| w(t,\cdot) \|_{L^{\infty}(\mathbb{R}^n)}^{\beta} \| Dw(t,\cdot) \|_{L^{\infty}(\mathbb{R}^n)} \\
\leqslant\ & C(1+t)^{-\frac{n-1}{2}(1+\beta)} \| w(t,\cdot) \|_{\Gamma,\left[\frac{n}{2}\right]+1,2}^{\beta} \| Dw(t,\cdot) \|_{\Gamma,\left[\frac{n}{2}\right]+1,2} \\
\leqslant\ & C(1+t)^{-\frac{n-1}{2}(1+\beta)} \| w(t,\cdot) \|_{\Gamma,N,2}^{\beta} \| Dw(t,\cdot) \|_{\Gamma,N,2},\ \forall t\geqslant 0.
\end{aligned}$$

这就是(5.2.16)式.

引理 2.4(插值不等式)　设 $f\in L^{p_1,q_1}(\mathbb{R}^n)\cap L^{p_2,q_2}(\mathbb{R}^n)$，而 $1\leqslant p_1, p_2, q_1, q_2\leqslant+\infty$. 则 $f\in L^{p,q}(\mathbb{R}^n)$，其中

$$\frac{1}{p}=\frac{\theta}{p_1}+\frac{1-\theta}{p_2},\ \frac{1}{q}=\frac{\theta}{q_1}+\frac{1-\theta}{q_2}, \tag{5.2.20}$$

而 θ 为任一满足 $0\leqslant\theta\leqslant 1$ 的常数；且成立下述插值不等式：

$$\| f \|_{L^{p,q}(\mathbb{R}^n)} \leqslant \| f \|_{L^{p_1,q_1}(\mathbb{R}^n)}^{\theta} \| f \|_{L^{p_2,q_2}(\mathbb{R}^n)}^{1-\theta}. \tag{5.2.21}$$

证　类似于第三章中引理 4.1 的证明，利用 Hölder 不等式，并注意到空间 $L^{p,q}(\mathbb{R}^n)$的范数的定义[见第三章(3.1.29)式]，就有

$$\begin{aligned}
\| f \|_{L^{p,q}(\mathbb{R}^n)} &\leqslant \| |f|^{\theta} \|_{L^{\frac{p_1}{\theta},\frac{q_1}{\theta}}(\mathbb{R}^n)} \| |f|^{1-\theta} \|_{L^{\frac{p_2}{1-\theta},\frac{q_2}{1-\theta}}(\mathbb{R}^n)} \\
&= \| f \|_{L^{p_1,q_1}(\mathbb{R}^n)}^{\theta} \| f \|_{L^{p_2,q_2}(\mathbb{R}^n)}^{1-\theta}.
\end{aligned}$$

这就证明了(5.2.21)式.

引理 2.5 设 $n\geqslant 2$. 设 $G=G(w)$ 是 $w=(w_1,\cdots,w_M)$ 的一个充分光滑的函数,且

$$G(0)=0. \tag{5.2.22}$$

对任意给定的整数 $N\geqslant n+2$ 及任意给定的实数 $r(1\leqslant r\leqslant 2)$,若向量函数 $w=w(t,x)=(w_1,\cdots,w_M)(t,x)$ 满足(5.2.3)式,则在下式右端出现的一切范数均有意义的情况下,成立

$$\begin{aligned}&\left\|G(w)\prod_{i=1}^{\beta}u_i(t,\cdot)\right\|_{\Gamma,N,r,2}\\&\leqslant C(1+t)^{-\frac{n-1}{2}\left(1-\frac{2}{\beta p}\right)\beta}\|w(t,\cdot)\|_{\Gamma,N,2}\prod_{i=1}^{\beta}\|u_i(t,\cdot)\|_{\Gamma,N,2},\ \forall t\geqslant 0\end{aligned} \tag{5.2.23}$$

及

$$\begin{aligned}&\left\|G(w)\prod_{i=1}^{\beta}u_i(t,\cdot)\right\|_{\Gamma,N,r,2,\chi_1}\\&\leqslant C(1+t)^{-\frac{n}{2}\left(1-\frac{2}{\beta p}\right)\beta}\|w(t,\cdot)\|_{\Gamma,N,2}\prod_{i=1}^{\beta}\|u_i(t,\cdot)\|_{\Gamma,N,2},\ \forall t\geqslant 0,\end{aligned} \tag{5.2.24}$$

于此 $\chi_1(t,x)$是集合

$$\left\{(t,x)\,\middle|\,|x|\leqslant\frac{1+t}{2},\ t\geqslant 0\right\} \tag{5.2.25}$$

的特征函数,β 为一个$\geqslant 1$ 的整数,

$$\frac{1}{p}=\frac{1}{r}-\frac{1}{2}, \tag{5.2.26}$$

而 C 为一正常数.

证 由链式法则,对任一多重指标 $k(|k|\leqslant N)$,有

$$\begin{aligned}&\Gamma^k\left(G(w)\prod_{i=1}^{\beta}u_i(t,\cdot)\right)\\&=\sum_{\sum_{i=0}^{\beta}|k_i|=|k|}C_{k_0k_1\cdots k_\beta}\Gamma^{k_0}G(w(t,\cdot))\prod_{i=1}^{\beta}\Gamma^{k_i}u_i(t,\cdot),\end{aligned} \tag{5.2.27}$$

于此 $C_{k_0k_1\cdots k_\beta}$ 为常数,而 k_0, …, k_β 为多重指标.

注意到在 $|k_0|$, …, $|k_\beta|$ 中最多只有一个可以大于 $\left[\frac{N}{2}\right]$,我们有

i) 若对某个 $j(1\leqslant j\leqslant\beta)$, $|k_j|>\left[\frac{N}{2}\right]$, 由 Hölder 不等式(5.1.3),利用在球面 S^{n-1} 上的嵌入定理[见第三章中(3.2.3)式]及第三章中具衰减因子的估计式(3.4.29)(在其中取 $p=2$, $s=\left[\frac{n}{2}\right]+1$),并注意到在 $N\geqslant n+2$ 时有 $\left[\frac{N}{2}\right]+\left[\frac{n}{2}\right]+1\leqslant N$, 就有

$$\begin{aligned}
&\left\|\Gamma^{k_0}G(w)\prod_{i=1}^{\beta}\Gamma^{k_i}u_i(t,\cdot)\right\|_{L^{1,2}(\mathbb{R}^n)}\\
\leqslant{}& C\|\Gamma^{k_0}G(w(t,\cdot))\|_{L^{2,\infty}(\mathbb{R}^n)}\Big(\prod_{\substack{i=1\\i\neq j}}^{\beta}\|\Gamma^{k_i}u_i(t,\cdot)\|_{L^\infty(\mathbb{R}^n)}\Big)\\
&\cdot\|\Gamma^{k_j}u_j(t,\cdot)\|_{L^2(\mathbb{R}^n)}\\
\leqslant{}& C\|G(w(t,\cdot))\|_{\Gamma,|k_0|+\left[\frac{n-1}{2}\right]+1,2}\\
&\cdot\Big(\prod_{\substack{i=1\\i\neq j}}^{\beta}(1+t)^{-\frac{n-1}{2}}\|\Gamma^{k_i}u_i(t,\cdot)\|_{\Gamma,\left[\frac{n}{2}\right]+1,2}\Big)\|u_j(t,\cdot)\|_{\Gamma,|k_j|,2}\\
\leqslant{}& C(1+t)^{-\frac{n-1}{2}(\beta-1)}\|w(t,\cdot)\|_{\Gamma,N,2}\Big(\prod_{\substack{i=1\\i\neq j}}^{\beta}\|u_i(t,\cdot)\|_{\Gamma,N,2}\Big)\\
&\cdot\|u_j(t,\cdot)\|_{\Gamma,|k_j|,2}
\end{aligned}\tag{5.2.28}$$

及

$$\begin{aligned}
&\left\|\Gamma^{k_0}G(w)\prod_{i=1}^{\beta}\Gamma^{k_i}u_i(t,\cdot)\right\|_{L^{2}(\mathbb{R}^n)}\\
\leqslant{}& C\|\Gamma^{k_0}G(w(t,\cdot))\|_{L^{\infty}(\mathbb{R}^n)}\Big(\prod_{\substack{i=1\\i\neq j}}^{\beta}\|\Gamma^{k_i}u_i(t,\cdot)\|_{L^\infty(\mathbb{R}^n)}\Big)\\
&\cdot\|\Gamma^{k_j}u_j(t,\cdot)\|_{L^2(\mathbb{R}^n)}\\
\leqslant{}& C(1+t)^{-\frac{n-1}{2}\beta}\|w(t,\cdot)\|_{\Gamma,N,2}\Big(\prod_{\substack{i=1\\i\neq j}}^{\beta}\|u_i(t,\cdot)\|_{\Gamma,N,2}\Big)\\
&\cdot\|u_j(t,\cdot)\|_{\Gamma,|k_j|,2}.
\end{aligned}\tag{5.2.29}$$

再利用插值不等式(5.2.21)(在其中取 $p=r$, $q=2$, $p_1=1$, $q_1=p_2=q_2=2$,从而 $\theta=\frac{2}{r}-1$),就有

$$\left\|\Gamma^{k_0}G(w)\prod_{i=1}^{\beta}\Gamma^{k_i}u_i(t,\cdot)\right\|_{L^{r,2}(\mathbb{R}^n)}$$

$$\leqslant\|\cdot\|_{L^{1,2}(\mathbb{R}^n)}^{\frac{2}{r}-1}\|\cdot\|_{L^2(\mathbb{R}^n)}^{2-\frac{2}{r}}$$

$$\leqslant C(1+t)^{-\frac{n-1}{2}\left(1-\frac{2}{\beta p}\right)\beta}\|w(t,\cdot)\|_{\Gamma,N,2}$$

$$\cdot\Big(\prod_{\substack{i=1\\ i\neq j}}^{\beta}\|u_i(t,\cdot)\|_{\Gamma,N,2}\Big)\|u_j(t,\cdot)\|_{\Gamma,|k_j|,2},\quad\forall 1\leqslant r\leqslant 2,\tag{5.2.30}$$

其中 p 由(5.2.26)式定义.

ii) 若对一切 $j(1\leqslant j\leqslant\beta)$, $|k_j|\leqslant\left[\frac{N}{2}\right]$,类似地有

$$\left\|\Gamma^{k_0}G(w)\prod_{i=1}^{\beta}\Gamma^{k_i}u_i(t,\cdot)\right\|_{L^{r,2}(\mathbb{R}^n)}$$

$$\leqslant C(1+t)^{-\frac{n-1}{2}\left(1-\frac{2}{\beta p}\right)\beta}\|w(t,\cdot)\|_{\Gamma,|k_0|,2}$$

$$\cdot\prod_{i=1}^{\beta}\|u_i(t,\cdot)\|_{\Gamma,N,2},\quad\forall 1\leqslant r\leqslant 2.\tag{5.2.31}$$

注意到 $|k_i|\leqslant N\ (i=0,1,\cdots,\beta)$,由(5.2.30),(5.2.31)式立刻可得所要求的估计式(5.2.23).

利用第三章中具衰减因子的估计式(3.4.12),类似地可证明(5.2.24)式.

引理 2.6 在引理 2.5 的假设下,对任意给定的多重指标 $k(|k|\leqslant N)$,成立

$$\left\|\Gamma^k\Big(G(w)\prod_{i=1}^{\beta}u_i(t,\cdot)\Big)-G(w)\Big(\prod_{i=1}^{\beta-1}u_i\Big)\Gamma^k u_\beta(t,\cdot)\right\|_{L^{r,2}(\mathbb{R}^n)}$$

$$\leqslant C(1+t)^{-\frac{n-1}{2}\left(1-\frac{2}{\beta p}\right)\beta}\|w(t,\cdot)\|_{\Gamma,N,2}$$

$$\cdot\Big(\prod_{i=1}^{\beta-1}\|u_i(t,\cdot)\|_{\Gamma,N,2}\Big)\|u_\beta(t,\cdot)\|_{\Gamma,N-1,2},\quad\forall t\geqslant 0\tag{5.2.32}$$

及

$$\left\|\Gamma^k\Big(G(w)\prod_{i=1}^{\beta}u_i(t,\cdot)\Big)-G(w)\Big(\prod_{i=1}^{\beta-1}u_i\Big)\Gamma^k u_\beta(t,\cdot)\right\|_{r,2,\chi_1}$$

$$\leqslant C(1+t)^{-\frac{n}{2}\left(1-\frac{2}{\beta p}\right)\beta}\|w(t,\cdot)\|_{\Gamma,N,2}\left(\prod_{i=1}^{\beta-1}\|u_i(t,\cdot)\|_{\Gamma,N,2}\right)$$
$$\cdot\|u_\beta(t,\cdot)\|_{\Gamma,N-1,2},\ \forall t\geqslant 0, \tag{5.2.33}$$

于此 C 为一正常数.

证　由于

$$\Gamma^k\Big(G(w)\prod_{i=1}^{\beta}u_i(t,\cdot)\Big)-G(w)\Big(\prod_{i=1}^{\beta-1}u_i\Big)\Gamma^k u_\beta(t,\cdot)$$
$$=\sum_{\substack{\sum_{i=0}^{\beta}|k_i|=|k|\\ |k_\beta|<|k|}}C_{k_0k_1\cdots k_\beta}\Gamma^{k_0}G(w(t,\cdot))\prod_{i=1}^{\beta}\Gamma^{k_i}u_i(t,\cdot), \tag{5.2.34}$$

重复引理 2.5 的证明,并注意到 $|k_\beta|\leqslant N-1$, 就得到所要求的结论.

引理 2.7　设函数 $G=G(w)$ 满足引理 2.1 中所述的条件. 对于任意给定的整数 $N\geqslant n+2$,若向量函数 $\bar{w}(t,x)=(\bar{w}_1(t,x),\cdots,\bar{w}_M(t,x))$ 及 $\bar{\bar{w}}(t,x)=(\bar{\bar{w}}_1(t,x),\cdots,\bar{\bar{w}}_M(t,x))$ 均满足(5.2.3) 式,则对任意给定的实数 $r(1\leqslant r\leqslant 2)$, 在下式右端出现的一切范数均有意义的情况下,成立

$$\|(G(\bar{w})-G(\bar{\bar{w}}))u(t,\cdot)\|_{\Gamma,N,r,2}$$
$$\leqslant C(1+t)^{-\frac{n-1}{2}\left(1-\frac{2}{\alpha p}\right)\alpha}(1+\|\tilde{w}(t,\cdot)\|_{\Gamma,N,2})\|\tilde{w}(t,\cdot)\|_{\Gamma,N,2}^{\beta}$$
$$\cdot\|w^*(t,\cdot)\|_{\Gamma,N,2}\|u(t,\cdot)\|_{\Gamma,N,2},\ \forall t\geqslant 0 \tag{5.2.35}$$

及

$$\|(G(\bar{w})-G(\bar{\bar{w}}))u(t,\cdot)\|_{\Gamma,N,r,2,\chi_1}$$
$$\leqslant C(1+t)^{-\frac{n}{2}\left(1-\frac{2}{\alpha p}\right)\alpha}(1+\|\tilde{w}(t,\cdot)\|_{\Gamma,N,2})\|\tilde{w}(t,\cdot)\|_{\Gamma,N,2}^{\beta}$$
$$\cdot\|w^*(t,\cdot)\|_{\Gamma,N,2}\|u(t,\cdot)\|_{\Gamma,N,2},\ \forall t\geqslant 0, \tag{5.2.36}$$

其中 $\alpha=1+\beta$, p 满足(5.2.26)式, $\chi_1(t,x)$是集合(5.2.25)的特征函数,

$$w^*=\bar{w}-\bar{\bar{w}}, \tag{5.2.37}$$

且

$$\|\tilde{w}(t,\cdot)\|_{\Gamma,N,2}=\|\bar{w}(t,\cdot)\|_{\Gamma,N,2}+\|\bar{\bar{w}}(t,\cdot)\|_{\Gamma,N,2}. \tag{5.2.38}$$

证　采用简写的记号,有

$$G(\bar{w})-G(\bar{\bar{w}})=\hat{G}(\bar{w},\bar{\bar{w}})w^*, \tag{5.2.39}$$

于此$\hat{G}(\overline{w}, \overline{\overline{w}})$是一个充分光滑的函数，且在

$$|\overline{w}|, |\overline{\overline{w}}| \leqslant \nu_0 \tag{5.2.40}$$

时成立

$$\hat{G}(\overline{w}, \overline{\overline{w}}) = O(|\overline{w}|^\beta + |\overline{\overline{w}}|^\beta). \tag{5.2.41}$$

因此，若$\beta \geqslant 1$，由引理2.5易见

$$\begin{aligned} &\|(G(\overline{w}) - G(\overline{\overline{w}}))u(t, \cdot)\|_{\Gamma, N, r, 2} \\ \leqslant & C(1+t)^{-\frac{n-1}{2}\left(1-\frac{2}{\alpha p}\right)\alpha} \|\widetilde{w}(t, \cdot)\|^\beta_{\Gamma, N, 2} \\ & \cdot \|\widetilde{w}(t, \cdot)\|_{\Gamma, N, 2} \|u(t, \cdot)\|_{\Gamma, N, 2} \end{aligned} \tag{5.2.42}$$

及

$$\begin{aligned} &\|(G(\overline{w}) - G(\overline{\overline{w}}))u(t, \cdot)\|_{\Gamma, N, r, 2, \chi_1} \\ \leqslant & C(1+t)^{-\frac{n}{2}\left(1-\frac{2}{\alpha p}\right)\alpha} \|\widetilde{w}(t, \cdot)\|^\beta_{\Gamma, N, 2} \\ & \cdot \|w^*(t, \cdot)\|_{\Gamma, N, 2} \|u(t, \cdot)\|_{\Gamma, N, 2}, \end{aligned} \tag{5.2.43}$$

于是(5.2.35)及(5.2.36)式成立；而当$\beta = 0$时，将(5.2.39)式改写为

$$G(\overline{w}) - G(\overline{\overline{w}}) = (\hat{G}(\overline{w}, \overline{\overline{w}}) - \hat{G}(0, 0))w^* + \hat{G}(0, 0)w^*, \tag{5.2.44}$$

并注意到$\left(1 - \dfrac{2}{\alpha p}\right)\alpha = \alpha - \dfrac{2}{p}$，易见(5.2.35)及(5.2.36)式仍然成立. 证毕.

注2.2 在(5.2.35)及(5.2.36)右端的因子$(1 + \|\widetilde{w}(t, x)\|_{\Gamma, N, 2})$只在$\beta = 0$的情况下出现.

类似于引理2.7可以得到

引理2.8 设函数$G = G(w)$满足引理2.1中所述的条件，但β为不小于1的整数. 对于任意给定的整数$N \geqslant n+2$，若向量函数$\overline{w} = \overline{w}(t, x)$及$\overline{\overline{w}} = \overline{\overline{w}}(t, x)$满足引理2.7中的条件，则对任何给定的实数$r(1 \leqslant r \leqslant 2)$，在下式右端出现的一切范数均有意义的情况下，成立

$$\begin{aligned} &\|(G(\overline{w}) - G(\overline{\overline{w}}))(t, \cdot)\|_{\Gamma, N, r, 2} \\ \leqslant & C(1+t)^{-\frac{n-1}{2}\left(1-\frac{2}{\beta p}\right)\beta} \|\widetilde{w}(t, \cdot)\|^\beta_{\Gamma, N, 2} \\ & \cdot \|w^*(t, \cdot)\|_{\Gamma, N, 2} \end{aligned} \tag{5.2.45}$$

及

$$\|(G(\overline{w}) - G(\overline{\overline{w}}))(t, \cdot)\|_{\Gamma, N, r, 2, \chi_1}$$

$$\leqslant C(1+t)^{-\frac{n}{2}\left(1-\frac{2}{\beta p}\right)\beta} \| \tilde{w}(t,\cdot) \|_{\Gamma,N,2}^{\beta} \cdot \| w^{*}(t,\cdot) \|_{\Gamma,N,2}, \tag{5.2.46}$$

于此 p 满足(5.2.26)式，而 $\chi_1(t, x)$是集合(5.2.25)的特征函数.

注 2.3 由于 $1 \leqslant r \leqslant 2$, 有

$$\| f \|_{L^r(\mathbb{R}^n)} \leqslant C \| f \|_{L^{r,2}(\mathbb{R}^n)}, \tag{5.2.47}$$

其中 C 为一正常数. 因此，将引理 2.5—2.8 中估计式左端的空间 $L^{r,2}(\mathbb{R}^n)$改换为 $L^r(\mathbb{R}^n)$，结论仍然成立.

§3. 附录——关于乘积函数估计的一个补充

在本节中，为了第六章中的需要，要证明有关乘积函数估计的如下

引理 3.1 设

$$\frac{1}{r} = \frac{1}{p} + \frac{1}{q}, \ 1 \leqslant p, q, r \leqslant +\infty. \tag{5.3.1}$$

对任意给定的整数 $s \geqslant 1$，在下式右端所出现的范数有意义的情况下，成立

$$\| D^s(fg) \|_{L^r(\mathbb{R}^n)} \leqslant C(\| f \|_{L^p(\mathbb{R}^n)} \| D^s g \|_{L^q(\mathbb{R}^n)} + \| D^s f \|_{L^q(\mathbb{R}^n)} \| g \|_{L^p(\mathbb{R}^n)}) \tag{5.3.2}$$

及

$$\| D^s(fg) - fD^s g \|_{L^r(\mathbb{R}^n)} \leqslant C(\| Df \|_{L^p(\mathbb{R}^n)} \| D^{s-1} g \|_{L^q(\mathbb{R}^n)} + \| D^s f \|_{L^q(\mathbb{R}^n)} \| g \|_{L^p(\mathbb{R}^n)}), \tag{5.3.3}$$

其中 $D = \left(\frac{\partial}{\partial t}, \frac{\partial}{\partial x_1}, \cdots, \frac{\partial}{\partial x_n}\right)$, C 为一正常数，而 $D^s f$ 表示 f 的一切 s 阶偏导数所构成的集合.

为证明引理 3.1，首先给出

引理 3.2(Nirenberg 不等式) 设 $f \in L^p(\mathbb{R}^n)$, $D^s f \in L^q(\mathbb{R}^n)$，其中 s 为不小于 1 的整数，而 $1 \leqslant p, q \leqslant +\infty$. 则对任何满足 $0 \leqslant i \leqslant s$ 的整数 i，成立

$$\| D^i f \|_{L^r(\mathbb{R}^n)} \leqslant C \| f \|_{L^p(\mathbb{R}^n)}^{1-\frac{i}{s}} \| D^s f \|_{L^q(\mathbb{R}^n)}^{\frac{i}{s}}, \tag{5.3.4}$$

其中

$$\frac{1}{r} = \left(1 - \frac{i}{s}\right)\frac{1}{p} + \frac{i}{s}\frac{1}{q}, \tag{5.3.5}$$

而 C 为一个正常数.

引理 3.2 的证明见[68].

现在证明引理 3.1.

对任意给定的整数 $s\geqslant 1$, 显然有

$$D^s(fg)=\sum_{\substack{i+j=s\\ i,\,j\geqslant 0}} C_{ij}D^i f\cdot D^j g, \tag{5.3.6}$$

其中 C_{ij} 为常数. 利用 Hölder 不等式(5.1.3),就有

$$\| D^s(fg)\|_{L^r(\mathbb{R}^n)}\leqslant C\sum_{i+j=s}\| D^i f\|_{L^{r_1}(\mathbb{R}^n)}\| D^j g\|_{L^{r_2}(\mathbb{R}^n)}, \tag{5.3.7}$$

这儿 $1\leqslant r_1, r_2\leqslant +\infty$, 且

$$\frac{1}{r_1}+\frac{1}{r_2}=\frac{1}{r}. \tag{5.3.8}$$

特取 r_1 及 r_2 分别满足

$$\frac{1}{r_1}=\left(1-\frac{i}{s}\right)\frac{1}{p}+\frac{i}{s}\,\frac{1}{q} \tag{5.3.9}$$

及

$$\frac{1}{r_2}=\left(1-\frac{j}{s}\right)\frac{1}{p}+\frac{j}{s}\,\frac{1}{q}, \tag{5.3.10}$$

由 Nirenberg 不等式(5.3.4),就有

$$\| D^i f\|_{L^{r_1}(\mathbb{R}^n)}\leqslant C\| f\|_{L^p(\mathbb{R}^n)}^{1-\frac{i}{s}}\| D^s f\|_{L^q(\mathbb{R}^n)}^{\frac{i}{s}} \tag{5.3.11}$$

及

$$\| D^j g\|_{L^{r_2}(\mathbb{R}^n)}\leqslant C\| g\|_{L^p(\mathbb{R}^n)}^{1-\frac{j}{s}}\| D^s g\|_{L^q(\mathbb{R}^n)}^{\frac{j}{s}}. \tag{5.3.12}$$

将(5.3.11),(5.3.12)代入(5.3.7)式,并注意到

$$\frac{i}{s}+\frac{j}{s}=1, \tag{5.3.13}$$

就得到

$$\| D^s(fg)\|_{L^r(\mathbb{R}^n)}\leqslant C\sum_{i+j=s}(\| D^s f\|_{L^q(\mathbb{R}^n)}\| g\|_{L^p(\mathbb{R}^n)})^{\frac{i}{s}}$$

$$\cdot(\| f \|_{L^p(\mathbb{R}^n)} \| D^s g \|_{L^q(\mathbb{R}^n)})^{\frac{j}{s}}. \tag{5.3.14}$$

再利用不等式

$$ab \leqslant \frac{1}{\overline{p}} a^{\overline{p}} + \frac{1}{\overline{q}} b^{\overline{q}}, \tag{5.3.15}$$

其中 $a, b \geqslant 0, \frac{1}{\overline{p}} + \frac{1}{\overline{q}} = 1$，而 $1 \leqslant \overline{p}, \overline{q} \leqslant +\infty$，并由(5.3.13)特取 $\overline{p} = \frac{s}{i}, \overline{q} = \frac{s}{j}$，就可由(5.3.14)式得到所要证的(5.3.2)式.

至于(5.3.3)式，只要注意到

$$D^s(fg) - fD^s g = \sum_{\substack{i+j=s-1 \\ i, j \geqslant 0}} C_{ij} D^i(Df) D^j g, \tag{5.3.16}$$

可用类似的方法证明.

第六章

二阶线性双曲型方程的 Cauchy 问题

§1. 引言

为了下面求解非线性波动方程的 Cauchy 问题的需要(参见第七章),在本章中我们将考察下述 n 维二阶线性双曲型方程的 Cauchy 问题:

$$u_{tt}-\sum_{i,j=1}^{n}a_{ij}(t,x)u_{x_ix_j}-2\sum_{j=1}^{n}a_{0j}(t,x)u_{tx_j}=F(t,x),\ (t,x)\in\mathbb{R}^+\times\mathbb{R}^n, \tag{6.1.1}$$

$$t=0: u=f(x),\ u_t=g(x), x\in\mathbb{R}^n, \tag{6.1.2}$$

并证明其解的存在唯一性及正规性(参见[42],[43]). 这里假设对一切 $(t,x)\in\mathbb{R}^+\times\mathbb{R}^n$ 成立

$$a_{ij}(t,x)=a_{ji}(t,x)\ (i,j=1,\cdots,n) \tag{6.1.3}$$

及

$$\sum_{i,j=1}^{n}a_{ij}(t,x)\xi_i\xi_j\geqslant m_0|\xi|^2,\ \forall\xi=(\xi_1,\cdots,\xi_n)\in\mathbb{R}^n, \tag{6.1.4}$$

而 $m_0>0$ 为一常数.

注 1.1 在假设(6.1.3)-(6.1.4)下,方程(6.1.1)是一个二阶线性双曲型方程.

为说明这一点,只需要注意对任意给定的 $(t,x)\in\mathbb{R}^+\times\mathbb{R}^n$,若记 $a_{ij}=a_{ij}(t,x)$ 及 $a_{0j}=a_{0j}(t,x)$,相应的特征二次型

$$\lambda_0^2-2\sum_{j=1}^{n}a_{0j}\lambda_0\lambda_j-\sum_{i,j=1}^{n}a_{ij}\lambda_i\lambda_j \tag{6.1.5}$$

可写为平方和的形式,且其系数为一正 n 负.由(6.1.3)-(6.1.4),$(a_{ij})(i, j = 1, \cdots, n)$ 是一个对称正定阵,可先通过一个正交变换将$(\lambda_1, \cdots, \lambda_n)$变为$(\bar{\lambda}_1, \cdots, \bar{\lambda}_n)$,使二次型(6.1.5)化为

$$\lambda_0^2 - 2\sum_{j=1}^{n} \bar{a}_{0j}\lambda_0 \bar{\lambda}_j - \sum_{j=1}^{n} \bar{a}_{jj} \bar{\lambda}_j^2 \tag{6.1.6}$$

的形式,其中

$$\bar{a}_{jj} \geqslant m_0 > 0 \ (j = 1, \cdots, n). \tag{6.1.7}$$

再通过配方就可将二次型(6.1.6)写为

$$\left(1 + \sum_{j=1}^{n} \frac{\bar{a}_{0j}^2}{\bar{a}_{jj}}\right)\lambda_0^2 - \sum_{j=1}^{n} \bar{a}_{jj}\left(\bar{\lambda}_j + \frac{\bar{a}_{0j}}{\bar{a}_{jj}}\lambda_0\right)^2. \tag{6.1.8}$$

这就是所要求的形式.

§2. 解的存在唯一性

我们将利用伽辽金方法证明如下的

引理 2.1　对任意给定的正数 $T > 0$,若设

$$f \in H^{s+1}(\mathbb{R}^n),\ g \in H^s(\mathbb{R}^n), \tag{6.2.1}$$

$$a_{ij} \in L^\infty((0, T) \times \mathbb{R}^n), \tag{6.2.2}$$

$$\frac{\partial a_{ij}}{\partial t},\ \frac{\partial a_{ij}}{\partial x_k} \in L^\infty(0, T; H^{s-1}(\mathbb{R}^n))\ (i, j, k = 1, \cdots, n), \tag{6.2.3}$$

$$a_{0j} \in L^\infty(0, T; H^s(\mathbb{R}^n))\ (j = 1, \cdots, n) \tag{6.2.4}$$

及

$$F \in L^2(0, T; H^s(\mathbb{R}^n)), \tag{6.2.5}$$

其中 $s \geqslant \left[\frac{n}{2}\right] + 2$ 为整数,则 Cauchy 问题(6.1.1)-(6.1.2)存在唯一的解 $u = u(t, x)$,满足

$$u \in L^\infty(0, T; H^{s+1}(\mathbb{R}^n)), \tag{6.2.6}$$

$$u_t \in L^\infty(0, T; H^s(\mathbb{R}^n)), \tag{6.2.7}$$

$$u_{tt} \in L^2(0, T; H^{s-1}(\mathbb{R}^n)), \tag{6.2.8}$$

并成立如下的估计式

$$\begin{aligned}&\|u(t,\cdot)\|^2_{H^{s+1}(\mathbb{R}^n)}+\|u_t(t,\cdot)\|^2_{H^s(\mathbb{R}^n)}\\ \leqslant\ & C_0(T)\Big(\|f\|^2_{H^{s+1}(\mathbb{R}^n)}+\|g\|^2_{H^s(\mathbb{R}^n)}\\ &+\int_0^t\|F(\tau,\cdot)\|^2_{H^s(\mathbb{R}^n)}\mathrm{d}\tau\Big),\quad \forall t\in[0,T],\end{aligned}\tag{6.2.9}$$

其中$C_0(T)$是一个与T有关的正常数,并依赖于a_{ij}及a_{0j}(i, $j=1$, $\cdots$, n)在(6.2.2)-(6.2.4)式表示的空间中的范数.

证 在$H^{s+1}(\mathbb{R}^n)$空间中任取一组基$\{w_h\}$($h=1$, 2, $\cdots$). 对任何给定的$m\in\mathbf{N}$,求Cauchy问题(6.1.1)-(6.1.2)的近似解

$$u_m(t)=\sum_{l=1}^m g_{lm}(t)w_l,\tag{6.2.10}$$

使其满足

$$\begin{aligned}&(u''_m(t),w_h)_{H^s(\mathbb{R}^n)}-2\sum_{j=1}^n\left(a_{0j}(t,x)\frac{\partial u'_m(t)}{\partial x_j},w_h\right)_{H^s(\mathbb{R}^n)}\\ &-\sum_{i,j=1}^n\left\langle a_{ij}(t,x)\frac{\partial^2 u_m(t)}{\partial x_i\partial x_j},w_h\right\rangle_{H^{s-1}(\mathbb{R}^n),H^{s+1}(\mathbb{R}^n)}\\ =\ &(F(t),w_h)_{H^s(\mathbb{R}^n)}(1\leqslant h\leqslant m),\ \forall t\in[0,T]\end{aligned}\tag{6.2.11}$$

及

$$u_m(0)=u_{0m}\overset{\text{def.}}{=}\sum_{l=1}^m\xi_{lm}w_l,\tag{6.2.12}$$

$$u'_m(0)=u_{1m}\overset{\text{def.}}{=}\sum_{l=1}^m\eta_{lm}w_l,\tag{6.2.13}$$

并设当$m\to\infty$时,

$$u_{0m}\to f\text{ 在 }H^{s+1}(\mathbb{R}^n)\text{ 中强收敛},\tag{6.2.14}$$

$$u_{1m}\to g\text{ 在 }H^s(\mathbb{R}^n)\text{ 中强收敛}.\tag{6.2.15}$$

在(6.2.11)式中,$\langle\cdot,\cdot\rangle_{H^{s-1}(\mathbb{R}^n),H^{s+1}(\mathbb{R}^n)}$表示$H^{s-1}(\mathbb{R}^n)$与$H^{s+1}(\mathbb{R}^n)$空间之间的对偶内积,而$(\cdot,\cdot)_{H^s(\mathbb{R}^n)}$表示$H^s(\mathbb{R}^n)$空间中的内积.

由(6.2.10)式,(6.2.11)-(6.2.13)式可写为

$$\sum_{l=1}^m g''_{lm}(t)(w_l,w_h)_{H^s(\mathbb{R}^n)}$$

$$-\sum_{l=1}^{m} g_{lm}(t)\sum_{i,j=1}^{n}\left\langle a_{ij}(t,x)\frac{\partial^2 w_l}{\partial x_i\partial x_j}, w_h\right\rangle_{H^{s-1}(\mathbb{R}^n),\,H^{s+1}(\mathbb{R}^n)}$$

$$-2\sum_{l=1}^{m} g'_{lm}(t)\sum_{j=1}^{n}\left(a_{0j}(t,x)\frac{\partial w_l}{\partial x_j}, w_h\right)_{H^s(\mathbb{R}^n)}$$

$$=(F(t), w_h)_{H^s(\mathbb{R}^n)}(1\leqslant h\leqslant m),\ \forall t\in[0,T] \tag{6.2.16}$$

及

$$g_{lm}(0)=\xi_{lm},\ g'_{lm}(0)=\eta_{lm}(1\leqslant l\leqslant m). \tag{6.2.17}$$

由假设(6.2.2)-(6.2.5),并注意到在 $M\geqslant\left[\frac{n}{2}\right]+1$ 时,$H^M(\mathbb{R}^n)$ 空间是一个代数,易见(6.2.16)式中所出现的内积均有意义.于是,我们得到一个未知量为$\{g_{lm}(t)(1\leqslant l\leqslant m)\}$的二阶线性常微分方程组的 Cauchy 问题.由 $w_1,\cdots,w_m$ 的线性无关性,有

$$\det\mid(w_l, w_h)_{H^s(\mathbb{R}^n)}\mid\neq 0, \tag{6.2.18}$$

于是,由线性常微分方程组的理论可得:Cauchy 问题(6.2.16)-(6.2.17)在区间$[0,T]$上存在唯一的解

$$g_{lm}(t)\in H^2(0,T)\ (1\leqslant l\leqslant m), \tag{6.2.19}$$

从而可由(6.2.10)式唯一决定近似解 $u_m(t)$,且

$$u_m(t)\in H^2(0,T;H^{s+1}(\mathbb{R}^n)). \tag{6.2.20}$$

下面对近似解的序列$\{u_m(t)\}$进行估计.

用 $g'_{hm}(t)$乘(6.2.11)式,并对 h 作和,可得

$$\frac{1}{2}\frac{\mathrm{d}}{\mathrm{d}t}\|u'_m(t)\|^2_{H^s(\mathbb{R}^n)}$$

$$-\sum_{i,j=1}^{n}\left\langle a_{ij}(t,x)\frac{\partial^2 u_m(t)}{\partial x_i\partial x_j}, u'_m(t)\right\rangle_{H^{s-1}(\mathbb{R}^n),\,H^{s+1}(\mathbb{R}^n)}$$

$$-2\sum_{j=1}^{n}\left(a_{0j}(t,x)\frac{\partial u'_m(t)}{\partial x_j}, u'_m(t)\right)_{H^s(\mathbb{R}^n)}$$

$$=(F(t), u'_m(t))_{H^s(\mathbb{R}^n)},\ \forall t\in[0,T]. \tag{6.2.21}$$

现在先对(6.2.21)式中左端的第二项进行比较仔细地考察.我们有

$$\left\langle a_{ij}(t,x)\frac{\partial^2 u_m(t)}{\partial x_i\partial x_j}, u'_m(t)\right\rangle_{H^{s-1}(\mathbb{R}^n),\,H^{s+1}(\mathbb{R}^n)}$$

$$
\begin{aligned}
&= \sum_{|k|\leqslant s}\left\langle D_x^k\left(a_{ij}(t,x)\frac{\partial^2 u_m(t)}{\partial x_i\partial x_j}\right), D_x^k u_m'(t)\right\rangle_{H^{-1}(\mathbb{R}^n),H^1(\mathbb{R}^n)}\\
&= \sum_{|k|\leqslant s}\left\langle a_{ij}(t,x)D_x^k\frac{\partial^2 u_m(t)}{\partial x_i\partial x_j}, D_x^k u_m'(t)\right\rangle_{H^{-1}(\mathbb{R}^n),H^1(\mathbb{R}^n)}\\
&\quad+\sum_{|k|\leqslant s}\left\langle D_x^k\left(a_{ij}(t,x)\frac{\partial^2 u_m(t)}{\partial x_i\partial x_j}\right)\right.\\
&\qquad\left.-a_{ij}(t,x)D_x^k\frac{\partial^2 u_m(t)}{\partial x_i\partial x_j}, D_x^k u_m'(t)\right\rangle_{H^{-1}(\mathbb{R}^n),H^1(\mathbb{R}^n)}\\
&= \sum_{|k|\leqslant s}\left\langle a_{ij}(t,x)D_x^k\frac{\partial^2 u_m(t)}{\partial x_i\partial x_j}, D_x^k u_m'(t)\right\rangle_{H^{-1}(\mathbb{R}^n),H^1(\mathbb{R}^n)}\\
&\quad+\sum_{|k|\leqslant s}\left(D_x^k\left(a_{ij}(t,x)\frac{\partial^2 u_m(t)}{\partial x_i\partial x_j}\right)\right.\\
&\qquad\left.-a_{ij}(t,x)D_x^k\frac{\partial^2 u_m(t)}{\partial x_i\partial x_j}, D_x^k u_m'(t)\right)_{L^2(\mathbb{R}^n)},
\end{aligned}
\tag{6.2.22}
$$

其中$\langle\cdot,\cdot\rangle_{H^{-1}(\mathbb{R}^n),H^1(\mathbb{R}^n)}$表示在$H^{-1}(\mathbb{R}^n)$及$H^1(\mathbb{R}^n)$空间之间的对偶内积,而$(\cdot,\cdot)_{L^2(\mathbb{R}^n)}$表示$L^2(\mathbb{R}^n)$空间中的内积.

对(6.2.22)式右端的第一项,易知有

$$
\begin{aligned}
&\sum_{|k|\leqslant s}\left\langle a_{ij}(t,x)D_x^k\frac{\partial^2 u_m(t)}{\partial x_i\partial x_j}, D_x^k u_m'(t)\right\rangle_{H^{-1}(\mathbb{R}^n),H^1(\mathbb{R}^n)}\\
&= \sum_{|k|\leqslant s}\left\langle\frac{\partial}{\partial x_i}\left(a_{ij}(t,x)\frac{\partial}{\partial x_j}D_x^k u_m(t)\right), D_x^k u_m'(t)\right\rangle_{H^{-1}(\mathbb{R}^n),H^1(\mathbb{R}^n)}\\
&\quad-\sum_{|k|\leqslant s}\left\langle\frac{\partial a_{ij}(t,x)}{\partial x_j}\frac{\partial}{\partial x_j}D_x^k u_m(t), D_x^k u_m'(t)\right\rangle_{H^{-1}(\mathbb{R}^n),H^1(\mathbb{R}^n)}\\
&= -\sum_{|k|\leqslant s}\left(a_{ij}(t,x)\frac{\partial}{\partial x_j}D_x^k u_m(t), \frac{\partial}{\partial x_i}D_x^k u_m'(t)\right)_{L^2(\mathbb{R}^n)}\\
&\quad-\sum_{|k|\leqslant s}\left(\frac{\partial a_{ij}(t,x)}{\partial x_j}\frac{\partial}{\partial x_j}D_x^k u_m(t), D_x^k u_m'(t)\right)_{L^2(\mathbb{R}^n)}.
\end{aligned}
\tag{6.2.23}
$$

但

$$
\left(a_{ij}(t,x)\frac{\partial}{\partial x_j}D_x^k u_m(t), \frac{\partial}{\partial x_i}D_x^k u_m'(t)\right)_{L^2(\mathbb{R}^n)}
$$

$$
\begin{aligned}
&= \frac{\mathrm{d}}{\mathrm{d}t}\left(a_{ij}(t,x)\frac{\partial}{\partial x_j}D_x^k u_m(t), \frac{\partial}{\partial x_i}D_x^k u_m(t)\right)_{L^2(\mathbb{R}^n)} \\
&\quad - \left(a_{ij}(t,x)\frac{\partial}{\partial x_j}D_x^k u_m'(t), \frac{\partial}{\partial x_i}D_x^k u_m(t)\right)_{L^2(\mathbb{R}^n)} \\
&\quad - \left(\frac{\partial a_{ij}(t,x)}{\partial t}\frac{\partial}{\partial x_j}D_x^k u_m(t), \frac{\partial}{\partial x_i}D_x^k u_m(t)\right)_{L^2(\mathbb{R}^n)},
\end{aligned}
\tag{6.2.24}
$$

再注意到 a_{ij} 的对称性[见(6.1.3)式],就容易得到

$$
\begin{aligned}
&\sum_{i,j=1}^{n}\left(a_{ij}(t,x)\frac{\partial}{\partial x_j}D_x^k u_m(t), \frac{\partial}{\partial x_i}D_x^k u_m'(t)\right)_{L^2(\mathbb{R}^n)} \\
&= \frac{1}{2}\frac{\mathrm{d}}{\mathrm{d}t}\sum_{i,j=1}^{n}\left(a_{ij}(t,x)\frac{\partial}{\partial x_j}D_x^k u_m(t), \frac{\partial}{\partial x_i}D_x^k u_m(t)\right)_{L^2(\mathbb{R}^n)} \\
&\quad - \frac{1}{2}\sum_{i,j=1}^{n}\left(\frac{\partial a_{ij}(t,x)}{\partial t}\frac{\partial}{\partial x_j}D_x^k u_m(t), \frac{\partial}{\partial x_i}D_x^k u_m(t)\right)_{L^2(\mathbb{R}^n)}.
\end{aligned}
\tag{6.2.25}
$$

由(6.2.22)-(6.2.23)及(6.2.25),就可将(6.2.21)式左端的第二项改写为

$$
\begin{aligned}
&-\sum_{i,j=1}^{n}\left\langle a_{ij}(t,x)\frac{\partial^2 u_m(t)}{\partial x_i\partial x_j}, u_m'(t)\right\rangle_{H^{s-1}(\mathbb{R}^n),\,H^{s+1}(\mathbb{R}^n)} \\
&= \frac{1}{2}\frac{\mathrm{d}}{\mathrm{d}t}\sum_{|k|\leqslant s}\sum_{i,j=1}^{n}\left(a_{ij}(t,x)\frac{\partial}{\partial x_j}D_x^k u_m(t), \frac{\partial}{\partial x_i}D_x^k u_m(t)\right)_{L^2(\mathbb{R}^n)} \\
&\quad - \frac{1}{2}\sum_{|k|\leqslant s}\sum_{i,j=1}^{n}\left(\frac{\partial a_{ij}(t,x)}{\partial t}\frac{\partial}{\partial x_j}D_x^k u_m(t), \frac{\partial}{\partial x_i}D_x^k u_m(t)\right)_{L^2(\mathbb{R}^n)} \\
&\quad + \sum_{|k|\leqslant s}\sum_{i,j=1}^{n}\left(\frac{\partial a_{ij}(t,x)}{\partial x_i}\frac{\partial}{\partial x_j}D_x^k u_m(t), D_x^k u_m'(t)\right)_{L^2(\mathbb{R}^n)} \\
&\quad - \sum_{|k|\leqslant s}\sum_{i,j=1}^{n}\left(D_x^k\left(a_{ij}(t,x)\frac{\partial^2 u_m(t)}{\partial x_i\partial x_j}\right)\right. \\
&\qquad\qquad \left. - a_{ij}(t,x)D_x^k\frac{\partial^2 u_m(t)}{\partial x_i\partial x_j}, D_x^k u_m'(t)\right)_{L^2(\mathbb{R}^n)}.
\end{aligned}
\tag{6.2.26}
$$

此外,我们有

$$
\left(a_{0j}(t,x)\frac{\partial u_m'(t)}{\partial x_j}, u_m'(t)\right)_{H^s(\mathbb{R}^n)}
$$

$$
\begin{aligned}
&= \sum_{|k|\leqslant s}\left(D_x^k\left(a_{0j}(t, x)\frac{\partial u_m'(t)}{\partial x_j}\right), D_x^k u_m'(t)\right)_{L^2(\mathbb{R}^n)} \\
&= \sum_{|k|\leqslant s}\left(a_{0j}(t, x)D_x^k\frac{\partial u_m'(t)}{\partial x_j}, D_x^k u_m'(t)\right)_{L^2(\mathbb{R}^n)} \\
&\quad + \sum_{|k|\leqslant s}\left(D_x^k\left(a_{0j}(t, x)\frac{\partial u_m'(t)}{\partial x_j}\right)\right. \\
&\qquad\qquad \left. - a_{0j}(t, x)D_x^k\frac{\partial u_m'(t)}{\partial x_j}, D_x^k u_m'(t)\right)_{L^2(\mathbb{R}^n)}.
\end{aligned}
\tag{6.2.27}
$$

而对上式右端的第一项,有

$$
\begin{aligned}
&\left(a_{0j}(t, x)D_x^k\frac{\partial u_m'(t)}{\partial x_j}, D_x^k u_m'(t)\right)_{L^2(\mathbb{R}^n)} \\
&= \left(\frac{\partial}{\partial x_j}(a_{0j}(t, x)D_x^k u_m'(t)), D_x^k u_m'(t)\right)_{L^2(\mathbb{R}^n)} \\
&\quad - \left(\frac{\partial a_{0j}(t, x)}{\partial x_j}D_x^k u_m'(t), D_x^k u_m'(t)\right)_{L^2(\mathbb{R}^n)} \\
&= -\left(a_{0j}(t, x)D_x^k u_m'(t), D_x^k\frac{\partial u_m'(t)}{\partial x_j}\right)_{L^2(\mathbb{R}^n)} \\
&\quad - \left(\frac{\partial a_{0j}(t, x)}{\partial x_j}D_x^k u_m'(t), D_x^k u_m'(t)\right)_{L^2(\mathbb{R}^n)},
\end{aligned}
$$

从而

$$
\begin{aligned}
&\left(a_{0j}(t, x)D_x^k\frac{\partial u_m'(t)}{\partial x_j}, D_x^k u_m'(t)\right)_{L^2(\mathbb{R}^n)} \\
&= -\frac{1}{2}\left(\frac{\partial a_{0j}(t, x)}{\partial x_j}D_x^k u_m'(t), D_x^k u_m'(t)\right)_{L^2(\mathbb{R}^n)}.
\end{aligned}
\tag{6.2.28}
$$

由(6.2.27)-(6.2.28)式,可将(6.2.21)式左端的第三项写为

$$
\begin{aligned}
&-2\sum_{j=1}^n\left(a_{0j}(t, x)\frac{\partial u_m'(t)}{\partial x_j}, u_m'(t)\right)_{H^s(\mathbb{R}^n)} \\
&= \sum_{|k|\leqslant s}\sum_{j=1}^n\left(\frac{\partial a_{0j}(t, x)}{\partial x_j}D_x^k u_m'(t), D_x^k u_m'(t)\right)_{L^2(\mathbb{R}^n)} \\
&\quad -2\sum_{|k|\leqslant s}\sum_{j=1}^n\left(D_x^k\left(a_{0j}(t, x)\frac{\partial u_m'(t)}{\partial x_j}\right)\right.
\end{aligned}
$$

$$-a_{0j}(t,x)D_x^k\frac{\partial u_m'(t)}{\partial x_j},\ D_x^k u_m'(t)\Big)_{L^2(\mathbb{R}^n)}. \qquad (6.2.29)$$

这样,利用(6.2.26)及(6.2.29)式,(6.2.21)式可改写为

$$\begin{aligned}
&\frac{1}{2}\frac{\mathrm{d}}{\mathrm{d}t}\Big(\|u_m'(t)\|^2_{H^s(\mathbb{R}^n)}\\
&\quad+\sum_{|k|\leqslant s}\sum_{i,j=1}^n\Big(a_{ij}(t,x)\frac{\partial}{\partial x_j}D_x^k u_m(t),\ \frac{\partial}{\partial x_i}D_x^k u_m(t)\Big)_{L^2(\mathbb{R}^n)}\Big)\\
&=\frac{1}{2}\sum_{|k|\leqslant s}\sum_{i,j=1}^n\Big(\frac{\partial a_{ij}(t,x)}{\partial t}\frac{\partial}{\partial x_j}D_x^k u_m(t),\ \frac{\partial}{\partial x_i}D_x^k u_m(t)\Big)_{L^2(\mathbb{R}^n)}\\
&\quad-\sum_{|k|\leqslant s}\sum_{i,j=1}^n\Big(\frac{\partial a_{ij}(t,x)}{\partial x_i}\frac{\partial}{\partial x_j}D_x^k u_m(t),\ D_x^k u_m'(t)\Big)_{L^2(\mathbb{R}^n)}\\
&\quad+\sum_{|k|\leqslant s}\sum_{i,j=1}^n\Big(D_x^k\Big(a_{ij}(t,x)\frac{\partial^2 u_m(t)}{\partial x_i\partial x_j}\Big)\\
&\qquad\qquad-a_{ij}(t,x)D_x^k\frac{\partial^2 u_m(t)}{\partial x_i\partial x_j},\ D_x^k u_m'(t)\Big)_{L^2(\mathbb{R}^n)}\\
&\quad-\sum_{|k|\leqslant s}\sum_{j=1}^n\Big(\frac{\partial a_{0j}(t,x)}{\partial x_j}D_x^k u_m'(t),\ D_x^k u_m'(t)\Big)_{L^2(\mathbb{R}^n)}\\
&\quad+2\sum_{|k|\leqslant s}\sum_{j=1}^n\Big(D_x^k\Big(a_{0j}(t,x)\frac{\partial u_m'(t)}{\partial x_j}\Big)\\
&\qquad\qquad-a_{0j}(t,x)D_x^k\frac{\partial u_m'(t)}{\partial x_j},\ D_x^k u_m'(t)\Big)_{L^2(\mathbb{R}^n)}\\
&\quad+(F(t),\ u_m'(t))_{H^s(\mathbb{R}^n)},\ \forall t\in[0,T].
\end{aligned} \qquad (6.2.30)$$

将上式对 t 积分,并注意到(6.2.12)-(6.2.13)式,当 $0\leqslant t\leqslant T$ 时就得到

$$\begin{aligned}
&\|u_m'(t)\|^2_{H^s(\mathbb{R}^n)}\\
&\quad+\sum_{|k|\leqslant s}\sum_{i,j=1}^n\Big(a_{ij}(t,x)\frac{\partial}{\partial x_j}D_x^k u_m(t),\ \frac{\partial}{\partial x_i}D_x^k u_m(t)\Big)_{L^2(\mathbb{R}^n)}\\
&=\|u_{1m}\|^2_{H^s(\mathbb{R}^n)}\\
&\quad+\sum_{|k|\leqslant s}\sum_{i,j=1}^n\Big(a_{ij}(0,x)\frac{\partial}{\partial x_j}D_x^k u_{0m},\ \frac{\partial}{\partial x_i}D_x^k u_{0m}\Big)_{L^2(\mathbb{R}^n)}\\
&\quad+\sum_{|k|\leqslant s}\sum_{i,j=1}^n\int_0^t\Big(\frac{\partial a_{ij}(\tau,x)}{\partial\tau}\frac{\partial}{\partial x_j}D_x^k u_m(\tau),\ \frac{\partial}{\partial x_i}D_x^k u_m(\tau)\Big)_{L^2(\mathbb{R}^n)}\mathrm{d}\tau\\
&\quad-2\sum_{|k|\leqslant s}\sum_{i,j=1}^n\int_0^t\Big(\frac{\partial a_{ij}(\tau,x)}{\partial x_i}\frac{\partial}{\partial x_j}D_x^k u_m(\tau),\ D_x^k u_m'(\tau)\Big)_{L^2(\mathbb{R}^n)}\mathrm{d}\tau
\end{aligned}$$

$$+2\sum_{|k|\leqslant s}\sum_{i,j=1}^{n}\int_0^t\Big(D_x^k\Big(a_{ij}(\tau,x)\frac{\partial^2 u_m(\tau)}{\partial x_i\partial x_j}\Big)$$

$$-a_{ij}(\tau,x)D_x^k\frac{\partial^2 u_m(\tau)}{\partial x_i\partial x_j},D_x^k u_m'(\tau)\Big)_{L^2(\mathbb{R}^n)}\mathrm{d}\tau$$

$$-2\sum_{|k|\leqslant s}\sum_{j=1}^{n}\int_0^t\Big(\frac{\partial a_{0j}(\tau,x)}{\partial x_j}D_x^k u_m'(\tau),D_x^k u_m'(\tau)\Big)_{L^2(\mathbb{R}^n)}\mathrm{d}\tau$$

$$+4\sum_{|k|\leqslant s}\sum_{j=1}^{n}\int_0^t\Big(D_x^k(a_{0j}(\tau,x)\frac{\partial u_m'(\tau)}{\partial x_j})$$

$$-a_{0j}(\tau,x)D_x^k\frac{\partial u_m'(\tau)}{\partial x_j},D_x^k u_m'(\tau)\Big)_{L^2(\mathbb{R}^n)}\mathrm{d}\tau$$

$$+2\int_0^t(F(\tau),u_m'(\tau))_{H^s(\mathbb{R}^n)}\mathrm{d}\tau$$

$$=\|u_{1m}\|_{H^s(\mathbb{R}^n)}^2$$

$$+\sum_{|k|\leqslant s}\sum_{i,j=1}^{n}\Big(a_{ij}(0,x)\frac{\partial}{\partial x_j}D_x^k u_{0m},\frac{\partial}{\partial x_i}D_x^k u_{0m}\Big)_{L^2(\mathbb{R}^n)}$$

$$+\mathrm{I}+\mathrm{II}+\mathrm{III}+\mathrm{IV}+\mathrm{V}+\mathrm{VI}. \tag{6.2.31}$$

注意到当 $s\geqslant\left[\frac{n}{2}\right]+2$ 时,由 Sobolev 嵌入定理,

$$H^{s-1}(\mathbb{R}^n)\subset L^\infty(\mathbb{R}^n) \tag{6.2.32}$$

为连续嵌入,由假设(6.2.3)-(6.2.4)易见

$$|\mathrm{I}|+|\mathrm{II}|+|\mathrm{IV}|\leqslant C_1\int_0^t(\|u_m'(\tau)\|_{H^s(\mathbb{R}^n)}^2+\|D_x u_m(\tau)\|_{H^s(\mathbb{R}^n)}^2)\mathrm{d}\tau, \tag{6.2.33}$$

其中常数 $C_1>0$ 仅依赖于 $\frac{\partial a_{ij}}{\partial t}$, $\frac{\partial a_{ij}}{\partial x_i}$ 及 $\frac{\partial a_{0j}}{\partial x_j}$ $(i,j=1,\cdots,n)$ 的 $L^\infty(0,T;H^{s-1}(\mathbb{R}^n))$ 范数.

又由第五章引理 3.1 中之(5.3.4)式(在其中取 $p=+\infty$, $q=r=2$),有

$$\Big\|D_x^k\Big(a_{ij}(\tau,x)\frac{\partial^2 u_m(\tau)}{\partial x_i\partial x_j}\Big)-a_{ij}(\tau,x)D_x^k\frac{\partial^2 u_m(\tau)}{\partial x_i\partial x_j}\Big\|_{L^2(\mathbb{R}^n)}$$

$$\leqslant C\Big(\|D_x a_{ij}(\tau,x)\|_{L^\infty(\mathbb{R}^n)}\Big\|D_x^{|k|-1}\frac{\partial^2 u_m(\tau)}{\partial x_i\partial x_j}\Big\|_{L^2(\mathbb{R}^n)}$$

$$+\|D_x^{|k|}a_{ij}(\tau,x)\|_{L^2(\mathbb{R}^n)}\Big\|\frac{\partial^2 u_m(\tau)}{\partial x_i\partial x_j}\Big\|_{L^\infty(\mathbb{R}^n)}\Big), \tag{6.2.34}$$

其中 C 为一个正常数，而 $D_x^{|k|}$ 表示一切 $|k|$ 阶偏导数的集合，等等；再注意到 (6.2.32)式，在 $|k| \leqslant s$ 时就有

$$\left\| D_x^k\left(a_{ij}(\tau, x) \frac{\partial^2 u_m(\tau)}{\partial x_i \partial x_j}\right) - a_{ij}(\tau, x) D_x^k \frac{\partial^2 u_m(\tau)}{\partial x_i \partial x_j} \right\|_{L^2(\mathbb{R}^n)}$$
$$\leqslant C \| D_x a_{ij}(\tau, x) \|_{H^{s-1}(\mathbb{R}^n)} \| D_x u_m(\tau) \|_{H^s(\mathbb{R}^n)}, \tag{6.2.35}$$

于是由假设(6.2.3)式就得到

$$|\,\mathrm{III}\,| \leqslant C_2 \int_0^t (\| u_m'(\tau) \|^2_{H^s(\mathbb{R}^n)} + \| D_x u_m(\tau) \|^2_{H^s(\mathbb{R}^n)}) \mathrm{d}\tau, \tag{6.2.36}$$

其中常数 $C_2 > 0$ 仅依赖于 $\dfrac{\partial a_{ij}}{\partial x_k}$ $(i, j, k = 1, \cdots, n)$ 的 $L^\infty(0, T; H^{s-1}(\mathbb{R}^n))$ 范数. 同理，有

$$|\,\mathrm{V}\,| \leqslant C_3 \int_0^t \| u_m'(\tau) \|^2_{H^s(\mathbb{R}^n)} \mathrm{d}\tau, \tag{6.2.37}$$

其中常数 $C_3 > 0$ 仅依赖于 $\dfrac{\partial a_{0j}}{\partial x_k}$ $(j, k = 1, \cdots, n)$ 的 $L^\infty(0, T; H^{s-1}(\mathbb{R}^n))$ 范数.

此外，显然有

$$|\,\mathrm{VI}\,| \leqslant \int_0^t \| u_m'(\tau) \|^2_{H^s(\mathbb{R}^n)} \mathrm{d}\tau + \int_0^t \| F(\tau) \|^2_{H^s(\mathbb{R}^n)} \mathrm{d}\tau. \tag{6.2.38}$$

再由假设(6.1.4)，有

$$\sum_{|k| \leqslant s} \sum_{i, j=1}^n \left(a_{ij}(t, x) \frac{\partial}{\partial x_j} D_x^k u_m(t), \frac{\partial}{\partial x_i} D_x^k u_m(t) \right)_{L^2(\mathbb{R}^n)}$$
$$\geqslant m_0 \| D_x u_m(t) \|^2_{H^s(\mathbb{R}^n)}. \tag{6.2.39}$$

于是，利用(6.2.33)，(6.2.36)-(6.2.39)式，并注意到(6.2.2)式，由(6.2.31)式就可以得到

$$\begin{aligned} &\| u_m'(t) \|^2_{H^s(\mathbb{R}^n)} + \| D_x u_m(t) \|^2_{H^s(\mathbb{R}^n)} \\ &\leqslant C_4 \Big(\| u_{1m} \|^2_{H^s(\mathbb{R}^n)} + \| D_x u_{0m} \|^2_{H^s(\mathbb{R}^n)} \\ &\quad + \int_0^t \| F(\tau) \|^2_{H^s(\mathbb{R}^n)} \mathrm{d}\tau \\ &\quad + \int_0^t (\| u_m'(\tau) \|^2_{H^s(\mathbb{R}^n)} + \| D_x u_m(\tau) \|^2_{H^s(\mathbb{R}^n)}) \mathrm{d}\tau \Big), \\ &\quad \forall t \in [0, T], \end{aligned} \tag{6.2.40}$$

其中常数 $C_4 > 0$ 仅依赖于 $a_{ij}(i, j = 1, \cdots, n)$ 的 $L^\infty((0, T) \times \mathbb{R}^n)$ 范数，$\dfrac{\partial a_{ij}}{\partial t}$，$\dfrac{\partial a_{ij}}{\partial x_k}$ 及 $\dfrac{\partial a_{0j}}{\partial x_k}$ $(i, j, k = 1, \cdots, n)$ 的 $L^\infty(0, T; H^{s-1}(\mathbb{R}^n))$ 范数.

再由(6.2.14)-(6.2.15)式及假设(6.2.1)与(6.2.5)，利用 Gronwall 不等式就可得到

$$\| u_m'(t) \|_{H^s(\mathbb{R}^n)}^2 + \| D_x u_m(t) \|_{H^s(\mathbb{R}^n)}^2 \leqslant C(T), \ \forall t \in [0, T], \tag{6.2.41}$$

其中 $C(T)$ 是一个与 T 有关、但与 m 无关的正常数. 又由

$$u_m(t) = u_m(0) + \int_0^t u_m'(\tau) \mathrm{d}\tau = u_{0m} + \int_0^t u_m'(\tau) \mathrm{d}\tau, \tag{6.2.42}$$

就有

$$\| u_m(t) \|_{H^s(\mathbb{R}^n)} = \| u_{0m} \|_{H^s(\mathbb{R}^n)} + \int_0^t \| u_m'(\tau) \|_{H^s(\mathbb{R}^n)} \mathrm{d}\tau, \tag{6.2.43}$$

从而易知

$$\| u_m(t) \|_{H^s(\mathbb{R}^n)} \leqslant C(T), \ \forall t \in [0, T]. \tag{6.2.44}$$

这样，我们就得到

$$\{u_m(t)\} \in L^\infty(0, T; H^{s+1}(\mathbb{R}^n)) \text{ 中的有界集}, \tag{6.2.45}$$

$$\{u_m'(t)\} \in L^\infty(0, T; H^s(\mathbb{R}^n)) \text{ 中的有界集}. \tag{6.2.46}$$

再由(6.2.35)式并注意到假设(6.2.3)式，对任何满足 $|k| \leqslant s$ 的多重指标 k，有

$$\left\{ D_x^k \left(a_{ij}(t, x) \frac{\partial^2 u_m(t)}{\partial x_i \partial x_j} \right) - a_{ij}(t, x) D_x^k \frac{\partial^2 u_m(t)}{\partial x_i \partial x_j} \right\}$$
$$\in L^\infty(0, T; L^2(\mathbb{R}^n)) \text{ 中的有界集}; \tag{6.2.47}$$

同理，对 $|k| \leqslant s$ 有

$$\left\{ D_x^k \left(a_{0j}(t, x) \frac{\partial u_m'(t)}{\partial x_j} \right) - a_{0j}(t, x) D_x^k \frac{\partial u_m'(t)}{\partial x_j} \right\}$$
$$\in L^\infty(0, T; L^2(\mathbb{R}^n)) \text{ 中的有界集}. \tag{6.2.48}$$

因此，由弱紧性可得：存在 $\{u_m(t)\}$ 的一个子列 $\{u_\mu(t)\}$，使得当 $\mu \to \infty$ 时，

$$u_\mu(t) \overset{*}{\rightharpoonup} u(t) \text{ 在 } L^\infty(0, T; H^{s+1}(\mathbb{R}^n)) \text{ 中弱 } * \text{ 收敛}, \tag{6.2.49}$$

$$u_\mu'(t) \overset{*}{\rightharpoonup} u'(t) \text{ 在 } L^\infty(0, T; H^s(\mathbb{R}^n)) \text{ 中弱 } * \text{ 收敛}, \tag{6.2.50}$$

并对 $|k|\leqslant s$，有

$$D_x^k\left(a_{ij}(t,x)\frac{\partial^2 u_\mu(t)}{\partial x_i\partial x_j}\right)-a_{ij}(t,x)D_x^k\frac{\partial^2 u_\mu(t)}{\partial x_i\partial x_j}$$
$$\overset{*}{\rightharpoonup}D_x^k\left(a_{ij}(t,x)\frac{\partial^2 u(t)}{\partial x_i\partial x_j}\right)-a_{ij}(t,x)D_x^k\frac{\partial^2 u(t)}{\partial x_i\partial x_j}$$
在 $L^\infty(0,T;L^2(\mathbb{R}^n))$ 中弱 * 收敛，　(6.2.51)

$$D_x^k\left(a_{0j}(t,x)\frac{\partial u'_\mu(t)}{\partial x_j}\right)-a_{0j}(t,x)D_x^k\frac{\partial u'_\mu(t)}{\partial x_j}$$
$$\overset{*}{\rightharpoonup}D_x^k\left(a_{0j}(t,x)\frac{\partial u'(t)}{\partial x_j}\right)-a_{0j}(t,x)D_x^k\frac{\partial u'(t)}{\partial x_j}$$
在 $L^\infty(0,T;L^2(\mathbb{R}^n))$ 中弱 * 收敛.　(6.2.52)

此外,类似于(6.2.22)式及(6.2.27)式,我们有

$$\begin{aligned}&\left\langle a_{ij}(t,x)\frac{\partial^2 u_\mu(t)}{\partial x_i\partial x_j},w_h\right\rangle_{H^{s-1}(\mathbb{R}^n),H^{s+1}(\mathbb{R}^n)}\\&=\sum_{|k|\leqslant s}\left\langle a_{ij}(t,x)D_x^k\frac{\partial^2 u_\mu(t)}{\partial x_i\partial x_j},D_x^k w_h\right\rangle_{H^{-1}(\mathbb{R}^n),H^1(\mathbb{R}^n)}\\&\quad+\sum_{|k|\leqslant s}\left(D_x^k\left(a_{ij}(t,x)\frac{\partial^2 u_\mu(t)}{\partial x_i\partial x_j}\right)\right.\\&\qquad\left.-a_{ij}(t,x)D_x^k\frac{\partial^2 u_\mu(t)}{\partial x_i\partial x_j},D_x^k w_h\right)_{L^2(\mathbb{R}^n)}\end{aligned}\tag{6.2.53}$$

及

$$\begin{aligned}&\left\langle a_{0j}(t,x)\frac{\partial u'_\mu(t)}{\partial x_j},w_h\right\rangle_{H^{s-1}(\mathbb{R}^n),H^{s+1}(\mathbb{R}^n)}\\&=\left(a_{0j}(t,x)\frac{\partial u'_\mu(t)}{\partial x_j},w_h\right)_{H^s(\mathbb{R}^n)}\\&=\sum_{|k|\leqslant s}\left(a_{0j}(t,x)D_x^k\frac{\partial u'_\mu(t)}{\partial x_j},D_x^k w_h\right)_{L^2(\mathbb{R}^n)}\\&\quad+\sum_{|k|\leqslant s}\left(D_x^k\left(a_{0j}(t,x)\frac{\partial u'_\mu(t)}{\partial x_j}\right)\right.\\&\qquad\left.-a_{0j}(t,x)D_x^k\frac{\partial u'_\mu(t)}{\partial x_j},D_x^k w_h\right)_{L^2(\mathbb{R}^n)}\end{aligned}$$

$$= \sum_{|k|\leqslant s}\left\langle a_{0j}(t,x)D_x^k\frac{\partial u_\mu'(t)}{\partial x_j},\ D_x^k w_h\right\rangle_{H^{-1}(\mathbb{R}^n),\,H^1(\mathbb{R}^n)}$$
$$+\sum_{|k|\leqslant s}\left(D_x^k\left(a_{0j}(t,x)\frac{\partial u_\mu'(t)}{\partial x_j}\right)\right.$$
$$\left.-a_{0j}(t,x)D_x^k\frac{\partial u_\mu'(t)}{\partial x_j},\ D_x^k w_h\right)_{L^2(\mathbb{R}^n)}. \tag{6.2.54}$$

在(6.2.53)及(6.2.54)式中令 $\mu\to\infty$ 取极限,由(6.2.49)-(6.2.52)式就容易得到

$$\left\langle a_{ij}(t,x)\frac{\partial^2 u_\mu(t)}{\partial x_i\partial x_j},\ w_h\right\rangle_{H^{s-1}(\mathbb{R}^n),\,H^{s+1}(\mathbb{R}^n)}$$
$$\overset{*}{\rightharpoonup}\left\langle a_{ij}(t,x)\frac{\partial^2 u(t)}{\partial x_i\partial x_j},\ w_h\right\rangle_{H^{s-1}(\mathbb{R}^n),\,H^{s+1}(\mathbb{R}^n)}$$
$$\text{在 } L^\infty(0,T) \text{ 中弱 } * \text{ 收敛} \tag{6.2.55}$$

及

$$\left(a_{0j}(t,x)\frac{\partial u_\mu'(t)}{\partial x_j},\ w_h\right)_{H^s(\mathbb{R}^n)}$$
$$=\left\langle a_{0j}(t,x)\frac{\partial u_\mu'(t)}{\partial x_j},\ w_h\right\rangle_{H^{s-1}(\mathbb{R}^n),\,H^{s+1}(\mathbb{R}^n)}$$
$$\overset{*}{\rightharpoonup}\left\langle a_{0j}(t,x)\frac{\partial u'(t)}{\partial x_j},\ w_h\right\rangle_{H^{s-1}(\mathbb{R}^n),\,H^{s+1}(\mathbb{R}^n)}$$
$$\text{在 } L^\infty(0,T) \text{ 中弱 } * \text{ 收敛.} \tag{6.2.56}$$

这样,在(6.2.11)式中取 $m=\mu\to\infty$ 取极限,就可得到:对任意给定的 $h\in\mathbb{N}$,成立

$$\frac{\mathrm{d}^2}{\mathrm{d}t^2}\langle u_\mu(t),\ w_h\rangle_{H^{s-1}(\mathbb{R}^n),\,H^{s+1}(\mathbb{R}^n)}$$
$$=\langle u_\mu''(t),\ w_h\rangle_{H^{s-1}(\mathbb{R}^n),\,H^{s+1}(\mathbb{R}^n)}$$
$$\overset{*}{\rightharpoonup}\left\langle\sum_{i,j=1}^n a_{ij}(t,x)\frac{\partial^2 u(t)}{\partial x_i\partial x_j}\right.$$
$$\left.+2\sum_{j=1}^n a_{0j}(t,x)\frac{\partial u'(t)}{\partial x_j}+F(t),\ w_h\right\rangle_{H^{s-1}(\mathbb{R}^n),\,H^{s+1}(\mathbb{R}^n)}$$
$$\text{在 } L^\infty(0,T) \text{ 中弱 } * \text{ 收敛.} \tag{6.2.57}$$

另一方面,由(6.2.50)式,对任何给定的 $h\in\mathbb{N}$,当 $\mu\to\infty$ 时,有

$$\frac{\mathrm{d}}{\mathrm{d}t}\langle u_\mu(t),\ w_h\rangle_{H^{s-1}(\mathbb{R}^n),\ H^{s+1}(\mathbb{R}^n)}$$
$$=\langle u_\mu'(t),\ w_h\rangle_{H^{s-1}(\mathbb{R}^n),\ H^{s+1}(\mathbb{R}^n)}$$
$$\overset{*}{\rightharpoonup}\frac{\mathrm{d}}{\mathrm{d}t}\langle u(t),\ w_h\rangle_{H^{s-1}(\mathbb{R}^n),\ H^{s+1}(\mathbb{R}^n)}$$
$$=\langle u'(t),\ w_h\rangle_{H^{s-1}(\mathbb{R}^n),\ H^{s+1}(\mathbb{R}^n)}$$
$$\text{在 } L^\infty(0,\ T) \text{ 中弱 } * \text{ 收敛}, \tag{6.2.58}$$

于是有

$$\frac{\mathrm{d}^2}{\mathrm{d}t^2}\langle u_\mu(t),\ w_h\rangle_{H^{s-1}(\mathbb{R}^n),\ H^{s+1}(\mathbb{R}^n)}$$
$$\to\frac{\mathrm{d}^2}{\mathrm{d}t^2}\langle u(t),\ w_h\rangle_{H^{s-1}(\mathbb{R}^n),\ H^{s+1}(\mathbb{R}^n)}$$
$$=\langle u''(t),\ w_h\rangle_{H^{s-1}(\mathbb{R}^n),\ H^{s+1}(\mathbb{R}^n)}$$
$$\text{在 } \mathcal{D}'(0,\ T) \text{ 中收敛}. \tag{6.2.59}$$

联合(6.2.57)及(6.2.59)式,就得到:对任何给定的 $h\in\mathbb{N}$,在 $\mathcal{D}'(0,\ T)$ 中成立

$$\left\langle u''(t)-\sum_{i,\ j=1}^n a_{ij}(t,\ x)\frac{\partial^2 u(t)}{\partial x_i\partial x_j}\right.$$
$$\left.-2\sum_{j=1}^n a_{0j}(t,\ x)\frac{\partial u'(t)}{\partial x_j}-F(t),\ w_h\right\rangle_{H^{s-1}(\mathbb{R}^n),\ H^{s+1}(\mathbb{R}^n)}$$
$$=0, \tag{6.2.60}$$

即成立

$$\left\langle\int_0^T\left(u''(t)-\sum_{i,\ j=1}^n a_{ij}(t,\ x)\frac{\partial^2 u(t)}{\partial x_i\partial x_j}\right.\right.$$
$$\left.\left.-2\sum_{j=1}^n a_{0j}(t,\ x)\frac{\partial u'(t)}{\partial x_j}-F(t)\right)\phi(t)\mathrm{d}t,\ w_h\right\rangle_{H^{s-1}(\mathbb{R}^n),\ H^{s+1}(\mathbb{R}^n)}$$
$$=0,\ \forall\phi\in\mathcal{D}(0,\ T),\ \forall h\in\mathbb{N}. \tag{6.2.61}$$

因为 $\{w_h\}$ $(h=1,\ 2,\ \cdots)$ 是 $H^{s+1}(\mathbb{R}^n)$ 中的一组基,由上式就得到在 $H^{s-1}(\mathbb{R}^n)$ 中成立

$$\int_0^T\Big(u''(t)-\sum_{i,j=1}^n a_{ij}(t,x)\frac{\partial^2 u(t)}{\partial x_i\partial x_j}$$

$$-2\sum_{j=1}^n a_{0j}(t,x)\frac{\partial u'(t)}{\partial x_j}-F(t)\Big)\phi(t)\mathrm{d}t=0,$$

$$\forall\phi\in\mathcal{D}(0,T),\tag{6.2.62}$$

于是在$\mathcal{D}'(0,T;H^{s-1}(\mathbb{R}^n))$中成立

$$u''(t)-\sum_{i,j=1}^n a_{ij}(t,x)\frac{\partial^2 u(t)}{\partial x_i\partial x_j}-2\sum_{j=1}^n a_{0j}(t,x)\frac{\partial u'(t)}{\partial x_j}=F(t),\tag{6.2.63}$$

即u是方程(6.1.1)的解.再注意到(6.2.49)-(6.2.50)及(6.2.2),(6.2.4)-(6.2.5)诸式,并利用方程(6.2.63),就得到(6.2.6)-(6.2.8)式.这样,(6.2.63)式实际上在$L^2(0,T;H^{s-1}(\mathbb{R}^2))$中成立.此外由(6.2.57)及(6.2.63)式,当$\mu\to\infty$时还得到

$$\begin{aligned}&\frac{\mathrm{d}}{\mathrm{d}t}\langle u_\mu'(t),w_h\rangle_{H^{s-1}(\mathbb{R}^n),H^{s+1}(\mathbb{R}^n)}\\&=\frac{\mathrm{d}^2}{\mathrm{d}t^2}\langle u_\mu(t),w_h\rangle_{H^{s-1}(\mathbb{R}^n),H^{s+1}(\mathbb{R}^n)}\\&\overset{*}{\rightharpoonup}\frac{\mathrm{d}}{\mathrm{d}t}\langle u'(t),w_h\rangle_{H^{s-1}(\mathbb{R}^n),H^{s+1}(\mathbb{R}^n)}\\&=\frac{\mathrm{d}^2}{\mathrm{d}t^2}\langle u(t),w_h\rangle_{H^{s-1}(\mathbb{R}^n),H^{s+1}(\mathbb{R}^n)}\\&\text{在 }L^\infty(0,T)\text{ 中弱 * 收敛.}\end{aligned}\tag{6.2.64}$$

现在证明u满足初始条件(6.1.2).由(6.2.49)—(6.2.50)式,当$\mu\to\infty$时可得

$$u_\mu(0)=u_{0\mu}\overset{*}{\rightharpoonup}u(0)\text{ 在 }H^s(\mathbb{R}^n)\text{ 中弱收敛},\tag{6.2.65}$$

于是由(6.2.14)式就立刻得到

$$u(0)=f.\tag{6.2.66}$$

这就是(6.1.2)的第一式.类似地,由(6.2.58)及(6.2.64)式,当$\mu\to\infty$时,有

$$\langle u_\mu'(0),w_h\rangle_{H^{s-1}(\mathbb{R}^n),H^{s+1}(\mathbb{R}^n)}\to\langle u'(0),w_h\rangle_{H^{s-1}(\mathbb{R}^n),H^{s+1}(\mathbb{R}^n)},\ \forall h\in\mathbb{N},\tag{6.2.67}$$

从而由(6.2.15)式就得到

$$\langle u'(0),\ w_h\rangle_{H^{s-1}(\mathbb{R}^n),\ H^{s+1}(\mathbb{R}^n)} = \langle g,\ w_h\rangle_{H^{s-1}(\mathbb{R}^n),\ H^{s+1}(\mathbb{R}^n)},\ \forall h \in \mathbb{N}. \tag{6.2.68}$$

因为$\{w_h\}$是 $H^{s+1}(\mathbb{R}^n)$中的一组基,由上式就得到

$$u'(0) = g. \tag{6.2.69}$$

这就是(6.1.2)的第二式.

这样,由(6.2.49)式得到的 u 就给出了 Cauchy 问题(6.1.1)-(6.1.2)的解,且成立(6.2.6)-(6.2.8)式.这证明了解的存在性.

现在,对 Cauchy 问题(6.1.1)-(6.1.2)的任何满足(6.2.6)-(6.2.8)的解 $u = u(t,\ x)$ 证明估计式(6.2.9).

将 u_t 与方程(6.1.1)的两端作 $H^s(\mathbb{R}^n)$空间中的内积,然后在区间$[0,\ t]$上对 t 积分,和前面对近似解 $u_m(t)$建立估计式(6.2.40)完全相似,可以得到

$$\begin{aligned}
&\| D_x u(t,\ \cdot)\|^2_{H^s(\mathbb{R}^n)} + \| u_t(t,\ \cdot)\|^2_{H^s(\mathbb{R}^n)} \\
\leqslant & C_5\Big(\| D_x f\|^2_{H^s(\mathbb{R}^n)} + \| g\|^2_{H^s(\mathbb{R}^n)} + \int_0^t \| F(\tau,\ \cdot)\|^2_{H^s(\mathbb{R}^n)} \mathrm{d}\tau \\
& + \int_0^t (\| D_x u(\tau,\ \cdot)\|^2_{H^s(\mathbb{R}^n)} + \| u_\tau(\tau,\ \cdot)\|^2_{H^s(\mathbb{R}^n)})\mathrm{d}\tau\Big), \\
& \forall t \in [0,\ T],
\end{aligned} \tag{6.2.70}$$

其中常数 $C_5 > 0$ 仅依赖于 $a_{ij}\ (i,\ j = 1,\ \cdots,\ n)$ 的 $L^\infty((0,\ T)\times\mathbb{R}^n)$ 范数,$\dfrac{\partial a_{ij}}{\partial t}$, $\dfrac{\partial a_{ij}}{\partial x_k}$ 及$\dfrac{\partial a_{0j}}{\partial x_k}$ $(i,\ j,\ k = 1,\ \cdots,\ n)$ 的 $L^\infty(0,\ T;\ H^{s-1}(\mathbb{R}^n))$ 范数.又由

$$u(t,\ \cdot) = f(\cdot) + \int_0^t u_\tau(\tau,\ \cdot)\mathrm{d}\tau, \tag{6.2.71}$$

可得

$$\| u(t,\ \cdot)\|_{H^s(\mathbb{R}^n)} \leqslant \| f\|_{H^s(\mathbb{R}^n)} + \int_0^t \| u_\tau(\tau,\ \cdot)\|_{H^s(\mathbb{R}^n)}\mathrm{d}\tau,\ \forall t \in [0,\ T]. \tag{6.2.72}$$

联合(6.2.70)及(6.2.72)式,利用 Gronwall 不等式就可以得到所要证明的估计式(6.2.9).

利用估计式(6.2.9),立刻可以得到 Cauchy 问题(6.1.1)-(6.1.2)的满足(6.2.6)-(6.2.8)式的解的唯一性.从而,整个近似解序列$\{u_m(t)\}$收敛.

引理 2.1 证毕.

§3. 解的正规性

在本节中,我们将利用一个磨光的手续,将引理 2.1 的结果改进为

定理 3.1 在引理 2.1 的假设下,对 Cauchy 问题(6.1.1)-(6.1.2)的解 $u=u(t,x)$,必要时适当修改其在区间$[0,T]$的一个零测集上的数值后,成立

$$u \in C([0,T];\ H^{s+1}(\mathbb{R}^n)), \tag{6.3.1}$$

$$u_t \in C([0,T];\ H^s(\mathbb{R}^n)). \tag{6.3.2}$$

为了证明定理 3.1,我们需要利用有关磨光算子的一些性质.

记 J_δ 为变量 $x \in \mathbb{R}^n$ 的磨光算子:

$$J_\delta f = j_\delta * f, \tag{6.3.3}$$

其中 $f=f(x)$, $\delta>0$,而 j_δ 例如说可取为

$$j_\delta(x) = \frac{1}{\delta^n} j\left(\frac{x}{\delta}\right), \tag{6.3.4}$$

其中

$$j(x) = \begin{cases} C\exp\left(\dfrac{1}{|x|^2-1}\right), & |x| \leqslant 1 \\ 0, & |x| \geqslant 1 \end{cases}$$
$$\in \mathcal{D}(\mathbb{R}^n) = C_0^\infty(\mathbb{R}^n), \tag{6.3.5}$$

而常数 C 选得使

$$\int_{\mathbb{R}^n} j(x)\mathrm{d}x = 1. \tag{6.3.6}$$

引理 3.1 设

$$f \in H^s(\mathbb{R}^n), \tag{6.3.7}$$

其中 $s \geqslant 0$ 为任一给定的整数,则

(i) 成立

$$J_\delta f \in C^\infty(\mathbb{R}^n), \tag{6.3.8}$$

且对任意给定的整数 $N \geqslant 0$,

$$J_\delta f \in H^N(\mathbb{R}^n). \tag{6.3.9}$$

(ii) 对任意给定的多重指标 $k=(k_1, \cdots, k_n)$, $|k| \leqslant s$,

$$J_\delta D_x^k f = D_x^k J_\delta f. \tag{6.3.10}$$

(iii) 对任意给定的 $\delta > 0$,

$$\| J_\delta f \|_{H^s(\mathbb{R}^n)} \leqslant C \| f \|_{H^s(\mathbb{R}^n)}, \tag{6.3.11}$$

其中 C 是一个与 δ 无关的正常数；且当 $\delta \to 0$ 时,

$$J_\delta f \to f \text{ 在 } H^s(\mathbb{R}^n) \text{ 中强收敛}. \tag{6.3.12}$$

(iv) 对任意给定的 $\delta > 0$ 及任意给定的整数 $N > s$,

$$\| J_\delta f \|_{H^N(\mathbb{R}^n)} \leqslant C_N(\delta) \| f \|_{H^s(\mathbb{R}^n)}, \tag{6.3.13}$$

其中 $C_N(\delta)$ 是一个与 δ 及 N 有关的正常数.

证　见 L. Hörmander[16].

引理 3.2(Friedrichs 引理)　设

$$a \in W^{1,\infty}(\mathbb{R}^n),\ f \in L^2(\mathbb{R}^n), \tag{6.3.14}$$

则成立

$$\| [J_\delta, L] f \|_{L^2(\mathbb{R}^n)} \leqslant C \| f \|_{L^2(\mathbb{R}^n)}, \tag{6.3.15}$$

而 $C > 0$ 为一个与 δ 无关的常数；且当 $\delta \to 0$ 时,

$$[J_\delta, L] f \to 0 \text{ 在 } L^2(\mathbb{R}^n) \text{ 中强收敛}, \tag{6.3.16}$$

其中

$$L = a(x) \frac{\partial}{\partial x_i} \tag{6.3.17}$$

为一个偏微分算子，而

$$[J_\delta, L] = J_\delta L - L J_\delta \tag{6.3.18}$$

为相应的换位算子.

证　见 L. Hörmander[16].

现在我们利用引理 3.2 来证明如下的

引理 3.3　对任一给定的整数 $s \geqslant \left[\frac{n}{2}\right] + 2$, 设

$$a \in L^\infty(\mathbb{R}^n), \tag{6.3.19}$$

$$D_x a \in H^{s-1}(\mathbb{R}^n), \tag{6.3.20}$$

$$f \in H^s(\mathbb{R}^n), \tag{6.3.21}$$

则

$$\| [J_\delta, L] f \|_{H^s(\mathbb{R}^n)} \leqslant C \| f \|_{H^s(\mathbb{R}^n)}, \tag{6.3.22}$$

且当 $\delta \to 0$ 时,

$$[J_\delta, L] f \to 0 \text{ 在 } H^s(\mathbb{R}^n) \text{ 中强收敛}, \tag{6.3.23}$$

这儿 L 仍由(6.3.17)式定义,而 C 是一个与 δ 无关的正常数.

证 注意到(6.2.32)式,由引理 3.2,只需对任何满足 $0 < |k| \leqslant s$ 的多重指标 k,证明

$$\| D_x^k [J_\delta, L] f \|_{L^2(\mathbb{R}^n)} \leqslant C \| f \|_{H^s(\mathbb{R}^n)}, \tag{6.3.24}$$

且当 $\delta \to 0$ 时,

$$D_x^k [J_\delta, L] f \to 0 \text{ 在 } L^2(\mathbb{R}^n) \text{ 中强收敛}. \tag{6.3.25}$$

我们有

$$D_x^k [J_\delta, L] f = [J_\delta, L] D_x^k f + [D_x^k, [J_\delta, L]] f. \tag{6.3.26}$$

由引理 3.2 及假设(6.3.19)-(6.3.20),并注意到(6.2.32)式,显然有

$$\| [J_\delta, L] D_x^k f \|_{L^2(\mathbb{R}^n)} \leqslant C \| f \|_{H^s(\mathbb{R}^n)}, \tag{6.3.27}$$

且当 $\delta \to 0$ 时,

$$[J_\delta, L] D_x^k f \to 0 \text{ 在 } L^2(\mathbb{R}^n) \text{ 中强收敛}. \tag{6.3.28}$$

因此,剩下来只需要考察(6.3.26)右端的第二式.

由换位算子的性质

$$[a, [b, c]] + [b, [c, a]] + [c, [a, b]] = 0, \tag{6.3.29}$$

并注意到由(6.3.10)式有

$$[D_x^k, J_\delta] = 0, \tag{6.3.30}$$

就可得到

$$\begin{aligned} & [D_x^k, [J_\delta, L]] f \\ = & [J_\delta, [D_x^k, L]] f = (J_\delta [D_x^k, L] f - [D_x^k, L] f) - [D_x^k, L](J_\delta f - f). \end{aligned} \tag{6.3.31}$$

由于

$$[D_x^k, L]f = D_x^k\Big(a(x)\frac{\partial f}{\partial x_i}\Big) - a(x)D_x^k\Big(\frac{\partial f}{\partial x_i}\Big), \qquad (6.3.32)$$

类似于(6.2.34)式，并注意到(6.2.32)式，就可得到

$$\begin{aligned} &\| [D_x^k, L]f \|_{L^2(\mathbb{R}^n)} \\ \leqslant & C\Big(\| D_x a \|_{L^\infty(\mathbb{R}^n)} \Big\| D_x^{|k|-1}\Big(\frac{\partial f}{\partial x_i}\Big)\Big\|_{L^\infty(\mathbb{R}^n)} \\ &\quad + \| D_x^{|k|} a \|_{L^2(\mathbb{R}^n)} \Big\| \frac{\partial f}{\partial x_i}\Big\|_{L^\infty(\mathbb{R}^n)}\Big) \\ \leqslant & C \| D_x a \|_{H^{s-1}(\mathbb{R}^n)} \| f \|_{H^s(\mathbb{R}^n)}, \end{aligned} \qquad (6.3.33)$$

其中 $D^{|k|}$ 表示一切 $|k|$ 阶偏导数的集合，等等. 同理可得

$$\begin{aligned} &\| [D_x^k, L](J_\delta f - f) \|_{L^2(\mathbb{R}^n)} \\ \leqslant & C \| D_x a \|_{H^{s-1}(\mathbb{R}^n)} \| J_\delta f - f \|_{H^s(\mathbb{R}^n)}. \end{aligned} \qquad (6.3.34)$$

于是利用引理 3.1 中的(6.3.11)-(6.3.12)式，并注意到(6.3.20)式，就可由(6.3.31)式得到

$$\begin{aligned} &\| [D_x^k, [J_\delta, L]]f \|_{L^2(\mathbb{R}^n)} \\ \leqslant & C \| D_x a \|_{H^{s-1}(\mathbb{R}^n)} \| f \|_{H^s(\mathbb{R}^n)} \\ \leqslant & C \| f \|_{H^s(\mathbb{R}^n)}, \end{aligned} \qquad (6.3.35)$$

且当 $\delta \to 0$ 时，

$$[D_x^k, [J_\delta, L]f] \to 0 \text{ 在 } L^2(\mathbb{R}^n) \text{ 中强收敛.} \qquad (6.3.36)$$

这就是所要证明的事实. 引理 3.3 证毕.

现在来证明定理 3.1.

记

$$u^\delta(t, \cdot) = J_\delta u(t, \cdot), \qquad (6.3.37)$$

其中 $u = u(t, x)$ 为 Cauchy 问题(6.1.1)-(6.1.2)的解.

利用引理 3.1 中的(i)及(iv)，对任何给定的 $\delta > 0$，由(6.2.6)-(6.2.8)式例如可得

$$u^\delta \in L^\infty(0, T; H^{s+2}(\mathbb{R}^n)), \qquad (6.3.38)$$

$$u_t^\delta \in L^\infty(0, T; H^{s+1}(\mathbb{R}^n)), \qquad (6.3.39)$$

$$u_{tt}^{\delta} \in L^{\infty}(0, T; H^{s}(\mathbb{R}^{n})), \tag{6.3.40}$$

于是,必要时适当修改在区间$[0, T]$的一个零测集上的数值后,就有

$$u^{\delta} \in C([0, T]; H^{s+1}(\mathbb{R}^{n})), \tag{6.3.41}$$

$$u_{t}^{\delta} \in C([0, T]; H^{s}(\mathbb{R}^{n})). \tag{6.3.42}$$

分别将磨光算子 J_{δ} 作用于方程(6.1.1)及初始条件(6.1.2)的两端,并注意到(6.3.10)式,可得

$$u_{tt}^{\delta} - \sum_{i,j=1}^{n} a_{ij}(t, x) u_{x_i x_j}^{\delta} - 2\sum_{j=1}^{n} a_{0j}(t, x) u_{tx_j}^{\delta} = F^{\delta}(t, x) + G^{\delta}, \tag{6.3.43}$$

$$t = 0: u^{\delta} = f^{\delta}, u_{t}^{\delta} = g^{\delta}, \tag{6.3.44}$$

其中

$$F^{\delta}(t, \cdot) = J_{\delta} F(t, \cdot), \tag{6.3.45}$$

$$f^{\delta} = J_{\delta} f, g^{\delta} = J_{\delta} g, \tag{6.3.46}$$

而

$$\begin{aligned} G^{\delta} &= G^{\delta}(t, x) \\ &= \sum_{i,j=1}^{n} (J_{\delta}(a_{ij}(t, x) u_{x_i x_j}) - a_{ij}(t, x) J_{\delta} u_{x_i x_j}) \\ &\quad + 2\sum_{j=1}^{n} (J_{\delta}(a_{0j}(t, x) u_{tx_j}) - a_{0j}(t, x) J_{\delta} u_{tx_j}) \\ &= \sum_{i,j=1}^{n} \left(J_{\delta}\left(a_{ij}(t, x) \frac{\partial u_{x_i}}{\partial x_j}\right) - a_{ij}(t, x) \frac{\partial}{\partial x_j}(J_{\delta} u_{x_i}) \right) \\ &\quad + 2\sum_{j=1}^{n} \left(J_{\delta}\left(a_{0j}(t, x) \frac{\partial u_{t}}{\partial x_j}\right) - a_{0j}(t, x) \frac{\partial}{\partial x_j}(J_{\delta} u_{t}) \right). \end{aligned} \tag{6.3.47}$$

由引理 3.1 中的(6.3.11)-(6.3.12)式,并注意到假设(6.2.1)及(6.2.5),在 $\delta \to 0$ 时,有

$$f^{\delta} \to f \text{ 在 } H^{s+1}(\mathbb{R}^{n}) \text{ 中强收敛}, \tag{6.3.48}$$

$$g^{\delta} \to g \text{ 在 } H^{s}(\mathbb{R}^{n}) \text{ 中强收敛}, \tag{6.3.49}$$

且由 Lebesgue 控制收敛定理

$$F^{\delta} \to F \text{ 在 } L^{2}(0, T; H^{s}(\mathbb{R}^{n})) \text{ 中强收敛}. \tag{6.3.50}$$

此外，由引理 3.3，并注意到(6.2.2)-(6.2.4)式以及(6.2.6)-(6.2.7)式，有

$$
\begin{aligned}
&\| G^{\delta}(t,\cdot) \|_{H^s(\mathbb{R}^n)} \\
&\leqslant C(\| D_x u(t,\cdot) \|_{H^s(\mathbb{R}^n)} + \| u_t(t,\cdot) \|_{H^s(\mathbb{R}^n)}) \\
&\leqslant C(\| u(t,\cdot) \|_{H^{s+1}(\mathbb{R}^n)} + \| u_t(t,\cdot) \|_{H^s(\mathbb{R}^n)}),\ \forall t \in [0, T].
\end{aligned} \tag{6.3.51}
$$

且当 $\delta \to 0$ 时，对任何给定的 $t \in [0, T]$，

$$
G^{\delta}(t,\cdot) \to 0 \text{ 在 } H^s(\mathbb{R}^n) \text{ 中强收敛.} \tag{6.3.52}
$$

于是，由 Lebesgue 控制收敛定理，当 $\delta \to 0$ 时，

$$
G^{\delta} \to 0 \text{ 在 } L^2(0, T;\ H^s(\mathbb{R}^n)) \text{ 中强收敛.} \tag{6.3.53}
$$

由已建立的估计式(6.2.9)，对任何给定的 $\delta,\ \delta' > 0$，由(6.3.43)-(6.3.44)式易知

$$
\begin{aligned}
&\| u^{\delta}(t,\cdot) - u^{\delta'}(t,\cdot) \|^2_{H^{s+1}(\mathbb{R}^n)} + \| u^{\delta}_t(t,\cdot) - u^{\delta'}_t(t,\cdot) \|^2_{H^s(\mathbb{R}^n)} \\
&\leqslant C(T)\Big(\| f^{\delta} - f^{\delta'} \|^2_{H^{s+1}(\mathbb{R}^n)} + \| g^{\delta} - g^{\delta'} \|^2_{H^s(\mathbb{R}^n)} \\
&\quad + \int_0^T \| F^{\delta}(\tau,\cdot) - F^{\delta'}(\tau,\cdot) \|^2_{H^s(\mathbb{R}^n)} \mathrm{d}\tau \\
&\quad + \int_0^T (\| G^{\delta}(\tau,\cdot) \|^2_{H^s(\mathbb{R}^n)} + \| G^{\delta'}(\tau,\cdot) \|^2_{H^s(\mathbb{R}^n)}) \mathrm{d}\tau \Big), \\
&\quad \forall t \in [0, T].
\end{aligned} \tag{6.3.54}
$$

于是，利用(6.3.48)-(6.3.50)及(6.3.53)，并注意到(6.3.41)-(6.3.42)式，就得到：当 $\delta \to 0$ 时，

$$
u^{\delta} \text{ 在 } C([0, T]; H^{s+1}(\mathbb{R}^n)) \text{ 中强收敛,} \tag{6.3.55}
$$

$$
u^{\delta}_t \text{ 在 } C([0, T]; H^s(\mathbb{R}^n)) \text{ 中强收敛.} \tag{6.3.56}
$$

但由(6.2.6)-(6.2.7)式，类似于(6.3.50)式可得：在 $\delta \to 0$ 时，

$$
u^{\delta} \to u \text{ 在 } L^2(0, T;\ H^{s+1}(\mathbb{R}^n)) \text{ 中强收敛,} \tag{6.3.57}
$$

$$
u^{\delta}_t \to u_t \text{ 在 } L^2(0, T;\ H^s(\mathbb{R}^n)) \text{ 中强收敛.} \tag{6.3.58}
$$

于是，当 $\delta \to 0$ 时成立

$$
u^{\delta} \to u \text{ 在 } C([0, T]; H^{s+1}(\mathbb{R}^n)) \text{ 中强收敛,} \tag{6.3.59}
$$

$$
u^{\delta}_t \to u_t \text{ 在 } C([0, T]; H^s(\mathbb{R}^n)) \text{ 中强收敛.} \tag{6.3.60}
$$

这就证明了定理 3.1.

推论 3.1 利用方程(6.1.1)可得：在定理 3.1 的假设下，还成立

$$u_{tt} \in L^2(0, T; H^{s-1}(\mathbb{R}^n)). \tag{6.3.61}$$

推论 3.2 若在定理 3.1 中进一步假设

$$F \in L^\infty(0, T; H^{s-1}(\mathbb{R}^n)), \tag{6.3.62}$$

则对 Cauchy 问题(6.1.1)-(6.1.2)的解 $u = u(t, x)$，还成立

$$u_{tt} \in L^\infty(0, T; H^{s-1}(\mathbb{R}^n)). \tag{6.3.63}$$

推论 3.3 若在定理 3.1 中进一步假设

$$a_{ij} \in C([0, T] \times \mathbb{R}^n),\ D_x a_{ij} \in C([0, T]; H^{s-2}(\mathbb{R}^n)), \tag{6.3.64}$$

$$a_{0j} \in C([0, T]; H^{s-1}(\mathbb{R}^n)) \tag{6.3.65}$$

及

$$F \in C([0, T]; H^{s-1}(\mathbb{R}^n)), \tag{6.3.66}$$

则对 Cauchy 问题(6.1.1)-(6.1.2)的解 $u = u(t, x)$，还成立

$$u_{tt} \in C([0, T]; H^{s-1}(\mathbb{R}^n)). \tag{6.3.67}$$

第七章

化非线性波动方程为二阶拟线性双曲型方程组

§1. 引言

如前所述,本书考察非线性波动方程具小初值的 Cauchy 问题:

$$\Box u = F(u,\, Du,\, D_x Du), \tag{7.1.1}$$

$$t = 0:u = \varepsilon\varphi(x),\; u_t = \varepsilon\psi(x), \tag{7.1.2}$$

其中

$$\Box = \frac{\partial^2}{\partial t^2} - \triangle \left(\triangle = \sum_{i=1}^{n} \frac{\partial^2}{\partial x_i^2}\right) \tag{7.1.3}$$

为 n 维波动算子,

$$D_x = \left(\frac{\partial}{\partial x_1}, \cdots, \frac{\partial}{\partial x_n}\right),$$

$$D = \left(\frac{\partial}{\partial t}, \frac{\partial}{\partial x_1}, \cdots, \frac{\partial}{\partial x_n}\right) = \left(\frac{\partial}{\partial x_0}, \frac{\partial}{\partial x_1}, \cdots, \frac{\partial}{\partial x_n}\right), \tag{7.1.4}$$

其中简记 $x_0 = t$, φ, $\psi \in C_0^\infty(\mathbb{R}^n)$,而 $\varepsilon > 0$ 为一小参数.

令

$$\hat{\lambda} = (\lambda;\, (\lambda_i),\, i = 0, 1, \cdots, n;\, (\lambda_{ij}),\, i,\, j = 0, 1, \cdots, n,\, i + j \geqslant 1). \tag{7.1.5}$$

假设在 $\hat{\lambda} = 0$ 的一个邻域中,例如对 $|\hat{\lambda}| \leqslant \nu_0$($\nu_0$ 为适当小的正数),非线性右端项 $F(\hat{\lambda})$ 是一个充分光滑的函数,并满足

$$F(\hat{\lambda}) = O(|\hat{\lambda}|^{1+\alpha}), \tag{7.1.6}$$

而 $\alpha \geqslant 1$ 是一个整数.

本章旨在说明对非线性波动方程具小初值的 Cauchy 问题(7.1.1)-(7.1.2)的研究,本质上可化为对下述二阶拟线性双曲型方程

$$\square u = \sum_{i,j=1}^{n} b_{ij}(u, Du) u_{x_i x_j} + 2\sum_{j=1}^{n} a_{0j}(u, Du) u_{tx_j} + F(u, Du) \tag{7.1.7}$$

具相应小初值(7.1.2)的 Cauchy 问题的研究. 其中,若记

$$\tilde{\lambda} = (\lambda, (\lambda_i), i = 0, 1, \cdots, n), \tag{7.1.8}$$

当 $|\tilde{\lambda}| \leqslant \nu_0$ 时,$b_{ij}(\tilde{\lambda})$, $a_{0j}(\tilde{\lambda})(i, j = 1, \cdots, n)$ 及 $F(\tilde{\lambda})$ 均为充分光滑的函数,满足

$$b_{ij}(\tilde{\lambda}) = b_{ji}(\tilde{\lambda}) \ (i, j = 1, \cdots, n), \tag{7.1.9}$$

$$b_{ij}(\tilde{\lambda}),\ a_{0j}(\tilde{\lambda}) = O(|\tilde{\lambda}|^{\alpha}) \ (i, j = 1, \cdots, n), \tag{7.1.10}$$

$$F(\tilde{\lambda}) = O(|\tilde{\lambda}|^{1+\alpha}), \tag{7.1.11}$$

而 $\alpha \geqslant 1$ 为出现在(7.1.6)中的整数,且成立

$$\sum_{i,j=1}^{n} a_{ij}(\tilde{\lambda}) \xi_i \xi_j \geqslant m_0 |\xi|^2, \ \forall \xi \in \mathbb{R}^n, \tag{7.1.12}$$

其中 m_0 为一个正常数,

$$a_{ij}(\tilde{\lambda}) = \delta_{ij} + b_{ij}(\tilde{\lambda}), \tag{7.1.13}$$

而 δ_{ij} 为 Kronecker 记号.

为此目的,在本章中我们将证明 Cauchy 问题(7.1.1)-(7.1.2)可等价地化为一个形如(7.1.7)的二阶拟线性双曲型方程组具形如(7.1.2)的小初值的 Cauchy 问题(见§2).

此外,在(7.1.1)中的非线性右端项 F 满足一些特殊要求的情况下,所得到的形如(7.1.7)的二阶拟线性双曲型方程组也相应地具有一些特殊的形式(见§3). 例如说,在 F 不显含 u 的情况:

$$F = F(Du, D_x Du), \tag{7.1.14}$$

相应的二阶拟线性双曲型方程组(7.1.7)就具有如下特殊形式:

$$\Box u = \sum_{i,j=1}^{n} b_{ij}(Du)u_{x_i x_j} + 2\sum_{j=1}^{n} a_{0j}(Du)u_{tx_j} + F(Du). \tag{7.1.15}$$

又例如说，若 F 满足

$$\partial_u^\beta F(0, 0, 0) = 0, 1+\alpha \leqslant \beta \leqslant \beta_0, \tag{7.1.16}$$

其中 $\beta_0 > \alpha$ 为整数，而 $\alpha \geqslant 1$ 为出现在(7.1.6)中的整数，则相应的二阶拟线性双曲型方程组(7.1.7)中的 $F(u, Du)$ 项，必满足类似的条件

$$\partial_u^\beta F(0, 0) = 0, 1+\alpha \leqslant \beta \leqslant \beta_0. \tag{7.1.17}$$

注 1.1　由(7.1.6)式，恒成立

$$\partial_u^\beta F(0, 0, 0) = 0, 0 \leqslant \beta \leqslant \alpha, \tag{7.1.18}$$

而(7.1.16)式是附加的条件.

有了本章的结果，本书以下将集中讨论二阶拟线性双曲型方程具小初值的Cauchy 问题(7.1.7)及(7.1.2)，或其特殊形式(7.1.15)及(7.1.2)等.

§ 2.　一般非线性右端项 F 的情况

本节对一般形式的非线性右端项

$$F = F(u, Du, D_x Du), \tag{7.2.1}$$

考察 Cauchy 问题(7.1.1)-(7.1.2). 我们要证明

命题 2.1　在假设(7.1.6)下，非线性波动方程具小初值的 Cauchy 问题(7.1.1)-(7.1.2)可等价地化为一个满足(7.1.9)-(7.1.13)式的形如(7.1.7)的二阶拟线性双曲型方程组具形如(7.1.2)的小初值的 Cauchy 问题.

证　设 $u = u(t, x)$ 为 Cauchy 问题(7.1.1) -(7.1.2) 的解. 令

$$u_i = \frac{\partial u}{\partial x_i}\ (i = 1, \cdots, n), \tag{7.2.2}$$

并记

$$U = (u, u_1, \cdots, u_n)^T. \tag{7.2.3}$$

(7.1.1)式可写为

$$\Box u = F(u, DU) \stackrel{\text{def.}}{=} F(u, Du, Du_1, \cdots, Du_n). \tag{7.2.4}$$

将上式对 $x_i (i = 1, \cdots, n)$ 分别求导一次，就得到

$$\Box u_i = \frac{\partial F}{\partial u}(u, DU)\frac{\partial u}{\partial x_i} + \nabla F(u, DU)\frac{\partial DU}{\partial x_i}\ (i = 1, \cdots, n),$$

(7.2.5)

其中$\nabla F(u, DU)$表示 F 对变量 DU 的梯度.

由(7.1.6)式,易知(7.2.4)-(7.2.5)总可写为关于向量函数 U 的形如(7.1.7)的二阶拟线性双曲型方程组,且相应的(7.1.9)-(7.1.13)式成立. 此外,对向量函数 U 的相应的初始条件为(7.1.2)及

$$t = 0 : u_i = \varepsilon\frac{\partial \varphi(x)}{\partial x_i},\ (u_i)_t = \varepsilon\frac{\partial \psi(x)}{\partial x_i}\ (i = 1, \cdots, n). \quad (7.2.6)$$

这就将非线性波动方程具小初值的 Cauchy 问题(7.1.1)-(7.1.2)化为二阶拟线性双曲型方程组(7.2.4)-(7.2.5)具小初值(7.1.2)及(7.2.6)的 Cauchy 问题.

反之,若 $U = (u, u_1, \cdots, u_n)^T$ 为二阶拟线性双曲型方程组(7.2.4)-(7.2.5)具小初值(7.1.2)及(7.2.6)的 Cauchy 问题的解,并且假设相应的(7.1.9)-(7.1.13)式成立,则可以证明 u 必为原先非线性波动方程的 Cauchy 问题(7.1.1)-(7.1.2)的解,且(7.1.6)式成立.

为此,只需证明(7.2.2)式. 令

$$\bar{u}_i = \frac{\partial u}{\partial x_i}\ (i = 1, \cdots, n). \quad (7.2.7)$$

与上面的推导类似,将(7.2.4)式对 $x_i (i = 1, \cdots, n)$ 分别求导一次,就有

$$\Box \bar{u}_i = \frac{\partial F}{\partial u}(u, DU)\frac{\partial u}{\partial x_i} + \nabla F(u, DU)\frac{\partial DU}{\partial x_i}\ (i = 1, \cdots, n),$$

(7.2.8)

而由(7.1.2)式有

$$t = 0 : \bar{u}_i = \varepsilon\frac{\partial \varphi(x)}{\partial x_i},\ (\bar{u}_i)_t = \varepsilon\frac{\partial \psi(x)}{\partial x_i}\ (i = 1, \cdots, n). \quad (7.2.9)$$

注意到波动方程 Cauchy 问题的解的唯一性,由(7.2.5)-(7.2.6)及(7.2.8)-(7.2.9)立即可得

$$\bar{u}_i = u_i (i = 1, \cdots, n), \quad (7.2.10)$$

这就是所要证明的(7.2.2)式.

命题 2.1 证毕.

注 2.1　若非线性波动方程具小初值的 Cauchy 问题(7.1.1)-(7.1.2)中的初值 $\psi(x)$ 满足

$$\int_{\mathbb{R}^n} \psi(x) \mathrm{d} x = 0, \tag{7.2.11}$$

由假设 $\psi \in C_0^{\infty}(\mathbb{R}^n)$ 并注意到(7.2.6)式，对化约后形如(7.1.7)的二阶拟线性双曲型方程组的相应 Cauchy 问题，其初值仍满足类似于(7.2.11)式的假设.

§3. 特殊非线性右端项 F 的情况

先考察非线性右端项 F 不显含 u 的特殊情形：

$$F = F(Du, D_x Du). \tag{7.3.1}$$

此时，前节所得的二阶拟线性双曲型方程组(7.2.4)-(7.2.5)简化为如下的形式：

$$\Box u = F(DU) \stackrel{\text{def.}}{=} F(Du, Du_1, \cdots, Du_n) \tag{7.3.2}$$

及

$$\Box u_i = \nabla F(DU) \frac{\partial DU}{\partial x_i} \ (i = 1, \cdots, n), \tag{7.3.3}$$

其中右端的项不仅和(7.2.4)-(7.2.5)一样不显含 $u_i (i=1, \cdots, n)$，而且也不显含 u. 于是，相应于命题 2.1，我们有

命题 3.1　在非线性右端项 F 不显含 u 的特殊情形(7.3.1)，在相应的假设(7.1.6)下，非线性波动方程

$$\Box u = F(Du, D_x Du) \tag{7.3.4}$$

具小初值(7.1.2)的 Cauchy 问题，可等价地化为一个满足相应(7.1.9)-(7.1.13)式的形如(7.1.15)的二阶拟线性双曲型方程组具形如(7.1.2)的小初值的 Cauchy 问题.

下面考察非线性右端项 $F = F(u, Du, D_x Du)$ 除满足(7.1.6)式外，其对 u 的偏导数还满足如下的条件：

$$\partial_u^{\beta} F(0, 0, 0) = 0, \ 1 + \alpha \leqslant \beta \leqslant \beta_0, \tag{7.3.5}$$

其中 $\beta_0 > \alpha$ 为整数，而 $\alpha \geqslant 1$ 为(7.1.6)中出现的整数.

在(7.3.5)式成立的特殊条件下,由(7.2.4)-(7.2.5)易见,在将非线性波动方程的Cauchy问题(7.1.1)-(7.1.2)化为形如(7.1.7)的二阶拟线性双曲型方程组具形如(7.1.2)的小初值的Cauchy问题时,(7.1.7)中的$F(u, Du)$项必满足与(7.3.5)相似的条件:

$$\partial_u^\beta F(0, 0) = 0, 1+\alpha \leqslant \beta \leqslant \beta_0. \tag{7.3.6}$$

这样,我们就得到

命题3.2 在非线性右端项F除满足(7.1.6)外,还满足条件(7.3.5)的假设下,非线性波动方程具小初值的Cauchy问题(7.1.1)-(7.1.2)可等价地化为一个满足(7.1.9)-(7.1.13)式的形如(7.1.7)的二阶拟线性双曲型方程组具形如(7.1.2)的小初值的Cauchy问题,且(7.1.7)中的$F(u, Du)$项必满足与(7.3.5)类似的条件(7.3.6).

注3.1 $\beta_0 = 2\alpha$是一个重要的特殊情况.此时(7.3.5)及(7.3.6)式分别写为

$$\partial_u^\beta F(0, 0, 0) = 0, 1+\alpha \leqslant \beta \leqslant 2\alpha \tag{7.3.7}$$

及

$$\partial_u^\beta F(0, 0) = 0, 1+\alpha \leqslant \beta \leqslant 2\alpha. \tag{7.3.8}$$

注3.2 在$\alpha = 1$这一特殊而重要的情况,(7.3.7)及(7.3.8)式分别化为

$$F''_{uu}(0, 0, 0) = 0 \tag{7.3.9}$$

及

$$F''_{uu}(0, 0) = 0. \tag{7.3.10}$$

第八章

一维非线性波动方程的 Cauchy 问题

§1. 引言

在本章中我们考察下述一维完全非线性波动方程具小初值的 Cauchy 问题:

$$u_{tt} - u_{xx} = F(u, Du, Du_x), \tag{8.1.1}$$

$$t = 0 : u = \varepsilon\phi(x),\ u_t = \varepsilon\psi(x), \tag{8.1.2}$$

于此

$$D = \left(\frac{\partial}{\partial t}, \frac{\partial}{\partial x}\right), \tag{8.1.3}$$

$$\phi, \psi \in C_0^{\infty}(\mathbb{R}), \tag{8.1.4}$$

而 $\varepsilon > 0$ 是一个小参数.

令

$$\hat{\lambda} = (\lambda;\ (\lambda_i),\ i = 0, 1;\ (\lambda_{ij}),\ i, j = 0, 1,\ i+j \geqslant 1). \tag{8.1.5}$$

假设在 $\hat{\lambda} = 0$ 的一个邻域中,例如说对 $|\hat{\lambda}| \leqslant \nu_0$,非线性项 $F(\hat{\lambda})$ 是一个充分光滑的函数,并满足

$$F(\hat{\lambda}) = O(|\hat{\lambda}|^{1+\alpha}), \tag{8.1.6}$$

而 $\alpha \geqslant 1$ 是一个整数.

本章的目的是对任何给定整数 $\alpha \geqslant 1$,研究 Cauchy 问题(8.1.1)-(8.1.2)的经典解的生命跨度 $\widetilde{T}(\varepsilon)$. 由生命跨度的定义,$\widetilde{T}(\varepsilon)$ 等于那些使得 Cauchy 问题(8.1.1)-(8.1.2)在 $0 \leqslant t \leqslant \tau$ 上存在经典解的所有 τ 值之上界,从而 Cauchy 问题(8.1.1)-(8.1.2)的经典解的最大存在区间为 $[0, \widetilde{T}(\varepsilon))$.

我们将证明：存在一个适当小的正数 ε_0，使对任何 $\varepsilon \in (0, \varepsilon_0]$，生命跨度有如下的下界估计(见李大潜，俞新，周忆[48]，[49]).

(i) 在一般的情况下，

$$\widetilde{T}(\varepsilon) \geqslant a\varepsilon^{-\frac{\alpha}{2}}. \tag{8.1.7}$$

(ii) 若成立

$$\int_{-\infty}^{\infty} \psi(x)\mathrm{d}x = 0, \tag{8.1.8}$$

则

$$\widetilde{T}(\varepsilon) \geqslant a\varepsilon^{-\frac{\alpha(1+\alpha)}{2+\alpha}}. \tag{8.1.9}$$

(iii) 若成立

$$\partial_u^\beta F(0, 0, 0) = 0, \ \forall 1+\alpha \leqslant \beta \leqslant \beta_0, \tag{8.1.10}$$

则

$$\widetilde{T}(\varepsilon) \geqslant a\varepsilon^{-\min\left(\frac{\beta_0}{2}, \alpha\right)}. \tag{8.1.11}$$

当 $\beta_0 \geqslant 2\alpha$ 时，(8.1.11)式化为

$$\widetilde{T}(\varepsilon) \geqslant a\varepsilon^{-\alpha}. \tag{8.1.12}$$

特别，当非线性右端项 F 不显含 u 时：

$$F = F(Du, Du_x), \tag{8.1.13}$$

(8.1.12)式成立.

在上述估计式中，a 表示一个与 ε 无关的正常数，而 $\beta_0 > \alpha$ 为一整数.

由第十三章及第十四章的结果，上述关于生命跨度的下界估计均是不可改进的最佳估计.

由第七章，为了考察一维非线性波动方程的 Cauchy 问题(8.1.1)-(8.1.2)，本质上只需考察下述一维拟线性双曲型方程的 Cauchy 问题：

$$u_{tt} - u_{xx} = b(u, Du)u_{xx} + 2a_0(u, Du)u_{tx} + F(u, Du), \tag{8.1.14}$$

$$t = 0: u = \varepsilon\phi(x), \ u_t = \varepsilon\psi(x), \tag{8.1.15}$$

其中假设 (ϕ, ψ) 满足(8.1.4)式，而 $\varepsilon > 0$ 是一个小参数. 令

$$\widetilde{\lambda} = (\lambda; (\lambda_i), i = 0, 1). \tag{8.1.16}$$

假设当 $|\tilde{\lambda}| \leqslant \nu_0$ 时，$b(\tilde{\lambda})$，$a_0(\tilde{\lambda})$ 及 $F(\tilde{\lambda})$ 均为充分光滑的函数，且成立

$$b(\tilde{\lambda}),\ a_0(\tilde{\lambda}) = O(|\tilde{\lambda}|^{\alpha}), \tag{8.1.17}$$

$$F(\tilde{\lambda}) = O(|\tilde{\lambda}|^{1+\alpha}), \tag{8.1.18}$$

于此 $\alpha \geqslant 1$ 是一个整数. 于是，在 ν_0 适当小时，就有

$$a(\tilde{\lambda}) \overset{\text{def.}}{=\!=} 1 + b(\tilde{\lambda}) \geqslant m_0, \tag{8.1.19}$$

而 m_0 是一个正常数. 此外，条件(8.1.10)现在化为(参见第七章命题 3.2)

$$\partial_u^{\beta} F(0,\ 0) = 0,\ \forall 1+\alpha \leqslant \beta \leqslant \beta_0. \tag{8.1.20}$$

§2. Cauchy 问题(8.1.14)-(8.1.15)的经典解的生命跨度的下界估计

2.1. 度量空间 $X_{S,E,T}$. 主要结果

在本节中，我们将对一维拟线性双曲型方程的 Cauchy 问题(8.1.14)-(8.1.15)的经典解的生命跨度，证明由(8.1.7)及(8.1.9)所给出的下界估计.

由 Sobolev 嵌入定理，存在适当小的 $E_0 > 0$，使成立

$$\| f \|_{L^{\infty}(\mathbb{R})} \leqslant \nu_0,\ \forall f \in H^1(\mathbb{R}),\ \| f \|_{H^1(\mathbb{R})} \leqslant E_0. \tag{8.2.1}$$

对于任何给定的整数 $S \geqslant 4$，任何给定的正数 $E(\leqslant E_0)$ 及 T，引入下述函数集合：

$$X_{S,E,T} = \{v(t,\ x) \mid D_{S,T}(v) \leqslant E,\ \partial_t^l v(0,\ x) = u_l^{(0)}(x)\ (l = 0,\ 1,\ \cdots,\ S)\}, \tag{8.2.2}$$

这里

$$\begin{aligned} D_{S,T}(v) = & \sup_{0 \leqslant t \leqslant T} \| v(t,\ \cdot) \|_{L^{\infty}(\mathbb{R})} \\ & + \sup_{0 \leqslant t \leqslant T} g^{-1}(t) \| v(t,\ \cdot) \|_{L^{1+\alpha}(\mathbb{R})} \\ & + \sup_{0 \leqslant t \leqslant T} \| Dv(t,\ \cdot) \|_{D,S,2}, \end{aligned} \tag{8.2.3}$$

其中

$$g(t) = \begin{cases} (1+t)^{\frac{1}{1+\alpha}}, & 若 \int \psi \mathrm{d}x \neq 0; \\ 1, & 若 \int \psi \mathrm{d}x = 0, \end{cases} \tag{8.2.4}$$

而

$$\| w(t, \cdot) \|_{D, S, 2} = \sum_{|k| \leqslant S} \| D^k w(t, \cdot) \|_{L^2(\mathbb{R})}, \ \forall t \geqslant 0. \tag{8.2.5}$$

此外, $u_0^{(0)}(x) = \varepsilon\phi(x)$, $u_1^{(0)}(x) = \varepsilon\psi(x)$,而当 $l = 2, \cdots, S$ 的时候,$u_l^{(0)}(x)$ 为 $\partial_t^l u(t, x)$ 在 $t = 0$ 时之值,它们由方程(8.1.14) 及初始条件(8.1.15) 所唯一决定. 显然,$u_l^{(0)}(l = 0, 1, \cdots, S)$ 均为具紧支集的充分光滑函数.

在 $X_{S, E, T}$上引入如下的度量:

$$\rho(\overline{v}, \overline{\overline{v}}) = D_{S, T}(\overline{v} - \overline{\overline{v}}), \ \forall \overline{v}, \overline{\overline{v}} \in X_{S, E, T}. \tag{8.2.6}$$

我们要证明

引理 2.1 当 $\varepsilon > 0$ 适当小时,$X_{S, E, T}$是一个非空的完备度量空间.

证 任取一个在$[0, T]$上无穷可微的函数 $a(t)$,使其满足

$$a(t) = \begin{cases} 0, & 若\ t \geqslant \min(T, 1), \\ 1, & 在\ t = 0\ 附近, \end{cases} \tag{8.2.7}$$

则易知在 $\varepsilon > 0$ 适当小时(ε 的选取与 E 有关,但与 T 无关),函数

$$v = v(t, x) = a(t) \sum_{l=0}^{S} \frac{t^l}{l!} u_l^{(0)}(x) \tag{8.2.8}$$

属于 $X_{S, E, T}$,故 $X_{S, E, T}$非空.

易知 $X_{S, E, T}$对度量(8.2.6)构成一个度量空间. 为了证明其完备性,设$\{v_i\}$为其一 Cauchy 序列:

$$\rho(v_i, v_j) \to 0, \ i, j \to \infty. \tag{8.2.9}$$

注意到 $L^\infty(0, T; L^\infty(\mathbb{R}))$, $L^\infty(0, T; L^{1+\alpha}(\mathbb{R}))$ 及 $L^\infty(0, T; H^{S-l}(\mathbb{R}))(l = 0, 1, \cdots, S)$ 均为完备的 Banach 空间,由(8.2.9)式易知存在 v,使

$$v_i \to v\ 在\ L^\infty(0, T; L^\infty(\mathbb{R}))\ 中强收敛, \tag{8.2.10}$$

$$g(t)v_i \to g(t)v\ 在\ L^\infty(0, T; L^{1+\alpha}(\mathbb{R}))\ 中强收敛, \tag{8.2.11}$$

且对 $l = 0, 1, \cdots, S$, 成立

$$\partial_t^l D v_i \to \partial_t^l D v\ 在\ L^\infty(0, T; H^{S-l}(\mathbb{R}))\ 中强收敛. \tag{8.2.12}$$

由此易知

$$\rho(v_i, v) \to 0, \ i \to \infty, \tag{8.2.13}$$

且

$$v \in X_{S,\,E,\,T}. \tag{8.2.14}$$

引理 2.1 证毕.

注意到 $S > 4$ 及 $X_{S,\,E,\,T}$ 的定义，且由 Sobolev 嵌入定理，

$$H^1(\mathbb{R}) \subset L^\infty(\mathbb{R}) \tag{8.2.15}$$

为连续嵌入，利用插值容易证明

引理 2.2　对任何 $v \in X_{S,\,E,\,T}$，其中 S 为不小于 4 的整数，成立

$$\| v(t,\,\cdot) \|_{D,\,\left[\frac{S}{2}\right]+2,\,\infty} \leqslant CE,\ \forall t \in [0,\,T], \tag{8.2.16}$$

并对任何满足 $2 \leqslant p \leqslant +\infty$ 的 p 值，成立

$$\| Dv(t,\,\cdot) \|_{L^p(\mathbb{R})} \leqslant CE,\ \forall t \in [0,\,T], \tag{8.2.17}$$

于此 C 为一个正常数.

本节的主要定理为如下的

定理 2.1　在假设(8.1.4)及(8.1.17)-(8.1.18)下，对于任意给定的整数 $S \geqslant 4$，存在正常数 ε_0 及 C_0，满足 $C_0\varepsilon_0 \leqslant E_0$，且使得对于任何给定的 $\varepsilon \in (0,\,\varepsilon_0]$，存在一个正数 $T(\varepsilon)$，使 Cauchy 问题(8.1.14)-(8.1.15)在 $[0,\,T(\varepsilon)]$ 上存在唯一的经典解 $u \in X_{S,\,C_0\varepsilon,\,T(\varepsilon)}$，而 $T(\varepsilon)$ 可取为

$$T(\varepsilon) = \begin{cases} a\varepsilon^{-\frac{a}{2}} - 1, & \text{若} \int \psi \mathrm{d}x \neq 0; \\ a\varepsilon^{-\frac{a(1+a)}{2+a}} - 1, & \text{若} \int \psi \mathrm{d}x = 0, \end{cases} \tag{8.2.18}$$

其中 a 是一个与 ε 无关的正常数.

此外，在必要时修改对 t 在区间 $[0,\,T(\varepsilon)]$ 的一个零测集上的数值后，有

$$u \in \mathrm{C}([0,\,T(\varepsilon)];\ H^{S+1}(\mathbb{R})), \tag{8.2.19}$$

$$u_t \in \mathrm{C}([0,\,T(\varepsilon)];\ H^{S}(\mathbb{R})), \tag{8.2.20}$$

$$u_{tt} \in \mathrm{C}([0,\,T(\varepsilon)];\ H^{S-1}(\mathbb{R})). \tag{8.2.21}$$

注 2.1　由 Sobolev 嵌入定理，$H^1(\mathbb{R}) \subset C(\mathbb{R})$ 为连续嵌入. 因此，满足(8.2.19)-(8.2.21)的 $u = u(t,\,x)$ 为 Cauchy 问题(8.1.14)-(8.1.15)的二阶连续可微的经典解.

注 2.2　注意到生命跨度 $\widetilde{T}(\varepsilon) > T(\varepsilon)$，由(8.2.18)式就立刻得到：对 Cauchy 问题(8.1.13)-(8.1.14)而言，估计式(8.1.7)及(8.1.9)成立.

2.2. 定理 2.1 的证明框架——整体迭代法

为了证明定理 2.1，任取 $v \in X_{S,E,T}$，由求解下述线性双曲型方程的 Cauchy 问题

$$u_{tt} - u_{xx} = \hat{F}(v, Dv, Du_x)$$
$$\stackrel{\text{def.}}{=} b(v, Dv)u_{xx} + 2a_0(v, Dv)u_{tx} + F(v, Dv), \tag{8.2.22}$$
$$t = 0: u = \varepsilon\phi(x),\ u_t = \varepsilon\psi(x). \tag{8.2.23}$$

定义一个映照

$$M: v \to u = Mv. \tag{8.2.24}$$

我们要证明：当 $\varepsilon > 0$ 适当小时，可找到正常数 C_0，使当 $E = C_0\varepsilon$ 而 $T = T(\varepsilon)$ 由 (8.2.18) 式定义时，M 将 $X_{S,E,T}$ 映照到自身，且具有某种压缩性。

引理 2.3 当 $E > 0$ 适当小时，对任何给定的 $v \in X_{S,E,T}$，必要时修改在 t 的一个零测集上的数值后，有

$$u = Mv \in C([0, T]; H^{S+1}(\mathbb{R})), \tag{8.2.25}$$
$$u_t \in C([0, T]; H^S(\mathbb{R})), \tag{8.2.26}$$
$$u_{tt} \in L^\infty(0, T; H^{S-1}(\mathbb{R})). \tag{8.2.27}$$

证 由 $X_{S,E,T}$ 的定义，对任何给定的 $v \in X_{S,E,T}$，有

$$Dv \in L^\infty(0, T; H^S(\mathbb{R})). \tag{8.2.28}$$

从而，由

$$v(t, \cdot) = v(0, \cdot) + \int_0^t v_\tau(\tau, \cdot)\mathrm{d}\tau$$
$$= \varepsilon\phi(x) + \int_0^t v_\tau(\tau, \cdot)\mathrm{d}\tau, \tag{8.2.29}$$

并注意到(8.1.4)，易知亦有

$$v \in L^\infty(0, T; H^S(\mathbb{R})). \tag{8.2.30}$$

这样，由(8.1.17)-(8.1.18)，并利用第五章中的引理 2.2 及注 2.1，且注意到(8.2.2)及(8.2.15)式，易知有

$$b(v, Dv),\ a_0(v, Dv),\ F(v, Dv) \in L^\infty(0, T; H^S(\mathbb{R})),$$
$$Db(v, Dv) \in L^\infty(0, T; H^{S-1}(\mathbb{R})). \tag{8.2.31}$$

此外，当 $E>0$ 适当小时，成立

$$a(v,\ Dv)\overset{\text{def.}}{=\!=}1+b(v,\ Dv)\geqslant m_0,\tag{8.2.32}$$

而 m_0 是一个正常数.

因此，由第六章的定理 3.1 及推论 3.2，就立刻得到所要求的结论. 证毕.

容易证明下述

引理 2.4　对 $u=u(t,\ x)=Mv$，$\partial_t^l u(0,\ x)(l=0,\ 1,\ \cdots,\ S+1)$ 的值与 $v\in X_{S,\ E,\ T}$ 的选取无关，且

$$\partial_t^l u(0,\ x)=u_l^{(0)}(x)\ (l=0,\ 1,\ \cdots,\ S).\tag{8.2.33}$$

此外，

$$\|u(0,\ \cdot)\|_{D,\ S+1,\ p}\leqslant C_p\varepsilon,\tag{8.2.34}$$

于此 p 满足 $1\leqslant p\leqslant+\infty$，$C_p$ 是一个正常数，而 $\|u(0,\ \cdot)\|_{D,\ S+1,\ p}$ 则表示 $\|u(t,\ \cdot)\|_{D,\ S+1,\ p}$ 在 $t=0$ 时之值.

下面的两个引理是证明定理 2.1 的关键.

引理 2.5　在定理 2.1 的假设下，当 $E>0$ 适当小时，对任何给定的 $v\in X_{S,\ E,\ T}$，$u=Mv$ 满足

$$D_{S,\ T}(u)\leqslant C_1\{\varepsilon+(R+\sqrt{R})(E+D_{S,\ T}(u))\},\tag{8.2.35}$$

其中 C_1 是一个与 E 及 T 无关的正常数，而

$$R=R(E,\ T)\overset{\text{def.}}{=\!=}\begin{cases}E^{\alpha}(1+T)^2, & \text{若}\int\psi\,\mathrm{d}x\neq 0;\\ E^{\alpha}(1+T)^{\frac{2+\alpha}{1+\alpha}}, & \text{若}\int\psi\,\mathrm{d}x=0.\end{cases}\tag{8.2.36}$$

引理 2.6　在引理 2.5 的假设下，对任何给定的 $\bar{v},\ \bar{\bar{v}}\in X_{S,\ E,\ T}$，若 $\bar{u}=M\bar{v}$ 及 $\bar{\bar{u}}=M\bar{\bar{v}}$ 亦满足 $\bar{u},\ \bar{\bar{u}}\in X_{S,\ E,\ T}$，则成立

$$D_{S-1,\ T}(\bar{u}-\bar{\bar{u}})\leqslant C_2(R+\sqrt{R})(D_{S-1,\ T}(\bar{u}-\bar{\bar{u}})+D_{S-1,\ T}(\bar{v}-\bar{\bar{v}})),\tag{8.2.37}$$

其中 C_2 是一个与 E 及 T 无关的正常数，而 $R=R(E,\ T)$ 仍由(8.2.36)式定义.

引理 2.5 及引理 2.6 的证明见后文. 现在我们首先利用这两个引理来证明定理 2.1.

定理 2.1 的证明　取

$$C_0 = 3\max(C_1, C_2), \tag{8.2.38}$$

其中 C_1 及 C_2 分别为出现在引理 2.5 及引理 2.6 中之正常数.

由引理 2.1 的证明可见,取 $E(\varepsilon) = C_0\varepsilon$,而 $T(\varepsilon)$ 如(8.2.18)式所示时,只要 $\varepsilon > 0$ 充分小,$X_{S,\,E(\varepsilon),\,T(\varepsilon)}$ 非空.

首先证明,可适当选取(8.2.18)中的常数 a,使

$$R(E(\varepsilon),\, T(\varepsilon)) + \sqrt{R(E(\varepsilon),\, T(\varepsilon))} \leqslant \frac{1}{C_0}. \tag{8.2.39}$$

事实上,由(8.2.36)及(8.2.18),在 $\int \psi \mathrm{d}x \neq 0$ 或 $\int \psi \mathrm{d}x = 0$ 时,分别有

$$R(E(\varepsilon),\, T(\varepsilon)) + \sqrt{R(E(\varepsilon),\, T(\varepsilon))} = C_0^{\alpha} a^2 + C_0^{\frac{\alpha}{2}} a$$

或

$$R(E(\varepsilon),\, T(\varepsilon)) + \sqrt{R(E(\varepsilon),\, T(\varepsilon))} = C_0^{\alpha} a^{\frac{2+\alpha}{1+\alpha}} + C_0^{\frac{\alpha}{2}} a^{\frac{2+\alpha}{2(1+\alpha)}}.$$

于是,只要选择 $a > 0$ 适当小,就能保证(8.2.39)式成立.

利用(8.2.39)式,由引理 2.5 就容易得到:可找到适当小的 $\varepsilon_0 > 0$,使对一切 $\varepsilon(0 < \varepsilon \leqslant \varepsilon_0)$,对任何给定的 $v \in X_{S,\,E(\varepsilon),\,T(\varepsilon)}$,$u = Mv$ 满足

$$D_{S,\,T(\varepsilon)}(u) \leqslant E(\varepsilon). \tag{8.2.40}$$

再注意到引理 2.4,就有 $u = Mv \in X_{S,\,E(\varepsilon),\,T(\varepsilon)}$,即 M 将 $X_{S,\,E(\varepsilon),\,T(\varepsilon)}$ 映照到自身. 再由引理 2.6 就得到:对一切 $\varepsilon(0 < \varepsilon \leqslant \varepsilon_0)$,对任何给定的 $\bar{v}$, $\bar{\bar{v}} \in X_{S,\,E(\varepsilon),\,T(\varepsilon)}$,令 $\bar{u} = M\bar{v}$, $\bar{\bar{u}} = M\bar{\bar{v}}$,就有

$$D_{S-1,\,T(\varepsilon)}(\bar{u} - \bar{\bar{u}}) \leqslant \frac{1}{2} D_{S-1,\,T(\varepsilon)}(\bar{v} - \bar{\bar{v}}), \tag{8.2.41}$$

即 M 关于空间 $X_{S-1,\,E(\varepsilon),\,T(\varepsilon)}$ 的度量是一个压缩映照.

引理 2.7 $X_{S,\,E,\,T}$ 是 $X_{S-1,\,E,\,T}$ 中的一个闭子集.

证 只要证明:若

$$v_i \in X_{S,\,E,\,T}, \tag{8.2.42}$$

且当 $i \to \infty$ 时,

$$v_i \to v \text{ 在 } X_{S-1,\,E,\,T} \text{ 中成立}, \tag{8.2.43}$$

则

$$v \in X_{S,\,E,\,T}. \tag{8.2.44}$$

事实上，由(8.2.43)式及 $X_{S-1,E,T}$ 中度量的定义，有

$$v_i \to v \text{ 在 } L^\infty(0, T; L^\infty(\mathbb{R})) \text{ 中强收敛}, \tag{8.2.45}$$

$$g(t)v_i \to g(t)v \text{ 在 } L^\infty(0, T; L^{1+\alpha}(\mathbb{R})) \text{ 中强收敛}, \tag{8.2.46}$$

及对 $l = 0, 1, \cdots, S-1$ 成立

$$\partial_t^l D v_i \to \partial_t^l D v \text{ 在 } L^\infty(0, T; H^{S-1-l}(\mathbb{R})) \text{ 中强收敛}. \tag{8.2.47}$$

再由(8.2.42)式及 $X_{S,E,T}$ 的定义，有

$$D_{S,T}(v_i) \leqslant E,\ i = 1, 2, \cdots. \tag{8.2.48}$$

从而注意到(8.2.47)式，易知对 $l = 0, 1, \cdots, S$ 成立

$$\partial_t^l D v_i \overset{*}{\rightharpoonup} \partial_t^l D v \text{ 在 } L^\infty(0, T; H^{S-l}(\mathbb{R})) \text{ 中弱 * 收敛}. \tag{8.2.49}$$

由此，并注意到对 $i = 1, 2, \cdots$，有

$$\partial_t^l v_i(0, x) = u_l^{(0)}(x)\ (l = 0, 1, \cdots, S), \tag{8.2.50}$$

易知

$$\partial_t^l v(0, x) = u_l^{(0)}(x)\ (l = 0, 1, \cdots, S). \tag{8.2.51}$$

联合(8.2.45)-(8.2.46)及(8.2.49)，由(8.2.48)式就有

$$D_{S,T}(v) \leqslant E. \tag{8.2.52}$$

这就证明了(8.2.44)式.

现在证明：对一切 $\varepsilon(0 < \varepsilon \leqslant \varepsilon_0)$，映照 M 在 $X_{S,E(\varepsilon),T(\varepsilon)}$ 上具有唯一的不动点 $u \in X_{S,E(\varepsilon),T(\varepsilon)}$：

$$u = Mu, \tag{8.2.53}$$

从而 $u = u(t, x)$ 即为 Cauchy 问题(8.1.14)-(8.1.15)在 $[0, T(\varepsilon)]$ 上的经典解.

此不动点的唯一性是 M 在空间 $X_{S-1,E(\varepsilon),T(\varepsilon)}$ 的度量下的压缩性的显然的推论. 为了证明不动点的存在性，任取

$$u^{(0)} \in X_{S,E(\varepsilon),T(\varepsilon)} \tag{8.2.54}$$

作为零次近似，用

$$u^{(i+1)} = Mu^{(i)}\ (i = 0, 1, 2, \cdots) \tag{8.2.55}$$

来构造迭代序列. 由于 M 将 $X_{S,\,E(\varepsilon),\,T(\varepsilon)}$ 映照到自身,有

$$u^{(i)} \in X_{S,\,E(\varepsilon),\,T(\varepsilon)}\,(i=0,\,1,\,2,\,\cdots). \tag{8.2.56}$$

再由 M 在 $X_{S-1,\,E(\varepsilon),\,T(\varepsilon)}$ 中的压缩性,此迭代在 $X_{S-1,\,E(\varepsilon),\,T(\varepsilon)}$ 中给出一个不动点:

$$u \in X_{S-1,\,E(\varepsilon),\,T(\varepsilon)} \tag{8.2.57}$$

使(8.2.53)式成立,且当 $i \to \infty$ 时

$$u^{(i)} \to u \text{ 在 } X_{S-1,\,E(\varepsilon),\,T(\varepsilon)} \text{ 中成立.} \tag{8.2.58}$$

于是,由引理 2.7 立刻得到

$$u \in X_{S,\,E(\varepsilon),\,T(\varepsilon)}, \tag{8.2.59}$$

它就是 M 在空间 $X_{S,\,E(\varepsilon),\,T(\varepsilon)}$ 上的唯一不动点. 且由引理 2.3,(8.2.19)-(8.2.20)式成立,从而易证

$$b(u,\,Du),\,a_0(u,\,Du),\,F(u,\,Du) \in C([0,\,T];\,H^S(\mathbb{R})), \tag{8.2.60}$$

于是由第六章中的推论 3.3 立刻可得(8.2.21)式. 定理 2.1 证毕.

2.3. 引理 2.5 的证明

我们首先估计 $\| u(t,\,\cdot) \|_{L^\infty(\mathbb{R})}$.

利用第四章定理 1.1 中的(4.1.4)式(在其中取 $p=+\infty$),由(8.2.22)-(8.2.23)可得

$$\begin{aligned}
&\| u(t,\,\cdot) \|_{L^\infty(\mathbb{R})} \\
\leqslant\ & \varepsilon(\| \phi \|_{L^\infty(\mathbb{R})} + \| \psi \|_{L^1(\mathbb{R})}) \\
&+ \int_0^t \| \hat{F}(v,\,Dv,\,Du_x)(\tau,\,\cdot) \|_{L^1(\mathbb{R})} \mathrm{d}\tau \\
\leqslant\ & C\varepsilon + \int_0^t \| \hat{F}(v,\,Dv,\,Du_x)(\tau,\,\cdot) \|_{L^1(\mathbb{R})} \mathrm{d}\tau,
\end{aligned} \tag{8.2.61}$$

于此及以后,C 恒表示一个与 ε 无关的正常数.

由 Hölder 不等式(参见第五章引理 1.1),注意到(8.1.17)-(8.1.18),(8.2.15),(8.2.17)及 $X_{S,\,E,\,T}$ 的定义,并利用第五章的引理 2.2 与注 2.1 以及第三章的引理 4.1,易知有

$$\begin{aligned}
&\| (b(v,\,Dv)u_{xx} + 2a_0(v,\,Dv)u_{tx})(\tau,\,\cdot) \|_{L^1(\mathbb{R})} \\
\leqslant\ & C \| (v,\,Dv)(\tau,\,\cdot) \|^{\alpha}_{L^{1+\alpha}(\mathbb{R})} \| Du_x(\tau,\,\cdot) \|_{L^{1+\alpha}(\mathbb{R})}
\end{aligned}$$

$$
\begin{aligned}
&\leqslant CE^{\alpha}g^{\alpha}(\tau)\|Du_x(\tau,\cdot)\|_{L^{\infty}(\mathbb{R})}^{1-\frac{2}{1+\alpha}}\|Du_x(\tau,\cdot)\|_{L^{2}(\mathbb{R})}^{\frac{2}{1+\alpha}}\\
&\leqslant CE^{\alpha}g^{\alpha}(\tau)\|Du_x(\tau,\cdot)\|_{H^{1}(\mathbb{R})}\\
&\leqslant CE^{\alpha}g^{\alpha}(\tau)D_{S,T}(u)
\end{aligned}
\tag{8.2.62}
$$

及

$$
\begin{aligned}
\|F(v,Dv)(\tau,\cdot)\|_{L^{1}(\mathbb{R})}&\leqslant C\|(v,Dv)\|_{L^{1+\alpha}(\mathbb{R})}^{1+\alpha}\\
&\leqslant CE^{1+\alpha}g^{1+\alpha}(\tau).
\end{aligned}
\tag{8.2.63}
$$

于是，注意到(8.2.4)式，由(8.2.61)式就得到

$$
\|u(t,\cdot)\|_{L^{\infty}(\mathbb{R})}\leqslant C\varepsilon+CE^{\alpha}(1+t)^{\kappa}(E+D_{S,T}(u)),\tag{8.2.64}
$$

其中

$$
\kappa=\begin{cases}2, & 若\int\psi\mathrm{d}x\neq 0;\\ 1, & 若\int\psi\mathrm{d}x=0.\end{cases}\tag{8.2.65}
$$

再注意到(8.2.36)式，由(8.2.64)就得到

$$
\sup_{0\leqslant t\leqslant T}\|u(t,\cdot)\|_{L^{\infty}(\mathbb{R})}\leqslant C\{\varepsilon+R(E,T)(E+D_{S,T}(u))\}.\tag{8.2.66}
$$

接下来估计 $\|u(t,\cdot)\|_{L^{1+\alpha}(\mathbb{R})}$.

利用第四章定理 1.1 中的(4.1.4)式及(4.1.8)式(在其中取 $p=1+\alpha$)，并注意到(8.2.4)式，类似于(8.2.66)，由(8.2.22)-(8.2.23)可得

$$
\begin{aligned}
&\|u(t,\cdot)\|_{L^{1+\alpha}(\mathbb{R})}\\
&\leqslant C\varepsilon g(t)+C\int_0^t(t-\tau)^{\frac{1}{1+\alpha}}\|\hat{F}(v,Dv,Du_x)(\tau,\cdot)\|_{L^{1}(\mathbb{R})}\mathrm{d}\tau\\
&\leqslant C\varepsilon g(t)+CE^{\alpha}(1+t)^{\frac{2+\alpha}{1+\alpha}}g^{1+\alpha}(t)(E+D_{S,T}(u))\\
&\leqslant Cg(t)\{\varepsilon+R(E,T)(E+D_{S,T}(u))\},
\end{aligned}
\tag{8.2.67}
$$

从而

$$
\begin{aligned}
&\sup_{0\leqslant t\leqslant T}g^{-1}(t)\|u(t,\cdot)\|_{L^{1+\alpha}(\mathbb{R})}\\
&\leqslant C\{\varepsilon+R(E,T)(E+D_{S,T}(u))\}.
\end{aligned}
\tag{8.2.68}
$$

最后，我们来估计 $\|Du(t,\cdot)\|_{D,S,2}$.

对任何满足 $0\leqslant|k|\leqslant S$ 的二重指标 $k=(k_1,k_2)$，在(8.2.22)的两端作用 D^k，然后与 D^ku_t 作 L^2 中的内积，再对 t 积分，类似于第六章中的(6.2.31)式，可

得下述能量积分公式：

$$
\begin{aligned}
&\| D^k u_t(t,\cdot)\|^2_{L^2(\mathbb{R})} + \int_{\mathbb{R}} a(v, Dv)(t,\cdot)(D^k u_x(t,\cdot))^2 \mathrm{d}x \\
= &\| D^k u_t(0,\cdot)\|^2_{L^2(\mathbb{R})} + \int_{\mathbb{R}} a(v, Dv)(0,\cdot)(D^k u_x(0,\cdot))^2 \mathrm{d}x \\
&+ \int_0^t \int_{\mathbb{R}} \frac{\partial b(v, Dv)(\tau,\cdot)}{\partial \tau}(D^k u_x(\tau,\cdot))^2 \mathrm{d}x\mathrm{d}\tau \\
&- 2\int_0^t \int_{\mathbb{R}} \frac{\partial b(v, Dv)(\tau,\cdot)}{\partial x} D^k u_x(\tau,\cdot) D^k u_\tau(\tau,\cdot)\mathrm{d}x\mathrm{d}\tau \\
&- 2\int_0^t \int_{\mathbb{R}} \frac{\partial a_0(v, Dv)(\tau,\cdot)}{\partial x}(D^k u_\tau(\tau,\cdot))^2 \mathrm{d}x\mathrm{d}\tau \\
&+ 2\int_0^t \int_{\mathbb{R}} G_k(\tau,\cdot) D^k u_\tau(\tau,\cdot)\mathrm{d}x\mathrm{d}\tau \\
&+ 2\int_0^t \int_{\mathbb{R}} g_k(\tau,\cdot) D^k u_\tau(\tau,\cdot)\mathrm{d}x\mathrm{d}\tau \\
\overset{\text{def.}}{=\!=} &\| D^k u_t(0,\cdot)\|^2_{L^2(\mathbb{R})} + \int_{\mathbb{R}} a(v, Dv)(0,\cdot)(D^k u_x(0,\cdot))^2 \mathrm{d}x \\
&+ \mathrm{I} + \mathrm{II} + \mathrm{III} + \mathrm{IV} + \mathrm{V},
\end{aligned} \tag{8.2.69}
$$

其中函数 $a(\cdot)$ 由(8.1.19)式定义，而

$$
\begin{aligned}
G_k = &D^k(b(v, Dv)u_{xx}) - b(v, Dv)D^k u_{xx} \\
&+ 2[D^k(a_0(v, Dv)u_{tx}) - a_0(v, Dv)D^k u_{tx}],
\end{aligned} \tag{8.2.70}
$$

$$
g_k = D^k F(v, Dv). \tag{8.2.71}
$$

注意到(8.1.17)及(8.2.16)式，易知成立

$$
|\ \mathrm{I}\ |,\ |\ \mathrm{II}\ |,\ |\ \mathrm{III}\ | \leqslant CE^\alpha(1+t)D^2_{S,T}(u) \leqslant CR(E, T)D^2_{S,T}(u). \tag{8.2.72}
$$

利用第五章中之(5.1.24)式（在其中取 $p=q=p_2=q_2=p_3=q_3=2$，$p_1=q_1=p_4=q_4=+\infty$，而 $\chi\equiv1$）及第五章中之引理 2.2 及注 2.1[在其中分别取 $p=q=p_i=q_i=+\infty$ $(i=0, 1, \cdots, \beta)$ 或 $p=q=p_0=q_0=2$，而 $p_i=q_i=+\infty$ $(i=1, \cdots, \beta)$]，并注意到(8.2.15)-(8.2.16)式，就得到

$$
\| G_k(\tau,\cdot)\|_{L^2(\mathbb{R})} \leqslant CE^\alpha D_{S,T}(u). \tag{8.2.73}
$$

在 $|k|>0$ 时，利用第五章中之(5.2.15)式，并注意到(8.2.16)式，由(8.1.18)式可得

$$\| g_k(\tau,\cdot) \|_{L^2(\mathbb{R})} \leqslant CE^{\alpha+1}. \tag{8.2.74}$$

而在 $|k|=0$ 时,由 Hölder 不等式,有

$$\begin{aligned} \| g_0(\tau,\cdot) \|_{L^2(\mathbb{R})} &= \| F(v, Dv)(\tau,\cdot) \|_{L^2(\mathbb{R})} \\ &\leqslant C \| (v, Dv)(\tau,\cdot) \|^{1+\alpha}_{L^{2(1+\alpha)}(\mathbb{R})}. \end{aligned} \tag{8.2.75}$$

再由插值不等式(见第三章引理 4.1),并注意到 $X_{S,E,T}$ 的定义,有

$$\begin{aligned} \| v(\tau,\cdot) \|_{L^{2(1+\alpha)}(\mathbb{R})} &\leqslant \| v(\tau,\cdot) \|^{\frac{1}{2}}_{L^\infty(\mathbb{R})} \| v(\tau,\cdot) \|^{\frac{1}{2}}_{L^{1+\alpha}(\mathbb{R})} \\ &\leqslant CE(g(\tau))^{\frac{1}{2}}, \end{aligned} \tag{8.2.76}$$

于是再利用(8.2.17)式就得到

$$\| g_0(\tau,\cdot) \|_{L^2(\mathbb{R})} \leqslant CE^{1+\alpha}(g(\tau))^{\frac{1+\alpha}{2}}. \tag{8.2.77}$$

由(8.2.73)-(8.2.74)及(8.2.77)式,就得到

$$|\mathrm{IV}| \leqslant CE^\alpha(1+t)D^2_{S,T}(u) \leqslant CR(E,T)D^2_{S,T}(u) \tag{8.2.78}$$

及

$$\begin{aligned} |\mathrm{V}| &\leqslant CE^{1+\alpha}(g(t))^{\frac{1+\alpha}{2}}(1+t)D_{S,T}(u) \\ &\leqslant CR(E,T)ED_{S,T}(u). \end{aligned} \tag{8.2.79}$$

这样,利用(8.2.72)及(8.2.78)-(8.2.79)式,并注意到(8.2.34)式及(8.2.32)式,就可由(8.2.69)式得到

$$\sup_{0\leqslant t\leqslant T} \| Du(t,\cdot) \|_{D,S,2} \leqslant C\{\varepsilon + \sqrt{R(E,T)}(E+D_{S,T}(u))\}. \tag{8.2.80}$$

联合(8.2.66),(8.2.68)及(8.2.80),就得到所要求的估计式(8.2.35).引理 2.5 证毕.

2.4. 引理 2.6 的证明

令

$$u^* = \bar{u} - \bar{\bar{u}},\ v^* = \bar{v} - \bar{\bar{v}}. \tag{8.2.81}$$

由映照 M 的定义,有

$$u^*_{tt} - a(\bar{v}, D\bar{v})u^*_{xx} - 2a_0(\bar{v}, D\bar{v})u^*_{tx} = F^*, \tag{8.2.82}$$

$$t=0: u^* = u_t^* = 0, \tag{8.2.83}$$

于此函数 $a(\cdot)$ 由(8.1.19)式定义,而

$$\begin{aligned}F^* = &(b(\bar{v}, D\bar{v}) - b(\bar{\bar{v}}, D\bar{\bar{v}}))\bar{\bar{u}}_{xx} \\ &+ 2(a_0(\bar{v}, D\bar{v}) - a_0(\bar{\bar{v}}, D\bar{\bar{v}}))\bar{\bar{u}}_{tx} \\ &+ F(\bar{v}, D\bar{v}) - F(\bar{\bar{v}}, D\bar{\bar{v}}).\end{aligned} \tag{8.2.84}$$

类似于(8.2.66)及(8.2.68),此时可得到

$$\sup_{0\leqslant t\leqslant T} \| u^*(t, \cdot) \|_{L^\infty(\mathbb{R})} \leqslant CR(E, T)(D_{S-1, T}(u^*) + D_{S-1, T}(v^*)) \tag{8.2.85}$$

及

$$\begin{aligned}&\sup_{1\leqslant t\leqslant T} g^{-1}(t) \| u^*(t, \cdot) \|_{L^{1+\alpha}(\mathbb{R})} \\ &\leqslant CR(E, T)(D_{S-1, T}(u^*) + D_{S-1, T}(v^*)).\end{aligned} \tag{8.2.86}$$

下面对 $\| Du^*(t, \cdot) \|_{D, S-1, 2}$ 进行估计.

对任何满足 $0\leqslant |k| \leqslant S-1$ 的二重指标 $k=(k_0, k_1)$,类似于(8.2.69)式,我们有

$$\begin{aligned}&\| D^k u_t^*(t, \cdot) \|_{L^2(\mathbb{R})}^2 + \int_{\mathbb{R}} a(\bar{v}, D\bar{v})(t, \cdot)(D^k u_x^*(t, \cdot))^2 \mathrm{d}x \\ = &\int_0^t \int_{\mathbb{R}} \frac{\partial b(\bar{v}, D\bar{v})(\tau, \cdot)}{\partial \tau}(D^k u_x^*(\tau, \cdot))^2 \mathrm{d}x\mathrm{d}\tau \\ &-2\int_0^t \int_{\mathbb{R}} \frac{\partial b(\bar{v}, D\bar{v})(\tau, \cdot)}{\partial x} D^k u_x^*(\tau, \cdot) D^k u_\tau^*(\tau, \cdot) \mathrm{d}x\mathrm{d}\tau \\ &-2\int_0^t \int_{\mathbb{R}} \frac{\partial a_0(\bar{v}, D\bar{v})(\tau, \cdot)}{\partial x}(D^k u_\tau^*(\tau, \cdot))^2 \mathrm{d}x\mathrm{d}\tau \\ &+2\int_0^t \int_{\mathbb{R}} \bar{G}_k(\tau, \cdot) D^k u_\tau^*(\tau, \cdot) \mathrm{d}x\mathrm{d}\tau \\ &+2\int_0^t \int_{\mathbb{R}} \bar{g}_k(\tau, \cdot) D^k u_\tau^*(\tau, \cdot) \mathrm{d}x\mathrm{d}\tau \\ \stackrel{\text{def.}}{=} &\mathrm{I} + \mathrm{II} + \mathrm{III} + \mathrm{IV} + \mathrm{V},\end{aligned} \tag{8.2.87}$$

其中

$$\begin{aligned}\bar{G}_k = &D^k(b(\bar{v}, D\bar{v})u_{xx}^*) - b(\bar{v}, D\bar{v})D^k u_{xx}^* \\ &+ 2(D^k(a_0(\bar{v}, D\bar{v})u_{tx}^*) - a_0(\bar{v}, D\bar{v})D^k u_{tx}^*),\end{aligned} \tag{8.2.88}$$

$$\overline{g}_k = D^k F^*. \tag{8.2.89}$$

类似于(8.2.72)及(8.2.78)，此时我们有

$$\begin{aligned}|\text{ I }|+|\text{ II }|+|\text{ III }|+|\text{ IV }| &\leqslant CE^\alpha(1+t)D^2_{S-1,T}(u^*)\\ &\leqslant CR(E,T)D^2_{S-1,T}(u^*).\end{aligned} \tag{8.2.90}$$

此外，分别类似于(8.2.74)及(8.2.77)，我们有：在 $|k|>0$ 时，有

$$\|\overline{g}_k(\tau,\cdot)\|_{L^2(\mathbb{R})} \leqslant CE^\alpha D_{S-1,T}(v^*), \tag{8.2.91}$$

而

$$\|\overline{g}_0(\tau,\cdot)\|_{L^2(\mathbb{R})} \leqslant CE^\alpha(g(\tau))^{\frac{1+\alpha}{2}} D_{S-1,T}(v^*), \tag{8.2.92}$$

从而

$$\begin{aligned}|\text{ V }| &\leqslant CE^\alpha(g(t))^{\frac{1+\alpha}{2}}(1+t)D_{S-1,T}(u^*)D_{S-1,T}(v^*)\\ &\leqslant CR(E,T)D_{S-1,T}(u^*)D_{S-1,T}(v^*).\end{aligned} \tag{8.2.93}$$

这样，利用(8.2.90)及(8.2.93)式，由(8.2.87)式就得到

$$\begin{aligned}&\sup_{0\leqslant t\leqslant T}\|Du^*(t,\cdot)\|_{D,S-1,T}\\ &\leqslant C\sqrt{R(E,T)}(D_{S-1,T}(u^*)+D_{S-1,T}(v^*)).\end{aligned} \tag{8.2.94}$$

合并(8.2.85)-(8.2.86)及(8.2.94)，就得到所要证明的(8.2.37)式. 引理 2.6 证毕.

§3. Cauchy 问题(8.1.14)-(8.1.15)的经典解的生命跨度的下界估计(续)

3.1. 度量空间 $X_{S,E,T}$. 主要结果

在本节中，我们考察满足假设(8.1.20)的特殊情形，证明此时 Cauchy 问题(8.1.14)-(8.1.15)的经典解的生命跨度具有形如(8.1.11)的下界估计. 整个的讨论与上节类似，这里我们仅指出一些本质上的不同之点.

在此情形，不论(8.1.8)式是否成立，仍由(8.2.2)式引入函数集合 $X_{S,E,T}$，但代替(8.2.3)式此时我们取

$$D_{S,T}(v) = \sup_{0\leqslant t\leqslant T}\|v(t,\cdot)\|_{L^\infty(\mathbb{R})}$$

$$
\begin{aligned}
&+ \sup_{0 \leqslant t \leqslant T} (1+t)^{-\frac{1}{1+\beta_0}} \| v(t,\cdot) \|_{L^{1+\beta_0}(\mathbb{R})} \\
&+ \sup_{0 \leqslant t \leqslant T} \| Dv(t,\cdot) \|_{D, S, 2}, \qquad (8.3.1)
\end{aligned}
$$

其中 $\beta_0 > \alpha$ 为出现在(8.1.20)中的整数. 我们有

定理 3.1 在定理 2.1 的假设下,并假设(8.1.20)式成立,则有和定理 2.1 同样的结论,但代替(8.2.18)式,此时取

$$
T(\varepsilon) = a\varepsilon^{-\min\left(\frac{\beta_0}{2}, \alpha\right)} - 1, \qquad (8.3.2)
$$

其中 a 是一个与 ε 无关的正常数.

为证明定理 3.1,仅需证明下述两个引理.

引理 3.1 在定理 3.1 的假设下,当 $E > 0$ 适当小时,对任何给定的 $v \in X_{S, E, T}$, $u = Mv$ 满足

$$
D_{S, T}(u) \leqslant C_1\{\varepsilon + (R^2 + R + \sqrt{R})(E + D_{S, T}(u))\}, \qquad (8.3.3)
$$

于此 C_1 是一个与 E 及 T 无关的正常数,而

$$
R = R(E, T) \overset{\text{def.}}{=\!=} E^{\min\left(\frac{\beta_0}{2}, \alpha\right)}(1+T). \qquad (8.3.4)
$$

引理 3.2 在引理 3.1 的假设下,对任何给定的 $\overline{v}, \overline{\overline{v}} \in X_{S, E, T}$,若 $\overline{u} = M\overline{v}$ 及 $\overline{\overline{u}} = M\overline{\overline{v}}$ 亦满足 $\overline{u}, \overline{\overline{u}} \in X_{S, E, T}$,则成立

$$
\begin{aligned}
&D_{S-1, T}(\overline{u} - \overline{\overline{u}}) \\
&\leqslant C_2(R^2 + R + \sqrt{R})(D_{S-1, T}(\overline{u} - \overline{\overline{u}}) + D_{S-1, T}(\overline{v} - \overline{\overline{v}})), \qquad (8.3.5)
\end{aligned}
$$

其中 C_2 是一个与 E 及 T 无关的正常数,而 $R = R(E, T)$ 仍由(8.3.4)式定义.

3.2. 引理 3.1 的证明

注意到(8.1.20),可将 $\hat{F}$ 改写为

$$
\begin{aligned}
&\hat{F}(v, Dv, Du_x) \\
&= (b(v, 0)u_x)_x - b_x(v, 0)u_x + (b(v, Dv) - b(v, 0))u_{xx} \\
&\quad + 2(a_0(v, 0)u_x)_t - 2a_{0t}(v, 0)u_x \\
&\quad + 2(a_0(v, Dv) - a_0(v, 0))u_{xt} \\
&\quad + (F(v, Dv) - F(v, 0) - F_{Dv}(v, 0)Dv) \\
&\quad + F(v, 0) + F_{Dv}(v, 0)Dv \\
&= \sum_{i=0}^{1} \partial_i G_i(v, u_x) + \sum_{i=0}^{1} A_i(v) v_{x_i} u_x
\end{aligned}
$$

$$+\sum_{i,\,j=0}^{1} B_{ij}(v,\,Dv)v_{x_i}u_{xx_j}$$

$$+\sum_{i,\,j=0}^{1} C_{ij}(v,\,Dv)v_{x_i}v_{x_j}+F(v,\,0), \tag{8.3.6}$$

其中 $(x_0,\,x_1)=(t,\,x)$, $(\partial_0,\,\partial_1)=(\partial_t,\,\partial_x)=D$, 且由(8.1.17)-(8.1.18)及(8.1.20)式,在 $\bar{\lambda}=0$ 的一个邻域中成立

$$G_i(\bar{\lambda})=O(|\,\bar{\lambda}\,|^{1+\alpha})\ (i=0,\,1;\,\bar{\lambda}=(\lambda,\,\lambda_1)), \tag{8.3.7}$$

且 $G_i(\bar{\lambda})$对变量 λ_1 为仿射的,

$$A_i(\lambda)=O(|\,\lambda\,|^{\alpha-1})\ (i=0,\,1), \tag{8.3.8}$$

$$B_{ij}(\tilde{\lambda}),\,C_{ij}(\tilde{\lambda})=O(|\,\tilde{\lambda}\,|^{\alpha-1})\ (i,\,j=0,\,1;\,\tilde{\lambda}=(\lambda,\,\lambda_0,\,\lambda_1)) \tag{8.3.9}$$

及

$$F(\lambda,\,0)=O(|\,\lambda\,|^{1+\beta_0}). \tag{8.3.10}$$

这样,Cauchy 问题(8.2.22)-(8.2.23)的解 $u=Mv$ 可表示为

$$u=w^{(0)}+\sum_{i=0}^{1}\partial_i w^{(i)}-u^{(0)}+u^{(1)}+u^{(2)}, \tag{8.3.11}$$

其中 $w^{(0)}$ 为 Cauchy 问题

$$w_{tt}^{(0)}-w_{xx}^{(0)}=0, \tag{8.3.12}$$

$$t=0:w^{(0)}=\varepsilon\phi(x),\ w_t^{(0)}=\varepsilon\psi(x) \tag{8.3.13}$$

的解,而 $w^{(i)}(i=0,\,1)$,$u^{(0)}$, $u^{(1)}$ 及 $u^{(2)}$ 分别满足方程

$$w_{tt}^{(i)}-w_{xx}^{(i)}=G_i(v,\,u_x),\ (i=0,\,1), \tag{8.3.14}$$

$$u_{tt}^{(0)}-u_{xx}^{(0)}=0, \tag{8.3.15}$$

$$u_{tt}^{(1)}-u_{xx}^{(1)}=\sum_{i=0}^{1}A_i(v)v_{x_i}u_x+\sum_{i,\,j=0}^{1}B_{ij}(v,\,Dv)v_{x_i}u_{xx_j}$$

$$+\sum_{i,\,j=0}^{1}C_{ij}(v,\,Dv)v_{x_i}v_{x_j} \tag{8.3.16}$$

及

$$u_{tt}^{(2)}-u_{xx}^{(2)}=F(v,\,0); \tag{8.3.17}$$

此外,除 $u^{(0)}$ 满足初始条件

$$t = 0 : u^{(0)} = 0,\ u_t^{(0)} = G_0(v,\ u_x)(0,\ x) \tag{8.3.18}$$

外，$w^{(i)}(i = 0,\ 1)$，$u^{(1)}$ 及 $u^{(2)}$ 均满足零初始条件.

我们首先估计 $\| u(t,\ \cdot) \|_{L^\infty(\mathbb{R})}$.

由第四章中的(4.1.5)式，并注意到(8.3.7)及(8.2.15)式，易知在 $E > 0$ 适当小时，对 $i = 0,\ 1$，有

$$\begin{aligned} \| \partial_i w^{(i)}(t,\ \cdot) \|_{L^\infty(\mathbb{R})} &\leqslant \int_0^t \| G_i(v,\ u_x)(\tau,\ \cdot) \|_{L^\infty(\mathbb{R})} \mathrm{d}\tau \\ &\leqslant CE^\alpha(1+t)(E + D_{S,\ T}(u)) \\ &\leqslant CR(E,\ T)(E + D_{S,\ T}(u)), \end{aligned} \tag{8.3.19}$$

这儿及今后，C 均表示与 E 及 T 无关的正常数，而 $R(E,\ T)$ 由(8.3.4)式定义.

由第四章中的(4.1.4)式，并注意到(8.3.7)及(8.2.34)式，有

$$\| u^{(0)}(t,\ \cdot) \|_{L^\infty(\mathbb{R})} \leqslant C\varepsilon. \tag{8.3.20}$$

再由第四章中的(4.1.4)式，并注意到(8.3.8)-(8.3.10)式及 $X_{S,\ E,\ T}$ 的定义，易见

$$\begin{aligned} &\| u^{(1)}(t,\ \cdot) \|_{L^\infty(\mathbb{R})} \\ \leqslant\ & C\Big\{ \int_0^t \sum_{i=0}^1 \| A_i(v) v_{x_i} u_x(\tau,\ \cdot) \|_{L^1(\mathbb{R})} \mathrm{d}\tau \\ &+ \int_0^t \sum_{i,\ j=0}^1 \| B_{ij}(v,\ Dv) v_{x_i} u_{xx_j}(\tau,\ \cdot) \|_{L^1(\mathbb{R})} \mathrm{d}\tau \\ &+ \int_0^t \sum_{i,\ j=0}^1 \| C_{ij}(v,\ Dv) v_{x_i} v_{x_j}(\tau,\ \cdot) \|_{L^1(\mathbb{R})} \mathrm{d}\tau \Big\} \\ \leqslant\ & CE^\alpha(1+t)(E + D_{S,\ T}(u)) \\ \leqslant\ & CR(E,\ T)(E + D_{S,\ T}(u)) \end{aligned} \tag{8.3.21}$$

及

$$\begin{aligned} &\| u^{(2)}(t,\ \cdot) \|_{L^\infty(\mathbb{R})} \\ \leqslant\ & C\int_0^t \| F(v,\ 0)(\tau,\ \cdot) \|_{L^1(\mathbb{R})} \mathrm{d}\tau \\ \leqslant\ & C\int_0^t \| v(\tau,\ \cdot) \|_{L^{1+\beta_0}(\mathbb{R})}^{1+\beta_0} \mathrm{d}\tau \\ \leqslant\ & CE^{1+\beta_0}(1+t)^2 \leqslant CER^2(E,\ T). \end{aligned} \tag{8.3.22}$$

此外，仍由第四章中的(4.1.4)式，显然有

$$\| w^{(0)}(t,\ \cdot) \|_{L^\infty(\mathbb{R})} \leqslant C\varepsilon. \tag{8.3.23}$$

合并(8.3.19)-(8.3.23)，由(8.3.11)式就得到

$$\sup_{0\leqslant t\leqslant T}\|u(t,\cdot)\|_{L^\infty(\mathbb{R})}$$
$$\leqslant C\{\varepsilon+(R^2(E,T)+R(E,T))(E+D_{S,T}(u))\}. \tag{8.3.24}$$

下面我们估计 $\|u(t,\cdot)\|_{L^{1+\beta_0}(\mathbb{R})}$.

由第四章的(4.1.5)式，类似于(8.3.19)式，对 $i=0,1$，可得

$$\|\partial_i w^{(i)}(t,\cdot)\|_{L^{1+\beta_0}(\mathbb{R})}$$
$$\leqslant\int_0^t\|G_i(v,u_x)(\tau,\cdot)\|_{L^{1+\beta_0}(\mathbb{R})}\mathrm{d}\tau$$
$$\leqslant C\int_0^t\|v(\tau,\cdot)\|^{\alpha}_{L^\infty(\mathbb{R})}\|(v,u_x)(\tau,\cdot)\|_{L^{1+\beta_0}(\mathbb{R})}\mathrm{d}\tau$$
$$\leqslant CE^\alpha(1+t)^{1+\frac{1}{1+\beta_0}}(E+D_{S,T}(u))$$
$$\leqslant C(1+t)^{\frac{1}{1+\beta_0}}R(E,T)(E+D_{S,T}(u)). \tag{8.3.25}$$

类似地，由第四章中之(4.1.4)式，可得

$$\|w^{(0)}(t,\cdot)\|_{L^{1+\beta_0}(\mathbb{R})},\ \|u^{(0)}(t,\cdot)\|_{L^{1+\beta_0}(\mathbb{R})}$$
$$\leqslant C\varepsilon(1+t)^{\frac{1}{1+\beta_0}}, \tag{8.3.26}$$

$$\|u^{(1)}(t,\cdot)\|_{L^{1+\beta_0}(\mathbb{R})}$$
$$\leqslant C(1+t)^{\frac{1}{1+\beta_0}}R(E,T)(E+D_{S,T}(u)) \tag{8.3.27}$$

及

$$\|u^{(2)}(t,\cdot)\|_{L^{1+\beta_0}(\mathbb{R})}\leqslant C(1+t)^{\frac{1}{1+\beta_0}}ER^2(E,T). \tag{8.3.28}$$

这样，由(8.3.11)式就得到

$$\sup_{0\leqslant t\leqslant T}(1+t)^{-\frac{1}{1+\beta_0}}\|u(t,\cdot)\|_{L^{1+\beta_0}(\mathbb{R})}$$
$$\leqslant C\{\varepsilon+(R^2(E,T)+R(E,T))(E+D_{S,T}(u))\}. \tag{8.3.29}$$

最后，我们来估计 $\|Du(t,\cdot)\|_{D,S,2}$.

我们此时仍有(8.2.69)-(8.2.72)，(8.2.78)及(8.2.74)诸式. 此外，由于

$$F(v,Dv)=F(v,0)+\tilde{F}(v,Dv)Dv, \tag{8.3.30}$$

其中，$\tilde{F}(\tilde{\lambda})$ 在 $\tilde{\lambda}=(\lambda,\lambda_0,\lambda_1)=0$ 的一个邻域中充分光滑，且

$$\tilde{F}(\tilde{\lambda})=O(|\tilde{\lambda}|^\alpha), \tag{8.3.31}$$

利用插值不等式(见第三章引理 4.1),并注意到(8.3.10)及 $X_{S,E,T}$的定义,有

$$\begin{aligned}
&\| F(v,0)(\tau,\cdot)\|_{L^2(\mathbb{R})}\\
\leqslant &\| F(v,0)(\tau,\cdot)\|_{L^\infty(\mathbb{R})}^{\frac{1}{2}}\| F(v,0)(\tau,\cdot)\|_{L^1(\mathbb{R})}^{\frac{1}{2}}\\
\leqslant &C\| v(\tau,\cdot)\|_{L^\infty(\mathbb{R})}^{\frac{1+\beta_0}{2}}\| v(\tau,\cdot)\|_{L^{1+\beta_0}(\mathbb{R})}^{\frac{1+\beta_0}{2}}\\
\leqslant &CE^{1+\beta_0}(1+\tau)^{\frac{1}{2}}
\end{aligned}\tag{8.3.32}$$

及

$$\begin{aligned}
&\| \widetilde{F}(v,Dv)Dv(\tau,\cdot)\|_{L^2(\mathbb{R})}\\
\leqslant &\| \widetilde{F}(v,Dv)(\tau,\cdot)\|_{L^\infty(\mathbb{R})}\| Dv(\tau,\cdot)\|_{L^2(\mathbb{R})}\\
\leqslant &CE^{1+\alpha},
\end{aligned}\tag{8.3.33}$$

于是

$$\| g_0(\tau,\cdot)\|_{L^2(\mathbb{R})}\leqslant CE^{1+\beta_0}(1+\tau)^{\frac{1}{2}}+CE^{1+\alpha}.\tag{8.3.34}$$

再注意到(8.2.74)式,就有

$$\begin{aligned}
|\mathrm{V}|\leqslant &CE^{1+\beta_0}(1+t)^{\frac{3}{2}}D_{S,T}(u)+CE^{1+\alpha}(1+t)D_{S,T}(u)\\
\leqslant &C(R^2(E,T)+R(E,T))ED_{S,T}(u).
\end{aligned}\tag{8.3.35}$$

利用(8.2.72),(8.2.78)及(8.3.35)式,由(8.2.69)式就得到

$$\begin{aligned}
&\sup_{0\leqslant t\leqslant T}\| Du(t,\cdot)\|_{D,S,2}\\
\leqslant &C\{\varepsilon+(R(E,T)+\sqrt{R(E,T)})(E+D_{S,T}(u))\}.
\end{aligned}\tag{8.3.36}$$

合并(8.3.24),(8.3.29)及(8.3.36)式,就得到所要证明的(8.3.3)式.引理 3.1 证毕.

3.3. 引理 3.2 的证明

我们有

$$\begin{aligned}
&b(\overline{v},D\overline{v})-b(\overline{\overline{v}},D\overline{\overline{v}})\\
=&b_1(\widetilde{v},D\widetilde{v})v^*+b_2(\widetilde{v},D\widetilde{v})Dv^*\\
=&b_1(\widetilde{v},0)v^*+(b_1(\widetilde{v},D\widetilde{v})-b_1(\widetilde{v},0))v^*+b_2(\widetilde{v},D\widetilde{v})Dv^*\\
=&b_1(\widetilde{v},0)v^*+b_3(\widetilde{v},D\widetilde{v})D\widetilde{v}\,v^*+b_2(\widetilde{v},D\widetilde{v})Dv^*
\end{aligned}\tag{8.3.37}$$

及

$$
\begin{aligned}
& F(\bar{v}, D\bar{v}) - F(\bar{\bar{v}}, D\bar{\bar{v}}) \\
= & F(\bar{v}, 0) - F(\bar{\bar{v}}, 0) + \sum_{i=0}^{1} (F_i(\bar{v}, 0)\partial_i \bar{v} - F_i(\bar{\bar{v}}, 0)\partial_i \bar{\bar{v}}) \\
& + \sum_{i,j=0}^{1} (F_{ij}(\bar{v}, D\bar{v})\partial_i \bar{v}\partial_j \bar{v} - F_{ij}(\bar{\bar{v}}, D\bar{\bar{v}})\partial_i \bar{\bar{v}}\partial_j \bar{\bar{v}}) \\
= & \frac{\partial F}{\partial u}(\tilde{v}, 0)v^* + \sum_{i=0}^{1} \partial_i (G_i(\bar{v}) - G_i(\bar{\bar{v}})) \\
& + \sum_{i,j=0}^{1} [F_{ij}(\bar{v}, D\bar{v})\partial_i \bar{v}\partial_j v^* + F_{ij}(\bar{v}, D\bar{v})\partial_i v^* \partial_j \bar{\bar{v}} \\
& \quad + (F_{ij}(\bar{v}, D\bar{v}) - F_{ij}(\bar{\bar{v}}, D\bar{\bar{v}}))\partial_i \bar{\bar{v}}\partial_j \bar{\bar{v}}] \\
= & \frac{\partial F}{\partial u}(\tilde{v}, 0)v^* + \sum_{i=0}^{1} \partial_i (\hat{G}_i(\tilde{v})v^*) \\
& + \sum_{i,j=0}^{1} (F_{ij}(\bar{v}, D\bar{v})\partial_i \bar{v}\partial_j v^* + F_{ij}(\bar{v}, D\bar{v})\partial_i v^* \partial_j \bar{\bar{v}} \\
& \quad + \hat{F}_{ij}(\tilde{v}, D\tilde{v})v^* \partial_i \bar{\bar{v}}\partial_j \bar{\bar{v}}) \\
& + \sum_{i,j,k=0}^{1} F_{ijk}(\tilde{v}, D\tilde{v})\partial_i \bar{\bar{v}}\partial_j \bar{\bar{v}}\partial_k v^*,
\end{aligned}
\tag{8.3.38}
$$

于此

$$
\tilde{v} = (\bar{v}, \bar{\bar{v}}), \tag{8.3.39}
$$

而 $G_i(v)$ 为 $F_i(v, 0)$ 的一个原函数 $(i = 0, 1)$.

这样,类似于引理 3.1 的证明. 可得

$$
\begin{aligned}
& \sup_{0 \leqslant t \leqslant T} \| u^*(t, \cdot) \|_{L^\infty(\mathbb{R})} \\
& + \sup_{0 \leqslant t \leqslant T} (1+t)^{-\frac{1}{1+\beta_0}} \| u^*(t, \cdot) \|_{L^{1+\beta_0}(\mathbb{R})} \\
\leqslant & C(R^2(E, T) + R(E, T))(D_{S-1, T}(u^*) + D_{S-1, T}(v^*)).
\end{aligned}
\tag{8.3.40}
$$

另一方面,此时仍成立(8.2.87)-(8.2.91)式. 此外,注意到

$$
\begin{aligned}
& F(\bar{v}, D\bar{v}) - F(\bar{\bar{v}}, D\bar{\bar{v}}) \\
= & F(\bar{v}, 0) - F(\bar{\bar{v}}, 0) + \sum_{i=0}^{1} (F_i(\bar{v}, D\bar{v})\partial_i \bar{v} - F_i(\bar{\bar{v}}, D\bar{\bar{v}})\partial_i \bar{\bar{v}}) \\
= & \frac{\partial F}{\partial u}(\tilde{v}, 0)v^* + \sum_{i=0}^{1} [F_i(\bar{v}, D\bar{v})\partial_i v^* \\
& \quad + (F_i(\bar{v}, D\bar{v}) - F_i(\bar{\bar{v}}, D\bar{\bar{v}}))\partial_i \bar{\bar{v}}],
\end{aligned}
\tag{8.3.41}
$$

类似于(8.3.34)式,可以得到

$$\| \bar{g}_0(\tau, \cdot) \|_{L^2(\mathbb{R})} = \| F^*(\tau, \cdot) \|_{L^2(\mathbb{R})}$$
$$\leqslant C(E^{\beta_0}(1+\tau)^{\frac{1}{2}} + E^{\alpha}) D_{S-1, T}(v^*), \tag{8.3.42}$$

从而

$$| \text{V} | \leqslant C(R^2(E, T) + R(E, T)) D_{S-1, T}(u^*) D_{S-1, T}(v^*). \tag{8.3.43}$$

这样,我们得到

$$\sup_{0 \leqslant t \leqslant T} \| Du^*(t, \cdot) \|_{D, S-1, 2}$$
$$\leqslant C(R(E, T) + \sqrt{R(E, T)})(D_{S-1, T}(u^*) + D_{S-1, T}(v^*)). \tag{8.3.44}$$

合并(8.3.40)及(8.3.44)式,就得到所要求的估计式(8.3.5).引理 3.2 证毕.

第九章

$n(\geqslant 3)$维非线性波动方程的 Cauchy 问题

§1. 引言

在本章中我们考察下述$n(\geqslant 3)$维非线性波动方程具小初值的 Cauchy 问题：

$$\Box u = F(u, Du, D_x Du), \tag{9.1.1}$$

$$t = 0 : u = \varepsilon\varphi(x),\ u_t = \varepsilon\psi(x), \tag{9.1.2}$$

于此

$$\Box = \frac{\partial^2}{\partial t^2} - \sum_{i=1}^{n} \frac{\partial^2}{\partial x_i^2} \tag{9.1.3}$$

为n维波动算子，

$$D_x = \left(\frac{\partial}{\partial x_1}, \cdots, \frac{\partial}{\partial x_n}\right), D = \left(\frac{\partial}{\partial t}, \frac{\partial}{\partial x_1}, \cdots, \frac{\partial}{\partial x_n}\right), \tag{9.1.4}$$

φ与ψ为充分光滑的具紧支集的函数，不妨设$\varphi, \psi \in C_0^\infty(\mathbb{R}^n)$，而$\varepsilon > 0$为一小参数.

记

$$\hat{\lambda} = (\lambda;\ (\lambda_i),\ i = 0, 1, \cdots, n;\ (\lambda_{ij}),\ i, j = 0, 1, \cdots, n,\ i + j \geqslant 1). \tag{9.1.5}$$

假设在$\hat{\lambda} = 0$的一个邻域中，例如说对$|\hat{\lambda}| \leqslant \nu_0$，非线性项$F(\hat{\lambda})$是一个充分光滑的函数，并满足

$$F(\hat{\lambda}) = O(|\hat{\lambda}|^{1+\alpha}), \tag{9.1.6}$$

而 $\alpha \geqslant 1$ 是一个整数.

本章的目的是对任何给定的整数 $\alpha \geqslant 1$,在空间维数 $n \geqslant 3$ 时,用统一的方式研究 Cauchy 问题(9.1.1)-(9.1.2) 的经典解 $u = u(t, x)$ 的生命跨度 $\widetilde{T}(\varepsilon)$.

我们将证明:存在一个适当小的正数 ε_0,使对任何给定的 $\varepsilon \in (0, \varepsilon_0]$,对不同的 $\alpha \geqslant 1$ 及 $n \geqslant 3$ 之值,

(i) 在一般情况下,生命跨度 $\widetilde{T}(\varepsilon)$ 有下表所示的下界估计:

<table>
<tr><td></td><td colspan="2">$\widetilde{T}(\varepsilon) \geqslant$</td></tr>
<tr><td>$n \quad \alpha =$</td><td>1</td><td>2, 3, …</td></tr>
<tr><td>3</td><td>$b\varepsilon^{-2}$</td><td rowspan="3">$+\infty$</td></tr>
<tr><td>4</td><td>$\exp\{a\varepsilon^{-1}\}$</td></tr>
<tr><td>5, 6, …</td><td></td></tr>
</table>

(ii) 若成立

$$\partial_u^2 F(0, 0, 0) = 0, \tag{9.1.7}$$

则生命跨度 $\widetilde{T}(\varepsilon)$ 有下表所示的下界估计:

<table>
<tr><td></td><td colspan="2">$\widetilde{T}(\varepsilon) \geqslant$</td></tr>
<tr><td>$n \quad \alpha =$</td><td>1</td><td>2, 3, …</td></tr>
<tr><td>3</td><td>$\exp\{a\varepsilon^{-1}\}$</td><td rowspan="2">$+\infty$</td></tr>
<tr><td>4, 5, …</td><td></td></tr>
</table>

特别,当非线性右端项不显含 u 时:

$$F = F(Du, D_x Du), \tag{9.1.8}$$

上一表格成立.

在上面的两个表格中,a 与 b 均表示与 ε 无关的正常数.

上面的第一个表格,用统一的方式(见李大潜与俞新[45],[46])给出了李大潜与陈韵梅[41]关于整体存在性 ($\widetilde{T}(\varepsilon) = +\infty$) 的结果,L. Hörmander[19]在 $n=4$ 及 $\alpha = 1$ 时及 H. Lindblad[59]在 $n = 3$ 及 $\alpha = 1$ 时分别对生命跨度下界的结果. 而上面的第二个表格,则用统一的方式(见李大潜,周忆[50])给出了在条件(9.1.7)下,由 L. Hörmander[19]在 $n = 4$ 及 $\alpha = 1$ 时及 H. Lindblad[59]在

$n=3$ 及 $\alpha=1$ 时对相应生命跨度的下界所分别得到的结果.

由第十三章及第十四章中的结果,上述关于生命跨度的下界估计,除第一张表中由 L. Hörmander[19]在 $n=4$ 及 $\alpha=1$ 时所示的结果

$$\tilde{T}(\varepsilon) \geqslant \exp\{a\varepsilon^{-1}\} \tag{9.1.9}$$

外,均是不可改进的最佳估计,而估计(9.1.9)将在第十一章中被改进为(参见李大潜,周忆[55],[56]及 H. Lindblad 与 C. D. Sogge[65])

$$\tilde{T}(\varepsilon) \geqslant \exp\{a\varepsilon^{-2}\}, \tag{9.1.10}$$

而且(9.1.10)同样是不可改进的最佳估计.

由第七章,为了对非线性波动方程的 Cauchy 问题(9.1.1)-(9.1.2)证明上述结果,本质上只须考察下述二阶拟线性双曲型方程的 Cauchy 问题:

$$\Box u = \sum_{i,j=1}^{n} b_{ij}(u, Du)u_{x_i x_j} + 2\sum_{j=1}^{n} a_{0j}(u, Du)u_{tx_j} + F(u, Du), \tag{9.1.11}$$

$$t=0: u=\varepsilon\varphi(x),\ u_t=\varepsilon\psi(x), \tag{9.1.12}$$

于此

$$\varphi, \psi \in C_0^\infty(\mathbb{R}^n), \tag{9.1.13}$$

而 $\varepsilon>0$ 为一小参数. 令

$$\tilde{\lambda}=(\lambda;(\lambda_i),\ i=0,1,\cdots,n). \tag{9.1.14}$$

假设当 $|\tilde{\lambda}|\leqslant \nu_0$ 时,$b_{ij}(\tilde{\lambda})$, $a_{0j}(\tilde{\lambda})$ 及 $F(\tilde{\lambda})$ 均为充分光滑的函数,且成立

$$b_{ij}(\tilde{\lambda})=b_{ji}(\tilde{\lambda})\ (i,j=1,\cdots,n), \tag{9.1.15}$$

$$b_{ij}(\tilde{\lambda}),\ a_{0j}(\tilde{\lambda})=O(|\tilde{\lambda}|^{\alpha})\ (i,j=1,\cdots,n), \tag{9.1.16}$$

$$F(\tilde{\lambda})=O(|\tilde{\lambda}|^{1+\alpha}) \tag{9.1.17}$$

及

$$\sum_{i,j=1}^{n} a_{ij}(\tilde{\lambda})\xi_i\xi_j \geqslant m_0|\xi|^2,\ \forall \xi\in\mathbb{R}^n, \tag{9.1.18}$$

于此,$\alpha\geqslant 1$ 是一个整数,m_0 是一个正常数,而

$$a_{ij}(\tilde{\lambda})=\delta_{ij}+b_{ij}(\tilde{\lambda}), \tag{9.1.19}$$

其中 δ_{ij} 为 Kronecker 记号. 此外,条件(9.1.7)现在化为

$$\partial_u^2 F(0, 0) = 0. \tag{9.1.20}$$

§2. Cauchy 问题(9.1.11)-(9.1.12)的经典解的生命跨度的下界估计

在本节中,我们将对 $n(\geqslant 3)$ 维二阶拟线性双曲型方程的 Cauchy 问题(9.1.11)-(9.1.12)的经典解的生命跨度,证明由上节第一张表格所示的下界估计.

2.1. 度量空间 $X_{S, E, T}$. 主要结果

由 Sobolev 嵌入定理,存在适当小的 $E_0 > 0$,使成立

$$\| f \|_{L^\infty(\mathbb{R}^n)} \leqslant \nu_0, \ \forall f \in H^{\left[\frac{n}{2}\right]+1}(\mathbb{R}^n), \ \| f \|_{H^{\left[\frac{n}{2}\right]+1}(\mathbb{R}^n)} \leqslant E_0. \tag{9.2.1}$$

对于任何给定的整数 $S \geqslant 2\left[\dfrac{n}{2}\right]+4$,任何给定的正数 $E(\leqslant E_0)$ 及 $T(0 < T \leqslant +\infty)$,引入函数集合

$$X_{S, E, T} = \{v(t, x) \mid D_{S, T}(v) \leqslant E, \ \partial_t^l v(0, x) = u_l^{(0)}(x) \quad (l = 0, 1, \cdots, S+1)\}, \tag{9.2.2}$$

这里

$$D_{S, T}(v) = \sum_{i=0}^{2} \sup_{0 \leqslant t \leqslant T} \| D^i v(t, \cdot) \|_{\Gamma, S, 2}. \tag{9.2.3}$$

其中, $\| \cdot \|_{\Gamma, S, 2}$ 的定义见第三章 §1.3,且若 T 为有限,则上界在区间 $[0, T]$ 上选取;而若 $T = +\infty$,则上界在区间 $[0, +\infty)$ 上选取. 为简单计,在下文中统一地用记号 $[0, T]$ 表示相应的区间. 此外, $u_0^{(0)}(x) = \varepsilon\varphi(x)$, $u_1^{(0)}(x) = \varepsilon\psi(x)$,而当 $l = 2, \cdots, S+1$ 时, $u_l^{(0)}(x)$ 为 $\partial_t^l u(t, x)$ 在 $t = 0$ 时之值,它们由方程(9.1.11)及初始条件(9.1.12)所唯一决定. 显然, $u_l^{(0)}(l = 0, 1, \cdots, S+1)$ 均为具紧支集的充分光滑函数.

在 $X_{S, E, T}$ 上引入如下的度量:

$$\rho(\bar{v}, \bar{\bar{v}}) = D_{S, T}(\bar{v} - \bar{\bar{v}}), \ \forall \bar{v}, \bar{\bar{v}} \in X_{S, E, T}. \tag{9.2.4}$$

类似于第八章中的引理 2.1,容易证明

引理 2.1 当 $\varepsilon > 0$ 适当小时, $X_{S, E, T}$ 是一个非空的完备度量空间.

注意到 $S \geqslant 2\left[\dfrac{n}{2}\right]+4$,由第三章中的(3.4.30)式$\Big($在其中取 $p = 2$, $N =$

$\left[\frac{S}{2}\right]+1$，而 $s=\left[\frac{n}{2}\right]+1$)，就得到

引理 2.2　当 $S\geqslant 2\left[\frac{n}{2}\right]+4$ 时，对任何给定的 $v\in X_{S,E,T}$，成立

$$\|(v, Dv, D^2 v)(t,\cdot)\|_{\Gamma,\left[\frac{S}{2}\right]+1,\infty}\leqslant CE(1+t)^{-\frac{n-1}{2}},\ \forall\, t\in[0, T], \tag{9.2.5}$$

其中 C 为一个正常数.

本节的主要结果为如下的

定理 2.1　设 $n\geqslant 3$. 在假设(9.1.15)-(9.1.19)下，对于任意给定的整数 $S\geqslant 2\left[\frac{n}{2}\right]+4$，存在正常数 ε_0 及 C_0 使 $C_0\varepsilon_0\leqslant E_0$，且对任何给定的 $\varepsilon\in(0,\varepsilon_0]$，存在一个正数 $T(\varepsilon)$，使 Cauchy 问题(9.1.11)-(9.1.12)在 $[0, T(\varepsilon)]$ 上存在唯一的经典解 $u\in X_{S, C_0\varepsilon, T(\varepsilon)}$，而 $T(\varepsilon)$ 可取为

$$T(\varepsilon)=\begin{cases}+\infty, & 若 K>1,\\ \exp\{a\varepsilon^{-\alpha}\}-1, & 若 K=1,\\ b\varepsilon^{-\frac{\alpha}{1-K}}-1, & 若 0\leqslant K<1,\end{cases} \tag{9.2.6}$$

其中

$$K=\frac{(n-1)\alpha-1}{2}, \tag{9.2.7}$$

而 a 及 b 为仅与 α 及 n 有关的正常数.

此外，在必要时修改对 t 在区间 $[0, T(\varepsilon)]$ 的一个零测集上的数值后，对任何满足 $0<T_0\leqslant T(\varepsilon)$ 的有限的 T_0，成立

$$u\in C([0, T_0];\ H^{S+1}(\mathbb{R}^n)), \tag{9.2.8}$$

$$u_t\in C([0, T_0];\ H^{S}(\mathbb{R}^n)), \tag{9.2.9}$$

$$u_{tt}\in C([0, T_0];\ H^{S-1}(\mathbb{R}^n)). \tag{9.2.10}$$

注 2.1　由 Sobolev 嵌入定理，

$$H^{\left[\frac{n}{2}\right]+1}(\mathbb{R}^n)\subset C(\mathbb{R}^n)$$

为连续嵌入. 注意到 $S\geqslant 2\left[\frac{n}{2}\right]+4$，满足(9.2.8)-(9.2.10)的 $u=u(t,x)$ 为

Cauchy 问题(9.1.11)-(9.1.12)的至少二阶连续可微的经典解.

注 2.2 由(9.2.7)式易见：当 $\alpha \geqslant 2$ 或 $n \geqslant 5$ 时，$K > 1$；当 $n = 4$ 及 $\alpha = 1$ 时，$K = 1$；而当 $n = 3$ 及 $\alpha = 1$ 时，$0 < K < 1$. 注意到生命跨度 $\widetilde{T}(\varepsilon) > T(\varepsilon)$，由(9.2.6)式就立刻可得 §1 中的第一张表格.

2.2. 定理 2.1 的证明框架——整体迭代法

为了证明定理 2.1，任取 $v \in X_{S,E,T}$，由求解下述线性双曲型方程的 Cauchy 问题：

$$\Box u = \hat{F}(v, Dv, D_x Du)$$

$$\stackrel{\text{def.}}{=} \sum_{i,j=1}^{n} b_{ij}(v, Dv) u_{x_i x_j} + 2\sum_{j=1}^{n} a_{0j}(v, Dv) u_{tx_j} + F(v, Dv), \tag{9.2.11}$$

$$t = 0: u = \varepsilon\varphi(x), \ u_t = \varepsilon\psi(x) \tag{9.2.12}$$

定义一个映照

$$M: v \longrightarrow u = Mv. \tag{9.2.13}$$

我们要证明：当 $\varepsilon > 0$ 适当小时，可找到正常数 C_0，使当 $E = C_0\varepsilon$ 而 $T = T(\varepsilon)$ 由(9.2.6)式定义时，M 将 $X_{S,E,T}$ 映照到自身，且具有某种压缩性，从而在 $X_{S,E,T}$ 中具有一个唯一的不动点，它就是 Cauchy 问题(9.1.11)-(9.1.12)在 $0 \leqslant t \leqslant T(\varepsilon)$ 上的经典解.

利用第六章中之结果，容易证明如下的

引理 2.3 当 $E > 0$ 适当小时，对任何给定的 $v \in X_{S,E,T}$，必要时修改在 t 的一个零测集上的数值后，对任何满足 $0 < T_0 \leqslant T$ 的有限的 T_0，有

$$u = Mv \in C([0, T_0]; H^{S+1}(\mathbb{R}^n)), \tag{9.2.14}$$

$$u_t \in C([0, T_0]; H^{S}(\mathbb{R}^n)), \tag{9.2.15}$$

$$u_{tt} \in L^{\infty}(0, T_0; H^{S-1}(\mathbb{R}^n)). \tag{9.2.16}$$

此外，对任何给定的 $t \in [0, T]$，$u = u(t, x)$ 对变量 x 为紧支集.

容易证明如下的

引理 2.4 对 $u = u(t, x) = Mv$，$\partial_t^l u(0, \cdot)(l = 0, 1, \cdots, S+2)$ 的值与 $v \in X_{S,E,T}$ 的选取无关，且

$$\partial_t^l u(0, x) = u_l^{(0)}(x) \ (l = 0, 1, \cdots, S+1). \tag{9.2.17}$$

此外，

$$\| u(0,\cdot)\|_{\Gamma,S+2,2}+\| u_t(0,\cdot)\|_{\Gamma,S+1,q}\leqslant C\varepsilon, \tag{9.2.18}$$

其中 q 满足

$$\frac{1}{q}=\frac{1}{2}+\frac{1}{n}, \tag{9.2.19}$$

而 C 为一仅依赖于 S 的正常数.

下面的两个引理是证明定理 2.1 的关键.

引理 2.5　在定理 2.1 的假设下，当 $E>0$ 适当小时，对任何给定的 $v\in X_{S,E,T}$，$u=Mv$ 满足

$$D_{S,T}(u)\leqslant C_1\{\varepsilon+(R+\sqrt{R})(E+D_{S,T}(u))\}, \tag{9.2.20}$$

其中 C_1 是一个正常数，

$$R=R(E,T)\overset{\text{def.}}{=\!=}E^{\alpha}\int_0^T(1+t)^{-K}\mathrm{d}t, \tag{9.2.21}$$

而 K 由(9.2.7)式给出.

引理 2.6　在引理 2.5 的假设下，对任何给定的 $\bar{v}$，$\bar{\bar{v}}\in X_{S,E,T}$，若 $\bar{u}=M\bar{v}$ 及 $\bar{\bar{u}}=M\bar{\bar{v}}$ 亦满足 $\bar{u}$，$\bar{\bar{u}}\in X_{S,E,T}$，则成立

$$D_{S-1,T}(\bar{u}-\bar{\bar{u}})\leqslant C_2(R+\sqrt{R})(D_{S-1,T}(\bar{u}-\bar{\bar{u}})+D_{S-1,T}(\bar{v}-\bar{\bar{v}})), \tag{9.2.22}$$

其中 C_2 是一个正常数，而 $R=R(E,T)$ 仍由(9.2.21)式定义.

引理 2.5 及引理 2.6 的证明见后文. 现在我们首先利用这两个引理来证明定理 2.1.

定理 2.1 的证明　取

$$C_0=3\max(C_1,C_2), \tag{9.2.23}$$

其中 C_1 及 C_2 为分别出现在引理 2.5 及引理 2.6 中之正常数.

首先证明，若存在一正数 ε_0，满足 $C_0\varepsilon_0\leqslant E_0$，且对任何给定的 $\varepsilon\in(0,\varepsilon_0]$，$E=E(\varepsilon)=C_0\varepsilon$ 及 $T=T(\varepsilon)>0$ 满足

$$R(E(\varepsilon),T(\varepsilon))+\sqrt{R(E(\varepsilon),T(\varepsilon))}\leqslant\frac{1}{C_0}, \tag{9.2.24}$$

则映照 M 在 $X_{S,E(\varepsilon),T(\varepsilon)}$ 中有唯一的不动点.

事实上，由(9.2.24)及引理 2.5 与引理 2.6，易见对任何给定的 $v\in X_{S,E(\varepsilon),T(\varepsilon)}$，$u=Mv$ 满足

$$D_{S,\,T(\varepsilon)}(u)\leqslant E(\varepsilon),\tag{9.2.25}$$

且对任何给定的 $\bar{v},\ \bar{\bar{v}}\in X_{S,\,E(\varepsilon),\,T(\varepsilon)}$，$\bar{u}=M\bar{v}$ 及 $\bar{\bar{u}}=M\bar{\bar{v}}$ 满足

$$D_{S-1,\,T(\varepsilon)}(\bar{u}-\bar{\bar{u}})\leqslant\frac{1}{2}D_{S-1,\,T(\varepsilon)}(\bar{v}-\bar{\bar{v}}).\tag{9.2.26}$$

换言之，M 映射 $X_{S,\,E(\varepsilon),\,T(\varepsilon)}$ 为自身，且 M 关于 $X_{S-1,\,E(\varepsilon),\,T(\varepsilon)}$ 的度量为压缩的. 注意到 $X_{S,\,E(\varepsilon),\,T(\varepsilon)}$ 为 $X_{S-1,\,E(\varepsilon),\,T(\varepsilon)}$ 中的一个闭子集（参见第八章引理 2.7），由标准的压缩映照原理可知，M 必具有一个不动点

$$u\in X_{S,\,E(\varepsilon),\,T(\varepsilon)},\tag{9.2.27}$$

从而由引理 2.6 可知此不动点也是唯一的.

此不动点 $u=u(t,\,x)$ 显然是 Cauchy 问题(9.1.11)-(9.1.12) 在 $0\leqslant t\leqslant T(\varepsilon)$ 上的经典解.

现在我们来决定 $\varepsilon_0>0$ 及 $T(\varepsilon)(0<\varepsilon\leqslant\varepsilon_0)$ 使所要求的(9.2.24)式成立. 下面我们总假设 $\varepsilon_0>0$ 足够小，使(9.2.1)式当 $E_0=C_0\varepsilon_0$ 时成立.

(i) 在 $K>1$ 的情形，因为

$$\int_0^T(1+t)^{-K}\mathrm{d}t\leqslant C,\ \forall\,T>0,\tag{9.2.28}$$

其中 C 为一个与 T 无关的正常数，我们总可取

$$T(\varepsilon)=+\infty,$$

并选取 $\varepsilon_0>0$ 足够小，使对一切满足 $0<\varepsilon\leqslant\varepsilon_0$ 的 ε，(9.2.24) 式成立. 在此情形，我们得到了整体解.

(ii) 在 $K=1$ 的情形，我们取

$$T(\varepsilon)=\exp\{a\varepsilon^{-\alpha}\}-1,$$

其中 a 是一个满足

$$C_0(aC_0^\alpha+\sqrt{aC_0^\alpha})\leqslant 1\tag{9.2.29}$$

的正数. 于是，我们有

$$\begin{aligned}R(E(\varepsilon),\,T(\varepsilon))&=E^\alpha(\varepsilon)\int_0^{T(\varepsilon)}(1+t)^{-1}\mathrm{d}t\\&=C_0^\alpha\varepsilon^\alpha\ln(1+T(\varepsilon))\\&=aC_0^\alpha,\end{aligned}\tag{9.2.30}$$

因此,注意到(9.2.29)式,就得到所要求的(9.2.24)式. 在此情形,我们到了几乎整体解.

(iii) 在 $0 \leqslant K < 1$ 的情形,我们取

$$T(\varepsilon) = b\varepsilon^{-\frac{a}{1-K}} - 1,$$

其中 b 是一个满足

$$C_0\left(\frac{1}{1-K}C_0^\alpha b^{1-K} + \sqrt{\frac{1}{1-K}C_0^\alpha b^{1-K}}\right) \leqslant 1 \tag{9.2.31}$$

的正数. 于是,我们有

$$\begin{aligned} R(E(\varepsilon),\ T(\varepsilon)) &= E^\alpha(\varepsilon)\int_0^{T(\varepsilon)} (1+t)^{-K}\mathrm{d}t \\ &= \frac{1}{1-K}C_0^\alpha \varepsilon^\alpha[(1+T(\varepsilon))^{1-K} - 1] \\ &\leqslant \frac{1}{1-K}C_0^\alpha b^{1-K}, \end{aligned} \tag{9.2.32}$$

因此,由(9.2.31)式就得到所要求的(9.2.24)式.

此外,由引理 2.3,对任何满足 $0 < T_0 \leqslant T(\varepsilon)$ 的有限的 T_0,成立(9.2.14)-(9.2.15)式,从而易证

$$b_{ij}(u,\ Du),\ a_{0j}(u,\ Du),\ F(u,\ Du) \in C([0,\ T_0];\ H^s(\mathbb{R}^n)).$$
$$(i,\ j = 1,\ \cdots,\ n) \tag{9.2.33}$$

于是由第六章中的推论 3.3 立刻可得

$$u_{tt} \in C([0,\ T_0];\ H^{s-1}(\mathbb{R}^n)).$$

再由 $X_{S,E,T}$ 的定义,就得到(9.2.8)-(9.2.10)式. 这就完成了定理 2.1 的证明.

2.3. 引理 2.5 的证明

我们首先估计 $\| u(t,\cdot) \|_{\Gamma,S,2}$.

将第四章中的(4.5.17)式(在其中取 $N=S$)用于 Cauchy 问题(9.2.11)-(9.2.12),并注意到(9.2.18)式,就得到

$$\begin{aligned} \| u(t,\cdot) \|_{\Gamma,S,2} \leqslant C\Big\{\varepsilon + \int_0^t (&\| \hat{F}(v,\ Dv,\ D_x Du)(\tau,\cdot) \|_{\Gamma,S,q,\chi_1} \\ &+ (1+\tau)^{-\frac{n-2}{2}} \| \hat{F}(v,\ Dv,\ D_x Du)(\tau,\cdot) \|_{\Gamma,S,1,2,\chi_2})\mathrm{d}\tau\Big\}, \end{aligned} \tag{9.2.34}$$

其中 q 满足(9.2.19)式，χ_1 为集合 $\left\{(t, x) \middle| |x| \leqslant \frac{1+t}{2}\right\}$ 的特征函数，$\chi_2 = 1-\chi_1$，而 C 为一个正常数.

注意到(9.1.16)及 $X_{S, E, T}$ 的定义，由第五章引理 2.5 中之(5.2.24)式 (其中取 $r=q$, $p=n$)，并注意到 $L^{q,2}(\mathbb{R}^n) \subset L^q(\mathbb{R}^n)$ 为连续嵌入，我们有

$$
\begin{aligned}
&\| (b_{ij}(v, Dv)u_{x_ix_j})(\tau, \cdot) \|_{\Gamma, S, q, \chi_1}, \ \| (a_{0j}(v, Dv)u_{tx_j})(\tau, \cdot) \|_{\Gamma, S, q, \chi_1} \\
\leqslant\ & C(1+\tau)^{-\frac{n}{2}\left(1-\frac{2}{\alpha n}\right)\alpha} \| (v, Dv)(\tau, \cdot) \|^{\alpha}_{\Gamma, S, 2} \| D^2 u(\tau, \cdot) \|_{\Gamma, S, 2} \\
\leqslant\ & C(1+\tau)^{-K} E^{\alpha} D_{S, T}(u), \ \forall \tau \in [0, T].
\end{aligned} \tag{9.2.35}
$$

类似地，注意到(9.1.17)，可得

$$
\| F(v, Dv)(\tau, \cdot) \|_{\Gamma, S, q, \chi_1} \leqslant C(1+\tau)^{-K} E^{1+\alpha}, \ \forall \tau \in [0, T]. \tag{9.2.36}
$$

由第五章引理 2.5 中之(5.2.23) 式(其中取 $r=1$, $p=2$)，对于 $(1+\tau)^{-\frac{n-2}{2}} \| (b_{ij}(v, Dv)u_{x_ix_j})(\tau, \cdot) \|_{\Gamma, S, 1, 2, \chi_2}$，$(1+\tau)^{-\frac{n-2}{2}} \| (a_{0j}(v, Dv)u_{tx_j})(\tau, \cdot) \|_{\Gamma, S, 1, 2, \chi_2}$ 及 $(1+\tau)^{-\frac{n-2}{2}} \| F(v, Dv)(\tau, \cdot) \|_{\Gamma, S, 1, 2, \chi_2}$ 成立着类似的估计式. 将这些估计式代入(9.2.34)，就得到

$$
\sup_{0 \leqslant t \leqslant T} \| u(t, \cdot) \|_{\Gamma, S, 2} \leqslant C\{\varepsilon + R(E, T)(E + D_{S, T}(u))\}, \tag{9.2.37}
$$

其中 $R(E, T)$ 由(9.2.21)式定义.

我们现在估计 $\| D^2 u(t, \cdot) \|_{\Gamma, S, 2}$.

由第三章中之引理 1.5，对任何给定的多重指标 $k(|k| \leqslant S)$，由(9.2.11)式可得

$$
\begin{aligned}
\Box \Gamma^k Du &= \Gamma^k D \Box u + \sum_{|l| \leqslant |k|-1} B_{kl} \Gamma^l D \Box u \\
&= \Gamma^k D \hat{F}(v, Dv, D_x Du) + \sum_{|l| \leqslant |k|-1} B_{kl} \Gamma^l D \hat{F}(v, Dv, D_x Du) \\
&= \sum_{i, j=1}^{n} b_{ij}(v, Dv)(\Gamma^k Du)_{x_ix_j} + 2\sum_{j=1}^{n} a_{0j}(v, Dv)(\Gamma^k Du)_{tx_j} \\
&\quad + G_k + g_k,
\end{aligned} \tag{9.2.38}
$$

其中

$$
\begin{aligned}
G_k = \sum_{i,j=1}^{n} \{ & (\Gamma^k D(b_{ij}(v, Dv)u_{x_i x_j}) - b_{ij}(v, Dv)\Gamma^k D u_{x_i x_j}) \\
& + b_{ij}(v, Dv)(\Gamma^k D u_{x_i x_j} - (\Gamma^k D u)_{x_i x_j})\} \\
+ 2\sum_{j=1}^{n} \{ & (\Gamma^k D(a_{0j}(v, Dv)u_{t x_j}) - a_{0j}(v, Dv)\Gamma^k D u_{t x_j}) \\
& + a_{0j}(v, Dv)(\Gamma^k D u_{t x_j} - (\Gamma^k D u)_{t x_j})\},
\end{aligned} \tag{9.2.39}
$$

$$
\begin{aligned}
g_k &= \Gamma^k DF(v, Dv) + \sum_{|l| \leqslant |k|-1} B_{kl}\Gamma^l D\Big\{\sum_{i,j=1}^{n} b_{ij}(v, Dv)u_{x_i x_j} \\
&\qquad + 2\sum_{j=1}^{n} a_{0j}(v, Dv)u_{t x_j} + F(v, Dv)\Big\} \\
&= \Gamma^k DF(v, Dv) + \sum_{|l| \leqslant |k|} \widetilde{B}_{kl}\Gamma^l\Big\{\sum_{i,j=1}^{n} b_{ij}(v, Dv)u_{x_i x_j} \\
&\qquad + 2\sum_{j=1}^{n} a_{0j}(v, Dv)u_{t x_j} + F(v, Dv)\Big\},
\end{aligned} \tag{9.2.40}
$$

而 B_{kl} 及 $\widetilde{B}_{kl}$ 为某些常数.

这样,将(9.2.38)式与 $(\Gamma^k Du)_t$ 作 $L^2(\mathbb{R}^n)$ 中之内积,类似于第八章之(8.2.69)式,就可得到下述的能量积分公式:

$$
\begin{aligned}
& \|(\Gamma^k Du(t,\cdot))_t\|^2_{L^2(\mathbb{R}^n)} \\
& + \sum_{i,j=1}^{n}\int_{\mathbb{R}^n} a_{ij}(v, Dv)(t,\cdot)(\Gamma^k Du(t,\cdot))_{x_i}(\Gamma^k Du(t,\cdot)_{x_j})\mathrm{d}x \\
= \; & \|(\Gamma^k Du(0,\cdot))_t\|^2_{L^2(\mathbb{R}^n)} \\
& + \sum_{i,j=1}^{n}\int_{\mathbb{R}^n} a_{ij}(v, Dv)(0,\cdot)(\Gamma^k Du(0,\cdot))_{x_i}(\Gamma^k Du(0,\cdot)_{x_j})\mathrm{d}x \\
& + \sum_{i,j=1}^{n}\int_0^t\int_{\mathbb{R}^n} \frac{\partial b_{ij}(v, Dv)(\tau,\cdot)}{\partial \tau}(\Gamma^k Du(\tau,\cdot))_{x_i}(\Gamma^k Du(\tau,\cdot))_{x_j}\mathrm{d}x\mathrm{d}\tau \\
& - 2\sum_{i,j=1}^{n}\int_0^t\int_{\mathbb{R}^n} \frac{\partial b_{ij}(v, Dv)(\tau,\cdot)}{\partial x_i}(\Gamma^k Du(\tau,\cdot))_{x_j}(\Gamma^k Du(\tau,\cdot))_{\tau}\mathrm{d}x\mathrm{d}\tau \\
& - 2\sum_{j=1}^{n}\int_0^t\int_{\mathbb{R}^n} \frac{\partial a_{0j}(v, Dv)(\tau,\cdot)}{\partial x_j}(\Gamma^k Du(\tau,\cdot))_{\tau}(\Gamma^k Du(\tau,\cdot))_{\tau}\mathrm{d}x\mathrm{d}\tau \\
& + 2\int_0^t\int_{\mathbb{R}^n} G_k(\tau,\cdot)(\Gamma^k Du(\tau,\cdot))_{\tau}\mathrm{d}x\mathrm{d}\tau \\
& + 2\int_0^t\int_{\mathbb{R}^n} g_k(\tau,\cdot)(\Gamma^k Du(\tau,\cdot))_{\tau}\mathrm{d}x\mathrm{d}\tau
\end{aligned}
$$

$$
\begin{aligned}
&\overset{\text{def.}}{=}\|(\Gamma^k Du(0,\cdot))_t\|^2_{L^2(\mathbb{R}^n)}\\
&\quad+\sum_{i,j=1}^n\int_{\mathbb{R}^n}a_{ij}(v,Dv)(0,\cdot)(\Gamma^k Du(0,\cdot))_{x_i}(\Gamma^k Du(0,\cdot)_{x_j})\mathrm{d}x\\
&\quad+\mathrm{I}+\mathrm{II}+\mathrm{III}+\mathrm{IV}+\mathrm{V},
\end{aligned}\tag{9.2.41}
$$

其中 a_{ij} 由(9.1.19)式给出.

注意到 $K<\dfrac{n-1}{2}\alpha$ 及(9.1.16)式,由引理 2.2,第五章之引理 2.3 及第三章之推论 1.1,易得

$$
\begin{aligned}
|\mathrm{I}|,|\mathrm{II}|,|\mathrm{III}|&\leqslant C\int_0^t(1+\tau)^{-K}E^\alpha\|D^2u(\tau,\cdot)\|^2_{\Gamma,S,2}\mathrm{d}\tau\\
&\leqslant CR(E,T)D^2_{S,T}(u),\ \forall\, t\in[0,T].
\end{aligned}\tag{9.2.42}
$$

现在我们估计 $G_k(\tau,\cdot)$ 的 L^2 范数.注意到(9.1.16)式及引理 2.2,由第五章之引理 2.5 及 2.6(在其中取 $r=2$,从而 $p=+\infty$),就可以得到

$$
\begin{aligned}
&\|(\Gamma^k D(b_{ij}(v,Dv)u_{x_ix_j})-b_{ij}(v,Dv)\Gamma^k Du_{x_ix_j})(\tau,\cdot)\|_{L^2(\mathbb{R}^n)}\\
\leqslant&\|(\Gamma^k(b_{ij}(v,Dv)Du_{x_ix_j})-b_{ij}(v,Dv)\Gamma^k Du_{x_ix_j})(\tau,\cdot)\|_{L^2(\mathbb{R}^n)}\\
&+\|(\Gamma^k(Db_{ij}(v,Dv)u_{x_ix_j})(\tau,\cdot)\|_{L^2(\mathbb{R}^n)}\\
\leqslant&C(1+\tau)^{-\frac{n-1}{2}\alpha}(\|(v,Dv,D^2v)(\tau,\cdot)\|_{\Gamma,S,2})^\alpha\|D^2u(\tau,\cdot)\|_{\Gamma,S,2}\\
\leqslant&C(1+\tau)^{-\frac{n-1}{2}\alpha}E^\alpha D_{S,T}(u),\ \forall\,\tau\in[0,T].
\end{aligned}\tag{9.2.43}
$$

另一方面,注意到(9.1.16)式,利用第三章推论 4.4 中的(3.4.30)式(在其中取 $N=0$ 及 $p=2$)及第三章中之推论 1.1,我们有

$$
\begin{aligned}
&\|b_{ij}(v,Dv)(\Gamma^k Du_{x_ix_j}-(\Gamma^k Du)_{x_ix_j})(\tau,\cdot)\|_{L^2(\mathbb{R}^n)}\\
\leqslant&C(\|(v,Dv)(\tau,\cdot)\|_{L^\infty(\mathbb{R}^n)})^\alpha\|(\Gamma^k Du_{x_ix_j}-(\Gamma^k Du)_{x_ix_j})(\tau,\cdot)\|_{L^2(\mathbb{R}^n)}\\
\leqslant&C(1+\tau)^{-\frac{n-1}{2}\alpha}E^\alpha\|D^2u(\tau,\cdot)\|_{\Gamma,S,2}\\
\leqslant&C(1+\tau)^{-K}E^\alpha D_{S,T}(u),\ \forall\,\tau\in[0,T].
\end{aligned}\tag{9.2.44}
$$

对于 G_k 中由 a_{0j} 所组成的项,类似的估计式成立.因此,我们有

$$
\|G_k(\tau,\cdot)\|_{L^2(\mathbb{R}^n)}\leqslant C(1+\tau)^{-K}E^\alpha D_{S,T}(u),\ \forall\,\tau\in[0,T],\tag{9.2.45}
$$

从而得到

$$| \mathrm{IV} | \leqslant CR(E,\ T)D^2_{S,\ T}(u). \tag{9.2.46}$$

类似地，由第五章之引理 2.5(在其中取 $r=2$，从而 $p=+\infty$)，就有

$$\begin{aligned}
&\| g_k(\tau,\ \cdot) \|_{L^2(\mathbb{R}^n)} \leqslant C(\| DF(v,\ Dv)(\tau,\ \cdot) \|_{\Gamma,\ S,\ 2} \\
&\quad + \| F(v,\ Dv)(\tau,\ \cdot) \|_{\Gamma,\ S,\ 2} + \sum_{i,\ j=1}^{n} \| b_{ij}(v,\ Dv)u_{x_i x_j}(\tau,\ \cdot) \|_{\Gamma,\ S,\ 2} \\
&\quad + 2\sum_{j=1}^{n} \| a_{0j}(v,\ Dv)u_{tx_j}(\tau,\ \cdot) \|_{\Gamma,\ S,\ 2}) \\
&\leqslant C(1+\tau)^{-K}E^{\alpha}(E+D_{S,\ T}(u)),\ \forall \tau \in [0,\ T],
\end{aligned} \tag{9.2.47}$$

从而

$$| \mathrm{V} | \leqslant CR(E,\ T)(ED_{S,\ T}(u)+D^2_{S,\ T}(u)). \tag{9.2.48}$$

由(9.2.42)，(9.2.46)及(9.2.48)，并注意到(9.1.18)及引理 2.4，由(9.2.41)式就得到

$$\begin{aligned}
&\sup_{0\leqslant t\leqslant T} \sum_{|k|\leqslant S} \| D\Gamma^k Du(t,\ \cdot) \|^2_{L^2(\mathbb{R}^n)} \\
&\leqslant C\{\varepsilon^2+R(E,\ T)(ED_{S,\ T}(u)+D^2_{S,\ T}(u))\}.
\end{aligned} \tag{9.2.49}$$

这样，由第三章中之推论 1.1，就立即得到

$$\sup_{0\leqslant t\leqslant T} \| D^2u(t,\ \cdot) \|^2_{\Gamma,\ S,\ 2} \leqslant C\{\varepsilon^2+R(E,\ T)(ED_{S,\ T}(u)+D^2_{S,\ T}(u))\}, \tag{9.2.50}$$

从而

$$\sup_{0\leqslant t\leqslant T} \| D^2u(t,\ \cdot) \|_{\Gamma,\ S,\ 2} \leqslant C\{\varepsilon+\sqrt{R(E,\ T)}(E+D_{S,\ T}(u))\}. \tag{9.2.51}$$

用类似的方式可得到

$$\sup_{0\leqslant t\leqslant T} \| Du(t,\ \cdot) \|_{\Gamma,\ S,\ 2} \leqslant C\{\varepsilon+\sqrt{R(E,\ T)}(E+D_{S,\ T}(u))\}. \tag{9.2.52}$$

事实上，类似于(9.2.38)式，我们有

$$\begin{aligned}
\Box\Gamma^k u &= \Gamma^k\Box u + \sum_{|l|\leqslant|k|-1} B_{kl}\Gamma^l\Box u \\
&= \Gamma^k\hat{F}(v,\ Dv,\ D_xDu) + \sum_{|l|\leqslant|k|-1} B_{kl}\Gamma^l\hat{F}(v,\ Dv,\ D_xDu)
\end{aligned}$$

$$= \sum_{i,j=1}^{n} b_{ij}(v, Dv)(\Gamma^k u)_{x_i x_j} + 2\sum_{j=1}^{n} a_{0j}(v, Dv)(\Gamma^k u)_{tx_j} + \bar{G}_k + \bar{g}_k, \tag{9.2.53}$$

其中

$$\begin{aligned}\bar{G}_k = \sum_{i,j=1}^{n} \{ & (\Gamma^k(b_{ij}(v, Dv)u_{x_i x_j}) - b_{ij}(v, Dv)\Gamma^k u_{x_i x_j}) \\ & + b_{ij}(v, Dv)(\Gamma^k u_{x_i x_j} - (\Gamma^k u)_{x_i x_j})\} \\ + 2\sum_{j=1}^{n} \{ & (\Gamma^k(a_{0j}(v, Dv)u_{tx_j}) - a_{0j}(v, Dv)\Gamma^k u_{tx_j}) \\ & + a_{0j}(v, Dv)(\Gamma^k u_{tx_j} - (\Gamma^k u)_{tx_j})\},\end{aligned} \tag{9.2.54}$$

$$\begin{aligned}\bar{g}_k = \Gamma^k F(v, Dv) + \sum_{|l| \leqslant |k|-1} B_{kl} \Gamma^l \Big\{ & \sum_{i,j=1}^{n} b_{ij}(v, Dv) u_{x_i x_j} \\ & + 2\sum_{j=1}^{n} a_{0j}(v, Dv) u_{tx_j} + F(v, Dv)\Big\},\end{aligned} \tag{9.2.55}$$

而 B_{kl} 为某些常数. 从而,类似于(9.2.41)式,有

$$\begin{aligned} & \|(\Gamma^k u(t, \cdot))_t\|_{L^2(\mathbb{R}^n)}^2 \\ & + \sum_{i,j=1}^{n} \int_{\mathbb{R}^n} a_{ij}(v, Dv)(t, \cdot)(\Gamma^k u(t, \cdot))_{x_i} (\Gamma^k u(t, \cdot))_{x_j} \mathrm{d}x \\ = & \|(\Gamma^k u(0, \cdot))_t\|_{L^2(\mathbb{R}^n)}^2 \\ & + \sum_{i,j=1}^{n} \int_{\mathbb{R}^n} a_{ij}(v, Dv)(0, \cdot)(\Gamma^k u(0, \cdot))_{x_i} (\Gamma^k u(0, \cdot))_{x_j} \mathrm{d}x \\ & + \sum_{i,j=1}^{n} \int_0^t \int_{\mathbb{R}^n} \frac{\partial b_{ij}(v, Dv)(\tau, \cdot)}{\partial \tau} (\Gamma^k u(\tau, \cdot))_{x_i} (\Gamma^k u(\tau, \cdot))_{x_j} \mathrm{d}x \mathrm{d}\tau \\ & - 2\sum_{i,j=1}^{n} \int_0^t \int_{\mathbb{R}^n} \frac{\partial b_{ij}(v, Dv)(\tau, \cdot)}{\partial x_i} (\Gamma^k u(\tau, \cdot))_{x_j} (\Gamma^k u(\tau, \cdot))_\tau \mathrm{d}x \mathrm{d}\tau \\ & - 2\sum_{j=1}^{n} \int_0^t \int_{\mathbb{R}^n} \frac{\partial a_{0j}(v, Dv)(\tau, \cdot)}{\partial x_j} (\Gamma^k u(\tau, \cdot))_\tau (\Gamma^k u(\tau, \cdot))_\tau \mathrm{d}x \mathrm{d}\tau \\ & + 2\int_0^t \int_{\mathbb{R}^n} \bar{G}_k(\tau, \cdot)(\Gamma^k u(\tau, \cdot))_\tau \mathrm{d}x \mathrm{d}\tau \\ & + 2\int_0^t \int_{\mathbb{R}^n} \bar{g}_k(\tau, \cdot)(\Gamma^k u(\tau, \cdot))_\tau \mathrm{d}x \mathrm{d}\tau. \end{aligned} \tag{9.2.56}$$

由此,可用一完全类似的方法得到(9.2.52)式.

合并(9.2.37)及(9.2.51)-(9.2.52)式,就得到所要证的(9.2.20)式.

引理 2.5 证毕.

2.4. 引理 2.6 的证明

令

$$u^* = \overline{u} - \overline{\overline{u}},\ v^* = \overline{v} - \overline{\overline{v}}. \tag{9.2.57}$$

由映照 M 的定义(9.2.11)-(9.2.13)，易知有

$$\Box u^* - \sum_{i,j=1}^n b_{ij}(\overline{v}, D\overline{v}) u^*_{x_i x_j} - 2\sum_{j=1}^n a_{0j}(\overline{v}, D\overline{v}) u^*_{tx_j} = F^*, \tag{9.2.58}$$

$$t = 0 : u^* = u^*_t = 0, \tag{9.2.59}$$

其中

$$\begin{aligned} F^* = & \sum_{i,j=1}^n (b_{ij}(\overline{v}, D\overline{v}) - b_{ij}(\overline{\overline{v}}, D\overline{\overline{v}}))\, \overline{\overline{u}}_{x_i x_j} \\ & + 2\sum_{j=1}^n (a_{0j}(\overline{v}, D\overline{v}) - a_{0j}(\overline{\overline{v}}, D\overline{\overline{v}}))\, \overline{\overline{u}}_{tx_j} \\ & + F(\overline{v}, D\overline{v}) - F(\overline{\overline{v}}, D\overline{\overline{v}}). \end{aligned} \tag{9.2.60}$$

我们首先估计 $\| u^*(t, \cdot) \|_{\Gamma, S-1, 2}$.

将第四章中的(4.5.17)式(在其中取 $N = S-1$)用于 Cauchy 问题(9.2.58)-(9.2.59)，就得到

$$\begin{aligned} & \| u^*(t, \cdot) \|_{\Gamma, S-1, 2} \\ \leqslant & C\int_0^t (\| \hat{F}^*(\tau, \cdot) \|_{\Gamma, S-1, q, \chi_1} + (1+\tau)^{-\frac{n-2}{2}} \| \hat{F}^*(\tau, \cdot) \|_{\Gamma, S-1, 1, 2, \chi_2}) \mathrm{d}\tau, \end{aligned} \tag{9.2.61}$$

其中

$$\hat{F}^* = \sum_{i,j=1}^n b_{ij}(\overline{v}, D\overline{v}) u^*_{x_i x_j} + 2\sum_{j=1}^n a_{0j}(\overline{v}, D\overline{v}) u^*_{tx_j} + F^*, \tag{9.2.62}$$

q 满足(9.2.19)式，χ_1 为集合 $\left\{(t, x) \,\middle|\, |x| \leqslant \frac{1+t}{2}\right\}$ 的特征函数，而 $\chi_2 = 1 - \chi_1$.

类似于(9.2.35)式，有

$$\| (\sum_{i,j=1}^n b_{ij}(\overline{v}, D\overline{v}) u^*_{x_i x_j} + 2\sum_{j=1}^n a_{0j}(\overline{v}, D\overline{v}) u^*_{tx_j})(\tau, \cdot) \|_{\Gamma, S-1, q, \chi_1}$$

$$\leqslant C(1+\tau)^{-K}E^{\alpha}D_{S-1,\,T}(u^*),\ \forall\,\tau\in[0,\,T]. \tag{9.2.63}$$

此外,由第五章引理 2.7 及引理 2.8 中的(5.2.36)及(5.2.46)式(在其中取 $N=S-1,\ r=q$ 及 $p=n$),并注意到 $L^{q,2}(\mathbb{R}^n)\subset L^q(\mathbb{R}^n)$ 为连续嵌入,易知

$$\|F^*(\tau,\cdot)\|_{\Gamma,\,S-1,\,q,\,\chi_1}\leqslant C(1+\tau)^{-K}E^{\alpha}D_{S-1,\,T}(v^*),\ \forall\,\tau\in[0,\,T]. \tag{9.2.64}$$

合并(9.2.63)及(9.2.64)式,就得到

$$\begin{aligned}&\|\hat{F}^*(\tau,\cdot)\|_{\Gamma,\,S-1,\,q,\,\chi_1}\\ \leqslant\ & C(1+\tau)^{-K}E^{\alpha}(D_{S-1,\,T}(u^*)+D_{S-1,\,T}(v^*)),\ \forall\,\tau\in[0,\,T].\end{aligned} \tag{9.2.65}$$

此外,由第五章引理 2.7 及引理 2.8 中的(5.2.35)及(5.2.45)式(在其中取 $N=S-1,\ r=1$ 及 $p=2$),类似地有

$$\begin{aligned}&(1+\tau)^{-\frac{n-2}{2}}\Big\|\Big(\sum_{i,\,j=1}^{n}b_{ij}(\bar{v},\,D\bar{v})u^*_{x_ix_j}+2\sum_{j=1}^{n}a_{0j}(\bar{v},\,D\bar{v})u^*_{tx_j}\Big)(\tau,\cdot)\Big\|_{\Gamma,\,S-1,\,1,\,2,\,\chi_2}\\ \leqslant\ & C(1+\tau)^{-K}E^{\alpha}D_{S-1,\,T}(u^*),\ \forall\,\tau\in[0,\,T]\end{aligned} \tag{9.2.66}$$

及

$$\begin{aligned}(1+\tau)^{-\frac{n-2}{2}}\|F^*(\tau,\cdot)\|_{\Gamma,\,S-1,\,1,\,2,\,\chi_2}&\leqslant C(1+\tau)^{-K}E^{\alpha}D_{S-1,\,T}(v^*),\\ &\quad\forall\,\tau\in[0,\,T],\end{aligned} \tag{9.2.67}$$

从而得到

$$\begin{aligned}&(1+\tau)^{-\frac{n-2}{2}}\|\hat{F}^*(\tau,\cdot)\|_{\Gamma,\,S-1,\,1,\,2,\,\chi_2}\\ \leqslant\ & C(1+\tau)^{-K}E^{\alpha}(D_{S-1,\,T}(u^*)+D_{S-1,\,T}(v^*)),\ \forall\,\tau\in[0,\,T].\end{aligned} \tag{9.2.68}$$

将(9.2.65)及(9.2.68)二式代入(9.2.61)式,就得到

$$\sup_{0\leqslant t\leqslant T}\|u^*(t,\cdot)\|_{\Gamma,\,S-1,\,2}\leqslant CR(E,\,T)(D_{S-1,\,T}(u^*)+D_{S-1,\,T}(v^*)). \tag{9.2.69}$$

我们现在估计 $\|D^2u^*(t,\cdot)\|_{\Gamma,\,S-1,\,2}$.

类似于(9.2.41)式,对于任何给定的多重指标 $k(|k|\leqslant S-1)$,我们有

$$
\begin{aligned}
&\|(\Gamma^k Du^*(t,\cdot))_t\|^2_{L^2(\mathbb{R}^n)}\\
&+\sum_{i,j=1}^n\int_{\mathbb{R}^n}a_{ij}(\overline{v},D\overline{v})(t,\cdot)(\Gamma^k Du^*(t,\cdot))_{x_i}(\Gamma^k Du^*(t,\cdot))_{x_j}\mathrm{d}x\\
=&\sum_{i,j=1}^n\int_0^t\int_{\mathbb{R}^n}\frac{\partial b_{ij}(\overline{v},D\overline{v})(\tau,\cdot)}{\partial\tau}(\Gamma^k Du^*(\tau,\cdot))_{x_i}(\Gamma^k Du^*(\tau,\cdot))_{x_j}\mathrm{d}x\mathrm{d}\tau\\
&-2\sum_{i,j=1}^n\int_0^t\int_{\mathbb{R}^n}\frac{\partial b_{ij}(\overline{v},D\overline{v})(\tau,\cdot)}{\partial x_i}(\Gamma^k Du^*(\tau,\cdot))_{x_j}(\Gamma^k Du^*(\tau,\cdot))_\tau\mathrm{d}x\mathrm{d}\tau\\
&-2\sum_{j=1}^n\int_0^t\int_{\mathbb{R}^n}\frac{\partial a_{0j}(\overline{v},D\overline{v})(\tau,\cdot)}{\partial x_j}(\Gamma^k Du^*(\tau,\cdot))_\tau(\Gamma^k Du^*(\tau,\cdot))_\tau\mathrm{d}x\mathrm{d}\tau\\
&+2\int_0^t\int_{\mathbb{R}^n}\widetilde{G}_k(\tau,\cdot)(\Gamma^k Du^*(\tau,\cdot))_\tau\mathrm{d}x\mathrm{d}\tau\\
&+2\int_0^t\int_{\mathbb{R}^n}\widetilde{g}_k(\tau,\cdot)(\Gamma^k Du^*(\tau,\cdot))_\tau\mathrm{d}x\mathrm{d}\tau\\
&+2\int_0^t\int_{\mathbb{R}^n}\hat{g}_k(\tau,\cdot)(\Gamma^k Du^*(\tau,\cdot))_\tau\mathrm{d}x\mathrm{d}\tau\\
\stackrel{\text{def.}}{=}&\,\mathrm{I}+\mathrm{II}+\mathrm{III}+\mathrm{IV}+\mathrm{V}+\mathrm{VI},
\end{aligned}
\tag{9.2.70}
$$

其中

$$
\begin{aligned}
\widetilde{G}_k=&\sum_{i,j=1}^n\{(\Gamma^k D(b_{ij}(\overline{v},D\overline{v})u^*_{x_ix_j}-b_{ij}(\overline{v},D\overline{v})\Gamma^k Du^*_{x_ix_j})\\
&\qquad+b_{ij}(\overline{v},D\overline{v})(\Gamma^k Du^*_{x_ix_j}-(\Gamma^k Du^*)_{x_ix_j})\}\\
&+2\sum_{j=1}^n\{(\Gamma^k D(a_{0j}(\overline{v},D\overline{v}))u^*_{tx_j}-a_{0j}(\overline{v},D\overline{v})\Gamma^k Du^*_{tx_j})\\
&\qquad+a_{0j}(\overline{v},D\overline{v})(\Gamma^k Du^*_{tx_j}-(\Gamma^k Du^*)_{tx_j})\},
\end{aligned}
\tag{9.2.71}
$$

$$
\widetilde{g}_k=\sum_{|l|\leqslant|k|}\widetilde{B}_{kl}\Gamma^l\Big(\sum_{i,j=1}^n b_{ij}(\overline{v},D\overline{v})u^*_{x_ix_j}+2\sum_{j=1}^n a_{0j}(\overline{v},D\overline{v})u^*_{tx_j}\Big),\tag{9.2.72}
$$

$$
\hat{g}_k=\Gamma^k DF^*+\sum_{|l|\leqslant|k|}\widetilde{B}_{kl}\Gamma^l F^*.\tag{9.2.73}
$$

类似于引理2.5的证明，可以得到

$$
|\,\mathrm{I}\,|+|\,\mathrm{II}\,|+|\,\mathrm{III}\,|+|\,\mathrm{IV}\,|+|\,\mathrm{V}\,|\leqslant CR(E,T)D^2_{S-1,T}(u^*).\tag{9.2.74}
$$

剩下来只需估计VI. 由(9.2.60)式，我们有

$$
DF^*=\sum_{i,j=1}^n(Db_{ij}(\overline{v},D\overline{v})-Db_{ij}(\overline{\overline{v}},D\overline{\overline{v}}))\overline{\overline{u}}_{x_ix_j}
$$

$$
\begin{aligned}
&+\sum_{i,j=1}^{n}(b_{ij}(\overline{v},D\overline{v})-b_{ij}(\overline{\overline{v}},D\overline{\overline{v}}))D\overline{\overline{u}}_{x_ix_j}\\
&+2\sum_{j=1}^{n}(Da_{0j}(\overline{v},D\overline{v})-Da_{0j}(\overline{\overline{v}},D\overline{\overline{v}}))\overline{\overline{u}}_{tx_j}\\
&+2\sum_{j=1}^{n}(a_{0j}(\overline{v},D\overline{v})-a_{0j}(\overline{\overline{v}},D\overline{\overline{v}}))D\overline{\overline{u}}_{tx_j}\\
&+DF(\overline{v},D\overline{v})-DF(\overline{\overline{v}},D\overline{\overline{v}}).
\end{aligned}
\tag{9.2.75}
$$

于是，利用第五章引理 2.7 及引理 2.8 中的(5.2.35)及(5.2.45)(在其中取 $N=S-1$, $r=2$，从而 $p=+\infty$)，就可以得到

$$
\begin{aligned}
\|\hat{g}_k(\tau,\cdot)\|_{L^2(\mathbb{R}^n)} &\leqslant C(\|DF^*\|_{\Gamma,S-1,2}+\|F^*\|_{\Gamma,S-1,2})\\
&\leqslant C(1+\tau)^{-K}E^{\alpha}D_{S-1,T}(v^*),\ \forall\,\tau\in[0,T],
\end{aligned}
\tag{9.2.76}
$$

从而

$$
|\,\text{VI}\,|\leqslant CR(E,T)D_{S-1,T}(u^*)D_{S-1,T}(v^*). \tag{9.2.77}
$$

由(9.2.74)及(9.2.77)式，类似于(9.2.50)式，我们有

$$
\begin{aligned}
&\sup_{0\leqslant t\leqslant T}\|D^2u^*(t,\cdot)\|^2_{\Gamma,S-1,2}\\
&\leqslant CR(E,T)(D^2_{S-1,T}(u^*)+D_{S-1,T}(u^*)D_{S-1,T}(v^*)),
\end{aligned}
\tag{9.2.78}
$$

从而

$$
\begin{aligned}
&\sup_{0\leqslant t\leqslant T}\|D^2u^*(t,\cdot)\|_{\Gamma,S-1,2}\\
&\leqslant C\sqrt{R(E,T)}(D_{S-1,T}(u^*)+D_{S-1,T}(v^*)).
\end{aligned}
\tag{9.2.79}
$$

此外，类似于(9.2.52)式，我们有

$$
\begin{aligned}
&\sup_{0\leqslant t\leqslant T}\|Du^*(t,\cdot)\|_{\Gamma,S-1,2}\\
&\leqslant C\sqrt{R(E,T)}(D_{S-1,T}(u^*)+D_{S-1,T}(v^*)).
\end{aligned}
\tag{9.2.80}
$$

合并(9.2.69)及(9.2.79)-(9.2.80)式，就得到所要求的(9.2.22)式.

引理 2.6 证毕.

2.5. 非线性右端项不显含 u 的情况：$F=F(Du,D_xDu)$

在非线性右端项不显含 u 的特殊情况：

$$
F=F(Du,D_xDu), \tag{9.2.81}
$$

用与本节类似但简单得多的方法，可以在空间维数 $n\geqslant 2$ 的情况，类似于定理

2.1,得到关于经典解的生命跨度 $\widetilde{T}(\varepsilon)(>T(\varepsilon))$ 的完整结果：

$$T(\varepsilon)=\begin{cases}+\infty, & \text{若 } K_0>1,\\ \exp\{a\varepsilon^{-\alpha}\}-1, & \text{若 } K_0=1,\\ b\varepsilon^{-\frac{\alpha}{1-K_0}}-1, & \text{若 } K_0<1,\end{cases}\tag{9.2.82}$$

其中

$$K_0=\frac{n-1}{2}\alpha,\tag{9.2.83}$$

而 a 及 b 为仅与 α 及 n 有关的正常数(详见[43]).

由(9.2.82)式,对生命跨度 $\widetilde{T}(\varepsilon)$ 就有下表所示的下界估计：

	$\widetilde{T}(\varepsilon)\geqslant$		
n　　$\alpha=$	1	2	3, 4, …
2	$b\varepsilon^{-2}$	$\exp\{a\varepsilon^{-2}\}$	
3	$\exp\{a\varepsilon^{-1}\}$	$+\infty$	
4, 5, …			

这不仅给出了在 $n\geqslant 3$ 时 §1 中的第二张表格,而且给出了 $n=2$ 时同样为不可改进的最佳结果(参见第十三章及第十四章).再结合第八章中在 $n=1$ 时的(8.1.12)式,就在此特殊情况对一切 $n\geqslant 1$ 及 $\alpha\geqslant 1$ 得到关于生命跨度 $\widetilde{T}(\varepsilon)$ 下界估计的如下完整结果：

	$\widetilde{T}(\varepsilon)\geqslant$				
n　　$\alpha=$	1	2	…	α	…
1	$b\varepsilon^{-1}$	$b\varepsilon^{-2}$	…	$b\varepsilon^{-\alpha}$	…
2	$b\varepsilon^{-2}$	$\exp\{a\varepsilon^{-2}\}$			
3	$\exp\{a\varepsilon^{-1}\}$		$+\infty$		
4, 5, …					

为了得到(9.2.82)-(9.2.83)式,由于非线性右端项不显含 u,只需代替(9.2.3)式,取

$$D_{S,T}(v)=\sup_{0\leqslant t\leqslant T}\|Dv(t,\cdot)\|_{\Gamma,S,2},\tag{9.2.84}$$

且在整个证明中不需要估计解本身的 L^2 范数,从而不需要利用仅在 $n\geqslant 3$ 时适

用的第四章中的(4.5.17)式.

§3. Cauchy 问题(9.1.11)-(9.1.12)的经典解的生命跨度的下界估计(续)

在本节中,我们将在

$$\partial_u^2 F(0, 0) = 0 \tag{9.3.1}$$

的假设[即成立(9.1.20)式]下,对 $n(\geqslant 3)$ 维二阶拟线性双曲型方程的 Cauchy 问题(9.1.11)-(9.1.12)的经典解的生命跨度,证明由 §1 第二张表格所示的下界估计. 为此,只需在 $\alpha = 1$ 且 $n = 3, 4$ 时改进 §1 第一张表格中的相应结果.

为叙述方便起见,可假设初值(9.1.12)的支集满足

$$\operatorname{supp}\{\varphi, \psi\} \subseteq \{x \mid |x| \leqslant \rho\}, \tag{9.3.2}$$

其中 $\rho > 0$ 为一个常数.

3.1. 度量空间 $X_{S, E, T}$. 主要结果

由 Sobolev 嵌入定理,存在适当小的 $E_0 > 0$, 使成立

$$\| f \|_{L^\infty(\mathbb{R}^n)} \leqslant \nu_0, \ \forall f \in H^{\left[\frac{n}{2}\right]+1}(\mathbb{R}^n), \ \| f \|_{H^{\left[\frac{n}{2}\right]+1}(\mathbb{R}^n)} \leqslant E_0. \tag{9.3.3}$$

对于任何给定的整数 $S \geqslant 2n+4$, 任何给定的正数 $E(\leqslant E_0)$ 及 $T(0 < T \leqslant +\infty)$, 引入函数集合

$$X_{S, E, T} = \{v(t, x) \mid D_{S, T}(v) \leqslant E, \ \partial_t^l v(0, x) = u_l^{(0)}(x) \quad (l = 0, 1, \cdots, S+1)\}, \tag{9.3.4}$$

这里

$$D_{S, T}(v) = \sum_{i=1}^{2} \sup_{0 \leqslant t \leqslant T} \| D^i v(t, \cdot) \|_{\Gamma, S, 2} + \sup_{0 \leqslant t \leqslant T} f_n^{-1}(t) \| v(t, \cdot) \|_{\Gamma, S, 2} + \sup_{0 \leqslant t \leqslant T} (1+t)^{\frac{n-1}{2}} \| v(t, \cdot) \|_{\Gamma, \left[\frac{S}{2}\right]+1, \infty}, \tag{9.3.5}$$

其中

$$f_n(t) = \begin{cases} (1+t)^{\frac{1}{2}}, & 若\ n = 3; \\ \ln(2+t), & 若\ n = 4, \end{cases} \tag{9.3.6}$$

$\|\cdot\|_{\Gamma,S,2}$ 等的定义见第三章 §1.3，且若 T 为有限，则上界在区间$[0, T]$上选取；而若 $T=+\infty$，则上界在区间$[0,+\infty)$上选取. 为简单计，在下文中统一地用记号$[0, T]$表示有关的区间. 此外，$u_0^{(0)}(x)=\varepsilon\varphi(x)$, $u_1^{(0)}(x)=\varepsilon\psi(x)$，而当 $l=2, \cdots, S+1$ 时，$u_l^{(0)}(x)$ 为 $\partial_t^l u(t,x)$ 在 $t=0$ 时之值，它们由方程(9.1.11)及初始条件(9.1.12)所唯一决定. 显然 $u_l^{(0)}$ $(l=0, 1, \cdots, S+1)$ 均为具紧支集的充分光滑函数，且其支集不超过$\{x \mid |x|\leqslant\rho\}$.

在 $X_{S,E,T}$ 上引入如下的度量

$$\rho(\bar{v}, \bar{\bar{v}})=D_{S,T}(\bar{v}-\bar{\bar{v}}), \ \forall\, \bar{v}, \bar{\bar{v}}\in X_{S,E,T}. \tag{9.3.7}$$

类似于引理 2.1，我们有

引理 3.1　当 $\varepsilon>0$ 适当小时，$X_{S,E,T}$ 是一个非空的完备度量空间.

以 $\widetilde{X}_{S,E,T}$ 记 $X_{S,E,T}$ 的一个子集，它由 $X_{S,E,T}$ 中对任何给定的 $t\in[0, T]$，对变量 x 的支集不超过$\{x \mid |x|\leqslant t+\rho\}$的一切元素组成.

引理 3.2　当 $S\geqslant 2n+4$ 时，对任何给定的 $v\in\widetilde{X}_{S,E,T}$，成立

$$\|(v, Dv, D^2v)(t,\cdot)\|_{\Gamma,\left[\frac{S}{2}\right]+1,\infty}\leqslant CE(1+t)^{-\frac{n-1}{2}}, \ \forall\, t\in[0, T], \tag{9.3.8}$$

其中 C 为一个正常数.

证　注意到 $S\geqslant 2n+4$，由第三章中的(3.4.30)式$\left(\text{在其中取 } p=2,\ N=\left[\frac{S}{2}\right]+1,\text{而 } s=\left[\frac{n}{2}\right]+1\right)$，就有

$$\|(Dv, D^2v)(t,\cdot)\|_{\Gamma,\left[\frac{S}{2}\right]+1,\infty}\leqslant CE(1+t)^{-\frac{n-1}{2}}, \ \forall\, t\in[0, T],$$

而对 v 的类似估计式由 $D_{S,T}(v)$之定义(9.3.5)立得.

本节的主要结果为如下的

定理 3.1　设 $\alpha=1$，而 $n=3, 4$. 在假设(9.1.15)-(9.1.19)下，进一步假设(9.3.1)成立，则对于任意给定的整数 $S\geqslant 2n+4$，存在正常数 ε_0 及 C_0 使 $C_0\varepsilon_0\leqslant E_0$，且对于任何给定的 $\varepsilon\in(0, \varepsilon_0]$，存在一个正数 $T(\varepsilon)$，使 Cauchy 问题(9.1.11)-(9.1.12)在$[0, T(\varepsilon)]$上存在唯一的经典解 $u\in\widetilde{X}_{S,C_0\varepsilon,T(\varepsilon)}$，而 $T(\varepsilon)$ 可取为

$$T(\varepsilon)=\begin{cases}\exp\{a\varepsilon^{-1}\}-1, & \text{若 } n=3;\\ +\infty, & \text{若 } n=4,\end{cases} \tag{9.3.9}$$

其中 a 为一个正常数.

此外，在必要时修改对 t 在区间 $[0, T(\varepsilon)]$ 的一个零测集上的数值后，对任何满足 $0 < T_0 \leqslant T(\varepsilon)$ 的有限的 T_0，成立

$$u \in C([0, T_0]; H^{S+1}(\mathbb{R}^n)), \tag{9.3.10}$$

$$u_t \in C([0, T_0]; H^S(\mathbb{R}^n)), \tag{9.3.11}$$

$$u_{tt} \in C([0, T_0]; H^{S-1}(\mathbb{R}^n)). \tag{9.3.12}$$

3.2. 定理 3.1 的证明框架——整体迭代法

为了证明定理 3.1，对任何给定的 $v \in \widetilde{X}_{S, E, T}$，同样由求解线性双曲型方程的 Cauchy 问题(9.2.11)-(9.2.12)定义一个映照

$$M : v \longrightarrow u = Mv. \tag{9.3.13}$$

我们要证明：当 $\varepsilon > 0$ 适当小时，可找到正常数 C_0，使当 $E = C_0\varepsilon$，而 $T = T(\varepsilon)$ 由(9.3.9)式定义时，M 在 $\widetilde{X}_{S, E, T}$ 中具有一个唯一的不动点，它就是 Cauchy 问题(9.1.11)-(9.1.12)在 $0 \leqslant t \leqslant T(\varepsilon)$ 上的经典解.

类似于引理 2.3，我们有

引理 3.3 当 $E > 0$ 适当小时，对任何给定的 $v \in \widetilde{X}_{S, E, T}$，必要时修改在 t 的一个零测集上的数值后，对任何满足 $0 < T_0 \leqslant T$ 的有限的 T_0，有

$$u = Mv \in C([0, T_0]; H^{S+1}(\mathbb{R}^n)), \tag{9.3.14}$$

$$u_t \in C([0, T_0]; H^S(\mathbb{R}^n)), \tag{9.3.15}$$

$$u_{tt} \in L^\infty(0, T_0; H^{S-1}(\mathbb{R}^n)). \tag{9.3.16}$$

此外，对任何给定的 $t \in [0, T]$，$u = u(t, x)$ 对 x 的支集不超过 $\{x \mid |x| \leqslant t + \rho\}$.

类似于引理 2.4，我们有

引理 3.4 对 $u = u(t, x) = Mv$，$\partial_t^l u(0, \cdot)$ $(l = 0, 1, \cdots, S+2)$ 的值与 $v \in \widetilde{X}_{S, E, T}$ 的选取无关，且

$$\partial_t^l u(0, x) = u_l^{(0)}(x) \ (l = 0, 1, \cdots, S+1). \tag{9.3.17}$$

此外，

$$\| u(0, \cdot) \|_{\Gamma, S+2, p} + \| u_t(0, \cdot) \|_{\Gamma, S+1, p, q} \leqslant C\varepsilon, \tag{9.3.18}$$

其中 $1 \leqslant p, q \leqslant +\infty$，而 C 为一正常数.

下面的两个引理是证明定理 3.1 的关键.

引理 3.5 在定理 3.1 的假设下，当 $E > 0$ 适当小时，对任何给定的 $v \in \widetilde{X}_{S, E, T}$，$u = Mv$ 满足

$$D_{S, T}(u) \leqslant C_1 \{\varepsilon + (R + \sqrt{R} + E)(E + D_{S, T}(u))\}, \qquad (9.3.19)$$

其中 C_1 是一个正常数，而

$$R = R(E, T) \stackrel{\text{def.}}{=\!=} E\int_0^T (1+t)^{-\frac{n-1}{2}} \mathrm{d}t. \qquad (9.3.20)$$

引理 3.6 在引理 3.5 的假设下，对任何给定的 $\bar{v}, \bar{\bar{v}} \in \widetilde{X}_{S, E, T}$，若 $\bar{u} = M\bar{v}$ 及 $\bar{\bar{u}} = M\bar{\bar{v}}$ 亦满足 $\bar{u}, \bar{\bar{u}} \in \widetilde{X}_{S, E, T}$，则成立

$$D_{S-1, T}(\bar{u} - \bar{\bar{u}}) \leqslant C_2 (R + \sqrt{R} + E)(D_{S-1, T}(\bar{u} - \bar{\bar{u}}) + D_{S-1, T}(\bar{v} - \bar{\bar{v}})), \qquad (9.3.21)$$

其中 C_2 是一个正常数，而 $R = R(E, T)$ 仍由(9.3.20)式定义.

引理 3.5 及引理 3.6 之证明见后文. 现在我们首先利用这两个引理来证明定理 3.1.

定理 3.1 的证明 取

$$C_0 = 3\max(C_1, C_2), \qquad (9.3.22)$$

其中 C_1 及 C_2 分别为出现在引理 3.5 及引理 3.6 中的正常数.

类似于 §2，可以证明：若存在一正数 ε_0，满足 $C_0 \varepsilon_0 \leqslant E_0$，且对任何给定的 $\varepsilon \in (0, \varepsilon_0]$，$E = E(\varepsilon) = C_0 \varepsilon$ 及 $T = T(\varepsilon) > 0$ 满足

$$R(E(\varepsilon), T(\varepsilon)) + \sqrt{R(E(\varepsilon), T(\varepsilon))} + E(\varepsilon) \leqslant \frac{1}{C_0}, \qquad (9.3.23)$$

则映照 M 在 $\widetilde{X}_{S, E(\varepsilon), T(\varepsilon)}$ 中有唯一的不动点，且此不动点 $u = u(t, x)$ 就是 Cauchy 问题(9.1.11)-(9.1.12)在 $0 \leqslant t \leqslant T(\varepsilon)$ 上的经典解.

现在来决定 $\varepsilon_0 > 0$ 及 $T(\varepsilon)(0 < \varepsilon \leqslant \varepsilon_0)$，使所要求的(9.3.23)式得以成立. 我们总假设 $\varepsilon_0 > 0$ 足够小，使(9.3.3)式当 $E_0 = C_0 \varepsilon_0$ 时成立.

在 $n = 3$ 时，由(9.3.20)式，有

$$R = R(E, T) = E\ln(1 + T).$$

于是，若取 $E = C_0 \varepsilon$ 及

$$T(\varepsilon)=\exp\{a\varepsilon^{-1}\}-1,$$

其中 a 是一个满足

$$C_0(aC_0+\sqrt{aC_0})<1 \tag{9.3.24}$$

的正数，易见(9.3.23)式当 $\varepsilon_0>0$ 充分小时成立. 此时，我们得到了几乎整体解.

在 $n=4$ 时，由(9.3.20)式，有

$$R=R(E,T)=E\int_0^T(1+t)^{-\frac{3}{2}}\mathrm{d}t\leqslant\widetilde{C}E,\ \forall\,T>0,$$

其中$\widetilde{C}$是一个与 T 无关的正常数. 于是，若取 $E=C_0\varepsilon$ 及

$$T(\varepsilon)=+\infty,$$

当 $\varepsilon_0>0$ 充分小时，易见必成立(9.3.23)式. 这时，我们得到了整体解.

3.3. 引理 3.5 的证明

我们首先估计 $\|D^2u(t,\cdot)\|_{\Gamma,S,2}$.

为此，仍利用能量积分公式(9.2.41)，其中 G_k 及 g_k 分别由(9.2.39)及(9.2.40)式给出，而 $k(|k|\leqslant S)$ 为任何给定的多重指标.

注意到 $\alpha=1$，由引理 3.2 及第三章推论 1.1，容易得到

$$\begin{aligned}|\,\mathrm{I}\,|,\,|\,\mathrm{II}\,|,\,|\,\mathrm{III}\,|&\leqslant CE\int_0^t(1+\tau)^{-\frac{n-1}{2}}\|D^2u(\tau,\cdot)\|_{\Gamma,S,2}^2\mathrm{d}\tau\\&\leqslant CR(E,T)D_{S,T}^2(u),\ \forall\,t\in[0,T].\end{aligned} \tag{9.3.25}$$

现在估计 $G_k(\tau,\cdot)$ 的 L^2 范数.

利用 $b_{ij}(v,Dv)$ 之 Taylor 展开式，易见有

$$\begin{aligned}&\|(\Gamma^kD(b_{ij}(v,Dv)u_{x_ix_j})-b_{ij}(v,Dv)\Gamma^kDu_{x_ix_j})(\tau,\cdot)\|_{L^2(\mathbb{R}^n)}\\&\leqslant C\{\|\Gamma^k(Dvu_{x_ix_j})\|_{L^2(\mathbb{R}^n)}+\|\Gamma^k(D^2vu_{x_ix_j})\|_{L^2(\mathbb{R}^n)}\\&\qquad+\|\Gamma^k(vDu_{x_ix_j})-v\Gamma^kDu_{x_ix_j}\|_{L^2(\mathbb{R}^n)}\\&\qquad+\|\Gamma^k(DvDu_{x_ix_j})-Dv\Gamma^kDu_{x_ix_j}\|_{L^2(\mathbb{R}^n)}\\&\qquad+\|\Gamma^k(D\widetilde{b}_{ij}(v,Dv)u_{x_ix_j})\|_{L^2(\mathbb{R}^n)}\\&\qquad+\|\Gamma^k(\widetilde{b}_{ij}(v,Dv)Du_{x_ix_j})-\widetilde{b}_{ij}(v,Dv)\Gamma^kDu_{x_ix_j}\|_{L^2(\mathbb{R}^n)}\}\\&\overset{\text{def.}}{=}I_1+I_2+I_3+I_4+I_5+I_6,\end{aligned} \tag{9.3.26}$$

其中 $\widetilde{b}_{ij}(v,Dv)$ 为 $b_{ij}(v,Dv)$ 中之高阶项.

由第五章注 1.2 中的(5.1.19)式(在其中取 $N=S$, $\chi(t,x)\equiv1$, $p=q=$

$p_2 = q_2 = p_3 = q_3 = 2,\ p_1 = q_1 = p_4 = q_4 = +\infty$)，注意到引理 3.2 及 $X_{S,E,T}$ 的定义，易得

$$I_1,\ I_2 \leqslant CE(1+\tau)^{-\frac{n-1}{2}} D_{S,T}(u),\ \tau \in [0,\ T]. \tag{9.3.27}$$

由第五章引理 1.4 中的(5.1.32)式(在其中取 $N = S,\ p = q = 2,\ p_1 = q_1 = +\infty$)，注意到引理 3.2 及 $X_{S,E,T}$ 的定义，并利用第三章中的(3.4.30)式$\left(\text{在其中取 } p = 2,\ N = \left[\frac{S}{2}\right]+1, \text{而 } s = \left[\frac{n}{2}\right]+1\right)$，就可得到

$$I_3,\ I_4 \leqslant CE(1+\tau)^{-\frac{n-1}{2}} D_{S,T}(u),\ \forall\, \tau \in [0,\ T]. \tag{9.3.28}$$

注意到(9.3.6)式，易知对于 $n = 3,\ 4$ 及任何给定的整数 $\beta \geqslant 2$，恒成立

$$(1+\tau)^{-\frac{n-1}{2}(\beta-1)} f_n^{\beta}(\tau) \leqslant C,\ \forall\, \tau \geqslant 0. \tag{9.3.29}$$

由第五章引理 2.6 中的(5.2.32)式(在其中取 $N = S,\ \gamma = 2,\ p = +\infty$)，并注意到 $X_{S,E,T}$ 的定义，易知有

$$I_6 \leqslant CE(1+\tau)^{-\frac{n-1}{2}} D_{S,T}(u),\ \forall\, \tau \in [0,\ T]. \tag{9.3.30}$$

最后，由第五章注 1.1 中之(5.1.15)式(在其中取 $N = S,\ r = q_1 = p_2 = 2,\ p_1 = q_2 = +\infty$)，利用第三章中的(3.4.30)式$\left(\text{在其中取 } p = 2,\ N = \left[\frac{S}{2}\right]+1,\right.$ $\left.\text{而 } s = \left[\frac{n}{2}\right]+1\right)$，第五章中之(5.2.13)式$\left(\text{其中取 } N = \left[\frac{S-1}{2}\right]+1,\ p,\ q,\ p_i,\right.$ $\left. q_i\ (i = 0,\ 1,\ \cdots,\ \beta) \text{ 均为} +\infty\right)$ 及第五章中之(5.2.32)式(其中取 $N = S,\ r = 2,\ p = +\infty$)，并注意到(9.3.29)式及 $X_{S,E,T}$ 的定义，就同样可得到

$$I_5 \leqslant CE(1+\tau)^{-\frac{n-1}{2}} D_{S,T}(u),\ \forall\, \tau \in [0,\ T]. \tag{9.3.31}$$

这样，由(9.3.27)-(9.3.28)及(9.3.30)-(9.3.31)式，就得到

$$\begin{aligned} &\| (\Gamma^k D(b_{ij}(v,\ Dv) u_{x_i x_j}) - b_{ij}(v,\ Dv) \Gamma^k D u_{x_i x_j})(\tau,\ \cdot) \|_{L^2(\mathbb{R}^n)} \\ \leqslant\ & CE(1+\tau)^{-\frac{n-1}{2}} D_{S,T}(u),\ \forall\, \tau \in [0,\ T]. \end{aligned} \tag{9.3.32}$$

另一方面，注意到第三章的推论 1.1 及(9.3.8)式，易得

$$\begin{aligned} &\| b_{ij}(v,\ Dv)(\Gamma^k D u_{x_i x_j} - (\Gamma^k D u)_{x_i x_j})(\tau,\ \cdot) \|_{L^2(\mathbb{R}^n)} \\ \leqslant\ & CE(1+\tau)^{-\frac{n-1}{2}} D_{S,T}(u),\ \forall\, \tau \in [0,\ T]. \end{aligned} \tag{9.3.33}$$

对于 G_k 中包含 $a_{0j}(v, Dv)$ 的项,成立类似的估计式. 于是,

$$\| G_k(\tau, \cdot) \|_{L^2(\mathbb{R}^n)} \leqslant CE(1+\tau)^{-\frac{n-1}{2}} D_{S, T}(u), \ \forall \tau \in [0, T], \tag{9.3.34}$$

因此

$$| \mathrm{IV} | \leqslant CR(E, T) D_{S, T}^2(u). \tag{9.3.35}$$

下面我们估计 $g_k(\tau, \cdot)$ 的 L^2 范数.

对 $F(v, Dv)$ 作 Taylor 展开,并注意到(9.3.1)式,我们有

$$\begin{aligned}
\Gamma^k DF(v, Dv) &= \sum_{a=0}^{n} C_a \Gamma^k D(v\partial_a v) + \sum_{a, b=0}^{n} C_{ab} \Gamma^k D(\partial_a v \partial_b v) \\
&\quad + \Gamma^k D \widetilde{F}(v, Dv) \\
&= \sum_{a=0}^{n} C_a \Gamma^k (vD\partial_a v) + \sum_{a=0}^{n} C_a \Gamma^k (Dv\partial_a v) \\
&\quad + \sum_{a, b=0}^{n} C_{ab} \Gamma^k D(\partial_a v \partial_b v) + \Gamma^k D\widetilde{F}(v, Dv),
\end{aligned} \tag{9.3.36}$$

其中 C_a, C_{ab} 为一些常数,而 $\widetilde{F}(v, Dv)$ 为 $F(v, Dv)$ 中的高阶项. 于是

$$\begin{aligned}
&\| \Gamma^k DF(v, Dv)(\tau, \cdot) \|_{L^2(\mathbb{R}^n)} \\
\leqslant\ & C\{ \| \Gamma^k (vD^2 v) \|_{L^2(\mathbb{R}^n)} + \| \Gamma^k (DvDv) \|_{L^2(\mathbb{R}^n)} + \| \Gamma^k D(DvDv) \|_{L^2(\mathbb{R}^n)} \\
&\quad + \| \Gamma^k D\widetilde{F}(v, Dv) \|_{L^2(\mathbb{R}^n)} \} \\
\overset{\text{def.}}{=}\ & J_1 + J_2 + J_3 + J_4.
\end{aligned} \tag{9.3.37}$$

利用第五章引理 1.4 中之(5.1.31)式(在其中取 $N=S$, $p=q=2$, $p_1=q_1=+\infty$),并注意到(9.3.8)式及 $X_{S, E, T}$ 的定义,易得

$$J_1 \leqslant CE^2(1+\tau)^{-\frac{n-1}{2}}, \ \forall \tau \in [0, T]. \tag{9.3.38}$$

由第五章注 1.1 中之(5.1.15)式(在其中取 $N=S$, $r=q_1=p_2=2$, $p_1=q_2=+\infty$),并注意到(9.3.8)式及 $X_{S, E, T}$ 的定义,就得到

$$J_2, J_3 \leqslant CE^2(1+\tau)^{-\frac{n-1}{2}}, \ \forall \tau \in [0, T]. \tag{9.3.39}$$

再一次利用第五章注 1.1 中之(5.1.15)式,并利用第五章中之(5.2.13)式$\Big($其中取 $N=\left[\dfrac{S}{2}\right]$, p, q, p_i, $q_i(i=0, 1, \cdots, \beta)$ 均为 $+\infty\Big)$ 及第五章之(5.2.32)式(其中取 $N=S$, $r=2$, $p=\infty$),并注意到(9.3.29)式及 $X_{S, E, T}$ 的定义,就

可得到

$$J_4 \leqslant CE^2(1+\tau)^{-\frac{n-1}{2}}, \ \forall \tau \in [0, T]. \qquad (9.3.40)$$

这样,我们就得到

$$\| \Gamma^k DF(v, Dv)(\tau, \cdot) \|_{L^2(\mathbb{R}^n)} \leqslant CE^2(1+\tau)^{-\frac{n-1}{2}}, \ \forall \tau \in [0, T]. \qquad (9.3.41)$$

类似地可证明: 对任何给定的多重指标 $l(|l| \leqslant |k| \leqslant S)$, 成立

$$\| \Gamma^l F(v, Dv)(\tau, \cdot) \|_{L^2(\mathbb{R}^n)} \leqslant CE^2(1+\tau)^{-\frac{n-1}{2}}, \ \forall \tau \in [0, T]. \qquad (9.3.42)$$

此外,利用 Taylor 展开,对任何给定的多重指标 $l(|l| \leqslant |k|)$, 我们有

$$\begin{aligned} & \| \Gamma^l (b_{ij}(v, Dv) u_{x_i x_j})(\tau, \cdot) \|_{L^2(\mathbb{R}^n)} \\ \leqslant & C\{ \| \Gamma^l (v u_{x_i x_j}) \|_{L^2(\mathbb{R}^n)} + \| \Gamma^l (Dv u_{x_i x_j}) \|_{L^2(\mathbb{R}^n)} \\ & + \| \Gamma^l (\widetilde{b}_{ij}(v, Dv) u_{x_i x_j}) \|_{L^2(\mathbb{R}^n)} \}, \end{aligned} \qquad (9.3.43)$$

其中 $\widetilde{b}_{ij}(v, Dv)$ 仍记 $b_{ij}(v, Dv)$ 中的高阶项. 采用与估计 $J_i (i=1, 2, 3, 4)$ 类似的方法, 可得

$$\begin{aligned} & \| \Gamma^l (b_{ij}(v, Dv) u_{x_i x_j})(\tau, \cdot) \|_{L^2(\mathbb{R}^n)} \\ \leqslant & CE(1+\tau)^{-\frac{n-1}{2}} D_{S,T}(u), \ \forall \tau \in [0, T]. \end{aligned} \qquad (9.3.44)$$

对于 g_k 中包含 $a_{0j}(v, Dv)$ 的项,类似的估计式成立. 这样,我们就得到

$$\| g_k(\tau, \cdot) \|_{L^2(\mathbb{R}^n)} \leqslant CE(1+\tau)^{-\frac{n-1}{2}} (E + D_{S,T}(u)), \ \forall \tau \in [0, T], \qquad (9.3.45)$$

因此,

$$| \mathrm{V} | \leqslant CR(E, T)(ED_{S,T}(u) + D_{S,T}^2(u)). \qquad (9.3.46)$$

由(9.3.25),(9.3.35)及(9.3.46),并注意到(9.1.18)及引理 3.4,利用第三章中之推论 1.1,就立即得到

$$\sup_{0 \leqslant t \leqslant T} \| D^2 u(t, \cdot) \|_{\Gamma, S, 2}^2 \leqslant C\{ \varepsilon^2 + R(E, T)(ED_{S,T}(u) + D_{S,T}^2(u)) \}. \qquad (9.3.47)$$

现在我们估计 $\| Du(t, \cdot) \|_{\Gamma, S, 2}$.

对于任何给定的多重指标 $k(|k| \leqslant S)$，由(9.2.53)式，有

$$\Box \Gamma^k u = \Gamma^k \hat{F}(v, Dv, D_x Du) + \sum_{|l| \leqslant |k|-1} B_{kl} \Gamma^l \hat{F}(v, Dv, D_x Du), \tag{9.3.48}$$

由此可得下述能量积分公式：

$$\begin{aligned} & \| (\Gamma^k u(t, \cdot))_t \|_{L^2(\mathbb{R}^n)}^2 + \sum_{i=1}^n \| (\Gamma^k u(t, \cdot))_{x_i} \|_{L^2(\mathbb{R}^n)}^2 \\ = & \| (\Gamma^k u(0, \cdot))_t \|_{L^2(\mathbb{R}^n)}^2 + \sum_{i=1}^n \| (\Gamma^k u(0, \cdot))_{x_i} \|_{L^2(\mathbb{R}^n)}^2 \\ & + 2\int_0^t \int_{\mathbb{R}^n} g_k^*(\tau, \cdot)(\Gamma^k u(\tau, \cdot))_\tau \mathrm{d}x \mathrm{d}\tau, \end{aligned} \tag{9.3.49}$$

其中

$$\begin{aligned} g_k^* = & \sum_{|l| \leqslant |k|} C_{kl}^* \Gamma^l \hat{F}(v, Dv, D_x Du) \\ = & \sum_{|l| \leqslant |k|} C_{kl}^* \Gamma^l \Big(\sum_{i, j=1}^n b_{ij}(v, Dv) u_{x_i x_j} + 2\sum_{j=1}^n a_{0j}(v, Dv) u_{t x_j} \\ & + F(v, Dv) \Big), \end{aligned} \tag{9.3.50}$$

而 C_{kl}^* 为一些常数. 由(9.3.42)及(9.3.44)式立即可得

$$\| g_k^*(\tau, \cdot) \|_{L^2(\mathbb{R}^n)} \leqslant CE(1+\tau)^{-\frac{n-1}{2}} (E + D_{S, T}(u)), \ \forall \tau \in [0, T], \tag{9.3.51}$$

于是就容易得到

$$\sup_{0 \leqslant t \leqslant T} \| Du(t, \cdot) \|_{\Gamma, S, 2}^2 \leqslant C\{\varepsilon^2 + R(E, T)(ED_{S, T}(u) + D_{S, T}^2(u))\}. \tag{9.3.52}$$

下面我们估计 $\| u(t, \cdot) \|_{\Gamma, S, 2}$.

为此目的，注意到(9.3.1)式，可将由(9.2.11)式定义的 $\hat{F}(v, Dv, D_x Du)$ 改写为

$$\begin{aligned} \hat{F}(v, Dv, D_x Du) = & \sum_{a=0}^n c_a \partial_a (v^2) + \sum_{i=1}^n d_i \partial_i (vDu) \\ & + Q(Dv, Du, D_x Du) + P(v, Dv, D_x Du), \end{aligned} \tag{9.3.53}$$

其中 c_a, d_i 为一些常数，$Q(Dv, Du, D_x Du)$ 为剩余的二阶项，对 Du 及 $D_x Du$

为仿射的,而 $P(v, Du, D_x Du)$ 对 $D_x Du$ 为仿射的,是 $\hat{F}(v, Dv, D_x Du)$ 中的高阶($\geqslant$3)项. 于是,由迭加原理,我们有

$$u = Mv = u_1 + u_2 + u_3 + u_4, \tag{9.3.54}$$

而 u_1, u_2, u_3, u_4 分别满足

$$\Box u_1 = \sum_{a=0}^{n} c_a \partial_a (v^2), \tag{9.3.55}$$

$$\Box u_2 = \sum_{i=0}^{n} d_i \partial_i (vDu), \tag{9.3.56}$$

$$\Box u_3 = Q(Dv, Du, D_x Du) \tag{9.3.57}$$

及

$$\Box u_4 = P(v, Dv, D_x Du), \tag{9.3.58}$$

且 u_1, u_2 及 u_4 具零初始条件,而 u_3 具如下的初始条件:

$$t = 0: u_3 = \varepsilon\varphi(x), \ u_{3t} = \varepsilon\psi(x). \tag{9.3.59}$$

设 $\overline{u}_1, \overline{\overline{u}}_1$ 及 $\overline{u}_2$ 分别满足

$$\Box \overline{u}_1 = v^2, \tag{9.3.60}$$

$$\Box \overline{\overline{u}}_1 = 0 \tag{9.3.61}$$

及

$$\Box \overline{u}_2 = vDu, \tag{9.3.62}$$

且 $\overline{u}_1$ 及 $\overline{u}_2$ 具零初始条件,而 $\overline{\overline{u}}_1$ 具如下的初始条件:

$$t = 0: \overline{\overline{u}}_1 = 0, \ \overline{\overline{u}}_{1t} = v^2(0, \cdot), \tag{9.3.63}$$

易知

$$u_1 = \sum_{a=0}^{n} c_a \partial_a \overline{u}_1 - c_0 \overline{\overline{u}}_1 \tag{9.3.64}$$

及

$$u_2 = \sum_{i=1}^{n} d_i \partial_i \overline{u}_2. \tag{9.3.65}$$

由第四章推论 5.1 中之(4.5.17)式,并利用本章之引理 3.4,就有

$$\|u_1(t,\cdot)\|_{\Gamma,S,2} \leqslant C(\|D\bar{u}_1(t,\cdot)\|_{\Gamma,S,2} + \|\bar{u}_1(t,\cdot)\|_{\Gamma,S,2})$$
$$\leqslant C(\varepsilon + \|D\bar{u}_1(t,\cdot)\|_{\Gamma,S,2}). \tag{9.3.66}$$

由波动方程的能量估计式(见第四章引理 5.2)及第三章引理 1.5,注意到第五章注 1.1 中之(5.1.15)式,并注意到本章中之引理 3.2 及 $X_{S,E,T}$之定义,就有

$$\|u_1(t,\cdot)\|_{\Gamma,S,2} \leqslant C(\varepsilon + \int_0^t \|v^2(\tau,\cdot)\|_{\Gamma,S,2} d\tau)$$
$$\leqslant C\left(\varepsilon + \int_0^t E^2 f_n(\tau)(1+\tau)^{-\frac{n-1}{2}} d\tau\right)$$
$$\leqslant C(\varepsilon + E^2 f_n(t)). \tag{9.3.67}$$

类似地,我们有

$$\|u_2(t,\cdot)\|_{\Gamma,S,2} \leqslant C(\varepsilon + Ef_n(t)D_{S,T}(u)). \tag{9.3.68}$$

此外,由第四章推论 5.1 中之(4.5.17)式,并利用引理 3.4,有

$$\|u_3(t,\cdot)\|_{\Gamma,S,2} \leqslant C\Big\{\varepsilon + \int_0^t (\|Q(Dv,Du,D_xDu)(\tau,\cdot)\|_{\Gamma,S,q,\chi_1}$$
$$+ (1+\tau)^{-\frac{n-2}{2}} \|Q(Dv,Du,D_xDu)(\tau,\cdot)\|_{\Gamma,S,1,2}) d\tau\Big\}, \tag{9.3.69}$$

其中 q 满足

$$\frac{1}{q} = \frac{1}{2} + \frac{1}{n}, \tag{9.3.70}$$

而 $\chi_1(t,x)$ 为集合$\left\{(t,x)\,\middle|\, |x| \leqslant \frac{1+t}{2}\right\}$的特征函数.

利用第五章引理 2.5 中之(5.2.24)式(在其中取 $N=S$, $r=q$, $p=n$ 及 $\beta=1$),注意到 $X_{S,E,T}$ 的定义及 $L^{q,2}(\mathbb{R}^n) \subset L^q(\mathbb{R}^n)$ 为连续嵌入,并注意到 $Q(Dv,Du,D_xDu)$ 是 Du 及 D_xDu 的仿射函数,就有

$$\|Q(Dv,Du,D_xDu)(\tau,\cdot)\|_{\Gamma,S,q,\chi_1}$$
$$\leqslant C(1+\tau)^{-\frac{n-2}{2}} E(E + D_{S,T}(u)),\ \forall \tau \in [0,T]. \tag{9.3.71}$$

利用第五章引理 2.5 中之(5.2.24)式(在其中取 $N=S$, $r=q$, $p=n$ 及 $\beta=1$),对$(1+\tau)^{-\frac{n-2}{2}}\|Q(Dv,Du,D_xDu)(\tau,\cdot)\|_{\Gamma,S,1,2}$可得到类似的不等式. 因此,就有

$$\|u_3(t,\cdot)\|_{\Gamma,S,2} \leqslant C\{\varepsilon + Ef_n(t)(E + D_{S,T}(u))\}. \tag{9.3.72}$$

利用第四章中的推论5.2,我们有

$$\| u_4(t,\cdot)\|_{\Gamma,S,2}\leqslant C\left\{\varepsilon+\int_0^t \| P(v,Dv,D_xDu)(\tau,\cdot)\|_{\Gamma,S,q}\mathrm{d}\tau\right\}, \tag{9.3.73}$$

其中q仍由(9.3.70)式给出.注意到高阶($\geqslant 3$)项$P(v,Dv,D_xDu)$是D_xDu的仿射函数,由第五章注1.1中之(5.1.15)式及引理2.2中之(5.2.13)式,我们有

$$\begin{aligned}
&\| P(v,Dv,D_xDu)(\tau,\cdot)\|_{\Gamma,S,q}\\
\leqslant& C\{\|(v,Dv)\|_{\Gamma,\left[\frac{S}{2}\right],\infty}\|(v,Dv)\|_{\Gamma,\left[\frac{S}{2}\right],n}\|D^2u\|_{\Gamma,S,2}\\
&+\|(v,Dv)\|_{\Gamma,\left[\frac{S}{2}\right],\infty}\|D^2u\|_{\Gamma,\left[\frac{S}{2}\right],n}\|(v,Dv)\|_{\Gamma,S,2}\\
&+\|D^2u\|_{\Gamma,\left[\frac{S}{2}\right],\infty}\|(v,Dv)\|_{\Gamma,\left[\frac{S}{2}\right],n}\|(v,Dv)\|_{\Gamma,S,2}\\
&+\|(v,Dv)\|_{\Gamma,\left[\frac{S}{2}\right],\infty}\|(v,Dv)\|_{\Gamma,\left[\frac{S}{2}\right],n}\|(v,Dv)\|_{\Gamma,S,2}\}\\
\overset{\text{def.}}{=\!=}&K_1+K_2+K_3+K_4.
\end{aligned} \tag{9.3.74}$$

注意到第五章引理2.4,有

$$\|\cdot\|_{\Gamma,\left[\frac{S}{2}\right],n}\leqslant C\|\cdot\|^{1-\frac{2}{n}}_{\Gamma,\left[\frac{S}{2}\right],\infty}\|\cdot\|^{\frac{2}{n}}_{\Gamma,\left[\frac{S}{2}\right],2}, \tag{9.3.75}$$

并注意到引理3.2,第三章推论4.4$\left(\text{在其中取}N=\left[\dfrac{S}{2}\right],\ p=2,\ s=\left[\dfrac{n}{2}\right]+1\right)$及$X_{S,E,T}$的定义,就可得到

$$K_1\leqslant CE^2(1+\tau)^{-\frac{n-1}{2}}(1+\tau)^{-\frac{n-1}{2}\left(1-\frac{2}{n}\right)}f_n^{\frac{2}{n}}(\tau)D_{S,T}(u), \tag{9.3.76}$$

$$K_2\leqslant CE^2(1+\tau)^{-\frac{n-1}{2}}(1+\tau)^{-\frac{n-1}{2}\left(1-\frac{2}{n}\right)}f_n(\tau)D_{S,T}(u), \tag{9.3.77}$$

$$K_3\leqslant CE^2(1+\tau)^{-\frac{n-1}{2}}(1+\tau)^{-\frac{n-1}{2}\left(2-\frac{2}{n}\right)}f_n^{1+\frac{2}{n}}(\tau)D_{S,T}(u) \tag{9.3.78}$$

及

$$K_4\leqslant CE^3(1+\tau)^{-\frac{n-1}{2}}(1+\tau)^{-\frac{n-1}{2}\left(2-\frac{2}{n}\right)}f_n^{1+\frac{2}{n}}(\tau). \tag{9.3.79}$$

于是,对$n=3,4$,注意到$f_n(t)$的定义(9.3.6),由(9.3.73)式就得到

$$\| u_4(t,\cdot)\|_{\Gamma,S,2}\leqslant C\{\varepsilon+Ef_n(t)(E+D_{S,T})\}. \tag{9.3.80}$$

综合(9.3.67)-(9.3.68),(9.3.72)及(9.3.80)式,就得到

$$\sup_{0\leqslant t\leqslant T} f_n^{-1}(t)\|u(t,\cdot)\|_{\Gamma,S,2}\leqslant C\{\varepsilon+E(E+D_{S,T}(u))\}. \tag{9.3.81}$$

最后,我们来估计 $\|u(t,\cdot)\|_{\Gamma,\left[\frac{S}{2}\right]+1,\infty}$.

由(9.3.54)式,我们有

$$(1+t)^{\frac{n-1}{2}}\|u(t,\cdot)\|_{\Gamma,\left[\frac{S}{2}\right]+1,\infty}\leqslant\sum_{i=1}^{4}(1+t)^{\frac{n-1}{2}}\|u_i(t,\cdot)\|_{\Gamma,\left[\frac{S}{2}\right]+1,\infty}$$
$$\stackrel{\text{def.}}{=}L_1+L_2+L_3+L_4. \tag{9.3.82}$$

注意到(9.3.64)-(9.3.65)及当 $S\geqslant 2n+4$ 时,$\left[\dfrac{S}{2}\right]+n+2\leqslant S$,由第四章推论 6.4 中之(4.6.157)式,并利用引理 3.4,就可得到

$$L_1+L_2\leqslant C\Big\{\varepsilon+\int_0^t(1+\tau)^{\frac{n-1}{2}}\|(v^2,vDu)(\tau,\cdot)\|_{\Gamma,\left[\frac{S}{2}\right]+1,\infty}\mathrm{d}\tau$$
$$+\int_0^t(1+\tau)^{-\frac{n+1}{2}}\|(v^2,vDu)(\tau,\cdot)\|_{\Gamma,S,1}\mathrm{d}\tau\Big\}. \tag{9.3.83}$$

由第五章注 1.1 中之(5.1.15)式,利用第三章的推论 4.4 $\left(\text{在其中取 } N=\left[\dfrac{S}{2}\right]+1,\ s=\dfrac{n}{2}+1,\ p=2\right)$ 以及本章中之引理 3.2,并注意到 $X_{S,E,T}$ 的定义,就有

$$\|(v^2,vDu)(\tau,\cdot)\|_{\Gamma,\left[\frac{S}{2}\right]+1,\infty}\leqslant CE(1+\tau)^{-(n+1)}(E+D_{S,T}(u)),$$
$$\forall\,\tau\in[0,T], \tag{9.3.84}$$

$$\|(v^2,vDu)(\tau,\cdot)\|_{\Gamma,S,1}\leqslant CEf_n^2(\tau)(E+D_{S,T}(u)),$$
$$\forall\,\tau\in[0,T], \tag{9.3.85}$$

于是,注意到(9.3.6)式及(9.3.20)式,就得到

$$L_1+L_2\leqslant C_\rho\{\varepsilon+R(E,T)(E+D_{S,T}(u))\}. \tag{9.3.86}$$

类似地,由第四章推论 6.3 中之(4.6.156)式可得

$$L_3+L_4\leqslant C\Big\{\varepsilon+\int_0^t(1+\tau)^{-\frac{n-1}{2}}(\|Q(Dv,Du,D_xDu)(\tau,\cdot)\|_{\Gamma,S,1}$$
$$+\|P(v,Dv,D_xDu)(\tau,\cdot)\|_{\Gamma,S,1})\mathrm{d}\tau\}. \tag{9.3.87}$$

利用第五章注 1.1 中之(5.1.15)式及引理 2.2,并注意到第三章中之推论 4.4 及本章中之引理 3.2,由 $Q(Dv,Du,D_xDu)$ 对 Du 及 D_xDu 为仿射,且

$P(v, Dv, D_x Du)$对 $D_x Du$ 为仿射，就可得到

$$
\begin{aligned}
&\| Q(Dv, Du, D_x Du)(\tau, \cdot) \|_{\Gamma, S, 1} \\
\leqslant & C \| Dv \|_{\Gamma, S, 2} (\| (Du, D^2 u) \|_{\Gamma, S, 2} + \| Dv \|_{\Gamma, S, 2}) \\
\leqslant & CE(E + D_{S, T}(u)), \\
&\| P(v, Dv, D_x Du)(\tau, \cdot) \|_{\Gamma, S, 1} \\
\leqslant & C\{ \| (v, Dv) \|_{\Gamma, [\frac{S}{2}], \infty} \| (v, Dv) \|_{\Gamma, [\frac{S}{2}], 2} \| D^2 u \|_{\Gamma, S, 2} \\
& + \| (v, Dv) \|_{\Gamma, [\frac{S}{2}], \infty} \| D^2 u \|_{\Gamma, [\frac{S}{2}], 2} \| (v, Dv) \|_{\Gamma, S, 2} \\
& + \| D^2 u \|_{\Gamma, [\frac{S}{2}], \infty} \| (v, Dv) \|_{\Gamma, [\frac{S}{2}], 2} \| (v, Dv) \|_{\Gamma, S, 2} \\
& + \| (v, Dv) \|_{\Gamma, [\frac{S}{2}], \infty} \| (v, Dv) \|_{\Gamma, [\frac{S}{2}], 2} \| (v, Dv) \|_{\Gamma, S, 2} \} \\
\leqslant & CE^2 (1+\tau)^{-\frac{n-1}{2}} f_n^2(\tau)(E + D_{S, T}(u)) \\
\leqslant & CE^2 (E + D_{S, T}(u)),
\end{aligned}
$$

因此，

$$
L_3 + L_4 \leqslant C\{\varepsilon + R(E, T)(E + D_{S, T}(u))\}. \tag{9.3.88}
$$

这样，我们就得到

$$
\sup_{0 \leqslant t \leqslant T} (1+t)^{\frac{n-1}{2}} \| u(t, \cdot) \|_{\Gamma, [\frac{S}{2}]+1, \infty} \leqslant C\{\varepsilon + R(E, T)(E + D_{S, T}(u))\}. \tag{9.3.89}
$$

联合(9.3.47)，(9.3.52)，(9.3.81)及(9.3.89)式，就得到所要求的(9.3.19)式.

引理 3.5 证毕.

3.4. 引理 3.6 的证明

令

$$
u^* = \bar{u} - \bar{\bar{u}}, \ v^* = \bar{v} - \bar{\bar{v}}. \tag{9.3.90}
$$

此时仍有(9.2.58)-(9.2.60)诸式.

首先估计 $\| D^2 u^*(t, \cdot) \|_{\Gamma, S-1, 2}$.

对任何给定的多重指标 $k(|k| \leqslant S-1)$，仍成立(9.2.70)-(9.2.73)式. 与引理 3.5 的证明类似，我们有

$$|\mathrm{I}|,|\mathrm{II}|,|\mathrm{III}|,|\mathrm{IV}|,|\mathrm{V}|\leqslant CR(E,T)D^2_{S-1,T}(u^*).\tag{9.3.91}$$

剩下来只须估计Ⅵ.此时我们仍有(9.2.75)式.由第五章引理1.4中之(5.1.31)式(在其中取 $p=q=2$, $p_1=q_1=+\infty$)及注1.2中之(5.1.19)式,并利用第三章中之推论4.4,且注意到(9.3.53)式,就可得到

$$\begin{aligned}\|\hat{g}_k(\tau,\cdot)\|_{L^2(\mathbb{R}^n)}&\leqslant C(\|DF^*(\tau,\cdot)\|_{\Gamma,S-1,2}+\|F^*(\tau,\cdot)\|_{\Gamma,S-1,2})\\&\leqslant CE(1+\tau)^{-\frac{n-1}{2}}D_{S-1,T}(v^*),\end{aligned}\tag{9.3.92}$$

从而有

$$|\mathrm{IV}|\leqslant CR(E,T)D_{S-1,T}(u^*)D_{S-1,T}(v^*).\tag{9.3.93}$$

这样,我们就得到

$$\begin{aligned}&\sup_{0\leqslant t\leqslant T}\|D^2u^*(t,\cdot)\|^2_{\Gamma,S-1,2}\\&\leqslant CR(E,T)(D^2_{S-1,T}(u^*)+D_{S-1,T}(u^*)D_{S-1,T}(v^*)).\end{aligned}\tag{9.3.94}$$

类似地,我们可得

$$\begin{aligned}&\sup_{0\leqslant t\leqslant T}\|Du^*(t,\cdot)\|^2_{\Gamma,S-1,2}\\&\leqslant CR(E,T)(D^2_{S-1,T}(u^*)+D_{S-1,T}(u^*)D_{S-1,T}(v^*)).\end{aligned}\tag{9.3.95}$$

最后,用类似于证明(9.3.81)及(9.3.89)的方法,可分别得到

$$\sup_{0\leqslant t\leqslant T}f_n^{-1}(t)\|u^*(t,\cdot)\|_{\Gamma,S-1,2}\leqslant CE(D_{S-1,T}(u^*)+D_{S-1,T}(v^*))\tag{9.3.96}$$

及

$$\begin{aligned}&\sup_{0\leqslant t\leqslant T}(1+t)^{\frac{n-1}{2}}\|u^*(t,\cdot)\|_{\Gamma,[\frac{S-1}{2}]+1,\infty}\\&\leqslant CR(E,T)(D_{S-1,T}(u^*)+D_{S-1,T}(v^*)).\end{aligned}\tag{9.3.97}$$

综合(9.3.94)-(9.3.97)式,就得到所要证明的(9.3.21)式.

引理3.6证毕.

第十章

二维非线性波动方程的 Cauchy 问题

§1. 引言

在本章中我们考察下述二维非线性波动方程具小初值的 Cauchy 问题：

$$\square u = F(u, Du, D_x Du), \tag{10.1.1}$$

$$t = 0: u = \varepsilon\varphi(x), \ u_t = \varepsilon\psi(x), \tag{10.1.2}$$

其中

$$\square = \frac{\partial^2}{\partial t^2} - \frac{\partial^2}{\partial x_1^2} - \frac{\partial^2}{\partial x_2^2} \tag{10.1.3}$$

为二维波动算子，

$$D_x = \left(\frac{\partial}{\partial x_1}, \frac{\partial}{\partial x_2}\right), \ D = \left(\frac{\partial}{\partial t}, \frac{\partial}{\partial x_1}, \frac{\partial}{\partial x_2}\right), \tag{10.1.4}$$

φ 及 ψ 为充分光滑且具紧支集的函数,不妨设

$$\varphi, \psi \in C_0^\infty(\mathbb{R}^2), \tag{10.1.5}$$

且

$$\operatorname{supp}\{\varphi, \psi\} \subseteq \{x \mid |x| \leqslant \rho\} \ (\rho > 0 \text{ 为常数}), \tag{10.1.6}$$

而 $\varepsilon > 0$ 为一个小参数.

记

$$\hat{\lambda} = (\lambda; (\lambda_i), i = 0, 1, 2; (\lambda_{ij}), i, j = 0, 1, 2, i + j \geqslant 1). \tag{10.1.7}$$

假设在 $\hat{\lambda} = 0$ 的一个邻域中,例如说对 $|\hat{\lambda}| \leqslant \nu_0$（$\nu_0$ 为适当小的正数），非线性项

$F(\hat{\lambda})$ 是一个充分光滑的函数,并满足

$$F(\hat{\lambda}) = O(|\hat{\lambda}|^{1+\alpha}), \tag{10.1.8}$$

而 $\alpha \geqslant 1$ 是一个整数.

本章的目的是对任何给定的整数 $\alpha \geqslant 1$, 研究 Cauchy 问题(10.1.1)-(10.1.2)的经典解 $u = u(t, x)$ 的生命跨度 $\widetilde{T}(\varepsilon)$. 针对 α 的不同数值,我们将利用整体迭代法分别证明如下的结果:存在一个适当小的正数 ε_0,使对任何给定的 $\varepsilon \in (0, \varepsilon_0]$,

(1) 在 $\alpha = 1$ 时,成立(见李大潜,周忆[53])

$$\widetilde{T}(\varepsilon) \geqslant \begin{cases} be(\varepsilon); \\ b\varepsilon^{-1}, & 若 \int_{\mathbb{R}^2} \psi(x) \mathrm{d}x = 0; \\ b\varepsilon^{-2}, & 若 \partial_u^2 F(0, 0, 0) = 0, \end{cases} \tag{10.1.9}$$

其中 b 是一个与 ε 无关的正常数,而 $e(\varepsilon)$ 由下式定义:

$$\varepsilon^2 e^2(\varepsilon) \ln(1 + e(\varepsilon)) = 1. \tag{10.1.10}$$

(2) 在 $\alpha = 2$ 时,成立(见李大潜,周忆[51])

$$\widetilde{T}(\varepsilon) \geqslant \begin{cases} b\varepsilon^{-6}; \\ \exp\{a\varepsilon^{-2}\}, & 若 \partial_u^\beta F(0, 0, 0) = 0 \ (\beta = 3, 4), \end{cases} \tag{10.1.11}$$

其中 a 及 b 为与 ε 无关的正常数.

(3) 在 $\alpha \geqslant 3$ 时,成立(见李大潜,周忆[52])

$$\widetilde{T}(\varepsilon) = +\infty. \tag{10.1.12}$$

注 1.1　在以下的讨论中,我们将采用一个相对简单的方法来展现上述这些结果,而不再重复[51]-[53]中的原有证明.

根据上述结果,在 $n = 2$ 时. 对生命跨度 $\widetilde{T}(\varepsilon)$ 有如下所示的下界估计:

$\alpha=$	1	2	3, 4, …
$\widetilde{T}(\varepsilon) \geqslant$	$be(\varepsilon)$	$b\varepsilon^{-6}$	$+\infty$
	$b\varepsilon^{-1}$ $\left(若 \int_{\mathbb{R}^2} \psi(x) \mathrm{d}x = 0\right)$	$\exp\{a\varepsilon^{-2}\}$ (若 $\partial_u^\beta F(0, 0, 0) = 0$, $\beta = 3, 4$)	
	$b\varepsilon^{-2}$ (若 $\partial_u^2 F(0, 0, 0) = 0$)		

特别，在非线性右端项不显含 u 时：

$$F = F(Du,\ D_x Du), \tag{10.1.13}$$

由上表就有

$\alpha=$	1	2	3, 4, …
$\widetilde{T}(\varepsilon) \geqslant$	$b\varepsilon^{-2}$	$\exp\{a\varepsilon^{-2}\}$	$+\infty$

这就立刻得到第九章 § 2.5 中在 $n = 2$ 时所列的有关结果.

由第十三章及第十四章中的结果，上述关于生命跨度的下界估计均是不可改进的最佳估计.

由第七章，为了对二维非线性波动方程的 Cauchy 问题(10.1.1)-(10.1.2)证明上述结果，本质上只须考察下述二维情形的二阶拟线性双曲型方程的 Cauchy 问题：

$$\square u = \sum_{i,\ j=1}^{2} b_{ij}(u,\ Du)u_{x_i x_j} + 2\sum_{j=1}^{2} a_{0j}(u,\ Du)u_{tx_j} + F(u,\ Du), \tag{10.1.14}$$

$$t = 0:u = \varepsilon\varphi(x),\ u_t = \varepsilon\psi(x), \tag{10.1.15}$$

于此，$\varphi,\ \psi \in C_0^\infty(\mathbb{R}^2)$ 仍满足条件(10.1.6)，而 $\varepsilon > 0$ 是一个小参数.

令

$$\widetilde{\lambda} = (\lambda;\ (\lambda_i),\ i = 0,\ 1,\ 2). \tag{10.1.16}$$

假设当 $|\widetilde{\lambda}| \leqslant \nu_0$ 时，$b_{ij}(\widetilde{\lambda})$，$a_{0j}(\widetilde{\lambda})$ 及 $F(\widetilde{\lambda})$ 均为充分光滑的函数. 且成立

$$b_{ij}(\widetilde{\lambda}) = b_{ji}(\widetilde{\lambda})\ (i,\ j = 1,\ 2), \tag{10.1.17}$$

$$b_{ij}(\widetilde{\lambda}),\ a_{0j}(\widetilde{\lambda}) = O(|\widetilde{\lambda}|^{\alpha})\ (i,\ j = 1,\ 2), \tag{10.1.18}$$

$$F(\widetilde{\lambda}) = O(|\widetilde{\lambda}|^{1+\alpha}) \tag{10.1.19}$$

及

$$\sum_{i,\ j=1}^{2} a_{ij}(\widetilde{\lambda})\xi_i\xi_j \geqslant m_0|\xi|^2,\ \forall \xi \in \mathbb{R}^2, \tag{10.1.20}$$

于此，$\alpha \geqslant 1$ 是一个整数，m_0 是一个正常数，而

$$a_{ij}(\widetilde{\lambda}) = \delta_{ij} + b_{ij}(\widetilde{\lambda})\ (i,\ j = 1,\ 2), \tag{10.1.21}$$

其中 δ_{ij} 为 Kronecker 记号. 此外，(10.1.9)中在 $\alpha = 1$ 处所加的条件 $\partial_u^2 F(0,\ 0,\ 0)$

$= 0$ 及(10.1.11)中在 $\alpha = 2$ 时所加的条件 $\partial_u^\beta F(0, 0, 0) = 0\ (\beta = 3, 4)$ 现在分别化为：对 $\alpha = 1$，成立

$$\partial_u^2 F(0, 0) = 0, \tag{10.1.22}$$

而对 $\alpha = 2$，成立

$$\partial_u^\beta F(0, 0) = 0\ (\beta = 3, 4). \tag{10.1.23}$$

§2. Cauchy 问题(10.1.14)-(10.1.15)的经典解的生命跨度的下界估计 ($\alpha = 1$ 的情形)

在本节中，我们将对二维情形的二阶拟线性双曲型方程的 Cauchy 问题(10.1.14)-(10.1.15)的经典解的生命跨度，在 $\alpha = 1$ 时证明由(10.1.9)的前二式所示的下界估计，而由(10.1.9)的最后一式所示的下界估计将在§4中证明.

2.1. 度量空间 $X_{S,E,T}$. 主要结果

由 Sobolev 嵌入定理，存在适当小的 $E_0 > 0$，使成立

$$\| f \|_{L^\infty(\mathbb{R}^2)} \leqslant \nu_0, \ \forall f \in H^2(\mathbb{R}^2), \ \| f \|_{H^2(\mathbb{R}^2)} \leqslant E_0. \tag{10.2.1}$$

对于任何给定的整数 $S \geqslant 6$，任何给定的正数 $E(\leqslant E_0)$ 及 T，引入函数集合

$$X_{S,E,T} = \{ v(t, x) \mid D_{S,T}(v) \leqslant E, \ \partial_t^l v(0, x) = u_l^{(0)}(x) \\ (l = 0, 1, \cdots, S+1) \}, \tag{10.2.2}$$

这里

$$D_{S,T}(v) = \sum_{i=1}^{2} \sup_{0 \leqslant t \leqslant T} \| D^i v(t, \cdot) \|_{\Gamma, S, 2} + \sup_{0 \leqslant t \leqslant T} g^{-1}(t) \| v(t, \cdot) \|_{\Gamma, S, 2}, \tag{10.2.3}$$

其中

$$g(t) = \begin{cases} \sqrt{\ln(2+t)}, & 若 \int_{\mathbb{R}^2} \psi(x) \mathrm{d}x \neq 0; \\ 1, & 若 \int_{\mathbb{R}^2} \psi(x) \mathrm{d}x = 0, \end{cases} \tag{10.2.4}$$

而 $u_0^{(0)}(x) = \varepsilon \varphi(x)$，$u_1^{(0)}(x) = \varepsilon \psi(x)$，当 $l = 2, \cdots, S+1$ 时，$u_l^{(0)}(x)$ 为 $\partial_t^l u(t, x)$ 在 $t = 0$ 时之值，它们由方程(10.1.14)及初始条件(10.1.15)所唯一

决定. 显然 $u_l^{(0)}$ ($l=0, 1, \cdots, S+1$) 均为具紧支集(见(10.1.16)式)的充分光滑函数.

与前二章中类似,容易证明

引理 2.1　在 $X_{S,E,T}$ 上引入如下的度量:

$$\rho(\bar{v}, \bar{\bar{v}}) = D_{S,T}(\bar{v} - \bar{\bar{v}}), \ \forall\ \bar{v}, \bar{\bar{v}} \in X_{S,E,T}, \tag{10.2.5}$$

当 $\varepsilon > 0$ 适当小时, $X_{S,E,T}$ 是一个非空的完备度量空间.

引理 2.2　当 $S \geqslant 6$ 时,对任何给定的 $v \in X_{S,E,T}$, 成立

$$\| v(t, \cdot) \|_{\Gamma, [\frac{S}{2}]+1, \infty} \leqslant CEg(t)(1+t)^{-\frac{1}{2}}, \ \forall\, t \in [0, T], \tag{10.2.6}$$

$$\| (Dv, D^2 v)(t, \cdot) \|_{\Gamma, [\frac{S}{2}]+1, \infty} \leqslant CE(1+t)^{-\frac{1}{2}}, \ \forall\, t \in [0, T], \tag{10.2.7}$$

其中 C 为一个正常数.

证　注意到 $S \geqslant 6$, 由第三章中的(3.4.30)式$\Big($在其中取 $n=2$, $p=2$, $N = \left[\frac{S}{2}\right] + 1$, 而 $s=2\Big)$, 并注意到 $X_{S,E,T}$ 的定义,就立刻得到(10.2.6)-(10.2.7)式.

本节的主要结果为如下的

定理 2.1　设 $n=2$ 及 $\alpha=1$. 在假设(10.1.5)-(10.1.6)及(10.1.17)-(10.1.21)下,对于任何给定的整数 $S \geqslant 6$, 存在正常数 ε_0 及 C_0 使 $C_0\varepsilon_0 \leqslant E_0$, 且对于任何给定的 $\varepsilon \in (0, \varepsilon_0]$, 存在一个正数 $T(\varepsilon)$, 使 Cauchy 问题(10.1.14)-(10.1.15)在 $[0, T(\varepsilon)]$ 上存在唯一的经典解 $u \in X_{S, C_0\varepsilon, T(\varepsilon)}$, 而 $T(\varepsilon)$ 可取为

$$T(\varepsilon) = \begin{cases} be(\varepsilon) - 1, \\ b\varepsilon^{-1} - 1, \quad 若 \displaystyle\int_{\mathbb{R}^2} \psi(x)\,dx = 0, \end{cases} \tag{10.2.8}$$

其中 $e(\varepsilon)$ 由(10.1.10)式定义,而 b 为一个与 ε 无关的正常数.

此外,在必要时修改对 t 在区间 $[0, T(\varepsilon)]$ 的一个零测集上的数值后,成立

$$u \in C([0, T(\varepsilon)];\ H^{S+1}(\mathbb{R}^2)), \tag{10.2.9}$$

$$u_t \in C([0, T(\varepsilon)];\ H^{S}(\mathbb{R}^2)), \tag{10.2.10}$$

$$u_{tt} \in C([0, T(\varepsilon)];\ H^{S-1}(\mathbb{R}^2)). \tag{10.2.11}$$

2.2. 定理 2.1 的证明框架——整体迭代法

为了证明定理 2.1,对任何给定的 $v \in X_{S,E,T}$,和前二章一样,由求解下述线性双曲型方程的 Cauchy 问题:

$$\begin{aligned}\Box u &= \hat{F}(v, Dv, D_x Du)\\ &\overset{\text{def.}}{=} \sum_{i,j=1}^{2} b_{ij}(v, Dv) u_{x_i x_j} + 2\sum_{j=1}^{2} a_{0j}(v, Dv) u_{t x_j}\\ &\quad + F(v, Dv),\end{aligned} \tag{10.2.12}$$

$$t = 0: u = \varepsilon\varphi(x),\ u_t = \varepsilon\psi(x) \tag{10.2.13}$$

定义一个映照

$$M: v \longrightarrow u = Mv. \tag{10.2.14}$$

我们要证明:当 $\varepsilon > 0$ 适当小时,可找到正常数 C_0,使当 $E = C_0\varepsilon$ 而 $T = T(\varepsilon)$ 由(10.2.8)式定义时,M 在 $X_{S,E,T}$ 中具有一个唯一的不动点,它就是 Cauchy 问题(10.1.14)-(10.1.15)在 $0 \leqslant t \leqslant T(\varepsilon)$ 上的经典解.

与前二章类似,容易证明下面两个引理.

引理 2.3 当 $E > 0$ 适当小时,对任何给定的 $v \in X_{S,E,T}$,必要时修改在 t 的一个零测集上的数值后,成立

$$u = Mv \in C([0, T]; H^{S+1}(\mathbb{R}^2)), \tag{10.2.15}$$

$$u_t \in C([0, T]; H^{S}(\mathbb{R}^2)), \tag{10.2.16}$$

$$u_{tt} \in L^\infty(0, T; H^{S-1}(\mathbb{R}^2)). \tag{10.2.17}$$

此外,对任何给定的 $t \in [0, T]$, $u = u(t, x)$ 对 x 的支集不超过 $\{x \mid |x| \leqslant t + \rho\}$.

引理 2.4 对 $u = u(t, x) = Mv$, $\partial_t^l u(0, \cdot)$ $(l = 0, 1, \cdots, S+2)$ 的值与 $v \in X_{S,E,T}$ 的选取无关,且

$$\partial_t^l u(0, x) = u_l^{(0)}(x)\ (l = 0, 1, \cdots, S+1). \tag{10.2.18}$$

此外,

$$\| u(0, \cdot) \|_{\Gamma, S+2, p} \leqslant C\varepsilon, \tag{10.2.19}$$

其中 $1 \leqslant p \leqslant +\infty$, 而 C 为一正常数.

下面的两个引理是证明定理 2.1 的关键.

引理 2.5 在定理 2.1 的假设下,若

$$T \leqslant \exp\{a\varepsilon^{-2}\}\ (a > 0\ \text{为一常数}), \tag{10.2.20}$$

当 $E > 0$ 适当小时，对任何给定的 $v \in X_{S,E,T}$，$u = Mv$ 满足

$$D_{S,T}(u) \leqslant C_1\{\varepsilon + (R + \sqrt{R})(E + D_{S,T}(u))\}, \tag{10.2.21}$$

其中 C_1 是一个正常数，

$$R = R(E, T) \stackrel{\text{def.}}{=\!=} E(1+T)g(T), \tag{10.2.22}$$

而 $g(T)$ 由(10.2.4)式定义.

引理 2.6　在引理 2.5 的假设下，对任何给定的 $\overline{v}$, $\overline{\overline{v}} \in X_{S,E,T}$，若 $\overline{u} = M\overline{v}$ 及 $\overline{\overline{u}} = M\overline{\overline{v}}$ 亦满足 $\overline{u}$, $\overline{\overline{u}} \in X_{S,E,T}$，则成立

$$D_{S-1,T}(\overline{u} - \overline{\overline{u}}) \leqslant C_2(R + \sqrt{R})(D_{S-1,T}(\overline{u} - \overline{\overline{u}}) + D_{S-1,T}(\overline{v} - \overline{\overline{v}})), \tag{10.2.23}$$

其中 C_2 是一个正常数，而 $R = R(E, T)$ 仍由(10.2.22)式定义.

引理 2.5 及引理 2.6 之证明见后文. 现在我们首先利用这两个引理来证明定理 2.1.

定理 2.1 的证明　取

$$C_0 = 3\max(C_1, C_2), \tag{10.2.24}$$

其中 C_1 及 C_2 分别为出现在引理 2.5 及引理 2.6 中的正常数.

和前二章类似，可以证明：若存在一正数 ε_0，满足 $C_0\varepsilon_0 \leqslant E_0$，且对任何给定的 $\varepsilon \in (0, \varepsilon_0]$，$E = E(\varepsilon) = C_0\varepsilon$ 及满足(10.2.20)式的 $T = T(\varepsilon) > 0$ 满足

$$R(E(\varepsilon), T(\varepsilon)) + \sqrt{R(E(\varepsilon), T(\varepsilon))} \leqslant \frac{1}{C_0}, \tag{10.2.25}$$

则映照 M 在 $X_{S,E(\varepsilon),T(\varepsilon)}$ 中有唯一的不动点，且此不动点 $u = u(t, x)$ 就是 Cauchy 问题(10.1.14)-(10.1.15)在 $0 \leqslant t \leqslant T(\varepsilon)$ 上的经典解.

现在来决定 $\varepsilon_0 > 0$ 及 $T(\varepsilon)(0 < \varepsilon \leqslant \varepsilon_0)$，使(10.2.20)式及(10.2.25)式同时得以成立. 我们总假设 $\varepsilon_0 > 0$ 足够小，使(10.2.1)式当 $E_0 = C_0\varepsilon_0$ 时成立.

在 $\int_{\mathbb{R}^2}\psi(x)\mathrm{d}x \neq 0$ 的情形，由(10.2.4)式的第一式及(10.2.22)式，

$$R = R(E, T) = E(1+T)\sqrt{\ln(2+T)}.$$

于是，若取 $E = C_0\varepsilon$ 及

$$T(\varepsilon) = be(\varepsilon) - 1,$$

其中 $e(\varepsilon)$ 由(10.1.10)式定义,而 $b(\leqslant 1)$ 是一个满足

$$C_0(bC_0 + \sqrt{bC_0}) \leqslant 1 \tag{10.2.26}$$

的正数,易见当 $\varepsilon_0 > 0$ 充分小时,(10.2.20)式及(10.2.25)式均成立,这就证明了(10.2.8)中的第一式.

在 $\int_{\mathbb{R}^2} \psi(x)\mathrm{d}x = 0$ 的情形,

$$R = R(E, T) = E(1+T).$$

于是,若取 $E = C_0\varepsilon$ 及

$$T(\varepsilon) = b\varepsilon^{-1} - 1,$$

而 b 仍为一个满足(10.2.26)式的正数,易见当 $\varepsilon_0 > 0$ 充分小时,(10.2.20)式及(10.2.25)式均成立. 这就证明了(10.2.8)的第二式.

2.3. 引理 2.5 及引理 2.6 的证明

首先证明引理 2.5.

先估计 $\| u(t, \cdot) \|_{\Gamma, S, 2}$.

对于任何给定的多重指标 $k(|k| \leqslant S)$,由第三章中的引理 1.5,并利用(10.2.12)式,有

$$\begin{aligned} \Box \Gamma^k u &= \Gamma^k \hat{F}(v, Dv, D_x Du) + \sum_{|l| \leqslant |k|-1} B_{kl} \Gamma^l \hat{F}(v, Dv, D_x Du) \\ &\overset{\text{def.}}{=} \sum_{|l| \leqslant |k|} C_{kl} \Gamma^l \hat{F}(v, Dv, D_x Du), \end{aligned} \tag{10.2.27}$$

其中 B_{kl} 及 C_{kl} 为常数,而 $\Gamma^k u$ 所满足的初值可由 $u_l^{(0)} (l = 0, 1, \cdots, S+1)$ 所唯一确定.

令

$$\Gamma^k u = w_k^{(0)} + w_k^{(1)}, \tag{10.2.28}$$

其中 $w_k^{(0)}$ 满足线性齐次波动方程

$$\Box w_k^{(0)} = 0$$

及与 $\Gamma^k u$ 同样的初值,而 $w_k^{(1)}$ 满足

$$\Box w_k^{(1)} = \sum_{|l| \leqslant |k|} C_{kl} \Gamma^l \hat{F}(v, Dv, D_x Du) \tag{10.2.29}$$

及零初始条件.

再令

$$w_k^{(0)} = \bar{w}_k^{(0)} + \bar{\bar{w}}_k^{(0)}, \tag{10.2.30}$$

其中

$$\bar{w}_k^{(0)} = \Gamma^k u^{(0)}, \tag{10.2.31}$$

而 $u^{(0)}$ 满足

$$\Box u^{(0)} = 0, \tag{10.2.32}$$

$$t = 0: u^{(0)} = \varepsilon\varphi(x),\ u_t^{(0)} = \varepsilon\psi(x). \tag{10.2.33}$$

由第三章引理 1.5,易见

$$\Box\, \bar{w}_k^{(0)} = 0. \tag{10.2.34}$$

于是,由第四章定理 3.1 之 1°,易见有

$$\| \bar{w}_k^{(0)}(t,\cdot) \|_{L^2(\mathbb{R}^2)} \leqslant C\sqrt{\ln(2+t)}\varepsilon. \tag{10.2.35}$$

在 $\int_{\mathbb{R}^2} \psi(x)\mathrm{d}x = 0$ 时,$\bar{w}_k^{(0)}$ 的第二个初值应满足类似的条件,即成立

$$\int_{\mathbb{R}^2} \bar{w}_{k,t}^{(0)}(0, x)\mathrm{d}x = 0. \tag{10.2.36}$$

为证明这一点,易见只需证明

$$\int_{\mathbb{R}^2} \frac{\partial}{\partial t}(\Gamma u^{(0)})(0, x)\mathrm{d}x = 0. \tag{10.2.37}$$

事实上,由第三章§1,我们有 $\Gamma = (\Omega_x, L, \partial)$,而

$$\Omega_x = (x_i\partial_j - x_j\partial_i)_{1\leqslant i<j\leqslant n}, \tag{10.2.38}$$

$$L = \Big(t\partial_t + \sum_{i=1}^n x_i\partial_i,\ t\partial_i - x_i\partial_t (i = 1, \cdots, n)\Big) \tag{10.2.39}$$

及

$$\partial = (-\partial_t, \partial_1, \cdots, \partial_n). \tag{10.2.40}$$

注意到 φ 及 ψ 具紧支集,且 $\int_{\mathbb{R}^2} \psi(x)\mathrm{d}x = 0$,利用(10.2.32)及(10.2.33),再在必要时进行分部积分,就可以直接证得(10.2.37)式,不赘述.

这样，在$\int_{\mathbb{R}^2}\psi(x)\mathrm{d}x=0$时，由(10.2.36)并利用第四章定理3.1之2°，就有

$$\|\bar{w}_k^{(0)}(t,\cdot)\|_{L^2(\mathbb{R}^2)}\leqslant C\varepsilon. \tag{10.2.41}$$

合并(10.2.35)及(10.2.41)二式，并注意到(10.2.4)式，就得到

$$\|\bar{w}_k^{(0)}(t,\cdot)\|_{L^2(\mathbb{R}^2)}\leqslant Cg(t)\varepsilon. \tag{10.2.42}$$

(10.2.30)中的$\bar{\bar{w}}_k^{(0)}$仍为二维齐次线性波动方程的解，其初值为$\Gamma^k u$的初值与$\Gamma^k u^{(0)}$的初值之差. 注意到u及$u^{(0)}$所满足的Cauchy问题分别为(10.2.12)-(10.2.13)及(10.2.32)-(10.2.33)，并注意到(10.1.18)-(10.1.19)(其中$\alpha=1$)，易知$\bar{\bar{w}}_k^{(0)}$的初值具有ε^2的量级. 于是，再一次利用第四章定理3.1之1°，并注意到(10.2.4)式的第一式，就有

$$\|\bar{\bar{w}}^{(0)}(t,\cdot)\|_{L^2(\mathbb{R}^2)}\leqslant C\sqrt{\ln(2+t)}\,\varepsilon^2. \tag{10.2.43}$$

这样，由(10.2.30)得到

$$\|w_k^{(0)}(t,\cdot)\|_{L^2(\mathbb{R}^2)}\leqslant C(g(t)\varepsilon+\sqrt{\ln(2+t)}\,\varepsilon^2). \tag{10.2.44}$$

现在估计$\|w_k^{(1)}(t,\cdot)\|_{L^2(\mathbb{R}^2)}$.

由第四章定理5.1之2°$\left(在其中取\sigma=\dfrac{1}{3}，而q=\left(1-\dfrac{\sigma}{2}\right)^{-1}=\dfrac{6}{5}\right)$，就可得到

$$\begin{aligned}&\|w_k^{(1)}(t,\cdot)\|_{L^2(\mathbb{R}^2)}\\ \leqslant{}& C(1+t)^{\frac{1}{3}}\int_0^t(\|\hat{F}(v,Dv,D_xDu)(\tau,\cdot)\|_{\Gamma,S,\frac{6}{5},\chi_1}\\ &+(1+\tau)^{-\frac{1}{3}}\|\hat{F}(v,Dv,D_xDu)(\tau,\cdot)\|_{\Gamma,S,1,2,\chi_2})\mathrm{d}\tau.\end{aligned} \tag{10.2.45}$$

注意到$\alpha=1$及引理2.2，利用第五章关于乘积函数及复合函数的估计式，易见

$$\begin{aligned}&\|\hat{F}(v,Dv,D_xDu)(\tau,\cdot)\|_{\Gamma,S,\frac{6}{5},\chi_1}\\ \leqslant{}& C\{\|(v,Dv)(\tau,\cdot)\|_{\Gamma,\left[\frac{S}{2}\right],3,\chi_1}\|(v,Dv,D_xDu)(\tau,\cdot)\|_{\Gamma,S,2}\\ &+\|D_xDu(\tau,\cdot)\|_{\Gamma,\left[\frac{S}{2}\right],3,\chi_1}\|(v,Dv)(\tau,\cdot)\|_{\Gamma,S,2}\},\end{aligned} \tag{10.2.46}$$

其中χ_1为集合$\left\{(t,x)\,\middle|\,|x|\leqslant\dfrac{1+t}{2}\right\}$的特征函数，而$\chi_2=1-\chi_1$. 利用第三

章推论 4.1 之 2° $\left(\text{在其中取 } n=2,\ p=2,\ q=3,\ N=\left[\dfrac{S}{2}\right] \text{及 } s=1\right)$，就有

$$\begin{aligned}&\|(v,\ Dv)(\tau,\ \cdot)\|_{\Gamma,\ [\frac{S}{2}],\ 3,\ \chi_1}\\ &\leqslant C(1+t)^{-\frac{1}{3}}\|(v,\ Dv)(\tau,\ \cdot)\|_{\Gamma,\ S,\ 2}\end{aligned}$$

及对 $\|D_x Du(\tau,\cdot)\|_{\Gamma,\ [\frac{S}{2}],\ 3,\ \chi_1}$ 的类似的估计式. 再注意到 $X_{S,\ E,\ T}$ 的定义，就容易得到

$$\begin{aligned}&\|\hat{F}(v,\ Dv,\ D_x Du)(\tau,\cdot)\|_{\Gamma,\ S,\ \frac{6}{5},\ \chi_1}\\ \leqslant\ & C(1+\tau)^{-\frac{1}{3}}\|(v,\ Dv)(\tau,\ \cdot)\|_{\Gamma,\ S,\ 2}\|(v,\ Dv,\ D_x Du)(\tau,\ \cdot)\|_{\Gamma,\ S,\ 2}\\ \leqslant\ & C(1+\tau)^{-\frac{1}{3}}g^2(\tau)(E^2+ED_{S,\ T}(u)),\end{aligned}\tag{10.2.47}$$

其中 $g(t)(\geqslant 1)$ 由(10.2.4)式定义.

类似地，注意到 $\alpha=1$，利用第五章关于乘积函数及复合函数的估计式，有

$$\begin{aligned}&\|\hat{F}(v,\ Dv,\ D_x Du)(\tau,\ \cdot)\|_{\Gamma,\ S,\ 1,\ 2,\ \chi_2}\\ \leqslant\ & C\{\|(v,\ Dv)(\tau,\ \cdot)\|_{\Gamma,\ [\frac{S}{2}],\ 2,\ \infty}\|(v,\ Dv,\ D_x Du)(\tau,\ \cdot)\|_{\Gamma,\ S,\ 2}\\ &\quad+\|D_x Du(\tau,\ \cdot)\|_{\Gamma,\ [\frac{S}{2}],\ 2,\ \infty}\|(v,\ Dv)(\tau,\ \cdot)\|_{\Gamma,\ S,\ 2}\}.\end{aligned}\tag{10.2.48}$$

利用球面上的 Sobolev 嵌入定理(第三章定理 2.1 之 1°，在其中取 $n=2,\ p=2,\ s=1$)，就有

$$\begin{aligned}\|(v,\ Dv)(\tau,\ \cdot)\|_{\Gamma,\ [\frac{S}{2}],\ 2,\ \infty}&\leqslant C\|(v,\ Dv)(\tau,\ \cdot)\|_{\Gamma,\ [\frac{S}{2}]+1,\ 2}\\ &\leqslant C\|(v,\ Dv)(\tau,\ \cdot)\|_{\Gamma,\ S,\ 2}\end{aligned}$$

及对 $\|D_x Du(\tau,\ \cdot)\|_{\Gamma,\ [\frac{S}{2}],\ 2,\ \infty}$ 的类似的估计式. 由 $X_{S,\ E,\ T}$ 的定义，类似于(10.2.47)式，可得

$$\begin{aligned}&\|\hat{F}(v,\ Dv,\ D_x Du)(\tau,\ \cdot)\|_{\Gamma,\ S,\ 1,\ 2,\ \chi_2}\\ \leqslant\ & C\|(v,\ Dv)(\tau,\ \cdot)\|_{\Gamma,\ S,\ 2}\|(v,\ Dv,\ D_x Du)(\tau,\ \cdot)\|_{\Gamma,\ S,\ 2}\\ \leqslant\ & Cg^2(\tau)(E^2+ED_{S,\ T}(u)).\end{aligned}\tag{10.2.49}$$

将(10.2.47)及(10.2.49)代入(10.2.45)式，就得到

$$\begin{aligned}&\|w_k^{(1)}(t,\ \cdot)\|_{L^2(\mathbb{R}^2)}\\ \leqslant\ & C(1+t)^{\frac{1}{3}}\int_0^t(1+\tau)^{-\frac{1}{3}}g^2(\tau)\mathrm{d}\tau\cdot(E^2+ED_{S,\ T}(u))\\ \leqslant\ & C(1+t)g^2(t)(E^2+ED_{S,\ T}(u))\\ \leqslant\ & Cg(t)R(E,\ T)(E+D_{S,\ T}(u)),\end{aligned}\tag{10.2.50}$$

其中 $R(E, T)$ 由(10.2.22)式给出.

利用(10.2.44)及(10.2.50)式,由(10.2.28)式就得到在 $\int_{\mathbb{R}^2}\psi(x)\mathrm{d}x \neq 0$ 时,有

$$\| u(t, \cdot) \|_{\Gamma, S, 2} \leqslant Cg(t)(\varepsilon + R(E, T)(E + D_{S, T}(u))); \tag{10.2.51}$$

而在 $\int_{\mathbb{R}^2}\psi(x)\mathrm{d}x = 0$ 时,只要成立(10.2.20)式,可知(10.2.51)仍然成立.

这样,在(10.2.20)成立的条件下,总有

$$\sup_{0\leqslant t\leqslant T} g^{-1}(t) \| u(t, \cdot) \|_{\Gamma, S, 2} \leqslant C(\varepsilon + R(E, T)(E + D_{S, T}(u))). \tag{10.2.52}$$

下面我们估计 $\| (Du, D^2u)(t, \cdot) \|_{\Gamma, S, 2}$.

对任何给定的多重指标 $k(|k| \leqslant S)$,由第九章的(9.2.41)式,有下述能量积分公式:

$$\begin{aligned}
& \| (\Gamma^k Du(t, \cdot))_t \|^2_{L^2(\mathbb{R}^2)} \\
& + \sum_{i, j=1}^{2}\int_{\mathbb{R}^2} a_{ij}(v, Dv)(t, \cdot)(\Gamma^k Du(t, \cdot))_{x_i}(\Gamma^k Du(t, \cdot))_{x_j}\mathrm{d}x \\
= & \| (\Gamma^k Du(0, \cdot))_t \|^2_{L^2(\mathbb{R}^2)} \\
& + \sum_{i, j=1}^{2}\int_{\mathbb{R}^2} a_{ij}(v, Dv)(0, \cdot)(\Gamma^k Du(0, \cdot))_{x_i}(\Gamma^k Du(0, \cdot))_{x_j}\mathrm{d}x \\
& + \sum_{i, j=1}^{2}\int_0^t\int_{\mathbb{R}^2} \frac{\partial b_{ij}(v, Dv)(\tau, \cdot)}{\partial\tau}(\Gamma^k Du(\tau, \cdot))_{x_i}(\Gamma^k Du(\tau, \cdot))_{x_j}\mathrm{d}x\mathrm{d}\tau \\
& -2\sum_{i, j=1}^{2}\int_0^t\int_{\mathbb{R}^2} \frac{\partial b_{ij}(v, Dv)(\tau, \cdot)}{\partial x_i}(\Gamma^k Du(\tau, \cdot))_{x_j}(\Gamma^k Du(\tau, \cdot))_{\tau}\mathrm{d}x\mathrm{d}\tau \\
& -2\sum_{j=1}^{2}\int_0^t\int_{\mathbb{R}^2} \frac{\partial a_{0j}(v, Dv)(\tau, \cdot)}{\partial x_j}(\Gamma^k Du(\tau, \cdot))_{\tau}(\Gamma^k Du(\tau, \cdot))_{\tau}\mathrm{d}x\mathrm{d}\tau \\
& +2\int_0^t\int_{\mathbb{R}^2} G_k(\tau, \cdot)(\Gamma^k Du(\tau, \cdot))_{\tau}\mathrm{d}x\mathrm{d}\tau \\
& +2\int_0^t\int_{\mathbb{R}^2} g_k(\tau, \cdot)(\Gamma^k Du(\tau, \cdot))_{\tau}\mathrm{d}x\mathrm{d}\tau \\
\overset{\text{def.}}{=} & \| (\Gamma^k Du(0, \cdot))_t \|^2_{L^2(\mathbb{R}^2)}
\end{aligned}$$

$$+\sum_{i,\,j=1}^{2}\int_{\mathbb{R}^2} a_{ij}(v,\,Dv)(0,\,\cdot)(\Gamma^k Du(0,\,\cdot))_{x_i}(\Gamma^k Du(0,\,\cdot))_{x_j}\,\mathrm{d}x$$
$$+\mathrm{I}+\mathrm{II}+\mathrm{III}+\mathrm{IV}+\mathrm{V},\tag{10.2.53}$$

其中

$$\begin{aligned}G_k=&\sum_{i,\,j=1}^{2}\{(\Gamma^k D(b_{ij}(v,\,Dv)u_{x_ix_j})-b_{ij}(v,\,Dv)\Gamma^k Du_{x_ix_j})\\&\quad+b_{ij}(v,\,Dv)(\Gamma^k Du_{x_ix_j}-(\Gamma^k Du)_{x_ix_j})\}\\&+2\sum_{j=1}^{2}\{(\Gamma^k D(a_{0j}(v,\,Dv)u_{tx_j})-a_{0j}(v,\,Dv)\Gamma^k Du_{tx_j})\\&\quad+a_{0j}(v,\,Dv)(\Gamma^k Du_{tx_j}-(\Gamma^k Du)_{tx_j})\},\end{aligned}\tag{10.2.54}$$

$$g_k=\Gamma^k DF(v,\,Dv)+\sum_{|l|\leqslant|k|}\widetilde{B}_{kl}\Gamma^l\hat{F}(v,\,Dv,\,D_xDu),\tag{10.2.55}$$

而 $\hat{F}(v,\,Dv,\,D_xDu)$ 由(10.2.12)给出，$\widetilde{B}_{kl}$ 为某些常数.

下面的估计与第九章 §2 中类似的部分仅作简要的说明.

注意到 $\alpha=1$ 及引理 2.2，利用第五章关于乘积函数及复合函数的估计式，可得

$$\begin{aligned}|\mathrm{I}|,\,|\mathrm{II}|,\,|\mathrm{III}|&\leqslant C\int_0^t\|(v,\,Dv,\,D^2v)(\tau,\,\cdot)\|_{L^\infty(\mathbb{R}^2)}\mathrm{d}\tau\cdot D_{S,\,T}^2(u)\\&\leqslant CE\int_0^t g(\tau)(1+\tau)^{-\frac{1}{2}}\mathrm{d}\tau\cdot D_{S,\,T}^2(u)\\&\leqslant CEg(t)(1+t)^{\frac{1}{2}}D_{S,\,T}^2(u)\leqslant CR(E,\,T)D_{S,\,T}^2(u).\end{aligned}\tag{10.2.56}$$

现在我们估计 $G_k(\tau,\,\cdot)$ 的 L^2 范数.

首先，我们有

$$\begin{aligned}&\|b_{ij}(v,\,Dv)(\Gamma^k Du_{x_ix_j}-(\Gamma^k Du)_{x_ix_j})(\tau,\,\cdot)\|_{L^2(\mathbb{R}^2)}\\\leqslant{}&C\|b_{ij}(v,\,Dv)(\tau,\,\cdot)\|_{L^\infty(\mathbb{R}^2)}\\&\cdot\|(\Gamma^k Du_{x_ix_j}-(\Gamma^k Du)_{x_ix_j})(\tau,\,\cdot)\|_{L^2(\mathbb{R}^2)}\\\leqslant{}&CEg(\tau)(1+\tau)^{-\frac{1}{2}}\|D^2u(\tau,\,\cdot)\|_{\Gamma,\,S,\,2}\\\leqslant{}&CEg(\tau)(1+\tau)^{-\frac{1}{2}}D_{S,\,T}(u).\end{aligned}\tag{10.2.57}$$

其次，我们有

$$\begin{aligned}&\|(\Gamma^k D(b_{ij}(v,\,Dv)u_{x_ix_j})-b_{ij}(v,\,Dv)\Gamma^k Du_{x_ix_j})(\tau,\,\cdot)\|_{L^2(\mathbb{R}^2)}\\\leqslant{}&\|(\Gamma^k(b_{ij}(v,\,Dv))Du_{x_ix_j}-b_{ij}(v,\,Dv)\Gamma^k Du_{x_ix_j})(\tau,\,\cdot)\|_{L^2(\mathbb{R}^2)}\end{aligned}$$

$$+\|\Gamma^k(Db_{ij}(v,\ Dv))u_{x_ix_j})(\tau,\ \cdot)\|_{L^2(\mathbb{R}^2)}$$
$$\leqslant C(1+\tau)^{-\frac{1}{2}}\|(v,\ Dv,\ D^2v)(\tau,\ \cdot)\|_{\Gamma,\ S,\ 2}\|D^2u(\tau,\ \cdot)\|_{\Gamma,\ S,\ 2}$$
$$\leqslant CEg(\tau)(1+\tau)^{-\frac{1}{2}}D_{S,\ T}(u). \tag{10.2.58}$$

对于 G_k 中的 a_{0j} 所组成的项,类似的估计式成立.因此,我们有

$$\|G_k(\tau,\ \cdot)\|_{L^2(\mathbb{R}^2)}\leqslant CEg(\tau)(1+\tau)^{-\frac{1}{2}}D_{S,\ T}(u),\ \forall\,\tau\in[0,\ T], \tag{10.2.59}$$

从而得到

$$|\mathrm{IV}|\leqslant CR(E,\ T)D^2_{S,\ T}(u). \tag{10.2.60}$$

类似地,有

$$\|g_k(\tau,\ \cdot)\|_{L^2(\mathbb{R}^2)}\leqslant C(\|DF(v,\ Dv)(\tau,\ \cdot)\|_{\Gamma,\ S,\ 2}$$
$$+\|F(v,\ Dv)(\tau,\ \cdot)\|_{\Gamma,\ S,\ 2}+\sum_{i,\ j=1}^{2}\|b_{ij}(v,\ Dv)u_{x_ix_j}(\tau,\ \cdot)\|_{\Gamma,\ S,\ 2}$$
$$+2\sum_{j=1}^{2}\|a_{0j}(v,\ Dv)u_{tx_j}(\tau,\ \cdot)\|_{\Gamma,\ S,\ 2})$$
$$\leqslant CEg(\tau)(1+\tau)^{-\frac{1}{2}}(E+D_{S,\ T}(u)),\ \forall\,\tau\in[0,\ T], \tag{10.2.61}$$

从而

$$|\mathrm{V}|\leqslant CR(E,\ T)(ED_{S,\ T}(u)+D^2_{S,\ T}(u)). \tag{10.2.62}$$

这样,由(10.2.53)式,并注意到(10.1.20)及(10.1.15),就得到

$$\sup_{0\leqslant t\leqslant T}\sum_{|k|\leqslant S}\|D\Gamma^kDu(t,\ \cdot)\|^2_{L^2(\mathbb{R}^2)}$$
$$\leqslant C\{\varepsilon^2+R(E,\ T)(ED_{S,\ T}(u)+D^2_{S,\ T}(u))\}, \tag{10.2.63}$$

从而,由第三章推论 1.1,就得到

$$\sup_{0\leqslant t\leqslant T}\|D^2u(t,\ \cdot)\|_{\Gamma,\ S,\ 2}\leqslant C\{\varepsilon+\sqrt{R(E,\ T)}(E+D_{S,\ T}(u))\}. \tag{10.2.64}$$

此外,对于任何给定的多重指标 $k(|k|\leqslant S)$,由第九章之(9.2.56)式,还有如下的能量积分公式:

$$\|(\Gamma^ku(t,\ \cdot))_t\|^2_{L^2(\mathbb{R}^2)}$$
$$+\sum_{i,\ j=1}^{2}\int_{\mathbb{R}^2}a_{ij}(v,\ Dv)(t,\ \cdot)(\Gamma^ku(t,\ \cdot))_{x_i}(\Gamma^ku(t,\ \cdot))_{x_j}\,\mathrm{d}x$$

$$
\begin{aligned}
=&\ \|(\Gamma^k u(0,\cdot))_t\|^2_{L^2(\mathbb{R}^2)}\\
&+\sum_{i,j=1}^{2}\int_{\mathbb{R}^2} a_{ij}(v,Dv)(0,\cdot)(\Gamma^k u(0,\cdot))_{x_i}(\Gamma^k u(0,\cdot))_{x_j}\,\mathrm{d}x\\
&+\sum_{i,j=1}^{2}\int_0^t\int_{\mathbb{R}^2}\frac{\partial b_{ij}(v,Dv)(\tau,\cdot)}{\partial\tau}(\Gamma^k u(\tau,\cdot))_{x_i}(\Gamma^k u(\tau,\cdot))_{x_j}\,\mathrm{d}x\mathrm{d}\tau\\
&-2\sum_{i,j=1}^{2}\int_0^t\int_{\mathbb{R}^2}\frac{\partial b_{ij}(v,Dv)(\tau,\cdot)}{\partial x_i}(\Gamma^k u(\tau,\cdot))_{x_j}(\Gamma^k u(\tau,\cdot))_\tau\,\mathrm{d}x\mathrm{d}\tau\\
&-2\sum_{j=1}^{2}\int_0^t\int_{\mathbb{R}^2}\frac{\partial a_{0j}(v,Dv)(\tau,\cdot)}{\partial x_j}(\Gamma^k u(\tau,\cdot))_\tau(\Gamma^k u(\tau,\cdot))_\tau\,\mathrm{d}x\mathrm{d}\tau\\
&+2\int_0^t\int_{\mathbb{R}^2}\bar{G}_k(\tau,\cdot)(\Gamma^k u(\tau,\cdot))_\tau\,\mathrm{d}x\mathrm{d}\tau\\
&+2\int_0^t\int_{\mathbb{R}^2}\bar{g}_k(\tau,\cdot)(\Gamma^k u(\tau,\cdot))_\tau\,\mathrm{d}x\mathrm{d}\tau,
\end{aligned}
\tag{10.2.65}
$$

其中

$$
\begin{aligned}
\bar{G}_k=&\sum_{i,j=1}^{2}\{(\Gamma^k(b_{ij}(v,Dv)u_{x_ix_j})-b_{ij}(v,Dv)\Gamma^k u_{x_ix_j})\\
&\qquad+b_{ij}(v,Dv)(\Gamma^k u_{x_ix_j}-(\Gamma^k u)_{x_ix_j})\}\\
&+2\sum_{j=1}^{2}\{(\Gamma^k(a_{0j}(v,Dv)u_{tx_j})-a_{0j}(v,Dv)\Gamma^k u_{tx_j})\\
&\qquad+a_{0j}(v,Dv)(\Gamma^k u_{tx_j}-(\Gamma^k u)_{tx_j})\},
\end{aligned}
\tag{10.2.66}
$$

$$
\bar{g}_k=\Gamma^k F(v,Dv)+\sum_{|l|\leqslant|k|-1}B_{kl}\Gamma^l\hat{F}(v,Dv,D_xDu),\tag{10.2.67}
$$

而$\hat{F}(v,Dv,D_xDu)$由(10.2.12)给出，B_{kl}为某些常数.

用类似于证明(10.2.64)式的方式，就可得到

$$
\sup_{0\leqslant t\leqslant T}\|Du(t,\cdot)\|_{\Gamma,S,2}\leqslant C\{\varepsilon+\sqrt{R(E,T)}(E+D_{S,T}(u))\}.\tag{10.2.68}
$$

合并(10.2.52)，(10.2.64)及(10.2.68)式，就得到所要证明的(10.2.21)式. 引理 2.5 证毕.

类似于第九章之§2.4，可以证明引理 2.6，不赘述.

§3. Cauchy 问题(10.1.14)-(10.1.15)的经典解的生命跨度的下界估计($\alpha\geqslant 2$的情形)

在本节中，我们将对二维情形的二阶拟线性双曲型方程的 Cauchy 问题

(10.1.14)-(10.1.15)的经典解的生命跨度，证明在 $\alpha=2$ 时由(10.1.11)的前一式及在 $\alpha\geqslant 3$ 时由(10.1.12)式所示的下界估计，而由(10.1.11)的最后一式所示的下界估计将在§4中证明. 为了简化叙述，下面我们着重指出与§2的证明中有所不同之处，且显然只需考察 $\alpha=2$ 及 $\alpha=3$ 这二种情况.

3.1. 度量空间 $X_{S,E,T}$. 主要结果

对任何给定的整数 $S\geqslant 6$，任何给定的实数 $E(\leqslant E_0)$ 及 $T(0<T\leqslant+\infty)$，仍由(10.2.2)式引入函数集合 $X_{S,E,T}$，但其中

$$D_{S,T}(v)=\sum_{i=1}^{2}\sup_{0\leqslant t\leqslant T}\|D^i v(t,\cdot)\|_{\Gamma,S,2}+\widetilde{D}_{S,T}(v), \tag{10.3.1}$$

其中，当 $\alpha=2$ 及3时，取

$$\begin{aligned}\widetilde{D}_{S,T}(v)=&\sup_{0\leqslant t\leqslant T}(1+t)^{-\left(\frac{1}{2}-\frac{1}{1+\alpha}\right)}\|v(t,\cdot)\|_{\Gamma,S,2,\chi_1}\\&+\sup_{0\leqslant t\leqslant T}(1+t)^{\frac{1}{2}-\frac{1}{1+\alpha}}\|v(t,\cdot)\|_{\Gamma,S,1+\alpha,2,\chi_2},\end{aligned} \tag{10.3.2}$$

而 χ_1 为集合 $\left\{(t,x)\,\middle|\,|x|\leqslant\dfrac{1+t}{2}\right\}$ 的特征函数，$\chi_2=1-\chi_1$.

容易证明

引理 3.1 在 $X_{S,E,T}$ 上引入如下的度量：

$$\rho(\overline{v},\overline{\overline{v}})=D_{S,T}(\overline{v}-\overline{\overline{v}}),\ \forall\,\overline{v},\overline{\overline{v}}\in X_{S,E,T}, \tag{10.3.3}$$

当 $\varepsilon>0$ 适当小时，$X_{S,E,T}$ 是一个非空的完备度量空间.

引理 3.2 当 $S\geqslant 6$ 时，对任何给定的 $v\in X_{S,E,T}$，成立

$$\|v(t,\cdot)\|_{\Gamma,\left[\frac{S}{2}\right]+1,\infty}\leqslant CE(1+t)^{-\frac{1}{2}},\ \forall\,t\in[0,T], \tag{10.3.4}$$

$$\|(Dv,D^2v)(t,\cdot)\|_{\Gamma,\left[\frac{S}{2}\right]+1,\infty}\leqslant CE(1+t)^{-\frac{1}{2}},\ \forall\,t\in[0,T], \tag{10.3.5}$$

其中 C 为一个正常数.

证 注意到 $S\geqslant 6$，由第三章的(3.4.30)式，并注意到 $X_{S,E,T}$ 的定义，类似于(10.2.7)，就立刻得到(10.3.5)式.

仍由第三章的(3.4.30)式$\Big($在其中取 $n=2$，$p=1+\alpha$，$N=\left[\dfrac{S}{2}\right]+1$，而 $s=1\Big)$，注意到 $S\geqslant 6$，在 $\alpha=2$ 及3时就有

$$\| v(t, \cdot) \|_{\Gamma, \left[\frac{S}{2}\right]+1, \infty} \leqslant C(1+t)^{-\frac{1}{1+\alpha}} \| v(t, \cdot) \|_{\Gamma, S-1, 1+\alpha}, \quad (10.3.6)$$

而

$$\| v(t, \cdot) \|_{\Gamma, S-1, 1+\alpha} \leqslant \| v(t, \cdot) \|_{\Gamma, S-1, 1+\alpha, \chi_1} + \| v(t, \cdot) \|_{\Gamma, S-1, 1+\alpha, \chi_2}, \quad (10.3.7)$$

其中 χ_1 为集合 $\left\{(t, x) \middle| \ | x | \leqslant \frac{1+t}{2}\right\}$ 的特征函数，而 $\chi_2 = 1 - \chi_1$.

利用第三章的(3.4.13)式(在其中取 $n = 2$, $p = 2$, $q = 1+\alpha$, $N = S-1$, 而 $s = 1$)，就得到

$$(1+t)^{-\frac{1}{1+\alpha}} \| v(t, \cdot) \|_{\Gamma, S-1, 1+\alpha, \chi_1} \leqslant C(1+t)^{-\frac{\alpha}{1+\alpha}} \| v(t, \cdot) \|_{\Gamma, S, 2, \chi_1}. \quad (10.3.8)$$

而利用球面上的 Sobolev 嵌入定理(第三章定理 2.1 之 1°，其中取 $n = 2$, $p = 2$, $s = 1$)，对 $\alpha = 2, 3$ 易见有

$$\| v(t, \cdot) \|_{\Gamma, S-1, 1+\alpha, \chi_2} \leqslant C \| v(t, \cdot) \|_{\Gamma, S, 1+\alpha, 2, \chi_2}. \quad (10.3.9)$$

这样，利用(10.3.8)及(10.3.9)式，由(10.3.6)式并注意到(10.3.2)式，就有

$$\begin{aligned} \| v(t, \cdot) \|_{\Gamma, \left[\frac{S}{2}\right]+1, \infty} &\leqslant (1+t)^{-\frac{\alpha}{1+\alpha}} \| v(t, \cdot) \|_{\Gamma, S, 2, \chi_1} \\ &\quad + (1+t)^{-\frac{1}{1+\alpha}} \| v(t, \cdot) \|_{\Gamma, S, 1+\alpha, 2, \chi_2} \\ &\leqslant CE(1+t)^{-\frac{1}{2}}. \end{aligned} \quad (10.3.10)$$

这就证明了(10.3.4)式.

本节的主要结果为如下的

定理 3.1　设 $n = 2$ 及 $\alpha \geqslant 2$. 在假设(10.1.5)-(10.1.6)及(10.1.17)-(10.1.21)下，对任何给定的整数 $S \geqslant 6$，存在正常数 ε_0 及 C_0 使 $C_0 \varepsilon_0 \leqslant E_0$，且对任何给定的 $\varepsilon \in (0, \varepsilon_0]$，存在一个正数 $T(\varepsilon)$，使 Cauchy 问题(10.1.14)-(10.1.15)在 $[0, T(\varepsilon)]$ 上存在唯一的经典解 $u \in X_{S, C_0 \varepsilon, T(\varepsilon)}$，而 $T(\varepsilon)$ 可取为

$$T(\varepsilon) = \begin{cases} b\varepsilon^{-b} - 1, & \alpha = 2, \\ +\infty, & \alpha \geqslant 3, \end{cases} \quad (10.3.11)$$

其中 b 是一个与 ε 无关的正常数. 此外，在必要时修改对 t 在区间 $[0, T(\varepsilon)]$ 的一个零测集上的数值后，成立(10.2.9)-(10.2.11)式.

3.2. 定理 3.1 的证明框架——整体迭代法

类似于§2.2,下面的两个引理是证明定理 3.1 的关键.

引理 3.3 在定理 3.1 的假设下,对 $\alpha=2$ 及 3,当 $E>0$ 适当小时,对任何给定的 $v\in X_{S,E,T}$, $u=Mv$ 满足

$$D_{S,T}(u)\leqslant C_1\{\varepsilon+(R+\sqrt{R})(E+D_{S,T}(u))\},\tag{10.3.12}$$

其中 C_1 是一个正常数,而

$$R=R(E,T)\overset{\text{def.}}{=}\begin{cases}E^2(1+T)^{\frac{1}{3}}, & \alpha=2,\\ E^3, & \alpha=3.\end{cases}\tag{10.3.13}$$

引理 3.4 在引理 3.3 的假设下,对任何给定的 $\bar{v}$, $\bar{\bar{v}}\in X_{S,E,T}$,若 $\bar{u}=M\bar{v}$ 及 $\bar{\bar{u}}=M\bar{\bar{v}}$ 亦满足 $\bar{u}$, $\bar{\bar{u}}\in X_{S,E,T}$,则成立

$$D_{S-1,T}(\bar{u}-\bar{\bar{u}})\leqslant C_2(R+\sqrt{R})(D_{S-1,T}(\bar{u}-\bar{\bar{u}})+D_{S-1,T}(\bar{v}-\bar{\bar{v}})),\tag{10.3.14}$$

其中 C_2 为一个正常数,而 $R=R(E,T)$ 仍由(10.3.13)式定义.

3.3. 引理 3.3 及引理 3.4 的证明

首先估计 $\widetilde{D}_{S,T}(u)$.

由(10.2.12)-(10.2.13),对 $\alpha=2$ 及 3,利用第四章推论 5.3 $\left(在其中取\ n=2,\ p=1+\alpha,\ N=S,\ s=\dfrac{1}{2}-\dfrac{1}{p}=\dfrac{1}{2}-\dfrac{1}{1+\alpha}\right)$,我们有

$$\begin{aligned}&(1+t)^{\frac{1}{2}-\frac{1}{1+\alpha}}\|u(t,\cdot)\|_{\Gamma,S,1+\alpha,2,\chi_2}\\ \leqslant\ & C\Big\{\varepsilon+\int_0^t(\|\hat{F}(v,Dv,D_xDu)(\tau,\cdot)\|_{\Gamma,S,\gamma,\chi_1}\\ &\quad+(1+\tau)^{-\left(\frac{1}{2}-\frac{1}{1+\alpha}\right)}\|\hat{F}(v,Dv,D_xDu)(\tau,\cdot)\|_{\Gamma,S,1,2,\chi_2})\mathrm{d}\tau\Big\},\end{aligned}\tag{10.3.15}$$

其中

$$\frac{1}{\gamma}=\frac{1}{2}+\frac{1}{2}\Big(\frac{1}{2}+\frac{1}{1+\alpha}\Big)\overset{\text{def.}}{=}\frac{1}{2}+\frac{\alpha}{H}.\tag{10.3.16}$$

注意到(10.3.16)式,利用第五章关于乘积函数及复合函数的估计式,我们有

$$\begin{aligned}&\|\hat{F}(v,Dv,D_xDu)(\tau,\cdot)\|_{\Gamma,S,\gamma,\chi_1}\\ \leqslant &C\Big\{\|(v,Dv)(\tau,\cdot)\|^{\alpha}_{\Gamma,\left[\frac{S}{2}\right],H,\chi_1}\|(v,Dv,D_xDu)(\tau,\cdot)\|_{\Gamma,S,2,\chi_1}\\ &+\|D_xDu(\tau,\cdot)\|_{\Gamma,\left[\frac{S}{2}\right],H,\chi_1}\|(v,Dv)(\tau,\cdot)\|^{\alpha-1}_{\Gamma,\left[\frac{S}{2}\right],H,\chi_1}\\ &\cdot\|(v,Dv)(\tau,\cdot)\|_{\Gamma,S,2,\chi_1}\Big\}.\end{aligned}\tag{10.3.17}$$

再利用第三章推论 4.1 之 2° $\left(在其中取 n=2,N=\left[\frac{S}{2}\right],p=2,q=H,而 s=1\right)$，并注意到 $X_{S,E,T}$ 的定义，易知由上式有

$$\begin{aligned}&\|\hat{F}(v,Dv,D_xDu)(\tau,\cdot)\|_{\Gamma,S,\gamma,\chi_1}\\ \leqslant &C(1+\tau)^{-\alpha+\frac{1}{2}+\frac{1}{1+\alpha}}\|(v,Dv)(\tau,\cdot)\|^{\alpha}_{\Gamma,S,2,\chi_1}\\ &\cdot\|(v,Dv,D_xDu)(\tau,\cdot)\|_{\Gamma,S,2,\chi_1}\\ \leqslant &C(1+\tau)^{-\frac{\alpha}{2}+\frac{1}{1+\alpha}}E^{\alpha}(E+D_{S,T}(u)).\end{aligned}\tag{10.3.18}$$

此外，注意到引理 3.2 并利用 Hölder 不等式，由第五章关于乘积函数及复合函数的估计式，易见为估计 $\|\hat{F}(v,Dv,D_xDu)(\tau,\cdot)\|_{\Gamma,S,1,2,\chi_2}$，本质上只需估计 $v^{1+\alpha}$, $(Dv)^{1+\alpha}$, $v^{\alpha}D_xDu$ 及 $(Dv)^{\alpha}D_xDu$ 的相应范数.

首先，由第五章关于乘积函数的估计式，利用球面上的 Sobolev 嵌入定理 $\left(见第三章定理 2.1 之 1^\circ，在其中取 n=2,p=2,且 s>\frac{1}{2}\right)$，并注意到 (10.3.2)式，我们有

$$\begin{aligned}&\|v^{1+\alpha}(\tau,\cdot)\|_{\Gamma,S,1,2,\chi_2}\\ \leqslant &C\|v(\tau,\cdot)\|^{\alpha}_{\Gamma,\left[\frac{S}{2}\right],1+\alpha,\infty,\chi_2}\|v(\tau,\cdot)\|_{\Gamma,S,1+\alpha,2,\chi_2}\\ \leqslant &C\|v(\tau,\cdot)\|^{1+\alpha}_{\Gamma,S,1+\alpha,2,\chi_2}\\ \leqslant &C(1+\tau)^{-\frac{\alpha-1}{2}}E^{1+\alpha}.\end{aligned}\tag{10.3.19}$$

其次，由球面上的 Sobolev 嵌入定理，并利用第三章推论 4.4 $\left(在其中取 N=\left[\frac{S}{2}\right],n=2,p=2,而 s>1\right)$，再注意到(10.3.1)式，就有

$$\begin{aligned}&\|(Dv)^{1+\alpha}(\tau,\cdot)\|_{\Gamma,S,1,2,\chi_2}\\ \leqslant &C\|Dv(\tau,\cdot)\|^{\alpha-1}_{\Gamma,\left[\frac{S}{2}\right],\infty}\|Dv(\tau,\cdot)\|_{\Gamma,\left[\frac{S}{2}\right],2,\infty}\|Dv(\tau,\cdot)\|_{\Gamma,S,2}\\ \leqslant &C(1+\tau)^{-\frac{\alpha-1}{2}}\|Dv(\tau,\cdot)\|^{1+\alpha}_{\Gamma,S,2}\\ \leqslant &C(1+\tau)^{-\frac{\alpha-1}{2}}E^{1+\alpha}.\end{aligned}\tag{10.3.20}$$

再次,由第五章关于乘积函数的估计式,易见有

$$\begin{aligned}
&\| v^{\alpha} D_x Du(\tau,\cdot)\|_{\Gamma,S,1,2,\chi_2}\\
&\leqslant C\Big\{\|v(\tau,\cdot)\|^{\alpha}_{\Gamma,\left[\frac{S}{2}\right],2\alpha,\infty,\chi_2}\|D_x Du(\tau,\cdot)\|_{\Gamma,S,2}\\
&\quad+\|v(\tau,\cdot)\|^{\alpha-1}_{\Gamma,\left[\frac{S}{2}\right],1+\alpha,\infty,\chi_2}\|D_x Du(\tau,\cdot)\|_{\Gamma,\left[\frac{S}{2}\right],1+\alpha,\infty}\\
&\qquad\cdot\|v(\tau,\cdot)\|_{\Gamma,S,1+\alpha,2,\chi_2}\Big\}.
\end{aligned}\tag{10.3.21}$$

利用显然的估计式

$$\|f\|_{L^{2\alpha}}=\left(\int|f|^{2\alpha}\right)^{\frac{1}{2\alpha}}=\left(\int|f|^{\alpha-1}|f|^{1+\alpha}\right)^{\frac{1}{2\alpha}}\leqslant\|f\|^{\frac{\alpha-1}{2\alpha}}_{L^{\infty}}\|f\|^{\frac{\alpha+1}{2\alpha}}_{L^{1+\alpha}},$$

易知有

$$\begin{aligned}
&\|v(\tau,\cdot)\|_{\Gamma,\left[\frac{S}{2}\right],2\alpha,\infty,\chi_2}\\
&\leqslant\|v(\tau,\cdot)\|^{\frac{\alpha-1}{2\alpha}}_{\Gamma,\left[\frac{S}{2}\right],\infty,\chi_2}\|v(\tau,\cdot)\|^{\frac{\alpha+1}{2\alpha}}_{\Gamma,\left[\frac{S}{2}\right],1+\alpha,\infty,\chi_2}.
\end{aligned}\tag{10.3.22}$$

利用第三章推论 4.4 $\left(\text{在其中取 } n=2,\ N=\left[\dfrac{S}{2}\right],\ p=1+\alpha,\text{而 } s=1\right)$,有

$$\|v(\tau,\cdot)\|_{\Gamma,\left[\frac{S}{2}\right],\infty,\chi_2}\leqslant C(1+\tau)^{-\frac{1}{1+\alpha}}\|v(\tau,\cdot)\|_{\Gamma,\left[\frac{S}{2}\right]+1,1+\alpha,\chi_2},\tag{10.3.23}$$

再注意到 $L^{1+\alpha,\infty}(\mathbb{R}^n)\subset L^{1+\alpha}(\mathbb{R}^n)$ 为连续嵌入,就有

$$\|v(\tau,\cdot)\|_{\Gamma,\left[\frac{S}{2}\right],\infty,\chi_2}\leqslant C(1+\tau)^{-\frac{1}{1+\alpha}}\|v(\tau,\cdot)\|_{\Gamma,\left[\frac{S}{2}\right]+1,1+\alpha,\infty,\chi_2}.\tag{10.3.24}$$

而利用球面上的 Sobolev 嵌入定理(见第三章定理 2.1 之 1°,在其中取 $n=2$, $p=2$,而 $s=1$),就有

$$\|v(\tau,\cdot)\|_{\Gamma,\left[\frac{S}{2}\right]+1,1+\alpha,\infty,\chi_2}\leqslant C\|v(\tau,\cdot)\|_{\Gamma,\left[\frac{S}{2}\right]+2,1+\alpha,2,\chi_2}.\tag{10.3.25}$$

这样,由(10.3.22)式并注意到 $X_{S,E,T}$ 的定义,就易得

$$\begin{aligned}
&\|v(\tau,\cdot)\|_{\Gamma,\left[\frac{S}{2}\right],2\alpha,\infty,\chi_2}\\
&\leqslant C(1+\tau)^{-\left(\frac{1}{1+\alpha}-\frac{1}{2\alpha}\right)}\|v(\tau,\cdot)\|_{\Gamma,S,1+\alpha,2,\chi_2}\\
&\leqslant C(1+\tau)^{-\frac{\alpha-1}{2\alpha}}E.
\end{aligned}\tag{10.3.26}$$

类似地,有

$$\| v(\tau,\cdot) \|_{\Gamma,\left[\frac{S}{2}\right],1+\alpha,\infty,\chi_2} \leqslant C \| v(\tau,\cdot) \|_{\Gamma,S,1+\alpha,2,\chi_2} \leqslant C(1+\tau)^{-\left(\frac{1}{2}-\frac{1}{1+\alpha}\right)} E. \tag{10.3.27}$$

此外,利用显然的估计式

$$\| f \|_{1+\alpha} = \left(\int | f |^{1+\alpha}\right)^{\frac{1}{1+\alpha}} = \left(\int | f |^{\alpha-1} | f |^2\right)^{\frac{1}{1+\alpha}} \leqslant \| f \|_{L^\infty}^{\frac{\alpha-1}{\alpha+1}} \| f \|_{L^2}^{\frac{2}{1+\alpha}},$$

有

$$\begin{aligned} & \| D_x Du(\tau,\cdot) \|_{\Gamma,\left[\frac{S}{2}\right],1+\alpha,\infty} \\ \leqslant & \| D_x Du(\tau,\cdot) \|_{\Gamma,\left[\frac{S}{2}\right],\infty}^{\frac{\alpha-1}{1+\alpha}} \| D_x Du(\tau,\cdot) \|_{\Gamma,\left[\frac{S}{2}\right],2,\infty}^{\frac{2}{1+\alpha}}. \end{aligned} \tag{10.3.28}$$

利用第三章推论 4.4 $\left(在其中取 n=2,\ N=\left[\frac{S}{2}\right],\ p=2,而 s=2\right)$,有

$$\| D_x Du(\tau,\cdot) \|_{\Gamma,\left[\frac{S}{2}\right],\infty} \leqslant C(1+\tau)^{-\frac{1}{2}} \| D_x Du(\tau,\cdot) \|_{\Gamma,S,2}, \tag{10.3.29}$$

而利用球面上的 Sobolev 嵌入定理,有

$$\| D_x Du(\tau,\cdot) \|_{\Gamma,\left[\frac{S}{2}\right],2,\infty} \leqslant C \| D_x Du(\tau,\cdot) \|_{\Gamma,S,2}. \tag{10.3.30}$$

于是,由(10.3.28)式并注意到(10.3.1)式,可得

$$\| D_x Du(\tau,\cdot) \|_{\Gamma,\left[\frac{S}{2}\right],1+\alpha,\infty} \leqslant C(1+\tau)^{-\left(\frac{1}{2}-\frac{1}{1+\alpha}\right)} D_{S,T}(u). \tag{10.3.31}$$

将(10.3.26)-(10.3.27)及(10.3.31)代入(10.3.21)式,并注意到 $X_{S,E,T}$ 的定义,就得到

$$\| v^\alpha D_x Du(\tau,\cdot) \|_{\Gamma,S,1,2,\chi_2} \leqslant C(1+\tau)^{-\frac{\alpha-1}{2}} E^\alpha D_{S,T}(u). \tag{10.3.32}$$

最后,我们有

$$\begin{aligned} & \| (Dv)^\alpha D_x Du(\tau,\cdot) \|_{\Gamma,S,1,2,\chi_2} \\ \leqslant & C\Big\{ \| Dv(\tau,\cdot) \|_{\Gamma,\left[\frac{S}{2}\right],2,\infty} \| Dv(\tau,\cdot) \|_{\Gamma,\left[\frac{S}{2}\right],\infty}^{\alpha-1} \| D_x Du(\tau,\cdot) \|_{\Gamma,S,2} \\ & + \| Dv(\tau,\cdot) \|_{\Gamma,S,2} \| Dv(\tau,\cdot) \|_{\Gamma,\left[\frac{S}{2}\right],\infty}^{\alpha-1} \| D_x Du(\tau,\cdot) \|_{\Gamma,\left[\frac{S}{2}\right],2,\infty} \Big\}. \end{aligned} \tag{10.3.33}$$

由第三章推论 4.4 $\left(\text{在其中取 } n=2,\ N=\left[\dfrac{S}{2}\right],\ p=2, \text{而 } s=2\right)$，有

$$\| Dv(\tau,\ \cdot)\|_{\Gamma,\ \left[\frac{S}{2}\right],\ \infty} \leqslant C(1+\tau)^{-\frac{1}{2}} \| Dv(\tau,\ \cdot)\|_{\Gamma,\ S,\ 2}, \tag{10.3.34}$$

而由球面上的 Sobolev 嵌入定理，有

$$\| Dv(\tau,\ \cdot)\|_{\Gamma,\ \left[\frac{S}{2}\right],\ 2,\ \infty} \leqslant C \| Dv(\tau,\ \cdot)\|_{\Gamma,\ S,\ 2} \tag{10.3.35}$$

及对 $\| D_x Du(\tau,\ \cdot)\|_{\Gamma,\ \left[\frac{S}{2}\right],\ 2,\ \infty}$ 的类似的估计. 于是，由(10.3.33)式就得到

$$\| (Dv)^\alpha D_x Du(\tau,\ \cdot)\|_{\Gamma,\ S,\ 1,\ 2,\ \chi_2} \leqslant C(1+\tau)^{-\frac{\alpha-1}{2}} E^\alpha D_{S,\ T}(u). \tag{10.3.36}$$

这样，利用(10.3.19)-(10.3.20)，(10.3.32)及(10.3.36)式，就得到

$$\begin{aligned} &\| \hat{F}(v,\ Dv,\ D_x Du)(\tau,\ \cdot)\|_{\Gamma,\ S,\ 1,\ 2,\ \chi_2} \\ \leqslant\ & C(1+\tau)^{-\frac{\alpha-1}{2}} E^\alpha (E + D_{S,\ T}(u)). \end{aligned} \tag{10.3.37}$$

将(10.3.18)及(10.3.37)式代入(10.3.15)式，最终就得到

$$\begin{aligned} &(1+t)^{\frac{1}{2}-\frac{1}{1+\alpha}} \| u(t,\ \cdot)\|_{\Gamma,\ S,\ 1+\alpha,\ 2,\ \chi_2} \\ \leqslant\ & C\left\{\varepsilon + (1+t)^{1-\frac{\alpha}{2}+\frac{1}{1+\alpha}}\ E^\alpha (E + D_{S,\ T}(u))\right\}, \end{aligned} \tag{10.3.38}$$

从而在 $\alpha = 2$ 及 3 时，注意到(10.3.13)式，有

$$\begin{aligned} &(1+t)^{\frac{1}{2}-\frac{1}{1+\alpha}} \| u(t,\ \cdot)\|_{\Gamma,\ S,\ 1+\alpha,\ 2,\ \chi_2} \\ \leqslant\ & C\{\varepsilon + R(E,\ T)(E + D_{S,\ T}(u))\}. \end{aligned} \tag{10.3.39}$$

这完成了对 $\widetilde{D}_{S,\ T}(u)$ 中第二项的估计.

现在来估计 $\widetilde{D}_{S,\ T}(u)$ 中的第一项.

由第四章推论 5.1 中的(4.5.18)式 $\left(\text{在其中取 } N=S,\ \sigma = \dfrac{1}{2} - \dfrac{1}{1+\alpha}, \text{而 } q\right.$ 满足 $\left.\dfrac{1}{q} = 1 - \dfrac{\sigma}{2} = \dfrac{3}{4} + \dfrac{1}{2(1+\alpha)}\right)$，就容易得到

$$\begin{aligned} &(1+t)^{-\left(\frac{1}{2}-\frac{1}{1+\alpha}\right)} \| u(t,\ \cdot)\|_{\Gamma,\ S,\ 2,\ \chi_1} \\ \leqslant\ & C\Big\{\varepsilon + \int_0^t \big(\| \hat{F}(v,\ Dv,\ D_x Du)(\tau,\ \cdot)\|_{\Gamma,\ S,\ q,\ \chi_1} \\ &+ (1+\tau)^{-\left(\frac{1}{2}-\frac{1}{1+\alpha}\right)} \| \hat{F}(v,\ Dv,\ D_x Du(\tau,\ \cdot))\|_{\Gamma,\ S,\ 1,\ 2,\ \chi_2}\big) d\tau\Big\}. \end{aligned} \tag{10.3.40}$$

上式右端积分中第二项的估计已见(10.3.37)式，剩下来只需估计其中的第一项.

注意到引理 3.2 并利用 Hölder 不等式，由第五章关于乘积函数及复合函数的估计式，易见

$$\begin{aligned}&\|\hat{F}(v,Dv,D_xDu)(\tau,\cdot)\|_{\Gamma,S,q,\chi_1}\\ \leqslant C\Big\{&\|(v,Dv)(\tau,\cdot)\|^{\alpha}_{\Gamma,\left[\frac{S}{2}\right],l,\chi_1}\|(v,Dv,D_xDu)(\tau,\cdot)\|_{\Gamma,S,2,\chi_1}\\ &+\|D_xDu(\tau,\cdot)\|_{\Gamma,\left[\frac{S}{2}\right],l,\chi_1}\|(v,Dv)(\tau,\cdot)\|^{\alpha-1}_{\Gamma,\left[\frac{S}{2}\right],l,\chi_1}\\ &\cdot\|(v,Dv)(\tau,\cdot)\|_{\Gamma,S,2,\chi_1}\Big\},\end{aligned}\tag{10.3.41}$$

其中 l 由 $\dfrac{1}{q}=\dfrac{1}{2}+\dfrac{\alpha}{l}$ 决定. 再利用第三章推论 4.1 之 2° $\Big($在其中取 $n=2$，$N=\left[\dfrac{S}{2}\right]$，$p=2$，$q=l$，而 $s=1\Big)$，并注意到 $X_{S,E,T}$之定义，类似于(10.3.18)式就有

$$\begin{aligned}&\|\hat{F}(v,Dv,D_xDu)(\tau,\cdot)\|_{\Gamma,S,q,\chi_1}\\ \leqslant&C(1+\tau)^{-2\alpha\left(\frac{1}{2}-\frac{1}{l}\right)}\|(v,Dv)(\tau,\cdot)\|^{\alpha}_{\Gamma,S,2,\chi_1}\\ &\cdot\|(v,Dv,D_xDu)(\tau,\cdot)\|_{\Gamma,S,2,\chi_1}\\ \leqslant&C(1+\tau)^{-\left(\frac{\alpha}{2}-\frac{1}{1+\alpha}\right)}E^{\alpha}(E+D_{S,T}(u)).\end{aligned}\tag{10.3.42}$$

将(10.3.37)式及(10.3.42)式代入(10.3.40)式，并注意到 $\alpha=2$ 及 3 时 $R(E,T)$的定义(10.3.13)式，就立刻可得

$$\begin{aligned}&(1+t)^{-\left(\frac{1}{2}-\frac{1}{1+\alpha}\right)}\|u(t,\cdot)\|_{\Gamma,S,2,\chi_1}\\ \leqslant&C\{\varepsilon+R(E,T)(E+D_{S,T}(u))\}.\end{aligned}\tag{10.3.43}$$

合并(10.3.39)及(10.3.43)式，就得到

$$\widetilde{D}_{S,T}(u)\leqslant C\{\varepsilon+R(E,T)(E+D_{S,T}(u))\}.\tag{10.3.44}$$

下面估计 $\|(Du,D^2u)(t,\cdot)\|_{\Gamma,S,2}$.

我们仍有(10.2.53)-(10.2.55)式. 在 $\alpha=2$ 及 3 时，由引理 3.2 并注意到(10.3.13)式，易见有

$$\begin{aligned}|\,\mathrm{I}\,|,\,|\,\mathrm{II}\,|,\,|\,\mathrm{III}\,|\leqslant&C\int_0^t\|(v,Dv,D^2v)(\tau,\cdot)\|^{\alpha}_{L^\infty(\mathbb{R}^2)}\mathrm{d}\tau\cdot D^2_{S,T}(u)\\ \leqslant&CR(E,T)D^2_{S,T}(u).\end{aligned}\tag{10.3.45}$$

现在估计 $G_k(\tau,\cdot)$ 的 L^2 范数.

类似于(10.2.57)式,由引理 3.2,有

$$\begin{aligned}&\| b_{ij}(v,Dv)(\Gamma^k Du_{x_ix_j}-(\Gamma^k Du)_{x_ix_j})(\tau,\cdot)\|_{L^2(\mathbb{R}^2)}\\&\leqslant C\| b_{ij}(v,Dv)(\tau,\cdot)\|_{L^\infty(\mathbb{R}^2)}\| D^2u(\tau,\cdot)\|_{\Gamma,S,2}\\&\leqslant C(1+\tau)^{-\frac{\alpha}{2}}E^\alpha D_{S,T}(u).\end{aligned}\tag{10.3.46}$$

又由第五章关于乘积函数的估计式(5.1.19)式,并利用第三章中的(3.4.30)式$\left(在其中取 N=\left[\frac{S}{2}\right],p=2,s=2\right)$,易知

$$\begin{aligned}&\|(\Gamma^k D(b_{ij}(v,Dv)u_{x_ix_j})-b_{ij}(v,Dv)\Gamma^k Du_{x_ix_j})(\tau,\cdot)\|_{L^2(\mathbb{R}^2)}\\&\leqslant C\Big\{\| Db_{ij}(v,Dv)(\tau,\cdot)\|_{\Gamma,S,2}\| D^2u(\tau,\cdot)\|_{\Gamma,\left[\frac{S}{2}\right],\infty}\\&\qquad+\| D^2u(\tau,\cdot)\|_{\Gamma,S,2}\| b_{ij}(v,Dv)(\tau,\cdot)\|_{\Gamma,\left[\frac{S}{2}\right],\infty}\Big\}\\&\leqslant C\Big\{(1+\tau)^{-\frac{1}{2}}\| Db_{ij}(v,Dv)(\tau,\cdot)\|_{\Gamma,S,2}\\&\qquad+\| b_{ij}(v,Dv)(\tau,\cdot)\|_{\Gamma,\left[\frac{S}{2}\right],\infty}\Big\}\cdot\| D^2u(\tau,\cdot)\|_{\Gamma,S,2}.\end{aligned}\tag{10.3.47}$$

由引理 3.2,易知

$$\| b_{ij}(v,Dv)(\tau,\cdot)\|_{\Gamma,\left[\frac{S}{2}\right],\infty}\leqslant C(1+\tau)^{-\frac{\alpha}{2}}E^\alpha.\tag{10.3.48}$$

此外,利用引理 3.2,由第五章关于复合函数的估计式,易知有

$$\begin{aligned}&\| Db_{ij}(v,Dv)(\tau,\cdot)\|_{\Gamma,S,2}\\&\leqslant C\Big\{\|(v,Dv,D^2v)(\tau,\cdot)\|^{\alpha-1}_{\Gamma,\left[\frac{S}{2}\right],\infty}\|(Dv,D^2v)(\tau,\cdot)\|_{\Gamma,S,2}\\&\qquad+\|(v,Dv,D^2v)(\tau,\cdot)\|^{\alpha-1}_{\Gamma,\left[\frac{S}{2}\right],\infty,\chi_1}\| v(\tau,\cdot)\|_{\Gamma,S,2,\chi_1}\\&\qquad+\|(v,Dv,D^2v)(\tau,\cdot)\|^{\alpha-1}_{\Gamma,\left[\frac{S}{2}\right],2(1+\alpha),\infty,\chi_2}\| v(\tau,\cdot)\|_{\Gamma,S,1+\alpha,2,\chi_2}\Big\},\end{aligned}\tag{10.3.49}$$

其中 χ_1 为集合 $\left\{(t,x)\,\middle|\,|x|\leqslant\frac{1+t}{2}\right\}$ 的特征函数,而 $\chi_2=1-\chi_1$.

利用显然的估计式

$$\| f\|_{L^{2(1+\alpha)}}\leqslant\| f\|^{\frac{1}{2}}_{L^\infty}\| f\|^{\frac{1}{2}}_{L^{1+\alpha}},$$

类似于(10.3.26)式之证明,并注意到 $X_{S,E,T}$ 之定义,有

$$\begin{aligned}&\| v(\tau,\cdot)\|_{\Gamma,\left[\frac{S}{2}\right],2(1+\alpha),\infty,\chi_2}\\&\leqslant\| v(\tau,\cdot)\|^{\frac{1}{2}}_{\Gamma,\left[\frac{S}{2}\right],\infty,\chi_2}\| v(\tau,\cdot)\|^{\frac{1}{2}}_{\Gamma,\left[\frac{S}{2}\right],1+\alpha,\infty,\chi_2}\end{aligned}$$

$$\leqslant C(1+\tau)^{-\frac{1}{2(1+\alpha)}} \| v(\tau, \cdot) \|_{\Gamma, S, 1+\alpha, 2, \chi_2}$$
$$\leqslant C(1+\tau)^{-\frac{\alpha}{2(1+\alpha)}} E. \tag{10.3.50}$$

同时,类似于(10.3.31)式的证明,并注意到 $X_{S, E, T}$ 的定义,同样有

$$\| (Dv, D^2 v)(\tau, \cdot) \|_{\Gamma, \left[\frac{S}{2}\right], 2(1+\alpha), \infty}$$
$$\leqslant \| (Dv, D^2 v)(\tau, \cdot) \|_{\Gamma, \left[\frac{S}{2}\right], \infty}^{\frac{\alpha}{1+\alpha}} \| (Dv, D^2 v)(\tau, \cdot) \|_{\Gamma, \left[\frac{S}{2}\right], 2, \infty}^{\frac{1}{1+\alpha}}$$
$$\leqslant C(1+\tau)^{-\frac{\alpha}{2(1+\alpha)}} \| (Dv, D^2 v)(\tau, \cdot) \|_{\Gamma, S, 2}$$
$$\leqslant C(1+\tau)^{-\frac{\alpha}{2(1+\alpha)}} E. \tag{10.3.51}$$

这样,利用引理 3.2 并注意到 $X_{S, E, T}$ 的定义,由(10.3.49)式就可得到

$$\| Db_{ij}(v, Dv)(\tau, \cdot) \|_{\Gamma, S, 2}$$
$$\leqslant C\{(1+\tau)^{-\frac{\alpha-1}{2}} + (1+\tau)^{-\frac{\alpha-1}{2}+\left(\frac{1}{2}-\frac{1}{1+\alpha}\right)}\} E^\alpha$$
$$\leqslant C(1+\tau)^{-\frac{\alpha-1}{2}+\left(\frac{1}{2}-\frac{1}{1+\alpha}\right)} E^\alpha. \tag{10.3.52}$$

将(10.3.48)及(10.3.52)代入(10.3.47)式,并利用第三章中的(3.4.30)式$\left(\text{在其中取 } N = \left[\frac{S}{2}\right],\ p = 2,\ s = 2\right)$,就得到

$$\| (\Gamma^k D(b_{ij}(v, Dv) u_{x_i x_j}) - b_{ij}(v, Dv) \Gamma^k D u_{x_i x_j})(\tau, \cdot) \|_{L^2(\mathbb{R}^2)}$$
$$\leqslant C(1+\tau)^{-\frac{1}{2}} \{(1+\tau)^{-\frac{\alpha-1}{2}-\frac{1}{1+\alpha}} + (1+\tau)^{-\frac{\alpha}{2}}\} E^\alpha D_{S, T}(u)$$
$$\leqslant C(1+\tau)^{-\frac{\alpha}{2}-\frac{1}{1+\alpha}} E^\alpha D_{S, T}(u). \tag{10.3.53}$$

合并(10.3.46)及(10.3.53)式,并利用(10.2.54)式中相应于 $a_{0j}(v, Dv)$ 项的类似的估计式,就得到

$$\| G_k(\tau, \cdot) \|_{L^2(\mathbb{R}^2)} \leqslant C(1+\tau)^{-\frac{\alpha}{2}} E^\alpha D_{S, T}(u), \tag{10.3.54}$$

从而注意到(10.3.13)式,在 $\alpha = 2$ 及 3 时就有

$$| \mathrm{IV} | \leqslant CR(E, T) D_{S, T}^2(u). \tag{10.3.55}$$

类似地,可估计 $\| g_k(\tau, \cdot) \|_{L^2(\mathbb{R}^2)}$,从而在 $\alpha = 2$ 及 3 时有

$$| \mathrm{V} | \leqslant CR(E, T)(E + D_{S, T}(u)) D_{S, T}(u). \tag{10.3.56}$$

利用(10.3.45)及(10.3.55)-(10.3.56)式,由(10.2.53)式就容易得到

$$\sup_{0 \leqslant t \leqslant T} \| D^2 u(t, \cdot) \|_{\Gamma, S, 2} \leqslant C\{\varepsilon + \sqrt{R(E, T)}(E + D_{S, T}(u))\}. \tag{10.3.57}$$

再由(10. 2. 65)-(10. 2. 67)式，用类似的方式可得

$$\sup_{0\leqslant t\leqslant T}\|Du(t,\cdot)\|_{\Gamma,S,2}\leqslant C\{\varepsilon+\sqrt{R(E,T)}(E+D_{S,T}(u))\}. \tag{10.3.58}$$

合并(10. 3. 44)及(10. 3. 57)-(10. 3. 58)式，就得到所要证明的(10. 3. 12)式. 引理 3. 3 证毕.

引理 3. 4 可类似证明，不赘述.

§4. Cauchy 问题(10. 1. 14)-(10. 1. 15)的经典解的生命跨度的下界估计($\alpha=1$及2的情形)(续)

在本节中，我们将对二维情形的二阶拟线性双曲型方程的 Cauchy 问题(10. 1. 14)-(10. 1. 15)的经典解的生命跨度，证明在 $\alpha=1$ 时由(10. 1. 9)的最后一式及在 $\alpha=2$ 时由(10. 1. 11)的最后一式所示的下界估计. 此时，对 $F(u, Du)$ 所加的条件分别由(10. 1. 22)及(10. 1. 23)式所示，亦可统一地写为：在 $\alpha=1$ 及 2 时成立

$$\partial_u^{1+\alpha}F(0,0)=\cdots=\partial_u^{2\alpha}F(0,0)=0. \tag{10.4.1}$$

为了简化叙述，下面我们着重指出与§2-3证明中有所不同之处.

4. 1. 度量空间 $X_{S,E,T}$. 主要结果

对任何给定的整数 $S\geqslant 8$，任何给定的实数 $E(\leqslant E_0)$ 及 $T(>0)$，仍由(10. 2. 2)式引入函数集合 $X_{S,E,T}$，但其中

$$D_{S,T}(v)=\sum_{i=1}^{2}\sup_{0\leqslant t\leqslant T}\|D^i v(t,\cdot)\|_{\Gamma,S,2}+\overline{D}_{S,T}(v), \tag{10.4.2}$$

而

$$\overline{D}_{S,T}(v)=\sup_{0\leqslant t\leqslant T}(1+t)^{\frac{1}{2}}\|v(t,\cdot)\|_{\Gamma,\left[\frac{S}{2}\right]+1,\infty}+\sup_{0\leqslant t\leqslant T}(1+t)^{-\frac{1}{2}}\|v(t,\cdot)\|_{\Gamma,S,2}. \tag{10.4.3}$$

容易证明

引理 4. 1 在 $X_{S,E,T}$ 上引入如下的度量：

$$\rho(\overline{v},\overline{\overline{v}})=D_{S,T}(\overline{v}-\overline{\overline{v}}),\ \forall\ \overline{v},\overline{\overline{v}}\in X_{S,E,T}, \tag{10.4.4}$$

当 $\varepsilon>0$ 适当小时，$X_{S,E,T}$ 是一个非空的完备度量空间.

引理 4.2　当 $S \geqslant 8$ 时,对任何给定的 $v \in X_{S,E,T}$,成立

$$\| (v, Dv, D^2 v)(t, \cdot) \|_{\Gamma, [\frac{S}{2}]+1, \infty} \leqslant CE(1+t)^{-\frac{1}{2}}, \ \forall\, t \in [0, T]. \tag{10.4.5}$$

以 $\widetilde{X}_{S,E,T}$ 记 $X_{S,E,T}$ 的一个子集,它由 $X_{S,E,T}$ 中对任何给定的 $t \in [0, T]$,对变量 x 的支集不超过 $\{x \mid |x| \leqslant t+\rho\}$ 的一切元素组成,而 $\rho > 0$ 为出现在(10.1.6)中之常数.

本节的主要结果为如下的

定理 4.1　设 $n=2$ 且 $\alpha=1$ 及 2,在假设(10.1.5)-(10.1.6)及(10.1.17)-(10.1.21)下,进一步假设(10.1.22)-(10.1.23)(即(10.4.1))成立,对任何给定的整数 $S \geqslant 8$,存在正常数 ε_0 及 C_0 使 $C_0 \varepsilon_0 \leqslant E_0$,且对任何给定的 $\varepsilon \in (0, \varepsilon_0]$,存在一个正数 $T(\varepsilon)$,使 Cauchy 问题(10.1.14)-(10.1.15)在 $[0, T(\varepsilon)]$ 上存在唯一的经典解 $u \in \widetilde{X}_{S, C_0\varepsilon, T(\varepsilon)}$,而 $T(\varepsilon)$ 可取为

$$T(\varepsilon) = \begin{cases} b\varepsilon^{-2} - 1, & \alpha = 1, \\ \exp\{a\varepsilon^{-2}\} - 1, & \alpha = 2, \end{cases} \tag{10.4.6}$$

其中 a 与 b 为可能依赖于 ρ、但与 ε 无关的正常数. 此外,在必要时修改对 t 在区间 $[0, T(\varepsilon)]$ 的一个零测集上的数值后,成立(10.2.9)-(10.2.11)式.

4.2. 定理 4.1 的证明框架——整体迭代法

类似于 § 2.2,下面的两个引理是证明定理 4.1 的关键.

引理 4.3　在定理 4.1 的假设下,当 $E > 0$ 适当小时,对任何给定的 $v \in \widetilde{X}_{S,E,T}$,$u = Mv$ 满足

$$D_{S,T}(u) \leqslant C_1\{\varepsilon + (R^2 + R + \sqrt{R})(E + D_{S,T}(u))\}, \tag{10.4.7}$$

其中 C_1 是一个正常数,而

$$R = R(E, T) \stackrel{\text{def.}}{=\!=} \begin{cases} E(1+T)^{\frac{1}{2}}, & \alpha = 1; \\ E^2 \ln(1+T), & \alpha = 2. \end{cases} \tag{10.4.8}$$

引理 4.4　在引理 4.3 的假设下,对任何给定的 $\overline{v}, \overline{\overline{v}} \in \widetilde{X}_{S,E,T}$,若 $\overline{u} = M\overline{v}$ 及 $\overline{\overline{u}} = M\overline{\overline{v}}$ 亦满足 $\overline{u}, \overline{\overline{u}} \in \widetilde{X}_{S,E,T}$,则成立

$$D_{S-1,T}(\overline{u} - \overline{\overline{u}}) \leqslant C_2(R^2 + R + \sqrt{R})(D_{S-1,T}(\overline{u} - \overline{\overline{u}}) + D_{S-1,T}(\overline{v} - \overline{\overline{v}})), \tag{10.4.9}$$

其中 C_2 是一个正常数，而 $R = R(E, T)$ 仍由(10.4.8)式定义.

4.3. 引理 4.3 及引理 4.4 的证明

下面只给出引理 4.3 的证明要点，引理 4.4 的证明类似.

首先估计 $\bar{D}_{S,T}(u)$.

为此先估计 $\| u(t, \cdot) \|_{\Gamma, S, 2}$.

注意到

$$\begin{aligned}
& b_{ij}(v, Dv) u_{x_i x_j} \\
= & b_{ij}(v, 0) u_{x_i x_j} + (b_{ij}(v, Dv) - b_{ij}(v, 0)) u_{x_i x_j} \\
= & \frac{\partial}{\partial x_i}(b_{ij}(v, 0) u_{x_j}) - \frac{\partial b_{ij}(v, 0)}{\partial x_i} u_{x_j} \\
& + (b_{ij}(v, Dv) - b_{ij}(v, 0)) u_{x_i x_j}
\end{aligned}$$

及

$$\begin{aligned}
F(v, Dv) &= F(v, 0) + (F(v, Dv) - F(v, 0)) \\
&= F(v, 0) + \widetilde{F}(v, Dv) Dv \\
&= F(v, 0) + \widetilde{F}(v, 0) Dv + (\widetilde{F}(v, Dv) - \widetilde{F}(v, 0)) Dv \\
&= F(v, 0) + \sum_{i=0}^{2} \widetilde{F}_i(v, 0) \partial_i v + (\widetilde{F}(v, Dv) - \widetilde{F}(v, 0)) Dv \\
&= F(v, 0) + \sum_{i=0}^{2} \partial_i \widetilde{G}_i(v, 0) + (\widetilde{F}(v, Dv) - \widetilde{F}(v, 0)) Dv,
\end{aligned}$$

其中 $\widetilde{G}_i(v, 0)$ 为 $\widetilde{F}_i(v, 0)$ 的原函数$(i = 0, 1, 2)$，并利用(10.1.18)-(10.1.19)式及附加的假设(10.4.1)，就可将由(10.2.12)式定义的 $\hat{F}(v, Dv, D_x Du)$ 改写成

$$\begin{aligned}
\hat{F}(v, Dv, D_x Du) = & \sum_{i=0}^{2} \partial_i \hat{G}_i(v, Du) + \sum_{i, j=0}^{2} \hat{A}_{ij}(v) v_{x_i} u_{x_j} \\
& + \sum_{\substack{i, j, m=0 \\ j+m \geq 1}}^{2} \hat{B}_{ijm}(v, Dv) v_{x_i} u_{x_j x_m} + \sum_{i, j=0}^{2} \hat{C}_{ij}(v, Dv) v_{x_i} v_{x_j} \\
& + F(v),
\end{aligned} \tag{10.4.10}$$

其中在原点的一邻域中有

$$F(v) \overset{\text{def.}}{=\!=} F(v, 0) = O(|v|^{2\alpha+1}), \tag{10.4.11}$$

$$\hat{G}_i(\bar{\lambda}) = O(|\bar{\lambda}|^{\alpha+1}),\ i = 0,\ 1,\ 2;\quad \bar{\lambda} = (v,\ Du), \tag{10.4.12}$$

且 $\hat{G}_i(v, Du)(i = 0, 1, 2)$ 关于 Du 为仿射的，

$$\hat{A}_{ij}(v) = O(|v|^{\alpha-1}),\ i,\ j = 0,\ 1,\ 2, \tag{10.4.13}$$

而

$$\hat{B}_{ijm}(\tilde{\lambda}),\ \hat{C}_{ij}(\tilde{\lambda}) = O(|\tilde{\lambda}|^{\alpha-1}),\ i,\ j,\ m = 0,\ 1,\ 2;\quad \tilde{\lambda} = (v,\ Dv). \tag{10.4.14}$$

这样，Cauchy 问题(10.1.14)-(10.1.15)的解 $u = Mv$ 可写为

$$u = u_1 + u_2 + u_3, \tag{10.4.15}$$

其中 u_1 是方程

$$\Box u_1 = \sum_{i=0}^{2} \partial_i \hat{G}_i(v,\ Du) \tag{10.4.16}$$

具零初始条件的解，u_2 是方程

$$\Box u_2 = Q(v,\ Dv,\ Du,\ D_x Du) \tag{10.4.17}$$

具与 u 同样初值(10.1.15)的解，其中

$$\begin{aligned} & Q(v,\ Dv,\ Du,\ D_x Du) \\ = & \sum_{i,\ j=0}^{2} \hat{A}_{ij}(v) v_{x_i} u_{x_j} + \sum_{\substack{i,\ j,\ m=0 \\ j+m\geqslant 1}}^{2} \hat{B}_{ijm}(v,\ Dv) v_{x_i} u_{x_j x_m} \\ & + \sum_{i,\ j=0}^{2} \hat{C}_{ij}(v,\ Dv) v_{x_i} v_{x_j}, \end{aligned} \tag{10.4.18}$$

而 u_3 是方程

$$\Box u_3 = F(v) \tag{10.4.19}$$

具零初始条件的解.

此外，易知 u_1 可写为

$$u_1 = \sum_{i=0}^{2} \partial_i \bar{u}_i + \bar{\bar{u}}_1, \tag{10.4.20}$$

其中，对 $i = 0,\ 1,\ 2$，$\bar{u}_i$ 是方程

$$\Box\, \bar{u}_i = \hat{G}_i(v,\ Du) \tag{10.4.21}$$

具零初始条件的解，而$\overline{\overline{u}}_1$是方程

$$\square \overline{\overline{u}}_1 = 0 \tag{10.4.22}$$

具相应非零初始条件(其量级由ε^2控制)的解.

由第四章定理3.1之1°，并注意到第三章引理1.5，易见

$$\| \overline{\overline{u}}_1(t, \cdot) \|_{\Gamma, S, 2} \leqslant C\varepsilon^2 \sqrt{\ln(2+t)}. \tag{10.4.23}$$

由波动方程的能量估计式(见第四章引理5.2)及第三章引理1.5，并注意到(10.4.12)式，有

$$\| D\overline{u}_i(t, \cdot) \|_{\Gamma, S, 2} \leqslant C\left(\varepsilon^2 + \int_0^t \| \hat{G}_i(v, Du)(\tau, \cdot) \|_{\Gamma, S, 2} d\tau\right),\ i = 0,\ 1,\ 2. \tag{10.4.24}$$

这样，由(10.4.20)式可得

$$\| u_1(t, \cdot) \|_{\Gamma, S, 2} \leqslant C\Big(\varepsilon^2 \sqrt{\ln(2+t)} + \sum_{i=0}^{2} \int_0^t \| \hat{G}_i(v, Du)(\tau, \cdot) \|_{\Gamma, S, 2} d\tau\Big). \tag{10.4.25}$$

注意到引理4.2，由第五章关于复合函数的估计式，有

$$\begin{aligned} & \sum_{i=0}^{2} \| \hat{G}_i(v, Du)(\tau, \cdot) \|_{\Gamma, S, 2} \\ \leqslant & C\Big\{ \| v(\tau, \cdot) \|^{\alpha}_{\Gamma, [\frac{S}{2}], \infty} \| (v, Du)(\tau, \cdot) \|_{\Gamma, S, 2} \\ & + \| v(\tau, \cdot) \|^{\alpha-1}_{\Gamma, [\frac{S}{2}], \infty} \| Du(\tau, \cdot) \|_{\Gamma, [\frac{S}{2}], \infty} \| v(\tau, \cdot) \|_{\Gamma, S, 2} \Big\}. \end{aligned} \tag{10.4.26}$$

由第三章推论4.4$\left(\text{在其中取 } n = 2,\ N = \left[\frac{S}{2}\right],\ p = 2, \text{而 } s = 2\right)$，并注意到$X_{S, E, T}$的定义，有

$$\begin{aligned} \| Du(\tau, \cdot) \|_{\Gamma, [\frac{S}{2}], \infty} & \leqslant C(1+\tau)^{-\frac{1}{2}} \| Du(\tau, \cdot) \|_{\Gamma, S, 2} \\ & \leqslant C(1+\tau)^{-\frac{1}{2}} D_{S, T}(u). \end{aligned} \tag{10.4.27}$$

再利用引理4.2，并注意到$X_{S, E, T}$的定义，由(10.4.26)式就可得到

$$\begin{aligned} & \sum_{i=0}^{2} \| \hat{G}_i(v, Du)(\tau, \cdot) \|_{\Gamma, S, 2} \\ \leqslant & CE^{\alpha}(1+\tau)^{-\frac{\alpha}{2}}(E(1+\tau)^{\frac{1}{2}} + D_{S, T}(u)), \end{aligned} \tag{10.4.28}$$

从而,注意到(10.4.8)式,易知

$$\sum_{i=0}^{2}\int_{0}^{t}\|\hat{G}_i(v,\,Du)(\tau,\,\cdot)\|_{\Gamma,\,S,\,2}\mathrm{d}\tau$$
$$\leqslant C(1+t)^{\frac{1}{2}}R(E,\,T)(E+D_{S,\,T}(u)),\tag{10.4.29}$$

再由(10.4.25)式就得到

$$\|u_1(t,\,\cdot)\|_{\Gamma,\,S,\,2}\leqslant C(1+t)^{\frac{1}{2}}\{\varepsilon^2+R(E,\,T)(E+D_{S,\,T}(u))\}.\tag{10.4.30}$$

根据第四章推论5.1中之(4.5.18)式$\left(\text{在其中取 } N=S,\ \sigma=\frac{1}{3}\text{,而 } q \text{ 由 } \frac{1}{q}=1-\frac{\sigma}{2}\text{ 决定为}\frac{6}{5}\right)$,易知有

$$\|u_2(t,\,\cdot)\|_{\Gamma,\,S,\,2}$$
$$\leqslant C(1+t)^{\frac{1}{3}}\Big\{\varepsilon+\int_{0}^{t}(\|Q(v,\,Dv,\,Du,\,D_xDu)(\tau,\,\cdot)\|_{\Gamma,\,S,\,\frac{6}{5},\,\chi_1}$$
$$+(1+\tau)^{-\frac{1}{3}}\|Q(v,\,Dv,\,Du,\,D_xDu)(\tau,\,\cdot)\|_{\Gamma,\,S,\,1,\,2,\,\chi_2})\mathrm{d}\tau\Big\}.\tag{10.4.31}$$

利用第五章关于复合函数的估计式,并注意到(10.4.13),可估计$\|\hat{A}_{ij}(v)v_{x_i}u_{x_j}(\tau,\,\cdot)\|_{\Gamma,\,S,\,\frac{6}{5},\,\chi_1}$.

事实上,在$\alpha=1$时,有

$$\|\hat{A}_{ij}(v)v_{x_i}u_{x_j}(\tau,\,\cdot)\|_{\Gamma,\,S,\,\frac{6}{5},\,\chi_1}$$
$$=C\Big\{\|Dv(\tau,\,\cdot)\|_{\Gamma,\,\left[\frac{S}{2}\right],\,3,\,\chi_1}\|Du(\tau,\,\cdot)\|_{\Gamma,\,S,\,2}$$
$$+\|Dv(\tau,\,\cdot)\|_{\Gamma,\,S,\,2}\|Du(\tau,\,\cdot)\|_{\Gamma,\,\left[\frac{S}{2}\right],\,3,\,\chi_1}\Big\},\tag{10.4.32}$$

而由第三章推论4.1之2°$\left(\text{在其中取 } n=2,\ N=\left[\frac{S}{2}\right],\ q=3,\ p=2\text{,而 } s=1\right)$,就有

$$\|Dv(\tau,\,\cdot)\|_{\Gamma,\,\left[\frac{S}{2}\right],\,3,\,\chi_1}\leqslant C(1+\tau)^{-\frac{1}{3}}\|Dv(\tau,\,\cdot)\|_{\Gamma,\,S,\,2}\tag{10.4.33}$$

及对Du的类似估计式,再注意到$X_{S,\,E,\,T}$的定义,由(10.4.32)式可得

$$\|\hat{A}_{ij}(v)v_{x_i}u_{x_j}(\tau,\,\cdot)\|_{\Gamma,\,S,\,\frac{6}{5},\,\chi_1}\leqslant C(1+\tau)^{-\frac{1}{3}}ED_{S,\,T}(u).\tag{10.4.34}$$

而在$\alpha=2$时,有

$$
\begin{aligned}
&\| \hat{A}_{ij}(v)v_{x_i}u_{x_j}(\tau,\cdot)\|_{\Gamma,S,\frac{6}{5},\chi_1} \\
\leqslant & C\Big\{\| vDv(\tau,\cdot)\|_{\Gamma,[\frac{S}{2}],3,\chi_1}\| Du(\tau,\cdot)\|_{\Gamma,S,2} \\
&\quad + \| vDv(\tau,\cdot)\|_{\Gamma,S,2}\| Du(\tau,\cdot)\|_{\Gamma,[\frac{S}{2}],3,\chi_1}\Big\} \\
\leqslant & C\Big\{\| v(\tau,\cdot)\|_{\Gamma,[\frac{S}{2}],\infty}\| Dv(\tau,\cdot)\|_{\Gamma,[\frac{S}{2}],3,\chi_1}\| Du(\tau,\cdot)\|_{\Gamma,S,2} \\
&\quad + \| vDv(\tau,\cdot)\|_{\Gamma,S,2}\| Du(\tau,\cdot)\|_{\Gamma,[\frac{S}{2}],3,\chi_1}\Big\}.
\end{aligned}
\tag{10.4.35}
$$

由第五章引理 1.4 中之(5.1.31)式,可得

$$
\begin{aligned}
&\| vDv(\tau,\cdot)\|_{\Gamma,S,2} \\
\leqslant & C_\rho\Big\{\| v(\tau,\cdot)\|_{\Gamma,[\frac{S}{2}],\infty}\| Dv(\tau,\cdot)\|_{\Gamma,S,2} \\
&\quad + \| Dv(\tau,\cdot)\|_{\Gamma,S,2}\| Dv(\tau,\cdot)\|_{\Gamma,[\frac{S}{2}]+1,\infty}\Big\},
\end{aligned}
\tag{10.4.36}
$$

其中 C_ρ 是一个依赖于 ρ[见(10.1.6)式]的正常数. 这样,由引理 4.2,(10.4.33)式及对 Du 类似的估计式,再注意到 $X_{S,E,T}$ 的定义,由(10.4.35)及(10.4.36)就可得到

$$
\| \hat{A}_{ij}(v)v_{x_i}u_{x_j}(\tau,\cdot)\|_{\Gamma,S,\frac{6}{5},\chi_1}\leqslant C(1+\tau)^{-\frac{1}{2}-\frac{1}{3}}E^2 D_{S,T}(u).
\tag{10.4.37}
$$

合并(10.4.34)及(10.4.37)式,在 $\alpha=1$ 及 2 时,可统一地写为

$$
\| \hat{A}_{ij}(v)v_{x_i}u_{x_j}(\tau,\cdot)\|_{\Gamma,S,\frac{6}{5},\chi_1}\leqslant C(1+\tau)^{-\frac{\alpha-1}{2}-\frac{1}{3}}E^\alpha D_{S,T}(u).
\tag{10.4.38}
$$

类似地,利用第五章关于复合函数的估计式,并注意到(10.4.14)式,可估计 $\| \hat{B}_{ijm}(v,Dv)v_{x_i}u_{x_jx_m}(\tau,\cdot)\|_{\Gamma,S,\frac{6}{5},\chi_1}$ 及 $\| \hat{C}_{ij}(v,Dv)v_{x_i}v_{x_j}(\tau,\cdot)\|_{\Gamma,S,\frac{6}{5},\chi_1}$,并在 $\alpha=1$ 及 2 时得到

$$
\begin{aligned}
&\| \hat{B}_{ijm}(v,Dv)v_{x_i}u_{x_jx_m}(\tau,\cdot)\|_{\Gamma,S,\frac{6}{5},\chi_1} \\
\leqslant & C(1+\tau)^{-\frac{\alpha-1}{2}-\frac{1}{3}}E^\alpha D_{S,T}(u)
\end{aligned}
\tag{10.4.39}
$$

及

$$
\| \hat{C}_{ij}(v,Dv)v_{x_i}v_{x_j}(\tau,\cdot)\|_{\Gamma,S,\frac{6}{5},\chi_1}\leqslant C(1+\tau)^{-\frac{\alpha-1}{2}-\frac{1}{3}}E^{\alpha+1}.
\tag{10.4.40}
$$

合并(10.4.38)-(10.4.40)式,我们就得到

$$
\| Q(v,Dv,Du,D_xDu)(\tau,\cdot)\|_{\Gamma,S,\frac{6}{5},\chi_1}
$$

$$\leqslant C(1+\tau)^{-\frac{\alpha-1}{2}-\frac{1}{3}}E^{\alpha}(E+D_{S,T}(u)). \tag{10.4.41}$$

下面我们估计 $\|Q(v, Dv, Du, D_x Du)(\tau,\cdot)\|_{\Gamma,S,1,2,\chi_2}$.

先利用第五章关于复合函数的估计式,并注意到(10.4.13)式,来估计 $\|\hat{A}_{ij}(v)v_{x_i}u_{x_j}(\tau,\cdot)\|_{\Gamma,S,1,2,\chi_2}$.

在 $\alpha=1$ 时,利用球面上的 Sobolev 嵌入定理(见第三章定理 2.1 之 1°,在其中取 $n=2$, $p=2$,而 $s=1$),并注意到 $X_{S,E,T}$ 的定义,就有

$$\begin{aligned}
&\|\hat{A}_{ij}(v)v_{x_i}u_{x_j}(\tau,\cdot)\|_{\Gamma,S,1,2,\chi_2}\\
\leqslant\ & C\Big\{\|Dv(\tau,\cdot)\|_{\Gamma,S,2}\|Du(\tau,\cdot)\|_{\Gamma,\left[\frac{S}{2}\right],2,\infty,\chi_2}\\
&+\|Dv(\tau,\cdot)\|_{\Gamma,\left[\frac{S}{2}\right],2,\infty,\chi_2}\|Du(\tau,\cdot)\|_{\Gamma,S,2}\Big\}\\
\leqslant\ & C\Big\{\|Dv(\tau,\cdot)\|_{\Gamma,S,2}\|Du(\tau,\cdot)\|_{\Gamma,\left[\frac{S}{2}\right]+1,2}\\
&+\|Dv(\tau,\cdot)\|_{\Gamma,\left[\frac{S}{2}\right]+1,2}\|Du(\tau,\cdot)\|_{\Gamma,S,2}\Big\}\\
\leqslant\ & C\|Dv(\tau,\cdot)\|_{\Gamma,S,2}\|Du(\tau,\cdot)\|_{\Gamma,S,2}\\
\leqslant\ & CED_{S,T}(u).
\end{aligned} \tag{10.4.42}$$

而在 $\alpha=2$ 时,有

$$\begin{aligned}
&\|\hat{A}_{ij}(v)v_{x_i}u_{x_j}(\tau,\cdot)\|_{\Gamma,S,1,2,\chi_2}\\
\leqslant\ & C\Big\{\|vDv(\tau,\cdot)\|_{\Gamma,S,2}\|Du(\tau,\cdot)\|_{\Gamma,\left[\frac{S}{2}\right],2,\infty,\chi_2}\\
&+\|vDv(\tau,\cdot)\|_{\Gamma,\left[\frac{S}{2}\right],2,\infty,\chi_2}\|Du(\tau,\cdot)\|_{\Gamma,S,2}\Big\}\\
\leqslant\ & C\Big\{\|vDv(\tau,\cdot)\|_{\Gamma,S,2}\|Du(\tau,\cdot)\|_{\Gamma,\left[\frac{S}{2}\right],2,\infty,\chi_2}\\
&+\|v(\tau,\cdot)\|_{\Gamma,\left[\frac{S}{2}\right],\infty}\|Dv(\tau,\cdot)\|_{\Gamma,\left[\frac{S}{2}\right],2,\infty,\chi_2}\|Du(\tau,\cdot)\|_{\Gamma,S,2}\Big\}.
\end{aligned} \tag{10.4.43}$$

再利用球面上的 Sobolev 不等式及引理 4.2,并注意到(10.4.36)式及 $X_{S,E,T}$ 的定义,就可得到

$$\|\hat{A}_{ij}(v)v_{x_i}u_{x_j}(\tau,\cdot)\|_{\Gamma,S,1,2,\chi_2}\leqslant C(1+\tau)^{-\frac{1}{2}}E^2D_{S,T}(u). \tag{10.4.44}$$

合并(10.4.42)及(10.4.44)式,在 $\alpha=1$ 及 2 时,可统一地写为

$$\|\hat{A}_{ij}(v)v_{x_i}u_{x_j}(\tau,\cdot)\|_{\Gamma,S,1,2,\chi_2}\leqslant C(1+\tau)^{-\frac{\alpha-1}{2}}E^{\alpha}D_{S,T}(u). \tag{10.4.45}$$

类似地,可以得到

$$\| \hat{B}_{ijm}(v, Dv)v_{x_i}u_{x_jx_m}(\tau, \cdot)\|_{\Gamma, S, 1, 2, \chi_2} \leqslant C(1+\tau)^{-\frac{\alpha-1}{2}}E^{\alpha}D_{S, T}(u) \tag{10.4.46}$$

及

$$\| \hat{C}_{ij}(v, Dv)v_{x_i}v_{x_j}(\tau, \cdot)\|_{\Gamma, S, 1, 2, \chi_2} \leqslant C(1+\tau)^{-\frac{\alpha-1}{2}}E^{\alpha+1}. \tag{10.4.47}$$

合并(10.4.45)-(10.4.47)式，就得到

$$\begin{aligned} &\| Q(v, Dv, Du, D_xDu)(\tau, \cdot)\|_{\Gamma, S, 1, 2, \chi_2} \\ \leqslant\ & C(1+\tau)^{-\frac{\alpha-1}{2}}E^{\alpha}(E+D_{S, T}(u)). \end{aligned} \tag{10.4.48}$$

将(10.4.41)及(10.4.48)代入(10.4.31)式，并注意到(10.4.8)式，就可得到

$$\| u_2(t, \cdot)\|_{\Gamma, S, 2} \leqslant C(1+t)^{\frac{1}{2}}\{\varepsilon + R(E, T)(E+D_{S, T}(u))\}. \tag{10.4.49}$$

再由第四章推论 5.1 之 2° $\left(\text{在其中取 } N=S, \sigma=\frac{1}{3}, \text{而 } q=\frac{6}{5}\right)$，由(10.4.19)式即可得

$$\begin{aligned} \| u_3(t, \cdot)\|_{\Gamma, S, 2} \leqslant C(1+t)^{\frac{1}{3}}\Big\{\varepsilon + \int_0^t (\| F(v)(\tau, \cdot)\|_{\Gamma, S, \frac{6}{5}, \chi_1} \\ +(1+\tau)^{-\frac{1}{3}}\| F(v)(\tau, \cdot)\|_{\Gamma, S, 1, 2, \chi_2})\mathrm{d}\tau\Big\}. \end{aligned} \tag{10.4.50}$$

注意到(10.4.11)式，由第五章关于复合函数的估计式，并利用引理 4.2，对 v 成立的类似于(10.4.33)的估计式及 $X_{S, E, T}$ 的定义，在 $\alpha=1$ 及 $\alpha=2$ 时有

$$\begin{aligned} \| F(v)(\tau, \cdot)\|_{\Gamma, S, \frac{6}{5}, \chi_1} &\leqslant C\| v(\tau, \cdot)\|^{2\alpha-1}_{\Gamma, [\frac{S}{2}], \infty}\| v(\tau, \cdot)\|_{\Gamma, [\frac{S}{2}], 3, \chi_1} \\ &\quad \cdot \| v(\tau, \cdot)\|_{\Gamma, S, 2} \\ &\leqslant C(1+\tau)^{-\frac{2\alpha-1}{2}+1-\frac{1}{3}}E^{2\alpha+1}. \end{aligned} \tag{10.4.51}$$

同时，再利用球面上的 Sobolev 估计式，有

$$\begin{aligned} &\| F(v)(\tau, \cdot)\|_{\Gamma, S, 1, 2, \chi_2} \\ \leqslant\ & C\| v(\tau, \cdot)\|^{2\alpha-1}_{\Gamma, [\frac{S}{2}], \infty}\| v(\tau, \cdot)\|_{\Gamma, [\frac{S}{2}], 2, \infty, \chi_2}\| v(\tau, \cdot)\|_{\Gamma, S, 2} \\ \leqslant\ & C\| v(\tau, \cdot)\|^{2\alpha-1}_{\Gamma, [\frac{S}{2}], \infty}\| v(\tau, \cdot)\|^{2}_{\Gamma, S, 2} \end{aligned}$$

$$\leqslant C(1+\tau)^{-\frac{2\alpha-1}{2}+1}E^{2\alpha+1}. \tag{10.4.52}$$

将(10.4.51)-(10.4.52)代入(10.4.50)式，就得到

$$\begin{aligned}\| u_3(t,\cdot)\|_{\Gamma,S,2} &\leqslant C(1+t)^{\frac{1}{3}}\left\{\varepsilon+E^{2\alpha+1}\int_0^t(1+\tau)^{-\frac{2\alpha-1}{2}+1-\frac{1}{3}}d\tau\right\}\\ &\leqslant C(1+t)^{\frac{1}{2}}\left\{\varepsilon+E^{2\alpha+1}\int_0^t(1+\tau)^{-\alpha+1}d\tau\right\}.\end{aligned} \tag{10.4.53}$$

由(10.4.8)式，在 $\alpha=1$ 时，有

$$E^{2\alpha}\int_0^t(1+\tau)^{-\alpha+1}d\tau\leqslant E^2(1+t)\leqslant R^2(E,T);$$

而在 $\alpha=2$ 时，有

$$E^{2\alpha}\int_0^t(1+\tau)^{-\alpha+1}d\tau\leqslant E^4\ln(1+t)\leqslant R^2(E,T).$$

这样，由(10.4.53)式就可得到

$$\| u_3(t,\cdot)\|_{\Gamma,S,2}\leqslant C(1+t)^{\frac{1}{2}}(\varepsilon+R^2(E,T)E). \tag{10.4.54}$$

合并(10.4.30)，(10.4.49)及(10.4.54)式，由(10.4.15)式就得到

$$\| u(t,\cdot)\|_{\Gamma,S,2}\leqslant C(1+t)^{\frac{1}{2}}\{\varepsilon+(R^2(E,T)+R(E,T))(E+D_{S,T}(u))\}. \tag{10.4.55}$$

我们再估计 $\| u(t,\cdot)\|_{\Gamma,\left[\frac{S}{2}\right]+1,\infty}$.

利用第四章的推论 6.4 $\left(在其中取 n=2, N=\left[\frac{S}{2}\right]+1，从而在 S\geqslant 8 时，N+n+1\leqslant S\right)$，$u_1$ 作为方程(10.4.16)具零初始条件的解，应满足

$$\begin{aligned}&\| u_1(t,\cdot)\|_{\Gamma,\left[\frac{S}{2}\right]+1,\infty}\\ &\leqslant C(1+t)^{-\frac{1}{2}}\Big\{\varepsilon+\sum_{i=0}^2\int_0^t((1+\tau)^{\frac{1}{2}}\|\hat{G}_i(v,Du)(\tau,\cdot)\|_{\Gamma,\left[\frac{S}{2}\right]+1,\infty}\\ &\quad+(1+\tau)^{-\frac{3}{2}}\|\hat{G}_i(v,Du)(\tau,\cdot)\|_{\Gamma,S,1})d\tau\Big\}.\end{aligned} \tag{10.4.56}$$

类似于(10.4.26)式，并注意到引理 4.2，$X_{S,E,T}$的定义及类似于(10.4.27)之估计式，有

$$\sum_{i=0}^2\|\hat{G}_i(v,Du)(\tau,\cdot)\|_{\Gamma,\left[\frac{S}{2}\right]+1,\infty}$$

$$\leqslant C\|v(\tau,\cdot)\|_{\Gamma,\left[\frac{S}{2}\right]+1,\infty}^{\alpha}\|(v,Du)(\tau,\cdot)\|_{\Gamma,\left[\frac{S}{2}\right]+1,\infty}$$

$$\leqslant C(1+\tau)^{-\frac{\alpha+1}{2}}E^{\alpha}(E+D_{S,T}(u)) \tag{10.4.57}$$

及

$$\sum_{i=0}^{2}\|\hat{G}_i(v,Du)(\tau,\cdot)\|_{\Gamma,S,1}$$

$$\leqslant C\|v(\tau,\cdot)\|_{\Gamma,\left[\frac{S}{2}\right],\infty}^{\alpha-1}\|v(\tau,\cdot)\|_{\Gamma,S,2}(\|Du(\tau,\cdot)\|_{\Gamma,S,2}$$

$$+\|v(\tau,\cdot)\|_{\Gamma,S,2})$$

$$\leqslant C(1+\tau)^{-\frac{\alpha-1}{2}+1}E^{\alpha}(E+D_{S,T}(u)). \tag{10.4.58}$$

这样,注意到(10.4.8)式,由(10.4.56)式就得到

$$\|u_1(t,\cdot)\|_{\Gamma,\left[\frac{S}{2}\right]+1,\infty}$$

$$\leqslant C(1+t)^{-\frac{1}{2}}\{\varepsilon+R(E,T)(E+D_{S,T}(u))\}. \tag{10.4.59}$$

同理,根据第四章中的推论 6.3,u_2 作为方程(10.4.17)具与 u 同样初值(10.1.15)的解,应满足

$$\|u_2(t,\cdot)\|_{\Gamma,\left[\frac{S}{2}\right]+1,\infty}$$

$$\leqslant C(1+t)^{-\frac{1}{2}}\left\{\varepsilon+\int_0^t(1+\tau)^{-\frac{1}{2}}\|Q(v,Dv,Du,D_xDu)(\tau,\cdot)\|_{\Gamma,S,1}\mathrm{d}\tau\right\}. \tag{10.4.60}$$

利用第五章关于复合函数的估计式,并注意到(10.4.13),可估计 $\|\hat{A}_{ij}(v)v_{x_i}u_{x_j}(\tau,\cdot)\|_{\Gamma,S,1}$.

事实上,在 $\alpha=1$ 时,由 $X_{S,E,T}$ 的定义,易知有

$$\|\hat{A}_{ij}(v)v_{x_i}u_{x_j}(\tau,\cdot)\|_{\Gamma,S,1}$$

$$\leqslant C\|Dv(\tau,\cdot)\|_{\Gamma,S,2}\|Du(\tau,\cdot)\|_{\Gamma,S,2}$$

$$\leqslant CED_{S,T}(u); \tag{10.4.61}$$

而在 $\alpha=2$ 时,注意到(10.4.36)式及 $X_{S,E,T}$ 的定义,并利用引理 4.2,易得

$$\|\hat{A}_{ij}(v)v_{x_i}u_{x_j}(\tau,\cdot)\|_{\Gamma,S,1}$$

$$\leqslant C\|vDv(\tau,\cdot)\|_{\Gamma,S,2}\|Du(\tau,\cdot)\|_{\Gamma,S,2}$$

$$\leqslant C_{\rho}(\|v(\tau,\cdot)\|_{\Gamma,\left[\frac{S}{2}\right],\infty}\|Dv(\tau,\cdot)\|_{\Gamma,S,2}$$

$$+\|Dv(\tau,\cdot)\|_{\Gamma,S,2}\|Dv(\tau,\cdot)\|_{\Gamma,\left[\frac{S}{2}\right]+1,\infty})\cdot\|Du(\tau,\cdot)\|_{\Gamma,S,2}$$

$$\leqslant CE^2(1+\tau)^{-\frac{1}{2}}D_{S,T}(u). \tag{10.4.62}$$

合并(10.4.61)及(10.4.62)式，在 $\alpha = 1$ 及 2 时，就有

$$\| \hat{A}_{ij}(v) v_{x_i} u_{x_j}(\tau, \cdot) \|_{\Gamma, S, 1} \leqslant C(1+\tau)^{-\frac{\alpha-1}{2}} E^{\alpha} D_{S, T}(u). \quad (10.4.63)$$

利用第五章关于复合函数的估计式，并注意到(10.4.14)式，在 $\alpha = 1$ 及 2 时，类似地可得

$$\| \hat{B}_{ijm}(v, Dv) v_{x_i} u_{x_j x_m}(\tau, \cdot) \|_{\Gamma, S, 1} \leqslant C(1+\tau)^{-\frac{\alpha-1}{2}} E^{\alpha} D_{S, T}(u) \quad (10.4.64)$$

及

$$\| \hat{C}_{ij}(v, Dv) v_{x_i} v_{x_j}(\tau, \cdot) \|_{\Gamma, S, 1} \leqslant C(1+\tau)^{-\frac{\alpha-1}{2}} E^{\alpha+1}. \quad (10.4.65)$$

合并(10.4.63)-(10.4.65)式，我们就得到

$$\| Q(v, Dv, Du, D_x Du)(\tau, \cdot) \|_{\Gamma, S, 1} \leqslant C(1+\tau)^{-\frac{\alpha-1}{2}} E^{\alpha}(E + D_{S, T}(u)). \quad (10.4.66)$$

这样，由(10.4.60)式，并注意到(10.4.8)式，就得到

$$\| u_2(t, \cdot) \|_{\Gamma, [\frac{S}{2}]+1, \infty} \leqslant C(1+t)^{-\frac{1}{2}} \{\varepsilon + R(E, T)(E + D_{S, T}(u))\}. \quad (10.4.67)$$

类似于(10.4.60)式，有

$$\| u_3(t, \cdot) \|_{\Gamma, [\frac{S}{2}]+1, \infty} \leqslant C(1+t)^{-\frac{1}{2}} \left\{\varepsilon + \int_0^t (1+\tau)^{-\frac{1}{2}} \| F(v)(\tau, \cdot) \|_{\Gamma, S, 1} d\tau \right\}. \quad (10.4.68)$$

利用第五章关于复合函数的估计式，注意到(10.4.11)式，引理 4.2 及 $X_{S, E, T}$ 的定义，可得

$$\begin{aligned} \| F(v)(\tau, \cdot) \|_{\Gamma, S, 1} &\leqslant C \| v(\tau, \cdot) \|_{\Gamma, [\frac{S}{2}], \infty}^{2\alpha-1} \| v(\tau, \cdot) \|_{\Gamma, S, 2}^{2} \\ &\leqslant C(1+\tau)^{-\frac{2\alpha-1}{2}+1} E^{2\alpha+1}, \end{aligned} \quad (10.4.69)$$

从而，由(10.4.68)式并注意到(10.4.8)式，就容易得到

$$\| u_3(t, \cdot) \|_{\Gamma, [\frac{S}{2}]+1, \infty} \leqslant C(1+t)^{-\frac{1}{2}} (\varepsilon + R^2(E, T)E). \quad (10.4.70)$$

合并(10.4.59)，(10.4.67)及(10.4.70)式，由(10.4.15)式就得到

$$\| u(t, \cdot) \|_{\Gamma, [\frac{S}{2}]+1, \infty}$$

$$\leqslant C(1+t)^{-\frac{1}{2}}\{\varepsilon+(R^2(E,\,T)+R(E,\,T))(E+D_{S,\,T}(u))\}. \qquad (10.4.71)$$

最后,我们分别估计 $\|D^2u(t,\,\cdot)\|_{\Gamma,\,S,\,2}$ 及 $\|Du(t,\,\cdot)\|_{\Gamma,\,S,\,2}$.

我们仍有(10.2.53)-(10.2.55)式.类似于(10.3.45)式,在 $\alpha=1$ 及 2 时,有

$$|\ \mathrm{I}\ |,\ |\ \mathrm{II}\ |,\ |\ \mathrm{III}\ |\leqslant CR(E,\,T)D_{S,\,T}^2(u). \qquad (10.4.72)$$

现在估计 $G_k(\tau,\,\cdot)$ 的 L^2 范数.

类似于(10.3.46)式,有

$$\|b_{ij}(v,\,Dv)(\Gamma^k Du_{x_ix_j}-(\Gamma^k Du)_{x_ix_j})(\tau,\,\cdot)\|_{L^2(\mathbb{R}^2)}$$
$$\leqslant C(1+\tau)^{-\frac{\alpha}{2}}E^\alpha D_{S,\,T}(u). \qquad (10.4.73)$$

此时(10.3.47)式仍成立,即成立

$$\|(\Gamma^k D(b_{ij}(v,\,Dv)u_{x_ix_j})-b_{ij}(v,\,Dv)\Gamma^k Du_{x_jx_i})(\tau,\,\cdot)\|_{L^2(\mathbb{R}^2)}$$
$$\leqslant C\{(1+\tau)^{-\frac{1}{2}}\|Db_{ij}(v,\,Dv)(\tau,\,\cdot)\|_{\Gamma,\,S,\,2}+\|b_{ij}(v,\,Dv)(\tau,\,\cdot)\|_{\Gamma,\,[\frac{S}{2}],\,\infty}\}$$
$$\cdot\|D^2u(\tau,\,\cdot)\|_{\Gamma,\,S,\,2}. \qquad (10.4.74)$$

由引理 4.2,易知

$$\|b_{ij}(v,\,Dv)(\tau,\,\cdot)\|_{\Gamma,\,[\frac{S}{2}],\,\infty}\leqslant C(1+\tau)^{-\frac{\alpha}{2}}E^\alpha. \qquad (10.4.75)$$

而由第五章关于复合函数的估计式,并利用引理 4.2 及 $X_{S,\,E,\,T}$ 的定义,在 $\alpha=1$ 时,有

$$\|Db_{ij}(v,\,Dv)(\tau,\,\cdot)\|_{\Gamma,\,S,\,2}\leqslant C\|(Dv,\,D^2v)(\tau,\,\cdot)\|_{\Gamma,\,S,\,2}\leqslant CE; \qquad (10.4.76)$$

而在 $\alpha=2$ 时,有

$$\|Db_{ij}(v,\,Dv)(\tau,\,\cdot)\|_{\Gamma,\,S,\,2}$$
$$\leqslant C(\|v(Dv,\,D^2v)(\tau,\,\cdot)\|_{\Gamma,\,S,\,2}$$
$$+\|Dv(\tau,\,\cdot)\|_{\Gamma,\,[\frac{S}{2}],\,\infty}\|(Dv,\,D^2v)(\tau,\,\cdot)\|_{\Gamma,\,S,\,2})$$
$$\leqslant C(\|v(Dv,\,D^2v)(\tau,\,\cdot)\|_{\Gamma,\,S,\,2}+(1+\tau)^{-\frac{1}{2}}E^2), \qquad (10.4.77)$$

而类似于(10.4.36)式,有

$$\|v(Dv,\,D^2v)(\tau,\,\cdot)\|_{\Gamma,\,S,\,2}$$
$$\leqslant C_\rho\{\|v(\tau,\,\cdot)\|_{\Gamma,\,[\frac{S}{2}],\,\infty}\|(Dv,\,D^2v)(\tau,\,\cdot)\|_{\Gamma,\,S,\,2}$$
$$+\|Dv(\tau,\,\cdot)\|_{\Gamma,\,S,\,2}\|(Dv,\,D^2v)(\tau,\,\cdot)\|_{\Gamma,\,[\frac{S}{2}]+1,\,\infty}\}$$

$$\leqslant C(1+\tau)^{-\frac{1}{2}}E^2, \tag{10.4.78}$$

于是

$$\| Db_{ij}(v, Dv)(\tau, \cdot)\|_{\Gamma, S, 2} \leqslant C(1+\tau)^{-\frac{1}{2}}E^2. \tag{10.4.79}$$

合并(10.4.76)及(10.4.79)式，就有

$$\| Db_{ij}(v, Dv)(\tau, \cdot)\|_{\Gamma, S, 2} \leqslant C(1+\tau)^{-\frac{\alpha-1}{2}}E^{\alpha}. \tag{10.4.80}$$

这样，由(10.4.74)式就得到

$$\| (\Gamma^k D(b_{ij}(v, Dv)u_{x_i x_j}) - b_{ij}(v, Dv)\Gamma^k D u_{x_j x_i})(\tau, \cdot)\|_{L^2(\mathbb{R}^2)}$$
$$\leqslant C(1+\tau)^{-\frac{\alpha}{2}}E^{\alpha} D_{S, T}(u). \tag{10.4.81}$$

对 G_k 中含 a_{0j} 的项可同样估计. 这就得到

$$\| G_k(\tau, \cdot)\|_{L^2(\mathbb{R}^2)} \leqslant C(1+\tau)^{-\frac{\alpha}{2}}E^{\alpha} D_{S, T}(u). \tag{10.4.82}$$

从而，注意到(10.4.8)式，有

$$| \mathrm{IV} | \leqslant CR(E, T)D_{S, T}(u). \tag{10.4.83}$$

现在估计 $g_k(\tau, \cdot)$的 L^2 范数.

为此，将由(10.2.55)式给出的 g_k 写为

$$g_k = g_k^{(1)} + g_k^{(2)}, \tag{10.4.84}$$

其中

$$g_k^{(2)} = \sum_{|l| \leqslant |k|} \widetilde{B}_{kl}\Gamma^l \widetilde{F}(v, 0, 0), \tag{10.4.85}$$

而 $g_k^{(1)}$ 表示其余的项.

用类似于在上面估计 G_k 的 L^2 范数时对 $Db_{ij}(v, Dv)$的估计方法，可以得到

$$\| g_k^{(1)}(\tau, \cdot)\|_{L^2(\mathbb{R}^2)} \leqslant C(1+\tau)^{-\frac{\alpha}{2}}E^{\alpha}(E + D_{S, T}(u)). \tag{10.4.86}$$

而注意到 $\widetilde{F}(v, 0, 0) = F(v, 0) = F(v)$ 及(10.4.11)式，由引理 4.2 并注意到 $X_{S, E, T}$的定义，易知有

$$\| g_k^{(2)}(\tau, \cdot)\|_{L^2(\mathbb{R}^2)}$$
$$\leqslant C\| v(\tau, \cdot)\|^{2\alpha}_{\Gamma, [\frac{S}{2}], \infty} \| v(\tau, \cdot)\|_{\Gamma, S, 2}$$

$$\leqslant C(1+\tau)^{-\alpha+\frac{1}{2}}E^{2\alpha+1}. \tag{10.4.87}$$

由(10.4.86)-(10.4.87)式，并注意到(10.4.8)式，就可得到

$$|\mathrm{V}| \leqslant C(R^2(E, T)+R(E, T))(E+D_{S, T}(u))D_{S, T}(u). \tag{10.4.88}$$

这样，合并(10.4.72)，(10.4.83)及(10.4.88)，与§2及§3中类似，就可得到

$$\sup_{0\leqslant t\leqslant T}\| D^2u(t, \cdot)\|_{\Gamma, S, 2} \leqslant C\{\varepsilon+(R(E, T)+\sqrt{R(E, T)})(E+D_{S, T}(u))\}. \tag{10.4.89}$$

再由(10.2.65)式，类似地可得

$$\sup_{0\leqslant t\leqslant T}\| Du(t, \cdot)\|_{\Gamma, S, 2} \leqslant C\{\varepsilon+(R(E, T)+\sqrt{R(E, T)})(E+D_{S, T}(u))\}. \tag{10.4.90}$$

综合(10.4.55)，(10.4.71)及(10.4.89)-(10.4.90)诸式，并注意到$X_{S, E, T}$的定义，就证明了引理4.3.

第十一章

四维非线性波动方程的 Cauchy 问题

§1. 引言

在本章中我们进一步考察下述四维非线性波动方程具小初值的 Cauchy 问题：

$$\Box u = F(u, Du, D_x Du), \tag{11.1.1}$$

$$t = 0 : u = \varepsilon\varphi(x),\ u_t = \varepsilon\psi(x), \tag{11.1.2}$$

其中

$$\Box = \frac{\partial^2}{\partial t^2} - \sum_{i=1}^{4} \frac{\partial^2}{\partial x_i^2} \tag{11.1.3}$$

为四维波动算子，

$$D_x = \left(\frac{\partial}{\partial x_1}, \cdots, \frac{\partial}{\partial x_4}\right), D = \left(\frac{\partial}{\partial t}, \frac{\partial}{\partial x_1}, \cdots, \frac{\partial}{\partial x_4}\right), \tag{11.1.4}$$

φ 及 ψ 为充分光滑且具紧支集的函数，不妨设

$$\varphi, \psi \in C_0^\infty(\mathbb{R}^4), \tag{11.1.5}$$

且

$$\mathrm{supp}(\varphi, \psi) \subseteq \{x \mid |x| \leqslant \rho\}\ (\rho > 0 \text{ 为常数}), \tag{11.1.6}$$

而 $\varepsilon > 0$ 是一个小参数.

记

$$\hat{\lambda} = (\lambda;\ (\lambda_i),\ i = 0, 1, \cdots, 4;\ (\lambda_{ij}),\ i, j = 0, 1, \cdots, 4,\ i + j \geqslant 1). \tag{11.1.7}$$

假设在 $\hat{\lambda}=0$ 的一个邻域中,例如说对 $|\hat{\lambda}|\leqslant \nu_0$,非线性项 $F(\hat{\lambda})$ 是一个充分光滑的函数,并满足

$$F(\hat{\lambda})=O(|\hat{\lambda}|^2). \tag{11.1.8}$$

在第九章中,我们已经证明:存在一个适当小的正数 ε_0,使对任何给定的 $\varepsilon\in(0,\varepsilon_0]$,Cauchy 问题(11.1.1)-(11.1.2)的经典解 $u=u(t,x)$ 的生命跨度 $\widetilde{T}(\varepsilon)$ 满足下述的下界估计:

$$\widetilde{T}(\varepsilon)\geqslant \exp\{a\varepsilon^{-1}\}, \tag{11.1.9}$$

其中 a 是一个与 ε 无关的正常数(见 L. Hörmander[19]). 但那时我们已经指出,这一结果可以改进为

$$\widetilde{T}(\varepsilon)\geqslant \exp\{a\varepsilon^{-2}\}. \tag{11.1.10}$$

事实上,李大潜与周忆[55],[56]于 1995 年最先给出了这一改进的结果,而 H. Lindblad与 C. D. Sogge[65]于 1996 年将有关的证明作了适当的简化. 在本章中,我们将利用基于[15]中的结果对波动方程的解所建立的一个新的 L^2 估计(见第四章 §4),为得到估计(11.1.10)给出一个简单得多的证明.

由 H. Takamura 和 K. Wakasa 近年提供的反例(见[80]),(11.1.10)和前面几章中所得的其他一些结果一样,已是不可改进的最佳估计. 详见第十四章.

由第七章,为了对四维非线性波动方程的 Cauchy 问题(11.1.1)-(11.1.2)证明(11.1.10),本质上只须考察下述四维情形的二阶拟线性双曲型方程的 Cauchy 问题:

$$\begin{aligned}\Box u=&\sum_{i,j=1}^{4}b_{ij}(u,Du)u_{x_ix_j}+2\sum_{j=1}^{4}a_{0j}(u,Du)u_{tx_j}\\&+F(u,Du),\end{aligned} \tag{11.1.11}$$

$$t=0: u=\varepsilon\varphi(x),\ u_t=\varepsilon\psi(x), \tag{11.1.12}$$

其中,$\varphi,\psi\in C_0^\infty(\mathbb{R}^4)$ 仍满足条件(11.1.6),而 $\varepsilon>0$ 是一个小参数.

令

$$\widetilde{\lambda}=(\lambda;(\lambda_i),\ i=0,1,\cdots,4). \tag{11.1.13}$$

假设当 $|\widetilde{\lambda}|\leqslant \nu_0$ 时,$b_{ij}(\widetilde{\lambda})$, $a_{0j}(\widetilde{\lambda})$ 及 $F(\widetilde{\lambda})$ 均为充分光滑的函数,且成立

$$b_{ij}(\widetilde{\lambda})=b_{ji}(\widetilde{\lambda})\ (i,j=1,\cdots,4), \tag{11.1.14}$$

$$b_{ij}(\widetilde{\lambda}),\ a_{0j}(\widetilde{\lambda})=O(|\widetilde{\lambda}|)\ (i,j=1,\cdots,4), \tag{11.1.15}$$

$$F(\tilde{\lambda}) = O(|\tilde{\lambda}|^2) \tag{11.1.16}$$

及

$$\sum_{i,j=1}^{4} a_{ij}(\tilde{\lambda})\xi_i\xi_j \geqslant m_0 |\xi|^2, \ \forall \xi \in \mathbb{R}^4, \tag{11.1.17}$$

其中，m_0 是一个正常数，且

$$a_{ij}(\tilde{\lambda}) = \delta_{ij} + b_{ij}(\tilde{\lambda}) \ (i, j = 1, \cdots, 4), \tag{11.1.18}$$

而 δ_{ij} 为 Kronecker 记号.

§2. Cauchy 问题(11.1.11)-(11.1.12)的经典解的生命跨度的下界估计

2.1. 度量空间 $X_{S,E,T}$. 主要结果

由 Sobolev 嵌入定理，存在适当小的 $E_0 > 0$，使成立

$$\| f \|_{L^\infty(\mathbb{R}^4)} \leqslant \nu_0, \ \forall f \in H^3(\mathbb{R}^4), \ \| f \|_{H^3(\mathbb{R}^4)} \leqslant E_0. \tag{11.2.1}$$

对于任何给定的整数 $S \geqslant 8$，任何给定的正数 $E(\leqslant E_0)$ 及 T，引入函数集合

$$X_{S,E,T} = \{v(t,x) \mid D_{S,T}(v) \leqslant E, \ \partial_t^l v(0,x) = u_l^{(0)}(x) \quad (l = 0, 1, \cdots, S+1)\}, \tag{11.2.2}$$

这里

$$D_{S,T}(v) = \sum_{i=0}^{2} \sup_{0 \leqslant t \leqslant T} \| D^i v(t, \cdot) \|_{\Gamma, S, 2}, \tag{11.2.3}$$

而 $u_0^{(0)}(x) = \varepsilon\varphi(x)$，$u_1^{(0)}(x) = \varepsilon\psi(x)$，且当 $l = 2, \cdots, S+1$ 时，$u_l^{(0)}(x)$ 为 $\partial_t u(t,x)$ 在 $t = 0$ 时之值，它们由方程(11.1.11)及初始条件(11.1.12)所唯一决定. 显然，$u_l^{(0)}(x)$ $(l = 0, 1, \cdots, S+1)$ 均为具紧支集[见(11.1.6)式]的充分光滑函数.

与前三章中类似，容易证明

引理 2.1 在 $X_{S,E,T}$ 上引入如下的度量：

$$\rho(\bar{v}, \bar{\bar{v}}) = D_{S,T}(\bar{v} - \bar{\bar{v}}), \ \forall \bar{v}, \bar{\bar{v}} \in X_{S,E,T}, \tag{11.2.4}$$

当 $\varepsilon > 0$ 适当小时，$X_{S,E,T}$ 是一个非空的完备度量空间.

引理 2.2 当 $S \geqslant 8$ 时，对任何给定的 $v \in X_{S,E,T}$，成立

$$\| (v, Dv, D^2 v)(t, \cdot) \|_{\Gamma, \left[\frac{S}{2}\right]+1, \infty} \leqslant CE(1+t)^{-\frac{3}{2}}, \ \forall\, t \in [0, T], \tag{11.2.5}$$

其中 C 为一个正常数.

证 注意到 $S \geqslant 8$, 由第三章中的(3.4.30)式$\Big($在其中取 $n = 4$, $p = 2$, $N = \left[\dfrac{S}{2}\right] + 1$,而 $s = 3\Big)$, 并注意到 $X_{S, E, T}$的定义,就立刻得到(11.2.5)式.

以$\widetilde{X}_{S, E, T}$记$X_{S, E, T}$的一个子集,它由$X_{S, E, T}$中对任何给定的$t \in [0, T]$,对变量 x 的支集不超过$\{x \mid |x| \leqslant t + \rho\}$ 的一切元素构成,而 $\rho > 0$ 为出现在(11.1.6)中之常数.

本章的主要结果为如下的

定理 2.1 设 $n = 4$. 在假设(11.1.5)-(11.1.6)及(11.1.14)-(11.1.18)下,对任何给定的整数 $S \geqslant 8$,存在正常数 ε_0 及 C_0,使 $C_0\varepsilon_0 \leqslant E_0$,且对任何给定的 $\varepsilon \in (0, \varepsilon_0]$, 存在一个正数 $T(\varepsilon)$,使 Cauchy 问题(11.1.11)-(11.1.12)在$[0, T(\varepsilon)]$上存在唯一的经典解 $u \in \widetilde{X}_{S, C_0\varepsilon_0, T(\varepsilon)}$, 而

$$T(\varepsilon) = \exp\{a\varepsilon^{-2}\} - 2, \tag{11.2.6}$$

其中 a 是一个与 ε 无关的正常数.

此外,在必要时修改对 t 在区间$[0, T(\varepsilon)]$的一个零测集上的数值后,成立

$$u \in C([0, T(\varepsilon)];\ H^{S+1}(\mathbb{R}^4)), \tag{11.2.7}$$

$$u_t \in C([0, T(\varepsilon)];\ H^{S}(\mathbb{R}^4)), \tag{11.2.8}$$

$$u_{tt} \in C([0, T(\varepsilon)];\ H^{S-1}(\mathbb{R}^4)). \tag{11.2.9}$$

2.2. 定理 2.1 的证明框架——整体迭代法

为证明定理 2.1,对任何给定的 $v \in \widetilde{X}_{S, E, T}$, 和前三章一样,由求解下述线性双曲型方程的 Cauchy 问题:

$$\begin{aligned} \Box u &= \hat{F}(v, Dv, D_x Du) \\ &\overset{\text{def.}}{=} \sum_{i,j=1}^{4} b_{ij}(v, Dv) u_{x_i x_j} + 2\sum_{j=1}^{4} a_{0j}(v, Dv) u_{t x_j} + F(v, Dv), \end{aligned} \tag{11.2.10}$$

$$t = 0: u = \varepsilon\varphi(x),\ u_t = \varepsilon\psi(x) \tag{11.2.11}$$

定义一个映照

$$M: v \to u = Mv. \tag{11.2.12}$$

我们要证明：当 $\varepsilon > 0$ 适当小时，可找到正常数 C_0，使当 $E = C_0 \varepsilon$ 而 $T = T(\varepsilon)$ 由 (11.2.6)式定义时，M 在 $\widetilde{X}_{S, E, T}$ 中具有一个唯一的不动点，它就是 Cauchy 问题 (11.1.11)-(11.1.12)在 $0 \leqslant t \leqslant T(\varepsilon)$ 上的经典解.

与前三章类似，容易证明下面两个引理.

引理 2.3　当 $E > 0$ 适当小时，对任何给定的 $v \in \widetilde{X}_{S, E, T}$，必要时修改对 t 在一个零测集上的数值后，成立

$$u = Mv \in C([0, T]; H^{S+1}(\mathbb{R}^4)), \tag{11.2.13}$$

$$u_t \in C([0, T]; H^S(\mathbb{R}^4)), \tag{11.2.14}$$

$$u_{tt} \in L^\infty(0, T; H^{S-1}(\mathbb{R}^4)). \tag{11.2.15}$$

引理 2.4　对 $u = u(t, x) = Mv$，$\partial_t^l u(0, \cdot)$ $(l = 0, 1, \cdots, S+2)$ 之值与 $v \in \widetilde{X}_{S, E, T}$ 的选取无关，且

$$\partial_t^l u(0, x) = u_l^{(0)}(x) \ (l = 0, 1, \cdots, S+1). \tag{11.2.16}$$

此外，

$$\| u(0, \cdot) \|_{\Gamma, S+2, p} \leqslant C\varepsilon, \tag{11.2.17}$$

其中 $1 \leqslant p \leqslant +\infty$，而 C 为一正常数.

与前三章类似，为证明定理 2.1，关键是证明下面的两个引理

引理 2.5　在定理 2.1 的假设下，当 $E > 0$ 适当小时，对任何给定的 $v \in \widetilde{X}_{S, E, T}$，$u = Mv$ 满足

$$D_{S, T}(u) \leqslant C_1 \{\varepsilon + (R + \sqrt{R})(E + D_{S, T}(u))\}, \tag{11.2.18}$$

其中 C_1 为一个正常数，而

$$R = R(E, T) \overset{\text{def.}}{=\!=} E\sqrt{\ln(2+T)}. \tag{11.2.19}$$

引理 2.6　在引理 2.5 的假设下，对任何给定的 $\bar{v}, \bar{\bar{v}} \in \widetilde{X}_{S, E, T}$，若 $\bar{u} = M\bar{v}$ 及 $\bar{\bar{u}} = M\bar{\bar{v}}$ 亦满足 $\bar{u}, \bar{\bar{u}} \in \widetilde{X}_{S, E, T}$，则成立

$$D_{S-1, T}(\bar{u} - \bar{\bar{u}}) \leqslant C_2 (R + \sqrt{R})(D_{S-1, T}(\bar{u} - \bar{\bar{u}}) + D_{S-1, T}(\bar{v} - \bar{\bar{v}})), \tag{11.2.20}$$

其中 C_2 为一个正常数，而 $R = R(E, T)$ 仍由(11.2.19)式定义.

2.3. 引理 2.5 及引理 2.6 的证明

下面我们证明引理 2.5. 引理 2.6 可类似地证明,从略.

关键是估计 $\| u(t, \cdot) \|_{\Gamma, S, 2}$.

对任何给定的多重指标 $k(|k| \leqslant S)$, 类似于第十章中之(10.2.27)式,有

$$\square \Gamma^k u = \sum_{|l| \leqslant |k|} C_{kl} \Gamma^l \hat{F}(v, Dv, D_x Du), \tag{11.2.21}$$

其中 C_{kl} 为常数,而 $\Gamma^k u$ 所满足的初值可由 $u_l^{(0)}(x)$ $(l=0, 1, \cdots, S+1)$ 所唯一确定. 这样,根据第四章中的定理 4.1 $\left(\text{在其中取 } n=4,\ s=\frac{3}{4}, \text{从而由} \frac{1}{q}=\frac{1}{2}+\frac{\frac{3}{2}-s}{n} \text{可决定} q=\frac{16}{11}\right)$, 易知

$$\begin{aligned} & \| u(t, \cdot) \|_{\Gamma, S, 2} \\ \leqslant & C_\rho \left\{ \varepsilon + \left(\int_0^t (1+\tau)^{\frac{3}{2}} \| \hat{F}(v, Dv, D_x Du)(\tau, \cdot) \|_{\Gamma, S, \frac{16}{11}, \chi_1}^2 \mathrm{d}\tau \right)^{\frac{1}{2}} \right. \\ & \left. + \left(\int_0^t (1+\tau)^{-1} \| \hat{F}(v, Dv, D_x Du)(\tau, \cdot) \|_{\Gamma, S, 1, 2, \chi_2}^2 \mathrm{d}\tau \right)^{\frac{1}{2}} \right\}, \end{aligned} \tag{11.2.22}$$

其中 $\chi_1(t, x)$ 为集合 $\left\{(t, x) \,\middle|\, |x| \leqslant \frac{1+t}{2}\right\}$ 的特征函数, $\chi_2 = 1-\chi_1$, 而 C_ρ 是一个可能与 ρ 有关的正常数.

注意到引理 2.2,利用第五章关于乘积函数及复合函数的估计式,易见

$$\begin{aligned} & \| \hat{F}(v, Dv, D_x Du)(\tau, \cdot) \|_{\Gamma, S, \frac{16}{11}, \chi_1} \\ \leqslant & C \left\{ \| (v, Dv)(\tau, \cdot) \|_{\Gamma, \left[\frac{S}{2}\right], \frac{16}{3}, \chi_1} \| (v, Dv, D_x Du)(\tau, \cdot) \|_{\Gamma, S, 2} \right. \\ & \left. + \| (v, Dv)(\tau, \cdot) \|_{\Gamma, S, 2} \| D_x Du(\tau, \cdot) \|_{\Gamma, \left[\frac{S}{2}\right], \frac{16}{3}, \chi_1} \right\}. \end{aligned} \tag{11.2.23}$$

再由第三章推论 4.1 之 2° $\left(\text{在其中取 } n=4,\ p=2,\ N=\left[\frac{S}{2}\right],\ q=\frac{16}{3}, \text{而 } s=\frac{n}{p}=2\right)$, 易知有

$$\begin{aligned} & \| (v, Dv, D_x Du)(\tau, \cdot) \|_{\Gamma, \left[\frac{S}{2}\right], \frac{16}{3}, \chi_1} \\ \leqslant & C(1+\tau)^{-\frac{5}{4}} \| (v, Dv, D_x Du)(\tau, \cdot) \|_{\Gamma, S, 2}. \end{aligned} \tag{11.2.24}$$

这样,注意到 $X_{S,E,T}$ 的定义,由(11.2.23)式就得到

$$\| \hat{F}(v, Dv, D_x Du)(\tau, \cdot) \|_{\Gamma, S, \frac{16}{11}, \chi_1} \leqslant C(1+\tau)^{-\frac{5}{4}} E(E + D_{S,T}(u)). \tag{11.2.25}$$

类似于(11.2.23)式,我们有

$$\begin{aligned} &\| \hat{F}(v, Dv, D_x Du)(\tau, \cdot) \|_{\Gamma, S, 1, 2, \chi_2} \\ \leqslant\, & C\Big\{ \| (v, Dv)(\tau, \cdot) \|_{\Gamma, [\frac{S}{2}], 2, \infty, \chi_2} \| (v, Dv, D_x Du)(\tau, \cdot) \|_{\Gamma, S, 2} \\ & + \| (v, Dv)(\tau, \cdot) \|_{\Gamma, S, 2} \| D_x Du(\tau, \cdot) \|_{\Gamma, [\frac{S}{2}], 2, \infty, \chi_2} \Big\}. \end{aligned} \tag{11.2.26}$$

而由球面上的 Sobolev 嵌入定理(第三章定理 2.1 之 1°,在其中取 $n=4$, $p=2$, $s=2$), 易知有

$$\begin{aligned} &\| (v, Dv, D_x Du)(\tau, \cdot) \|_{\Gamma, [\frac{S}{2}], 2, \infty} \\ \leqslant\, & C \| (v, Dv, D_x Du)(\tau, \cdot) \|_{\Gamma, [\frac{S}{2}]+2, 2} \\ \leqslant\, & C \| (v, Dv, D_x Du)(\tau, \cdot) \|_{\Gamma, S, 2}. \end{aligned} \tag{11.2.27}$$

这样,注意到 $X_{S,E,T}$ 的定义,由(11.2.26)式就得到

$$\| \hat{F}(v, Dv, D_x Du)(\tau, \cdot) \|_{\Gamma, S, 1, 2, \chi_2} \leqslant CE(E + D_{S,T}(u)). \tag{11.2.28}$$

将(11.2.25)及(11.2.28)式代入(11.2.22)式,就有

$$\begin{aligned} \| u(t, \cdot) \|_{\Gamma, S, 2} &\leqslant C\Big\{ \varepsilon + \Big(\int_0^t (1+\tau)^{-1} d\tau \Big)^{\frac{1}{2}} E(E + D_{S,T}(u)) \Big\} \\ &= C\{ \varepsilon + \sqrt{\ln(1+t)} E(E + D_{S,T}(u)) \}. \end{aligned} \tag{11.2.29}$$

从而,注意到(11.2.19)式,就可得到

$$\sup_{0 \leqslant t \leqslant T} \| u(t, \cdot) \|_{\Gamma, S, 2} \leqslant C\{ \varepsilon + R(E, T)(E + D_{S,T}(u)) \}. \tag{11.2.30}$$

下面我们估计 $\| (Du, D^2 u)(t, \cdot) \|_{\Gamma, S, 2}$.

对任何给定的多重指标 $k(|k| \leqslant S)$, 第九章中之能量积分公式(9.2.41)仍然成立.

由引理 2.2,易见其中

$$\begin{aligned} |\text{I}|, |\text{II}|, |\text{III}| &\leqslant CE \int_0^t (1+\tau)^{-\frac{3}{2}} d\tau \cdot D_{S,T}^2(u) \\ &\leqslant CED_{S,T}^2(u) \leqslant CR(E, T) D_{S,T}^2(u). \end{aligned} \tag{11.2.31}$$

现在估计其中 $G_k(\tau, \cdot)$ 的 L^2 范数.

类似于第九章中之(9.2.43)式,注意到(11.1.15)式、引理 2.2 及 $X_{S,E,T}$ 之定义,由第五章之引理 2.5 及引理 2.6(在其中取 $n=4$,且取 $r=2$,从而 $p=+\infty$),就得到

$$\|(\Gamma^k D(b_{ij}(v, Dv)u_{x_ix_j})-b_{ij}(v, Dv)\Gamma^k Du_{x_ix_j})(\tau, \cdot)\|_{L^2(\mathbb{R}^4)}$$
$$\leqslant C(1+\tau)^{-\frac{3}{2}}\|(v, Dv, D^2v(\tau, \cdot)\|_{\Gamma, S, 2}\|D^2u(\tau, \cdot)\|_{\Gamma, S, 2}$$
$$\leqslant C(1+\tau)^{-\frac{3}{2}}ED_{S,T}(u), \ \forall \tau\in[0, T]. \tag{11.2.32}$$

此外,类似于第九章中之(9.2.44)式,注意到(11.1.15)式、引理 2.2 及 $X_{S,E,T}$ 的定义,并利用第三章之推论 1.1,就有

$$\|b_{ij}(v, Dv)(\Gamma^k Du_{x_ix_j}-(\Gamma_k Du)_{x_ix_j})(\tau, \cdot)\|_{L^2(\mathbb{R}^4)}$$
$$\leqslant C(1+\tau)^{-\frac{3}{2}}ED_{S,T}(u), \ \forall \tau\in[0, T]. \tag{11.2.33}$$

对于 G_k 中由 a_{0j} 所组成的项,类似的估计式成立.因此,有

$$\|G_k(\tau, \cdot)\|_{L^2(\mathbb{R}^4)}\leqslant C(1+\tau)^{-\frac{3}{2}}ED_{S,T}(u), \ \forall \tau\in[0, T], \tag{11.2.34}$$

从而得到

$$|\mathrm{IV}|\leqslant CR(E, T)D^2_{S,T}(u). \tag{11.2.35}$$

类似地,可得

$$|\mathrm{V}|\leqslant CR(E, T)(E+D_{S,T}(u))D_{S,T}(u). \tag{11.2.36}$$

这样,类似于第九章中之(9.2.51)式,就得到

$$\sup_{0\leqslant t\leqslant T}\|D^2u(t, \cdot)\|_{\Gamma, S, 2}\leqslant C\{\varepsilon+\sqrt{R(E, T)}(E+D_{S,T}(u))\}. \tag{11.2.37}$$

此外,类似于第九章中之(9.2.52)式,也有

$$\sup_{0\leqslant t\leqslant T}\|Du(t, \cdot)\|_{\Gamma, S, 2}\leqslant C\{\varepsilon+\sqrt{R(E, T)}(E+D_{S,T}(u))\}. \tag{11.2.38}$$

合并(11.2.30)及(11.2.37)-(11.2.38)式,就得到所要证的(11.2.18)式.引理 2.5 证毕.

第十二章

零条件与非线性波动方程 Cauchy 问题的整体经典解

§1. 引言

在前面几章中，我们已系统研究了非线性波动方程具小初值的 Cauchy 问题的经典解及其生命跨度的下界估计. 从其中的结果可以看出：当空间维数 n 及非线性右端项的幂次 $1+\alpha$（或 α）足够大时，我们可得到**整体经典解**；否则，我们只能得到局部经典解. 在后一情形，在 n 或 α 仍比较大时，随初值之量级 $\varepsilon \to 0$，经典解的生命跨度 $\widetilde{T}(\varepsilon)$ 将以 ε^{-1} 的指数方式增长，因而称之为**几乎整体经典解**；而在 n 及 α 比较小时，随 $\varepsilon \to 0$，经典解的生命跨度 $\widetilde{T}(\varepsilon)$ 只能以 ε^{-1} 的幂次方式增长，在实际应用中就会导致破裂现象.

从前几章中我们还看到，在非线性右端项 $F(u, Du, D_x Du)$ 满足一些特殊的条件，特别是不显含 u 变量时，对经典解的生命跨度 $\widetilde{T}(\varepsilon)$ 的估计会有一些改善，甚至是明显的改善，例如可由关于 ε^{-1} 的幂次增长到指数方式增长（见 $n=3$ 及 $\alpha=1$ 的情形，以及 $n=2$ 及 $\alpha=2$ 的情形），或由指数方式增长到具有整体存在性（见 $n=4$ 及 $\alpha=1$ 的情形）；但在 $n=1$ 及 $\alpha \geqslant 1$ 的情形，以及在 $n=2$ 及 $\alpha=1$ 的情形，这方面的改善并不太明显（例如说，后者只由 ε^{-1} 次进到 ε^{-2} 次）.

上面这些讨论是对非常一般的非线性右端项 $F(u, Du, D_x Du)$ 进行的. 正如在本书第一章 §2 中所述，在对一般的非线性右端项 $F(u, Du, D_x Du)$ 不能保证经典解的整体存在性时，对某些满足特殊要求的非线性右端项，特别是，在非线性右端项和波动算子之间有着某种协调性时，仍有可能得到整体经典解. 本章所介绍的零条件，是为得到整体经典解的存在性、对非线性右端项所提出的一类重要的附加要求，并有不少有意义的应用.

零条件的概念，最早是 S. Klainerman 在研究如下三维非线性波动方程具小初值的 Cauchy 问题：

$$\Box u = Q(Du, D_x Du), \tag{12.1.1}$$

$$t = 0 : u = \varepsilon\varphi(x), u_t = \varepsilon\psi(x) \tag{12.1.2}$$

时引入的. 其中非线性右端项 Q 不显含 u，且为 Du 及 $D_x Du$ 的二次型（即相应的 $\alpha = 1$，且不含高次项）. 由第九章中的结果，此时上述 Cauchy 问题在 $t \geqslant 0$ 上存在唯一的几乎整体经典解，其生命跨度 $\widetilde{T}(\varepsilon)$ 满足

$$\widetilde{T}(\varepsilon) \geqslant \exp\{a\varepsilon^{-1}\}, \tag{12.1.3}$$

而 a 是一个与 ε 无关的正常数. S. Klainerman 在 1983 年于波兰华沙召开的国际数学家大会上的报告[31]中曾提出：如果 Q 满足零条件，Cauchy 问题 (12.1.1)-(12.1.2) 就有唯一的整体经典解. 这一猜想于 1986 年为 D. Christodoulou[5]及 S. Klainerman[33]所分别证实. 在本章的 §2 中，我们将对此情况作一详细的阐述.

由第七章，为考察非线性波动方程具小初值的 Cauchy 问题，本质上只须考察下述二阶拟线性双曲型方程

$$\begin{aligned}\Box u = & \sum_{i,j=1}^{n} b_{ij}(u, Du)u_{x_i x_j} + 2\sum_{j=1}^{n} a_{0j}(u, Du)u_{tx_j} + F(u, Du) \\ \stackrel{\text{def.}}{=} & \hat{F}(u, Du, D_x Du)\end{aligned} \tag{12.1.4}$$

具小初值(12.1.2)的 Cauchy 问题. 因此，下面关于零条件及在满足零条件时经典解的整体存在性的讨论，将针对形如(12.1.4)的拟线性波动方程进行.

在本章中，我们将针对 $n = 3$ 及 $\alpha = 1$ 的情形，以及 $n = 2$ 及 $\alpha = 2$ 的情形，分别给出其零条件的形式，并在此基础上证明相应经典解的整体存在性. 对于这两种情形，由于在 $n = 3$ 及 $\alpha \geqslant 2$ 时，以及在 $n = 2$ 及 $\alpha \geqslant 3$ 时，均已有经典解的整体存在性，其零条件之要求只需加在非线性右端的最低次项（在 $n = 3$ 及 $\alpha = 1$ 的情形，是二次项；而在 $n = 2$ 及 $\alpha = 2$ 的情况，是三次项）上，而对高次阶不再需要任何附加的假设.

§2. 三维非线性波动方程的零条件及经典解的整体存在性

2.1. 三维非线性波动方程的零条件

考虑三维非线性波动方程

$$\Box u = \hat{F}(u, Du, D_x Du), \tag{12.2.1}$$

其中 $\Box = \frac{\partial^2}{\partial t^2} - \sum_{i=1}^{3} \frac{\partial^2}{\partial x_i^2}$ 为三维波动算子，$D = \left(\frac{\partial}{\partial t}, \frac{\partial}{\partial x_1}, \frac{\partial}{\partial x_2}, \frac{\partial}{\partial x_3}\right)$，$D_x = \left(\frac{\partial}{\partial x_1}, \frac{\partial}{\partial x_2}, \frac{\partial}{\partial x_3}\right)$，而

$$\begin{aligned}\hat{F}(u, Du, D_x Du) = & \sum_{i, j=1}^{3} b_{ij}(u, Du) u_{x_i x_j} + 2\sum_{j=1}^{3} a_{0j}(u, Du) u_{tx_j} \\ & + F(u, Du).\end{aligned} \tag{12.2.2}$$

记

$$\tilde{\lambda} = (\lambda; (\lambda_i), i = 0, 1, 2, 3). \tag{12.2.3}$$

假设在 $\tilde{\lambda} = 0$ 的一个邻域中，例如说对 $|\tilde{\lambda}| \leqslant \nu_0$，$b_{ij}(\tilde{\lambda})$，$a_{0j}(\tilde{\lambda})$ 及 $F(\tilde{\lambda})$ 是充分光滑的函数，并满足

$$b_{ij}(\tilde{\lambda}) = b_{ji}(\tilde{\lambda}) \ (i, j = 1, 2, 3), \tag{12.2.4}$$

$$b_{ij}(\tilde{\lambda}), a_{0j}(\tilde{\lambda}) = O(|\tilde{\lambda}|) \ (i, j = 1, 2, 3), \tag{12.2.5}$$

$$F(\tilde{\lambda}) = O(|\tilde{\lambda}|^2) \tag{12.2.6}$$

及

$$\sum_{i, j=1}^{3} a_{ij}(\tilde{\lambda}) \xi_i \xi_j \geqslant m_0 |\xi|^2, \ \forall \xi \in \mathbb{R}^3, \tag{12.2.7}$$

其中，m_0 是一个正常数，且

$$a_{ij}(\tilde{\lambda}) = \delta_{ij} + b_{ij}(\tilde{\lambda}) \ (i, j = 1, 2, 3), \tag{12.2.8}$$

而 δ_{ij} 为 Kronecker 记号.

令

$$\hat{F}(u, Du, D_x Du) = N(u, Du, D_x Du) + H(u, Du, D_x Du), \tag{12.2.9}$$

其中 $N(u, Du, D_x Du)$ 为所含变量的二次型，且关于 $D_x Du$ 为仿射，而 $H(u, Du, D_x Du)$ 为高阶项. 记

$$\hat{\lambda} = (\lambda; (\lambda_i), i = 0, 1, 2, 3; (\lambda_{ij}), i, j = 0, 1, 2, 3, i+j \geqslant 1). \tag{12.2.10}$$

$H(u, Du, D_x Du)$ 在 $\hat{\lambda} = 0$ 的一个邻域中满足

$$H(\hat{\lambda}) = O(|\hat{\lambda}|^3). \tag{12.2.11}$$

零条件作为一个附加条件将加在 $\hat{F}(u, Du, D_x Du)$ 中的最低次项(二次项) $N(u, Du, D_x Du)$ 上. 它要求: 三维线性齐次波动方程

$$\Box u = 0 \tag{12.2.12}$$

的任一平面波解

$$u(t, x) = U(s), \tag{12.2.13}$$

其中

$$s = y_0 t + \sum_{i=1}^{3} y_i x_i, \tag{12.2.14}$$

而 $y = (y_0, y_1, y_2, y_3)$ 为一个常向量,且

$$U(0) = U'(0) = 0, \tag{12.2.15}$$

必为三维非线性波动方程

$$\Box u = N(u, Du, D_x Du) \tag{12.2.16}$$

的解,即满足

$$N(U, DU, D_x DU) \equiv 0. \tag{12.2.17}$$

将(12.2.13)-(12.2.14)代入(12.2.12)式,有

$$(y_0^2 - y_1^2 - y_2^2 - y_3^2)U''(s) = 0, \tag{12.2.18}$$

再注意到(12.2.15)就得到: 为使(12.2.13)是(12.2.12)的非平凡平面波解,只需向量 $y = (y_0, y_1, y_2, y_3)$ 满足

$$y_0^2 - y_1^2 - y_2^2 - y_3^2 = 0. \tag{12.2.19}$$

这样的向量 y 称为**零向量**. 此时,易知有

$$N(U, DU, D_x DU) = N(U, yU', \tilde{y}yU''), \tag{12.2.20}$$

其中 $y = (y_0, y_1, y_2, y_3)$ 为零向量,而 $\tilde{y} = (y_1, y_2, y_3)$. 因此,满足零条件的充要条件是: 对任何满足(12.2.19)的零向量 y 及任何给定的实数 p, q 及 r, 成立

$$N(p, qy, r\tilde{y}y) = 0. \tag{12.2.21}$$

记

$$N_0(f,\ g) = \partial_0 f \partial_0 g - \sum_{i=1}^{3} \partial_i f \partial_i g \tag{12.2.22}$$

及

$$N_{ab}(f,\ g) = \partial_a f \partial_b g - \partial_b f \partial_a g. \tag{12.2.23}$$

此处及今后，$a,\ b,\ c = 0,\ 1,\ 2,\ 3;\ i,\ j,\ k = 1,\ 2,\ 3$，而 $\partial_0 = -\dfrac{\partial}{\partial t},\ \partial_i = \dfrac{\partial}{\partial x_i}$.
容易验证：$N_{ab}(\partial_i u,\ u)$，$N_0(\partial_i u,\ u)$ 及 $N_0(u,\ u)$（它们均不显含 u!）均满足上述的零条件，并统称它们为**零形式**. 同时，我们可以证明

引理 2.1　若(12.2.9)中关于 u, Du 及 $D_x Du$ 的二次型 $N(u,\ Du,\ D_x Du)$ 对 $D_x Du$ 为仿射，且满足零条件，则 N 必为零形式 $N_{ab}(\partial_i u,\ u)$，$N_0(\partial_i u,\ u)$ 及 $N_0(u,\ u)$ 的一个线性组合，即成立

$$\begin{aligned} N(u,\ Du,\ D_x u) = & \sum_{i,\ a,\ b} c_{iab} N_{ab}(\partial_i u,\ u) + \sum_i c_i N_0(\partial_i u,\ u) \\ & + c N_0(u,\ u), \end{aligned} \tag{12.2.24}$$

其中 c_{iab}，c_i 及 c $(a,\ b = 0,\ 1,\ 2,\ 3;\ i = 1,\ 2,\ 3)$ 均为常数.

证　首先证明：若满足零条件，则 $N(u,\ Du,\ D_x u)$ 不显含 u.

在(12.2.21)中特取 $y = 0$，立刻可见 $N(u,\ Du,\ D_x u)$ 不含 u^2 项. 于是可设

$$N(u,\ Du,\ D_x Du) = \sum_a d_a u \partial_a u + \sum_{a,\ i} d_{ai} u \partial_a \partial_i u + \bar{N}(Du,\ D_x Du), \tag{12.2.25}$$

其中 d_a 及 d_{ai} $(a = 0,\ 1,\ 2,\ 3;\ i = 1,\ 2,\ 3)$ 为常数，而 $\bar{N}(Du,\ D_x Du)$ 为所含变量的二次型.

在(12.2.21)中特取 $r = 0$，而 p 及 q 不为零，但 $|q|$ 充分小且最终令其趋于零，则由(12.2.25)式易得

$$\sum_a d_a y_a = 0. \tag{12.2.26}$$

在上式中取零向量 $y = (1,\ \pm 1,\ 0,\ 0)$，就得到

$$d_0 \pm d_1 = 0,$$

从而 $d_0 = d_1 = 0$. 类似地可得 $d_2 = d_3 = 0$. 于是，(12.2.25)式可改写为

$$N(u,\ Du,\ D_x Du) = \sum_{a,\ i} d_{ai} u \partial_a \partial_i u + \bar{N}(Du,\ D_x Du), \tag{12.2.27}$$

并可设

$$d_{ij} = d_{ji} \quad (i, j = 1, 2, 3). \tag{12.2.28}$$

在(12.2.21)中特取 $q = 0$，而 p 及 r 不为零，则由(12.2.27)式立得

$$\sum_{a, i} d_{ai} y_a y_i = 0. \tag{12.2.29}$$

在上式中取零向量 $y = (1, \pm 1, 0, 0)$，就得到

$$d_{01} \pm d_{11} = 0,$$

从而 $d_{01} = d_{11} = 0$. 类似地，可得 $d_{0i} = d_{ii} = 0$ $(i = 1, 2, 3)$. 这样，注意到(12.2.28)式，(12.2.29)式就可化为

$$\sum_{i<j} d_{ij} y_i y_j = 0.$$

在上式中取零向量 $y = (\sqrt{2}, 1, 1, 0)$，就得到

$$d_{12} = 0;$$

类似地，可得 $d_{ij} = 0$ $(i, j = 1, 2, 3; i < j)$. 于是，(12.2.27)式最终可写为

$$N(u, Du, D_x Du) = \bar{N}(Du, D_x Du), \tag{12.2.30}$$

而 $\bar{N}(Du, D_x Du)$ 为 Du 及 $D_x Du$ 的一个二次型. 这就证明了 N 不显含 u：$N = N(Du, D_x Du)$.

由于 $N(Du, D_x Du)$ 对 $D_x Du$ 为仿射，可令

$$N(Du, D_x Du) = N_1(Du, D_x Du) + N_2(Du), \tag{12.2.31}$$

其中

$$N_1(Du, D_x Du) = \sum_{i, a, b} e_{iab} \partial_i \partial_a u \partial_b u \tag{12.2.32}$$

及

$$N_2(Du) = \sum_{a, b} e_{ab} \partial_a u \partial_b u, \tag{12.2.33}$$

而 e_{iab} 及 e_{ab} $(a, b = 0, 1, 2, 3; i = 1, 2, 3)$ 为常数，且不妨设

$$e_{jib} = e_{ijb} \tag{12.2.34}$$

及

$$e_{ab} = e_{ba}. \tag{12.2.35}$$

注意到(12.2.21)中的 q 及 r 为二独立实数，由 N 满足零条件，易知 N_1 及 N_2 均

分别满足零条件.

由 N_2 满足零条件,利用相应的(12.2.21)式可得到:对任意给定的满足(12.2.19)式的零向量 $y=(y_0, y_1, y_2, y_3)$,恒成立

$$\sum_{a,b} e_{ab} y_a y_b = 0. \tag{12.2.36}$$

设 $y=(y_0, y_1, y_2, y_3)$ 为任一给定的零向量,则 $\hat{y}=(-y_0, y_1, y_2, y_3)$ 亦为零向量.将 y 及 $\hat{y}$ 分别代入(12.2.36)式,其中变号的项必为零.于是,注意到(12.2.35)式,有

$$\sum_i e_{0i} y_0 y_i = 0,$$

从而,取 $y_0 \neq 0$,就得到:对任何给定的非零向量 $y=(y_1, y_2, y_3)$,成立

$$\sum_i e_{0i} y_i = 0,$$

因此有

$$e_{0i} = 0 \quad (i = 1, 2, 3).$$

类似地可得

$$e_{ab} = 0 \quad (a, b = 0, 1, 2, 3;\ a \neq b).$$

这样,就有

$$N_2(Du) = \sum_a e_{aa} (\partial_a u)^2, \tag{12.2.37}$$

而相应的零条件为

$$\sum_a e_{aa} y_a^2 = 0.$$

在上式中特取 $y=(1, 1, 0, 0)$,就得到

$$e_{00} + e_{11} = 0;$$

再特取 $y=(\sqrt{2}, 1, 1, 0)$,就得到

$$2e_{00} + e_{11} + e_{22} = 0.$$

这样,就有

$$e_{11} = e_{22} = -e_{00}.$$

一般地,可以得到

$$e_{ii} = -e_{00} \quad (i = 1, 2, 3).$$

从而由(12.2.37)式就得到

$$N_2(Du) = e_{00} N_0(u, u). \tag{12.2.38}$$

另一方面,易知可将 N_1 改写为

$$\begin{aligned} N_1(Du, D_x Du) &= \sum_{i,a,b} \frac{1}{2}(e_{iab} + e_{iba}) \partial_i \partial_a u \partial_b u \\ &\quad + \sum_{i,a,b} \frac{1}{2}(e_{iab} - e_{iba}) \partial_i \partial_a u \partial_b u \\ &= \sum_{i,a,b} \widetilde{e}_{iab} \partial_i \partial_a u \partial_b u + \sum_{i,a,b} \hat{e}_{iab} N_{ab}(\partial_i u, u), \end{aligned} \tag{12.2.39}$$

其中 $\widetilde{e}_{abi}$ 及 $\hat{e}_{abi}$ 为某些常数,且成立

$$\widetilde{e}_{iab} = \widetilde{e}_{iba} \tag{12.2.40}$$

及

$$\widetilde{e}_{ijb} = \widetilde{e}_{jib}. \tag{12.2.41}$$

注意到 $N_{ab}(\partial_i u, u)$已满足零条件,由 $N_1(Du, D_x Du)$满足零条件,

$$N_3(Du, D_x Du) = \sum_{i,a,b} \widetilde{e}_{iab} \partial_i \partial_a u \partial_b u \tag{12.2.42}$$

也应满足零条件.由相应的(12.2.21)式,就可类似于前得到:对任意给定的满足(12.2.19)式的零向量 $y = (y_0, y_1, y_2, y_3)$,恒成立

$$\sum_{i,a,b} \widetilde{e}_{iab} y_i y_a y_b = 0. \tag{12.2.43}$$

设 $y = (y_0, y_1, y_2, y_3)$为任一给定的零向量,则$\hat{y} = (-y_0, y_1, y_2, y_3)$亦为零向量.将 y 及$\hat{y}$分别代入(12.2.43)式,其中变号的项应为零.于是,注意到(12.2.40)式,就有

$$\sum_{i,j} \widetilde{e}_{ij0} y_i y_j y_0 = 0.$$

取 $y_0 \neq 0$,由上式即得:对任何非零向量$\widetilde{y} = (y_1, y_2, y_3)$,成立

$$\sum_{i,j} \widetilde{e}_{ij0} y_i y_j = 0.$$

再注意到(12.2.41)式,由此立得

$$\widetilde{e}_{ij0}=0\quad(i,\ j=1,\ 2,\ 3).\tag{12.2.44}$$

同理,设 $y=(y_0,\ y_1,\ y_2,\ y_3)$ 为任一给定的零向量,则 $\hat{y}=(y_0,\ -y_1,\ y_2,\ y_3)$ 亦为零向量. 将 y 及 $\hat{y}$ 分别代入(12.2.43)式,其中变号的项应为零. 于是,注意到(12.2.40)式及(12.2.44)式,易见有

$$\widetilde{e}_{111}y_1^3+\sum_{a,\ b\neq 1}\widetilde{e}_{1ab}y_1y_ay_b+2\sum_{i,\ j\neq 1}\widetilde{e}_{ij1}y_1y_iy_j=0,$$

从而有

$$\widetilde{e}_{111}y_1^2+\sum_{a,\ b\neq 1}\widetilde{e}_{1ab}y_ay_b+2\sum_{i,\ j\neq 1}\widetilde{e}_{ij1}y_iy_j=0.$$

在上式中分别将零向量 $y=(y_0,\ y_1,\ y_2,\ y_3)$ 及 $(y_0,\ y_1,\ -y_2,\ y_3)$ 代入,其中变号的项应为零. 于是,注意到(12.2.40)及(12.2.41)式,就可以得到

$$\widetilde{e}_{123}+\widetilde{e}_{231}+\widetilde{e}_{312}=0.$$

一般地说,我们就可以得到: 对于互不相等的 $i,\ j,\ k$,成立

$$\widetilde{e}_{ijk}+\widetilde{e}_{jki}+\widetilde{e}_{kij}=0.$$

再注意到(12.2.40)式及(12.2.41)式,就得到

$$\widetilde{e}_{ijk}=0\quad(i,\ j,\ k=1,\ 2,\ 3;\ i,\ j,\ k\ \text{互不相等}).\tag{12.2.45}$$

由(12.2.44)式及(12.2.45)式,就可得到

$$N_3(Du,\ D_xDu)=\sum_{i,\ a}\widetilde{e}_{iaa}\partial_i\partial_a u\partial_a u,\tag{12.2.46}$$

而相应的零条件变为

$$\sum_{i,\ a}\widetilde{e}_{iaa}y_iy_a^2=0.$$

将零向量 $y=(y_0,\ y_1,\ y_2,\ y_3)$ 及 $\hat{y}=(y_0,\ -y_1,\ y_2,\ y_3)$ 分别代入上式,其中变号的项必为零. 于是,对任一给定的零向量 y,成立

$$\sum_a\widetilde{e}_{1aa}y_a^2=0.$$

类似地,成立

$$\sum_a\widetilde{e}_{iaa}y_a^2=0\quad(i=1,\ 2,\ 3).$$

这样,和由(12.2.37)式导至(12.2.38)式完全一样,由上式就可得到

$$N_3(Du,\, D_x Du) = \sum_i \tilde{e}_{i00} N_0(\partial_i u,\, u). \tag{12.2.47}$$

综合(12.2.31),(12.2.38)-(12.2.39),(12.2.42)及(12.2.47)诸式,就完成了引理2.1的证明.

注 2.1 $N_{ij}(\partial_0 u,\, u) = \partial_i\partial_0 u\partial_j u - \partial_j\partial_0 u\partial_i u$ 亦满足零条件. 它表面上不属于 $N_{ab}(\partial_i u,\, u)$ 的形式,但由

$$\begin{aligned} N_{ij}(\partial_0 u,\, u) &= (\partial_i\partial_0 u\partial_j u - \partial_i\partial_j u\partial_0 u) + (\partial_i\partial_j u\partial_0 u - \partial_j\partial_0 u\partial_i u) \\ &= N_{0j}(\partial_i u,\, u) - N_{0i}(\partial_j u,\, u), \end{aligned}$$

$N_{ij}(\partial_0 u,\, u)$实际上是零形式 $N_{ab}(\partial_i u,\, u)$的线性组合.

2.2. 零形式的一些性质

现在对由(12.2.22)及(12.2.23)式定义、用于生成零形式的函数 $N_0(f,\, g)$ 及 $N_{ab}(f,\, g)$,列出一些下文要用到的重要性质.

引理 2.2 对任意给定的函数 $f = f(t,\, x)$ 及 $g = g(t,\, x)$,成立

$$\begin{aligned} &| N_0(f,\, g)(t,\, x) |,\ | N_{ab}(f,\, g)(t,\, x) | \\ \leqslant\ & C(1+t)^{-1}(| Df(t,\, x) || \Gamma g(t,\, x) | + | \Gamma f(t,\, x) || Dg(t,\, x) |), \\ & \forall\, t \in \mathbb{R}^+,\, x \in \mathbb{R}^n, \end{aligned} \tag{12.2.48}$$

其中 C 是一个正常数,而 Γ 由第三章中之(3.1.18)式定义.

证 由(12.2.22)及(12.2.23)式,显然有

$$| N_0(f,\, g)(t,\, x) |,\ | N_{ab}(f,\, g)(t,\, x) | \leqslant C_1 | Df(t,\, x) || Dg(t,\, x) |, \tag{12.2.49}$$

其中 C_1 为一个正常数. 这样,为证明(12.2.48)式,只需证明

$$\begin{aligned} &| N_0(f,\, g)(t,\, x) |,\ | N_{ab}(f,\, g)(t,\, x) | \\ \leqslant\ & C_2 t^{-1}(| Df(t,\, x) || \Gamma g(t,\, x) | + | \Gamma f(t,\, x) || Dg(t,\, x) |),\ \forall\, t > 0, \end{aligned} \tag{12.2.50}$$

其中 C_2 是一个正常数.

注意到第三章中之(3.1.8)式及(3.1.11)-(3.1.12)式,有

$$L_0 = t\partial_t + \sum_i x_i \partial_i,$$

$$\Omega_{ij} = x_i\partial_j - x_j\partial_i$$

及

$$L_i = \Omega_{0i} = t\partial_i + x_i\partial_t,$$

从而有

$$\begin{aligned} tN_0(f, g) &= t(\partial_t f\partial_t g - \sum_i \partial_i f\partial_i g) \\ &= L_0 f\partial_t g - \sum_i (x_i\partial_i f\partial_t g + t\partial_i f\partial_i g) \\ &= L_0 f\partial_t g - \sum_i (\partial_i f L_i g), \end{aligned} \tag{12.2.51}$$

$$\begin{aligned} tN_{ij}(f, g) &= t(\partial_i f\partial_j g - \partial_j f\partial_i g) \\ &= L_i f\partial_j g - x_i\partial_t f\partial_j g - L_j f\partial_i g + x_j\partial_t f\partial_i g \\ &= L_i f\partial_j g - L_j f\partial_i g - \partial_t f\,\Omega_{ij} g \end{aligned} \tag{12.2.52}$$

及

$$\begin{aligned} tN_{0i}(f, g) &= -t\partial_t f\partial_i g + t\partial_i f\partial_t g \\ &= -\partial_t f L_i g + L_i f\partial_t g. \end{aligned} \tag{12.2.53}$$

由(12.2.51)-(12.2.53)三式,并注意到 Γ 的定义[见第三章(3.1.18)式],就立刻得到所要求的(12.2.50)式.证毕.

以 $N(f, g)$ 简记 $N_0(f, g)$ 及 $N_{ab}(f, g)$,定义

$$\{\Gamma, N(f, g)\} = \Gamma N(f, g) - N(\Gamma f, g) - N(f, \Gamma g). \tag{12.2.54}$$

我们有

引理 2.3　成立

$$\{\partial_a, N_0(f, g)\} = 0, \tag{12.2.55}$$

$$\{\Omega_{ab}, N_0(f, g)\} = 0, \tag{12.2.56}$$

$$\{L_0, N_0(f, g)\} = -2N_0(f, g), \tag{12.2.57}$$

$$\{\partial_c, N_{ab}(f, g)\} = 0, \tag{12.2.58}$$

$$\begin{aligned} \{\Omega_{cd}, N_{ab}(f, g)\} &= \eta^{ac}N_{bd}(f, g) - \eta^{ad}N_{bc}(f, g) \\ &\quad - \eta^{bc}N_{ad}(f, g) + \eta^{bd}N_{ac}(f, g), \end{aligned} \tag{12.2.59}$$

$$\{L_0, N_{ab}(f, g)\} = -2N_{ab}(f, g), \tag{12.2.60}$$

其中 $(\eta^{ab})_{4\times4} = \mathrm{diag}\{-1, 1, 1, 1\}$ 为 Lorentz 度规.

证　由(12.2.22)式及(12.2.23)式,易见(12.2.55)及(12.2.58)式成立.

下面先证明看来形式上最复杂的(12.2.59)式.

我们有

$$
\begin{aligned}
&\Omega_{cd} N_{ab}(f, g) \\
&= \Omega_{cd}(\partial_a f \partial_b g - \partial_b f \partial_a g) \\
&= \Omega_{cd}\partial_a f \cdot \partial_b g + \partial_a f \cdot \Omega_{cd}\partial_b g - (a \mid b) \\
&= [\Omega_{cd}, \partial_a] f \cdot \partial_b g + \partial_a f \cdot [\Omega_{cd}, \partial_b] g \\
&\quad + \partial_a \Omega_{cd} f \cdot \partial_b g + \partial_a f \cdot \partial_b \Omega_{cd} g - (a \mid b) \\
&= [\Omega_{cd}, \partial_a] f \cdot \partial_b g + \partial_a f \cdot [\Omega_{cd}, \partial_b] g \\
&\quad - [\Omega_{cd}, \partial_b] f \cdot \partial_a g - \partial_b f \cdot [\Omega_{cd}, \partial_a] g \\
&\quad + N_{ab}(\Omega_{cd} f, g) + N_{ab}(f, \Omega_{cd} g),
\end{aligned}
$$

这里及今后,$(a|b)$简记在前面的式子中交换 a 与 b 后所得的结果. 利用第三章引理 1.1,并注意到(12.2.54)式,就得到

$$
\begin{aligned}
&\{\Omega_{cd}, N_{ab}(f, g)\} \\
&= [\Omega_{cd}, \partial_a] f \cdot \partial_b g + \partial_a f \cdot [\Omega_{cd}, \partial_b] g \\
&\quad - [\Omega_{cd}, \partial_b] f \cdot \partial_a g - \partial_b f \cdot [\Omega_{cd}, \partial_a] g \\
&= \eta^{da}\partial_c f \partial_b g - \eta^{ca}\partial_d f \partial_b g + \eta^{db}\partial_a f \partial_c g - \eta^{cb}\partial_a f \partial_d g \\
&\quad - \eta^{db}\partial_c f \partial_a g + \eta^{cb}\partial_d f \partial_a g - \eta^{da}\partial_b f \partial_c g + \eta^{ca}\partial_b f \partial_d g \\
&= \eta^{ac} N_{bd}(f, g) - \eta^{ad} N_{bc}(f, g) - \eta^{bc} N_{ad}(f, g) + \eta^{bd} N_{ac}(f, g).
\end{aligned}
$$

这就是(12.2.59)式.

下面证明(12.2.60)式.

我们有

$$
\begin{aligned}
&L_0 N_{ab}(f, g) \\
&= L_0(\partial_a f \partial_b g - \partial_b f \partial_a g) \\
&= L_0 \partial_a f \cdot \partial_b g + \partial_a f \cdot L_0 \partial_b g - (a \mid b) \\
&= [L_0, \partial_a] f \cdot \partial_b g + \partial_a f \cdot [L_0, \partial_b] g \\
&\quad + \partial_a L_0 f \cdot \partial_b g + \partial_a f \cdot \partial_b L_0 g - (a \mid b) \\
&= [L_0, \partial_a] f \cdot \partial_b g + \partial_a f \cdot [L_0, \partial_b] g \\
&\quad - [L_0, \partial_b] f \cdot \partial_a g - \partial_b f \cdot [L_0, \partial_a] g \\
&\quad + N_{ab}(L_0 f, g) + N_{ab}(f, L_0 g).
\end{aligned}
$$

类似地,利用第三章引理 1.1,就得到

$$
\begin{aligned}
&\{L_0, N_{ab}(f, g)\}\\
&=[L_0, \partial_a]f\cdot\partial_b g+\partial_a f\cdot[L_0, \partial_b]g\\
&\quad-[L_0, \partial_b]f\cdot\partial_a g-\partial_b f\cdot[L_0, \partial_a]g\\
&=-\partial_a f\partial_b g-\partial_a f\partial_b g+\partial_b f\partial_a g+\partial_b f\partial_a g\\
&=-2N_{ab}(f, g).
\end{aligned}
$$

这就是(12.2.60)式.

下面证明(12.2.56)式.

注意到

$$
\begin{aligned}
&\Omega_{ab}N_0(f, g)\\
&=\Omega_{ab}(\partial_0 f\partial_0 g-\sum_i\partial_i f\partial_i g)\\
&=\Omega_{ab}\partial_0 f\cdot\partial_0 g-\sum_i\Omega_{ab}\partial_i f\cdot\partial_i g\\
&\quad+\partial_0 f\cdot\Omega_{ab}\partial_0 g-\sum_i\partial_i f\cdot\Omega_{ab}\partial_i g\\
&=[\Omega_{ab}, \partial_0]f\cdot\partial_0 g-\sum_i[\Omega_{ab}, \partial_i]f\cdot\partial_i g\\
&\quad+\partial_0 f\cdot[\Omega_{ab}, \partial_0]g-\sum_i\partial_i f\cdot[\Omega_{ab}, \partial_i]g\\
&\quad+\partial_0\Omega_{ab}f\cdot\partial_0 g-\sum_i\partial_i\Omega_{ab}f\cdot\partial_i g\\
&\quad+\partial_0 f\cdot\partial_0\Omega_{ab}g-\sum_i\partial_i f\cdot\partial_i\Omega_{ab}g\\
&=[\Omega_{ab}, \partial_0]f\cdot\partial_0 g-\sum_i[\Omega_{ab}, \partial_i]f\cdot\partial_i g\\
&\quad+\partial_0 f\cdot[\Omega_{ab}, \partial_0]g-\sum_i\partial_i f\cdot[\Omega_{ab}, \partial_i]g\\
&\quad+N_0(\Omega_{ab}f, g)+N_0(f, \Omega_{ab}g),
\end{aligned}
$$

类似地就有

$$
\begin{aligned}
&\{\Omega_{ab}, N_0(f, g)\}\\
&=[\Omega_{ab}, \partial_0]f\cdot\partial_0 g-\sum_i[\Omega_{ab}, \partial_i]f\cdot\partial_i g\\
&\quad+\partial_0 f\cdot[\Omega_{ab}, \partial_0]g-\sum_i\partial_i f\cdot[\Omega_{ab}, \partial_i]g\\
&=(\eta^{b0}\partial_a f\partial_0 g-\eta^{a0}\partial_b f\partial_0 g)-\sum_i(\eta^{bi}\partial_a f\partial_i g-\eta^{ai}\partial_b f\partial_i g)\\
&\quad+(\eta^{b0}\partial_0 f\partial_a g-\eta^{a0}\partial_0 f\partial_b g)-\sum_i(\eta^{bi}\partial_i f\partial_a g-\eta^{ai}\partial_i f\partial_b g).
\end{aligned}
$$

上式右端在 $a, b=0, 1, \cdots, n$ 且 $a \neq b$ 之各种可能情况,易知均取零值.这就证明了(12.2.56)式.

最后证明(12.2.57)式.

注意到

$$
\begin{aligned}
& L_0 N_0(f, g) \\
& = L_0(\partial_0 f \partial_0 g - \sum_i \partial_i f \partial_i g) \\
& = L_0 \partial_0 f \cdot \partial_0 g - \sum_i L_0 \partial_i f \cdot \partial_i g + \partial_0 f \cdot L_0 \partial_0 g - \sum_i \partial_i f \cdot L_0 \partial_i g \\
& = [L_0, \partial_0] f \cdot \partial_0 g - \sum_i [L_0, \partial_i] f \cdot \partial_i g \\
& \quad + \partial_0 f \cdot [L_0, \partial_0] g - \sum_i \partial_i f \cdot [L_0, \partial_i] g \\
& \quad + \partial_0 L_0 f \cdot \partial_0 g - \sum_i \partial_i L_0 f \cdot \partial_i g + \partial_0 f \cdot \partial_0 L_0 g - \sum_i \partial_i f \cdot \partial_i L_0 g \\
& = [L_0, \partial_0] f \cdot \partial_0 g - \sum_i [L_0, \partial_i] f \cdot \partial_i g \\
& \quad + \partial_0 f \cdot [L_0, \partial_0] g - \sum_i \partial_i f \cdot [L_0, \partial_i] g \\
& \quad + N_0(L_0 f, g) + N_0(f, L_0 g),
\end{aligned}
$$

类似地有

$$
\begin{aligned}
& \{L_0, N_0(f, g)\} \\
& = [L_0, \partial_0] f \cdot \partial_0 g - \sum_i [L_0, \partial_i] f \cdot \partial_i g \\
& \quad + \partial_0 f \cdot [L_0, \partial_0] g - \sum_i \partial_i f \cdot [L_0, \partial_i] g \\
& = -2(\partial_0 f \partial_0 g - \sum_i \partial_i f \partial_i g) \\
& = -2 N_0(f, g).
\end{aligned}
$$

这就是(12.2.57)式.

2.3. 度量空间 $X_{S, E}$. 主要结果

考虑三维拟线性波动方程

$$
\begin{aligned}
\Box u & = \hat{F}(u, Du, D_x Du) \\
& \stackrel{\text{def.}}{=} \sum_{i, j=1}^{3} b_{ij}(u, Du) u_{x_i x_j} + 2 \sum_{j=1}^{3} a_{0j}(u, Du) u_{t x_j} + F(u, Du) \quad (12.2.61)
\end{aligned}
$$

具初始条件

$$t=0: u=\varepsilon\varphi(x),\ u_t=\varepsilon\psi(x) \tag{12.2.62}$$

的 Cauchy 问题. 假设(12.2.4)-(12.2.8)式成立,并设

$$\varphi,\ \psi\in C_0^\infty(\mathbb{R}^3), \tag{12.2.63}$$

且

$$\operatorname{supp}\{\varphi,\ \psi\}\subseteq\{x\mid |x|\leqslant\rho\}\ (\rho>0\ 为常数), \tag{12.2.64}$$

而 $\varepsilon>0$ 是一个小参数.

由第九章中之结果,对于所考察的 Cauchy 问题(12.2.61)-(12.2.62),其经典解的生命跨度在一般的情况下只有如下之下界估计:

$$\widetilde{T}(\varepsilon)\geqslant b\varepsilon^{-2}, \tag{12.2.65}$$

其中 b 是一个与 ε 无关的正常数;即使在非线性右端项不显含 u 时:

$$\hat{F}=\hat{F}(Du,\ D_x Du), \tag{12.2.66}$$

经典解的生命跨度也只有如下指数型的下界估计:

$$\widetilde{T}(\varepsilon)\geqslant\exp\{a\varepsilon^{-1}\}, \tag{12.2.67}$$

其中 a 是一个与 ε 无关的正常数. 但是,下面将要证明:只要方程右端项 $\hat{F}(u,\ Du,\ D_x Du)$ 的二次非线性部分 $N(u,\ Du,\ D_x Du)$ 满足前述的零条件,就可保证 Cauchy 问题(12.2.61)-(12.2.62)的经典解的整体存在性.

由 Sobolev 嵌入定理,存在适当小的 $E_0>0$,使成立

$$\|f\|_{L^\infty(\mathbb{R}^3)}\leqslant\nu_0,\ \forall f\in H^2(\mathbb{R}^3),\ \|f\|_{H^2(\mathbb{R}^3)}\leqslant E_0. \tag{12.2.68}$$

对于任何给定的整数 $S\geqslant 14$ 及任何给定的正数 $E(\leqslant E_0)$,引入函数集合

$$X_{S,E}=\{v(t,\ x)\mid D_S(v)\leqslant E,\ \partial_t^l v(0,\ x)=u_l^{(0)}(x)\quad(l=0,\ 1,\ \cdots,\ S+1)\}, \tag{12.2.69}$$

这儿

$$D_S(v)=\sup_{t\geqslant 0}(1+t)^{-\sigma}\|(Dv,\ D^2v)(t,\ \cdot)\|_{\Gamma,S,2}+\sup_{t\geqslant 0}\|v(t,\ \cdot)\|_{\Gamma,S-1,2}, \tag{12.2.70}$$

其中 σ 为一个适当小的正数 $\left(例如可取\ \sigma=\dfrac{1}{100}\right)$, $u_0^{(0)}(x)=\varepsilon\varphi(x)$, $u_1^{(0)}(x)=\varepsilon\psi(x)$,而当 $l=2,\ \cdots,\ S+1$ 时,$u_l^{(0)}(x)$ 为 $\partial_t^l u(t,\ x)$ 在 $t=0$ 时之值,它们由

方程(12.2.61)及初始条件(12.2.62)所唯一决定. 显然 $u_l^{(0)}$ $(l=0, 1, \cdots, S+1)$ 均为具紧支集的充分光滑函数.

注 2.2 由第三章定理 4.2(在其中取 $n=3$, $p=2$ 及 $s=2$), 易知成立

$$\sum_{|k|\leqslant S-4} \sup_{t\geqslant 0}(1+t)\,\|\,(1+|\,t-|\cdot|\,|)^{\frac{1}{2}}\Gamma^k v(t,\cdot)\,\|_{L^\infty(\mathbb{R}^3)} \leqslant CD_S(v), \tag{12.2.71}$$

从而有

$$(1+t)\,\|\,v(t,\cdot)\,\|_{\Gamma, S-4, \infty} \leqslant CD_S(v),\ \forall\, t\geqslant 0. \tag{12.2.72}$$

在 $X_{S,E}$上引入如下的度量:

$$\rho(\overline{v}, \overline{\overline{v}}) = D_S(\overline{v}-\overline{\overline{v}}),\ \forall\ \overline{v}, \overline{\overline{v}} \in X_{S,E}, \tag{12.2.73}$$

当 $\varepsilon>0$ 适当小时, $X_{S,E}$是一个非空的完备度量空间. 以$\widetilde{X}_{S,E}$记 $X_{S,E}$的一个子集, 它由 $X_{S,E}$中对任何给定的 $t\geqslant 0$, 对变量 x 的支集不超过 $\{x\,|\,|x|\leqslant t+\rho\}$ 的一切元素组成.

本节的主要结果为如下的

定理 2.1 在上述假设下, 进一步假设 $\hat{F}(u, Du, D_x Du)$ 满足前述的零条件, 即设其中的二次型 $N(u, Du, D_x Du)$[见(12.2.9)式]为由(12.2.24)式所示的零形式的线性组合. 则对于任意给定的整数 $S\geqslant 14$, 存在与 $\rho>0$ 有关的正常数 ε_0 及 C_0 使 $C_0\varepsilon_0\leqslant E_0$, 且对于任何给定的 $\varepsilon\in(0, \varepsilon_0]$, Cauchy 问题(12.2.61)-(12.2.62)在 $t\geqslant 0$ 上存在唯一的整体经典解 $u=u(t,x)\in\widetilde{X}_{S, C_0\varepsilon}$. 此外, 在必要时修改对 t 在区间$[0,+\infty)$的一个零测集上的数值后, 成立

$$u\in C([0,+\infty);\ H^{S+1}(\mathbb{R}^3)), \tag{12.2.74}$$

$$u_t\in C([0,+\infty);\ H^{S}(\mathbb{R}^3)), \tag{12.2.75}$$

$$u_{tt}\in C([0,+\infty);\ H^{S-1}(\mathbb{R}^3)). \tag{12.2.76}$$

为用整体迭代法证明定理 2.1, 对任何给定的 $v\in\widetilde{X}_{S,E}$, 由求解下述线性双曲型方程

$$\begin{aligned}\Box u &= \hat{F}(v, Dv, D_x Du)\\ &\overset{\text{def.}}{=\!=} \sum_{i,j=1}^{3} b_{ij}(v, Dv)u_{x_i x_j} + 2\sum_{j=1}^{3} a_{0j}(v, Dv)u_{tx_j} + F(v, Dv)\end{aligned} \tag{12.2.77}$$

具初值(12.2.62)的 Cauchy 问题, 定义一个映照

$$M: v\longrightarrow u = Mv. \tag{12.2.78}$$

我们要证明：当 $\varepsilon > 0$ 适当小时，可找到正常数 C_0，使当 $E = C_0\varepsilon$ 时，M 在 $\widetilde{X}_{S,E}$ 中具有一个唯一的不动点，它就是 Cauchy 问题(12.2.61)-(12.2.62)在 $t \geqslant 0$ 上的整体经典解.

为证明上述结论，关键是证明下述两个引理.

引理 2.4　在定理 2.1 的假设下，当 $E > 0$ 适当小时，对任何给定的 $v \in \widetilde{X}_{S,E}$，$u = Mv$ 满足

$$D_S(u) \leqslant C_1\{\varepsilon + \sqrt{E}(E + D_S(u))\}, \tag{12.2.79}$$

其中 C_1 是一个与 $\varepsilon > 0$ 无关、但可与 $\rho > 0$ 有关的正常数.

引理 2.5　在引理 2.4 的假设下，对任何给定的 $\bar{v}$，$\bar{\bar{v}} \in \widetilde{X}_{S,E}$，若 $\bar{u} = M\bar{v}$ 及 $\bar{\bar{u}} = M\bar{\bar{v}}$ 亦满足 $\bar{u}$，$\bar{\bar{u}} \in \widetilde{X}_{S,E}$，则成立

$$D_{S-1}(\bar{u} - \bar{\bar{u}}) \leqslant C_2\sqrt{E}(D_{S-1}(\bar{u} - \bar{\bar{u}}) + D_{S-1}(\bar{v} - \bar{\bar{v}})), \tag{12.2.80}$$

其中 C_2 是一个与 $\varepsilon > 0$ 无关、但可与 $\rho > 0$ 有关的正常数.

2.4. 引理 2.4 及引理 2.5 的证明

下面我们只证明引理 2.4. 引理 2.5 的证明可类似地进行.

首先估计 $\| u(t,\cdot) \|_{\Gamma, S-1, 2}$.

由 Von Wahl 不等式[见第四章(4.5.8)式]，易知成立

$$\| u(t,\cdot) \|_{\Gamma, S-1, 2} \leqslant C\varepsilon + \int_0^t \| \hat{F}(v, Dv, D_x Du)(\tau,\cdot) \|_{\Gamma, S-1, \frac{6}{5}} d\tau. \tag{12.2.81}$$

为估计 $\| \hat{F}(v, Dv, D_x Du)(\tau,\cdot) \|_{\Gamma, S-1, \frac{6}{5}}$，首先估计 $\hat{F}$ 中的二次项 $N(Dv, D_x Du)$，由零条件假设，它不显含 v. 注意到 $N(Dv, D_x Du)$ 关于 $D_x Du$ 为仿射，且包含 v 的一阶偏导数，由引理 2.1，它应是形如 $N_0(\partial_i u, v)$，$N_{ab}(\partial_i u, v)$ 及 $N_0(v, v)$ 的项的线性组合. 因此，我们只须估计 $\| N_0(\partial_i u, v)(\tau,\cdot) \|_{\Gamma, S-1, \frac{6}{5}}$，$\| N_{ab}(\partial_i u, v)(\tau,\cdot) \|_{\Gamma, S-1, \frac{6}{5}}$ 及 $\| N_0(v, v)(\tau,\cdot) \|_{\Gamma, S-1, \frac{6}{5}}$.

以 $N(\partial_i u, v)$ 统记 $N_0(\partial_i u, v)$ 及 $N_{ab}(\partial_i u, v)$. 由引理 2.3 易得

$$\| N(\partial_i u, v) \|_{\Gamma, S-1, \frac{6}{5}} \leqslant C \sum_{|k_1|+|k_2| \leqslant S-1} \| N(\Gamma^{k_1}\partial_i u, \Gamma^{k_2} v) \|_{L^{\frac{6}{5}}(\mathbb{R}^3)}, \tag{12.2.82}$$

而由引理 2.2，有

$$| N(\Gamma^{k_1}\partial_i u, \Gamma^{k_2} v)(\tau, x) |$$

$$\leqslant C(1+\tau)^{-1}\{|\Gamma\Gamma^{k_1}\partial_i u(\tau, x)||D\Gamma^{k_2}v(\tau, x)| + |D\Gamma^{k_1}\partial_i u(\tau, x)||\Gamma\Gamma^{k_2}v(\tau, x)|\}. \tag{12.2.83}$$

在 $|k_1|\geqslant|k_2|$ 时,有 $|k_2|\leqslant\left[\dfrac{S-1}{2}\right]$,从而由 Hölder 不等式有

$$\begin{aligned} \text{I} &\overset{\text{def.}}{=} \| |\Gamma\Gamma^{k_1}\partial_i u||D\Gamma^{k_2}v|(\tau,\cdot)\|_{L^{6/5}(\mathbb{R}^3)} \\ &\quad + \||D\Gamma^{k_1}\partial_i u||\Gamma\Gamma^{k_2}v|(\tau,\cdot)\|_{L^{6/5}(\mathbb{R}^3)} \\ &\leqslant C\|Du\|_{\Gamma, S, 2}\|v\|_{\Gamma, \left[\frac{S-1}{2}\right]+1, 3}, \end{aligned}$$

再利用插值不等式(见第五章引理 2.4),就有

$$\text{I} \leqslant C\|Du\|_{\Gamma, S, 2}\|v\|^{\frac{1}{3}}_{\Gamma, \left[\frac{S-1}{2}\right]+1, \infty}\|v\|^{\frac{2}{3}}_{\Gamma, \left[\frac{S-1}{2}\right]+1, 2}.$$

这样,利用第三章推论 4.4 $\left(\text{在其中取 } n=3,\ N=\left[\dfrac{S-1}{2}\right]+1,\ p=2,\ s=2\right)$,并注意到当 $S\geqslant 14$ 时,有$\left[\dfrac{S-1}{2}\right]+3\leqslant S-1$,就有

$$\begin{aligned} \text{I} &\leqslant C(1+\tau)^{-\frac{1}{3}}\|Du\|_{\Gamma, S, 2}\|v\|_{\Gamma, \left[\frac{S-1}{2}\right]+3, 2} \\ &\leqslant C(1+\tau)^{-\frac{1}{3}}\|Du\|_{\Gamma, S, 2}\|v\|_{\Gamma, S-1, 2} \\ &\leqslant C(1+\tau)^{-\frac{1}{3}+\sigma}ED_S(u). \end{aligned} \tag{12.2.84}$$

在 $|k_1|\leqslant|k_2|$ 时,有 $|k_1|\leqslant\left[\dfrac{S-1}{2}\right]$,注意到第三章(3.1.26)式,并再次利用第三章推论 4.4,就可得到

$$\begin{aligned} \text{II} &\overset{\text{def.}}{=} \||\Gamma\Gamma^{k_1}\partial_i u||D\Gamma^{k_2}v|(\tau,\cdot)\|_{L^{\frac{6}{5}}(\mathbb{R}^3)} \\ &\leqslant C\|\Gamma\Gamma^{k_1}\partial_i u\|_{L^3(\mathbb{R}^3)}\|D\Gamma^{k_2}v\|_{L^2(\mathbb{R}^3)} \\ &\leqslant C\|Du\|_{\Gamma, \left[\frac{S-1}{2}\right]+1, 3}\|Dv\|_{\Gamma, S, 2} \\ &\leqslant C\|Du\|^{\frac{1}{3}}_{\Gamma, \left[\frac{S-1}{2}\right]+1, \infty}\|Du\|^{\frac{2}{3}}_{\Gamma, \left[\frac{S-1}{2}\right]+1, 2}\|Dv\|_{\Gamma, S, 2} \\ &\leqslant C(1+\tau)^{-\frac{1}{3}}\|Du\|_{\Gamma, \left[\frac{S-1}{2}\right]+3, 2}\|Dv\|_{\Gamma, S, 2} \\ &\leqslant C(1+\tau)^{-\frac{1}{3}}\|Du\|_{\Gamma, S, 2}\|Dv\|_{\Gamma, S, 2} \\ &\leqslant C(1+\tau)^{-\frac{1}{3}+2\sigma}ED_S(u). \end{aligned} \tag{12.2.85}$$

另一方面,在 $|k_1|\leqslant|k_2|$ 时,由第五章引理 1.3,并注意到第三章(3.1.26)式及插值不等式(见第五章引理 2.4),易得

$$\begin{aligned}
\text{Ⅲ} &\overset{\text{def.}}{=} \| \, | D\Gamma^{k_1}\partial_i u \, | \, | \Gamma\Gamma^{k_2} v \, | (\tau, \cdot) \|_{L^{\frac{6}{5}}(\mathbb{R}^3)} \\
&\leqslant C \| \Gamma\Gamma^{k_1}\partial_i u \|_{L^3(\mathbb{R}^3)} \| D\Gamma\Gamma^{k_2} v \|_{L^2(\mathbb{R}^3)} \\
&\leqslant C \| Du \|^{\frac{1}{3}}_{\Gamma, \left[\frac{S-1}{2}\right]+1, \infty} \| Du \|^{\frac{2}{3}}_{\Gamma, \left[\frac{S-1}{2}\right]+1, 2} \| Dv \|_{\Gamma, S, 2}.
\end{aligned}$$

再利用第三章推论 4.4，在 $S \geqslant 14$ 时就得到

$$\begin{aligned}
\text{Ⅲ} &\leqslant C(1+\tau)^{-\frac{1}{3}} \| Du \|_{\Gamma, S, 2} \| Dv \|_{\Gamma, S, 2} \\
&\leqslant C(1+\tau)^{-\frac{1}{3}+2\sigma} E D_S(u). \qquad (12.2.86)
\end{aligned}$$

这样，由(12.2.82)-(12.2.83)就得到

$$\| N_0(\partial_i u, v)(\tau, \cdot) \|_{\Gamma, S-1, \frac{6}{5}}, \ \| N_{ab}(\partial_i u, v)(\tau, \cdot) \|_{\Gamma, S-1, \frac{6}{5}}$$

$$\leqslant C(1+\tau)^{-\frac{4}{3}+2\sigma} E D_S(u). \qquad (12.2.87)$$

类似地，可以得到

$$\| N_0(v, v)(\tau, \cdot) \|_{\Gamma, S-1, \frac{6}{5}} \leqslant C(1+\tau)^{-\frac{4}{3}+2\sigma} E^2. \qquad (12.2.88)$$

合并(12.2.87)及(12.2.88)二式，就得到

$$\| N(Dv, D_x Du)(\tau, \cdot) \|_{\Gamma, S-1, \frac{6}{5}} \leqslant C(1+\tau)^{-\frac{4}{3}+2\sigma} E(E + D_S(u)). \qquad (12.2.89)$$

现在记

$$H(v, Dv, D_x Du) = \hat{F}(v, Dv, D_x Du) - N(Dv, D_x Du), \qquad (12.2.90)$$

它包含一切超过二次的项. 注意到(12.2.77)式，可将其具体写为

$$\begin{aligned}
H(v, Dv, D_x Du) = \sum_{i,j=1}^{3} \bar{b}_{ij}(v, Dv) u_{x_i x_j} + 2\sum_{j=1}^{3} \bar{a}_{0j}(v, Dv) u_{t x_j} \\
+ \bar{F}(v, Dv), \qquad (12.2.91)
\end{aligned}$$

其中，$\bar{b}_{ij}(\tilde{\lambda})$，$\bar{a}_{0j}(\tilde{\lambda})$ 及 $\bar{F}(\tilde{\lambda})$ 在 $\tilde{\lambda} = (\lambda; (\lambda_i), i = 0, 1, 2, 3) = 0$ 的一个邻域中充分光滑，并满足

$$\bar{b}_{ij}(\tilde{\lambda}) = \bar{b}_{ji}(\tilde{\lambda}) \ (i, j = 1, 2, 3), \qquad (12.2.92)$$

$$\bar{b}_{ij}(\tilde{\lambda}), \bar{a}_{0j}(\tilde{\lambda}) = O(|\tilde{\lambda}|^2) \ (i, j = 1, 2, 3), \qquad (12.2.93)$$

$$\overline{F}(\tilde{\lambda}) = O(|\tilde{\lambda}|^3). \tag{12.2.94}$$

利用第五章关于乘积函数与复合函数的估计式，我们有

$$\begin{aligned}
&\| H(v, Dv, D_x Du)(\tau, \cdot) \|_{\Gamma, S-1, \frac{6}{5}} \\
&\leqslant C \| (v, Dv) \|_{\Gamma, \left[\frac{S-1}{2}\right], 6} (\| D^2 u \|_{\Gamma, S-1, 2} \| (v, Dv) \|_{\Gamma, \left[\frac{S-1}{2}\right], 6} \\
&\quad + \| (v, Dv) \|_{\Gamma, S-1, 2} \| (v, Dv, D^2 u) \|_{\Gamma, \left[\frac{S-1}{2}\right], 6}).
\end{aligned} \tag{12.2.95}$$

利用插值不等式(见第五章引理 2.4)，并利用第三章推论 4.4，且注意到 $S \geqslant 14$，就有

$$\begin{aligned}
&\| (v, Dv)(\tau, \cdot) \|_{\Gamma, \left[\frac{S-1}{2}\right], 6} \\
&\leqslant C \| (v, Dv) \|_{\Gamma, \left[\frac{S-1}{2}\right], \infty}^{\frac{2}{3}} \| (v, Dv) \|_{\Gamma, \left[\frac{S-1}{2}\right], 2}^{\frac{1}{3}} \\
&\leqslant C(1+\tau)^{-\frac{2}{3}} \| (v, Dv) \|_{\Gamma, \left[\frac{S-1}{2}\right], 2} \\
&\leqslant C(1+\tau)^{-\frac{2}{3}} \| (v, Dv)(\tau, \cdot) \|_{\Gamma, S-1, 2} \\
&\leqslant C(1+\tau)^{-\frac{2}{3}+\sigma} E
\end{aligned}$$

及类似地有

$$\| D^2 u(\tau, \cdot) \|_{\Gamma, \left[\frac{S-1}{2}\right], 6} \leqslant C(1+\tau)^{-\frac{2}{3}+\sigma} D_S(u).$$

这样，由(12.2.95)式易得

$$\| H(v, Dv, D_x Du)(\tau, \cdot) \|_{\Gamma, S-1, \frac{6}{5}} \leqslant C(1+\tau)^{-\frac{4}{3}+3\sigma} E^2 (E + D_S(u)). \tag{12.2.96}$$

由(12.2.88)及(12.2.95)式，最终我们得到了

$$\| \hat{F}(v, Dv, D_x Du)(\tau, \cdot) \|_{\Gamma, S-1, \frac{6}{5}} \leqslant C(1+\tau)^{-\frac{4}{3}+3\sigma} E(E + D_S(u)), \tag{12.2.97}$$

从而由(12.2.80)式得到

$$\| u(t, \cdot) \|_{\Gamma, S-1, 2} \leqslant C\{\varepsilon + E(E + D_S(u))\}. \tag{12.2.98}$$

最后，我们来估计 $\| (Du, D_x Du)(t, \cdot) \|_{\Gamma, S, 2}$.

对于任何给定的多重指标 $k(|k| \leqslant S)$，我们有第九章中的能量积分公式(9.2.41)，其中 G_k 及 g_k 分别由第九章(9.2.39)及(9.2.40)给出(在其中均取 $n=3$).

注意到第三章(3.1.26)式及 $S \geqslant 14$，容易看出，有

$$
\begin{aligned}
|\mathrm{I}|, |\mathrm{II}|, |\mathrm{III}| &\leqslant C\int_0^t \|(Dv, D^2v)(\tau, \cdot)\|_{L^\infty(\mathbb{R}^3)} \|D^2u(\tau, \cdot)\|^2_{\Gamma, S, 2} d\tau \\
&\leqslant C\int_0^t \|v(\tau, \cdot)\|_{\Gamma, 2, \infty} \|D^2u(\tau, \cdot)\|^2_{\Gamma, S, 2} d\tau \\
&\leqslant C\int_0^t (1+\tau)^{-1} \|v(\tau, \cdot)\|_{\Gamma, S-1, 2} \|D^2u(\tau, \cdot)\|^2_{\Gamma, S, 2} d\tau \\
&\leqslant C\int_0^t (1+\tau)^{-1+2\sigma} ED_S^2(u) d\tau \\
&\leqslant C(1+t)^{2\sigma} ED_S^2(u).
\end{aligned} \tag{12.2.99}
$$

现在来估计 $G_k(\tau, \cdot)$ 的 L^2 模.

由第五章关于乘积函数与复合函数的估计式，利用注 2.2 中之(12.2.72)式，并注意到当 $S \geqslant 14$ 时，$\left[\frac{S}{2}\right] + 3 \leqslant S-4$，易知有

$$
\begin{aligned}
&\|(\Gamma^k D(b_{ij}(v, Dv)u_{x_ix_j}) - b_{ij}(v, Dv)\Gamma^k Du_{x_ix_j})(\tau, \cdot)\|_{L^2(\mathbb{R}^3)} \\
&\leqslant C(\|(Dv, D^2v)\|_{\Gamma, \left[\frac{S}{2}\right], \infty} \|D^2u\|_{\Gamma, S, 2} \\
&\qquad + \|(Dv, D^2v)\|_{\Gamma, S, 2} \|D^2u\|_{\Gamma, \left[\frac{S}{2}\right]+1, \infty}) \\
&\leqslant C(\|v\|_{\Gamma, \left[\frac{S}{2}\right]+2, \infty} \|D^2u\|_{\Gamma, S, 2} + \|(Dv, D^2v)\|_{\Gamma, S, 2} \|u\|_{\Gamma, \left[\frac{S}{2}\right]+3, \infty}) \\
&\leqslant C(1+\tau)^{-1+\sigma} ED_S(u).
\end{aligned} \tag{12.2.100}
$$

此外，类似地有

$$
\begin{aligned}
&\|(b_{ij}(v, Dv)(\Gamma^k Du_{x_ix_j}) - (\Gamma^k Du)_{x_ix_j})(\tau, \cdot)\|_{L^2(\mathbb{R}^3)} \\
&\leqslant C\|b_{ij}(v, Dv)\|_{L^\infty(\mathbb{R}^3)} \|D^2u\|_{\Gamma, S, 2} \\
&\leqslant C\|(v, Dv)\|_{L^\infty(\mathbb{R}^3)} \|D^2u\|_{\Gamma, S, 2} \\
&\leqslant C(1+\tau)^{-1+\sigma} ED_S(u).
\end{aligned} \tag{12.2.101}
$$

对 G_k 中含 a_{0j} 的项可以同样地估计，从而就有

$$
\|G_k(\tau, \cdot)\|_{L^2(\mathbb{R}^3)} \leqslant C(1+\tau)^{-1+\sigma} ED_S(u), \tag{12.2.102}
$$

于是

$$
|\mathrm{IV}| \leqslant C(1+t)^{2\sigma} ED_S^2(u). \tag{12.2.103}
$$

最后，我们估计 $g_k(\tau, \cdot)$ 的 L^2 模.

为此目的，将第九章(9.2.40)式改写为

$$g_k = \Gamma^k DF(v, Dv) + \sum_{|l| \leqslant |k|} \widetilde{B}_{kl} \Gamma^l (\hat{F}(v, Dv, D_x Du) - F(v, 0))$$
$$+ \sum_{|l| \leqslant |k|} \widetilde{B}_{kl} \Gamma^l F(v, 0)$$
$$= \Gamma^k DF(v, Dv) + \sum_{|l| \leqslant |k|} \widetilde{B}_{kl} \Gamma^l \Big\{ \sum_{i, j=1}^{3} b_{ij}(v, Dv) u_{x_i x_j} + 2 \sum_{j=1}^{3} a_{0j}(v, Dv) u_{tx_j}$$
$$+ (F(v, Dv) - F(v, 0)) \Big\} + \sum_{|l| \leqslant |k|} \widetilde{B}_{kl} \Gamma^l F(v, 0)$$
$$\overset{\text{def.}}{=} \mathrm{I}_1 + \mathrm{I}_2 + \mathrm{I}_3. \tag{12.2.104}$$

由第五章关于乘积函数与复合函数的估计式，特别利用其中的引理 1.4，就有

$$\| \mathrm{I}_1 \|_{L^2(\mathbb{R}^3)} \leqslant C \| DF(v, Dv)(\tau, \cdot) \|_{\Gamma, S, 2}$$
$$\leqslant C(\| (v, Dv)(\tau, \cdot) \|_{\Gamma, [\frac{S}{2}], \infty} \| (Dv, D^2 v)(\tau, \cdot) \|_{\Gamma, S, 2}$$
$$+ \| (Dv, D^2 v)(\tau, \cdot) \|_{\Gamma, S, 2} \| (v, Dv)(\tau, \cdot) \|_{\Gamma, [\frac{S}{2}]+1, \infty}). \tag{12.2.105}$$

由注 2.2 中之(12.2.72)式，并注意到 $S \geqslant 14$，有

$$\| (v, Dv)(\tau, \cdot) \|_{\Gamma, [\frac{S}{2}]+1, \infty} \leqslant C \| v \|_{\Gamma, [\frac{S}{2}]+2, \infty}$$
$$\leqslant C \| v \|_{\Gamma, S-4, \infty} \leqslant C(1+\tau)^{-1} E,$$

于是可得

$$\| \mathrm{I}_1 \|_{L^2(\mathbb{R}^3)} \leqslant C(1+\tau)^{-1+\sigma} E^2. \tag{12.2.106}$$

类似地，有

$$\| \mathrm{I}_2 \|_{L^2(\mathbb{R}^3)}$$
$$\leqslant C \Big\{ \| (v, Dv)(\tau, \cdot) \|_{\Gamma, [\frac{S}{2}], \infty} (\| D^2 u(\tau, \cdot) \|_{\Gamma, S, 2} + \| Dv(\tau, \cdot) \|_{\Gamma, S, 2})$$
$$+ \| (Dv, D^2 v)(\tau, \cdot) \|_{\Gamma, S, 2} (\| Du(\tau, \cdot) \|_{\Gamma, [\frac{S}{2}]+1, \infty} + \| v(\tau, \cdot) \|_{\Gamma, [\frac{S}{2}]+1, \infty}) \Big\}$$
$$\leqslant C(1+\tau)^{-1+\sigma} E(E + D_S(u)). \tag{12.2.107}$$

此外，由零条件假设(见引理 2.1)，显然有

$$F(v, 0) = O(|v|^3), \tag{12.2.108}$$

因此

$$\| \mathrm{I}_3 \|_{L^2(\mathbb{R}^3)} \leqslant C \| F(v, 0)(\tau, \cdot) \|_{\Gamma, S, 2}$$

$$\leqslant C \sum_{\substack{|k_1|+|k_2|+|k_3| \leqslant S \\ |k_1| \leqslant |k_2| \leqslant |k_3|}} \| \Gamma^{k_1} v \cdot \Gamma^{k_2} v \cdot \Gamma^{k_3} v(\tau, \cdot) \|_{L^2(\mathbb{R}^3)}. \tag{12.2.109}$$

由注 2.2 中之(12.2.71)式，并注意到在 $S \geqslant 14$ 时，$|k_1|+|k_2| \leqslant \left[\frac{S}{2}\right] \leqslant S-4$，有

$$\begin{aligned} |\Gamma^k v(t, x)| &\leqslant C(1+t)^{-1}(1+|t-|x||)^{-\frac{1}{2}} D_S(v) \\ &\leqslant C(1+t)^{-1}(1+|t-|x||)^{-\frac{1}{2}} E \quad (\text{其中 } k = k_1, k_2), \end{aligned}$$

从而，利用第五章引理 1.3 中之(5.1.28)式，就有

$$\begin{aligned} \| \mathrm{I}_3 \|_{L^2(\mathbb{R}^3)} &\leqslant C(1+\tau)^{-2} E^2 \left\| \frac{\Gamma^{k_3} v(\tau, \cdot)}{1+|\tau-|\cdot||} \right\|_{L^2(\mathbb{R}^3)} \\ &\leqslant C(1+\tau)^{-2} E^2 \| Dv(\tau, \cdot) \|_{\Gamma, S, 2} \\ &\leqslant C(1+\tau)^{-2+\sigma} E^3. \end{aligned} \tag{12.2.110}$$

综合(12.2.106)，(12.2.107)及(12.2.110)式，由(12.2.104)式就得到

$$\| g_k(\tau, \cdot) \|_{L^2(\mathbb{R}^3)} \leqslant C(1+\tau)^{-1+\sigma} E(E + D_S(u)), \tag{12.2.111}$$

从而

$$|\mathrm{V}| \leqslant C(1+t)^{2\sigma} E D_S(u)(E + D_S(u)). \tag{12.2.112}$$

与第九章中类似，利用(12.2.99)，(12.2.103)及(12.2.112)诸式，就可得到

$$\| D^2 u(t, \cdot) \|_{\Gamma, S, 2} \leqslant C(1+t)^{\sigma} \{\varepsilon + \sqrt{E}(E + D_S(u))\}. \tag{12.2.113}$$

同样，用与第九章中类似的方式可得

$$\| Du(t, \cdot) \|_{\Gamma, S, 2} \leqslant C(1+t)^{\sigma} \{\varepsilon + \sqrt{E}(E + D_S(u))\}. \tag{12.2.114}$$

综合(12.2.98)及(12.2.113)-(12.2.114)式，就得到所要证明的(12.2.79)式.

引理 2.4 证毕.

§3. 二维非线性波动方程的零条件及经典解的整体存在性

3.1. 引言

考虑二维非线性波动方程

$$\Box u=\hat{F}(u,\,Du,\,D_x Du),\tag{12.3.1}$$

其中 $\Box=\dfrac{\partial^2}{\partial t^2}-\sum\limits_{i=1}^{2}\dfrac{\partial^2}{\partial x_i^2}$ 为二维波动算子,$D=\left(\dfrac{\partial}{\partial t},\dfrac{\partial}{\partial x_1},\dfrac{\partial}{\partial x_2}\right)$, $D_x=\left(\dfrac{\partial}{\partial x_1},\dfrac{\partial}{\partial x_2}\right)$,而

$$\begin{aligned}\hat{F}(u,\,Du,\,D_x Du)=&\sum_{i,\,j=1}^{2}b_{ij}(u,\,Du)u_{x_ix_j}+2\sum_{j=1}^{2}a_{0j}(u,\,Du)u_{tx_j}\\&+F(u,\,Du).\end{aligned}\tag{12.3.2}$$

记

$$\tilde{\lambda}=(\lambda;\,(\lambda_i),\,i=0,\,1,\,2).\tag{12.3.3}$$

假设在 $\tilde{\lambda}=0$ 的一个邻域中,例如说对 $|\tilde{\lambda}|\leqslant\nu_0$, $b_{ij}(\tilde{\lambda})$, $a_{0j}(\tilde{\lambda})$ 及 $F(\tilde{\lambda})$ 是充分光滑的函数,并满足

$$b_{ij}(\tilde{\lambda})=b_{ji}(\tilde{\lambda})\ (i,\,j=1,\,2),\tag{12.3.4}$$

$$b_{ij}(\tilde{\lambda}),\,a_{0j}(\tilde{\lambda})=O(|\tilde{\lambda}|^2)\ (i,\,j=1,\,2),\tag{12.3.5}$$

$$F(\tilde{\lambda})=O(|\tilde{\lambda}|^3)\tag{12.3.6}$$

及

$$\sum_{i,\,j=1}^{2}a_{ij}(\tilde{\lambda})\xi_i\xi_j\geqslant m_0|\xi|^2,\ \forall\xi\in\mathbb{R}^2,\tag{12.3.7}$$

其中,m_0 是一个正常数,且

$$a_{ij}(\tilde{\lambda})=\delta_{ij}+b_{ij}(\tilde{\lambda})\ (i,\,j=1,\,2),\tag{12.3.8}$$

而 δ_{ij} 为 Kronecker 记号.

在上述假设下,(12.3.1)是一个(至少)具三次非线性(相应的 $\alpha=2$)的二维拟线性波动方程. 记

$$\hat{F}(u, Du, D_x Du) = C(u, Du, D_x Du) + H(u, Du, D_x Du), \tag{12.3.9}$$

其中，$C(u, Du, D_x Du)$ 为所含变量的三次函数，且关于 $D_x Du$ 为仿射，而 $H(u, Du, D_x Du)$ 为高阶项. 注意到(12.3.2)式，$H(u, Du, D_x Du)$可写为

$$H(u, Du, D_x Du) = \sum_{i,j=1}^{2} \bar{b}_{ij}(u, Du) u_{x_i x_j} + 2\sum_{j=1}^{2} \bar{a}_{0j}(u, Du) u_{tx_j} + \bar{F}(u, Du), \tag{12.3.10}$$

其中，$\bar{b}_{ij}(\tilde{\lambda})$，$\bar{a}_{0j}(\tilde{\lambda})$ 及$\bar{F}(\tilde{\lambda})$ 在$\tilde{\lambda} = (\lambda;\ (\lambda_i),\ i = 0, 1, 2) = 0$ 的一个邻域中充分光滑，且满足

$$\bar{b}_{ij}(\tilde{\lambda}) = \bar{b}_{ji}(\tilde{\lambda})\ (i, j = 1, 2), \tag{12.3.11}$$

$$\bar{b}_{ij}(\tilde{\lambda}),\ \bar{a}_{0j}(\tilde{\lambda}) = O(|\tilde{\lambda}|^3)\ (i, j = 1, 2), \tag{12.3.12}$$

$$\bar{F}(\tilde{\lambda}) = O(|\tilde{\lambda}|^4). \tag{12.3.13}$$

(12.3.10)式可改写为

$$H(u, Du, D_x Du) = H_1(u, Du) D_x Du + H_2(u, Du) Du + H_3(u), \tag{12.3.14}$$

其中

$$H_1(u, Du) D_x Du = \sum_{i,j=1}^{2} \bar{b}_{ij}(u, Du) u_{x_i x_j} + 2\sum_{j=1}^{2} \bar{a}_{0j}(u, Du) u_{tx_j}, \tag{12.3.15}$$

$$H_2(u, Du) Du = \bar{F}(u, Du) - \bar{F}(u, 0) \tag{12.3.16}$$

及

$$H_3(u) = \bar{F}(u, 0). \tag{12.3.17}$$

由(12.3.12)-(12.3.13)式，有

$$H_1(\hat{\lambda}) = O(|\hat{\lambda}|^3),\ H_2(\tilde{\lambda}) = O(|\tilde{\lambda}|^3) \tag{12.3.18}$$

及

$$H_3(\lambda) = O(|\lambda|^4), \tag{12.3.19}$$

其中 $\hat{\lambda} = (\lambda;\ (\lambda_i),\ i = 0, 1, 2;\ (\lambda_{ij}),\ i, j = 0, 1, 2,\ i + j \geqslant 1)$ 及$\tilde{\lambda} = (\lambda;\ (\lambda_i),\ i = 0, 1, 2)$.

对具(至少)三次非线性 ($\alpha = 2$) 的二维拟线性波动方程(12.3.1),考察其具小初值

$$t = 0: u = \varepsilon\varphi(x), u_t = \varepsilon\psi(x) \tag{12.3.20}$$

的 Cauchy 问题,其中

$$\varphi, \psi \in C_0^\infty(\mathbb{R}^2), \tag{12.3.21}$$

且

$$\operatorname{supp}\{\varphi, \psi\} \subseteq \{x \mid |x| \leqslant \rho\} \ (\rho > 0 \text{ 为常数}), \tag{12.3.22}$$

而 $\varepsilon > 0$ 是一个小参数.

由第十章中之结果,在 $n = 2$ 及 $\alpha = 2$ 时, Cauchy 问题(12.3.1)及(12.3.20)的经典解的生命跨度在一般的情况下只有如下之下界估计:

$$\widetilde{T}(\varepsilon) \geqslant b\varepsilon^{-6}, \tag{12.3.23}$$

其中 b 是一个与 ε 无关的正常数;即使在非线性右端项不显含 u 时:

$$\hat{F} = \hat{F}(Du, D_x Du), \tag{12.3.24}$$

经典解的生命跨度也只有如下指数型的下界估计:

$$\widetilde{T}(\varepsilon) \geqslant \exp\{a\varepsilon^{-2}\}, \tag{12.3.25}$$

其中 a 是一个与 ε 无关的正常数. 但是,下面将要证明:只要方程右端项 $\hat{F}(u, Du, D_x Du)$ 的三次非线性部分 $C(u, Du, D_x Du)$ 满足适当的零条件,就可保证 Cauchy 问题(12.3.1)及(12.3.20)具有整体经典解. 这个结果最早见于周忆 1992 年的博士论文,但未正式发表,直到 1995 年 A. Hoshiga 在其文章(见[20])中才正式给出了相应的证明.

参见引理 2.1 中之(12.2.24)式,三次项 $C(u, Du, D_x Du)$ 所满足的零条件由如下的形式表示:

$$C(u, Du, D_x u) = \sum_{i, a, b} c_{iab}(u, Du) N_{ab}(\partial_i u, u) + \sum_i c_i(u, Du) N_0(\partial_i u, u) + c(u, Du, D_x Du) N_0(u, u), \tag{12.3.26}$$

于此及今后 $a, b, \cdots = 0, 1, 2$; $i, j, \cdots = 1, 2$, N_0 及 N_{ab} 分别由(12.2.22)及(12.2.23)式定义,而 c_{iab}, c_i 及 c 均为所含变量的线性齐次函数. 此外,对于高次项 $H(u, Du, D_x Du)$ 的表达式(12.3.14),在此情况下,有

$$H_3(u) = \bar{F}(u, 0) = F(u, 0) \stackrel{\text{def.}}{=\!=} F(u), \tag{12.3.27}$$

并假设成立

$$H_1(\lambda, 0), H_2(\lambda, 0) = O(|\lambda|^4) \tag{12.3.28}$$

及

$$F(\lambda) = H_3(\lambda) = O(|\lambda|^6). \tag{12.3.29}$$

注 3.1　对(至少)具二次非线性(相应的 $\alpha = 1$)的二维拟线性波动方程具小初值的 Cauchy 问题(12.3.1)及(12.3.20),由第十章中的结果,其经典解的生命跨度,即使在(12.3.24)式成立的特殊条件下,也只有如下的下界估计:

$$\widetilde{T}(\varepsilon) \geqslant b\varepsilon^{-2}, \tag{12.3.30}$$

其中 b 是一个与 ε 无关的正常数.此时,对零条件的研究更为困难,目前仅有 S. Alinhac在一特殊情况下的结果,见第十五章 §2.1(参见[3]).

3.2. 度量空间 $X_{S,E}$. 主要结果

由 Sobolev 嵌入定理,存在适当小的 $E_0 > 0$,使成立

$$\| f \|_{L^\infty(\mathbb{R}^2)} \leqslant \nu_0,\ \forall f \in H^2(\mathbb{R}^2),\ \| f \|_{H^2(\mathbb{R}^2)} \leqslant E_0. \tag{12.3.31}$$

对于任何给定的整数 $S \geqslant 8$ 及任何给定的正数 $E(\leqslant E_0)$,引入函数集合

$$X_{S,E} = \{ v(t, x) \mid D_S(v) \leqslant E,\ \partial_t^l v(0, x) = u_l^{(0)}(x) \\ (l = 0, 1, \cdots, S+1) \}, \tag{12.3.32}$$

这里

$$D_S(v) = \sup_{t \geqslant 0} (1+t)^{-\sigma} \| (Dv, D^2 v)(t, \cdot) \|_{\Gamma, S, 2} \\ + \sup_{t \geqslant 0} (1+t)^{-\frac{1}{2}-2\sigma} \| v(t, \cdot) \|_{\Gamma, S, 2} + \sup_{t \geqslant 0} (1+t)^{\frac{1}{2}} \| v(t, \cdot) \|_{\Gamma, S-2, \infty}, \tag{12.3.33}$$

其中 σ 为一个适当小的正数$\left(\text{例如可取 } \sigma = \dfrac{1}{100}\right)$, $u_l^{(0)}(x)$ $(l = 0, 1, \cdots, S+1)$ 的定义如 §2.3.

在 $X_{S,E}$ 上引入如下的度量:

$$\rho(\bar{v}, \bar{\bar{v}}) = D_S(\bar{v} - \bar{\bar{v}}),\ \forall \bar{v}, \bar{\bar{v}} \in X_{S,E}, \tag{12.3.34}$$

当 $\varepsilon > 0$ 适当小时, $X_{S,E}$ 是一个非空的完备度量空间. 以 $\widetilde{X}_{S,E}$ 记 $X_{S,E}$ 的一个子

集,它由 $X_{S,E}$ 中对任何给定的 $t \geqslant 0$, 对变量 x 的支集不超过 $\{x \mid |x| \leqslant t+\rho\}$ 的一切元素组成.

本节的主要结果为如下的

定理 3.1 在假设(12.3.4)-(12.3.8)及(12.3.21)-(12.3.22)下,进一步假设非线性右端项 $\hat{F}(u, Du, D_x Du)$ 满足前述的零条件,即其中的三次非线性项 $C(u, Du, D_x Du)$ 由(12.3.26)式给出,而高次非线性项 $H(u, Du, D_x Du)$ 并满足(12.3.28)-(12.3.29)式. 则对于任意给定的整数 $S \geqslant 8$,存在与 $\rho > 0$ 有关的正常数 ε_0 及 C_0 使 $C_0\varepsilon_0 \leqslant E_0$,且对于任何给定的 $\varepsilon \in (0, \varepsilon_0]$, Cauchy 问题(12.3.1)及(12.3.20)在 $t \geqslant 0$ 上存在唯一的整体经典解 $u = u(t, x) \in \widetilde{X}_{S, C_0\varepsilon}$. 此外,在必要时修改对 t 在一零测集上的数值后,对任何给定的 $T > 0$, 成立

$$u \in \mathrm{C}([0, T]; H^{S+1}(\mathbb{R}^2)), \tag{12.3.35}$$

$$u_t \in \mathrm{C}([0, T]; H^{S}(\mathbb{R}^2)), \tag{12.3.36}$$

$$u_{tt} \in \mathrm{C}([0, T]; H^{S-1}(\mathbb{R}^2)). \tag{12.3.37}$$

为用整体迭代法证明定理 3.1,对任何给定的 $v \in \widetilde{X}_{S,E}$, 由求解下述线性双曲型方程

$$\Box u = \hat{F}(v, Dv, D_x Du)$$
$$\stackrel{\text{def.}}{=} \sum_{i,j=1}^{2} b_{ij}(v, Dv) u_{x_i x_j} + 2\sum_{j=1}^{2} a_{0j}(v, Dv) u_{t x_j} + F(v, Dv) \tag{12.3.38}$$

具初值(12.3.20)的 Cauchy 问题,定义一个映照

$$M: v \longrightarrow u = Mv. \tag{12.3.39}$$

我们要证明: 当 $\varepsilon > 0$ 适当小时,可找到正常数 C_0,使当 $E = C_0\varepsilon$ 时, M 在 $\widetilde{X}_{S,E}$ 中具有一个唯一的不动点, 它就是 Cauchy 问题(12.3.1)及(12.3.20)在 $t \geqslant 0$ 上的整体经典解.

为证明上述结论,关键是证明下述两个引理.

引理 3.1 在定理 3.1 的假设下,当 $E > 0$ 适当小时,对任何给定的 $v \in \widetilde{X}_{S,E}$, $u = Mv$ 满足

$$D_S(u) \leqslant C_1\{\varepsilon + E(E + D_S(u))\}, \tag{12.3.40}$$

其中 C_1 是一个与 ε 无关、但可与 $\rho > 0$ 有关的正常数.

引理 3.2 在引理 3.1 的假设下,对任何给定的 $\bar{v}$, $\bar{\bar{v}} \in \widetilde{X}_{S,E}$,若 $\bar{u} = M\bar{v}$ 及 $\bar{\bar{u}} = M\bar{\bar{v}}$ 亦满足 $\bar{u}$, $\bar{\bar{u}} \in \widetilde{X}_{S,E}$, 则成立

$$D_{S-1}(\overline{u}-\overline{\overline{u}}) \leqslant C_2 E(D_{S-1}(\overline{u}-\overline{\overline{u}})+D_{S-1}(\overline{v}-\overline{\overline{v}})), \quad (12.3.41)$$

其中 C_2 是一个与 ε 无关、但可与 $\rho>0$ 有关的正常数.

3.3. 引理 3.1 及引理 3.2 的证明

下面我们只证明引理 3.1. 引理 3.2 的证明可类似地进行.

首先估计 $\| u(t,\cdot)\|_{\Gamma, S-2, \infty}$.

由波动方程的解的 L^1-L^∞ 估计式(见第四章定理 6.1 及定理 6.2,并在其中取 $n=2,\ l=0$),易知有

$$\begin{aligned}&\| u(t,\cdot)\|_{\Gamma, S-2, \infty}\\ \leqslant\ & C(1+t)^{-\frac{1}{2}}\left(\varepsilon+\int_0^t (1+\tau)^{-\frac{1}{2}} \| \hat{F}(v, Dv, D_x Du)(\tau,\cdot)\|_{\Gamma, S-1, 1}\mathrm{d}\tau\right).\end{aligned} \quad (12.3.42)$$

为估计 $\| \hat{F}(v, Dv, D_x Du)(\tau,\cdot)\|_{\Gamma, S-1, 1}$,首先估计 $\| C(v, Dv, D_x Du)(\tau,\cdot)\|_{\Gamma, S-1, 1}$. 由(12.3.26)式,为此只需估计 $\| (v, Dv)N(\partial_i u, v)(\tau,\cdot)\|_{\Gamma, S-1, 1}$ 及 $\| (v, Dv, D_x Du)N_0(v, v)(\tau,\cdot)\|_{\Gamma, S-1, 1}$,其中仍以 $N(\partial_i u, v)$ 记零形式 $N_0(\partial_i u, v)$ 及 $N_{ab}(\partial_i u, v)$.

由第五章关于乘积函数与复合函数的估计式,有

$$\begin{aligned}&\| (v, Dv)N(\partial_i u, v)(\tau,\cdot)\|_{\Gamma, S-1, 1}\\ \leqslant\ & C\big(\| (v, Dv)\|_{\Gamma, [\frac{S-1}{2}], \infty} \| N(\partial_i u, v)\|_{\Gamma, S-1, 1}\\ &+\| (v, Dv)\|_{\Gamma, S-1, 2} \| N(\partial_i u, v)\|_{\Gamma, S-1, 2}\big).\end{aligned} \quad (12.3.43)$$

由引理 2.3,有

$$\| N(\partial_i u, v)\|_{\Gamma, S-1, 1} \leqslant C \sum_{|k_1|+|k_2|\leqslant S-1} \| N(\Gamma^{k_1}\partial_i u, \Gamma^{k_2} v)\|_{L^1(\mathbb{R}^2)}, \quad (12.3.44)$$

而由引理 2.2,仍成立(12.2.81)式. 从而,类似于(12.2.86)的证明,在 $S\geqslant 8$ 时可以得到

$$\| N(\partial_i u, v)(\tau,\cdot)\|_{\Gamma, S-1, 1} \leqslant C(1+\tau)^{-1+2\sigma} E D_S(u). \quad (12.3.45)$$

类似地,可证明

$$\| N(\partial_i u, v)(\tau,\cdot)\|_{\Gamma, S-1, 2} \leqslant C(1+\tau)^{-\frac{3}{2}+2\sigma} E D_S(u). \quad (12.3.46)$$

这样，由(12.3.43)式，并注意到在 $S \geqslant 8$ 时有

$$\begin{aligned}\|(v, Dv)(\tau, \cdot)\|_{\Gamma, [\frac{S-1}{2}], \infty} &\leqslant C\|v\|_{\Gamma, [\frac{S-1}{2}]+1, \infty} \\ &\leqslant C\|v\|_{\Gamma, S-2, \infty} \leqslant C(1+\tau)^{-\frac{1}{2}}E,\end{aligned} \tag{12.3.47}$$

就可得到

$$\|(v, Dv)N(\partial_i u, v)(\tau, \cdot)\|_{\Gamma, S-1, 1} \leqslant C(1+\tau)^{-1+4\sigma}E^2 D_S(u). \tag{12.3.48}$$

类似地可得

$$\begin{aligned}&\|(v, Dv, D_x Du)N_0(v, v)(\tau, \cdot)\|_{\Gamma, S-1, 1} \\ \leqslant\ & C(1+\tau)^{-1+4\sigma}E^2(E+D_S(u)).\end{aligned} \tag{12.3.49}$$

这样，就有

$$\begin{aligned}&\|C(v, Dv, D_x Du)(\tau, \cdot)\|_{\Gamma, S-1, 1} \\ \leqslant\ & C(1+\tau)^{-1+4\sigma}E^2(E+D_S(u)).\end{aligned} \tag{12.3.50}$$

下面估计 $\|H(v, Dv, D_x Du)(\tau, \cdot)\|_{\Gamma, S-1, 1}$.

由(12.3.14)式并注意到(12.3.27)式，有

$$\begin{aligned}&H(v, Dv, D_x Du) \\ =\ & H_1(v, Dv)D_x Du + H_2(v, Dv)Dv + F(v) \\ =\ & (H_1(v, Dv) - H_1(v, 0))D_x Du + (H_2(v, Dv) - H_2(v, 0))Dv \\ & + H_1(v, 0)D_x Du + H_2(v, 0)Dv + F(v) \\ \stackrel{\text{def.}}{=}\ & \bar{H}_1(v, Dv)DvD_x Du + \bar{H}_2(v, Dv)(Dv)^2 \\ & + H_1(v, 0)D_x Du + H_2(v, 0)Dv + F(v),\end{aligned} \tag{12.3.51}$$

其中

$$\bar{H}_1(\tilde{\lambda}),\ \bar{H}_2(\tilde{\lambda}) = O(|\tilde{\lambda}|^2). \tag{12.3.52}$$

利用第五章关于乘积函数与复合函数的估计式，特别是其中的引理 1.4，就有

$$\begin{aligned}&\|\bar{H}_1(v, Dv)DvD_x Du\|_{\Gamma, S-1, 1} \\ \leqslant\ & C\|(v, Dv)^2 Dv\|_{\Gamma, S-1, 2}\|D^2 u\|_{\Gamma, S-1, 2} \\ \leqslant\ & C(\|(v, Dv)^2\|_{\Gamma, [\frac{S-1}{2}], \infty}\|Dv\|_{\Gamma, S-1, 2} \\ & + \|(v, Dv)(Dv, D^2 v)\|_{\Gamma, S-1, 2}\|v\|_{\Gamma, [\frac{S-1}{2}]+1, \infty})\|D^2 u\|_{\Gamma, S, 2},\end{aligned}$$

同理，有

$$
\begin{aligned}
&\|(v,\ Dv)(Dv,\ D^2v)\|_{\Gamma,\ S-1,\ 2}\\
\leqslant\ & C(\|(v,\ Dv)\|_{\Gamma,\ \left[\frac{S-1}{2}\right],\ \infty}\|(Dv,\ D^2v)\|_{\Gamma,\ S-1,\ 2}\\
&+\|(Dv,\ D^2v)\|_{\Gamma,\ S-1,\ 2}\|(v,\ Dv)\|_{\Gamma,\ \left[\frac{S-1}{2}\right]+1,\ \infty}).
\end{aligned}
$$

注意到 $\|(v,\ Dv)^2\|_{\Gamma,\ \left[\frac{S-1}{2}\right],\ \infty}\leqslant C\|(v,\ Dv)\|^2_{\Gamma,\ \left[\frac{S-1}{2}\right],\ \infty}$，且当 $S\geqslant 8$ 时，$\left[\dfrac{S-1}{2}\right]+2\leqslant S-2$，就可得到

$$
\|\bar{H}_1(v,\ Dv)DvD_xDu(\tau,\ \cdot)\|_{\Gamma,\ S-1,\ 1}\leqslant C(1+\tau)^{-1+2\sigma}E^3D_S(u).
\tag{12.3.53}
$$

类似地，有

$$
\|\bar{H}_2(v,\ Dv)(Dv)^2(\tau,\ \cdot)\|_{\Gamma,\ S-1,\ 1}\leqslant C(1+\tau)^{-1+2\sigma}E^4.
\tag{12.3.54}
$$

此外，利用第三章引理 1.4，并注意到假设(12.3.28)式，有

$$
\begin{aligned}
&\|H_1(v,\ 0)D_xDu(\tau,\ \cdot)\|_{\Gamma,\ S-1,\ 1}\\
\leqslant\ & C(\|v^4\|_{\Gamma,\ \left[\frac{S-1}{2}\right],\ 2}\|D^2u\|_{\Gamma,\ S-1,\ 2}+\|v^3Dv\|_{\Gamma,\ S-1,\ 2}\|Du\|_{\Gamma,\ \left[\frac{S-1}{2}\right]+1,\ 2}).
\end{aligned}
$$

连续使用第三章引理 1.4，有

$$
\|v^3Dv\|_{\Gamma,\ S-1,\ 2}\leqslant C\|v\|^3_{\Gamma,\ \left[\frac{S-1}{2}\right]+1,\ \infty}\|Dv\|_{\Gamma,\ S-1,\ 2};
$$

此外，易见

$$
\|v^4\|_{\Gamma,\ \left[\frac{S-1}{2}\right],\ 2}\leqslant C\|v\|^3_{\Gamma,\ \left[\frac{S-1}{2}\right],\ \infty}\|v\|_{\Gamma,\ \left[\frac{S-1}{2}\right],\ 2}.
$$

于是，注意到 $S\geqslant 8$ 就易得

$$
\begin{aligned}
&\|H_1(v,\ 0)D_xDu(\tau,\ \cdot)\|_{\Gamma,\ S-1,\ 1}\\
\leqslant\ & C\|v\|^3_{\Gamma,\ S-2,\ \infty}(\|v\|_{\Gamma,\ S,\ 2}+\|Dv\|_{\Gamma,\ S,\ 2})\|Du\|_{\Gamma,\ S,\ 2}\\
\leqslant\ & C(1+\tau)^{-1+3\sigma}E^4D_S(u).
\end{aligned}
\tag{12.3.55}
$$

同理，有

$$
\|H_2(v,\ 0)Dv(\tau,\ \cdot)\|_{\Gamma,\ S-1,\ 1}\leqslant C(1+\tau)^{-1+3\sigma}E^5.
\tag{12.3.56}
$$

最后，由假设(12.3.29)，有

$$
\|F(v)(\tau,\ \cdot)\|_{\Gamma,\ S-1,\ 1}\leqslant C\|v\|^4_{\Gamma,\ \left[\frac{S-1}{2}\right],\ \infty}\|v\|^2_{\Gamma,\ S,\ 2}\leqslant C(1+\tau)^{-1+4\sigma}E^6.
\tag{12.3.57}
$$

合并(12. 3. 53)-(12. 3. 57)式，就得到

$$\| H(v, Dv, D_x Du)(\tau, \cdot) \|_{\Gamma, S-1, 1} \leqslant C(1+\tau)^{-1+4\sigma} E^3 (E + D_S(u)). \tag{12.3.58}$$

再注意到(12. 3. 50)式，就有

$$\| \hat{F}(v, Dv, D_x Du)(\tau, \cdot) \|_{\Gamma, S-1, 1} \leqslant C(1+\tau)^{-1+4\sigma} E^2 (E + D_S(u)),$$

从而由(12. 3. 42)式可得

$$\| u(t, \cdot) \|_{\Gamma, S-2, \infty} \leqslant C(1+t)^{-\frac{1}{2}} \{\varepsilon + E^2 (E + D_S(u))\}. \tag{12.3.59}$$

下面估计 $\| u(t, \cdot) \|_{\Gamma, S, 2}$.

注意到 $\alpha = 2$，且由假设(12. 3. 29)易知第十章中的(10. 1. 23)式成立，因此，可将$\hat{F}(v, Dv, D_x Du)$写为第十章(10. 4. 10)式的形式，即

$$\begin{aligned} \hat{F}(v, Dv, D_x Du) = & \sum_{i=0}^{2} \partial_i \hat{G}_i(v, Du) + \sum_{i, j=0}^{2} \hat{A}_{ij}(v) v_{x_i} u_{x_j} \\ & + \sum_{\substack{i, j, m=0 \\ j+m \geqslant 1}}^{2} \hat{B}_{ijm}(v, Dv) v_{x_i} u_{x_j x_m} + \sum_{i, j=0}^{2} \hat{C}_{ij}(v, Dv) v_{x_i} v_{x_j} \\ & + F(v), \end{aligned} \tag{12.3.60}$$

且第十章中相应的(10. 4. 12)-(10. 4. 14)式成立，即有

$$\hat{G}_i(\bar{\lambda}) = O(|\bar{\lambda}|^3),\ i = 0, 1, 2;\ \bar{\lambda} = (v, Du), \tag{12.3.61}$$

且 $\hat{G}_i(v, Du)(i = 0, 1, 2)$ 关于 Du 为仿射，

$$\hat{A}_{ij}(v) = O(|v|),\ i, j = 0, 1, 2, \tag{12.3.62}$$

而

$$\hat{B}_{ijm}(\tilde{\lambda}), \hat{C}_{ij}(\tilde{\lambda}) = O(|\tilde{\lambda}|),\ i, j, m = 0, 1, 2;\ \tilde{\lambda} = (v, Dv), \tag{12.3.63}$$

但第十章中的(10. 4. 11)式则应由本节的(12. 3. 29)式代替.

这样，和第十章 § 4 一样，Cauchy 问题(12. 3. 38)及(12. 3. 20)的解 $u = Mv$ 可写为

$$u = u_1 + u_2 + u_3, \tag{12.3.64}$$

其中 u_1 是方程

$$\Box u_1 = \sum_{i=0}^{2} \partial_i \hat{G}_i(v, Du) \tag{12.3.65}$$

具零初始条件的解，u_2 是方程

$$\Box u_2 = Q(v, Dv, Du, D_x Du) \tag{12.3.66}$$

具与 u 同样初值(12.3.20)的解，其中

$$\begin{aligned} & Q(v, Dv, Du, D_x Du) \\ & = \sum_{i,j=0}^{2} \hat{A}_{ij}(v) v_{x_i} u_{x_j} + \sum_{\substack{i,j,m=0 \\ j+m \geqslant 1}}^{2} \hat{B}_{ijm}(v, Dv) v_{x_i} u_{x_j x_m} \\ & \quad + \sum_{i,j=0}^{2} \hat{C}_{ij}(v, Dv) v_{x_i} v_{x_j}, \end{aligned} \tag{12.3.67}$$

而 u_3 是方程

$$\Box u_3 = F(v) \tag{12.3.68}$$

具零初始条件的解.

和第十章(10.4.25)-(10.4.26)式一样，可得

$$\| u_1(t, \cdot) \|_{\Gamma, S, 2} \leqslant C\Big(\varepsilon^2 \sqrt{\ln(2+t)} + \sum_{i=0}^{2} \int_0^t \| \hat{G}_i(v, Du)(\tau, \cdot) \|_{\Gamma, S, 2} \mathrm{d}\tau\Big), \tag{12.3.69}$$

而

$$\begin{aligned} & \sum_{i=0}^{2} \| \hat{G}_i(v, Du)(\tau, \cdot) \|_{\Gamma, S, 2} \\ \leqslant & C(\| v(\tau, \cdot) \|^2_{\Gamma, [\frac{S}{2}], \infty} \| (v, Du)(\tau, \cdot) \|_{\Gamma, S, 2} \\ & + \| v(\tau, \cdot) \|_{\Gamma, [\frac{S}{2}], \infty} \| Du(\tau, \cdot) \|_{\Gamma, [\frac{S}{2}], \infty} \| v(\tau, \cdot) \|_{\Gamma, S, 2}). \end{aligned} \tag{12.3.70}$$

注意到当 $S \geqslant 8$ 时，

$$\| v(\tau, \cdot) \|_{\Gamma, [\frac{S}{2}], \infty} \leqslant C \| v(\tau, \cdot) \|_{\Gamma, S-2, \infty} \leqslant C(1+\tau)^{-\frac{1}{2}} E$$

及

$$\begin{aligned} \| Du(\tau, \cdot) \|_{\Gamma, [\frac{S}{2}], \infty} & \leqslant C \| u(\tau, \cdot) \|_{\Gamma, [\frac{S}{2}]+1, \infty} \\ & \leqslant C \| u(\tau, \cdot) \|_{\Gamma, S-2, \infty} \leqslant C(1+\tau)^{-\frac{1}{2}} D_S(u), \end{aligned}$$

就有

$$\sum_{i=0}^{2} \| \hat{G}_i(v, Du)(\tau, \cdot) \|_{\Gamma, S, 2} \leqslant C(1+\tau)^{-\frac{1}{2}+2\sigma} E^2 (E + D_S(u)),$$

(12.3.71)

从而由(12.3.69)式可得

$$\| u_1(t, \cdot) \|_{\Gamma, S, 2} \leqslant C(1+t)^{\frac{1}{2}+2\sigma} \{\varepsilon + E^2 (E + D_S(u))\}. \quad (12.3.72)$$

此外,由第十章(10.4.31)式,有

$$\begin{aligned} & \| u_2(t, \cdot) \|_{\Gamma, S, 2} \\ \leqslant & C(1+t)^{\frac{1}{3}} \Big\{ \varepsilon + \int_0^t (\| Q(v, Dv, Du, D_x Du)(\tau, \cdot) \|_{\Gamma, S, \frac{6}{5}, \chi_1} \\ & + (1+\tau)^{-\frac{1}{3}} \| Q(v, Dv, Du, D_x Du)(\tau, \cdot) \|_{\Gamma, S, 1, 2, \chi_2}) \mathrm{d}\tau \Big\}, \end{aligned}$$

(12.3.73)

其中 χ_1 为集合 $\left\{(t, x) \,\middle|\, |x| \leqslant \frac{1+t}{2}\right\}$ 的特征函数,$\chi_2 = 1 - \chi_1$,而 $Q(v, Dv, Du, D_x Du)$由第十章(10.4.18)式给出.

由第十章(10.4.35)式,有

$$\begin{aligned} & \| \hat{A}_{ij}(v) v_{x_i} u_{x_j}(\tau, \cdot) \|_{\Gamma, S, \frac{6}{5}, \chi_1} \\ \leqslant & C\{ \| v(\tau, \cdot) \|_{\Gamma, [\frac{S}{2}], \infty} \| Dv(\tau, \cdot) \|_{\Gamma, [\frac{S}{2}], 3, \chi_1} \| Du(\tau, \cdot) \|_{\Gamma, S, 2} \\ & + \| vDv(\tau, \cdot) \|_{\Gamma, S, 2} \| Du(\tau, \cdot) \|_{\Gamma, [\frac{S}{2}], 3, \chi_1} \}. \end{aligned} \quad (12.3.74)$$

利用插值不等式(见第五章引理 2.4),并利用第三章推论 4.1 之 1° $\left(\text{在其中取 } n = 2,\ p = 2,\ N = \left[\frac{S}{2}\right],\ s = 2\right)$,有

$$\begin{aligned} & \| Dv(\tau, \cdot) \|_{\Gamma, [\frac{S}{2}], 3, \chi_1} \\ \leqslant & C \| Dv(\tau, \cdot) \|^{\frac{1}{3}}_{\Gamma, [\frac{S}{2}], \infty, \chi_1} \| Dv(\tau, \cdot) \|^{\frac{2}{3}}_{\Gamma, [\frac{S}{2}], 2, \chi_1} \\ \leqslant & C(1+\tau)^{-\frac{1}{3}} \| Dv(\tau, \cdot) \|_{\Gamma, [\frac{S}{2}]+2, 2, \chi_1} \\ \leqslant & C(1+\tau)^{-\frac{1}{3}} \| Dv(\tau, \cdot) \|_{\Gamma, S, 2}, \end{aligned}$$

同理有

$$\| Du(\tau, \cdot) \|_{\Gamma, [\frac{S}{2}], 3, \chi_1} \leqslant C(1+\tau)^{-\frac{1}{3}} \| Du(\tau, \cdot) \|_{\Gamma, S, 2},$$

又注意到第十章(10.4.36)式,最终由(12.3.74)式可得

$$\| \hat{A}_{ij}(v) v_{x_i} u_{x_j}(\tau, \cdot) \|_{\Gamma, S, \frac{6}{5}, \chi_1} \leqslant C(1+\tau)^{-\frac{5}{6}+2\sigma} E^2 D_S(u). \tag{12.3.75}$$

类似地,有

$$\| \hat{B}_{ijm}(v, Dv) v_{x_i} u_{x_j x_m}(\tau, \cdot) \|_{\Gamma, S, \frac{6}{5}, \chi_1} \leqslant C(1+\tau)^{-\frac{5}{6}+2\sigma} E^2 D_S(u) \tag{12.3.76}$$

及

$$\| \hat{C}_{ij}(v, Dv) v_{x_i} v_{x_j}(\tau, \cdot) \|_{\Gamma, S, \frac{6}{5}, \chi_1} \leqslant C(1+\tau)^{-\frac{5}{6}+2\sigma} E^3. \tag{12.3.77}$$

这样,就有

$$\begin{aligned} & \| Q(v, Dv, Du, D_x Du)(\tau, \cdot) \|_{\Gamma, S, \frac{6}{5}, \chi_1} \\ \leqslant & C(1+\tau)^{-\frac{5}{6}+2\sigma} E^2 (E + D_S(u)). \end{aligned} \tag{12.3.78}$$

由第十章(10.4.43)式,有

$$\begin{aligned} & \| \hat{A}_{ij}(v) v_{x_i} u_{x_j}(\tau, \cdot) \|_{\Gamma, S, 1, 2, \chi_2} \\ \leqslant & C\{ \| vDv(\tau, \cdot) \|_{\Gamma, S, 2} \| Du(\tau, \cdot) \|_{\Gamma, [\frac{S}{2}], 2, \infty, \chi_2} \\ & + \| v(\tau, \cdot) \|_{\Gamma, [\frac{S}{2}], \infty} \| Dv(\tau, \cdot) \|_{\Gamma, [\frac{S}{2}], 2, \infty, \chi_2} \| Du(\tau, \cdot) \|_{\Gamma, S, 2} \}. \end{aligned} \tag{12.3.79}$$

利用球面上的 Sobolev 估计式(见第三章定理 2.1 中之 1°,其中取 $n=2$, $p=2$, $s=1$),有

$$\begin{aligned} & \| Dv(\tau, \cdot) \|_{\Gamma, [\frac{S}{2}], 2, \infty, \chi_2} \\ \leqslant & C \| Dv(\tau, \cdot) \|_{\Gamma, [\frac{S}{2}]+1, 2} \leqslant C \| Dv(\tau, \cdot) \|_{\Gamma, S, 2} \leqslant C(1+\tau)^{\sigma} E \end{aligned}$$

及

$$\| Du(\tau, \cdot) \|_{\Gamma, [\frac{S}{2}], 2, \infty, \chi_2} \leqslant C \| Du(\tau, \cdot) \|_{\Gamma, S, 2} \leqslant C(1+\tau)^{\sigma} D_S(u).$$

再注意到第十章(10.4.36)式,由(12.3.79)式就有

$$\| \hat{A}_{ij}(v) v_{x_i} u_{x_j}(\tau, \cdot) \|_{\Gamma, S, 1, 2, \chi_2} \leqslant C(1+\tau)^{-\frac{1}{2}+2\sigma} E^2 D_S(u). \tag{12.3.80}$$

类似地，有

$$\| \hat{B}_{ijm}(v, Dv)v_{x_i}u_{x_jx_m}(\tau, \cdot)\|_{\Gamma, S, 1, 2, \chi_2} \leqslant C(1+\tau)^{-\frac{1}{2}+2\sigma}E^2D_S(u) \tag{12.3.81}$$

及

$$\| \hat{C}_{ij}(v, Dv)v_{x_i}v_{x_j}(\tau, \cdot)\|_{\Gamma, S, 1, 2, \chi_2} \leqslant C(1+\tau)^{-\frac{1}{2}+2\sigma}E^3. \tag{12.3.82}$$

这样，就有

$$\begin{aligned} &\| Q(v, Dv, Du, D_xDu)(\tau, \cdot)\|_{\Gamma, S, 1, 2, \chi_2} \\ \leqslant\ & C(1+\tau)^{-\frac{1}{2}+2\sigma}E^2(E+D_S(u)). \end{aligned} \tag{12.3.83}$$

将(12.3.78)及(12.3.83)二式代入(12.3.73)，就易得

$$\| u_2(t, \cdot)\|_{\Gamma, S, 2} \leqslant C(1+t)^{\frac{1}{2}+2\sigma}\{\varepsilon + E^2(E+D_S(u))\}. \tag{12.3.84}$$

最后，我们估计 $\| u_3(t, \cdot)\|_{\Gamma, S, 2}$.

由第十章(10.4.50)式，有

$$\begin{aligned} \| u_3(t, \cdot)\|_{\Gamma, S, 2} \leqslant C(1+t)^{\frac{1}{3}}\Big\{\varepsilon + \int_0^t (&\| F(v)(\tau, \cdot)\|_{\Gamma, S, \frac{6}{5}, \chi_1} \\ &+ (1+\tau)^{-\frac{1}{3}}\| F(v)(\tau, \cdot)\|_{\Gamma, S, 1, 2, \chi_2})d\tau\Big\}. \end{aligned} \tag{12.3.85}$$

利用第五章关于乘积函数及复合函数的估计式，并利用插值不等式及第三章推论 4.1 中之 1°(在其中取 $n=2$, $p=2$, $s=2$)，可得

$$\begin{aligned} &\| F(v)(\tau, \cdot)\|_{\Gamma, S, \frac{6}{5}, \chi_1} \\ \leqslant\ & C\| v(\tau, \cdot)\|^4_{\Gamma, [\frac{S}{2}], \infty}\| v(\tau, \cdot)\|_{\Gamma, [\frac{S}{2}], 3, \chi_1}\| v(\tau, \cdot)\|_{\Gamma, S, 2} \\ \leqslant\ & C\| v(\tau, \cdot)\|^4_{\Gamma, [\frac{S}{2}], \infty}\| v(\tau, \cdot)\|^{\frac{1}{3}}_{\Gamma, [\frac{S}{2}], \infty, \chi_1}\| v(\tau, \cdot)\|^{\frac{5}{3}}_{\Gamma, S, 2} \\ \leqslant\ & C(1+\tau)^{-\frac{1}{3}}\| v(\tau, \cdot)\|^4_{\Gamma, [\frac{S}{2}], \infty}\| v(\tau, \cdot)\|^2_{\Gamma, S, 2} \\ \leqslant\ & C(1+\tau)^{-\frac{4}{3}+4\sigma}E^6. \end{aligned} \tag{12.3.86}$$

同时，再次利用球面上的 Sobolev 估计式，类似地有

$$\| F(v)(\tau, \cdot)\|_{\Gamma, S, 1, 2, \chi_2}$$

$$\leqslant C\|v(\tau,\cdot)\|^4_{\Gamma,\left[\frac{S}{2}\right],\infty}\|v(\tau,\cdot)\|_{\Gamma,\left[\frac{S}{2}\right],2,\infty,\chi_2}\|v(\tau,\cdot)\|_{\Gamma,S,2}$$

$$\leqslant C\|v(\tau,\cdot)\|^4_{\Gamma,\left[\frac{S}{2}\right],\infty}\|v(\tau,\cdot)\|^2_{\Gamma,S,2}$$

$$\leqslant C(1+\tau)^{-1+4\sigma}E^6. \tag{12.3.87}$$

将(12.3.86)及(12.3.87)二式代入(12.3.85)，就容易得到

$$\|u_3(t,\cdot)\|_{\Gamma,S,2}\leqslant C(1+t)^{\frac{1}{2}+2\sigma}(\varepsilon+E^6). \tag{12.3.88}$$

合并(12.3.72)，(12.3.84)及(12.3.88)式，就得到

$$\|u(t,\cdot)\|_{\Gamma,S,2}\leqslant C(1+t)^{\frac{1}{2}+2\sigma}\{\varepsilon+E^2(E+D_S(u))\}. \tag{12.3.89}$$

最后，我们来估计 $\|(Du,D_xDu)(t,\cdot)\|_{\Gamma,S,2}$.

对于任何给定的多重指标 $k(|k|\leqslant S)$，我们有第十章中的能量积分公式(10.2.53)，其中 G_k 及 g_k 分别由第十章(10.2.54)及(10.2.55)给出.

在 $\alpha=2$ 的情况，易得

$$|\text{Ⅰ}|,|\text{Ⅱ}|,|\text{Ⅲ}|\leqslant C\int_0^t\|(v,Dv,D^2v)(\tau,\cdot)\|^2_{L^\infty(\mathbb{R}^2)}\|D^2u(\tau,\cdot)\|^2_{\Gamma,S,2}\mathrm{d}\tau$$

$$\leqslant C\int_0^t\|v(\tau,\cdot)\|^2_{\Gamma,S,\infty}\|D^2u(\tau,\cdot)\|^2_{\Gamma,S,2}\mathrm{d}\tau$$

$$\leqslant C(1+\tau)^{2\sigma}E^2D_S^2(u). \tag{12.3.90}$$

现在来估计 $G_k(\tau,\cdot)$的 L^2 模.

由第五章关于乘积函数与复合函数的估计式，在 $S\geqslant 8$ 时易见有

$$\|(\Gamma^kD(b_{ij}(v,Dv)u_{x_ix_j})-b_{ij}(v,Dv)\Gamma^kDu_{x_ix_j})(\tau,\cdot)\|_{L^2(\mathbb{R}^2)}$$

$$\leqslant C\|(Dv,D^2v)\|_{\Gamma,\left[\frac{S}{2}\right],\infty}(\|(Dv,D^2v)\|_{\Gamma,\left[\frac{S}{2}\right],\infty}\|D^2u\|_{\Gamma,S,2}$$

$$+\|(Dv,D^2v)\|_{\Gamma,S,2}\|D^2u\|_{\Gamma,\left[\frac{S}{2}\right],\infty})$$

$$\leqslant C\|v\|_{\Gamma,\left[\frac{S}{2}\right]+2,\infty}(\|v\|_{\Gamma,\left[\frac{S}{2}\right]+2,\infty}\|D^2u\|_{\Gamma,S,2}$$

$$+\|(Dv,D^2v)\|_{\Gamma,S,2}\|u\|_{\Gamma,\left[\frac{S}{2}\right]+2,\infty})$$

$$\leqslant C\|v\|_{\Gamma,S-2,\infty}(\|v\|_{\Gamma,S-2,\infty}\|D^2u\|_{\Gamma,S,2}$$

$$+\|(Dv,D^2v)\|_{\Gamma,S,2}\|u\|_{\Gamma,S-2,\infty})$$

$$\leqslant C(1+\tau)^{-1+\sigma}E^2D_S(u). \tag{12.3.91}$$

类似地有

$$\|b_{ij}(v,Dv)(\Gamma^kDu_{x_ix_j}-(\Gamma^kDu)_{x_ix_j})(\tau,\cdot)\|_{L^2(\mathbb{R}^2)}$$

$$\leqslant C(1+\tau)^{-1+\sigma}E^2D_S(u). \tag{12.3.92}$$

对于 G_k 中含 a_{0j} 的项可以同样估计，从而就有

$$\| G_k(\tau, \cdot) \|_{L^2(\mathbb{R}^2)} \leqslant C(1+\tau)^{-1+\sigma} E^2 D_S(u), \tag{12.3.93}$$

于是

$$| \text{IV} | \leqslant C(1+\tau)^{2\sigma} E^2 D_S^2(u). \tag{12.3.94}$$

最后，我们估计 $g_k(\tau, \cdot)$ 的 L^2 模.

为此目的，仍将第十章(10.2.55)式改写为(12.2.104)式的形式.

由第五章关于乘积函数与复合函数的估计式，特别利用其中的引理 1.4，并注意 $\alpha = 2$ 及 $S \geqslant 8$，有

$$\begin{aligned}
\| \text{I}_1 \|_{L^2(\mathbb{R}^2)} &\leqslant C \| DF(v, Dv)(\tau, \cdot) \|_{\Gamma, S, 2} \\
&\leqslant C \| (v, Dv)^2 \cdot (Dv, D^2 v)(\tau, \cdot) \|_{\Gamma, S, 2} \\
&\leqslant C(\| (v, Dv)^2 \|_{\Gamma, \left[\frac{S}{2}\right], \infty} \| (Dv, D^2 v) \|_{\Gamma, S, 2} \\
&\qquad + \| (v, Dv)(Dv, D^2 v) \|_{\Gamma, S, 2} \| (v, Dv) \|_{\Gamma, \left[\frac{S}{2}\right]+1, \infty}) \\
&\leqslant C \| (v, Dv) \|^2_{\Gamma, \left[\frac{S}{2}\right]+1, \infty} \| (Dv, D^2 v) \|_{\Gamma, S, 2} \\
&\leqslant C \| v \|^2_{\Gamma, S-2, \infty} \| (Dv, D^2 v) \|_{\Gamma, S, 2} \\
&\leqslant C(1+\tau)^{-1+\sigma} E^3.
\end{aligned} \tag{12.3.95}$$

类似地，有

$$\| \text{I}_2 \|_{L^2(\mathbb{R}^2)} \leqslant C(1+\tau)^{-1+\sigma} E^2 (E + D_S(u)). \tag{12.3.96}$$

此外，由假设(12.3.29)，有

$$\begin{aligned}
\| \text{I}_3 \|_{L^2(\mathbb{R}^2)} &\leqslant C \| F(v, 0)(\tau, \cdot) \|_{\Gamma, S, 2} \\
&\leqslant C \| v \|^5_{\Gamma, \left[\frac{S}{2}\right], \infty} \| v \|_{\Gamma, S, 2} \\
&\leqslant C \| v \|^5_{\Gamma, S-2, \infty} \| v \|_{\Gamma, S, 2} \\
&\leqslant C(1+\tau)^{-2+2\sigma} E^6.
\end{aligned} \tag{12.3.97}$$

这样，就得到

$$\| g_k(\tau, \cdot) \|_{L^2(\mathbb{R}^2)} \leqslant C(1+\tau)^{-1+\sigma} E^2 (E + D_S(u)), \tag{12.3.98}$$

于是

$$| \text{V} | \leqslant C(1+\tau)^{2\sigma} E^2 D_S(u)(E + D_S(u)). \tag{12.3.99}$$

与第十章中类似，利用(12.3.90)，(12.3.94)及(12.3.99)诸式，就可得到

$$\| D^2 u(t, \cdot) \|_{\Gamma, S, 2} \leqslant C(1+t)^{\sigma} \{ \varepsilon + E(E + D_S(u)) \}. \tag{12.3.100}$$

用类似的方式可得

$$\| Du(t,\cdot) \|_{\Gamma,S,2} \leqslant C(1+t)^{\sigma}\{\varepsilon + E(E+D_S(u))\}. \quad (12.3.101)$$

综合(12.3.59),(12.3.89)及(12.3.100)-(12.3.101)式,就得到所要证明的(12.3.40)式.

引理 3.1 证毕.

第十三章

Cauchy 问题经典解的生命跨度下界估计的 Sharpness——非线性右端项 $F=F(Du, D_x Du)$ 不显含 u 的情况

§1. 引言

考虑下述非线性波动方程具小初值的 Cauchy 问题：

$$\Box u = F(Du, D_x Du), \tag{13.1.1}$$

$$t = 0: u = \varepsilon\varphi(x), \ u_t = \varepsilon\psi(x), \tag{13.1.2}$$

其中

$$\Box = \frac{\partial^2}{\partial t^2} - \sum_{i=1}^{n} \frac{\partial^2}{\partial x_i^2} \tag{13.1.3}$$

为 n 维波动算子，

$$D_x = \left(\frac{\partial}{\partial x_1}, \cdots, \frac{\partial}{\partial x_n}\right), \ D = \left(\frac{\partial}{\partial t}, \frac{\partial}{\partial x_1}, \cdots, \frac{\partial}{\partial x_n}\right), \tag{13.1.4}$$

φ 及 ψ 为充分光滑且具紧支集的函数，不妨设

$$\varphi, \psi \in C_0^{\infty}(\mathbb{R}^n), \tag{13.1.5}$$

且

$$\mathrm{supp}\{\varphi, \psi\} \subseteq \{x \mid |x| \leqslant \rho\} \ (\rho > 0 \text{ 为常数}), \tag{13.1.6}$$

而 $\varepsilon > 0$ 是一个小参数.

记

$$\hat{\lambda} = ((\lambda_i),\ i = 0, 1, \cdots, n;\ (\lambda_{ij}),\ i, j = 0, 1, \cdots, n,\ i + j \geqslant 1). \tag{13.1.7}$$

假设在 $\hat{\lambda} = 0$ 的一个邻域中，非线性右端项 $F(\hat{\lambda})$ 是一个充分光滑的函数，并满足

$$F(\hat{\lambda}) = O(|\hat{\lambda}|^{1+\alpha}), \tag{13.1.8}$$

而 $\alpha \geqslant 1$ 为一个整数.

在第八、九及十章中，对 Cauchy 问题(13.1.1)-(13.1.2)的经典解，已经建立了其生命跨度 $\widetilde{T}(\varepsilon)$ 的下界估计式. 除证明了经典解的整体存在性（即 $\widetilde{T}(\varepsilon) = +\infty$）的情况外，有关经典解的生命跨度的下界估计分别为：

(1) 在 $n = 1$ 时，对一切整数 $\alpha \geqslant 1$，成立

$$\widetilde{T}(\varepsilon) \geqslant b\varepsilon^{-\alpha}. \tag{13.1.9}$$

(2) 在 $n = 2$ 时，对 $\alpha = 1$，成立

$$\widetilde{T}(\varepsilon) \geqslant b\varepsilon^{-2}; \tag{13.1.10}$$

而对 $\alpha = 2$，成立

$$\widetilde{T}(\varepsilon) \geqslant \exp\{a\varepsilon^{-2}\}. \tag{13.1.11}$$

(3) 在 $n = 3$ 时，对 $\alpha = 1$，成立

$$\widetilde{T}(\varepsilon) \geqslant \exp\{a\varepsilon^{-1}\}. \tag{13.1.12}$$

其中，a 及 b 均为与 ε 无关的正常数.

在本章中我们要证明上述这些生命跨度下界估计的 Sharpness，即在普适的意义下是不可改进的. 为此，只要证明：对某些特殊选定的非线性右端项 $F(Du, D_x u)$ 及某些特殊选定的初始函数 $\varphi(x)$ 与 $\psi(x)$，相应经典解的生命跨度满足同一类型的上界估计. 除 $n = 2$ 及 $\alpha = 2$ 的情况外，这些生命跨度的下界估计的 Sharpness 较早已有结果，见 P. D. Lax[38]（对 $n = 1$ 及 $\alpha = 1$ 的情况），F. John[23]（对 $n = 2, 3$ 及 $\alpha = 1$ 的情况），孔德兴[36]（对 $n = 1$ 及 $\alpha \geqslant 1$ 的情况）及周忆[90]（对 $n \geqslant 1$ 及奇数 $\alpha \geqslant 1$ 的情况），而在 $n = 2$ 及 $\alpha = 2$ 时的相应结果则见周忆、韩伟近期的工作[91].

本章将以半线性波动方程

$$\Box u = u_t^{1+\alpha} \tag{13.1.13}$$

具初值(13.1.2)的 Cauchy 问题为例,用统一的方式证明:对于满足一定条件的初始函数 $\varphi(x)$ 及 $\psi(x)$,相应经典解的生命跨度有如下的上界估计:

(1) 在 $n=1$ 时,对一切 $\alpha \geqslant 1$, 成立

$$\widetilde{T}(\varepsilon) \leqslant \overline{b}\varepsilon^{-\alpha}. \tag{13.1.14}$$

(2) 在 $n=2$ 时,对 $\alpha=1$, 成立

$$\widetilde{T}(\varepsilon) \leqslant \overline{b}\varepsilon^{-2}; \tag{13.1.15}$$

而对 $\alpha=2$, 成立

$$\widetilde{T}(\varepsilon) \leqslant \exp\{\overline{a}\varepsilon^{-2}\}. \tag{13.1.16}$$

(3) 在 $n=3$ 时,对 $\alpha=1$, 成立

$$\widetilde{T}(\varepsilon) \leqslant \exp\{\overline{a}\varepsilon^{-1}\}. \tag{13.1.17}$$

其中,$\overline{a}$ 及 $\overline{b}$ 均为与 ε 无关的正常数.

为此目的,在§2中将先对形如

$$\Box u = |u_t|^{1+\beta} \tag{13.1.18}$$

的半线性波动方程具初值(13.1.2)的 Cauchy 问题,给出解的生命跨度的上界估计,其中 β 为一个正实数. 然后利用§2中的结果,在§3证明所要求的结论(13.1.14)-(13.1.15)及(13.1.17),而§3中对结论(13.1.16)的证明则需要利用一些特殊的技巧.

§2. 一类半线性波动方程 Cauchy 问题的解的生命跨度的上界估计

在本节中,我们考虑下述半线性波动方程具小初值的 Cauchy 问题:

$$\Box u = |u_t|^{1+\beta}, \tag{13.2.1}$$

$$t=0: u=\varepsilon\varphi(x),\ u_t=\varepsilon\psi(x), \tag{13.2.2}$$

其中 β 为一个正实数,$\varepsilon>0$ 是一个小参数,其余的假设同(13.1.3)及(13.1.5)-(13.1.6),并设

$$\varphi(x)\geqslant 0,\ \psi(x)\geqslant 0, \text{且}\ \psi(x)\not\equiv 0. \tag{13.2.3}$$

我们要证明

引理 2.1 假设 Cauchy 问题(13.2.1)-(13.2.2)在 $0\leqslant t<\widetilde{T}(\varepsilon)$ 上存在一

个解 $u=u(t, x)$，它使本引理证明中的一切推导均有效，例如说，

$$u\in C([0, \widetilde{T}(\varepsilon)); H^1(\mathbb{R}^n)), \tag{13.2.4}$$

$$u_t\in C([0, \widetilde{T}(\varepsilon)); H^q(\mathbb{R}^n)), \tag{13.2.5}$$

其中

$$q=\max(2, 1+\beta), \tag{13.2.6}$$

且

$$\mathrm{supp}\{u\}\subseteq\{(t, x)\mid |x|\leqslant t+\rho\}. \tag{13.2.7}$$

则当初始函数 $\varphi(x)$ 及 $\psi(x)$ 满足(13.1.5)-(13.1.6)及(13.2.3)时，成立如下结论：

(1) 当 $\beta<\dfrac{2}{n-1}$ 时，存在一个不依赖于 ε 的正常数 $\overline{b}$，使得

$$\widetilde{T}(\varepsilon)\leqslant\overline{b}\varepsilon^{-\frac{\beta}{1-(n-1)\beta/2}}. \tag{13.2.8}$$

(2) 当 $\beta=\dfrac{2}{n-1}$ 时，存在一个不依赖于 ε 的正常数 $\overline{a}$，使得

$$\widetilde{T}(\varepsilon)\leqslant\exp\{\overline{a}\varepsilon^{-\beta}\}. \tag{13.2.9}$$

注 2.1 与引理 2.1 的一个类似的结果及一个不同的证明方法可见周忆[90].

引理 2.1 的证明 以如下的方式引入函数 $F(x)$：当 $n=1$ 时，取

$$F(x)=\mathrm{e}^x+\mathrm{e}^{-x}; \tag{13.2.10}$$

而当 $n\geqslant 2$ 时，取

$$F(x)=\int_{S^{n-1}}\mathrm{e}^{x\cdot\omega}\mathrm{d}\omega, \tag{13.2.11}$$

其中 $\omega=(\omega_1, \cdots, \omega_n)$，且 $|\omega|=1$.

显然有

$$F(x)>0 \tag{13.2.12}$$

及

$$\Delta F(x)=F(x), \tag{13.2.13}$$

其中 $\Delta=\sum_{i=1}^{n}\frac{\partial^2}{\partial x_i^2}$ 为 n 维 Laplace 算子.

在 $n\geqslant 2$ 时，记 $\tilde{\omega}=(\omega_2,\ \cdots,\ \omega_n)$，由旋转不变性，有

$$
\begin{aligned}
F(x) &= \int_{S^{n-1}} \mathrm{e}^{|x|\omega_1}\mathrm{d}\omega \\
&= \int_{\omega_1^2+\tilde{\omega}^2=1} \mathrm{e}^{|x|\omega_1}\mathrm{d}\omega.
\end{aligned}
$$

用垂直于 ω_1 轴的平面截割单位球面 S^{n-1}，将上述积分化为在 ω_1 方向上高度为 $\mathrm{d}\omega_1$ 而半径为 $\sqrt{1-\omega_1^2}$ 的微元球面带域上积分之叠加，就容易证明

$$
\begin{aligned}
F(x) &= C\int_{-1}^{1}\mathrm{e}^{|x|\omega_1}(1-\omega_1^2)^{\frac{n-3}{2}}\mathrm{d}\omega_1 \\
&= C\Big(\int_{0}^{1}\mathrm{e}^{|x|\omega_1}(1-\omega_1^2)^{\frac{n-3}{2}}\mathrm{d}\omega_1+\int_{-1}^{0}\mathrm{e}^{|x|\omega_1}(1-\omega_1^2)^{\frac{n-3}{2}}\mathrm{d}\omega_1\Big) \\
&= C\Big(\int_{0}^{1}\mathrm{e}^{|x|\omega_1}(1-\omega_1^2)^{\frac{n-3}{2}}\mathrm{d}\omega_1+\int_{0}^{1}\mathrm{e}^{-|x|\omega_1}(1-\omega_1^2)^{\frac{n-3}{2}}\mathrm{d}\omega_1\Big).
\end{aligned}
$$

再注意到 $n\geqslant 2$，就有

$$
\begin{aligned}
F(x) &\leqslant C\int_{0}^{1}\mathrm{e}^{|x|\omega_1}(1-\omega_1^2)^{\frac{n-3}{2}}\mathrm{d}\omega_1+C_0 \quad (C_0\text{ 为某个正常数}) \\
&\leqslant C\mathrm{e}^{|x|}\int_{0}^{1}\mathrm{e}^{-|x|(1-\omega_1)}(1-\omega_1^2)^{\frac{n-3}{2}}\mathrm{d}\omega_1+C_0 \\
&= C\mathrm{e}^{|x|}\,|x|^{-\frac{n-1}{2}}\int_{0}^{|x|}\mathrm{e}^{-\lambda}\lambda^{\frac{n-3}{2}}\mathrm{d}\lambda+C_0 \quad (\text{令 } \lambda=|x|(1-\omega_1)) \\
&\leqslant C\mathrm{e}^{|x|}\,|x|^{-\frac{n-1}{2}}\int_{0}^{\infty}\mathrm{e}^{-\lambda}\lambda^{\frac{n-3}{2}}\mathrm{d}\lambda+C_0 \\
&= C_1\mathrm{e}^{|x|}\,|x|^{-\frac{n-1}{2}},
\end{aligned}
\tag{13.2.14}
$$

其中 C_1 为一个正常数. 另一方面，显然有

$$
F(x)\leqslant \mathrm{e}^{|x|}\int_{S^{n-1}}\mathrm{d}\omega=C_2\mathrm{e}^{|x|},\tag{13.2.15}
$$

而 C_2 是一个正常数.

合并(13.2.14)及(13.2.15)式，并注意到(13.2.12)式，当 $n\geqslant 2$ 时，就有

$$
0<F(x)\leqslant \tilde{C}\mathrm{e}^{|x|}(1+|x|)^{-\frac{n-1}{2}},\tag{13.2.16}
$$

其中 $\tilde{C}$ 是一个正常数. 而在 $n=1$ 时，由(13.2.10)式，上式也显然成立.

再令

$$G(t,\ x) = \mathrm{e}^{-t} F(x). \tag{13.2.17}$$

由(13.2.13)式易得

$$\Delta_x G(t,\ x) = G(t,\ x) \tag{13.2.18}$$

及

$$G_t(t,\ x) = -G(t,\ x). \tag{13.2.19}$$

在方程(13.2.1)两端分别乘 $G(t,\ x)$，并对 x 积分，得

$$\int_{\mathbb{R}^n} G(u_{tt} - \Delta u)\mathrm{d}x = \int_{\mathbb{R}^n} G \mid u_t \mid^{1+\beta} \mathrm{d}x. \tag{13.2.20}$$

注意到(13.2.18)，有

$$\int_{\mathbb{R}^n} G \Delta u \mathrm{d}x = \int_{\mathbb{R}^n} \Delta G \cdot u \mathrm{d}x = \int_{\mathbb{R}^n} G u \mathrm{d}x,$$

从而(13.2.20)式可改写为

$$\int_{\mathbb{R}^n} G(u_{tt} - u)\mathrm{d}x = \int_{\mathbb{R}^n} G \mid u_t \mid^{1+\beta} \mathrm{d}x. \tag{13.2.21}$$

再注意到(13.2.19)式，有

$$\frac{\mathrm{d}}{\mathrm{d}t}\int_{\mathbb{R}^n} G u_t \mathrm{d}x = \int_{\mathbb{R}^n} G(u_{tt} - u_t)\mathrm{d}x \tag{13.2.22}$$

及

$$\frac{\mathrm{d}}{\mathrm{d}t}\int_{\mathbb{R}^n} G u \mathrm{d}x = \int_{\mathbb{R}^n} G(u_t - u)\mathrm{d}x, \tag{13.2.23}$$

从而利用(13.2.21)式可得

$$\frac{\mathrm{d}}{\mathrm{d}t}\int_{\mathbb{R}^n} G(u_t + u)\mathrm{d}x = \int_{\mathbb{R}^n} G \mid u_t \mid^{1+\beta} \mathrm{d}x. \tag{13.2.24}$$

这样，对 t 积分并利用初值(13.2.2)，就得到

$$\int_{\mathbb{R}^n} G(u_t + u)\mathrm{d}x = \varepsilon\int_{\mathbb{R}^n} F(x)(\varphi(x) + \psi(x))\mathrm{d}x + \int_0^t \int_{\mathbb{R}^n} G \mid u_\tau \mid^{1+\beta} \mathrm{d}x\mathrm{d}\tau. \tag{13.2.25}$$

将(13.2.21)与(13.2.25)式相加,得到

$$\int_{\mathbb{R}^n} G(u_{tt}+u_t)\mathrm{d}x = \varepsilon\int_{\mathbb{R}^n} F(x)(\varphi(x)+\psi(x))\mathrm{d}x + \int_{\mathbb{R}^n} G\mid u_t\mid^{1+\beta}\mathrm{d}x + \int_0^t\int_{\mathbb{R}^n} G\mid u_\tau\mid^{1+\beta}\mathrm{d}x\mathrm{d}\tau.$$

注意到(13.2.19)式,上式可改写为

$$\frac{\mathrm{d}}{\mathrm{d}t}\int_{\mathbb{R}^n} Gu_t\mathrm{d}x + 2\int_{\mathbb{R}^n} Gu_t\mathrm{d}x = \varepsilon\int_{\mathbb{R}^n} F(x)(\varphi(x)+\psi(x))\mathrm{d}x + \int_{\mathbb{R}^n} G\mid u_t\mid^{1+\beta}\mathrm{d}x + \int_0^t\int_{\mathbb{R}^n} G\mid u_\tau\mid^{1+\beta}\mathrm{d}x\mathrm{d}\tau. \tag{13.2.26}$$

记

$$H(t) = \int_{\mathbb{R}^n} Gu_t\mathrm{d}x - \frac{1}{2}\int_0^t\int_{\mathbb{R}^n} G\mid u_\tau\mid^{1+\beta}\mathrm{d}x\mathrm{d}\tau - \frac{\varepsilon}{2}\int_{\mathbb{R}^n} F(x)\psi(x)\mathrm{d}x. \tag{13.2.27}$$

由(13.2.3)及(13.2.12),有

$$H(0) = \frac{\varepsilon}{2}\int_{\mathbb{R}^n} F(x)\psi(x)\mathrm{d}x > 0. \tag{13.2.28}$$

由(13.2.26),并注意到(13.2.3)及(13.2.12),我们有

$$\begin{aligned}
&\frac{\mathrm{d}}{\mathrm{d}t}H(t) + 2H(t)\\
&= \frac{\mathrm{d}}{\mathrm{d}t}\int_{\mathbb{R}^n} Gu_t\mathrm{d}x + 2\int_{\mathbb{R}^n} Gu_t\mathrm{d}x - \frac{1}{2}\int_{\mathbb{R}^n} G\mid u_t\mid^{1+\beta}\mathrm{d}x\\
&\quad - \int_0^t\int_{\mathbb{R}^n} G\mid u_\tau\mid^{1+\beta}\mathrm{d}x\mathrm{d}\tau - \varepsilon\int_{\mathbb{R}^n} F(x)\psi(x)\mathrm{d}x\\
&= \frac{1}{2}\int_{\mathbb{R}^n} G\mid u_t\mid^{1+\beta}\mathrm{d}x + \varepsilon\int_{\mathbb{R}^n} F(x)\varphi(x)\mathrm{d}x \geqslant 0,
\end{aligned}$$

从而

$$\frac{\mathrm{d}}{\mathrm{d}t}(\mathrm{e}^{2t}H(t)) \geqslant 0.$$

于是,由(13.2.28)式就有

$$H(t) > 0,$$

从而

$$\int_{\mathbb{R}^n} G u_t \mathrm{d}x \geqslant \frac{\varepsilon}{2}\int_{\mathbb{R}^n} F(x)\psi(x)\mathrm{d}x + \frac{1}{2}\int_0^t\int_{\mathbb{R}^n} G \mid u_\tau \mid^{1+\beta} \mathrm{d}x\mathrm{d}\tau. \tag{13.2.29}$$

令

$$I(t) = \frac{\varepsilon}{2}\int_{\mathbb{R}^n} F(x)\psi(x)\mathrm{d}x + \frac{1}{2}\int_0^t\int_{\mathbb{R}^n} G \mid u_\tau \mid^{1+\beta} \mathrm{d}x\mathrm{d}\tau. \tag{13.2.30}$$

易见 $I(t) > 0$，且由(13.2.29)式，有

$$I(t) \leqslant \int_{\mathbb{R}^n} G u_t \mathrm{d}x. \tag{13.2.31}$$

利用 Hölder 不等式，并注意到(13.2.7)式，由上式可得

$$\begin{aligned} I(t) &\leqslant \int_{\mathbb{R}^n} G^{\frac{\beta}{1+\beta}}(G^{\frac{1}{1+\beta}} u_t)\mathrm{d}x \\ &\leqslant \left(\int_{\mathbb{R}^n} G\mathrm{d}x\right)^{\frac{\beta}{1+\beta}} \left(\int_{\mathbb{R}^n} G \mid u_t \mid^{1+\beta} \mathrm{d}x\right)^{\frac{1}{1+\beta}} \\ &= \left(\int_{|x|\leqslant t+\rho} G\mathrm{d}x\right)^{\frac{\beta}{1+\beta}} \left(\int_{|x|\leqslant t+\rho} G \mid u_t \mid^{1+\beta} \mathrm{d}x\right)^{\frac{1}{1+\beta}}. \end{aligned} \tag{13.2.32}$$

由(13.2.17)式，

$$\int_{|x|\leqslant t+\rho} G\mathrm{d}x = \mathrm{e}^{-t}\int_{|x|\leqslant t+\rho} F(x)\mathrm{d}x.$$

而利用(13.2.16)式，有

$$\begin{aligned} \int_{|x|\leqslant t+\rho} F(x)\mathrm{d}x &\leqslant C\int_0^{t+\rho} \mathrm{e}^r (1+r)^{-\frac{n-1}{2}} r^{n-1}\mathrm{d}r \\ &\leqslant C(1+t)^{\frac{n-1}{2}}\int_0^{t+\rho} \mathrm{e}^r \mathrm{d}r \\ &\leqslant C(1+t)^{\frac{n-1}{2}} \mathrm{e}^{t+\rho}, \end{aligned}$$

从而

$$\int_{|x|\leqslant t+\rho} G\mathrm{d}x \leqslant C(1+t)^{\frac{n-1}{2}}. \tag{13.2.33}$$

此外，由(13.2.30)式，有

$$I'(t) = \frac{1}{2}\int_{\mathbb{R}^n} G \mid u_t \mid^{1+\beta} dx. \tag{13.2.34}$$

于是,注意到(13.2.33)式,由(13.2.32)式就得到

$$I'(t) \geqslant C \frac{I^{1+\beta}(t)}{(1+t)^{\frac{(n-1)\beta}{2}}},$$

即

$$-\frac{d}{dt}(I^{-\beta}(t)) \geqslant \widetilde{C}(1+t)^{-\frac{(n-1)\beta}{2}},$$

从而易得

$$I(t) \geqslant (I^{-\beta}(0) - \widetilde{C}\int_0^t (1+\tau)^{-\frac{(n-1)\beta}{2}} d\tau)^{-\frac{1}{\beta}},$$

再注意到(13.2.30)式,就有

$$I(t) \geqslant (\varepsilon^{-\beta} - \widetilde{\widetilde{C}}\int_0^t (1+\tau)^{-\frac{(n-1)\beta}{2}} d\tau)^{-\frac{1}{\beta}}, \tag{13.2.35}$$

其中$\widetilde{C}$及$\widetilde{\widetilde{C}}$为某些正常数.由(13.2.35)式就容易得到引理2.1之结论.证毕.

§3. 主要结果的证明

在本节中,我们考察下述半线性波动方程具小初值的 Cauchy 问题:

$$\Box u = u_t^{1+\alpha}, \tag{13.3.1}$$

$$t = 0 : u = \varepsilon\varphi(x),\ u_t = \varepsilon\psi(x), \tag{13.3.2}$$

其中$\alpha \geqslant 1$是一个整数,$\varepsilon > 0$是一个小参数.假设成立

$$\frac{(n-1)\alpha}{2} \leqslant 1, \tag{13.3.3}$$

即所考察的n及α值分别为主要结果(13.1.14)-(13.1.17)中所对应的情况:

$n = 1$, $\alpha \geqslant 1$为任意给定的整数;

$n = 2$, $\alpha = 1$或$\alpha = 2$;

$n = 3$, $\alpha = 1$.

定理 3.1 *设$n = 1$,而$\alpha \geqslant 1$为任意给定的整数.初始函数$\varphi(x)$及$\psi(x)$除要求满足(13.1.5)-(13.1.6)及(13.2.3)外,在α为偶数时,还要求*

$$\varphi(x) \equiv 0. \tag{13.3.4}$$

则存在一个不依赖于 ε 的正常数 $\bar{b}$，使 Cauchy 问题(13.3.1)-(13.3.2)的经典解 $u = u(t, x)$ 的生命跨度 $\widetilde{T}(\varepsilon)$ 有如下的上界估计

$$\widetilde{T}(\varepsilon) \leqslant \bar{b}\varepsilon^{-\alpha}, \tag{13.3.5}$$

即(13.1.14)式成立.

证　考察下述一维半线性波动方程

$$u_{tt} - u_{xx} = |u_t|^{1+\alpha} \tag{13.3.6}$$

具同一小初值(13.3.2)的 Cauchy 问题. 由引理 2.1 中的(13.2.8)式(在其中取 $n = 1$ 及 $\beta = \alpha$)，其经典解的生命跨度满足(13.3.5)式.

若 α 为奇数，$|u_t|^{1+\alpha} = u_t^{1+\alpha}$，对 Cauchy 问题(13.3.1)-(13.3.2)就立刻得到所要求的结论.

若 α 为偶数，注意到假设(13.3.4)，由达朗贝尔公式，Cauchy 问题(13.3.6)及(13.3.2)的解可写为

$$u(t, x) = \frac{\varepsilon}{2}\int_{x-t}^{x+t}\psi(\xi)\mathrm{d}\xi + \frac{1}{2}\int_0^t\int_{x-(t-\tau)}^{x+(t-\tau)} |u_\tau(\tau, y)|^{1+\alpha}\mathrm{d}y\mathrm{d}\tau.$$

对 t 求导，并注意到(13.2.3)式，就得到

$$u_t(t, x) = \frac{\varepsilon}{2}(\psi(x+t) + \psi(x-t)) \\ + \frac{1}{2}\int_0^t(|u_\tau(\tau, x+t-\tau)|^{1+\alpha} + |u_\tau(\tau, x-t+\tau)|^{1+\alpha})\mathrm{d}\tau \geqslant 0,$$

从而此时仍有 $|u_t|^{1+\alpha} = u_t^{1+\alpha}$，同样可得所要求的结论. 证毕.

定理 3.2　设 $n = 2$ 或 3，而 $\alpha = 1$. 并设初始函数 $\varphi(x)$ 及 $\psi(x)$ 满足(13.1.5)-(13.1.6)及(13.2.3)式. 则对 Cauchy 问题(13.3.1)-(13.3.2)的经典解 $u = u(t, x)$ 的生命跨度 $\widetilde{T}(\varepsilon)$ 有如下的上界估计：

(1) 在 $n = 2$ 时，存在一个不依赖于 ε 的正常数 $\bar{b}$，使

$$\widetilde{T}(\varepsilon) \leqslant \bar{b}\varepsilon^{-2}, \tag{13.3.7}$$

即(13.1.15)式成立.

(2) 在 $n = 3$ 时，存在一个不依赖于 ε 的正常数 $\bar{a}$，使

$$\widetilde{T}(\varepsilon) \leqslant \exp\{\bar{a}\varepsilon^{-1}\}, \tag{13.3.8}$$

即(13.1.17)式成立.

证 在引理 2.1 的(13.2.8)式中，特取 $n=2$ 及 $\beta=\alpha=1$，就得到(13.3.7)式；而在引理 2.1 的(13.2.9)式中，特取 $n=3$ 及 $\beta=\alpha=1$，就得到(13.3.8)式. 由于在 $\alpha=1$ 时，$|u_t|^{1+\alpha}=u_t^{1+\alpha}=u_t^2$，由引理 2.1 就立刻得到定理 3.2.

定理 3.3 （见周忆，韩伟[91]）：设 $n=2$，而 $\alpha=2$. 初始函数 $\varphi(x)$ 及 $\psi(x)$ 除要求满足(13.1.5)-(13.1.6)及(13.3.4)外，还要求满足

$$\psi(x)=\psi(|x|)\geqslant 0,\text{且 }\psi(x)\not\equiv 0. \tag{13.3.9}$$

则存在一个不依赖于 ε 的正常数 $\bar{a}$，使 Cauchy 问题(13.3.1)-(13.3.2)的经典解 $u=u(t,x)$ 的生命跨度 $\widetilde{T}(\varepsilon)$ 有如下的上界估计：

$$\widetilde{T}(\varepsilon)\leqslant\exp\{\bar{a}\varepsilon^{-2}\}, \tag{13.3.10}$$

即(13.1.16)式成立.

证 此时方程(13.3.1)为二维半线性波动方程

$$\Box u=u_t^3. \tag{13.3.11}$$

下面将证明：对 Cauchy 问题(13.3.1)-(13.3.2)的解 $u=u(t,x)$，在区域 $|x|\geqslant t$ 上恒成立

$$u\geqslant 0,\ u_t\geqslant 0. \tag{13.3.12}$$

由局部解的存在唯一性，Cauchy 问题(13.3.1)-(13.3.2)的解 $u=u(t,x)$ 可由如下的 Picard 迭代得到：

$$u^{(0)}(t,x)\equiv 0, \tag{13.3.13}$$

且

$$\Box u^{(m)}=(u_t^{(m-1)})^3, \tag{13.3.14}$$

$$t=0:u^{(m)}=0,\ u_t^{(m)}=\varepsilon\psi(|x|). \tag{13.3.15}$$

利用数学归纳法可以证明：在区域 $|x|\geqslant t$ 上成立

$$u^{(m)}\geqslant 0,\ u_t^{(m)}\geqslant 0. \tag{13.3.16}$$

事实上，(13.3.16)式在 $m=0$ 时显然成立. 现在设 $u^{(m-1)}$ 满足(13.3.16)式，由二维波动方程基本解的正性（见第二章 §1.1 及注 2.2），并注意到(13.3.9)式，就立即可得在区域 $|x|\geqslant t$ 上成立(13.3.16)中的第一式. 为了证明在区域 $|x|\geqslant t$ 上成立(13.3.16)中的第二式，注意到 $\psi(x)=\psi(|x|)$，由径向对称性，就有

$$u^{(m)}(t,\ x)=u^{(m)}(t,\ r), \tag{13.3.17}$$

其中 $r=|x|$. 这样,Cauchy问题(13.3.14)-(13.3.15)可改写为

$$u_{tt}^{(m)}-u_{rr}^{(m)}-\frac{1}{r}u_r^{(m)}=(u_t^{(m-1)})^3, \tag{13.3.18}$$

$$t=0: u=0,\ u_t=\varepsilon\psi(r). \tag{13.3.19}$$

由此易得

$$(\partial_t^2-\partial_r^2)(r^{\frac{1}{2}}u^{(m)}(t,\ r))=\frac{1}{4}r^{-\frac{3}{2}}u^{(m)}+r^{\frac{1}{2}}(u_t^{(m-1)})^3, \tag{13.3.20}$$

$$t=0: r^{\frac{1}{2}}u^{(m)}=0,\ (r^{\frac{1}{2}}u^{(m)})_t=\varepsilon r^{\frac{1}{2}}\psi(r). \tag{13.3.21}$$

(13.3.20)-(13.3.21)可视为一个关于 $r^{\frac{1}{2}}u^{(m)}(t,\ r)$ 的具非负右端的一维波动方程的Cauchy问题.由达朗贝尔公式,与定理3.1中的证明类似,可得在区域 $r\geqslant t$ 上成立

$$r^{\frac{1}{2}}u_t^{(m)}\geqslant 0,$$

从而证得(13.3.16)中的第二式.这就证明了(13.3.12)式.

类似于(13.3.20)-(13.3.21),将二维半线性波动方程(13.3.11)具初值

$$t=0: u=0,\ u_t=\varepsilon\psi(|x|) \tag{13.3.22}$$

的Cauchy问题改写为

$$(\partial_t^2-\partial_r^2)(r^{\frac{1}{2}}u)=\frac{1}{4}r^{-\frac{3}{2}}u+r^{\frac{1}{2}}u_t^3, \tag{13.3.23}$$

$$t=0: r^{\frac{1}{2}}u=0,\ (r^{\frac{1}{2}}u)_t=\varepsilon r^{\frac{1}{2}}\psi(r), \tag{13.3.24}$$

其中 $u=u(t,\ r)$. 由达朗贝尔公式,在区域 $r\geqslant t$ 上,有

$$\begin{aligned} r^{\frac{1}{2}}u(t,\ r)=&\frac{\varepsilon}{2}\int_{r-t}^{r+t}\Psi(\xi)\mathrm{d}\xi \\ &+\frac{1}{2}\int_0^t\int_{r-(t-\tau)}^{r+(t-\tau)}\left(\frac{1}{4}\lambda^{-\frac{3}{2}}u(\tau,\ \lambda)+\lambda^{\frac{1}{2}}u_\tau^3(\tau,\ \lambda)\right)\mathrm{d}\lambda\mathrm{d}\tau, \end{aligned} \tag{13.3.25}$$

其中记

$$\Psi(r)=r^{\frac{1}{2}}\psi(r), \tag{13.3.26}$$

且由(13.3.9)式,有

$$\Psi \geqslant 0, \text{且 } \Psi \not\equiv 0. \tag{13.3.27}$$

将(13.3.25)式对 t 求导,就得在区域 $r \geqslant t$ 上成立

$$\begin{aligned} r^{\frac{1}{2}} u_t(t, r) = & \frac{\varepsilon}{2}(\Psi(r+t)+\Psi(r-t)) \\ & +\frac{1}{8}\int_0^t \left[(\lambda^{-\frac{3}{2}} u(\tau, \lambda))\big|_{\lambda=r+t-\tau}+(\lambda^{-\frac{3}{2}} u(\tau, \lambda))\big|_{\lambda=r-t+\tau}\right] d\tau \\ & +\frac{1}{2}\int_0^t \left[(\lambda^{\frac{1}{2}} u_\tau^3(\tau, \lambda))\big|_{\lambda=r+t-\tau}+(\lambda^{\frac{1}{2}} u_\tau^3(\tau, \lambda))\big|_{\lambda=r-t+\tau}\right] d\tau, \end{aligned}$$

从而注意到(13.3.12)及(13.3.27)式,就有

$$r^{\frac{1}{2}} u_t(t, r) \geqslant \frac{\varepsilon}{2}\Psi(r-t)+\frac{1}{2}\int_0^t (\lambda^{\frac{1}{2}} u_\tau^3(\tau, \lambda))\big|_{\lambda=r-t+\tau} d\tau. \tag{13.3.28}$$

由(13.3.27),必存在一点 $\sigma_0 > 0$,使

$$\Psi(\sigma_0) > 0. \tag{13.3.29}$$

令

$$v(t) = (t+\sigma_0)^{\frac{1}{2}} u_t(t, t+\sigma_0). \tag{13.3.30}$$

在 $r = t+\sigma_0$ 上考察(13.3.28)式,就得到

$$v(t) \geqslant \frac{\varepsilon}{2}\Psi(\sigma_0)+\frac{1}{2}\int_0^t (\tau+\sigma_0)^{-1} v^3(\tau) d\tau. \tag{13.3.31}$$

令

$$w(t) = \frac{\varepsilon}{2}\Psi(\sigma_0)+\frac{1}{2}\int_0^t (\tau+\sigma_0)^{-1} v^3(\tau) d\tau. \tag{13.3.32}$$

显然有

$$v(t) \geqslant w(t). \tag{13.3.33}$$

由(13.3.32)式,并注意到(13.3.33)式,有

$$w'(t) = \frac{1}{2}(t+\sigma_0)^{-1} v^3(t) \geqslant \frac{1}{2}(t+\sigma_0)^{-1} w^3(t), \tag{13.3.34}$$

且

$$w(0)=\frac{\varepsilon}{2}\Psi(\sigma_0)>0. \tag{13.3.35}$$

由此易知

$$w(t)\geqslant\left[\left(\frac{\varepsilon}{2}\Psi(\sigma_0)\right)^{-2}-\ln\left(\frac{t+\sigma_0}{\sigma_0}\right)\right]^{-\frac{1}{2}},$$

从而就可得到所要求的(13.3.10)式. 证毕.

第十四章

Cauchy 问题经典解的生命跨度下界估计的 Sharpness——非线性右端项 $F=F(u, Du, D_x Du)$ 显含 u 的情况

§1. 引言

考虑下述非线性波动方程具小初值的 Cauchy 问题：

$$\Box u = F(u, Du, D_x Du), \tag{14.1.1}$$

$$t=0: u=\varepsilon\varphi(x),\ u_t=\varepsilon\psi(x), \tag{14.1.2}$$

其中 $x=(x_1, \cdots, x_n)$，

$$\Box = \frac{\partial^2}{\partial t^2} - \sum_{i=1}^{n} \frac{\partial^2}{\partial x_i^2} \tag{14.1.3}$$

为 n 维波动算子，

$$D_x = \left(\frac{\partial}{\partial x_1}, \cdots, \frac{\partial}{\partial x_n}\right),\ D = \left(\frac{\partial}{\partial t}, \frac{\partial}{\partial x_1}, \cdots, \frac{\partial}{\partial x_n}\right), \tag{14.1.4}$$

φ 及 ψ 为充分光滑且具紧支集的函数，不妨设

$$\varphi, \psi \in C_0^\infty(\mathbb{R}^n), \tag{14.1.5}$$

且

$$\text{supp}\{\varphi, \psi\} \subseteq \{x \mid |x| \leqslant \rho\}\ (\rho > 0 \text{ 为常数}), \tag{14.1.6}$$

而 $\varepsilon > 0$ 是一个小参数.

记

$$\hat{\lambda} = (\lambda;\ (\lambda_i),\ i = 0,\ 1,\ \cdots,\ n;\ (\lambda_{ij}),\ i,\ j = 0,\ 1,\ \cdots,\ n,\ i+j \geqslant 1). \tag{14.1.7}$$

假设在 $\hat{\lambda} = 0$ 的一个邻域中,非线性右端项 $F(\hat{\lambda})$ 是一个充分光滑的函数,并满足

$$F(\hat{\lambda}) = O(|\hat{\lambda}|^{1+\alpha}), \tag{14.1.8}$$

而 $\alpha \geqslant 1$ 为一个整数.

在第八、九、十及十一章中,对 Cauchy 问题(14.1.1)-(14.1.2)的经典解 $u = u(t, x)$,已经建立了其生命跨度 $\widetilde{T}(\varepsilon)$ 的下界估计式.除证明了经典解的整体存在性(即 $\widetilde{T}(\varepsilon) = +\infty$)的情况外,有关经典解的生命跨度的下界估计分别为:

(1) 在 $n = 1$ 时,对一切整数 $\alpha \geqslant 1$, 成立

$$\widetilde{T}(\varepsilon) \geqslant b\varepsilon^{-\frac{\alpha}{2}}; \tag{14.1.9}$$

当满足

$$\int_{\mathbb{R}} \psi(x)\mathrm{d}x = 0 \tag{14.1.10}$$

时,成立

$$\widetilde{T}(\varepsilon) \geqslant b\varepsilon^{-\frac{\alpha(1+\alpha)}{2+\alpha}}; \tag{14.1.11}$$

而当满足

$$\partial_u^{\beta} F(0,\ 0,\ 0) = 0,\ \forall\, 1+\alpha \leqslant \beta \leqslant 2\alpha \tag{14.1.12}$$

时,成立

$$\widetilde{T}(\varepsilon) \geqslant b\varepsilon^{-\alpha}. \tag{14.1.13}$$

(2) 在 $n = 2$ 及 $\alpha = 1$ 时, 成立

$$\widetilde{T}(\varepsilon) \geqslant be(\varepsilon), \tag{14.1.14}$$

其中 $e(\varepsilon)$ 由下式定义:

$$\varepsilon^2 e^2(\varepsilon)\ln(1 + e(\varepsilon)) = 1; \tag{14.1.15}$$

当满足

$$\int_{\mathbb{R}^2} \psi(x)\mathrm{d}x = 0 \tag{14.1.16}$$

时,成立

$$\tilde{T}(\varepsilon) \geqslant b\varepsilon^{-1}; \tag{14.1.17}$$

而当满足

$$\partial_u^2 F(0, 0, 0) = 0 \tag{14.1.18}$$

时,成立

$$\tilde{T}(\varepsilon) \geqslant b\varepsilon^{-2}. \tag{14.1.19}$$

(3) 在 $n = 2$ 及 $\alpha = 2$ 时, 成立

$$\tilde{T}(\varepsilon) \geqslant b\varepsilon^{-6}; \tag{14.1.20}$$

而当满足

$$\partial_u^\beta F(0, 0, 0) = 0, \beta = 3, 4 \tag{14.1.21}$$

时,成立

$$\tilde{T}(\varepsilon) \geqslant \exp\{a\varepsilon^{-2}\}. \tag{14.1.22}$$

(4) 在 $n = 3$ 及 $\alpha = 1$ 时, 成立

$$\tilde{T}(\varepsilon) \geqslant b\varepsilon^{-2}; \tag{14.1.23}$$

而当满足(14.1.18)时,成立

$$\tilde{T}(\varepsilon) \geqslant \exp\{a\varepsilon^{-1}\}. \tag{14.1.24}$$

(5) 当 $n = 4$ 及 $\alpha = 1$ 时, 成立

$$\tilde{T}(\varepsilon) \geqslant \exp\{a\varepsilon^{-2}\}. \tag{14.1.25}$$

其中 a 及 b 均为与 ε 无关的正常数.

在本章中,我们要证明上述这些生命跨度下界估计的 Sharpness,即在普适的意义下是不可改进的. 为此,只要证明: 对某些特殊选定的非线性右端项 $F(u, Du, D_x Du)$及某些特殊选定的初始函数 $\varphi(x)$与 $\psi(x)$,相应经典解的生命跨度满足同一类型的上界估计. 由上一章中的结果,在上述这些生命跨度的下界估计中,(14.1.13),(14.1.19),(14.1.22)及(14.1.24)的 Sharpness 已不必再考虑,我们只需论证下界估计(14.1.9),(14.1.11),(14.1.14),(14.1.17),(14.1.20),(14.1.23)及(14.1.25)的 Sharpness. 除 $n = 4$ 及 $\alpha = 1$ 的情况外,这些下界估计的 Sharpness 较早已经得到,见 F. John[21], H. Lindblad[58]及周忆[87]-[89],而 $n = 4$ 及 $\alpha = 1$ 时的(14.1.25)式的 Sharpness 则是近年来才得到的(见 H. Takamura 与 K. Wakasa[80]及周忆、韩伟的简化了的证明[92]).

本章中将以半线性波动方程

$$\Box u = u^{1+\alpha} \quad (\alpha \geqslant 1 \text{ 为整数}) \tag{14.1.26}$$

具初值(14.1.2)的 Cauchy 问题为例,用统一的方式证明：对满足一定条件的初始函数 $\varphi(x)$及 $\psi(x)$,相应经典解的生命跨度有如下的上界估计：

(1) 在 $n=1$ 时,对一切整数 $\alpha \geqslant 1$, 成立

$$\widetilde{T}(\varepsilon) \leqslant \overline{b}\varepsilon^{-\frac{\alpha}{2}}; \tag{14.1.27}$$

而当满足(14.1.10)式时,成立

$$\widetilde{T}(\varepsilon) \leqslant \overline{b}\varepsilon^{-\frac{\alpha(1+\alpha)}{2+\alpha}}. \tag{14.1.28}$$

(2) 在 $n=2$ 及 $\alpha=1$ 时, 成立

$$\widetilde{T}(\varepsilon) \leqslant \overline{b}e(\varepsilon), \tag{14.1.29}$$

其中 $e(\varepsilon)$由(14.1.15)式决定;而当满足(14.1.16)时,成立

$$\widetilde{T}(\varepsilon) \leqslant \overline{b}\varepsilon^{-1}. \tag{14.1.30}$$

(3) 在 $n=2$ 及 $\alpha=2$ 时, 成立

$$\widetilde{T}(\varepsilon) \leqslant \overline{b}\varepsilon^{-6}. \tag{14.1.31}$$

(4) 在 $n=3$ 及 $\alpha=1$ 时, 成立

$$\widetilde{T}(\varepsilon) \leqslant \overline{b}\varepsilon^{-2}. \tag{14.1.32}$$

(5) 在 $n=4$ 及 $\alpha=1$ 时, 成立

$$\widetilde{T}(\varepsilon) \leqslant \exp\{\overline{a}\varepsilon^{-2}\}. \tag{14.1.33}$$

其中$\overline{a}$及$\overline{b}$均为与 ε 无关的正常数.

为此目的,在§3及§4中,将先对形如

$$\Box u = |u|^p \tag{14.1.34}$$

的半线性波动方程具初值(14.1.2)的 Cauchy 问题,给出解的生命跨度的上界估计,其中 $p>1$ 为一个实数. 然后在§5中先利用§3的结果,证明(14.1.27)-(14.1.32),再利用§4的结果,证明(14.1.33). 为得到§3-§4中的结果,作为预备,在§2中先给出一些关于微分不等式的引理. 此外,为§4中之需要,在§6中给出有关 Fuchs 型微分方程的一个附录.

§2. 关于微分不等式的一些引理

在本节中,为了下文的需要,将给出有关微分不等式的两个引理.

引理 2.1 (参见 T. C. Sideris[71])设函数 $I=I(t)$ 满足如下的微分不等式:

$$I(t)\geqslant\delta(1+t)^{a}, \tag{14.2.1}$$

$$I''(t)\geqslant C(1+t)^{-b}I^{p}(t), \tag{14.2.2}$$

其中 $p>1$, $a\geqslant1$ 及 $b\geqslant0$ 均为实数,且满足

$$(p-1)a>b-2, \tag{14.2.3}$$

而 $\delta>0$ 是一小参数,C 为一正常数. 则 $I=I(t)$ 必在有限时间内破裂,且其生命跨度

$$\tilde{T}(\delta)\leqslant C_0\delta^{-\kappa}, \tag{14.2.4}$$

其中

$$\kappa=\frac{p-1}{(p-1)a-b+2}, \tag{14.2.5}$$

而 C_0 为一个不依赖于 δ 的正常数.

证 首先证明 $I=I(t)$ 必在有限时间内破裂.

将(14.2.1)代入(14.2.2),可得

$$I''(t)\geqslant C_1(1+t)^{pa-b}, \tag{14.2.6}$$

这儿及下文中,$C_i(i=1,2,\cdots)$ 均表示正常数.

注意到由(14.2.3)式及 $a\geqslant1$,有

$$pa-b>a-2\geqslant-1,$$

对(14.2.6)积分一次可得

$$I'(t)\geqslant C_2(1+t)^{pa-b+1}-|I'(0)|,$$

从而必存在 $T_1>0$,使当 $t\geqslant T_1$ 时,

$$I'(t)\geqslant0. \tag{14.2.7}$$

这样,在 $t\geqslant T_1$ 时,在(14.2.2)式两端分别乘 $I'(t)$,注意到 $b\geqslant0$,就容易得到

$$
\begin{aligned}
(I'^2(t))' &\geqslant C_3(1+t)^{-b}(I^{p+1}(t))' \\
&= C_3((1+t)^{-b}I^{p+1}(t))' + C_3 b(1+t)^{-b-1}I^{p+1}(t) \\
&\geqslant C_3((1+t)^{-b}I^{p+1}(t))',
\end{aligned}
$$

从而,注意到(14.2.1)式,有

$$
\begin{aligned}
I'^2(t) &\geqslant C_3(1+t)^{-b}I^{p+1}(t) - C_4 \\
&\geqslant \frac{C_3}{2}(1+t)^{-b}I^{b+1}(t) + C_5(1+t)^{(p+1)a-b} - C_4.
\end{aligned}
$$

注意到 $a \geqslant 1$ 及(14.2.3)式,$(p+1)a-b>0$,于是,必存在 $T_2 \geqslant T_1$,使当 $t \geqslant T_2$ 时成立

$$
I'^2(t) \geqslant C_6(1+t)^{-b}I^{p+1}(t),
$$

从而当 $t \geqslant T_2$ 时,有

$$
I'(t) \geqslant C_7(1+t)^{-\frac{b}{2}}I^{\frac{p+1}{2}}(t). \tag{14.2.8}
$$

令

$$
I(t) = (1+t)^a J(t). \tag{14.2.9}
$$

由(14.2.1)式有

$$
J(t) \geqslant \delta. \tag{14.2.10}
$$

将(14.2.9)式代入(14.2.8)式,并注意到(14.2.10)式,可得

$$
\begin{aligned}
J'(t) &\geqslant C_7(1+t)^{-\frac{b}{2}+\frac{(p-1)}{2}a}J^{\frac{p+1}{2}}(t) - \frac{a}{1+t}J(t) \\
&= J(t)\left[C_7(1+t)^{-\frac{b}{2}+\frac{(p-1)}{2}a}J^{\frac{p-1}{2}}(t) - a(1+t)^{-1}\right] \\
&\geqslant J(t)\left[\frac{C_7}{2}(1+t)^{-\frac{b}{2}+\frac{(p-1)}{2}a}J^{\frac{p-1}{2}}(t)\right. \\
&\qquad \left. + \frac{C_7}{2}\delta^{\frac{p-1}{2}}(1+t)^{-\frac{b}{2}+\frac{(p-1)}{2}a} - a(1+t)^{-1}\right].
\end{aligned}
$$

注意到(14.2.3)式,$-\dfrac{b}{2}+\dfrac{(p-1)}{2}a>-1$,从而必存在 $T_3 \geqslant T_2$,使当 $t \geqslant T_3$ 时成立

$$
J'(t) \geqslant C_8(1+t)^{-\frac{b}{2}+\frac{(p-1)}{2}a}J^{\frac{p+1}{2}}(t). \tag{14.2.11}
$$

注意到 $p>1$，由此容易得到 $J(t)$ 从而 $I(t)$ 必在有限时间内破裂.

下面证明关于生命跨度的上界估计式(14.2.4).

令

$$1+\tau=\delta^{\frac{p-1}{(p-1)a-b+2}}(1+t) \tag{14.2.12}$$

及

$$H(\tau)=\delta^{\frac{b-2}{(p-1)a-b+2}}I(t). \tag{14.2.13}$$

由(14.2.1)-(14.2.2)，易知成立

$$H(\tau)\geqslant(1+\tau)^{a}, \tag{14.2.14}$$

$$H''(\tau)\geqslant C(1+\tau)^{-b}H^{p}(\tau). \tag{14.2.15}$$

由前面的讨论，$H(\tau)$ 必在有限时间中破裂，从而由(14.2.12)式就立刻可得(14.2.4)式，证毕.

引理 2.2 (参见周忆，韩伟[92])设 C^2 函数 $h=h(t)$ 及 $k=k(t)$ 在 $0\leqslant t<T$ 上满足

$$a(t)h''(t)+h'(t)\leqslant b(t)h^{1+\alpha}(t), \tag{14.2.16}$$

$$a(t)k''(t)+k'(t)\geqslant b(t)k^{1+\alpha}(t), \tag{14.2.17}$$

其中 $\alpha\geqslant 0$ 为实数，且

$$a(t),\ b(t)>0,\ 0\leqslant t<T. \tag{14.2.18}$$

如果

$$k(0)>h(0), \tag{14.2.19}$$

$$k'(0)\geqslant h'(0), \tag{14.2.20}$$

则成立

$$k'(t)>h'(t),\ 0<t<T, \tag{14.2.21}$$

从而

$$k(t)>h(t),\ 0\leqslant t<T. \tag{14.2.22}$$

证 不失一般性，可设

$$k'(0)>h'(0). \tag{14.2.23}$$

若不然,设 $k'(0)=h'(0)$,则从(14.2.16)-(14.2.17)并注意到(14.2.18)-(14.2.19),易知

$$k''(0)>h''(0),$$

从而必存在 $\delta_0>0$,使

$$k'(t)>h'(t),\ \forall\, 0<t\leqslant\delta_0,$$

于是,注意到(14.2.19),就有

$$k(t)>h(t),\ \forall\, 0\leqslant t\leqslant\delta.$$

这样,只要在其后的讨论中将 $t=\delta_0$ 取为初始时刻即可.

用反证法.若(14.2.21)式不成立,则注意到(14.2.23),由连续性,必存在 $t^*>0$,使

$$k'(t)>h'(t),\ 0\leqslant t<t^*, \tag{14.2.24}$$

而

$$k'(t^*)=h'(t^*), \tag{14.2.25}$$

于是就有

$$k''(t^*)\leqslant h''(t^*). \tag{14.2.26}$$

另一方面,注意到(14.2.19),由(14.2.24)-(14.2.25)就可得到

$$k(t)>h(t),\ 0\leqslant t\leqslant t^*,$$

特别有

$$k(t^*)>h(t^*). \tag{14.2.27}$$

这样,由(14.2.16)-(14.2.17)式及(14.2.18)式,并注意到(14.2.25)及(14.2.27)式,就容易得到

$$k''(t^*)>h''(t^*). \tag{14.2.28}$$

这与(14.2.26)式矛盾.证毕.

§3. 一类半线性波动方程 Cauchy 问题的解的生命跨度的上界估计——次临界情况

在本节中,我们考虑下述半线性波动方程具小初值的 Cauchy 问题:

$$\Box u = |u|^p, \tag{14.3.1}$$

$$t = 0 : u = \varepsilon\varphi(x),\ u_t = \varepsilon\psi(x), \tag{14.3.2}$$

其中 $p > 1$ 是一个实数,$\varepsilon > 0$ 是一个小参数,其余的假设同(14.1.3)及(14.1.5)-(14.1.6).

我们首先给出如下的

引理 3.1 （参见 B. Yordanov 与 Q. S. Zhang[84]）假设 Cauchy 问题(14.3.1)-(14.3.2)在 $0 \leqslant t < \widetilde{T}(\varepsilon)$ 上有一个解 $u = u(t, x)$,它使本引理证明中的一切推导均有效,例如说,

$$u \in C([0, \widetilde{T}(\varepsilon));\ H^1(\mathbb{R}^n) \cap L^p(\mathbb{R}^n)), \tag{14.3.3}$$

$$u_t \in C([0, \widetilde{T}(\varepsilon));\ L^2(\mathbb{R}^n)), \tag{14.3.4}$$

且

$$\text{supp}\{u\} \subseteq \{(t, x) \mid |x| \leqslant t + \rho\}. \tag{14.3.5}$$

进一步假设初始函数 $\varphi(x)$ 及 $\psi(x)$ 满足

$$\int_{\mathbb{R}^n} F(x)\varphi(x)\mathrm{d}x > 0,\ \int_{\mathbb{R}^n} F(x)\psi(x)\mathrm{d}x \geqslant 0, \tag{14.3.6}$$

其中 $F(x)$ 由第十三章中的(13.2.10)-(13.2.11)式定义,即

$$F(x) = \begin{cases} \mathrm{e}^x + \mathrm{e}^{-x}, & n = 1, \\ \displaystyle\int_{S^n} \mathrm{e}^{x\cdot\omega}\mathrm{d}\omega, & n \geqslant 2. \end{cases} \tag{14.3.7}$$

则当 $0 \leqslant t < \widetilde{T}(\varepsilon)$ 时,成立

$$\int_{\mathbb{R}^n} |u(t, x)|^p \mathrm{d}x \geqslant C_0 \varepsilon^p (1 + t)^{n-1-\frac{n-1}{2}p}, \tag{14.3.8}$$

其中 C_0 是一个正常数.

证 由第十三章§2,$F(x)$满足

$$\Delta F(x) = F(x), \tag{14.3.9}$$

且

$$0 < F(x) \leqslant \widetilde{C}\mathrm{e}^{|x|}(1 + |x|)^{-\frac{n-1}{2}}, \tag{14.3.10}$$

其中$\widetilde{C}$是一个正常数.

类似于第十三章§2,令

$$G(t, x) = \mathrm{e}^{-t}F(x). \tag{14.3.11}$$

我们有

$$G_t(t, x) = -G(t, x), G_{tt}(t, x) = G(t, x) \tag{14.3.12}$$

及

$$\Delta_x G(t, x) = G_{tt}(t, x). \tag{14.3.13}$$

在方程(14.3.1)的两端分别乘 $G(t, x)$,并对 x 积分,有

$$\int_{\mathbb{R}^n} G(t, x)(u_{tt} - \Delta u)(t, x)\mathrm{d}x = \int_{\mathbb{R}^n} G(t, x) \mid u(t, x) \mid^p \mathrm{d}x.$$

注意到(14.3.13)式,利用格林公式可得

$$\int_{\mathbb{R}^n} G\Delta u\mathrm{d}x = \int_{\mathbb{R}^n} \Delta G \cdot u\mathrm{d}x = \int_{\mathbb{R}^n} G_{tt} u\mathrm{d}x,$$

从而就得到

$$\int_{\mathbb{R}^n} (Gu_{tt} - G_{tt}u)\mathrm{d}x = \int_{\mathbb{R}^n} G \mid u \mid^p \mathrm{d}x,$$

即

$$\frac{\mathrm{d}}{\mathrm{d}t}\int_{\mathbb{R}^n} (Gu_t - G_t u)\mathrm{d}x = \int_{\mathbb{R}^n} G \mid u \mid^p \mathrm{d}x.$$

注意到(14.3.12)的第一式,由上式得到

$$\frac{\mathrm{d}}{\mathrm{d}t}\int_{\mathbb{R}^n} (Gu_t + Gu)\mathrm{d}x = \int_{\mathbb{R}^n} G \mid u \mid^p \mathrm{d}x. \tag{14.3.14}$$

注意到 $G > 0$,将上式对 t 积分并利用初值(14.3.2),就有

$$\int_{\mathbb{R}^n} (Gu_t + Gu)\mathrm{d}x \geqslant \varepsilon\int_{\mathbb{R}^n} F(x)(\varphi(x) + \psi(x))\mathrm{d}x,$$

从而,再一次利用(14.3.12)的第一式,就得到

$$\frac{\mathrm{d}}{\mathrm{d}t}\int_{\mathbb{R}^n} Gu\mathrm{d}x + 2\int_{\mathbb{R}^n} Gu\mathrm{d}x \geqslant \varepsilon\int_{\mathbb{R}^n} F(x)(\varphi(x) + \psi(x))\mathrm{d}x,$$

即

$$\frac{\mathrm{d}}{\mathrm{d}t}(\mathrm{e}^{2t}\int_{\mathbb{R}^n} Gu\mathrm{d}x) \geqslant \varepsilon\mathrm{e}^{2t}\int_{\mathbb{R}^n} F(x)(\varphi(x) + \psi(x))\mathrm{d}x.$$

由此可解得

$$\int_{\mathbb{R}^n} Gu\,\mathrm{d}x \geqslant \varepsilon\mathrm{e}^{-2t}\int_{\mathbb{R}^n} F(x)\varphi(x)\,\mathrm{d}x + \frac{\varepsilon}{2}(1-\mathrm{e}^{-2t})\int_{\mathbb{R}^n} F(x)(\varphi(x)+\psi(x))\,\mathrm{d}x.$$

这样,由假设(14.3.6)就容易得到

$$\int_{\mathbb{R}^n} Gu\,\mathrm{d}x \geqslant C\varepsilon,\ 0\leqslant t<\tilde{T}(\varepsilon), \tag{14.3.15}$$

这儿及今后,C 表示某个正常数,其值在不同场合可以各不相同.

另一方面,由 Hölder 不等式,并注意到(14.3.5)式,有

$$\int_{\mathbb{R}^n} Gu\,\mathrm{d}x \leqslant \left(\int_{\mathbb{R}^n} |u|^p\,\mathrm{d}x\right)^{\frac{1}{p}}\left(\int_{|x|\leqslant t+\rho} G^{\frac{p}{p-1}}\,\mathrm{d}x\right)^{\frac{p-1}{p}}. \tag{14.3.16}$$

但由(14.3.10)式,易知有

$$\int_{|x|\leqslant t+\rho} G^{\frac{p}{p-1}}\,\mathrm{d}x \leqslant C\int_0^{t+\rho} \mathrm{e}^{-\frac{p}{p-1}(t-r)}(1+r)^{n-1-\frac{n-1}{2}\frac{p}{p-1}}\,\mathrm{d}r. \tag{14.3.17}$$

为了估计(14.3.17)右端的积分,我们要利用下述的

注 3.1 对任意给定的正数 q_1 及实数 q_2,成立如下的估计式:

$$\int_0^{t+\rho} \mathrm{e}^{-q_1(t-r)}(1+r)^{q_2}\,\mathrm{d}r \leqslant C_0(1+t)^{q_2}, \tag{14.3.18}$$

其中 $\rho>0$ 为一给定常数,而 C_0 为一个正常数.

注 3.1 的证明

(14.3.18)式的左端

$$\begin{aligned}
&=\int_0^{\frac{t+\rho}{2}} \mathrm{e}^{-q_1(t-r)}(1+r)^{q_2}\,\mathrm{d}r+\int_{\frac{t+\rho}{2}}^{t} \mathrm{e}^{-q_1(t-r)}(1+r)^{q_2}\,\mathrm{d}r\\
&\leqslant C\left(\mathrm{e}^{-\frac{q_1}{2}t}\int_0^{\frac{t+\rho}{2}}(1+r)^{q_2}\,\mathrm{d}r+(1+t)^{q_2}\int_{\frac{t+\rho}{2}}^{t}\mathrm{e}^{-q_1(t-r)}\,\mathrm{d}r\right)\\
&\leqslant C_0(1+t)^{q_2}.
\end{aligned}$$

利用注 3.1,由(14.3.17)式就得到

$$\int_{|x|\leqslant t+\rho} G^{\frac{p}{p-1}}\,\mathrm{d}x \leqslant C(1+t)^{n-1-\frac{n-1}{2}\frac{p}{p-1}}. \tag{14.3.19}$$

这样,由(14.3.16)式并注意到(14.3.15)式,就可得到

$$\int_{\mathbb{R}^n} |u(t, x)|^p \mathrm{d}x \geqslant \frac{\left(\int_{\mathbb{R}^n} Gu\mathrm{d}x\right)^p}{\left(\int_{|x|\leqslant t+\rho} G^{\frac{p}{p-1}}\mathrm{d}x\right)^{p-1}}$$
$$\geqslant C\varepsilon^p(1+t)^{n-1-\frac{n-1}{2}p},\ 0\leqslant t<\widetilde{T}(\varepsilon).$$

引理 3.1 证毕.

注 3.2　在引理 3.1 中,若条件(14.3.6)减弱为

$$\int_{\mathbb{R}^n} F(x)\varphi(x)\mathrm{d}x \geqslant 0,\ \int_{\mathbb{R}^n} F(x)\psi(x)\mathrm{d}x \geqslant 0,$$

且二者不同时为零,则当 $1\leqslant t<\widetilde{T}(\varepsilon)$ 时,(14.3.8)式成立

在本节中,对 $p>1$,我们着重考察次临界的情况,即假设

$$p<p_0(n), \tag{14.3.20}$$

而 $p_0(n)$是二次方程

$$(n-1)p^2-(n+1)p-2=0 \tag{14.3.21}$$

的正根.而

$$p=p_0(n) \tag{14.3.22}$$

的临界情况,将在下一节讨论.

注 3.3　在 $n=1$ 时,方程(14.3.21)无正根,因此对任何给定的实数 $p>1$,都属于次临界情况.

注 3.4　在 $n>1$ 时,易见当 $1<p<p_0(n)$ 时,

$$(n-1)p^2-(n+1)p-2<0; \tag{14.3.23}$$

而当 $n=1$ 时,对任何给定的 $p>1$,上式也显然成立.

引理 3.2　(参见 T. C. Sideris[71])在 $p>1$ 满足次临界条件(14.3.20)时,假设 Cauchy 问题(14.3.1)-(14.3.2)在 $0\leqslant t<\widetilde{T}(\varepsilon)$ 上有一个解 $u=u(t, x)$,它满足(14.3.3)-(14.3.5),并假设初始函数 $\varphi(x)$及 $\psi(x)$除满足注 3.2 中之要求外,还满足

$$\int_{\mathbb{R}^n} \varphi(x)\mathrm{d}x \geqslant 0,\ \int_{\mathbb{R}^n} \psi(x)\mathrm{d}x \geqslant 0. \tag{14.3.24}$$

则存在一个与 ε 无关的正常数$\overline{b}$,使

$$\widetilde{T}(\varepsilon)\leqslant \overline{b}\varepsilon^{-\gamma}, \tag{14.3.25}$$

而

$$\gamma = \frac{2p(p-1)}{2+(n+1)p-(n-1)p^2}. \tag{14.3.26}$$

证 令

$$I(t) = \int_{\mathbb{R}^n} u(t, x)\mathrm{d}x. \tag{14.3.27}$$

将方程(14.3.1)对 x 积分,易得

$$I''(t) = \int_{\mathbb{R}^n} | u(t, x) |^p \mathrm{d}x. \tag{14.3.28}$$

由 Hölder 不等式,并注意到(14.3.5)式,有

$$\begin{aligned} | I(t) | &\leqslant \left(\int_{\mathbb{R}^n} | u(t, x) |^p \mathrm{d}x\right)^{\frac{1}{p}} \left(\int_{|x|\leqslant t+\rho} \mathrm{d}x\right)^{\frac{p-1}{p}} \\ &\leqslant C(1+t)^{\frac{n(p-1)}{p}} \left(\int_{\mathbb{R}^n} | u(t, x) |^p \mathrm{d}x\right)^{\frac{1}{p}}, \end{aligned}$$

从而由(14.3.28)式,可得

$$I''(t) \geqslant C \frac{| I(t) |^p}{(1+t)^{n(p-1)}}. \tag{14.3.29}$$

另一方面,由注 3.2 并注意到(14.3.28)式,当 $1 \leqslant t < \widetilde{T}(\varepsilon)$ 时有

$$I''(t) \geqslant C\varepsilon^p (1+t)^{n-1-\frac{n-1}{2}p},$$

于是,注意到(14.3.28)式,就有

$$I''(t) \geqslant \begin{cases} 0, & 0 \leqslant t < 1, \\ C\varepsilon^p (1+t)^{n-1-\frac{n-1}{2}p}, & 1 \leqslant t < \widetilde{T}(\varepsilon). \end{cases} \tag{14.3.30}$$

容易证明:在 $n \geqslant 1$ 及 $1 < p < p_0(n)$ 时,恒成立

$$n-1-\frac{n-1}{2}p > -1.$$

对 t 从 0 开始积分(14.3.30)式,并利用(14.3.24)式,就可得到:当 $1 \leqslant t < \widetilde{T}(\varepsilon)$ 时,成立

$$I(t) \geqslant \widetilde{C}\varepsilon^p (1+t)^{n+1-\frac{n-1}{2}p}, \tag{14.3.31}$$

其中$\widetilde{C}$是一个正常数.

在引理 2.1 中取 $\delta=\widetilde{C}\varepsilon^p$ 及 $a=n+1-\dfrac{n-1}{2}p>1$, $b=n(p-1)>0$, 且注意到(14.3.23)式,容易验证

$$(p-1)a-(b-2)>0,$$

由(14.3.29)及(14.3.31)式就可得到所要求的估计式(14.3.25).

引理 3.3 设 $n=1$,且 $p>1$ 为任何给定的实数. 若 Cauchy 问题(14.3.1)-(14.3.2)在 $0\leqslant t<\widetilde{T}(\varepsilon)$ 上有一个解 $u=u(t,x)$, 它使本引理证明中的一切推导均有效,例如说,

$$u\in C([0,\widetilde{T}(\varepsilon));H^1(\mathbb{R})) \tag{14.3.32}$$

及(14.3.4)-(14.3.5)式成立. 如果初始函数 $\psi(x)$ 满足

$$\int_{\mathbb{R}}\psi(x)\mathrm{d}x>0, \tag{14.3.33}$$

则必存在一个不依赖于 ε 的正常数 $\bar{b}$, 使成立

$$\widetilde{T}(\varepsilon)\leqslant\bar{b}\varepsilon^{-\frac{p-1}{2}}. \tag{14.3.34}$$

证 仍令

$$I(t)=\int_{-\infty}^{\infty}u(t,x)\mathrm{d}x. \tag{14.3.35}$$

由(14.3.29)式,有

$$I''(t)\geqslant C\frac{|I(t)|^p}{(1+t)^{p-1}}, \tag{14.3.36}$$

特别有

$$I''(t)\geqslant 0.$$

将上式积分二次得

$$I(t)\geqslant\varepsilon\Big[\Big(\int_{-\infty}^{\infty}\psi(x)\mathrm{d}x\Big)t+\int_{-\infty}^{\infty}\varphi(x)\mathrm{d}x\Big].$$

由假设(14.3.33),必存在一个仅依赖于 $\int_{-\infty}^{\infty}\varphi(x)\mathrm{d}x$ 及 $\int_{-\infty}^{\infty}\psi(x)\mathrm{d}x$ 的 $t_0\geqslant 0$, 使

$$I(t) \geqslant \frac{\varepsilon}{2}\Big(\int_{-\infty}^{\infty} \varphi(x)\mathrm{d}x\Big)t,\ t \geqslant t_0. \tag{14.3.37}$$

在引理 2.1 中取 $\delta = \bar{C}\varepsilon$ ($\bar{C}$ 为某个正常数) 及 $a = 1$, $b = p-1$, 容易验证

$$(p-1)a - b + 2 = 2 > 0,$$

由(14.3.36)及(14.3.37)式就立刻可得所要的估计式(14.3.34).

引理 3.4 设 $n = 2$ 且 $p = 2$. 并设在 Cauchy 问题(14.3.1)-(14.3.2)中的初始函数 $\varphi(x)$ 及 $\psi(x)$ 除满足(14.1.5)-(14.1.6)外,还满足

$$\varphi(x) \equiv 0,\ \psi(x) \geqslant 0 \text{ 且 } \psi(x) \not\equiv 0. \tag{14.3.38}$$

则存在一个不依赖于 ε 的正常数 $\bar{b}$,使此 Cauchy 问题的经典解 $u = u(t, x)$ 的生命跨度 $\widetilde{T}(\varepsilon)$ 满足

$$\widetilde{T}(\varepsilon) \leqslant \bar{b}e(\varepsilon), \tag{14.3.39}$$

而 $e(\varepsilon)$ 由下式定义:

$$\varepsilon^2 e^2(\varepsilon)\ln(1 + e(\varepsilon)) = 1. \tag{14.3.40}$$

注 3.5 在 $n = 2$ 时,$p = 2 < p_0(2)$ 属于次临界情况.

引理 3.4 的证明 由 $n = 2$ 时波动方程基本解的正性(见第二章 §1.1 及注 2.2),易知

$$u(t, x) \geqslant \varepsilon u_0(t, x),\ 0 \leqslant t < \widetilde{T}(\varepsilon),\ x \in \mathbb{R}^2, \tag{14.3.41}$$

而上式右端的 $u_0(t, x)$ 满足

$$\Box u_0(t, x) = 0, \tag{14.3.42}$$

$$t = 0:\ u_0 = 0,\ \partial_t u_0 = \psi(x). \tag{14.3.43}$$

由 $n = 2$ 时波动方程 Cauchy 问题解的表达式[见第二章(2.1.62)及(2.1.64)式],有

$$u_0(t, x) = C\int_{|y-x|\leqslant t} \frac{\psi(y)}{\sqrt{t^2 - |y-x|^2}}\mathrm{d}y. \tag{14.3.44}$$

由 $\psi(x)$ 的紧支集假设,在上式中可设 $|y| \leqslant \rho$. 这样,当 $t - |x| \geqslant 2\rho$ 时,对 $|y - x| \leqslant t$, 就有

$$\begin{aligned} t^2 - |y-x|^2 &= (t - |y-x|)(t + |y-x|) \\ &\leqslant 2t(t - |y-x|) \\ &\leqslant 2t(t - |x| + |y|) \\ &\leqslant 2t(t - |x| + \rho). \end{aligned}$$

于是,由(14.3.44)式并注意到(14.3.38)式,就得到:当 $t-|x|\geqslant 2\rho$ 时,成立

$$u_0(t,x)\geqslant Ct^{-\frac{1}{2}}(t-|x|+\rho)^{-\frac{1}{2}}, \tag{14.3.45}$$

其中 C 为一个仅依赖于 $\psi(x)$ 的正常数.

这样,注意到(14.3.41)式,就有

$$\begin{aligned}\int_{\mathbb{R}^n}u^2(t,x)\mathrm{d}x &\geqslant \int_{t-|x|\geqslant 2\rho}u^2(t,x)\mathrm{d}x\\ &\geqslant \varepsilon^2\int_{t-|x|\geqslant 2\rho}u_0^2(t,x)\mathrm{d}x\\ &\geqslant C\varepsilon^2\int_{t-|x|\geqslant 2\rho}t^{-1}(t-|x|+\rho)^{-1}\mathrm{d}x\\ &\geqslant C\varepsilon^2t^{-1}\int_0^{t-2\rho}(t-r+\rho)^{-1}r\mathrm{d}r.\end{aligned} \tag{14.3.46}$$

注意到

$$\begin{aligned}&\int_0^{t-2\rho}\frac{r}{t-r+\rho}\mathrm{d}r\\ &=-(t-2\rho)+(t+\rho)\int_0^{t-2\rho}\frac{1}{t-r+\rho}\mathrm{d}r\\ &=-(t-2\rho)+(t+\rho)\ln\frac{t+\rho}{3\rho},\end{aligned}$$

当 $t\geqslant 2\rho$ 时,由(14.3.46)式可得

$$\int_{\mathbb{R}^2}u^2(t,x)\mathrm{d}x\geqslant C\varepsilon^2\ln t. \tag{14.3.47}$$

令

$$I(t)=\int_{\mathbb{R}^2}u(t,x)\mathrm{d}x. \tag{14.3.48}$$

由(14.3.28)式,并注意到此时 $p=2$ 且成立(14.3.47)式,就得到:当 $t\geqslant 2\rho$ 时成立

$$I''(t)\geqslant C\varepsilon^2\ln(1+t).$$

且由(14.3.28)式,对 $t\geqslant 0$ 均成立 $I''(t)\geqslant 0$. 用类似于得到(14.3.31)的方法,关于 t 从零开始积分二次,并注意到(14.3.38)式,就容易得到:当 $t\geqslant 2\rho$ 时,成立

$$I(t)\geqslant \widetilde{C}\varepsilon^2(1+t)^2\ln(1+t). \tag{14.3.49}$$

另一方面,由(14.3.29)式,并注意到此时 $n=2$ 及 $p=2$,我们有

$$I''(t) \geqslant \tilde{\tilde{C}} \frac{|I(t)|^2}{(1+t)^2}. \tag{14.3.50}$$

这儿,$\tilde{C}$及$\tilde{\tilde{C}}$为某些正常数.

由

$$1+t=e(\varepsilon)\tau \tag{14.3.51}$$

引入新的变量 τ,其中 $e(\varepsilon)$ 由(14.3.40)式定义.这样,在 $\varepsilon>0$ 适当小时,由(14.3.49)式可得:当 $\tau \geqslant 2$ 时,成立

$$I(\tau) \geqslant \tilde{C}\varepsilon^2 e^2(\varepsilon)(\ln e(\varepsilon)+\ln \tau)\tau^2, \tag{14.3.52}$$

从而注意到(14.3.40),易知在 $\tau \geqslant 2$ 时,有

$$I(\tau) \geqslant \tilde{C} \frac{\ln e(\varepsilon)}{\ln(1+e(\varepsilon))}\tau^2 \geqslant \tilde{C}_1(1+\tau)^2. \tag{14.3.53}$$

此外,在 $\tau \geqslant 2$ 时,(14.3.50)式可写为

$$I''(\tau) \geqslant \tilde{\tilde{C}} \frac{|I(\tau)|^2}{\tau^2} \geqslant \tilde{\tilde{C}}_2 \frac{|I(\tau)|^2}{(1+\tau)^2}. \tag{14.3.54}$$

这儿,$\tilde{C}_1$ 及$\tilde{\tilde{C}}_2$ 为某些正常数.

由引理 2.1(在其中取 $\delta=\tilde{C}_1$, $p=a=b=2$),就立刻可见 $I(\tau)$的生命跨度为有限,从而由(14.3.51)式就可得到所要求的(14.3.39)式.证毕.

§4. 一类半线性波动方程 Cauchy 问题的解的生命跨度的上界估计——临界情况

在本节中,根据周忆、韩伟[92],我们继续考虑§3 中所述的 Cauchy 问题(14.3.1)-(14.3.2),但仅关心指数 p 的临界情况,即只考虑 $n \geqslant 2$ 且 $p=p_0(n)$ 的情形,其中 $p_0(n)$ 是二次方程(14.3.21)的正根.

为此目的,我们先在区域 $\{(t,x) \mid t \geqslant 0, |x| \leqslant t\}$ 上求 n 维波动方程

$$\Box \Phi=0 \tag{14.4.1}$$

的如下形式的解:

$$\Phi=\Phi_q=(t+|x|)^{-q} h_q\left(\frac{2|x|}{t+|x|}\right), \tag{14.4.2}$$

其中 $q>0$.

记 $r=|x|$,并注意到对径向函数 $R=R(r)$, n 维 Laplace 算子可写为

$$\Delta_x R=\frac{n-1}{r}R'+R'',\tag{14.4.3}$$

将(14.4.2)代入(14.4.1),不难证明 $h=h_q(z)\left(z=\frac{2|x|}{t+|x|}\right)$ 满足下述常微分方程

$$z(1-z)h''(z)+\left[n-1-\left(q+\frac{n+1}{2}\right)z\right]h'(z)-\frac{n-1}{2}qh(z)=0.\tag{14.4.4}$$

这就是说, $h=h_q(z)$ 满足 $\alpha=q$, $\beta=\frac{n-1}{2}$ 及 $\gamma=n-1$ 时的**超几何方程**

$$z(1-z)h''(z)+[\gamma-(\alpha+\beta+1)z]h'(z)-\alpha\beta h(z)=0.\tag{14.4.5}$$

已知(参见王竹溪[82]),在 $|z|<1$ 时收敛的**超几何级数**

$$h=F(\alpha,\beta,\gamma;z)\overset{\text{def.}}{=\!=}\sum_{k=0}^{\infty}\frac{(\alpha)_k(\beta)_k}{k!(\gamma)_k}z^k\tag{14.4.6}$$

为(14.4.5)的一个解,其中

$$\begin{cases}(\lambda)_0=1,\\(\lambda)_k=\lambda(\lambda+1)\cdots(\lambda+k-1)=\dfrac{\Gamma(\lambda+k)}{\Gamma(\lambda)}\quad(k\geqslant1).\end{cases}\tag{14.4.7}$$

于是在(14.4.2)中可取

$$h=h_q(z)=F\left(q,\frac{n-1}{2},n-1;z\right).\tag{14.4.8}$$

命题 4.1　当 $\gamma>\beta>0$ 时,成立

$$\begin{aligned}&F(\alpha,\beta,\gamma;z)\\&=\frac{\Gamma(\gamma)}{\Gamma(\beta)\Gamma(\gamma-\beta)}\int_0^1 t^{\beta-1}(1-t)^{\gamma-\beta-1}(1-zt)^{-\alpha}\mathrm{d}t\quad(|z|<1).\end{aligned}\tag{14.4.9}$$

证　当 $\gamma>\beta>0$ 时,注意到(14.4.7)式及第二章中的(2.4.5)-(2.4.6)式,由(14.4.6)式有

$$
\begin{aligned}
&F(\alpha,\beta,\gamma;z)\\
&=\frac{\Gamma(\gamma)}{\Gamma(\beta)\Gamma(\gamma-\beta)}\sum_{k=0}^{\infty}\frac{(\alpha)_k\,\Gamma(\beta+k)\Gamma(\gamma-\beta)}{k!\,\Gamma(\gamma+k)}z^k\\
&=\frac{\Gamma(\gamma)}{\Gamma(\beta)\Gamma(\gamma-\beta)}\sum_{k=0}^{\infty}\frac{(\alpha)_k}{k!}B(\beta+k,\gamma-\beta)z^k\\
&=\frac{\Gamma(\gamma)}{\Gamma(\beta)\Gamma(\gamma-\beta)}\sum_{k=0}^{\infty}\frac{(\alpha)_k}{k!}\int_0^t t^{\beta+k-1}(1-t)^{\gamma-\beta-1}\mathrm{d}t\cdot z^k\\
&=\frac{\Gamma(\gamma)}{\Gamma(\beta)\Gamma(\gamma-\beta)}\int_0^1 t^{\beta-1}(1-t)^{\gamma-\beta-1}\sum_{k=0}^{\infty}\frac{(\alpha)_k}{k!}(zt)^k\mathrm{d}t\\
&=\frac{\Gamma(\gamma)}{\Gamma(\beta)\Gamma(\gamma-\beta)}\int_0^1 t^{\beta-1}(1-t)^{\gamma-\beta-1}(1-zt)^{-\alpha}\mathrm{d}t.
\end{aligned}
$$

由命题 4.1,有

$$
h_q(z)=\frac{\Gamma(n-1)}{\Gamma^2\left(\frac{n-1}{2}\right)}\int_0^1 t^{\frac{n-3}{2}}(1-t)^{\frac{n-3}{2}}(1-zt)^{-q}\mathrm{d}t, \tag{14.4.10}
$$

从而

$$
h_q(z)>0,\ 0\leqslant z<1. \tag{14.4.11}
$$

命题 4.2 当

$$
0<q<\frac{n-1}{2} \tag{14.4.12}
$$

时,成立

$$
\widetilde{C}_1\leqslant h_q(z)\leqslant C_1,\ 0\leqslant z\leqslant 1; \tag{14.4.13}
$$

而当

$$
q>\frac{n-1}{2} \tag{14.4.14}
$$

时,成立

$$
\widetilde{C}_2(1-z)^{\frac{n-1}{2}-q}\leqslant h_q(z)\leqslant C_2(1-z)^{\frac{n-1}{2}-q},\ 0\leqslant z\leqslant 1, \tag{14.4.15}
$$

其中 C_1, $\widetilde{C}_1$, C_2 及 $\widetilde{C}_2$ 为正常数.

证 超几何方程(14.4.5)是具有三个**正则奇点** $z=0$, $z=1$ 及 $z=\infty$ 的 **Fuchs 型方程**的标准形式(参见本章§6).

在奇点 $z=0$ 附近，解 $h=h(z)$ 可写为

$$h(z)=z^{\rho}\sum_{n=0}^{\infty}c_n z^n \tag{14.4.16}$$

的形式，其中 $c_0\neq 0$，而 ρ 称为 $h(z)$ 在 $z=0$ 处之**指标**. 将(14.4.16)代入(14.4.5)，注意到

$$h'(z)=\rho z^{\rho-1}\sum_{n=0}^{\infty}c_n z^n+z^{\rho}\sum_{n=1}^{\infty}nc_n z^{n-1},$$

$$h''(z)=\rho(\rho-1)z^{\rho-2}\sum_{n=0}^{\infty}c_n z^n+2\rho z^{\rho-1}\sum_{n=1}^{\infty}nc_n z^{n-1}$$
$$+z^{\rho}\sum_{n=2}^{\infty}n(n-1)c_n z^{n-2},$$

并比较首项 $z^{\rho-1}$ 的系数，就得到决定 ρ 的**指标方程**

$$\rho(\rho-1)+\gamma\rho=0. \tag{14.4.17}$$

它有两个根

$$\rho=0 \text{ 及 } \rho=1-\gamma. \tag{14.4.18}$$

同理，在奇点 $z=1$ 附近，解 $h=h(z)$ 可写为

$$h(z)=(z-1)^{\rho}\sum_{n=0}^{\infty}c_n(z-1)^n \tag{14.4.19}$$

的形式，其中 $c_0\neq 0$，而 ρ 称为 $h(z)$ 在 $z=1$ 处的指标. 将(14.4.19)代入(14.4.5)，比较首项 $(z-1)^{\rho-1}$ 的系数，可得决定 ρ 的指标方程为

$$\rho(\rho-1)-(\gamma-(\alpha+\beta+1))\rho=0. \tag{14.4.20}$$

它有两个根

$$\rho=0 \text{ 及 } \rho=\gamma-\alpha-\beta. \tag{14.4.21}$$

现在具体考察超几何方程(14.4.4)，其中 $\alpha=q$，$\beta=\dfrac{n-1}{2}$ 及 $\gamma=n-1$. 此时，相应的超几何级数解(14.4.8)在 $z=0$ 附近是对应于指标 $\rho=0$ 的解.

当 q 满足(14.4.12)式时，由(14.4.10)式，$h_q(z)$ 在 $z=1$ 时是收敛的，且 $h_q(1)>0$，于是，注意到 $\gamma-\alpha-\beta=\dfrac{n-1}{2}-q>0$，它在 $z=1$ 处的指标 ρ 亦为 0. 这样，注意到(14.4.11)式，$h_q(z)$在 z 为实数时在 $0\leqslant z\leqslant 1$ 上连续，且为正，

故成立(14.4.13)式.

当 q 满足(14.4.14)式时,由(14.4.11)式知 $h_q(z)$ 当 z 为实数时在 $0\leqslant z<1$ 连续,且为正,而 $h_q(z)$ 在 $z=1$ 时发散,故其在 $z=1$ 处的指标不可能为零,而必为

$$\gamma-\alpha-\beta=\frac{n-1}{2}-q<0.$$

这就证明了(14.4.15)式.

命题 4.3 对由(14.4.2)式定义的函数 $\Phi_q(t, x)$,成立

$$\frac{\partial\Phi_q(t, x)}{\partial t}=-q\Phi_{q+1}(t, x). \tag{14.4.22}$$

证 由(14.4.2)式易知,为证明(14.4.22)式,只需证明

$$qh_q(z)+zh_q'(z)=qh_{q+1}(z). \tag{14.4.23}$$

由(14.4.6)式并注意到 $\alpha=q$, $\beta=\dfrac{n-1}{2}$ 及 $\gamma=n-1$, 有

$$\begin{aligned}
&qh_q(z)+zh_q'(z)\\
&=q\sum_{k=0}^{\infty}\frac{(q)_k\left(\frac{n-1}{2}\right)_k}{k!(n-1)_k}z^k+\sum_{k=1}^{\infty}\frac{(q)_k\left(\frac{n-1}{2}\right)_k}{(k-1)!(n-1)_k}z^k\\
&=\sum_{k=0}^{\infty}\frac{(q+k)(q)_k\left(\frac{n-1}{2}\right)_k}{k!(n-1)_k}z^k\\
&=q\sum_{k=0}^{\infty}\frac{(q+1)_k\left(\frac{n-1}{2}\right)_k}{k!(n-1)_k}=qh_{q+1}(z).
\end{aligned}$$

证毕.

现在继续考察 Cauchy 问题(14.3.1)-(14.3.2),其中 $\varepsilon>0$ 为一小参数,并设(14.1.5)-(14.1.6)仍然成立.

引理 4.1 设 $n\geqslant 2$, $p=p_0(n)$, 而初始函数满足

$$\varphi(x)\geqslant 0,\ \psi(x)\geqslant 0 \text{ 且 } \psi(x)\not\equiv 0. \tag{14.4.24}$$

假设 Cauchy 问题(14.3.1)-(14.3.2)在 $0\leqslant t<\widetilde{T}(\varepsilon)$ 上有一个解 $u=u(t, x)$, 它使本引理证明中的一切推导均有效,且

$$\mathrm{supp}\{u\} \subseteq \{(t, x) \mid |x| \leqslant t+\rho\}. \tag{14.4.25}$$

记

$$G(t)=\int_0^t (t-\tau)(1+\tau)\int_{\mathbb{R}^n} \widetilde{\Phi}_q(\tau, x) \mid u(\tau, x) \mid^p \mathrm{d}x\mathrm{d}\tau, \tag{14.4.26}$$

其中

$$q=\frac{n-1}{2}-\frac{1}{p}, \tag{14.4.27}$$

而

$$\widetilde{\Phi}_q(t, x)=\Phi_q(t+\rho+1, x). \tag{14.4.28}$$

则成立

$$G'(t) \geqslant \mathcal{K}_0(2+t)(\ln(2+t))^{-(p-1)}\left(\int_0^t (2+\tau)^{-3} G(\tau)\mathrm{d}\tau\right)^p, \quad 1 \leqslant t < \widetilde{T}(\varepsilon), \tag{14.4.29}$$

其中 $\mathcal{K}_0$ 为一个与 ε 无关的正常数.

注 4.1 对 $n \geqslant 2$ 及 $p=p_0(n)$，易知由(14.4.27)式定义的 $q>0$.

注 4.2 由$\widetilde{\Phi}_q(t, x)$的定义,其定义域为 $\{(t, x) \mid |x| \leqslant t+\rho+1\}$. 于是注意到(14.4.25)式,知下面证明中在全空间$\mathbb{R}^n$上的积分均是有意义的.

引理 4.1 的证明 由(14.4.26)式,有

$$G'(t)=\int_0^t (1+\tau)\int_{\mathbb{R}^n} \widetilde{\Phi}_q(\tau, x) \mid u(\tau, x) \mid^p \mathrm{d}x\mathrm{d}\tau \tag{14.4.30}$$

及

$$G''(t)=(1+t)\int_{\mathbb{R}^n} \widetilde{\Phi}_q(t, x) \mid u(t, x) \mid^p \mathrm{d}x. \tag{14.4.31}$$

在方程(14.3.1)的两端分别乘$\widetilde{\Phi}_q(t, x)$后对 x 积分,得

$$\int_{\mathbb{R}^n} \widetilde{\Phi}_q(u_{tt}-\Delta u)\mathrm{d}x=\int_{\mathbb{R}^n} \widetilde{\Phi}_q \mid u \mid^p \mathrm{d}x. \tag{14.4.32}$$

注意到$\widetilde{\Phi}_q$ 满足波动方程(14.4.1),利用格林公式,有

$$\int_{\mathbb{R}^n} \widetilde{\Phi}_q \Delta u\mathrm{d}x=\int_{\mathbb{R}^n} \Delta \widetilde{\Phi}_q \cdot u\mathrm{d}x=\int_{\mathbb{R}^n} \widetilde{\Phi}_{qtt} u\mathrm{d}x,$$

从而

$$\int_{\mathbb{R}^n} \widetilde{\Phi}_q (u_{tt} - \Delta u)\mathrm{d}x = \int_{\mathbb{R}^n} (\widetilde{\Phi}_q u_{tt} - \widetilde{\Phi}_{qtt} u)\mathrm{d}x$$
$$= \frac{\mathrm{d}}{\mathrm{d}t}\int_{\mathbb{R}^n} (\widetilde{\Phi}_q u_t - \widetilde{\Phi}_{qt} u)\mathrm{d}x. \tag{14.4.33}$$

但利用命题 4.3,我们有

$$\int_{\mathbb{R}^n} (\widetilde{\Phi}_q u_t - \widetilde{\Phi}_{qt} u)\mathrm{d}x$$
$$= \frac{\mathrm{d}}{\mathrm{d}t}\int_{\mathbb{R}^n} \widetilde{\Phi}_q u\mathrm{d}x - 2\int_{\mathbb{R}^n} \widetilde{\Phi}_{qt} u\mathrm{d}x$$
$$= \frac{\mathrm{d}}{\mathrm{d}t}\int_{\mathbb{R}^n} \widetilde{\Phi}_q u\mathrm{d}x + 2q\int_{\mathbb{R}^n} \widetilde{\Phi}_{q+1} u\mathrm{d}x. \tag{14.4.34}$$

将(14.4.33)及(14.4.34)代入(14.4.32),就得到

$$\frac{\mathrm{d}^2}{\mathrm{d}t^2}\int_{\mathbb{R}^n} \widetilde{\Phi}_q u\mathrm{d}x + 2q\frac{\mathrm{d}}{\mathrm{d}t}\int_{\mathbb{R}^n} \widetilde{\Phi}_{q+1} u\mathrm{d}x = \int_{\mathbb{R}^n} \widetilde{\Phi}_q |u|^p \mathrm{d}x. \tag{14.4.35}$$

将上式对 t 从 0 开始积分一次,并注意到

$$\frac{\mathrm{d}}{\mathrm{d}t}\int_{\mathbb{R}^n} \widetilde{\Phi}_q u\mathrm{d}x + 2q\int_{\mathbb{R}^n} \widetilde{\Phi}_{q+1} u\mathrm{d}x$$
$$= \int_{\mathbb{R}^n} (\widetilde{\Phi}_{qt} u + \widetilde{\Phi}_q u_t)\mathrm{d}x + 2q\int_{\mathbb{R}^n} \widetilde{\Phi}_{q+1} u\mathrm{d}x$$
$$= \int_{\mathbb{R}^n} (q\widetilde{\Phi}_{q+1} u + \widetilde{\Phi}_q u_t)\mathrm{d}x$$

在 $t=0$ 时之值为

$$\varepsilon\int_{\mathbb{R}^n} (q\widetilde{\Phi}_{q+1}(0,\ x)\varphi(x) + \widetilde{\Phi}_q(0,\ x)\psi(x))\mathrm{d}x,$$

就有

$$\frac{\mathrm{d}}{\mathrm{d}t}\int_{\mathbb{R}^n} \widetilde{\Phi}_q u\mathrm{d}x + 2q\int_{\mathbb{R}^n} \widetilde{\Phi}_{q+1} u\mathrm{d}x$$
$$= \varepsilon\int_{\mathbb{R}^n} (q\widetilde{\Phi}_{q+1}(0,\ x)\varphi(x) + \widetilde{\Phi}_q(0,\ x)\psi(x))\mathrm{d}x$$
$$+ \int_0^t\int_{\mathbb{R}^n} \widetilde{\Phi}_q |u|^p \mathrm{d}x\mathrm{d}\tau. \tag{14.4.36}$$

将上式再对 t 从 0 开始积分一次,就得到

$$\int_{\mathbb{R}^n} \widetilde{\Phi}_q u\mathrm{d}x + 2q\int_0^t\int_{\mathbb{R}^n} \widetilde{\Phi}_{q+1} u\mathrm{d}x\mathrm{d}\tau$$

$$= \varepsilon\int_{\mathbb{R}^n} \tilde{\Phi}_q(0, x)\varphi(x)\mathrm{d}x + \varepsilon t\int_{\mathbb{R}^n} (q\tilde{\Phi}_{q+1}(0, x)\varphi(x) + \tilde{\Phi}_q(0, x)\psi(x))\mathrm{d}x$$
$$+ \int_0^t (t-\tau)\int_{\mathbb{R}^n} \tilde{\Phi}_q \mid u \mid^p \mathrm{d}x\mathrm{d}\tau. \tag{14.4.37}$$

将上式再对 t 从 0 开始积分一次，就有

$$\int_0^t\int_{\mathbb{R}^n} \tilde{\Phi}_q u\mathrm{d}x\mathrm{d}\tau + 2q\int_0^t (t-\tau)\int_{\mathbb{R}^n} \tilde{\Phi}_{q+1} u\mathrm{d}x\mathrm{d}\tau$$
$$= \varepsilon t\int_{\mathbb{R}^n} \tilde{\Phi}_q(0, x)\varphi(x)\mathrm{d}x + \frac{1}{2}\int_0^t (t-\tau)^2\int_{\mathbb{R}^n} \tilde{\Phi}_q \mid u \mid^p \mathrm{d}x\mathrm{d}\tau$$
$$+ \frac{\varepsilon}{2}t^2\int_{\mathbb{R}^n} (q\tilde{\Phi}_{q+1}(0, x)\varphi(x) + \tilde{\Phi}_q(0, x)\psi(x))\mathrm{d}x. \tag{14.4.38}$$

由此并注意到(14.4.11)式及假设(14.4.24)，就得到

$$\int_0^t\int_{\mathbb{R}^n} \tilde{\Phi}_q u\mathrm{d}x\mathrm{d}\tau + 2q\int_0^t (t-\tau)\int_{\mathbb{R}^n} \tilde{\Phi}_{q+1} u\mathrm{d}x\mathrm{d}\tau$$
$$\geqslant \frac{1}{2}\int_0^t (t-\tau)^2\int_{\mathbb{R}^n} \tilde{\Phi}_q \mid u \mid^p \mathrm{d}x\mathrm{d}\tau. \tag{14.4.39}$$

利用 Hölder 不等式及 $G'(t)$ 的表达式(14.4.30)，并注意到(14.4.25)，可得

$$\int_0^t\int_{\mathbb{R}^n} \tilde{\Phi}_q u\mathrm{d}x\mathrm{d}\tau$$
$$= \int_0^t\int_{\mathbb{R}^n} ((1+\tau)^{\frac{1}{p}} \tilde{\Phi}_q^{\frac{1}{p}} u)\cdot((1+\tau)^{-\frac{1}{p}} \tilde{\Phi}_q^{\frac{1}{p'}})\mathrm{d}x\mathrm{d}\tau$$
$$\leqslant \left(\int_0^t\int_{\mathbb{R}^n} (1+\tau) \tilde{\Phi}_q \mid u \mid^p \mathrm{d}x\mathrm{d}\tau\right)^{\frac{1}{p}} \left(\int_0^t\int_{|x|\leqslant\tau+\rho} (1+\tau)^{-\frac{p'}{p}} \tilde{\Phi}_q\mathrm{d}x\mathrm{d}\tau\right)^{\frac{1}{p'}}$$
$$= (G'(t))^{\frac{1}{p}} \left(\int_0^t\int_{|x|\leqslant\tau+\rho} (1+\tau)^{-\frac{p'}{p}} \tilde{\Phi}_q\mathrm{d}x\mathrm{d}\tau\right)^{\frac{1}{p'}}, \tag{14.4.40}$$

其中 $\frac{1}{p} + \frac{1}{p'} = 1$.

由(14.4.27)式，显然 $0 < q < \frac{n-1}{2}$，于是由命题 4.2 易知

$$C_1(1+\tau)^{-q} \leqslant \tilde{\Phi}_q(\tau, x) \leqslant C_2(1+\tau)^{-q}, \tag{14.4.41}$$

其中 C_1 及 C_2 为正常数. 这样，就有

$$\int_0^t\int_{|x|\leqslant\tau+\rho} (1+\tau)^{-\frac{p'}{p}} \tilde{\Phi}_q\mathrm{d}x\mathrm{d}\tau \leqslant C\int_0^t (1+\tau)^{n-q-\frac{p'}{p}} \mathrm{d}\tau.$$

但由 $p=p_0(n)$ 及 q 的定义(14.4.27)，易知

$$n-q-\frac{p'}{p}=1+\frac{p'}{p},$$

从而由(14.4.40)式，就得到

$$\int_0^t\int_{\mathbb{R}^n}\widetilde{\Phi}_q u\mathrm{d}x\mathrm{d}\tau\leqslant C(G'(t))^{\frac{1}{p}}(1+t)^{2-\frac{1}{p}}. \tag{14.4.42}$$

此外，由(14.4.27)式并注意到 $p>1$，显然有 $q+1>\dfrac{n-1}{2}$，于是由命题4.2易知

$$\begin{aligned}&C_3(1+\tau)^{-\frac{n-1}{2}}(1+\rho+\tau-|x|)^{-\left(q+1-\frac{n-1}{2}\right)}\\&\leqslant\widetilde{\Phi}_{q+1}(\tau,x)\leqslant C_4(1+\tau)^{-\frac{n-1}{2}}(1+\rho+\tau-|x|)^{-\left(q+1-\frac{n-1}{2}\right)},\end{aligned} \tag{14.4.43}$$

其中 C_3 及 C_4 为正常数. 从而，利用 Hölder 不等式及 $G'(t)$ 的表达式(14.4.30)，并注意到(14.4.25)，就可得到

$$\begin{aligned}&\int_0^t(t-\tau)\int_{\mathbb{R}^n}\widetilde{\Phi}_{q+1}u\mathrm{d}x\mathrm{d}\tau\\&=\int_0^t\int_{\mathbb{R}^n}\left((1+\tau)^{\frac{1}{p}}\widetilde{\Phi}_q^{\frac{1}{p}}u\right)\left((t-\tau)\widetilde{\Phi}_q^{\frac{1}{p'}}\left(\frac{\widetilde{\Phi}_{q+1}}{\widetilde{\Phi}_q}\right)(1+\tau)^{-\frac{1}{p}}\right)\mathrm{d}x\mathrm{d}\tau\\&\leqslant(G'(t))^{\frac{1}{p}}\left(\int_0^t(t-\tau)^{p'}\int_{|x|\leqslant\tau+\rho}\widetilde{\Phi}_q\left(\frac{\widetilde{\Phi}_{q+1}}{\widetilde{\Phi}_q}\right)^{p'}(1+\tau)^{-\frac{p'}{p}}\mathrm{d}x\mathrm{d}\tau\right)^{\frac{1}{p'}}.\end{aligned} \tag{14.4.44}$$

而由命题4.2及命题4.3，易知有

$$\begin{aligned}&\int_{|x|\leqslant\tau+\rho}\widetilde{\Phi}_q\left(\frac{\widetilde{\Phi}_{q+1}}{\widetilde{\Phi}_q}\right)^{p'}(1+\tau)^{-\frac{p'}{p}}\mathrm{d}x\\&\leqslant C(1+\tau)^{n-1+q(p'-1)-\frac{n-1}{2}p'-\frac{p'}{p}}\int_0^{\tau+\rho}(1+\rho+\tau-r)^{-p'\left(q+1-\frac{n-1}{2}\right)}\mathrm{d}r.\end{aligned} \tag{14.4.45}$$

由(14.4.27)式并注意到 $p=p_0(n)$，易知

$$p'\left(q+1-\frac{n-1}{2}\right)=1$$

及

$$n-1+q(p'-1)-\frac{n-1}{2}p'-\frac{p'}{p}=0,$$

从而

$$\begin{aligned}&\int_{|x|\leqslant\tau+\rho}\widetilde{\Phi}_q\left(\frac{\widetilde{\Phi}_{q+1}}{\widetilde{\Phi}_q}\right)^{p'}(1+\tau)^{-\frac{p'}{p}}\mathrm{d}x\\ \leqslant\, &C\int_0^{\tau+\rho}(1+\rho+\tau-r)^{-1}\mathrm{d}r\\ \leqslant\, &C\ln(2+\tau).\end{aligned}\tag{14.4.46}$$

于是由(14.4.44)式就容易得到

$$\int_0^t(t-\tau)\int_{\mathbb{R}^n}\widetilde{\Phi}_{q+1}u\mathrm{d}x\mathrm{d}\tau\leqslant C(G'(t))^{\frac{1}{p}}(1+t)^{2-\frac{1}{p}}(\ln(2+t))^{\frac{1}{p'}}.\tag{14.4.47}$$

将(14.4.42)式及(14.4.47)式代入(14.4.39)式,并注意到(14.4.31)式,就可以得到

$$\begin{aligned}&(G'(t))^{\frac{1}{p}}(1+t)^{2-\frac{1}{p}}(\ln(2+t))^{1-\frac{1}{p}}\\ \geqslant\, &C\int_0^t(t-\tau)^2(1+\tau)^{-1}G''(\tau)\mathrm{d}\tau.\end{aligned}\tag{14.4.48}$$

利用分部积分,并注意到 $G'(0)=G(0)=0$,可得

$$\begin{aligned}&\int_0^t(t-\tau)^2(1+\tau)^{-1}G''(\tau)\mathrm{d}\tau\\ &=-\int_0^t\partial_\tau[(t-\tau)^2(1+\tau)^{-1}]G'(\tau)\mathrm{d}\tau\\ &=\int_0^t\partial_\tau^2[(t-\tau)^2(1+\tau)^{-1}]G(\tau)\mathrm{d}\tau,\end{aligned}$$

但易知

$$\partial_\tau^2[(t-\tau)^2(1+\tau)^{-1}]=2(1+t)^2(1+\tau)^{-3},$$

从而由(14.4.48)式就得到

$$\begin{aligned}&(G'(t))^{\frac{1}{p}}(1+t)^{2-\frac{1}{p}}(\ln(2+t))^{1-\frac{1}{p}}\\ \geqslant\, &C(1+t)^2\int_0^t(1+\tau)^{-3}G(\tau)\mathrm{d}\tau,\end{aligned}$$

即有

$$G'(t)\geqslant C(1+t)(\ln(2+t))^{-(p-1)}\left(\int_0^t(1+\tau)^{-3}G(\tau)\mathrm{d}\tau\right)^p.$$

由此立刻可得所要证明的(14.4.29)式. 引理4.1证毕.

引理4.2 在引理4.1的假设下, 并假设 $\varphi(x)\not\equiv 0$, 对 Cauchy 问题(14.3.1)-(14.3.2), 存在一个不依赖于 ε 的正常数 $\bar{a}$, 使成立

$$\widetilde{T}(\varepsilon)\leqslant\exp\{\bar{a}\varepsilon^{-p(p-1)}\}. \tag{14.4.49}$$

证 令

$$H(t)=\int_0^t(2+\tau)^{-3}G(\tau)\mathrm{d}\tau, \tag{14.4.50}$$

其中 $G(t)$ 由(14.4.26)式定义. 有

$$H'(t)=(2+t)^{-3}G(t), \tag{14.4.51}$$

即

$$G(t)=(2+t)^3H'(t). \tag{14.4.52}$$

于是, (14.4.29)式可以改写为

$$((2+t)^3H'(t))'\geqslant\mathcal{K}_0(2+t)(\ln(2+t))^{-(p-1)}H^p(t). \tag{14.4.53}$$

由 $G(t)$ 的定义(14.4.26), 注意到(14.4.41)式, 并利用引理3.1, 有

$$\begin{aligned}G(t)&=\int_0^t(t-\tau)(1+\tau)\int_{\mathbb{R}^n}\widetilde{\Phi}_q(\tau,x)\mid u(\tau,x)\mid^p\mathrm{d}x\mathrm{d}\tau\\&\geqslant C\int_0^t(t-\tau)(1+\tau)^{1-q}\int_{\mathbb{R}^n}\mid u(\tau,x)\mid^p\mathrm{d}x\mathrm{d}\tau\\&\geqslant C\varepsilon^p\int_0^t(t-\tau)(1+\tau)^{1-q+n-1-\frac{n-1}{2}p}\mathrm{d}\tau.\end{aligned} \tag{14.4.54}$$

由(14.4.27)式及 $p=p_0(n)$, 易见

$$1-q+n-1-\frac{n-1}{2}p=0,$$

于是由上式得

$$G(t)\geqslant C\varepsilon^pt^2.$$

从而由(14.4.50)及(14.4.51)式, 当 $t\geqslant 1$ 时可得

$$\begin{aligned} H(t) &\geqslant C\varepsilon^p \int_0^t (2+\tau)^{-3}\tau^2 \mathrm{d}\tau \\ &\geqslant C\varepsilon^p \int_1^t (2+\tau)^{-3}\tau^2 \mathrm{d}\tau \geqslant C\varepsilon^p \int_1^t (2+\tau)^{-1} \mathrm{d}\tau \\ &\geqslant C_0 \varepsilon^p \ln(2+t) \end{aligned} \tag{14.4.55}$$

及

$$H'(t) \geqslant C\varepsilon^p (2+t)^{-3} t^2 \geqslant C_0 \varepsilon^p (2+t)^{-1}, \tag{14.4.56}$$

其中 C_0 为某个正常数.

由(14.4.53)式,有

$$(2+t)^2 H''(t) + 3(2+t)H'(t) \geqslant \mathcal{K}_0 (\ln(2+t))^{-(p-1)} H^p(t). \tag{14.4.57}$$

作变量变换

$$\tau = \ln(2+t), \tag{14.4.58}$$

并记

$$H_0(\tau) = H(t) = H(\mathrm{e}^\tau - 2). \tag{14.4.59}$$

就有

$$H'_0(\tau) = (2+t)H'(t), \tag{14.4.60}$$

$$H''_0(\tau) = (2+t)^2 H''(t) + (2+t)H'(t). \tag{14.4.61}$$

于是,(14.4.57)及(14.4.55)-(14.4.56)可分别改写为

$$H''_0(\tau) + 2H'_0(\tau) \geqslant \mathcal{K}_0 \tau^{-(p-1)} H_0^p(\tau), \tag{14.4.62}$$

$$H_0(\tau) \geqslant C_0 \varepsilon^p \tau, \tag{14.4.63}$$

$$H'_0(\tau) \geqslant C_0 \varepsilon^p. \tag{14.4.64}$$

再令

$$H_1(s) = \varepsilon^{p(p-2)} H_0(\varepsilon^{-p(p-1)} s), \tag{14.4.65}$$

就可相应地得到

$$\varepsilon^{p(p-1)} H''_1(s) + 2H'_1(s) \geqslant \mathcal{K}_0 s^{-(p-1)} H_1^p(s), \tag{14.4.66}$$

$$H_1(s) \geqslant C_0 s, \tag{14.4.67}$$

$$H'_1(s) \geqslant C_0. \tag{14.4.68}$$

现在取与 ε 无关的正常数 s_0 及 δ,使在(14.4.66)-(14.4.68)中的正常数 $\mathcal{K}_0$ 及 C_0 满足

$$\mathcal{K}_0,\ C_0 \ll s_0 \ll \frac{1}{\delta}. \tag{14.4.69}$$

令

$$H_2(s) = sH_3(s), \tag{14.4.70}$$

而 $H_3(s)$ 由求解下述常微分方程的 Cauchy 问题:

$$H'_3(s) = \delta H_3^{\frac{p+1}{2}}(s),\ s \geqslant s_0, \tag{14.4.71}$$

$$H_3(s_0) = \frac{C_0}{4} \tag{14.4.72}$$

决定. 于是,当 $s \geqslant s_0$ 时易知有

$$H'_2(s) = H_3(s) + \delta s H_3^{\frac{p+1}{2}}(s), \tag{14.4.73}$$

$$H''_2(s) = 2\delta H_3^{\frac{p+1}{2}}(s) + \frac{1}{2}(p+1)\delta^2 s H_3^p(s), \tag{14.4.74}$$

从而当 $s \geqslant s_0$ 时成立

$$\begin{aligned}
&\varepsilon^{p(p-1)} H''_2(s) + 2H'_2(s) \\
&= \frac{1}{2}(p+1)\delta^2 \varepsilon^{p(p-1)} s^{-(p-1)} H_2^p(s) + 2\delta\varepsilon^{p(p-1)} H_3^{\frac{p+1}{2}}(s) \\
&\quad + 2\delta s H_3^{\frac{p+1}{2}}(s) + 2H_3(s).
\end{aligned} \tag{14.4.75}$$

注意到由(14.4.71)-(14.4.72)有

$$H_3(s) \geqslant \frac{C_0}{4},\ s \geqslant s_0, \tag{14.4.76}$$

从而当 $s \geqslant s_0$ 时有

$$\frac{1}{4}\mathcal{K}_0 s^{-(p-1)} H_2^p(s) = \frac{1}{4}\mathcal{K}_0 s H_3^p(s) \geqslant \frac{1}{4}\mathcal{K}_0 s_0 \left(\frac{C_0}{4}\right)^{p-1} H_3(s).$$

于是,只要取 s_0 充分大,就有 $\frac{1}{4}\mathcal{K}_0 s_0 \left(\frac{C_0}{4}\right)^{p-1} > 1$,从而当 $s \geqslant s_0$ 时,

$$H_3(s) \leqslant \frac{1}{4}\mathcal{K}_0 s^{-(p-1)} H_2^p(s). \tag{14.4.77}$$

此外,注意到(14.4.76)式,只要取 $\delta > 0$ 充分小,在 $s \geqslant s_0$ 时,就有

$$\begin{aligned} & 2\delta\varepsilon^{p(p-1)} H_3^{\frac{p+1}{2}}(s) + 2\delta s H_3^{\frac{p+1}{2}}(s) \\ \leqslant & \frac{1}{4}\mathcal{K}_0 s H_3^p(s) = \frac{1}{4}\mathcal{K}_0 s^{-(p-1)} H_2^p(s), \end{aligned} \tag{14.4.78}$$

且显然成立

$$\frac{1}{2}(p+1)\delta^2\varepsilon^{p(p-1)} \leqslant \frac{\mathcal{K}_0}{4}. \tag{14.4.79}$$

这样,由(14.4.75)式就得到

$$\varepsilon^{p(p-1)} H''_2(s) + 2H'_2(s) \leqslant \mathcal{K}_0 s^{-(p-1)} H_2^p(s). \tag{14.4.80}$$

此外,由(14.4.72)-(14.4.73)式易知,当 $\delta > 0$ 充分小时,成立

$$H_2(s_0) \leqslant C_0 s_0, \tag{14.4.81}$$

$$H'_2(s_0) \leqslant C_0. \tag{14.4.82}$$

这样,利用引理 2.2,由(14.4.66)-(14.4.68)及(14.4.80)-(14.4.82)就立即可得:当 $s \geqslant s_0$ 时成立

$$H_1(s) \geqslant H_2(s) = sH_3(s). \tag{14.4.83}$$

注意到 $H_3(s)$是 Riccati 方程(14.4.71)的解,必存在一个不依赖于 ε 的 $s_1(>0)$ 值,使当 $s = s_1$ 时 $H_3(s)$从而 $H_2(s)$之值为无穷,于是,由(14.4.83)式,$H_1(s)$的生命跨度有上界 s_1. 由(14.4.65)式,$H_0(s)$的生命跨度有上界 $\varepsilon^{-p(p-1)}s_1$,再由(14.4.59)式,$H(t)$的生命跨度有上界 $\exp\{\varepsilon^{-p(p-1)}s_1\}$. 这就证明了引理 4.2 的结论.

§5. 主要结果的证明

在本节中,我们考察下述半线性波动方程具小初值的 Cauchy 问题:

$$\square u = u^{1+\alpha}, \tag{14.5.1}$$

$$t = 0: u = \varepsilon\varphi(x),\ u_t = \varepsilon\psi(x), \tag{14.5.2}$$

其中 $\alpha \geqslant 1$ 是一个整数,$\varepsilon > 0$ 是一个小参数,而初始函数 $\varphi(x)$ 及 $\psi(x)$满足

(14.1.5)及(14.1.6)式.

首先考察 $n=1$ 的情形. 我们有

定理 5.1 设 $n=1$,而 $\alpha \geqslant 1$ 为任意给定的整数. 记 Cauchy 问题(14.5.1)-(14.5.2)的经典解 $u=u(t, x)$ 的生命跨度为 $\widetilde{T}(\varepsilon)$.

(1) 若

$$\varphi(x) \geqslant 0,\ \psi(x) \geqslant 0, \tag{14.5.3}$$

且

$$\int_{\mathbb{R}} \psi(x)\mathrm{d}x > 0, \tag{14.5.4}$$

则

$$\widetilde{T}(\varepsilon) \leqslant \bar{b}\varepsilon^{-\frac{\alpha}{2}}. \tag{14.5.5}$$

(2) 若

$$\varphi(x) \geqslant 0 \text{ 且 } \varphi(x) \not\equiv 0, \text{而 } \psi(x) \equiv 0, \tag{14.5.6}$$

则

$$\widetilde{T}(\varepsilon) \leqslant \bar{b}\varepsilon^{-\frac{\alpha(1+\alpha)}{2+\alpha}}. \tag{14.5.7}$$

在(14.5.5)及(14.5.7)中,$\bar{b}$ 为一不依赖于 ε 的正常数. 这就分别证明了所要求的(14.1.27)及(14.1.28)式.

证 考察下述一维半线性波动方程

$$u_{tt} - u_{xx} = |\, u \,|^{1+\alpha} \tag{14.5.8}$$

具同一初值(14.5.2)的 Cauchy 问题.

由达朗贝尔公式,Cauchy 问题(14.5.8)及(14.5.2)的解

$$\begin{aligned} u(t,\ x) = {} & \frac{\varepsilon}{2}(\varphi(x+t)+\varphi(x-t)) + \frac{\varepsilon}{2}\int_{x-t}^{x+t}\psi(\xi)\mathrm{d}\xi \\ & + \frac{1}{2}\int_0^t\int_{x-(t-\tau)}^{x+(t-\tau)} |\, u(\tau,\ y) \,|^{1+\alpha}\mathrm{d}y\mathrm{d}\tau. \end{aligned}$$

在假设(14.5.3)下,由上式易知

$$u(t,\ x) \geqslant 0,$$

从而 Cauchy 问题(14.5.8)及(14.5.2)的解就是 Cauchy 问题(14.5.1)-(14.5.2)的解.

在引理 3.3 中取 $p = 1 + \alpha$，并注意到(14.5.4)式，就立刻得到(14.5.5)式，这就证明了(1)中的结论.

此外，在引理 3.2 中取 $n = 1$ 及 $p = 1 + \alpha$，并注意到(14.5.6)式，就立刻可得(14.5.7)式，这就证明了(2)中的结论.

现在考察 $n = 2$ 的情形. 我们有

定理 5.2 设 $n = 2$ 及 $\alpha = 1$. 记 Cauchy 问题(14.5.1)-(14.5.2)的经典解 $u = u(t, x)$ 的生命跨度为 $\widetilde{T}(\varepsilon)$.

(1) 若

$$\varphi(x) \equiv 0,\ \psi(x) \geqslant 0 \text{ 且 } \psi(x) \not\equiv 0, \tag{14.5.9}$$

则

$$\widetilde{T}(\varepsilon) \leqslant \bar{b} e(\varepsilon), \tag{14.5.10}$$

其中 $e(\varepsilon)$ 由下式定义：

$$\varepsilon^2 e^2(\varepsilon) \ln(1 + e(\varepsilon)) = 1. \tag{14.5.11}$$

(2) 若

$$\int_{\mathbb{R}^2} \varphi(x) \mathrm{d}x > 0,\ \int_{\mathbb{R}^2} \psi(x) \mathrm{d}x = 0, \tag{14.5.12}$$

则

$$\widetilde{T}(\varepsilon) \leqslant \bar{b} \varepsilon^{-1}. \tag{14.5.13}$$

在(14.5.10)及(14.5.13)中，$\bar{b}$ 为一不依赖于 ε 的正常数. 这就分别证明了所要求的(14.1.29)及(14.1.30)式.

证 在 $\alpha = 1$ 时，Cauchy 问题(14.5.1)-(14.5.2)就是半线性波动方程

$$\Box u = |u|^{1+\alpha} \tag{14.5.14}$$

具同一初值(14.5.2)的 Cauchy 问题.

这样，由引理 3.4 就立刻可得(1)中所要求的(14.5.10)式；而在引理 3.2 中，取 $n = 2$ 及 $p = 1 + \alpha = 2$，并注意到此时 $p < p_0(2) = \dfrac{3 + \sqrt{17}}{2}$，即属于次临界情况，就立刻得到(2)中所要的(14.5.13)式.

定理 5.3 设 $n = 2$ 及 $\alpha = 2$. 若成立(14.5.9)式，则存在一个不依赖于 ε 的正常数 $\bar{b}$，使 Cauchy 问题(14.5.1)-(14.5.2)的经典解 $u = u(t, x)$ 的生命跨度 $\widetilde{T}(\varepsilon)$ 有如下的上界估计：

$$\widetilde{T}(\varepsilon) \leqslant \overline{b}\varepsilon^{-6}. \tag{14.5.15}$$

这就证明了所要求的(14.1.31)式.

证 考虑二维半线性波动方程

$$\Box u = |u|^3 \tag{14.5.16}$$

具初值(14.5.2)的 Cauchy 问题. 由 $n=2$ 时波动方程基本解的正性(见第二章§1.1 及注 2.2),在假设(14.5.9)下,此 Cauchy 问题的解 $u=u(t, x)$ 必满足

$$u(t, x) \geqslant 0,$$

从而也是相应 Cauchy 问题(14.5.1)-(14.5.2)的解.

在引理 3.2 中,取 $n=2$ 及 $p=1+\alpha=3$,并注意到此时 $p<p_0(2)=\dfrac{3+\sqrt{17}}{2}$,即属于次临界情况,就立刻得到所要的(14.5.15)式.

再考察 $n=3$ 的情况. 我们有

定理 5.4 设 $n=3$ 及 $\alpha=1$. 若

$$\varphi(x) \geqslant 0, \psi(x) \geqslant 0, \tag{14.5.17}$$

且 $\varphi(x)$ 与 $\psi(x)$ 不同时恒为零,则存在一个不依赖于 ε 的正常数 $\overline{b}$,使 Cauchy 问题(14.5.1)-(14.5.2)的经典解 $u=u(t, x)$ 的生命跨度

$$\widetilde{T}(\varepsilon) \leqslant \overline{b}\varepsilon^{-2}. \tag{14.5.18}$$

这就证明了所要求的(14.1.32)式.

证 由于 $\alpha=1$, Cauchy 问题(14.5.1)-(14.5.2)就是 Cauchy 问题(14.5.14)及(14.5.2). 由引理 3.2,在其中取 $n=3$ 及 $p=1+\alpha=2$,并注意到此时 $p<p_0(3)=1+\sqrt{2}$,即属于次临界情况,就立刻得到所要的(14.5.18)式.

最后考察 $n=4$ 及 $\alpha=1$ 的情况. 由于此时 $p=1+\alpha=p_0(n)=2$,涉及临界情况,需要利用§4 中之结果. 我们有

定理 5.5 设 $n=4$ 及 $\alpha=1$. 若成立(14.5.17)式,且 $\varphi(x)\not\equiv 0$,则存在一个不依赖于 ε 的正常数 $\overline{a}$,使 Cauchy 问题(14.5.1)-(14.5.2)的经典解 $u=u(t, x)$ 的生命跨度

$$\widetilde{T}(\varepsilon) \leqslant \exp\{\overline{a}\varepsilon^{-2}\}. \tag{14.5.19}$$

这就证明了(14.1.33)式.

证 由于 $\alpha=1$, Cauchy 问题(14.5.1)-(14.5.2)就是 Cauchy 问题(14.5.14)及(14.5.2). 由引理 4.2,在其中取 $n=4$ 及 $p=p_0(n)=2$,就立刻得到所要求

的估计式.

§6. 附录——Fuchs 型微分方程和超几何方程

6.1. 二阶线性常微分方程的正则奇点

考察下述二阶线性常微分方程

$$w'' + p(z)w' + q(z)w = 0, \tag{14.6.1}$$

其中 $w = w(z)$ 为未知函数,而系数 $p(z)$及 $q(z)$,除有限个孤立奇点外,为 z 的单值解析函数.

设 $z = z_0$ 为 p 及 q 的一个奇点. 如果

$$(z - z_0)p(z) \text{ 及} (z - z_0)^2 q(z) \tag{14.6.2}$$

在 $z = z_0$ 的邻域中为解析,即 $z = z_0$ 最多为 $p(z)$的一阶极点及 $q(z)$的二阶极点,则称 $z = z_0$ 为方程(14.6.1)的**正则奇点**. 此时,可在 $z = z_0$ 的一个邻域中求方程(14.6.1)的形如

$$w(z) = (z - z_0)^\rho \sum_{n=0}^{\infty} c_n (z - z_0)^n = \sum_{n=0}^{\infty} c_n (z - z_0)^{\rho+n} \tag{14.6.3}$$

的解(称为**正则解**),其中 ρ 及系数 $c_n (n = 0, 1, 2, \cdots)$ 均为待定常数,而 $c_0 \neq 0$.

(14.6.1)式可改写为

$$(z - z_0)^2 w'' + (z - z_0) p_1(z) w' + q_1(z) w = 0, \tag{14.6.4}$$

其中

$$\begin{cases} p_1(z) \overset{\text{def.}}{=\!=} (z - z_0) p(z) = \sum\limits_{k=0}^{\infty} a_k (z - z_0)^k, \\ q_1(z) \overset{\text{def.}}{=\!=} (z - z_0)^2 q(z) = \sum\limits_{k=0}^{\infty} b_k (z - z_0)^k. \end{cases} \tag{14.6.5}$$

将(14.6.3)代入(14.6.4),删去公因子 $(z - z_0)^\rho$ 后就得到

$$\sum_{n=0}^{\infty} c_n (\rho + n)(\rho + n - 1)(z - z_0)^n$$
$$+ \sum_{k=0}^{\infty} a_k (z - z_0)^k \cdot \sum_{n=0}^{\infty} c_n (\rho + n)(z - z_0)^n$$

$$+\sum_{k=0}^{\infty}b_k(z-z_0)^k\cdot\sum_{n=0}^{\infty}c_n(z-z_0)^n=0. \tag{14.6.6}$$

令上式中最低次项(即不含 $z-z_0$ 的项)为 0,并注意到 $c_0\neq 0$,就得到

$$\rho(\rho-1)+a_0\rho+b_0=0,$$

即

$$\rho^2+(a_0-1)\rho+b_0=0. \tag{14.6.7}$$

它是决定 ρ 的方程,称为**指标方程**.

再分别令(14.6.6)式中 $(z-z_0)^n(n\geqslant 1)$ 的系数为 0,就可以得到下述的递推关系式:

$$\begin{aligned}&[(\rho+n)(\rho+n-1)+a_0(\rho+n)+b_0]c_n\\&+\sum_{k=1}^{n}[a_k(\rho+n-k)+b_k]c_{n-k}=0\quad(n=1,2,\cdots).\end{aligned} \tag{14.6.8}$$

设 ρ 为指标方程(14.6.7)的一个根,且对一切整数 $n\geqslant 1$, $\rho+n$ 不再是指标方程(14.6.7)的根,即成立

$$(\rho+n)(\rho+n-1)+a_0(\rho+n)+b_0\neq 0\quad(n=1,2,\cdots), \tag{14.6.9}$$

则利用递推关系式(14.6.8),可由 c_0 依次决定一切的 $c_n(n=1,2,\cdots)$. 由于(14.6.1)为线性方程,根据叠加原理,总可事先取定 $c_0=1$,因此,一切系数 $c_n(n=0,1,2,\cdots)$ 均可依次决定. 这样,就得到方程(14.6.1)的一个形如(14.6.3)的正则解.

这样,若指标方程(14.6.7)的两个根 ρ_1 及 ρ_2 之差不是整数,就可用上面的方法在 z_0 的一个邻域中求得方程(14.6.1)的形如(14.6.3)的两个线性无关的正则解. 它们的线性组合就构成了方程(14.6.1)的通解.

若指标方程(14.6.7)的两个根 ρ_1 及 ρ_2 之差为整数(包括重根的情形),用上面的方法只能求得形如(14.6.3)的一个正则解. 但可以证明:若存在一个 $m\in\{0,1,2,\cdots\}$ 使

$$\rho_1-\rho_2=m, \tag{14.6.10}$$

则除由 ρ_1 可利用上述方法得到一个形如(14.6.3)的正则解

$$w_1=(z-z_0)^{\rho_1}\sum_{n=0}^{\infty}c_n(z-z_0)^n\quad(c_0\neq 0) \tag{14.6.11}$$

外,还可以得到另一个形如

$$w_2=(z-z_0)^{\rho_2}\sum_{n=0}^{\infty}d_n(z-z_0)^n+\gamma w_1\ln(z-z_0)\ (d_0\neq 0)\quad(14.6.12)$$

的正则解，其中 γ 为一个常数，在特殊的情况下也可能为 0. 这两个解的线性组合构成方程(14.6.1)的通解.

指标方程(14.6.7)的两个根 ρ_1 及 ρ_2，称为正则奇点 $z=z_0$ 的**指标**，记为(ρ_1,ρ_2).

上面考察的是 $z=z_0$ 为有限正则奇点的情形. 至于无穷远点是否为正则奇点，需通过变换

$$z=\frac{1}{t},\quad(14.6.13)$$

看 $t=0$ 是否是变换后方程的正则奇点来决定.

易知在变换(14.6.13)下方程(14.6.1)化为下面的方程：

$$t^4\frac{\mathrm{d}^2w}{\mathrm{d}t^2}+\left[2t^3-t^2p\left(\frac{1}{t}\right)\right]\frac{\mathrm{d}w}{\mathrm{d}t}+q\left(\frac{1}{t}\right)w=0.\quad(14.6.14)$$

这样，$t=0$ 为方程(14.6.14)的正则奇点，要求 $t\,\overline{p}(t)$ 及 $t^2\,\overline{q}(t)$ 在 $t=0$ 的邻域中解析，其中

$$\overline{p}(t)=\frac{2}{t}-\frac{1}{t^2}p\left(\frac{1}{t}\right),\ \overline{q}(t)=\frac{1}{t^4}q\left(\frac{1}{t}\right).\quad(14.6.15)$$

于是，$p\left(\frac{1}{t}\right)$及$q\left(\frac{1}{t}\right)$应有下述展开式：

$$p\left(\frac{1}{t}\right)=d_1t+d_2t^2+\cdots,$$

$$q\left(\frac{1}{t}\right)=d'_2t+d'_3t^2+\cdots,$$

从而 $p(z)$及 $q(z)$在 $z=\infty$ 附近应有如下的展开式：

$$\begin{cases}p(z)=\dfrac{d_1}{z}+\dfrac{d_2}{z^2}+\cdots,\\ q(z)=\dfrac{d'_2}{z^2}+\dfrac{d'_3}{z^3}+\cdots,\end{cases}\quad(14.6.16)$$

即 $zp(z)$ 及 $z^2q(z)$ 在 $z=\infty$ 附近为解析，换言之，$z=\infty$ 至少是 $p(z)$ 的一阶零点及 $q(z)$ 的二阶零点.

注意此时对方程(14.6.14)而言，在 $t=0$ 点的指标方程(14.6.7)中的 $a_0=$

$2-d_1$ 及 $b_0=d'_2$，故在 $z=\infty$ 为正则奇点时，相应的指标方程为

$$\rho^2+(1-d_1)\rho+d'_2=0. \tag{14.6.17}$$

6.2. Fuchs 型微分方程

所有奇点(其总数设为有限个)均为正则奇点的方程(14.6.1)，称为 **Fuchs 型微分方程**. 为下文需要，这儿恒假设 $z=\infty$ 为正则奇点，并设方程的有限正则奇点的全体为 $\alpha_1, \cdots, \alpha_n$.

由正则奇点的定义，$p(z)$ 在 $z=\alpha_i(i=1, \cdots, n)$ 最高为一阶极点，且在 $z=\infty$ 处为零，因而必可写为有理分式

$$p(z)=\frac{\overline{p}(z)}{(z-\alpha_1)\cdots(z-\alpha_n)} \tag{14.6.18}$$

的形式，其中 $\overline{p}(z)$ 是最高为 $n-1$ 次的多项式. 类似地，$q(z)$ 在 $z=\alpha_i(i=1, \cdots, n)$ 最高为二阶极点，且在 $z=\infty$ 处为不低于二阶的零点，故

$$q(z)=\frac{\overline{q}(z)}{(z-\alpha_1)^2\cdots(z-\alpha_n)^2}, \tag{14.6.19}$$

其中 $\overline{q}(z)$ 是最高为 $2n-2$ 次的多项式. 将有理分式(14.6.18)-(14.6.19)分解为最简分式，就得到 Fuchs 型微分方程的系数的一般表示式为

$$\begin{cases} p(z)=\displaystyle\sum_{k=1}^{n}\frac{A_k}{z-\alpha_k}, \\ q(z)=\displaystyle\sum_{k=1}^{n}\left[\frac{B_k}{(z-\alpha_k)^2}+\frac{C_k}{z-\alpha_k}\right], \end{cases} \tag{14.6.20}$$

其中 A_k, B_k 及 $C_k(k=1, \cdots, n)$ 为常数，并由于 $q(z)$ 在 $z=\infty$ 处为不低于二阶的零点，应成立

$$\sum_{k=1}^{n}C_k=0. \tag{14.6.21}$$

由前面的讨论，易知在 $z=\alpha_k$ 处的指标方程为

$$\rho^2+(A_k-1)\rho+B_k=0 \quad (k=1, \cdots, n). \tag{14.6.22}$$

又注意到

$$\frac{1}{z-\alpha_k}=\frac{1}{z}\frac{1}{1-\dfrac{\alpha_k}{z}}=\frac{\alpha_k}{z^2}+\frac{\alpha_k^2}{z^3}+\cdots,$$

易知在 $z=\infty$ 处的指标方程为

$$\rho^2+\left(1-\sum_{k=1}^{n}A_k\right)\rho+\sum_{k=1}^{n}(B_k+\alpha_k C_k)=0. \tag{14.6.23}$$

由(14.6.22)及(14.6.23)知,所有正则奇点的指标的总和等于

$$n-\sum_{k=1}^{n}A_k+\sum_{k=1}^{n}A_k-1=n-1, \tag{14.6.24}$$

即等于有限正则奇点的个数减去 1.

6.3. 超几何方程

现在具体考虑具有三个正则奇点 $z=a$, b 及∞的 Fuchs 型方程. 这三点相应的指标分别记为(α_1, α_2), (β_1, β_2)及(γ_1, γ_2). 由(14.6.24)式,有

$$\alpha_1+\alpha_2+\beta_1+\beta_2+\gamma_1+\gamma_2=1, \tag{14.6.25}$$

即所有指标之和为 1.

由(14.6.20)式,此时方程的系数可写为

$$\begin{cases} p(z)=\dfrac{A_1}{z-a}+\dfrac{A_2}{z-b}, \\ q(z)=\dfrac{B_1}{(z-a)^2}+\dfrac{C_1}{z-a}+\dfrac{B_2}{(z-b)^2}+\dfrac{C_2}{z-b}, \end{cases} \tag{14.6.26}$$

而

$$C_1+C_2=0. \tag{14.6.27}$$

由(14.6.22)-(14.6.23),相应的指标方程可写为

$$\begin{cases} \rho^2+(A_1-1)\rho+B_1=0, \\ \rho^2+(A_2-1)\rho+B_2=0, \\ \rho^2+(1-A_1-A_2)\rho+(B_1+B_2+aC_1+bC_2)=0. \end{cases} \tag{14.6.28}$$

由韦达定理,有

$$\begin{cases} \alpha_1+\alpha_2=1-A_1, & \alpha_1\alpha_2=B_1, \\ \beta_1+\beta_2=1-A_2, & \beta_1\beta_2=B_2, \\ \gamma_1+\gamma_2=A_1+A_2-1, & \gamma_1\gamma_2=B_1+B_2+aC_1+bC_2. \end{cases} \tag{14.6.29}$$

注意到(14.6.27),由此可解得

$$\begin{cases}A_1 = 1-\alpha_1-\alpha_2,\ A_2 = 1-\beta_1-\beta_2,\\ B_1 = \alpha_1\alpha_2,\ B_2 = \beta_1\beta_2,\\ C_1 = -C_2 = \dfrac{\gamma_1\gamma_2-\alpha_1\alpha_2-\beta_1\beta_2}{a-b},\end{cases} \tag{14.6.30}$$

从而相应的 Fuchs 型方程可写为

$$\begin{aligned}&w''+\left\{\frac{1-\alpha_1-\alpha_2}{z-a}+\frac{1-\beta_1-\beta_2}{z-b}\right\}w'\\ &+\frac{1}{(z-a)(z-b)}\left\{\frac{\alpha_1\alpha_2(a-b)}{z-a}+\frac{\beta_1\beta_2(b-a)}{z-b}+\gamma_1\gamma_2\right\}w=0.\end{aligned} \tag{14.6.31}$$

这样,所考察的 Fuchs 型方程的形式由其正则奇点 a, b, ∞及它们相应的指标所完全决定.于是,可将方程(14.6.31)的全部解记为

$$w = P\begin{Bmatrix}a, & b, & \infty & \\ \alpha_1, & \beta_1, & \gamma_1 & ;z\\ \alpha_2, & \beta_2, & \gamma_2 & \end{Bmatrix}. \tag{14.6.32}$$

这一记号是 Riemann 首先引入的.

下面我们说明,不妨碍一般性,总可以假设

$$a = 0,\ b = 1 \tag{14.6.33}$$

及

$$\alpha_1 = \beta_1 = 0. \tag{14.6.34}$$

此时,由于(14.6.34),并注意到(14.6.25)式,可取

$$\begin{cases}\alpha_1 = 0, & \alpha_2 = 1-\gamma,\\ \beta_1 = 0, & \beta_2 = \gamma-\alpha-\beta,\\ \gamma_1 = \alpha, & \gamma_2 = \beta.\end{cases} \tag{14.6.35}$$

这样,方程(14.6.31)就可简化为

$$w''+\left(\frac{\gamma}{z}+\frac{1-\gamma+\alpha+\beta}{z-1}\right)w'+\frac{\alpha\beta w}{z(z-1)}=0$$

或

$$z(z-1)w''+[\gamma-(\alpha+\beta+1)z]w'-\alpha\beta w=0, \tag{14.6.36}$$

而其解则为

$$w=P\begin{Bmatrix}0, & 1, & \infty & \\ 0, & 0, & \alpha & ;z \\ 1-\gamma, & \gamma-\alpha-\beta, & \beta & \end{Bmatrix}. \tag{14.6.37}$$

首先说明可假设成立(14.6.33)式.

通过自变数的适当的分式线性变换

$$\zeta=\frac{Az+B}{Cz+D},$$

总可以将三个奇点分别变为 $\zeta=0$, 1 及 ∞. 在原先奇点为 $z=a$, b 及 ∞ 的情况下，这一分式线性变换，例如说，可取为

$$\zeta=\frac{b-a}{z-a}. \tag{14.6.38}$$

它将 $z=a$ 变为 $\zeta=\infty$，将 $z=b$ 变为 $\zeta=1$，而将 $z=\infty$ 变为 $\zeta=0$. 在这一变换下，容易证明方程(14.6.31)变为

$$\begin{aligned} &w''+\left\{\frac{1-\gamma_1-\gamma_2}{\zeta}+\frac{1-\beta_1-\beta_2}{\zeta-1}\right\}w' \\ &\quad+\frac{1}{\zeta(\zeta-1)}\left\{-\frac{\gamma_1\gamma_2}{\zeta}+\frac{\beta_1\beta_2}{\zeta-1}+\alpha_1\alpha_2\right\}w=0. \end{aligned} \tag{14.6.39}$$

它具有三个奇点 $\zeta=0$, 1 及 ∞，且是在 $\zeta=0$ 点的指标为 (γ_1, γ_2)、在 $\zeta=1$ 点的指标为 (β_1, β_2)、而在 $\zeta=\infty$ 点的指标为 (α_1, α_2) 的 Fuchs 型方程. 这就说明了可假设成立(14.6.33)式. 这也说明在通过分式线性变换(14.6.38)将奇点变换后，相应的指标不改变.

现在说明可假设成立(14.6.34)式.

在(14.6.33)式成立时，方程(14.6.31)可写为

$$\begin{aligned} &w''+\left\{\frac{1-\alpha_1-\alpha_2}{z}+\frac{1-\beta_1-\beta_2}{z-1}\right\}w' \\ &\quad+\frac{1}{z(z-1)}\left\{-\frac{\alpha_1\alpha_2}{z}+\frac{\beta_1\beta_2}{z-1}+\gamma_1\gamma_2\right\}w=0. \end{aligned} \tag{14.6.40}$$

作未知函数的变换

$$w = z^p (z-1)^q u. \tag{14.6.41}$$

容易直接验证：对未知函数 u 的方程仍有三个正则奇点 $z=0$，1 及 ∞，但 $z=0$ 的指标由 (α_1, α_2) 变为 $(\alpha_1 - p, \alpha_2 - p)$，$z=1$ 的指标由 (β_1, β_2) 变为 $(\beta_1 - q, \beta_2 - q)$，相应地，$z=\infty$ 的指标由 (γ_1, γ_2) 变为 $(\gamma_1 + p + q, \gamma_2 + p + q)$. 因此，特别取 $p = \alpha_1$ 及 $q = \beta_1$，就可使(14.6.34)式对 u 的方程成立.

这样，对具三个正则奇点的 Fuchs 型方程，我们只需考察形如(14.6.36)的方程. 它称为**超几何方程**或 **Gauss 方程**，其解由(14.6.37)式表出.

超几何方程(14.6.36)在 $z=0$ 的邻域中的一个解析解可用超几何级数表示为

$$\begin{aligned} w &= F(\alpha, \beta, \gamma; z) \\ &\overset{\text{def.}}{=} 1 + \frac{\alpha\beta}{1!\gamma} z + \frac{\alpha(\alpha+1)\beta(\beta+1)}{2!\gamma(\gamma+1)} z^2 + \cdots + \\ &\quad + \frac{\alpha(\alpha+1)\cdots(\alpha+n-1)\beta(\beta+1)\cdots(\beta+n-1)}{n!\gamma(\gamma+1)\cdots(\gamma+n-1)} z^n \\ &\quad + \cdots, \end{aligned} \tag{14.6.42}$$

或简记为

$$w = F(\alpha, \beta, \gamma; z) \overset{\text{def.}}{=} \sum_{n=0}^{\infty} \frac{(\alpha)_n (\beta)_n}{n!(\gamma)_n} z^n, \tag{14.6.43}$$

其中

$$\begin{cases} (\lambda)_0 = 1, \\ (\lambda)_n = \lambda(\lambda+1)\cdots(\lambda+n-1) = \dfrac{\Gamma(\lambda+n)}{\Gamma(\lambda)} \ (n \geqslant 1). \end{cases} \tag{14.6.44}$$

上述级数在 $|z| < 1$ 时收敛，且显然有

$$F(\alpha, \beta, \gamma; z) = F(\beta, \alpha, \gamma; z). \tag{14.6.45}$$

第十五章

应用与拓展

§1. 应用

本书前面所得到的结果可以有多方面的应用,下面仅举出几个例子来加以说明.

1.1. 可压缩流体欧拉方程组的位势解

在均熵假设下,可压缩流体的欧拉方程组由质量守恒律及动量守恒律组成,其形式如下(参见[44]第二章):

$$\frac{\partial \rho}{\partial t}+\operatorname{div}(\rho \boldsymbol{u})=0, \tag{15.1.1}$$

$$\frac{\partial (\rho \boldsymbol{u})}{\partial t}+\operatorname{div}(\rho \boldsymbol{u}\otimes \boldsymbol{u}+pI)=0, \tag{15.1.2}$$

其中 $\rho>0$ 是密度,$\boldsymbol{u}=(u_1, \cdots, u_n)$ 是速度,$n=2$ 或 3 是空间的维数,$\boldsymbol{u}\otimes\boldsymbol{u}$ 是由 $(u_i u_j)$ 表示的张量积,而 $p=p(\rho)$ 为压强,由流体的状态方程给定,并通常成立

$$p'(\rho)>0, \ \forall \rho>0. \tag{15.1.3}$$

将(15.1.1)-(15.1.2)写为分量的形式,就有

$$\frac{\partial \rho}{\partial t}+\sum_{i=1}^{n}\frac{\partial (\rho u_i)}{\partial x_i}=0, \tag{15.1.4}$$

$$\frac{\partial (\rho u_i)}{\partial t}+\sum_{k=1}^{n}\frac{\partial (\rho u_i u_k)}{\partial x_k}+\frac{\partial p(\rho)}{\partial x_i}=0, \quad i=1, \cdots, n. \tag{15.1.5}$$

利用(15.1.4)式,可将(15.1.5)式改写为

$$\frac{\partial u_i}{\partial t}+\sum_{k=1}^{n}u_k\frac{\partial u_i}{\partial x_k}+\frac{1}{\rho}\frac{\partial p}{\partial x_i}=0,\quad i=1,\cdots,n. \tag{15.1.6}$$

令 $f=f(\rho)$ 满足

$$f'(\rho)=\frac{p'(\rho)}{\rho}, \tag{15.1.7}$$

(15.1.6)式又可写为

$$\frac{\partial u_i}{\partial t}+\sum_{k=1}^{n}u_k\frac{\partial u_i}{\partial x_k}+\frac{\partial f}{\partial x_i}=0,\quad i=1,\cdots,n. \tag{15.1.8}$$

考察欧拉方程组(15.1.4)及(15.1.8)具如下初值

$$t=0:\rho=\rho_0(x),\ \boldsymbol{u}=\boldsymbol{u}_0(x) \tag{15.1.9}$$

的 Cauchy 问题,其中 $\rho_0(x)$ 与 $\boldsymbol{u}_0(x)$ 均为充分光滑的函数.

命题 1.1 若初始时刻 $t=0$ 不出现真空,即

$$\rho_0(x)>0,\quad x\in\mathbb{R}^n, \tag{15.1.10}$$

则在欧拉方程组(15.1.4)及(15.1.8)具初值(15.1.9)的 Cauchy 问题的经典解的整个存在范围中亦不会出现真空,即成立

$$\rho(t,x)>0,\quad t\geqslant 0,\ x\in\mathbb{R}^n. \tag{15.1.11}$$

证 将方程(15.1.4)改写成

$$\frac{\partial\rho}{\partial t}+\boldsymbol{u}\cdot\operatorname{grad}\rho+(\operatorname{div}\boldsymbol{u})\rho=0,$$

即

$$\frac{\mathrm{d}\rho}{\mathrm{d}t}+(\operatorname{div}\boldsymbol{u})\rho=0, \tag{15.1.12}$$

其中

$$\frac{\mathrm{d}}{\mathrm{d}t}=\frac{\partial}{\partial t}+\sum_{k=1}^{n}u_k\frac{\partial}{\partial x_k} \tag{15.1.13}$$

表示固定流体质点时对 t 的导数.因此,沿任意固定的流体质点的运动规律 $x_k=x_k(t)\ (k=1,\cdots,n)$,$\rho$ 满足一个齐次线性常微分方程,由此立刻可得命题 1.1 的结论.

命题 1.2　若初始速度场 $\boldsymbol{u}_0(x)$为无旋，即成立

$$\operatorname{rot} \boldsymbol{u}_0(x) \equiv 0, \quad x \in \mathbb{R}^n, \tag{15.1.14}$$

则在欧拉方程组(15.1.4)及(15.1.8)具初值(15.1.9)的 Cauchy 问题的经典解的存在范围内，整个速度场 $\boldsymbol{u}(t, x)$必为无旋：

$$\operatorname{rot} \boldsymbol{u}(t, x) \equiv 0, \quad t \geqslant 0, x \in \mathbb{R}^n. \tag{15.1.15}$$

证　在 $n=2$ 的情形，$\boldsymbol{u}=(u_1, u_2)$，而

$$\operatorname{rot} \boldsymbol{u}=\frac{\partial u_1}{\partial x_2}-\frac{\partial u_2}{\partial x_1} \stackrel{\text{def.}}{=} r. \tag{15.1.16}$$

将(15.1.8)中第一式对 x_2 求导一次，并将(15.1.8)中第二式对 x_1 求导一次，再将两式相减，就容易得到 $r=\operatorname{rot} \boldsymbol{u}$ 所满足的方程

$$\frac{\partial r}{\partial t}+\boldsymbol{u} \cdot \operatorname{grad} r+(\operatorname{div} \boldsymbol{u}) r=0,$$

即

$$\frac{\mathrm{d} r}{\mathrm{d} t}+(\operatorname{div} \boldsymbol{u}) r=0, \tag{15.1.17}$$

其中 $\frac{\mathrm{d}}{\mathrm{d} t}$ 由(15.1.13)式定义. 因此，沿任意固定的流体质点的运动规律 $x_k=x_k(t)$ $(k=1, 2)$，r 满足一个齐次线性常微分方程，由此立刻可得在 $n=2$ 时命题 1.2 的结论.

在 $n=3$ 的情形，$\boldsymbol{u}=(u_1, u_2, u_3)$，而

$$\begin{aligned}\operatorname{rot} \boldsymbol{u} &=\left(\frac{\partial u_2}{\partial x_3}-\frac{\partial u_3}{\partial x_2}, \frac{\partial u_3}{\partial x_1}-\frac{\partial u_1}{\partial x_3}, \frac{\partial u_1}{\partial x_2}-\frac{\partial u_2}{\partial x_1}\right) \\ &\stackrel{\text{def.}}{=}(r_1, r_2, r_3).\end{aligned} \tag{15.1.18}$$

将(15.1.8)的第一式对 x_2 求导一次，并将(15.1.8)的第二式对 x_1 求导一次，再将两式相减，就容易得到

$$\frac{\partial r_3}{\partial t}+\boldsymbol{u} \cdot \operatorname{grad} r_3+(\operatorname{div} \boldsymbol{u}) r_3-\frac{\partial \boldsymbol{u}}{\partial x_3} \cdot \operatorname{rot} \boldsymbol{u}=0.$$

对 r_1 及 r_2 也可得类似的式子. 将此三式合并后可得 rot $\boldsymbol{u}$ 所满足的微分方程组

$$\frac{\partial(\text{rot}\,\boldsymbol{u})}{\partial t}+\boldsymbol{u}\cdot\text{grad rot}\,\boldsymbol{u}+(\text{div}\,\boldsymbol{u})\text{rot}\,\boldsymbol{u}-\text{grad}\,\boldsymbol{u}\cdot\text{rot}\,\boldsymbol{u}=0,$$

即

$$\frac{\mathrm{d}(\text{rot}\,\boldsymbol{u})}{\mathrm{d}t}+(\text{div}\,\boldsymbol{u})\text{rot}\,\boldsymbol{u}-\text{grad}\,\boldsymbol{u}\cdot\text{rot}\,\boldsymbol{u}=0, \tag{15.1.19}$$

其中 $\frac{\mathrm{d}}{\mathrm{d}t}$ 仍由(15.1.13)式定义. 这说明,沿任意固定的流体质点的运动规律 $x_k=x_k(t)$ $(k=1, 2, 3)$, rot $\boldsymbol{u}$ 满足一个齐次线性常微分方程组,由此立刻得到在 $n=3$ 时命题 1.2 的结论.

由命题 1.1 及命题 1.2,可假设恒成立 $\rho(t, x)>0$(不出现真空),且可假设速度场 $\boldsymbol{u}(t, x)$为无旋,即存在一位势函数 $\phi(t, x)$,使得

$$\boldsymbol{u}=-\text{grad}\,\phi, \tag{15.1.20}$$

其中 grad 表示对 $\boldsymbol{x}=(x_1, \cdots, x_n)^T$ 的梯度,即

$$u_i(t, x)=-\frac{\partial\phi(t, x)}{\partial x_i},\quad i=1, \cdots, n. \tag{15.1.21}$$

从而由方程(15.1.4)得到

$$\frac{\partial\rho}{\partial t}-\sum_{i=1}^{n}\frac{\partial(\rho\phi_{x_i})}{\partial x_i}=0, \tag{15.1.22}$$

而由方程(15.1.8)易得下述的贝努利定律:

$$-\phi_t+\frac{1}{2}\,|\,\text{grad}\,\phi\,|^2+f(\rho)=C, \tag{15.1.23}$$

其中 C 为一常数.

注意到由(15.1.7)定义的 $f(\rho)$可以相差一个任意常数,常数 C 可被吸收入 $f(\rho)$的定义,从而(15.1.23)式可简写为

$$f(\rho)=\phi_t-\frac{1}{2}\,|\,\text{grad}\,\phi\,|^2. \tag{15.1.24}$$

记 H 为 f 的反函数,就得到

$$\rho=H\Big(\phi_t-\frac{1}{2}\,|\,\text{grad}\,\phi\,|^2\Big), \tag{15.1.25}$$

且由 $\rho>0$ 及(15.1.3),易知有

$$H(0) > 0,\ H'(0) > 0. \tag{15.1.26}$$

将(15.1.25)代入(15.1.22)，就得到$\phi = \phi(t, x)$所满足的偏微分方程

$$\left(H\left(\phi_t - \frac{1}{2} \mid \operatorname{grad} \phi \mid^2\right)\right)_t - \sum_{i=1}^{n} \left(H\left(\phi_t - \frac{1}{2} \mid \operatorname{grad} \phi \mid^2\right)\phi_{x_i}\right)_{x_i} = 0. \tag{15.1.27}$$

易知，在$\phi = 0$附近此方程是一个不显含ϕ的非线性波动方程，且与其非线性右端项$F(D\phi, D_x D\phi)$对应的值$\alpha = 1$. 考虑其具小初值

$$t = 0 : \phi = \varepsilon\varphi(x),\ \phi_t = \varepsilon\psi(x) \tag{15.1.28}$$

的 Cauchy 问题，其中$\varepsilon > 0$为一个小参数，而$\varphi(x),\ \psi(x) \in C_0^\infty(\mathbb{R}^n)$，就可利用前面已有的结果给出其经典解的生命跨度$\widetilde{T}(\varepsilon)$的下界估计.

具体说来，在$n = 2$时，由第十章§4的结果，有

$$\widetilde{T}(\varepsilon) \geqslant b\varepsilon^{-2}, \tag{15.1.29}$$

其中b是一个与ε无关的正常数；而在$n = 3$时，由第九章§3的结果，有

$$\widetilde{T}(\varepsilon) \geqslant \exp\{a\varepsilon^{-1}\}, \tag{15.1.30}$$

其中a是一个与ε无关的正常数.

注 1.1　上面所述的结果，可参见 T. Sideris[72]-[74]及 S. Alinhac[2].

1.2. Minkowski 空间中的时向极值超曲面

在 Minkowski 空间中考虑如下的泛函

$$\mathcal{L}(\phi) = \iint \sqrt{1 - \phi_t^2 + \sum_{k=1}^{n} \phi_{x_k}^2}\, \mathrm{d}x \mathrm{d}t, \tag{15.1.31}$$

其相应的 Euler-Lagrange 方程为

$$\Big(\phi_t \big(1 - \phi_t^2 + \sum_{k=1}^{n} \phi_{x_k}^2\big)^{-1/2}\Big)_t - \sum_{i=1}^{n} \Big(\phi_{x_i} \big(1 - \phi_t^2 + \sum_{k=1}^{n} \phi_{x_k}^2\big)^{-1/2}\Big)_{x_i} = 0, \tag{15.1.32}$$

其中$\phi = \phi(t, x_1, \cdots, x_n)$. (15.1.32)的解$\phi = \phi(t, x_1, \cdots, x_n)$称为**时向极值超曲面.**

易见方程(15.1.32)是一个非线性右端项不显含ϕ的非线性波动方程：

$$\square\phi = F(D\phi, D_x D\phi), \tag{15.1.33}$$

且在$\phi = 0$的邻域中其非线性右端项F相应之值$\alpha = 2$. 此外，略去高阶项后，相

应的非线性右端项可写为

$$\widetilde{F}(D\phi, D_x D\phi) = -\phi_t Q_0(\phi, \phi_t) + \sum_{i=1}^{n} \phi_{x_i} Q_0(\phi, \phi_{x_i}), \qquad (15.1.34)$$

其中

$$Q_0(f, g) = f_t g_t - \sum_{k=1}^{n} f_{x_k} g_{x_k}. \qquad (15.1.35)$$

考虑方程(15.1.32)具如下小初值

$$t = 0: \phi = \varepsilon\phi_0(x_1, \cdots, x_n), \phi_t = \varepsilon\phi_1(x_1, \cdots, x_n) \qquad (15.1.36)$$

的 Cauchy 问题,其中 $\varepsilon > 0$ 为一个小参数,而 $\phi_0, \phi_1 \in C_0^\infty(\mathbb{R}^n)$.

由第九章,当 $n \geqslant 3$ 时, Cauchy 问题(15.1.32)及(15.1.36)必具有整体经典解.当 $n = 2$ 时,注意到(15.1.34)式,由第十二章§3,方程(15.1.32)满足相应的零条件,从而其具初值(15.1.36)的 Cauchy 问题亦必具有整体经典解.而当 $n = 1$ 时,由第八章中的结果,Cauchy 问题(15.1.32)及(15.1.36)的经典解的生命跨度 $\widetilde{T}(\varepsilon)$ 有如下的下界估计:

$$\widetilde{T}(\varepsilon) \geqslant a\varepsilon^{-2}, \qquad (15.1.37)$$

其中 a 是一个与 ε 无关的正常数.

注 1.2 上面所述的结果,可参见 H. Lindblad[61].

§2. 一些进一步的结果

2.1. $n = 2$ 时一些进一步的结果

在 $n = 2$ 及 $\alpha = 2$ 时,由第十章中的结果,若假设

$$\partial_u^\beta F(0, 0, 0) = 0 \quad (\beta = 3, 4), \qquad (15.2.1)$$

则对相应的小初值 Cauchy 问题,其生命跨度 $\widetilde{T}(\varepsilon)$ 有如下的下界估计:

$$\widetilde{T}(\varepsilon) \geqslant \exp\{a\varepsilon^{-2}\}, \qquad (15.2.2)$$

其中 a 是一个与 ε 无关的正常数,即此时有几乎整体经典解.

若代替(15.2.1)而仅假设

$$\partial_u^3 F(0, 0, 0) = 0, \qquad (15.2.3)$$

S. Katayama(见[27])已证明相应的生命跨度之下界估计为

$$\widetilde{T}(\varepsilon) \geqslant b\varepsilon^{-18}, \tag{15.2.4}$$

其中 b 是一个与 ε 无关的正常数. 且此下界估计之 Sharpness 已由韩伟、周忆在[13]中证明.

此外，在 $n=2$ 及 $\alpha=2$ 时，在第十二章 §3 中，已在相应的非线性右端项中的最低次项(三次项)满足零条件的附加假设下，证明了小初值 Cauchy 问题的经典解的整体存在性. 但在 $n=2$ 及 $\alpha=1$ 时，如果相应的非线性右端项中的最低次项(二次项)满足零条件，经典解的生命跨度的下界估计能否将原有的估计[见第十章(10.1.9)式]加以明显的改进呢? S. Alinhac 于 2001 年考虑了这一情形(见[3])，研究了如下拟线性波动方程具小初值的 Cauchy 问题：

$$\Box u + \sum_{\mu,\,\nu=0}^{2} g_{\mu\nu}(Du)\partial_{\mu\nu}u = 0, \tag{15.2.5}$$

$$t = 0 : u = \varepsilon\varphi(x),\ u_t = \varepsilon\psi(x), \tag{15.2.6}$$

其中 $\varphi, \psi \in C_0^\infty(\mathbb{R}^2)$, $g_{\mu\nu}(0) = 0\ (\mu, \nu = 0, 1, 2)$，而 $\varepsilon > 0$ 是一个小参数. 对这类具特殊形式的二阶拟线性波动方程(相应的 $\alpha = 1$)，他证明了：当方程中的二次项满足零条件时，其经典解的生命跨度具有与 $\alpha = 2$ 时一样的下界估计(15.2.2)，而当方程中的二次项及三次项同时满足零条件时，相应的 Cauchy 问题具有整体经典解. 这个结果在一般情形下的拓广，仍是一个有待进一步考察的问题.

2.2. $n = 3$ 时一些进一步的结果

在 $n=3$ 及 $\alpha=1$ 时，由第十二章 §2 中的讨论，如果所考察的拟线性波动方程满足零条件，则相应的小初值 Cauchy 问题必存在整体经典解. 这说明零条件是保证经典解整体存在性的一个充分条件，但这个条件并不总是必要的. 有时即使不满足零条件，对相应的小初值 Cauchy 问题，仍然可以存在整体经典解. H. Lindblad[60]-[61]，S. Alinhac[4]考察了如下拟线性波动方程

$$\sum_{\mu,\,\nu=1}^{3} g_{\mu\nu}(u)\partial_{\mu\nu}u = 0 \tag{15.2.7}$$

具小初值(15.2.6)的 Cauchy 问题，其中

$$(g_{\mu\nu}(0)) = \mathrm{diag}\{-1, 1, 1, 1\}, \tag{15.2.8}$$

并证明了其经典解的整体存在性. 如何将这个在特殊情况下得到的结果纳入一个一般性的框架，是一个有兴趣的课题(参见 §3.2).

§3. 一些重要的拓展

求解非线性波动方程具小初值的 Cauchy 问题的思路及方法,还可以应用于物理学中一些重要的方程或方程组,例如三维非线性弹性力学方程组及真空中的爱因斯坦方程等. 这些应用虽然已经超出了本书的范围,但如果掌握了本书的内容与方法,就有了很好的基础来学习并进而深入研究有关的文献和内容. 在本节中,我们仅对这些方面的拓展与应用作一个简单的说明.

3.1. 三维非线性弹性力学方程组

假定弹性体在变形前(设为某时刻,例如 $t=0$, 之前)处于自然状态,并具有单位密度,且其上任一给定质点的位置坐标为 $\boldsymbol{x}=(x_1, x_2, x_3)^T$. 设在该时刻后,弹性体发生变形,其运动规律可用

$$\boldsymbol{y}(t, x)=(y_1(t, x), y_2(t, x), y_3(t, x))^T$$

来描述,其中 $\boldsymbol{y}=\boldsymbol{y}(t, x)$ 表示 $t=0$ 时位于 $\boldsymbol{x}$ 处的质点在 t 时刻的位置坐标. 弹性体在 t 时刻的变形情况,就由**变形梯度张量** $\boldsymbol{F}=\left(\dfrac{\partial y_i}{\partial x_j}\right)$ 来描述.

对于小变形,可设

$$\boldsymbol{y}=\boldsymbol{x}+\boldsymbol{u}, \tag{15.3.1}$$

其中 $\boldsymbol{u}=(u_1, u_2, u_3)^T$ 为充分小的向量. 这样,就有

$$\boldsymbol{F}=\boldsymbol{I}+\nabla \boldsymbol{u}. \tag{15.3.2}$$

由动量守恒律,设无外力作用,其相应的非线性弹性动力学方程组可写为[见[44]及第五章(3.43)式]

$$\frac{\partial^2 u_i}{\partial t^2}-\sum_{j=1}^{3}\frac{\partial p_{ij}(\nabla u)}{\partial x_j}=0, \quad i=1, 2, 3, \tag{15.3.3}$$

其中 $\boldsymbol{P}=(p_{ij})$ 为 **Piola 应力张量**.

记

$$\boldsymbol{\Sigma}=\boldsymbol{F}^{-1}\boldsymbol{P}. \tag{15.3.4}$$

它称为**第二 Piola 应力张量**,且是一个对称张量. 已知有(见[44]中第五章定理 4.3)

$$\boldsymbol{\Sigma}=\lambda(\mathrm{tr}\widetilde{\boldsymbol{E}})\boldsymbol{I}+2\mu\widetilde{\boldsymbol{E}}+\mathrm{o}(|\widetilde{\boldsymbol{E}}|),\tag{15.3.5}$$

其中 λ 及 μ 为**拉梅(Lamé)常数**,$\mathrm{o}(|\widetilde{\boldsymbol{E}}|)$为高阶小量,且注意到(15.3.2),

$$\begin{aligned}\widetilde{\boldsymbol{E}}&=\frac{1}{2}(\boldsymbol{F}^T\boldsymbol{F}-\boldsymbol{I})\\&=\frac{1}{2}(\nabla\boldsymbol{u}+(\nabla\boldsymbol{u})^T)+\mathrm{o}(|\nabla\boldsymbol{u}|)\\&=\boldsymbol{E}+\mathrm{o}(|\nabla\boldsymbol{u}|),\end{aligned}\tag{15.3.6}$$

其中

$$\boldsymbol{E}=\frac{1}{2}(\nabla\boldsymbol{u}+(\nabla\boldsymbol{u})^T)\tag{15.3.7}$$

为线性弹性情形的 **Cauchy 应变张量**. 这样,由(15.3.5)式有

$$\boldsymbol{\Sigma}=\lambda(\mathrm{tr}\boldsymbol{E})\boldsymbol{I}+2\mu\boldsymbol{E}+\mathrm{o}(|\nabla\boldsymbol{u}|),\tag{15.3.8}$$

从而由(15.3.4)式并注意到(15.3.2)式,有

$$\boldsymbol{P}=\lambda(\mathrm{tr}\boldsymbol{E})\boldsymbol{I}+2\mu\boldsymbol{E}+\mathrm{o}(|\nabla\boldsymbol{u}|).\tag{15.3.9}$$

将(15.3.9)式代入(15.3.3)式,就容易得到

$$\frac{\partial^2\boldsymbol{u}}{\partial t^2}-a_2^2\Delta\boldsymbol{u}-(a_1^2-a_2^2)\nabla\,\mathrm{div}\,\boldsymbol{u}=\boldsymbol{F}(\nabla\boldsymbol{u},\nabla^2\boldsymbol{u}),\tag{15.3.10}$$

其中 a_1^2 及 a_2^2 由

$$\lambda+\mu=a_1^2-a_2^2,\quad\mu=a_2^2\tag{15.3.11}$$

决定,而 $\boldsymbol{F}(\nabla\boldsymbol{u},\nabla^2\boldsymbol{u})$ 是关于$\nabla^2\boldsymbol{u}$ 为线性的二次及二次以上的项. a_1 及 a_2 分别为纵波及横波的传播速度,且总可假设 $a_1>a_2>0$.

非线性弹性力学方程组作为一个双波速的拟线性双曲型方程组,虽然不能直接化为相应的波动方程来处理,但可利用研究波动方程的方法类似地进行研究.

对于方程组(15.3.10)具小初值

$$t=0:\boldsymbol{u}=\varepsilon\boldsymbol{\varphi}(\boldsymbol{x}),\ \boldsymbol{u}_t=\varepsilon\boldsymbol{\psi}(\boldsymbol{x})\tag{15.3.12}$$

的 Cauchy 问题,其中 $\boldsymbol{\varphi}(\boldsymbol{x}),\ \boldsymbol{\psi}(\boldsymbol{x})\in(C_0^\infty(\mathbb{R}^3))^3$,而$\varepsilon>0$为一个小参数,可以证明经典解的几乎整体存在性,即其生命跨度$\widetilde{T}(\varepsilon)$满足

$$\widetilde{T}(\varepsilon)\geqslant\exp\{a\varepsilon^{-1}\},\tag{15.3.13}$$

其中 a 是一个与 ε 无关的正常数,参见 F. John[24],S. Klainerman 及 T. C. Sideris[35].

为了得到 Cauchy 问题(15.3.10)及(15.3.12)的经典解的整体存在性,需要对方程组(15.3.10)中的非线性右端项 $\boldsymbol{F}(\nabla \boldsymbol{u}, \nabla^2 \boldsymbol{u})$加以适当的零条件.

为说明这一点,进一步假设所考察的材料是各向同性的**超弹性材料**. 由材料的超弹性假设(参见[44]第五章定义 4.3),存在一个**贮能函数** $W = \hat{W}(\boldsymbol{F}) = W(\nabla \boldsymbol{u})$, 使 Piola 应力张量

$$p_{ij} = \frac{\partial W(\nabla \boldsymbol{u})}{\partial u_{ij}}, \tag{15.3.14}$$

其中记

$$u_{ij} = \frac{\partial u_i}{\partial x_j}. \tag{15.3.15}$$

于是方程组(15.3.3)可写为

$$\frac{\partial^2 u_i}{\partial t^2} - \sum_{j,k,l=1}^{3} a_{ijkl}(\nabla \boldsymbol{u}) \frac{\partial^2 u_k}{\partial x_j \partial x_l} = 0, \quad i = 1, 2, 3, \tag{15.3.16}$$

其中

$$a_{ijkl} = \frac{\partial^2 W}{\partial u_{ij} \partial u_{kl}}. \tag{15.3.17}$$

利用 Taylor 展开,方程组(15.3.16)中的系数 a_{ijkl} 可写为

$$a_{ijkl}(\nabla \boldsymbol{u}) = a_{ijkl}(0) + \sum_{m,n=1}^{3} b_{ijklmn} u_{mn} + \mathrm{o}(|\nabla \boldsymbol{u}|), \tag{15.3.18}$$

其中

$$b_{ijklmn} = \frac{\partial^3 W}{\partial u_{ij} \partial u_{kl} \partial u_{mn}}(0). \tag{15.3.19}$$

这样,方程组(15.3.16)可写为

$$\begin{aligned} &\frac{\partial^2 u_i}{\partial t^2} - \sum_{j,k,l=1}^{3} a_{ijkl}(0) \frac{\partial^2 u_k}{\partial x_j \partial x_l} \\ &= \sum_{j,k,l,m,n=1}^{3} b_{ijklmn} u_{mn} \frac{\partial^2 u_k}{\partial x_j \partial x_l} + \tilde{f}_i(\nabla \boldsymbol{u}, \nabla^2 \boldsymbol{u}), \quad i = 1, 2, 3, \end{aligned} \tag{15.3.20}$$

而 $\tilde{f}_i(\nabla \boldsymbol{u}, \nabla^2 \boldsymbol{u})$ $(i=1, 2, 3)$ 是关于$\nabla^2 \boldsymbol{u}$ 为线性的三次及三次以上的项. 显然，(15.3.20)的左端应与(15.3.10)的左端一致.

由材料的各向同性假设，贮能函数 W 是阵 $\boldsymbol{F}^T\boldsymbol{F}-\boldsymbol{I}$ 的主值 k_1, k_2 及 k_3 的函数(参见[44]第五章 §4.3)，而这些主值 k_1, k_2 及 k_3 均可由(u_{ij})明显给出. 因此，W 可通过对这些主值的依赖性来实现对 $\nabla \boldsymbol{u} = (u_{ij})$ 的依赖性，从而 W 对 u_{ij} 的导数可表示为

$$\frac{\partial W}{\partial u_{ij}} = \sum_{l=1}^{3} \frac{\partial W}{\partial k_l} \frac{\partial k_l}{\partial u_{ij}}$$

等. 这样，就可将(15.3.20)式右端的第一项写为

$$\sum_{j,k,l,m,n=1}^{3} b_{ijklmn} u_{mn} \frac{\partial^2 u_k}{\partial x_j \partial x_l}$$
$$= 2(2W_{111}(0) + 3W_{11}(0)) \nabla (\operatorname{div} \boldsymbol{u})^2 + \cdots, \tag{15.3.21}$$

其中，右端除第一项外，所有未写出的项在做能量估计时均可以得到妥善地处理. 假设

$$2W_{111}(0) + 3W_{11}(0) = 0, \tag{15.3.22}$$

其中

$$W_{11}(0) = \frac{\partial^2 W}{\partial k_1^2}(0),\ W_{111}(0) = \frac{\partial^3 W}{\partial k_1^3}(0), \tag{15.3.23}$$

就可以证明具小初值的 Cauchy 问题(15.3.20)及(15.3.12)的经典解的整体存在性，参见 T. C. Sideris[76]，R. Agemi[1]及辛杰[83].

(15.3.22)就是在各向同性的超弹性材料情形，非线性弹性力学方程组的零条件.

3.2. 真空中的爱因斯坦方程

根据爱因斯坦的广义相对论，时空是一个四维的伪黎曼流形，其度规为

$$ds^2 = g_{\mu\nu}(x) dx^\mu dx^\nu, \tag{15.3.24}$$

其中 $x=(x^0, x^1, x^2, x^3)$, $\mu, \nu = 0, 1, 2, 3$，其他希腊指标的取值也如此，并在上、下指标相同时一律采用求和的约定，而 $g=(g_{\mu\nu})$ 为符号为$(-1, 1, 1, 1)$的二阶协变对称张量.

引入 Christoffel 记号

$$\Gamma_{\mu\delta\nu} = \frac{1}{2}\left(\frac{\partial g_{\delta\nu}}{\partial x^{\mu}} + \frac{\partial g_{\delta\mu}}{\partial x^{\nu}} - \frac{\partial g_{\mu\nu}}{\partial x^{\delta}}\right) = \Gamma_{\nu\delta\mu} \tag{15.3.25}$$

及

$$\Gamma_{\mu\ \nu}^{\ \lambda} = g^{\lambda\delta}\Gamma_{\mu\delta\nu} = \Gamma_{\nu\ \mu}^{\ \lambda}, \tag{15.3.26}$$

而 $(g^{\lambda\delta})$ 为 $(g_{\mu\nu})$ 的逆阵，是一个二阶反变对称张量. 相应的**黎曼曲率张量**由下式给出：

$$R_{\mu\ \nu\beta}^{\ \lambda} = \frac{\partial\Gamma_{\mu\ \nu}^{\ \lambda}}{\partial x^{\beta}} - \frac{\partial\Gamma_{\mu\ \beta}^{\ \lambda}}{\partial x^{\nu}} + \Gamma_{\rho\ \beta}^{\ \lambda}\Gamma_{\mu\ \nu}^{\ \rho} - \Gamma_{\rho\ \nu}^{\ \lambda}\Gamma_{\mu\ \beta}^{\ \rho} \tag{15.3.27}$$

及

$$R_{\mu\alpha\nu\beta} = g_{\alpha\lambda}RR_{\mu\ \nu\beta}^{\ \lambda}, \tag{15.3.28}$$

而 **Ricci 曲率张量**则为黎曼曲率张量的缩并：

$$R_{\mu\nu} = R_{\mu\ \nu\alpha}^{\ \alpha}, \tag{15.3.29}$$

它是一个二阶协变张量. 将 Ricci 曲率张量再一次缩并，就得到**曲率标量**：

$$R = g^{\mu\nu}R_{\mu\nu}. \tag{15.3.30}$$

对广义相对论特别有用的**爱因斯坦张量**定义为

$$G_{\mu\nu} = R_{\mu\nu} - \frac{1}{2}g_{\mu\nu}R, \tag{15.3.31}$$

而**真空中的爱因斯坦方程**则写为

$$G_{\mu\nu} = 0, \quad \mu, \nu = 0, 1, 2, 3. \tag{15.3.32}$$

注意到(15.3.31)式，由(15.3.32)式经缩并后立得

$$R = 0, \tag{15.3.33}$$

因此真空中的爱因斯坦方程就可写为

$$R_{\mu\nu} = 0, \quad \mu, \nu = 0, 1, 2, 3. \tag{15.3.34}$$

它是度规张量 $(g_{\mu\nu})$ 所满足的一个二阶偏微分方程组.

显然，方程(15.3.34)有一个由平坦度规

$$(m_{\mu\nu}) = \text{diag}\{-1, 1, 1, 1\} \tag{15.3.35}$$

所给出的解，称为 **Minkowski 时空**. 关于 Minkowski 时空(15.3.35)的稳定性，

即在初值是 Minkowski 度规(15. 3. 35)的一个在某种意义下的小扰动时,对真空中的爱因斯坦方程(15. 3. 34)的相应 Cauchy 问题,考虑是否存在一个在某种意义下接近 Minkowski 时空(15. 3. 35)的整体经典解,是一个很有意义且富挑战性的问题. D. Christodoulou 及 S. Klainerman 用了很大的篇幅于 1993 年证明了 Minkowski 时空的稳定性,见[6]. 后来,H. Lindblad 及 I. Rodnianski 于 2005 年给出了这一结果的一个简化了的证明,见[63],[64]. 在此我们简要介绍一下后者证明的有关思路.

首先指出,由于$(R_{\mu\nu})$是一个张量,方程(15. 3. 34)在任何可逆坐标变换下具有不变性,因此,方程(15. 3. 34)的解(即使附加给定的初始条件)不具有唯一性. 为了使方程(15. 3. 34)的解能够具有唯一性,希望找到一个特别的坐标系,并限于在这一特别的坐标系下进行讨论. 对爱因斯坦方程,通常取所谓的**调和坐标**(现称为**波坐标**),即要求坐标 $x^\mu(\mu=0,1,2,3)$ 满足

$$\Box_g x^\mu = 0,\quad \mu = 0,1,2,3, \tag{15.3.36}$$

其中$\Box_g$ 是相应于 $g=(g_{\mu\nu})$ 的 Laplace-Beltrami 算子. 在局部坐标下,

$$\Box_g = \frac{1}{\sqrt{|g|}}\partial_\mu(g^{\mu\nu}\sqrt{|g|}\partial_\nu), \tag{15.3.37}$$

其中 $|g| = \det(g_{\mu\nu})$.

由行列式的定义,易知

$$\frac{\partial |g|}{\partial g_{\mu\nu}} = |g|g^{\mu\nu},$$

从而有

$$\frac{\partial |g|}{\partial x^\mu} = \frac{\partial |g|}{\partial g_{\nu\gamma}}\frac{\partial g_{\nu\gamma}}{\partial x^\mu} = |g|g^{\nu\gamma}\frac{\partial g_{\nu\gamma}}{\partial x^\mu}. \tag{15.3.38}$$

又由

$$g_{\lambda\delta}g^{\delta\nu} = \delta_\lambda^\nu,$$

其中 δ_λ^ν为 Kronecker 记号,容易得到

$$\frac{\partial g^{\mu\nu}}{\partial x^\gamma} = -g^{\mu\lambda}\frac{\partial g_{\lambda\delta}}{\partial x^\gamma}g^{\delta\nu}, \tag{15.3.39}$$

从而

$$\frac{\partial g^{\mu\nu}}{\partial x^{\mu}} = -g^{\mu\lambda}\frac{\partial g_{\lambda\delta}}{\partial x^{\mu}}g^{\delta\nu}. \tag{15.3.40}$$

利用(15.3.38)及(15.3.40)式,易知(15.3.37)可改写为

$$\Box_g = g^{\mu\nu}\frac{\partial^2}{\partial x^{\mu}\partial x^{\nu}} - g^{\mu\nu}\Gamma_{\mu\ \nu}^{\ \delta}\frac{\partial}{\partial x^{\delta}}, \tag{15.3.41}$$

其中 $\Gamma_{\mu\ \nu}^{\ \delta}$ 是由(15.3.26)式定义的 Christoffel 记号.

由(15.3.36)及(15.3.41)立即得出,在波坐标下恒成立

$$g^{\mu\nu}\Gamma_{\mu\ \nu}^{\ \alpha} = 0,\quad \alpha = 0, 1, 2, 3, \tag{15.3.42}$$

从而在波坐标下,Laplace-Beltrami 算子简化为

$$\Box_g = g^{\mu\nu}\frac{\partial^2}{\partial x^{\mu}\partial x^{\nu}}. \tag{15.3.43}$$

此外,注意到(15.3.25)-(15.3.26),由(15.3.42)式立得

$$g^{\mu\nu}\Gamma_{\mu\gamma\nu} = \frac{1}{2}g^{\mu\nu}\left(\frac{\partial g_{\gamma\mu}}{\partial x^{\nu}} + \frac{\partial g_{\gamma\nu}}{\partial x^{\mu}} - \frac{\partial g_{\mu\nu}}{\partial x^{\gamma}}\right) = 0,\quad \gamma = 0, 1, 2, 3,$$

即有

$$g^{\mu\nu}\frac{\partial g_{\mu\gamma}}{\partial x^{\nu}} = \frac{1}{2}g^{\mu\nu}\frac{\partial g_{\mu\nu}}{\partial x^{\gamma}},\quad \gamma = 0, 1, 2, 3, \tag{15.3.44}$$

或由(15.3.39)式,等价地有

$$\frac{\partial g^{\mu\nu}}{\partial x^{\nu}} = \frac{1}{2}g_{\nu\gamma}g^{\mu\lambda}\frac{\partial g^{\nu\gamma}}{\partial x^{\lambda}}. \tag{15.3.45}$$

现在在波坐标下具体写出真空中的爱因斯坦方程(15.3.34).

首先,由(15.3.25)式易知

$$\frac{\partial g_{\alpha\mu}}{\partial x^{\beta}} = \Gamma_{\beta\alpha\mu} + \Gamma_{\beta\mu\alpha}, \tag{15.3.46}$$

从而将与(15.3.26)等价的

$$\Gamma_{\mu\alpha\nu} = g_{\alpha\lambda}\Gamma_{\mu\ \nu}^{\ \lambda}$$

对 x^{β} 求导一次,可得

$$g_{\alpha\lambda}\frac{\partial \Gamma_{\mu\ \nu}^{\ \lambda}}{\partial x^{\beta}} = \frac{\partial \Gamma_{\mu\alpha\nu}}{\partial x^{\beta}} - (\Gamma_{\beta\alpha\lambda} + \Gamma_{\beta\lambda\alpha})\Gamma_{\mu\ \nu}^{\ \lambda}. \tag{15.3.47}$$

这样,注意到 $\Gamma_{\alpha\lambda\beta}=\Gamma_{\beta\lambda\alpha}$,由(15.3.27)-(15.3.28)可以得到

$$R_{\mu\alpha\nu\beta}=g_{\alpha\lambda}\left(\frac{\partial\Gamma_{\mu\ \nu}^{\ \lambda}}{\partial x^{\beta}}-\frac{\partial\Gamma_{\mu\ \beta}^{\ \lambda}}{\partial x^{\nu}}+\Gamma_{\rho\ \beta}^{\ \lambda}\Gamma_{\mu\ \nu}^{\ \rho}-\Gamma_{\rho\ \nu}^{\ \lambda}\Gamma_{\mu\ \beta}^{\ \rho}\right)$$
$$=\frac{\partial\Gamma_{\mu\alpha\nu}}{\partial x^{\beta}}-\frac{\partial\Gamma_{\mu\alpha\beta}}{\partial x^{\nu}}+\Gamma_{\nu\lambda\alpha}\Gamma_{\mu\ \beta}^{\ \lambda}-\Gamma_{\alpha\lambda\beta}\Gamma_{\mu\ \nu}^{\ \lambda},\tag{15.3.48}$$

从而

$$R_{\mu\nu}=g^{\alpha\beta}\left(\frac{\partial\Gamma_{\mu\alpha\nu}}{\partial x^{\beta}}-\frac{\partial\Gamma_{\mu\alpha\beta}}{\partial x^{\nu}}+\Gamma_{\nu\lambda\alpha}\Gamma_{\mu\ \beta}^{\ \lambda}-\Gamma_{\alpha\lambda\beta}\Gamma_{\mu\ \nu}^{\ \lambda}\right)$$
$$=g^{\alpha\beta}\left(\frac{\partial\Gamma_{\mu\alpha\nu}}{\partial x^{\beta}}-\frac{\partial\Gamma_{\mu\alpha\beta}}{\partial x^{\nu}}+\Gamma_{\nu\lambda\alpha}\Gamma_{\mu\ \beta}^{\ \lambda}\right),\tag{15.3.49}$$

其中为得到最后一式利用了波坐标下成立的(15.3.42)式.

对(15.3.44)式求导一次,并利用(15.3.39)式,可得

$$g^{\alpha\beta}\left(\frac{\partial^2 g_{\beta\nu}}{\partial x^{\mu}\partial x^{\alpha}}-\frac{1}{2}\frac{\partial^2 g_{\alpha\beta}}{\partial x^{\mu}\partial x^{\nu}}\right)$$
$$=-\frac{\partial g^{\alpha\beta}}{\partial x^{\mu}}\left(\frac{\partial g_{\beta\nu}}{\partial x^{\alpha}}-\frac{1}{2}\frac{\partial g_{\alpha\beta}}{\partial x^{\nu}}\right)$$
$$=g^{\alpha\alpha'}g^{\beta\beta'}\frac{\partial g_{\alpha'\beta'}}{\partial x^{\mu}}\left(\frac{\partial g_{\beta\nu}}{\partial x^{\alpha}}-\frac{1}{2}\frac{\partial g_{\alpha\beta}}{\partial x^{\nu}}\right),\tag{15.3.50}$$

从而由(15.3.25)式易见有

$$g^{\alpha\beta}\left(\frac{\partial\Gamma_{\mu\alpha\nu}}{\partial x^{\beta}}-\frac{\partial\Gamma_{\mu\alpha\beta}}{\partial x^{\nu}}\right)$$
$$=-\frac{1}{2}g^{\alpha\beta}\frac{\partial^2 g_{\mu\nu}}{\partial x^{\alpha}\partial x^{\beta}}+\frac{1}{2}g^{\alpha\beta}\left(\frac{\partial^2 g_{\beta\nu}}{\partial x^{\alpha}\partial x^{\mu}}+\frac{\partial^2 g_{\mu\alpha}}{\partial x^{\nu}\partial x^{\beta}}-\frac{\partial^2 g_{\beta\alpha}}{\partial x^{\nu}\partial x^{\mu}}\right)$$
$$=-\frac{1}{2}g^{\alpha\beta}\frac{\partial^2 g_{\mu\nu}}{\partial x^{\alpha}\partial x^{\beta}}+\frac{1}{2}g^{\alpha\alpha'}g^{\beta\beta'}\left(\frac{\partial g_{\alpha'\beta'}}{\partial x^{\mu}}\frac{\partial g_{\beta\nu}}{\partial x^{\alpha}}+\frac{\partial g_{\alpha'\beta'}}{\partial x^{\nu}}\frac{\partial g_{\beta\mu}}{\partial x^{\alpha}}-\frac{\partial g_{\alpha'\beta'}}{\partial x^{\nu}}\frac{\partial g_{\alpha\beta}}{\partial x^{\mu}}\right).\tag{15.3.51}$$

注意到(15.3.44)式,有

$$g^{\alpha\alpha'}g^{\beta\beta'}\frac{\partial g_{\alpha'\beta'}}{\partial x^{\mu}}\frac{\partial g_{\beta\nu}}{\partial x^{\alpha}}$$
$$=g^{\alpha\alpha'}g^{\beta\beta'}\frac{\partial g_{\alpha'\beta'}}{\partial x^{\alpha}}\frac{\partial g_{\beta\nu}}{\partial x^{\mu}}+g^{\alpha\alpha'}g^{\beta\beta'}\left(\frac{\partial g_{\alpha'\beta'}}{\partial x^{\mu}}\frac{\partial g_{\beta\nu}}{\partial x^{\alpha}}-\frac{\partial g_{\alpha'\beta'}}{\partial x^{\alpha}}\frac{\partial g_{\beta\nu}}{\partial x^{\mu}}\right)$$

$$
\begin{aligned}
&= \frac{1}{2} g^{\alpha\alpha'} g^{\beta\beta'} \frac{\partial g_{\alpha'\alpha}}{\partial x^{\beta'}} \frac{\partial g_{\beta\nu}}{\partial x^{\mu}} + g^{\alpha\alpha'} g^{\beta\beta'} \left(\frac{\partial g_{\alpha'\beta'}}{\partial x^{\mu}} \frac{\partial g_{\beta\nu}}{\partial x^{\alpha}} - \frac{\partial g_{\alpha'\beta'}}{\partial x^{\alpha}} \frac{\partial g_{\beta\nu}}{\partial x^{\mu}} \right) \\
&= \frac{1}{2} g^{\alpha\alpha'} g^{\beta\beta'} \frac{\partial g_{\alpha'\alpha}}{\partial x^{\mu}} \frac{\partial g_{\beta\nu}}{\partial x^{\beta'}} + g^{\alpha\alpha'} g^{\beta\beta'} \left[\frac{1}{2} \left(\frac{\partial g_{\alpha'\alpha}}{\partial x^{\beta'}} \frac{\partial g_{\beta\nu}}{\partial x^{\mu}} - \frac{\partial g_{\alpha'\alpha}}{\partial x^{\mu}} \frac{\partial g_{\beta\nu}}{\partial x^{\beta'}} \right) \right. \\
&\qquad \left. + \left(\frac{\partial g_{\alpha'\beta'}}{\partial x^{\mu}} \frac{\partial g_{\beta\nu}}{\partial x^{\alpha}} - \frac{\partial g_{\alpha'\beta'}}{\partial x^{\alpha}} \frac{\partial g_{\beta\nu}}{\partial x^{\mu}} \right) \right] \\
&= \frac{1}{4} g^{\alpha\alpha'} g^{\beta\beta'} \frac{\partial g_{\alpha\alpha'}}{\partial x^{\mu}} \frac{\partial g_{\beta\beta'}}{\partial x^{\nu}} + g^{\alpha\alpha'} g^{\beta\beta'} \left[\frac{1}{2} \left(\frac{\partial g_{\alpha'\alpha}}{\partial x^{\beta'}} \frac{\partial g_{\beta\nu}}{\partial x^{\mu}} - \frac{\partial g_{\alpha'\alpha}}{\partial x^{\mu}} \frac{\partial g_{\beta\nu}}{\partial x^{\beta'}} \right) \right. \\
&\qquad \left. + \left(\frac{\partial g_{\alpha'\beta'}}{\partial x^{\mu}} \frac{\partial g_{\beta\nu}}{\partial x^{\alpha}} - \frac{\partial g_{\alpha'\beta'}}{\partial x^{\alpha}} \frac{\partial g_{\beta\nu}}{\partial x^{\mu}} \right) \right]. \qquad (15.3.52)
\end{aligned}
$$

这样,(15.3.51)右端的第二项可写为

$$
\begin{aligned}
&\frac{1}{2} g^{\alpha\alpha'} g^{\beta\beta'} \left(\frac{\partial g_{\alpha'\beta'}}{\partial x^{\mu}} \frac{\partial g_{\beta\nu}}{\partial x^{\alpha}} + \frac{\partial g_{\alpha'\beta'}}{\partial x^{\nu}} \frac{\partial g_{\beta\mu}}{\partial x^{\alpha}} - \frac{\partial g_{\alpha'\beta'}}{\partial x^{\nu}} \frac{\partial g_{\alpha\beta}}{\partial x^{\mu}} \right) \\
&= g^{\alpha\alpha'} g^{\beta\beta'} \left(\frac{1}{4} \frac{\partial g_{\alpha\alpha'}}{\partial x^{\mu}} \frac{\partial g_{\beta\beta'}}{\partial x^{\nu}} - \frac{1}{2} \frac{\partial g_{\alpha'\beta'}}{\partial x^{\nu}} \frac{\partial g_{\alpha\beta}}{\partial x^{\mu}} \right) \\
&\quad + \frac{1}{2} g^{\alpha\alpha'} g^{\beta\beta'} \left[\left(\frac{\partial g_{\alpha'\beta'}}{\partial x^{\mu}} \frac{\partial g_{\beta\nu}}{\partial x^{\alpha}} - \frac{\partial g_{\alpha'\beta'}}{\partial x^{\alpha}} \frac{\partial g_{\beta\nu}}{\partial x^{\mu}} \right) \right. \\
&\qquad \left. + \left(\frac{\partial g_{\alpha'\beta'}}{\partial x^{\nu}} \frac{\partial g_{\beta\mu}}{\partial x^{\alpha}} - \frac{\partial g_{\alpha'\beta'}}{\partial x^{\alpha}} \frac{\partial g_{\beta\mu}}{\partial x^{\nu}} \right) \right] \\
&\quad + \frac{1}{4} g^{\alpha\alpha'} g^{\beta\beta'} \left[\left(\frac{\partial g_{\alpha'\alpha}}{\partial x^{\beta'}} \frac{\partial g_{\beta\nu}}{\partial x^{\mu}} - \frac{\partial g_{\alpha'\alpha}}{\partial x^{\mu}} \frac{\partial g_{\beta\nu}}{\partial x^{\beta'}} \right) \right. \\
&\qquad \left. + \left(\frac{\partial g_{\alpha'\alpha}}{\partial x^{\beta'}} \frac{\partial g_{\beta\mu}}{\partial x^{\nu}} - \frac{\partial g_{\alpha'\alpha}}{\partial x^{\nu}} \frac{\partial g_{\beta\mu}}{\partial x^{\beta'}} \right) \right]. \qquad (15.3.53)
\end{aligned}
$$

另一方面,

$$
\begin{aligned}
& g^{\alpha\beta} \Gamma_{\nu\lambda\alpha} \Gamma_{\mu\ \beta}^{\ \lambda} \\
&= \frac{1}{4} g^{\alpha\beta} \left(\frac{\partial g_{\lambda\nu}}{\partial x^{\alpha}} + \frac{\partial g_{\lambda\alpha}}{\partial x^{\nu}} - \frac{\partial g_{\nu\alpha}}{\partial x^{\lambda}} \right) g^{\lambda\gamma} \left(\frac{\partial g_{\gamma\mu}}{\partial x^{\beta}} + \frac{\partial g_{\gamma\beta}}{\partial x^{\mu}} - \frac{\partial g_{\mu\beta}}{\partial x^{\gamma}} \right) \\
&= \frac{1}{4} g^{\alpha\alpha'} g^{\beta\beta'} \left(\frac{\partial g_{\alpha\beta}}{\partial x^{\nu}} + \frac{\partial g_{\alpha\nu}}{\partial x^{\beta}} - \frac{\partial g_{\beta\nu}}{\partial x^{\alpha}} \right) \left(\frac{\partial g_{\alpha'\beta'}}{\partial x^{\mu}} + \frac{\partial g_{\alpha'\mu}}{\partial x^{\beta'}} - \frac{\partial g_{\beta'\mu}}{\partial x^{\alpha'}} \right) \\
&= \frac{1}{4} g^{\alpha\alpha'} g^{\beta\beta'} \frac{\partial g_{\alpha\beta}}{\partial x^{\nu}} \frac{\partial g_{\alpha'\beta'}}{\partial x^{\mu}} + \frac{1}{2} g^{\alpha\alpha'} g^{\beta\beta'} \left(\frac{\partial g_{\beta\mu}}{\partial x^{\alpha}} \frac{\partial g_{\beta'\nu}}{\partial x^{\alpha'}} - \frac{\partial g_{\beta\mu}}{\partial x^{\alpha}} \frac{\partial g_{\alpha'\nu}}{\partial x^{\beta'}} \right) \\
&= g^{\alpha\alpha'} g^{\beta\beta'} \left(\frac{1}{4} \frac{\partial g_{\alpha\beta}}{\partial x^{\nu}} \frac{\partial g_{\alpha'\beta'}}{\partial x^{\mu}} + \frac{1}{2} \frac{\partial g_{\beta\mu}}{\partial x^{\alpha}} \frac{\partial g_{\beta'\nu}}{\partial x^{\alpha'}} - \frac{1}{2} \frac{\partial g_{\beta\mu}}{\partial x^{\beta'}} \frac{\partial g_{\alpha'\nu}}{\partial x^{\alpha}} \right)
\end{aligned}
$$

$$-\frac{1}{2}g^{\alpha\alpha'}g^{\beta\beta'}\left(\frac{\partial g_{\beta\mu}}{\partial x^{\alpha}}\frac{\partial g_{\alpha'\nu}}{\partial x^{\beta'}}-\frac{\partial g_{\beta\mu}}{\partial x^{\beta'}}\frac{\partial g_{\alpha'\nu}}{\partial x^{\alpha}}\right)$$

$$=g^{\alpha\alpha'}g^{\beta\beta'}\left(\frac{1}{4}\frac{\partial g_{\alpha\beta}}{\partial x^{\nu}}\frac{\partial g_{\alpha'\beta'}}{\partial x^{\mu}}-\frac{1}{8}\frac{\partial g_{\beta\beta'}}{\partial x^{\mu}}\frac{\partial g_{\alpha\alpha'}}{\partial x^{\nu}}+\frac{1}{2}\frac{\partial g_{\beta\mu}}{\partial x^{\alpha}}\frac{\partial g_{\beta'\nu}}{\partial x^{\alpha'}}\right)$$

$$-\frac{1}{2}g^{\alpha\alpha'}g^{\beta\beta'}\left(\frac{\partial g_{\beta\mu}}{\partial x^{\alpha}}\frac{\partial g_{\alpha'\nu}}{\partial x^{\beta'}}-\frac{\partial g_{\beta\mu}}{\partial x^{\beta'}}\frac{\partial g_{\alpha'\nu}}{\partial x^{\alpha}}\right), \tag{15.3.54}$$

其中,最后一式的得到利用了波坐标下的(15.3.44)式.

将(15.3.51)-(15.3.54)式代入(15.3.49)式,就可得到

$$\begin{aligned}R_{\mu\nu}=&-\frac{1}{2}g^{\alpha\beta}\frac{\partial^2 g_{\mu\nu}}{\partial x^{\alpha}\partial x^{\beta}}+g^{\alpha\alpha'}g^{\beta\beta'}\left(-\frac{1}{4}\frac{\partial g_{\alpha\beta}}{\partial x^{\nu}}\frac{\partial g_{\alpha'\beta'}}{\partial x^{\mu}}+\frac{1}{8}\frac{\partial g_{\beta\beta'}}{\partial x^{\mu}}\frac{\partial g_{\alpha\alpha'}}{\partial x^{\nu}}\right)\\&+\frac{1}{2}g^{\alpha\alpha'}g^{\beta\beta'}\frac{\partial g_{\beta\mu}}{\partial x^{\alpha}}\frac{\partial g_{\beta'\nu}}{\partial x^{\alpha'}}-\frac{1}{2}g^{\alpha\alpha'}g^{\beta\beta'}\left(\frac{\partial g_{\beta\mu}}{\partial x^{\alpha}}\frac{\partial g_{\alpha'\nu}}{\partial x^{\beta'}}-\frac{\partial g_{\beta\mu}}{\partial x^{\beta'}}\frac{\partial g_{\alpha'\nu}}{\partial x^{\alpha}}\right)\\&+\frac{1}{2}g^{\alpha\alpha'}g^{\beta\beta'}\left[\left(\frac{\partial g_{\alpha'\beta'}}{\partial x^{\mu}}\frac{\partial g_{\beta\nu}}{\partial x^{\alpha}}-\frac{\partial g_{\alpha'\beta'}}{\partial x^{\alpha}}\frac{\partial g_{\beta\nu}}{\partial x^{\mu}}\right)\right.\\&\qquad\left.+\left(\frac{\partial g_{\alpha'\beta'}}{\partial x^{\nu}}\frac{\partial g_{\beta\mu}}{\partial x^{\alpha}}-\frac{\partial g_{\alpha'\beta'}}{\partial x^{\alpha}}\frac{\partial g_{\beta\mu}}{\partial x^{\nu}}\right)\right]\\&+\frac{1}{4}g^{\alpha\alpha'}g^{\beta\beta'}\left[\left(\frac{\partial g_{\alpha'\alpha}}{\partial x^{\beta'}}\frac{\partial g_{\beta\nu}}{\partial x^{\mu}}-\frac{\partial g_{\alpha'\alpha}}{\partial x^{\mu}}\frac{\partial g_{\beta\nu}}{\partial x^{\beta'}}\right)\right.\\&\qquad\left.+\left(\frac{\partial g_{\alpha'\alpha}}{\partial x^{\beta'}}\frac{\partial g_{\beta\mu}}{\partial x^{\nu}}-\frac{\partial g_{\alpha'\alpha}}{\partial x^{\nu}}\frac{\partial g_{\beta\mu}}{\partial x^{\beta'}}\right)\right].\end{aligned} \tag{15.3.55}$$

这样,在波坐标下,真空中的爱因斯坦方程(15.3.34)最终可写为

$$\Box_g g_{\mu\nu}=P(\partial_\mu g, \partial_\nu g)+Q_{\mu\nu}(\partial g, \partial g), \tag{15.3.56}$$

其中$\Box_g$ 为由(15.3.43)式给出的耦合波动算子,而

$$P(\partial_\mu g, \partial_\nu g)=\frac{1}{4}g^{\alpha\alpha'}\frac{\partial g_{\alpha\alpha'}}{\partial x^{\mu}}g^{\beta\beta'}\frac{\partial g_{\beta\beta'}}{\partial x^{\nu}}-\frac{1}{2}g^{\alpha\alpha'}g^{\beta\beta'}\frac{\partial g_{\alpha\beta}}{\partial x^{\mu}}\frac{\partial g_{\alpha'\beta'}}{\partial x^{\nu}}, \tag{15.3.57}$$

$$\begin{aligned}Q_{\mu\nu}(\partial g, \partial g)=&\frac{\partial g_{\beta\mu}}{\partial x^{\alpha}}g^{\alpha\alpha'}g^{\beta\beta'}\frac{\partial g_{\beta'\nu}}{\partial x^{\alpha'}}-g^{\alpha\alpha'}g^{\beta\beta'}\left(\frac{\partial g_{\beta\mu}}{\partial x^{\alpha}}\frac{\partial g_{\alpha'\nu}}{\partial x^{\beta'}}-\frac{\partial g_{\beta\mu}}{\partial x^{\beta'}}\frac{\partial g_{\alpha'\nu}}{\partial x^{\alpha}}\right)\\&+g^{\alpha\alpha'}g^{\beta\beta'}\left(\frac{\partial g_{\alpha'\beta'}}{\partial x^{\mu}}\frac{\partial g_{\beta\nu}}{\partial x^{\alpha}}-\frac{\partial g_{\alpha'\beta'}}{\partial x^{\alpha}}\frac{\partial g_{\beta\nu}}{\partial x^{\mu}}\right)\\&+g^{\alpha\alpha'}g^{\beta\beta'}\left(\frac{\partial g_{\alpha'\beta'}}{\partial x^{\nu}}\frac{\partial g_{\beta\mu}}{\partial x^{\alpha}}-\frac{\partial g_{\alpha'\beta'}}{\partial x^{\alpha}}\frac{\partial g_{\beta\mu}}{\partial x^{\nu}}\right)\end{aligned}$$

$$+\frac{1}{2}g^{\alpha\alpha'}g^{\beta\beta'}\left(\frac{\partial g_{\alpha'\alpha}}{\partial x^{\beta'}}\frac{\partial g_{\beta\nu}}{\partial x^{\mu}}-\frac{\partial g_{\alpha'\alpha}}{\partial x^{\mu}}\frac{\partial g_{\beta\nu}}{\partial x^{\beta'}}\right)$$

$$+\frac{1}{2}g^{\alpha\alpha'}g^{\beta\beta'}\left(\frac{\partial g_{\alpha'\alpha}}{\partial x^{\beta'}}\frac{\partial g_{\beta\mu}}{\partial x^{\nu}}-\frac{\partial g_{\alpha'\alpha}}{\partial x^{\nu}}\frac{\partial g_{\beta\mu}}{\partial x^{\beta'}}\right). \tag{15.3.58}$$

易见方程(15.3.56)的右端是关于 ∂g 的二次型，且其系数为 g 的光滑函数.

为考察 Minkowski 时空(15.3.35)的小扰动，我们将待求的度规 g 写为

$$g_{\mu\nu}=m_{\mu\nu}+h_{\mu\nu},\quad \mu,\nu=0,1,2,3, \tag{15.3.59}$$

从而由(15.3.56)可得 $h=(h_{\mu\nu})$ 在波坐标下应满足方程

$$\Box_{m+h}h_{\mu\nu}=F_{\mu\nu}(h)(\partial h,\partial h), \tag{15.3.60}$$

其中 $F_{\mu\nu}(h)(\partial h,\partial h)$ 是关于 ∂h 的二次型，且其系数为 h 的光滑函数. 具体地说，

$$F_{\mu\nu}(h)(\partial h,\partial h)=F(\partial_\mu h,\partial_\nu h)+G_{\mu\nu}(\partial h,\partial h)+H_{\mu\nu}(h)(\partial h,\partial h), \tag{15.3.61}$$

其中

$$F(\partial_\mu h,\partial_\nu h)=\frac{1}{4}m^{\alpha\alpha'}\frac{\partial h_{\alpha\alpha'}}{\partial x^{\mu}}m^{\beta\beta'}\frac{\partial h_{\beta\beta'}}{\partial x^{\nu}}-\frac{1}{2}m^{\alpha\alpha'}m^{\beta\beta'}\frac{\partial h_{\alpha\beta}}{\partial x^{\mu}}\frac{\partial h_{\alpha'\beta'}}{\partial x^{\nu}}, \tag{15.3.62}$$

$$G_{\mu\nu}(\partial h,\partial h)=\frac{\partial h_{\beta\mu}}{\partial x^{\alpha}}m^{\alpha\alpha'}m^{\beta\beta'}\frac{\partial h_{\beta'\nu}}{\partial x^{\alpha'}}-m^{\alpha\alpha'}m^{\beta\beta'}\left(\frac{\partial h_{\beta\mu}}{\partial x^{\alpha}}\frac{\partial h_{\alpha'\nu}}{\partial x^{\beta'}}-\frac{\partial h_{\beta\mu}}{\partial x^{\beta'}}\frac{\partial h_{\alpha'\nu}}{\partial x^{\alpha}}\right)$$

$$+m^{\alpha\alpha'}m^{\beta\beta'}\left(\frac{\partial h_{\alpha'\beta'}}{\partial x^{\mu}}\frac{\partial h_{\beta\nu}}{\partial x^{\alpha}}-\frac{\partial h_{\alpha'\beta'}}{\partial x^{\alpha}}\frac{\partial h_{\beta\nu}}{\partial x^{\mu}}\right)$$

$$+m^{\alpha\alpha'}m^{\beta\beta'}\left(\frac{\partial h_{\alpha'\beta'}}{\partial x^{\nu}}\frac{\partial h_{\beta\mu}}{\partial x^{\alpha}}-\frac{\partial h_{\alpha'\beta'}}{\partial x^{\alpha}}\frac{\partial h_{\beta\mu}}{\partial x^{\nu}}\right)$$

$$+\frac{1}{2}m^{\alpha\alpha'}m^{\beta\beta'}\left(\frac{\partial h_{\alpha'\alpha}}{\partial x^{\beta'}}\frac{\partial h_{\beta\nu}}{\partial x^{\mu}}-\frac{\partial h_{\alpha'\alpha}}{\partial x^{\mu}}\frac{\partial h_{\beta\nu}}{\partial x^{\beta'}}\right)$$

$$+\frac{1}{2}m^{\alpha\alpha'}m^{\beta\beta'}\left(\frac{\partial h_{\alpha'\alpha}}{\partial x^{\beta'}}\frac{\partial h_{\beta\mu}}{\partial x^{\nu}}-\frac{\partial h_{\alpha'\alpha}}{\partial x^{\nu}}\frac{\partial h_{\beta\mu}}{\partial x^{\beta'}}\right), \tag{15.3.63}$$

而 $H_{\mu\nu}(h)(\partial h,\partial h)$ 为高阶项，它是关于 ∂h 的二次型，其系数为 h 的光滑函数，且当 $h=0$ 时为零：$H_{\mu\nu}(0)(\partial h,\partial h)=0$.

由(15.3.63)式给出的 $G_{\mu\nu}(\partial h,\partial h)$ 是满足零条件的，但由(15.3.62)式给出的 $P(\partial_\mu h,\partial_\nu h)$ 并不满足零条件. 令

$$\overline{h} = m^{\mu\nu} h_{\mu\nu}. \tag{15.3.64}$$

由(15.3.60)式就得到$\overline{h}$是下述满足零条件的方程的解：

$$g^{\alpha\beta} \frac{\partial^2 \overline{h}}{\partial x^\alpha \partial x^\beta} = G(\partial h, \partial h) + H(h)(\partial h, \partial h), \tag{15.3.65}$$

其中$G(\partial h, \partial h)$为关于$\partial h$的二次型，而$H(h)(\partial h, \partial h)$为高阶项，它是关于$\partial h$的二次型，其系数为$h$的光滑函数，且当$h = 0$时为零：$H(0)(\partial h, \partial h) = 0$. 我们可称$\overline{h}$为好分量. 由(15.3.62)式，$F(\partial_\mu h, \partial_\nu h)$右端的第一项是一个好分量$\overline{h}$的二次型，而其右端的第二项则需要进行更深入的分析，此处从略. 至于$\Box_{m+h} h_{\mu\nu}$，则可用上节处理方程(15.2.7)的方法来处理. 将这些因素综合起来，就可以对小初值得到$h = (h_{\mu\nu})$的整体存在性，从而证得 Minkowski 时空(15.3.35)的稳定性(详见 H. Lindblad 与 I. Rodnianski[63]).

参考文献

[1] Agemi R. Global existence of nonlinear elastic waves. Invent Math, 2000, 142: 225 - 250.

[2] Alinhac S. Temps de vie des solutions régulières des équations d'Euler compressibles axisymétriques en dimension deux. Invent Math, 1993, 111: 627 - 667.

[3] Alinhac S. The null condition for quasilinear wave equations in two space dimensions I. Invent Math, 2001, 145: 597 - 618.

[4] Alinhac S. An example of blow-up at infinity for a quasilinear wave equation. Autour de l'Analyse Microlocale. Astérisque, 2003, No. 284: 1 - 91.

[5] Christodoulou D. Global solutions of nonlinear hyperbolic equations for small initial data. Comm Pure Appl Math, 1986, 39: 267 - 282.

[6] Christodoulou D, Klainerman S. The Global Nonlinear Stability of the Minkowski Space. Princeton Math Ser, Vol 41, Princeton Univ Press, Princeton, NJ, 1993.

[7] 柯朗R,希尔伯特D. 数学物理方法(卷Ⅱ). 熊振翔,杨应辰　译. 北京:科学出版社,1977.

[8] 复旦大学数学系主编. 数学分析(下册). 上海:上海科学技术出版社,1987.

[9] Georgiev V, Takamura H, Zhou Y. The lifespan of solutions to nonlinear systems of a high-dimensional wave equations. Nonlinear Analysis, 2006, 64: 2215 - 2250.

[10] Glassey R T. Finite-time blow-up for solutions of nonlinear wave equations. Math Z, 1981, 117: 323 - 340.

[11] Glassey R T. Existence in the large for $\Box u = F(u)$ in two space dimensions. Math Z, 1981, 178: 233 - 261.

[12] 谷超豪,李大潜 等.数学物理方程.上海:上海科学技术出版社,1987.

[13] Han Wei, Zhou Yi. Blow up for some semilinear wave equations in multi-space dimensions. Commu in Partial Differential Equations, 2014, 39: 651 - 665.

[14] Hidano K. An elementary proof of global or almost global existence for quasi-linear wave equations. Tohoku Math J, 2004, 56: 271 - 287.

[15] Hidano K, Metcalfe J, Smith H, Sogge C D, Zhou Y. On abstract Strichartz estimates and the Strauss conjecture for nontrapping obstacles. Trans AMS, 2009, 362: 2789 - 2809.

[16] Hörmander L. Linear Partial Differential Operators. Springer-Verlag, 1963;中译本:线性偏微分算子.陈庆益 译.北京:科学出版社,1980.

[17] Hörmander L. The life span of classical solutions of nonlinear hyperbolic equations. Institut Mittag-Leffler, Report No. 5, 1985.

[18] Hörmander L. L^1, L^∞ estimates for the wave operator, Analyse Mathématique et Applications. Paris: Gauthier-Villars, 1988, 211 - 234.

[19] Hörmander L. On the fully non-linear Cauchy problem with small data II. Microlocal Analysis and Nonlinear Waves (eds Beals M, Melrose R, Rauch J), Vol. 30, IMA Volumes in Mathematics and its Applications. Berlin: Springer-Verlag, 1991, 51 - 81.

[20] Hoshiga A. The initial value problems for quasilinear wave equations in two space dimensions with small data. Adv Math Sci Appl, 1995, 5: 67 - 89.

[21] John F. Blow-up of solutions of nonlinear wave equations in three space dimensions. Manuscripta Math, 1979, 28: 235 - 268.

[22] John F. Blow -up for quasilinear wave equations in three space dimensions. Comm Pure Appl Math, 1984, 34: 29 - 51.

[23] John F. Non-existence of global solutions of $\Box u = \frac{\partial}{\partial t}F(u_t)$ in two and three space dimensions. MRC Technical Summary Report, 1984.

[24] John F. Almost global existence of elastic waves of finite amplitude arising from small initial disturbances. Comm Pure Appl Math, 1988,

41: 615 - 666.

[25] John F. Nonlinear Wave Equations, Formation of Singularities. American Mathematical Society, Rhode Island: Providence, 1990.

[26] John F, Klainerman S. Almost global existence to nonlinear wave equations in three space dimensions. Comm Pure Appl Math, 1984, 37: 443 - 455.

[27] Katayama S. Lifespan of solutions for two space dimensional wave equations with cubic nonlinearity. Comm in PDEs, 2001, 26: 205 - 232.

[28] Klainerman S. Global existence for nonlinear wave equations. Comm Pure Appl Math, 1980, 33: 43 - 101.

[29] Klainerman S. Long-time behavior of solutions to nonlinear evolution equations. Arch Rat Meth Anal, 1982, 78: 73 - 98.

[30] Klainerman S. On "almost global" solutions to quasilinear wave equations in three space dimensions. Comm Pure Appl Math, 1983, 36: 325 - 344.

[31] Klainerman S. Long-time behaviour of solutions to nonlinear wave equations. Proceedings of the International Congress of Mathematicians, August 16 - 24, 1983, Warszawa, 1209 - 1215.

[32] Klainerman S. Uniform decay estimates and the Lorentz invariance of the classical wave equations. Comm Pure Appl Math, 1985, 38: 321 - 332.

[33] Klainerman S. The null condition and global existence to nonlinear wave equations. Nonlinear Systems of Partial Differential Equations in Applied Mathematics, Part 1 (Santa Fe, NM, 1984), Lectures in Applied Mathematics. Amer Math Soc, 1986, 23: 293 - 326.

[34] Klainerman S, Ponce G. Global small amplitude solutions to nonlinear evolution equations. Comm Pure Appl Math, 1983, 36: 133 - 141.

[35] Klainerman S, Sideris T C. On almost global existence for nonrelativistic wave equations in 3D. Comm Pure Appl Math, 1996, 49: 307 - 321.

[36] Kong Dexing. Life span of classical solutions to reducible quasilinear hyperbolic systems. Chin Ann Math, 1992, 13B: 155 - 164.

[37] Kovalyov M. Long-time behavior of solutions of a system of nonlinear

wave equations. Commu in Partial Differential Equations, 1987, 12: 471 - 501.

[38] Lax P D. Development of singularities of solutions of nonlinear hyperbolic partial differential equations. J Math Phys, 1964, 5: 611 - 613.

[39] Li Tatsien, Chen Yunmei. Solutions régulières globales du problème de Cauchy pour les équations des ondes non linéaires. C R Acad Sci, Paris, 1987, 305, Série 1: 171 - 174.

[40] Li Tatsien, Chen Yunmei. Initial value problems for nonlinear heat equations. J Partial Differential Equations, 1988, 1: 1 - 11.

[41] Li Tatsien, Chen Yunmei. Initial value problems for nonlinear wave equations. Commu in Partial Differential Equations, 1988, 13: 383 - 422.

[42] 李大潜,陈韵梅. 非线性发展方程. 北京：科学出版社,1989.

[43] Li Tatsien, Chen Yunmei. Global Classical Solutions for Nonlinear Evolution Equations. Pitman Monographs and Surveys in Pure and Applied Mathematics 45. Longman Scientific & Technical, 1992.

[44] 李大潜,秦铁虎. 物理学与偏微分方程(第二版)上册. 北京：高等教育出版社, 2005; Li Tatsien, Qin Tiehu, Physics and Partial Differential Equations, Volume 1, SIAM & Higher Education Press, 2012.

[45] Li Tatsien, Yu Xin. Durée de vie des solutions régulières pour les équations des ondes non linéaires, C. R. Acad. Sci. , Paris, 309, Série I (1989), 469 - 472; Life-span of classical solutions to fully nonlinear wave equations, IMA Preprint Series #529, June 1989.

[46] Li Tatsien, Yu Xin. Life-span of classical solutions to fully nonlinear wave equations. Commu in Partial Differential Equations, 1991, 16: 909 - 940.

[47] Li Tatsien, Yu Xin, Zhou Yi. Problème de Cauchy pour les équations des ondes non linéaires avec petites données initiales. C. R. Acad. Sci. , Paris, 1991, 312, Série I, 337 - 340.

[48] Li Tatsien, Yu Xin, Zhou Yi. Durée de vie des solutions régulières pour les équations des ondes non linéaires unidimensionnelles. C. R. Acad. Sci. , Paris, 1991, 312, Série I, 103 - 105.

[49] Li Tatsien, Yu Xin, Zhou Yi. Life-span of classical solutions to one

dimensional nonlinear wave equations. Chin Ann of Math, 1992, 13B: 266-279.

[50] Li Tatsien, Zhou Yi. Life-span of classical solutions to fully nonlinear wave equations II. Nonlinear Analysis, Theory, Methods & Applications, 1992, 19: 833-853.

[51] Li Tatsien, Zhou Yi. Life-span of classical solutions to nonlinear wave equations in two-space-dimensions II. J Partial Differential Equations, 1993, 6: 17-38.

[52] Li Tatsien, Zhou Yi. Nonlinear stability for two space dimensional wave equations with higher order perturbations. Nonlinear World, 1994, 1: 35-58.

[53] Li Tatsien, Zhou Yi. Life-span of classical solutions to nonlinear wave equations in two space dimensions. J Math Pures et Appl, 1994, 73: 223-249.

[54] Li Tatsien, Zhou Yi. Breakdown of solutions to $\Box u + u_t = |u|^{1+\alpha}$. Discrete and Continuous Dynamical Systems, 1995, 1: 503-520.

[55] Li Tatsien, Zhou Yi. Durée de vie des solutions régulières pour les équations des ondes non linéaires en dimension quatre d'espaces. C. R. Acad. Sci., Paris, 1995, 320, Serie I, 41-44.

[56] Li Tatsien, Zhou Yi. A note on the life-span of classical solutions to nonlinear wave equations in four space dimensions. Indiana University Mathematics Journal, 1995, 44: 1207-1248.

[57] Li Yachun. Classical solutions for fully nonlinear wave equations with dissipation (in Chinese). Chin Ann Math, 1996, 17A: 451-466.

[58] Lindblad H. Blow-up for solutions of $\Box u = |u|^p$ with small initial data. Commu. in Partial Differential Equations, 1990, 15: 757-821.

[59] Lindblad H. On the lifespan of solutions of nonlinear wave equations with small initial data. Comm Pure Appl Math, 1990, 43: 445-472.

[60] Lindblad H. Global solutions of nonlinear wave equations. Comm Pure Appl Math, 1992, 45: 1063-1096.

[61] Lindblad H. A remark on global existence for small initial data of the minimal surface equation in Minkowskian space time. Proc Amer Math Soc, 2004, 132: 1095-1102.

[62] Lindblad H. Global solutions of quasilinear wave equations. Amer J

Math, 2008, 130: 115 - 157.
[63] Lindblad H, Rodnianski I, Global existence for the Einstein vacuum equations in wave coordinates. Comm Math Phys, 2005, 256: 43 - 110.
[64] Lindblad H, Rodnianski I. The global stability of Minkowski spacetime in harmonic gauge. Ann of Math, 2010, 171: 1401 - 1477.
[65] Lindblad H, Sogge C D. Long-time existence for small amplitude semilinear wave equation. Amer J Math, 1996, 118: 1047 - 1135.
[66] Lions J-L. Problèmes aux Limites dans les Équations aux Dérivées Partielles, 2e édition, Les Presses de l'Université de Montréal, 1967;中译本：偏微分方程的边值问题. 李大潜 译,上海：上海科学技术出版社, 1980.
[67] Masuda K. Blow-up of solutions for quasi-linear wave equations in two space dimensions. North-Holland Math Studies, 1984, 98: 87 - 91.
[68] Nirenberg L. On elliptic partial differential equations. Annali della Scuola Norm Sup Pisa, 1959, 13: 115 - 162.
[69] Segal I E. Dispersion for nonlinear relativistic equations II, Ann Sci École Norm Sup, 1968, 1: 459 - 497.
[70] Shatah J L. Global existence of small solutions to nonlinear evolution equations. J Diff Equations, 1982, 46: 409 - 425.
[71] Sideris T C. Nonexistence of global solutions to semilinear wave equations in high dimensions. J Diff Eqs, 1984, 52: 378 - 406.
[72] Sideris T C. Formation of singularities in three-dimensional compressible fluids. Comm Math Phys, 1985, 101: 475 - 485.
[73] Sideris T C. The life span of smooth solutions to the three-dimensional compressible Euler equations and the incompressible limit. Indiana University Mathematics Journal, 1991, 40: 535 - 550.
[74] Sideris T C. The lifespan of 3D compressible flow. Séminaire Équations aux Dérivées Partielles, 1991 - 1992, Exp. No. V, 12pp, École Polytechnique, Palaiseau, 1992.
[75] Sideris T C. Delayed singularity formation in 2D compressible flow. Amer J Math, 1997, 119: 371 - 422.
[76] Sideris T C. Nonresonance and global existence of prestressed nonlinear elastic waves. Ann of Math, 2000, 151: 849 - 874.
[77] Sogge C D. Lectures on Nonlinear Wave Equations. International

Press, 1995.

[78] Strauss W. Book Review. Bulletin (New Series) of the American Mathematical Society, October 1993, Vol. 29, Number 2: 265-269.

[79] Takamura H. Blow-up for nonlinear wave equations with slowly decaying data. Math Z, 1994, 217: 567-576.

[80] Takamura H, Wakasa K. The sharp upper bound of the lifespan of solutions to critical semilinear wave equations in high dimensions. J Diff Eqs, 2011, 251: 1157-1171.

[81] Von Wahl W. Über die klassische lösbarkeit des Cauchy-Problems für nichtlineare Wellengleichungen bei kleinen Anfangswerten und das asymptotische Verhalten der Lösungen. Math Z, 1970, 114: 281-299.

[82] 王竹溪,郭敦仁. 特殊函数概论. 北京:科学出版社,1979.

[83] Xin Jie. Some remarks on the null condition for nonlinear elastodynamic system. Chin Ann Math, 2002, 23B: 311-316.

[84] Yordanov B, Zhang Q S. Finite time blow up for critical wave equations in high dimensions. J Funct Anal, 2006, 231: 361-374.

[85] 尤秉礼. 常微分方程补充教程. 北京:人民教育出版社,1982.

[86] Zheng Songmu, Chen Yunmei. Global existence for nonlinear parabolic equations. Chin Ann Math, 1986, 7B: 57-73.

[87] Zhou Yi. Life span of classical solutions to $u_{tt}-u_{xx}=|u|^{1+\alpha}$. Chin Ann Math, 1992, 13B: 230-243.

[88] Zhou Yi. Life span of classical solutions to $\Box u=|u|^p$ in two space dimensions. Chin Ann Math, 1993, 14B: 225-236.

[89] Zhou Yi. Blow up of classical solutions to $\Box u=|u|^{1+\alpha}$ in three space dimensions. J Partial Differential Equations, 1992, 5: 21-32.

[90] Zhou Yi. Blow up of solutions to the Cauchy problem for nonlinear wave equations. Chin Ann Math, 2001, 22B: 275-280.

[91] Zhou Yi, Han Wei. Sharpness on the lower bound of the lifespan of solutions to nonlinear wave equations. Chin Ann Math, 2011, 32B: 521-526.

[92] Zhou Yi, Han Wei. Life-span of solutions to critical semilinear wave equations. Commu in Partial Differential Equations, 2014, 39: 439-451.

索　引

A

B

C

D

E

F

G

H

J

Y

Z